U0375179

核聚变科技前沿问题研究丛书

核聚变等离子体诊断技术前沿进展

杨青巍　石中兵　钟武律 等　**编著**

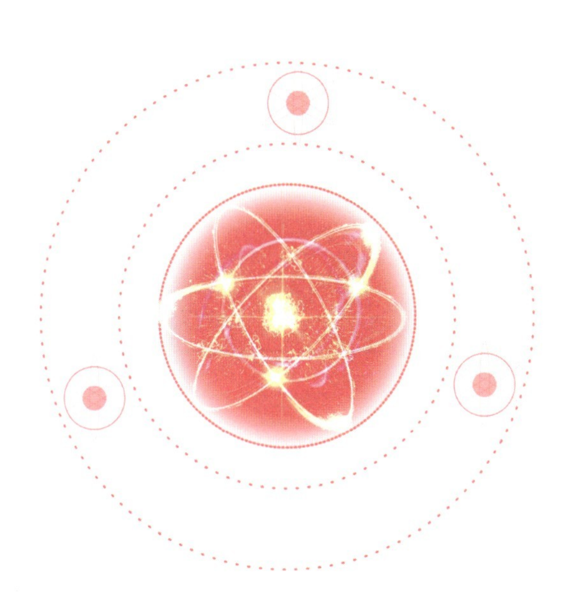

FRONTIER PROGRESS IN DIAGNOSTIC TECHNOLOGY OF NUCLEAR FUSION PLASMA

中国科学技术大学出版社

内 容 简 介

核聚变等离子体的复杂性和动态特性对诊断技术提出了严峻的挑战,其高精度测量是揭示等离子体物理机制、实现可控聚变的关键基础。本书全面覆盖高温等离子体物理参数的测量方法与技术前沿,从聚变能原理与托卡马克装置基础切入,深入解析磁测量、微波诊断、主动光谱、激光散射、激光干涉、辐射诊断及聚变产物测量等核心技术,同时聚焦国际热核聚变实验堆(ITER),系统介绍其多维度诊断体系在装置运行控制中的集成应用。本书融合了国内外大型装置实践经验与最新科研成果,兼具理论深度与技术细节,既可作为核能与等离子体物理研究人员的专业参考书,也可为相关领域研究生提供前沿技术指引。

图书在版编目(CIP)数据

核聚变等离子体诊断技术前沿进展 / 杨青巍等编著 . -- 合肥 : 中国科学技术大学出版社, 2025.2. -- (核聚变科技前沿问题研究丛书). -- ISBN 978-7-312-06249-0

Ⅰ. TL64

中国国家版本馆CIP数据核字第2025KT3827号

核聚变等离子体诊断技术前沿进展

HEJUBIAN DENGLIZITI ZHENDUAN JISHU QIANYAN JINZHAN

出版 中国科学技术大学出版社
安徽省合肥市金寨路96号,230026
http://press.ustc.edu.cn
https://zgkxjsdxcbs.tmall.com

印刷 安徽新华印刷股份有限公司

发行 中国科学技术大学出版社

开本 787 mm×1092 mm 1/16

印张 26.75

字数 538千

版次 2025年2月第1版

印次 2025年2月第1次印刷

定价 158.00元

本书编写成员

（按汉语拼音排序）

陈文锦	邓维楚	董云波	高金明	龚少博
郭文平	何小斐	何小雪	季小全	蒋　敏
柯　锐	李永高	梁绍勇	刘　亮	聂　林
施培万	石中兵	孙腾飞	王浩西	王　硕
温左蔚	闻　杰	杨青巍	杨曾辰	余德良
余　鑫	袁国梁	张　洁	张　凯	张轶泼
赵　伟	钟武律	周航宇		

前　言

能源是现代社会发展的基础,对国家繁荣发展、人民生活改善和社会长治久安至关重要。面对化石燃料的不断枯竭和环境问题的加剧,全球正面临寻找清洁、可持续能源的紧迫挑战。核聚变是宇宙中最为常见的反应,也是宇宙中绝大部分能量的来源,如太阳等恒星时时刻刻在发生核聚变反应。而在地球上实现可控核聚变就是通过创造高温、高压等条件,使得轻元素(如氢的同位素)发生聚变反应而释放能量。可控核聚变能以其资源丰富、环境友好和固有安全性等优势,被认为是人类社会未来的理想能源。可控核聚变也是我国核能发展"热堆—快堆—聚变堆"三步走战略的最后一步,是我国未来产业创新发展的重点领域之一。

高温等离子体是可控核聚变反应的主体,其由电离后的带电离子和电子组成,整体呈现电中性。随着科技的快速发展,高温等离子体的研究已成为物理学、工程学和材料科学等多个学科领域的前沿方向。其中,对其行为特征进行诊断测量是科学研究和技术发展的关键支撑,特别是对可控核聚变而言,准确、及时地诊断等离子体参数对于理解可控核聚变等离子体演化行为的物理机理、实现高性能聚变等离子体的稳定运行等具有至关重要的意义。

高温等离子体的复杂性和动态特性对诊断技术提出了严峻的挑战。传统的诊断方法在面对高温、高密度等复杂环境时,往往难以满足实时性和准确性的要求。因此,创新性诊断技术的研发显得尤为重要。本书旨在系统总结和展示高温等离子体诊断技术的基本原理、最新进展与应用成果,并重点介绍近年来在激光干涉、光谱分析、微波探测、聚变产物测量等诊断领域的前沿进展,探讨这些技术如何在实际应用中有效解决高温等离子体研究中的关键问题。近年来,机器学习、人工智能等先进计算技术的兴起,为高温等离子体诊断提供了新的视角和工具,本书也将探讨这些新技术的应用实例和未来发展方向。

本书共分为9章：第1章重点介绍聚变能、磁约束装置、托卡马克以及高温等离子体诊断的基础知识和背景，由杨青巍研究员负责组织编著。第2章介绍磁测量的原理与方法，包括国内外装置磁测量概况，电流、逆磁、磁场以及磁扰动的测量技术，并探讨磁测量在磁平衡位形重建和磁流体不稳定性识别中的应用，由季小全研究员负责组织编著。第3章介绍微波诊断技术，包括电子回旋辐射、微波干涉仪、微波反射计、微波前向散射测量和微波多普勒反射计的原理与应用，由蒋敏研究员负责组织编著。第4章介绍主动光谱测量，涵盖了动态斯塔克偏振仪、电荷交换复合光谱测量、中性束发射光谱测量以及快离子氘阿尔法光谱测量的原理和技术方案，由柯锐副研究员负责组织编著。第5章介绍激光汤姆孙散射诊断技术，包括等离子体的汤姆孙散射理论、非相干和相干汤姆孙散射诊断系统的构建和应用，由郭文平副研究员负责组织编著。第6章介绍激光干涉与偏振测量技术，包括理论基础、激光干涉仪和偏振仪的诊断原理、技术以及应用案例，由李永高研究员负责组织编著。第7章介绍等离子体辐射诊断技术，包括等离子体辐射机制、热辐射功率测量方法、X射线辐射诊断技术以及辐射层析重建算法，由高金明研究员负责组织编著。第8章介绍聚变产物测量技术，包括中子通量及聚变功率测量、中子剖面和能谱测量、伽马射线能谱测量以及阿尔法粒子测量，由袁国梁研究员负责组织编著。第9章介绍国际热核聚变实验堆(International Thermonuclear Experimental Reactor，ITER)诊断技术，包括磁测量、聚变产物诊断、光学诊断、辐射量热计系统、光谱诊断、微波诊断以及装置运行控制相关诊断的介绍和应用，由余德良研究员负责组织编著。

本书最初入选了“十四五”国家重点出版物出版规划项目“核聚变科学出版工程”，后期又申报并顺利入选了2024年度国家出版基金项目“核聚变科技前沿问题研究丛书”。感谢参与本书编写和审阅的专家学者，正是他们的辛勤付出与奉献，使得本书得以顺利完成。我们希望，本书能够成为相关专业科研人员、工程师和学生们的参考资料，为核聚变研究和等离子体应用奠定基础。希望读者能够从中获得启发与帮助，共同推动高温等离子体领域的科学探索与技术创新。

由于本书涉及的专业领域较广以及作者的知识有限，书中难免会有疏漏或不妥之处，恳请读者批评和指正。

作　者

2024年8月

目　录

第1章　核聚变与诊断概论

所谓核能，是指通过核裂变和核聚变反应而产生的能量，是可大规模使用的清洁能源。其中，裂变能作为一种可长期提供巨量电能的能源形式，其突出优点是稳定清洁、无温室气体排放等，但也有燃料资源耗尽的风险及乏燃料难以处理的困惑。

不同于裂变核反应放出的能量，聚变能是由两个较轻原子核聚合，成为一个新的较重原子核而释放出的能量。当今国际上，和平利用聚变能的科研已经大规模地开展了数十年，虽然尚未成功地完成聚变能发电的壮举，但也取得了令人振奋的成绩。聚变能最有潜力成为未来可持续大规模能源供应的方法，具有干净清洁、无有害乏燃料、安全等优点，聚变燃料取之不尽也是其不可取代的优势。

1.1　聚变能

所谓核聚变，是指两个较轻原子核聚合成为一个新的原子核并释放出能量。下式描述的是氘-氚(D-T)作为燃料的聚变反应：

$$\underset{(2-0.000994)m_p}{\mathrm{D}} + \underset{(3-0.006284)m_p}{\mathrm{T}} \longrightarrow \underset{(4-0.027404)m_p}{\alpha} + \underset{(1+0.001378)m_p}{\mathrm{n}} \tag{1.1.1}$$

其中，质子的质量是 $m_p=1.672621637\times10^{-27}$ kg，中子的质量是 $m_n=1.674927211\times10^{-27}$ kg。可以看到在此核反应中能量损失为 $0.01875m_p$，根据爱因斯坦质能公式，$E=mc^2=17.59$ MeV，也就是说，一对氘氚原子核产生的核反应可以放出 17.6 MeV 的能量。除此之外，还有一些较易实现的聚变反应，如：

$$^{2}D + ^{2}D \rightarrow ^{3}He + ^{1}n + 3.27\ MeV \tag{1.1.2}$$

$$^{2}D + ^{2}D \rightarrow ^{3}T + ^{1}H + 4.03\ MeV \tag{1.1.3}$$

$$^{2}D + ^{3}He \rightarrow ^{3}He + ^{1}n + 18.3\ MeV \tag{1.1.4}$$

虽然聚变能有很多的优点，但实现聚变反应并不容易，只有当原子核接近并达到足够近的距离时，核反应才能发生。但当两个原子核接近时，会由于其间的长程力（电磁力）相互排斥，从而阻止原子核靠近。数据表明，对于氘氚反应，当原子核的动能达到约100 keV时，发生核反应的概率最高，这个描述可以用反应截面来说明，见图1.1.1。

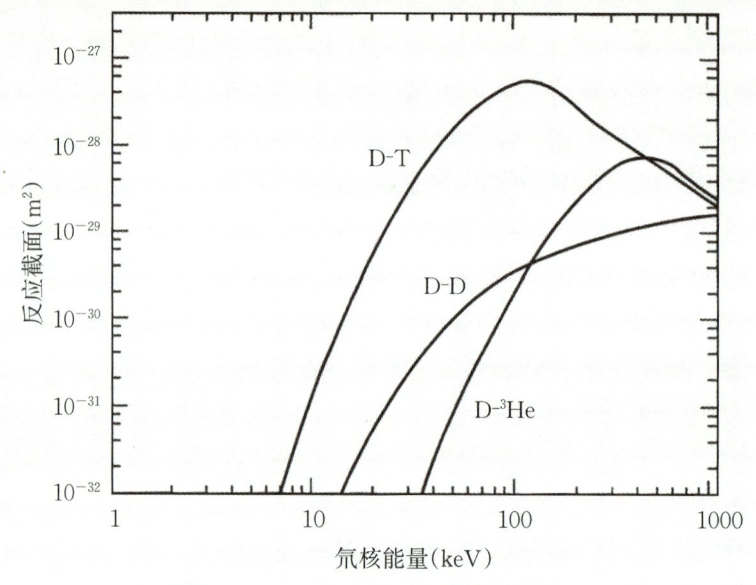

图1.1.1　D-T、D-D、D-³He聚变反应截面

图中不仅给出了D-T，也给出了D-D、D-³He反应的截面随原子核动能的变化。可以看到，在原子核动能为100 keV时，D-T核反应的概率要比其他核反应大2～3个量级。

考虑到D-T反应发生时的α粒子加热，用可以进行核反应自持燃烧定义“点火”，在一些合理假设和简单推演之下，可以获得一个“点火”判据，即等离子体温度、等离子体密度、能量约束时间三乘积判据：

$$nT\tau_E > 3 \times 10^{21}\ m^{-3} \cdot keV \cdot s$$

其中，n为等离子体密度，T为离子温度，τ_E为能量约束时间。图1.1.2给出的是为达到点火，等离子体密度乘以能量约束时间与等离子体温度的变化关系。由图可知，在温度大于 10 keV 条件下，D-T 聚变较易发生点火，温度为 30 keV 时点火条件最易获得。

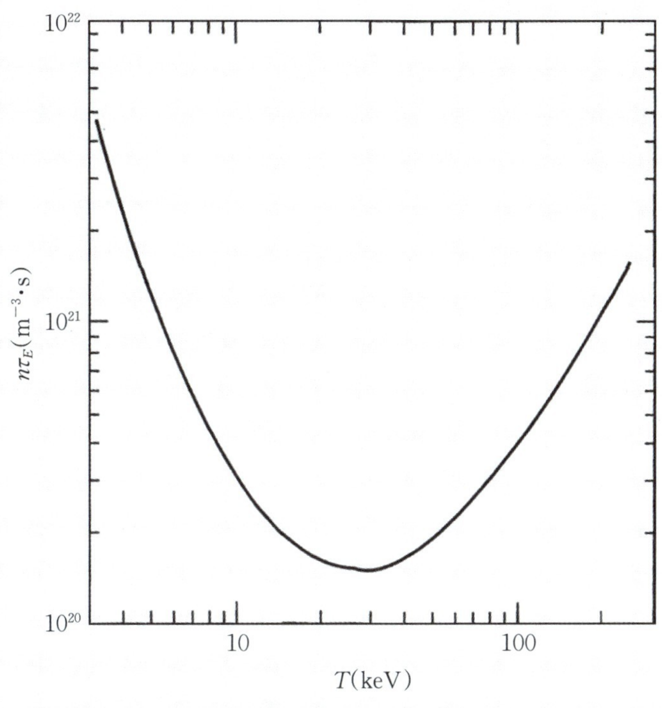

图 1.1.2　点火条件下等离子体密度(n)、约束时间(τ_E)与温度(T)的关系

为了达到三乘积判据，实现聚变能利用，科学家们想到了许多手段用于提高等离子体温度、密度和约束性能，磁约束装置就是其中一个大类别。所谓磁约束装置就是利用强磁场，将高温等离子体有效地长时间约束起来。

1.2　磁约束装置

从图 1.1.2 中可以看到，在确定的等离子体温度条件下，密度乘以能量约束时间越大，达到点火的条件越近。原理上来讲，惯性约束较易提高密度，而磁约束聚变更注重等离子体约束(包括时间上和空间上)性能的提高。而惯性约束聚变与磁约束聚变研究，从本质上就是分别以提高等离子体密度和提高约束时间为主要方向的。

顾名思义，磁约束聚变是以强磁场来约束高温等离子体，使之被限制在一定的区域内并持续被加热到点火条件，达到认为可控的能量输出。等离子体是物质的第四态，它是由整体呈电中性的离子和电子混合所组成，带电粒子在磁场中的行为遵循单粒子、磁流体力学规律等理论描述。

自20世纪50年代，世界范围内大规模的等离子体理论研究和装置试验研究业已展开，先后出现过以磁镜效应为理论基础的磁镜装置、以磁场压力挤压等离子体的箍缩装置、以环形螺旋场约束等离子体的托卡马克和仿星器装置等。进入20世纪70年代，随着苏联的T-3托卡马克装置成功地获得令人兴奋的高等离子体温度、密度及约束时间，表明托卡马克中三乘积指标的同步大幅提高，此实验结果也迅速得到了美国由仿星器-C改建成的ST托卡马克的验证。自此开始，以托卡马克为主导的磁约束核聚变装置建设及实验在国际上快速兴起并取得了令人瞩目的实验成果，同时大大促进等离子体物理研究的进展。

至20世纪90年代，以TFTR(美国)、JET(英国)、JT-60U(日本)为代表的大型托卡马克装置达到(或等效达到)$Q\sim1$的D-T等离子体运行，标志着磁约束受控聚变的科学可行性被验证，其中：聚变能量增益因子Q=聚变输出功率/聚变输入功率。

受控聚变科学可行性的验证进一步提升了科学家们对实现聚变能利用的信心和决心，遂于20世纪90年代在国际合作的框架下，开始设计国际热核聚变实验堆(International Thermonuclear Experimental Reactor，ITER)，ITER于21世纪开始建造，参与者有中国、欧盟、印度、日本、韩国、俄罗斯、美国七方。随着ITER的建造和未来的D-T运行，聚变能量增益有望达到$Q\sim10$，为聚变能的利用奠定下坚实基础。

经过数十年的发展，磁约束聚变已经基本具备达到“点火”的条件，见图1.2.1。换句话说，在科学上，聚变能的应用已经到了工程开发的阶段，并可以用以产生净增值能量。

中国于20世纪60年代成立了第一个专业研究所致力于发展聚变能，于20世纪70年代开始，由核工业西南物理研究院设计研发了当时的中大型托卡马克装置HL-1，随后改进为HL-1M。20世纪90年代，由中国科学院合肥等离子体物理研究所建造了HT-7超导托卡马克。21世纪初，为了大幅度提高等离子体参数，建造了HL-2A和EAST两个托卡马克装置，其中EAST是世界上第一个运行的超导磁体托卡马克装置。2020年，HL-3装置(原名为HL-2M装置)研发成功，其目标之一就是在近堆芯等离子体参数下的等离子体物理实验研究。同时，中国作为参与方，积极投入到ITER的研发和建造工作中。

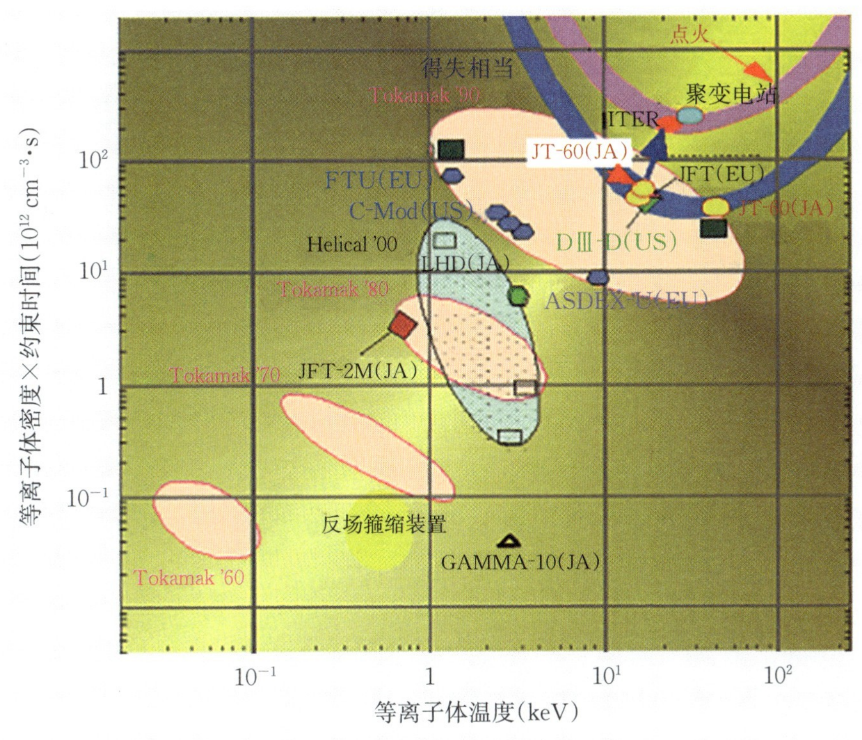

图 1.2.1　磁约束聚变进展与点火条件

1.3　托卡马克

托卡马克被认为是目前最有效的磁场约束等离子体装置，其基本构成[图 1.3.1(a)]和原理[图 1.3.1(b)]是：① 用环向磁场作为主约束磁场，与等离子体中的环向等离子体电流产生的角向磁场编织出一个螺旋磁场，用于克服离子和电子在环向效应作用下的电荷分离；② 用极向磁场与等离子体电流相互作用中力的平衡，使等离子体保持在一个恒定的形状(位形)；③ 用欧姆变压器线圈中电流的变化，在等离子体中产生一个环向的涡流电场，从而驱动等离子体电流。

从物理上来讲，等离子体平衡事实上就是力之间的平衡，主要表现为高温高密度等离子体的膨胀压力与磁压力之间的平衡。虽然这些磁场的相互作用可以使等离子体处于平衡状态，但等离子体中仍会存在很多类型的不稳定性，这些不稳定性不仅让等离子体约束变坏，甚至会使等离子体崩溃，即装置运行实验中经常遇到的“破裂”。

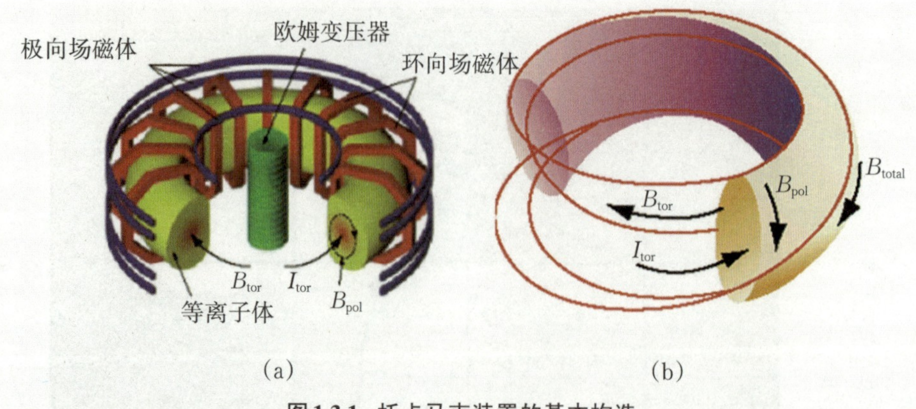

图1.3.1 托卡马克装置的基本构造

处于平衡和宏观稳定状态下的等离子体内部，其不同位置的等离子体参数（如温度、密度、杂质、辐射、电流密度、等离子体旋转等）也是不同的，这个不同会带来等离子体的品质和性能有差别。物理实验研究中，我们需要精确地测量这些不同，并期待等离子体品质被控制在一个较高的水平上。

1.4 高温等离子体诊断

就磁约束聚变研究的发展历程来看，受控聚变研究主要是对聚变等离子体物理进行研究，而且是一门以装置实验为主导的科学。众多成果都是首先在实验上得到观测和确认，然后发展理论机制的解释。所以，对磁约束等离子体的精细测量和诊断变得不可或缺。

通常，我们更愿意将等离子体参数的获取叫作诊断而不是测量，两者之间有相似的地方，也有很多差别。测量往往是指对一个参数进行有误差的测试，并给出其值，如电流、电压、频率、温度等；诊断往往包括测量，但更重要的是其内必须包含有物理分析，也可以叫包含"专家系统"。比如说，实验中可以测量得到众多的线圈电流、磁场磁通值等，但经过专家系统计算分析之后，可以得到托卡马克等离子体的磁面形状（即位形），这就是诊断。

等离子体诊断技术的发展是根据实验装置的物理研究的需要而进行的，早期往往是对装置实验中等离子体温度、密度、电流、平衡位置等基本参数进行测量。随着实验研究的深入和理论研究的要求，高时间分辨、空间分辨、能量分辨、位形分辨的诊断系统研发被提上日程。另外,更为精细和特殊的测量需求被不断提出,如等离子体中杂质分量、等离子体旋转速度、非麦氏分布高能量粒子测量等。当然,对等离子体参数的测量越详细和准确,则对等离子体物理的认识就越清楚,离聚变点火就越接近。另一方面,通过用诊断获取的等离子体参数,提供装置运行的反馈控制数据,确保装置的稳定、可靠、安全运行。

诊断系统不仅仅只是需要给出等离子体的参数数据,而且还应该给出一些物理图像和一些实验现象之间的相关性,当然这需要对获取的实验数据进行含有物理意义的数据分析才可以完成,这也是诊断的一项重要任务。

对于等离子体各参数的测量和信息获取,会采取不同的物理原理和技术,即使是对同样一个参数的测量,其原理和技术方法也会大相径庭。从诊断原理分类的角度来讲,大致可以分为磁测量、电磁波传播、电磁波散射、等离子体波辐射、等离子体波反射、韧致辐射、热辐射、光谱多普勒展宽及平移、光学成像、光谱斯塔克效应、核反应中子及伽马射线等。从诊断技术上可分类为:激光技术、微波技术、电磁探针、中子测量、光学/光谱学、X射线/γ射线测量、粒子测量等。本书拟按照所采取的技术手段不同而分章节介绍各项诊断系统。

本书不对高温等离子体诊断的基本原理和方法着墨过多,旨在瞄准当前国际上受控聚变研究的方向,对最新进展、先进技术、先进材料及元器件、先进方法等做详细的介绍和论述,可用作专业人员的工作参考书、高年级研究生的教学参考书。故此,本书的作者是由多位长期工作在诊断研发第一线的教授、研究员组成,第2章主要介绍磁测量在磁约束等离子体中的应用;第3章讲述微波诊断;第4章介绍主动光谱测量相关诊断;第5章介绍激光汤姆孙散射诊断技术;第6章介绍激光干涉与偏振测量技术;第7章介绍等离子体辐射诊断技术;第8章介绍聚变产物测量技术;第9章对ITER上的诊断进行简要描述。

第2章 磁 测 量

磁测量是获取磁约束装置运行状态的重要诊断之一，是了解装置运行参数最直接的测量方法。在国内外各大磁约束装置上，装置可靠、稳定地运行对于磁信息的测量都具有非常强的依赖性。磁测量可为磁约束装置提供装置运行的基本参数，如等离子体电流、环电压、储能等。同时也可通过测量靠近等离子体位置的磁通和磁场来获取等离子体的位置、形状等信息，用于等离子体位形的识别重建和等离子体运行实时反馈控制。此外，测量磁的扰动可以提供等离子体宏观磁流体不稳定性信息，为物理研究和不稳定性的控制提供重要的测量手段。在国内外各大中型磁约束装置上对此作了详细的介绍。[1-13]本章将阐述磁约束磁测量中常见的几种测量原理与方法，并对磁测量在磁平衡和磁扰动方面的应用作介绍。

2.1 磁测量原理与方法

获取装置磁场和磁通信息的原理和途径有很多种，往往需要结合装置的工程物理需求、磁传感器的原理和结构复杂程度、适用范围等多方面的因素来选择。目前主要的磁约束装置如托卡马克和仿星器，主要采用以电磁感应、霍尔效应、法拉第旋光效应为基础的磁场探测器，用于装置的磁体电流、等离子体电流、涡流，以及磁通、磁场、逆磁、磁扰动等信息的测量。[14]本小节对磁约束装置中的磁传感器基本布置进行介绍，并对电流、逆磁、磁场和磁扰动的测量方法做介绍。

2.1.1 磁测量的布置

磁测量主要是以安装在装置上等离子体附近的磁测量传感器,来实现对磁信息的探测获取,对等离子体本身无干扰。图2.1.1展示了托卡马克磁约束聚变装置上磁测传感器的基本布置。这里先对坐标及方向做解释:通常等离子体大环方向被称为环向(toroidal),在任一环向角度做一截面,称之为极向(poloidal)截面。在极向截面内,一般称与等离子体或真空室外轮廓相切的方向为切向(tangential)、垂直于切向为径向(radial)或法向(normal)。切向和径向均为极向。

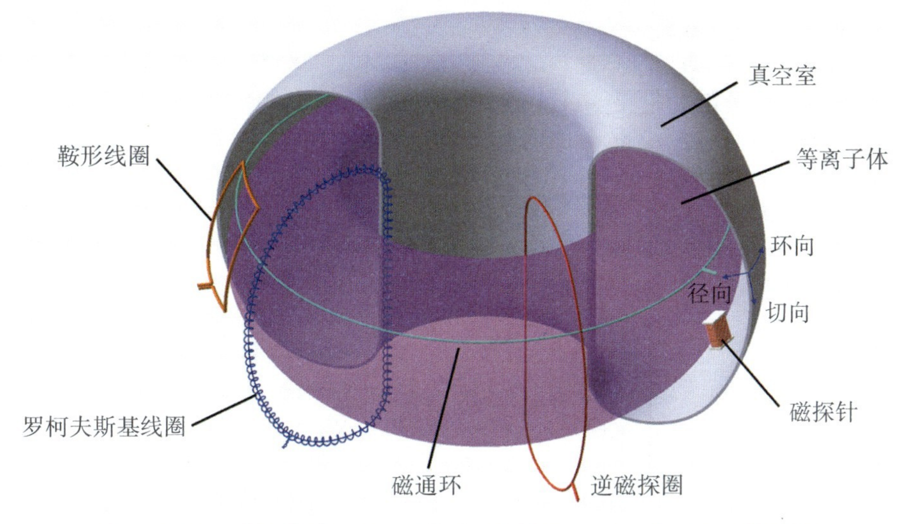

图2.1.1 磁约束聚变装置上磁测传感器的布置示意图(以托卡马克为例)

罗柯夫斯基线圈(Rogowski coil)、光纤电流传感器(fibre optics current sensor)用于测量电流,如果其完全封闭地绕在等离子体环上,则可以测量等离子体电流,如果其套于磁体导线或导体部件上,则可以获得磁体线圈电流、导体涡流等信息,这些信息为装置运行的基本状态和安全提供必要的参考。逆磁探圈(单探圈、同心圆、补偿探圈等)通过严格地布于同一环向角度,补偿处理各杂散场磁通后,可以给出等离子体逆磁磁通,进而获取等离子体比压、储能等重要信息。对于等离子体位形重建和运行控制的测量,主要由布置沿大环方向的磁通环(又称单匝环),以及测量极向磁场的传感器如磁探针来完成。用于测量和研究宏观磁流体不稳定性(如锁模、锯齿、撕裂模、鱼骨模、阿尔芬本征模等)以及等离子体破裂,主要由鞍形线圈、米尔诺夫探针来实现。表2.1.1给出了磁传感器在测量功能方面的分类。

表 2.1.1　磁测量系统分类

功　能	测 量 对 象	常 用 传 感 器
基础参数	磁体线圈电流(I_{MC})	罗柯夫斯基线圈、霍尔电流传感器、光纤电流传感器
	等离子体电流(I_p)	罗柯夫斯基线圈、光纤电流传感器
	涡流、晕电流(I_{eddy},Halo)	罗柯夫斯基线圈、光纤电流传感器、分流器
	环电压(V_{Loop})	磁通环(环向磁通环)
	逆磁磁通、比压(β)、储能(W_{dia})	逆磁探圈、同心圆探圈、补偿探圈
等离子体位形	极向磁通 φ_p	磁通环
	极向磁场 B_p	磁探针、霍尔磁场传感器、鞍形线圈
	径向磁通 φ_r	鞍形线圈
磁扰动	极向磁扰动	米尔诺夫探针

图 2.1.2 展示了美国 DⅢ-D 装置[5]上用于磁平衡重建的磁传感器布置。由于托卡马克的环对称性,在极向截面的描述中通常使用(R,Z)坐标来表示传感器的位置。

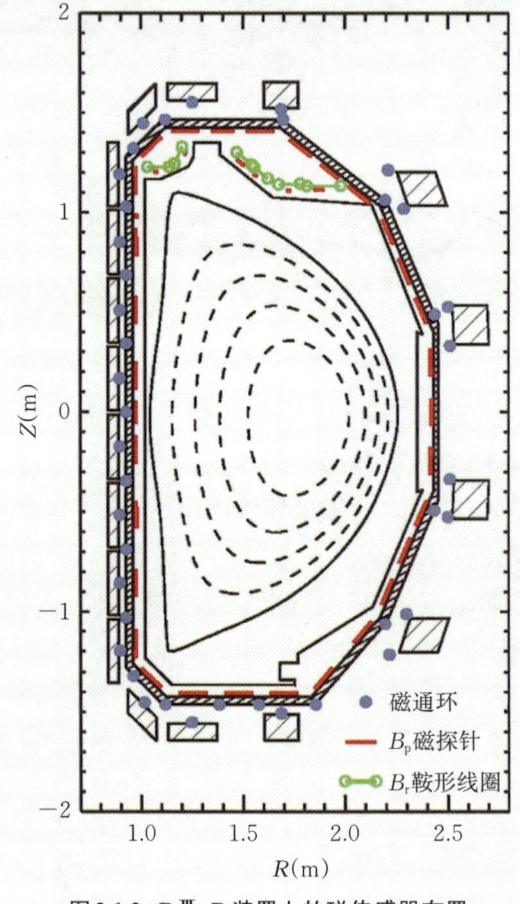

图 2.1.2　DⅢ-D 装置上的磁传感器布置

DⅢ-D装置的磁通环(极向磁通)主要布置在真空室外壁和PF线圈附近,如图蓝色实心圆点展示了磁通环的极向截面坐标。测量极向磁场的磁探针,布置在真空室内壁并由第一壁覆盖保护。同时为了丰富磁场的测量,在上偏滤器与第一壁附近增加了传感器布置的数量,如红色线条展示了它们的位置和方向。同时,在上偏滤器附近布置了测量径向磁场(Br)的鞍形线圈,如绿色实线相连的空心圆圈(6个)为鞍形线圈,作为等离子体控制和平衡重建所需的补充信号。上述这些磁传感器构成了DⅢ-D装置等离子体控制的磁信息输入。

2.1.2 电流的测量

磁约束装置上电流的测量主要包含磁体线圈电流、等离子体电流、感应涡流、晕电流的测量。其中磁体线圈电流为工程参数,同时也是位形重建的必要输入。等离子体电流是装置运行参数的重要技术指标和控制运行参数。等离子体破裂导致的装置金属导体件流过瞬态电流,其产生的瞬态电磁力关系到装置运行安全。上述这些信息都需要受到密切监控,用于实时控制或受力分析。下面对磁约束装置上常使用的电流传感器及其原理作简单介绍。

(1) 罗柯夫斯基线圈

以电磁感应为基础的罗柯夫斯基线圈(简称罗氏线圈)是磁约束聚变装置上常用的电流测量传感器。空心的罗氏线圈具有响应快、线性度好、无磁饱和、测量范围广等优点,在国内外各磁约束装置上得以广泛应用。采用绕线线缆在骨架下均匀密绕并回线,将两端双绞引出,即可形成罗氏线圈传感器。[15]罗氏线圈受限于电磁感应式测量方式,在长脉冲或稳态电流测量时,其后端的电子学积分器存在自身漂移带来的测量误差累积,并非未来聚变堆上理想的电流测量手段。

若在罗氏线圈的输出端并联一个电阻r,当$\omega L \gg r$时,这里的ω为待测电流的下限频率,L为罗氏线圈的电感,该罗氏线圈更接近于一个测量快变化的互感器[15],输出信号无须积分处理。这种互感器主要用于短脉冲箍缩装置(如Z-pinch装置)。

(2) 光纤电流传感器

为了解决长脉冲稳态电流测量的技术问题,近年来在磁约束聚变装置上基于法拉第旋光效应的电流测量技术得到快速发展,并将在ITER装置上作为罗氏线圈的备用和补充来使用。偏振光在待测电流所产生的磁场作用下具有旋光性,可以得到偏振光旋转的角度与待测电流的关系:

$$\theta = VBL = V\oint \boldsymbol{B}\cdot \mathrm{d}\boldsymbol{l} = \mu_0 VI \tag{2.1.1}$$

式中，θ表示绕待测电流一周的光纤，光在其内偏振旋转的角度，V为与光纤材料有关的费尔德常数，I为待测电流。通常需要采用较为成熟、介质均匀的光纤作为传输介质。如图2.1.3所示为光纤电流传感器的布置图。可以看到，光纤绕待测电流后，偏振光通过光纤送至待测电流处，采用检偏镜对光的偏振角度进行测量，并传输回信号处理端。通过测量光的旋转角来测量待测电流值。

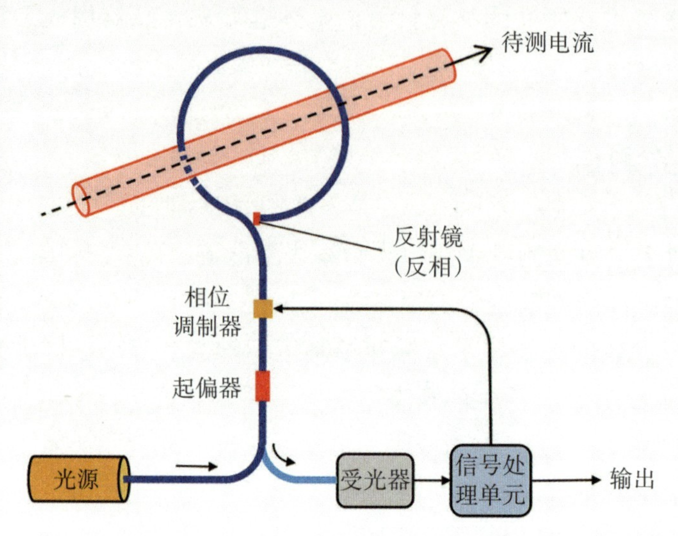

图2.1.3　光纤电流传感器内部的布置图

光纤电流传感器的优势主要体现在：

· 具有非常好的抗电磁干扰能力，通过光相位的测量实现了非电接触式的测量，不存在如基于磁感应的传感器的绝缘破损导致的测量安全问题。

· 不存在磁感应式传感器需要积分的问题，非常适用于未来长脉冲稳态运行下的电流测量。

· 测量响应速度较快，响应时间主要取决于偏振角度的识别速度。

· 体积可做到非常小，主体测量部件仅为一根光纤。

但是与罗氏线圈这种成熟的测量相比，其可靠性、准确度还存在一定的差距。相位的准确识别方面仍有待提高，在待测电流急剧变化导致相位快速变化过程中，存在相位跳变的可能性。同时在强磁场环境下存在非线性的问题。对于未来高热负荷、强中子辐照的磁约束聚变装置来说，这类传感器的性能仍需要进一步验证。

(3) 其他电流传感器

基于霍尔原理的电流传感器也是一种技术成熟、应用广泛的稳态电流测量方式。但其具有磁芯，在磁约束聚变装置上一般只适用于如磁体线圈等的电流测量。

电流分流器也是一种接触式电流测量方式，通过测量已知电阻两端的分流路径电压，来实现电流的测量。在ITER装置的偏滤器模块中使用到了该种测量方式以监测偏滤器模块导体的涡流。

2.1.3 逆磁的测量

逆磁测量是托卡马克、仿星器和箍缩装置用于测量等离子体约束性能、等离子体储能的一种重要诊断手段。但是，逆磁磁通 Φ_{dia} 通常只有环向总磁通 Φ 的 10^{-3} 量级甚至更低[14-15]，信号很容易被淹没掉，因此逆磁磁通的准确测量具有较大的难度。

通过环向场线圈电流的变化等方法可以测量逆磁[15]，下面介绍国内外目前用于托卡马克和仿星器中的其他三种测量方案，分别是单探圈和电流测量[16]、逆磁探圈和补偿探圈[17-18]、同心圆[19-20]方案，布置方案如图2.1.4所示。

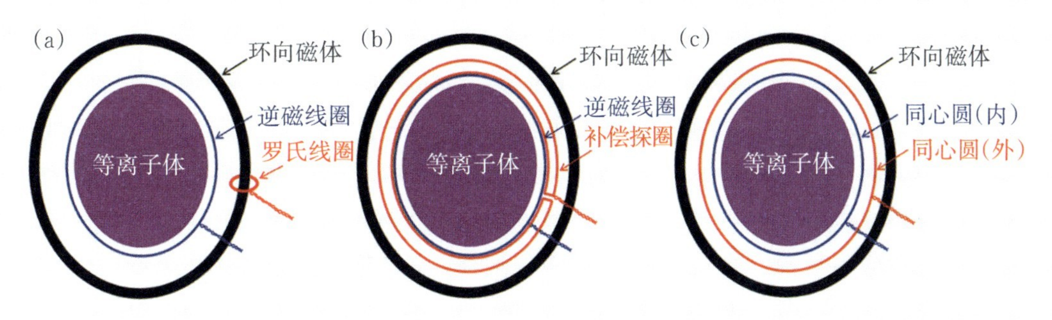

图2.1.4 逆磁磁通测量方案的布置示意图

第一种方案是采用逆磁探圈测量总磁通(逆磁磁通和环向场磁通 $\Phi_{dia}+\Phi_{TF}$)，并采用罗氏线圈测量环向磁体电流用于环向场磁通的差分补偿处理。但是，由于逆磁探圈和罗氏线圈不在同一电磁环境中，通常使得这种方法存在一定的干扰且不易消除。

第二种方案是布置一个包围等离子体的逆磁探圈测量总磁通 $\Phi_{dia}+\Phi_{TF}$，同时在同一位置布置一路不包围等离子体的多匝补偿探圈(测量 Φ_{TF})，并使得在无等离子体时所通过的环向磁通与逆磁探圈测量近乎一致，通过两信号差分处理，就能在有等离子体时得到逆磁磁通 Φ_{dia}。

第三种方案是第二种方案的变形，布置面积不同的同心圆，内圈和外圈分别测量得到磁通为 $\Phi_{dia}+\Phi_{TF}$ 和 $\Phi_{dia}+A\Phi_{TF}$，其中 A 的比值为外圈和内圈所测环向磁通之比，同样通过差分处理可以得到逆磁磁通。

上述三种方案，均要求逆磁探圈、补偿探圈、同心圆探圈尽可能垂直于环向磁场安装，以尽可能减小极向磁场等杂散场被引入到测量之中。

2.1.4 磁场的测量

磁场的测量可以为等离子体位形反演、位置形状的反馈控制提供非常重要的磁场信息。磁场测量的精度、分辨率、响应速度对于装置等离子体的反馈控制而言是重要的保障。目前,磁约束聚变装置上的局域磁场测量主要采用感应式磁探针和霍尔磁场传感器实现。[15]

电磁感应式磁探针是一种小型的磁探圈结构,通过测量其所包围的磁通变化来得到当地的磁场大小,是磁约束装置上非常成熟、可靠的磁测传感器。磁探针的设计通常需要根据测量需求如信噪比、空间分辨力、频率响应等多方面因素而定,同时需要兼顾工程需求,如装置烘烤温度、真空放气率、安装空间限制等综合考虑。磁探针的骨架可采用陶瓷、特种工程塑料和无磁不锈钢等。绕线可采用矿物绝缘线缆(Mineral Insulation Cable,MIC)、工程塑料绕包线、漆包线。MIC是目前常用的绕线线缆之一,其耐温和真空性能优异,该方式在多个装置上使用。[3,4,9]但是其受到铠装保护壳的屏蔽影响,对信号的响应速度相对较慢,需要注意其是否能够满足等离子体位形控制的实时性要求。采用绕包线或漆包线绕制的探针,需要考虑塑料材料的耐温性能和放气。一般可在同一骨架上集成二维或三维磁探针的制作,以丰富磁场测量的信息。图2.1.5分别展示了磁探针的结构和绕制工艺。如DⅢ-D装置上采用了在不锈钢结构上绕制MIC线缆的工艺,并将两个维度的传感器集成设计为一体。HL-3装置上采用了聚酰亚胺绕包绝缘线,在陶瓷骨架上绕制二维探针。

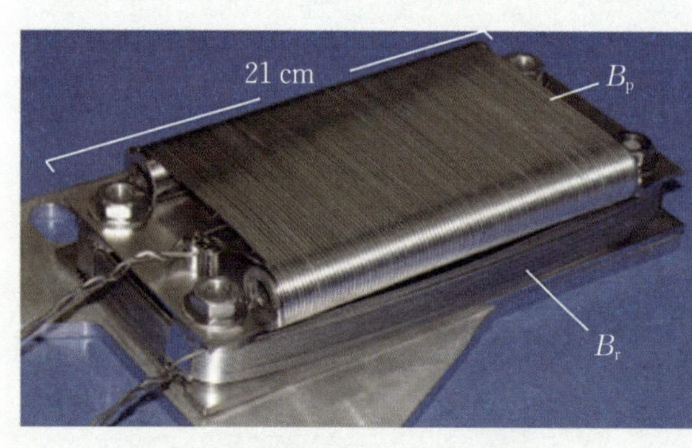

(a) DⅢ-D装置的二维磁探针

(b) HL-3装置的二维磁探针

图2.1.5 二维磁探针实物

磁探针虽然简单、成熟,但是其测量的原始信号为磁场或磁通的变化率,对于长脉冲甚至稳态的磁场测量,缓变的磁场意味着其输出的感应电压过小甚至被噪声所淹没,大大增加了后端积分器对信号处理的难度。同时,长脉冲积分使得积分漂移随时间的累积问题越发凸显。[14]因此,从原理上寻求稳态磁场测量的方法,将是ITER装置和未来聚变堆需要解决的技术问题。

基于霍尔原理的磁场传感器在该方面具有非常大的发展潜力,其在稳态测量、高空间分辨方面具有非常大的优势。但由于需要激励电流,因此其传感器端的结构和信号传输相较于磁探针要复杂一些,可靠性相对较低。此外,霍尔效应受到材料温度变化、强磁场下性能变化等因素而导致的非线性效应,也是制约其在大型磁约束聚变装置上可靠使用的重大因素,目前仍在测试预研阶段。

霍尔传感器测量磁场的输出为霍尔电压,可表示为

$$U_H = R_H \frac{J_\perp B}{d} \tag{2.1.2}$$

式中,$R_H = 1/(nq)$为霍尔系数,其中n为载流子密度,q为载流子电荷;$J_\perp$为通电电流,B为产生霍尔效应的待测磁场。可以看出,霍尔系数与采用的材料有关。一般定义$K_H = R_H/d$为霍尔元器件的灵敏度,与所选材料的霍尔系数、霍尔片厚度相关。

目前,采用半导体材料的霍尔传感器已经非常成熟,并广泛应用于各行业。但半导体材料在中子辐照下存在载流子变化和材料性能退化、耐温性能等诸多问题,决定了其可能难以在未来聚变堆中得到广泛应用。目前金属霍尔传感器是重点发展的技术路线,但由于其霍尔灵敏度很低,需要尽可能降低霍尔片薄膜的厚度(甚至达到纳米级别)以提高测量的信噪比。即便如此信号仍然非常微弱,需要后端电子学具备稳定的电流驱动,且对测量信号具有高倍数的放大。ITER上进行了金属霍尔传感器详细的研发和测试。[21-23]研制了金属霍尔传感器原型件(图2.1.6)和霍尔阵列。为了达到耐高温、绝缘的要求,一般采用陶瓷或石英衬底做为制作金属霍尔的基板,通过磁控溅射、蒸镀的方式将金属(如铋、金、铜等)镀在基板上,并将4个引脚通过良导体引出进行供电和信号测量。金属的镀膜厚度需要根据测量参数范围进行设计,并且尽可能保持其镀膜的均匀性和平面度。在传感器预研中,往往需要进行微观结构的分析,以评估传感器的性能。

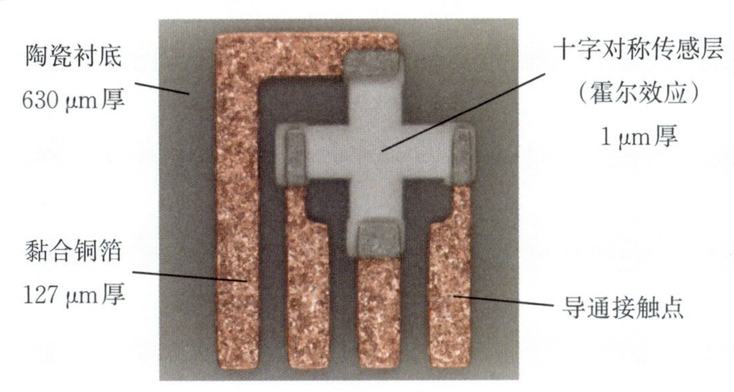

图2.1.6 ITER装置预研的金属霍尔片原型件

2.1.5 磁扰动的测量

磁约束等离子体中存在各种磁流体不稳定性(MHD Instabilities),研究这些不稳定性的物理机制,找到抑制或控制这些不稳定性的方法是当前研究的重要课题之一。磁感应式探圈是获取不稳定性信息的主要方式之一,下面对典型的米尔诺夫探针(Mirnov coil)和鞍形线圈(saddle loop)作简要介绍。

磁流体不稳定性的发展一般会引起周围磁场的扰动,并具有随空间和时间变化的结构特点。在靠近等离子体区域布置一种小型的磁通测量探圈,则该磁扰动的幅值、频率、相位以及随时间演化的过程将可被探测到。布置多个在不同极向或环向位置的小型探圈组成的阵列,该磁扰动在多个传感器上将展现出相差,从而可以反映磁扰动的空间信息,得到磁扰动极向和环向模数。米尔诺夫探针[24]就是这样一种小型磁探针,它是分析不稳定性的十分重要的诊断手段之一。

常规的米尔诺夫探针的设计频响在百千赫兹左右,足以胜任低频MHD不稳定性扰动如锯齿震荡、(新经典)撕裂模、鱼骨模等的识别。但是针对高频不稳定性如阿尔芬本征模等扰动频率达到几百千赫兹甚至几兆赫兹,扰动模数可以达到$n=10$以上的高频磁扰动来说,低频米尔诺夫探针无法有效地探测远超其频响能力的磁扰动,也不能有效地进行模数分辨。因此,研制频率更高、尺寸更小的磁扰动探针是非常有必要的。可从米尔诺夫探针的等效电路出发进行探针的设计,传感器可以由等效电感、电容、电阻构成,传感器通过信号传输线到数据采集端,传输线具有一定的分布电感和电容。因此可以得到探针的传递函数。[25]主要决定探针响应频率的是等效电路中的电感L和电容C。因此,降低传感器和传输线的电感、电容能够有效地提升传感器频率响应,但是探圈的绕线匝数变少将使得测量信号的信噪比降低,探针尺寸设计过大又会降低空间分辨,这三者是相互矛盾的。在实际设计米尔诺夫探针时,需要结合被测信号的频率范围、探针空间分辨率(尺寸)、时间分辨率(频响)等多种因素进行折中考虑。

在早期已经开展过高频探针频率响应的研究和测试工作。[25]在Mega Ampere Spherical Tokamak(MAST)装置上进行了较为深入的设计和信号处理工作。[26]国内也采用了印刷电路板、陶瓷双层刻槽等技术进行了相关的研制并在实验中使用。[27-28]

ITER装置上的高频米尔诺夫探针面临高热负荷(0.5~1 MW/m^2)、中子通量(0.3 $MW·a/m^2$)、复杂电磁环境、高真空、长期可靠运行、空间狭小等多方面的困难。[29]因此,提高探针的频率响应、有效面积,同时降低空间尺寸,是ITER上高频米尔诺夫探针需要解决的关键技术问题。针对装置高烘烤温度,设计了多种可加工陶瓷双层刻槽[30]的方式,如图2.1.7(a)(b)(c)所示。同时发展低温共烧陶瓷(low temperature cofired ceramic,LTCC)技术[29],该技术是将低温陶瓷粉制成致密生瓷带,作为基板材料并在其上制作电路,将多层基板叠加后于约900 ℃温度下烧结而成,由此实现高集成度,大大降低了探针的厚度,降低了安装的尺寸空间,提升了空间分辨能力。图2.1.7(d)(e)展示了LTCC技术制作磁探针的设计图。

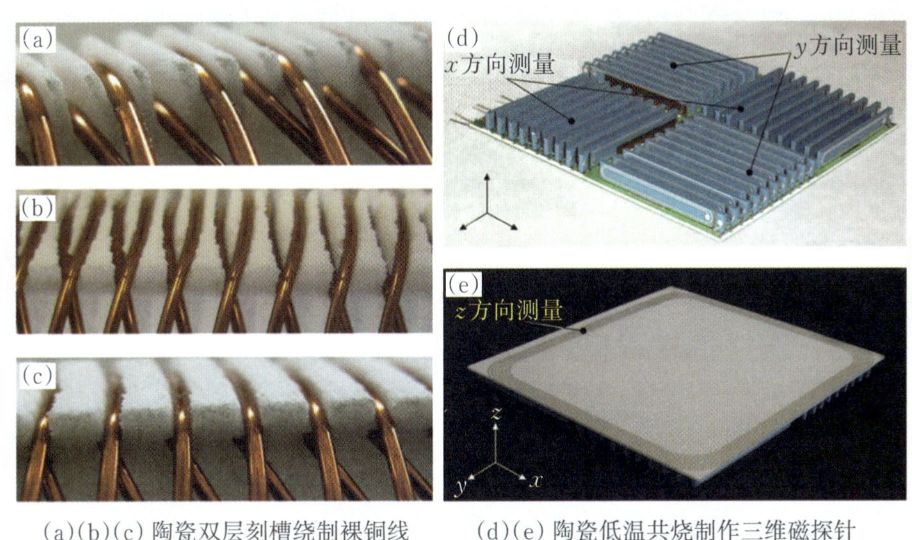

(a)(b)(c) 陶瓷双层刻槽绕制裸铜线　　(d)(e) 陶瓷低温共烧制作三维磁探针

图2.1.7　ITER装置上高频探针的两种技术路线

锁模将引起等离子体大破裂,是托卡马克研究的重要问题之一。鞍形线圈是测量锁模的重要手段之一,对于锁模的物理过程研究、破裂控制、新经典撕裂模的主动控制等方面提供重要信息。鞍形线圈测量的是局域径向磁场扰动,其尺寸相较于磁探针较大,因其形状如马鞍面而得名。在装置极向和环向方向布置鞍形线圈阵列,可用于识别较低模数的磁扰动。

2.2　磁测量在磁平衡位形重建上的应用

托卡马克等离子体平衡是物理问题,也是工程问题,它是托卡马克装置极向磁场系统设置、调试和运行的一项重要基础工作。平衡重建是平衡的逆问题,是等离子体位置和形状实时监测和控制的基础理论工作。利用等离子体周围的磁探针和磁通环给出的信息,以及等离子体内部的磁场信息得到等离子体的边界及其内部磁面,对等离子体截面形状和位置的精确、实时反馈控制有重要作用。

2.2.1 托卡马克等离子体平衡基础

对于托卡马克等离子体平衡，Grad-Shafranov(GS)平衡方程是研究平衡工作的理论基础，它描述了等离子体内部的力学平衡，能通过可测量值(如环向电流等)进行求解，下面我们简要介绍GS方程的推导。[31-32]

2.2.1.1 磁通函数$\psi(R,Z)$表达磁场

托卡马克中许多物理量都和磁面相关，引入磁面概念后，这些物理量的分析及表达变得清晰简单；磁面可由极向磁通准确描述，下面先引入极向磁通ψ。它可理解为一个封闭环形磁面内总的极向磁通量，定义为

$$\psi=\int_{S_p}\boldsymbol{B}\cdot\mathrm{d}\boldsymbol{S}_\mathrm{p}=\int_{R_0}^{R}B_z 2\pi R\mathrm{d}R \tag{2.2.1}$$

式中，R为任意磁面的大半径，R_0为磁轴对应的大半径。曲面S_p是一个环带，一侧为磁轴($R=R_0$)，另一侧在磁面上(图2.2.1)。实际上，磁通可任意加减一个常量而不改变物理问题性质，所以可令任意磁面上的磁通为0，也就是说上述积分从这个磁面开始。

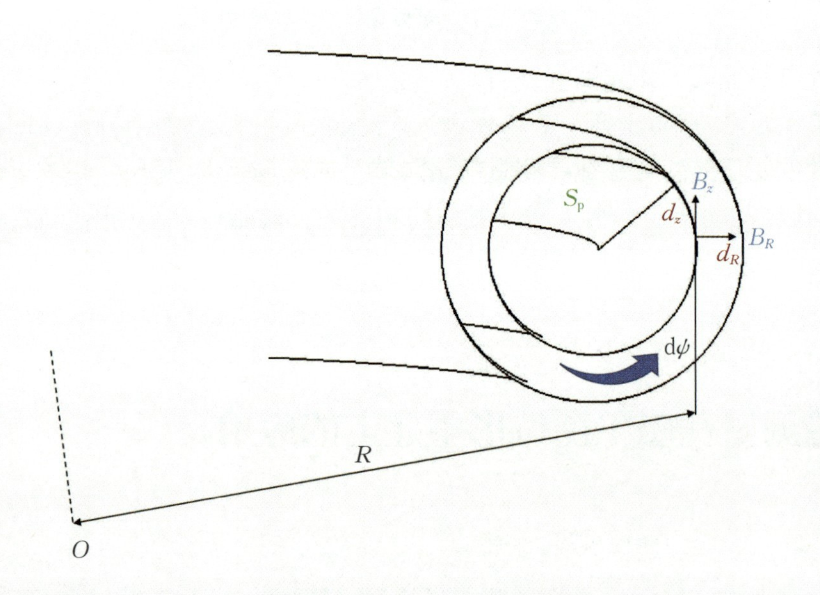

图2.2.1 极向磁通的积分曲面

现在求极向磁通的全微分，考察两个距离非常近的磁面，令其中一个磁面的极向磁通为0，由式(2.2.1)中的第一式求另一个磁面的磁通值，实际上即是求两个磁面间的磁通差。由于极向磁通的方向有不同的选择，如选择在垂直方向，就是一个很短的圆

柱面，从图2.2.1中可知，此时极向磁通的微分$\mathrm{d}\psi$的方向与水平磁场B_R方向相反，结果应为$\Delta\psi=-B_R 2\pi R\Delta z$；如果选择水平方向，就是一个平面圆环，$d\psi$的方向与垂直磁场$B_z$的方向相同，结果应为$\Delta\psi=B_z 2\pi R\Delta R$。所以磁通全微分可以写出，$\mathrm{d}\psi=B_z 2\pi R\mathrm{d}R-B_R 2\pi R\mathrm{d}Z=\frac{\partial\psi}{\partial R}\mathrm{d}R+\frac{\partial\psi}{\partial Z}\mathrm{d}Z$，即$\frac{\partial\psi}{\partial R}=2\pi RB_z$，$\frac{\partial\psi}{\partial Z}=-2\pi RB_R$，则

$$B_R=-\frac{1}{2\pi R}\frac{\partial\psi}{\partial Z},\quad B_Z=\frac{1}{2\pi R}\frac{\partial\psi}{\partial R} \tag{2.2.2}$$

圆柱坐标系(R,Z,Φ)中，如下关系式成立：

$$\begin{aligned}\boldsymbol{i}_R\times\boldsymbol{i}_\Phi&=\boldsymbol{i}_Z\\ \boldsymbol{i}_\Phi\times\boldsymbol{i}_Z&=\boldsymbol{i}_R\\ \boldsymbol{i}_Z\times\boldsymbol{i}_R&=\boldsymbol{i}_\Phi\end{aligned} \tag{2.2.3}$$

其中$(\boldsymbol{i}_R,\boldsymbol{i}_Z,\boldsymbol{i}_\Phi)$为$(R,Z,\Phi)$方向的单位向量。极向磁场$\boldsymbol{B}_\mathrm{p}$为水平磁场$\boldsymbol{B}_R$和垂直磁场$\boldsymbol{B}_Z$的矢量之和，可表示成

$$\begin{aligned}\boldsymbol{B}_\mathrm{p}&=B_R\boldsymbol{i}_R+B_Z\boldsymbol{i}_Z=\frac{1}{2\pi}\left(-\frac{1}{R}\frac{\partial\psi}{\partial Z}\boldsymbol{i}_R+\frac{1}{R}\frac{\partial\psi}{\partial R}\boldsymbol{i}_Z\right)\\&=\frac{1}{2\pi}\left(\frac{\partial\psi}{\partial Z}\boldsymbol{i}_Z+\frac{\partial\psi}{\partial R}\boldsymbol{i}_R\right)\times\frac{\boldsymbol{i}_\Phi}{R}=\frac{1}{2\pi R}\nabla\psi\times\boldsymbol{i}_\Phi\end{aligned} \tag{2.2.4}$$

以及

$$B_\mathrm{p}=\left|\boldsymbol{B}_\mathrm{p}\right|=\frac{\left|\nabla\psi\right|}{2\pi R} \tag{2.2.5}$$

则总磁场可以写成：

$$\boldsymbol{B}=\boldsymbol{B}_\Phi+\boldsymbol{B}_\mathrm{p}=B_\Phi\boldsymbol{i}_\Phi+\frac{1}{2\pi R}\nabla\psi\times\boldsymbol{i}_\Phi$$

其中

$$\boldsymbol{B}_\mathrm{p}=\frac{1}{2\pi R}\nabla\psi\times\boldsymbol{i}_\Phi$$

若将ψ取为单位幅度的磁通，即$\psi(R,Z)=\frac{1}{2\pi}\int_0^R\boldsymbol{B}\cdot\mathrm{d}\boldsymbol{S}$，则

$$\boldsymbol{B}=\boldsymbol{B}_\Phi+\boldsymbol{B}_\mathrm{p}=B_\Phi\boldsymbol{i}_\Phi+\frac{1}{R}\nabla\psi\times\boldsymbol{i}_\Phi$$

其中

$$\boldsymbol{B}_\mathrm{p}=\frac{1}{R}\nabla\psi\times\boldsymbol{i}_\Phi \tag{2.2.6}$$

2.2.1.2 磁通函数表达电流密度

将式(2.2.2)代入安培定律$\boldsymbol{j}=\nabla\times\boldsymbol{B}/\mu$（$\mu$为真空磁导率），并考虑托卡马克环向对

称，有 $\frac{\partial}{\partial \Phi}=0$，则

$$
\begin{aligned}
\boldsymbol{j} &= \nabla\times\boldsymbol{B}/\mu \\
&= \frac{1}{\mu}\begin{vmatrix} \frac{1}{R}\boldsymbol{i}_R & \boldsymbol{i}_\Phi & \frac{1}{R}\boldsymbol{i}_Z \\ \frac{\partial}{\partial R} & \frac{\partial}{\partial \Phi} & \frac{\partial}{\partial Z} \\ B_R & RB_\Phi & B_z \end{vmatrix} \\
&= \frac{1}{\mu}\left[\frac{1}{R}\boldsymbol{i}_R\left(\frac{\partial B_z}{\partial \Phi}-\frac{\partial RB_\Phi}{\partial Z}\right)-\boldsymbol{i}_\phi\left(\frac{\partial B_z}{\partial R}-\frac{\partial B_R}{\partial Z}\right)+\frac{1}{R}\boldsymbol{i}_Z\left(\frac{\partial RB_\Phi}{\partial R}-\frac{\partial B_R}{\partial \Phi}\right)\right] \\
&= \frac{1}{\mu}\left[\frac{1}{R}\boldsymbol{i}_R\left(-\frac{\partial RB_\Phi}{\partial Z}\right)-\boldsymbol{i}_\Phi\left(\frac{\partial B_z}{\partial R}-\frac{\partial B_R}{\partial Z}\right)+\frac{1}{R}\boldsymbol{i}_Z\left(\frac{\partial RB_\Phi}{\partial R}\right)\right] \\
&= \frac{1}{\mu}\left[\left(\frac{\partial B_R}{\partial Z}-\frac{\partial B_Z}{\partial R}\right)\boldsymbol{i}_\Phi+\left(\frac{1}{R}\frac{\partial RB_\Phi}{\partial R}\boldsymbol{i}_Z-\frac{\partial B_\Phi}{\partial Z}\boldsymbol{i}_R\right)\right] \\
&= \boldsymbol{j}_\Phi+\boldsymbol{j}_{\mathrm{p}}
\end{aligned} \tag{2.2.7}
$$

即电流密度可以分为环向电流密度 $\boldsymbol{j}_\Phi$ 和极向电流密度 $\boldsymbol{j}_{\mathrm{p}}$：

$$
\boldsymbol{j}_\Phi=\frac{1}{\mu}\left(\frac{\partial B_R}{\partial Z}-\frac{1}{R}\frac{\partial B_Z}{\partial R}\right)\boldsymbol{i}_\Phi \tag{2.2.8}
$$

$$
\boldsymbol{j}_{\mathrm{p}}=j_R\boldsymbol{i}_R+j_Z\boldsymbol{i}_Z=\frac{1}{\mu}\left(-\frac{\partial B_\Phi}{\partial Z}\boldsymbol{i}_R+\frac{1}{R}\frac{\partial(RB_\Phi)}{\partial R}\boldsymbol{i}_Z\right) \tag{2.2.9}
$$

将式(2.2.9)中的极向电流密度乘以 μ，得

$$
\begin{cases}
\mu j_R=-\dfrac{\partial B_\Phi}{\partial Z}=-\dfrac{1}{R}\dfrac{\partial(RB_\Phi)}{\partial Z} \\
\mu j_Z=\dfrac{1}{R}\dfrac{\partial(RB_\Phi)}{\partial R}
\end{cases} \tag{2.2.10}
$$

对式(2.2.10)积分，可得 $RB_\Phi=\mu\int j_Z R\mathrm{d}R$，即

$$
2\pi RB_\Phi=\mu\int j_Z 2\pi R\mathrm{d}R=\mu\int \boldsymbol{j}\cdot\mathrm{d}\boldsymbol{S}
$$

得

$$
RB_\Phi=\frac{\mu}{2\pi}\int \boldsymbol{j}\cdot\mathrm{d}\boldsymbol{S} \tag{2.2.11}
$$

其中，$\boldsymbol{S}$ 是高为 Z、半径为 R 的圆面，所以穿过此面的电流正是相应磁面 $\psi(R,Z)$ 之外的等离子体电流，它也是磁通的函数。

令流函数$F(\psi)=\frac{\mu}{2\pi}\int \boldsymbol{j}\cdot \mathrm{d}\boldsymbol{S}$,有

$$F(\psi)=RB_{\Phi} \tag{2.2.12}$$

将式(2.2.12)代入式(2.2.10)中,得到$j_R=-\frac{1}{\mu R}\frac{\partial(RB_{\Phi})}{\partial Z}=-\frac{1}{\mu R}\frac{\partial F}{\partial Z}$,$j_Z=\frac{1}{\mu R}\frac{\partial(RB_{\Phi})}{\partial R}=\frac{1}{\mu R}\frac{\partial F}{\partial R}$,或

$$\boldsymbol{j}_{\mathrm{p}}=\frac{1}{\mu R}\nabla F\times \boldsymbol{i}_{\Phi} \tag{2.2.13}$$

将$B_R=-\frac{1}{R}\frac{\partial\psi}{\partial z}$,$B_z=\frac{1}{R}\frac{\partial\psi}{\partial R}$代入到式(2.2.8)中,得到

$$\boldsymbol{j}_{\Phi}=\frac{1}{\mu}\left(\frac{\partial B_R}{\partial Z}-\frac{1}{R}\frac{\partial B_Z}{\partial R}\right)\boldsymbol{i}_{\Phi} \tag{2.2.14}$$

即

$$j_{\Phi}=\frac{1}{\mu}\left(\frac{\partial B_R}{\partial Z}-\frac{1}{R}\frac{\partial B_Z}{\partial R}\right) \tag{2.2.14}$$

j_{Φ}可表示为

$$\begin{aligned}\mu_0 j_{\Phi}&=\frac{\partial B_R}{\partial Z}-\frac{1}{R}\frac{\partial B_Z}{\partial R}\\&=\frac{\partial\left(-\frac{1}{R}\frac{\partial\psi}{\partial z}\right)}{\partial Z}-\frac{1}{R}\frac{\partial\left(\frac{1}{R}\frac{\partial\psi}{\partial R}\right)}{\partial R}\\&=-\frac{1}{R}\frac{\partial^2\psi}{\partial Z^2}-\frac{1}{R}\frac{\partial}{\partial R}\left(\frac{1}{R}\frac{\partial\psi}{\partial R}\right)\end{aligned} \tag{2.2.15}$$

2.2.1.3 Grad-Shafranov方程的推导

在平衡状态下,磁场产生的力与等离子体压强p平衡,理想磁流体动量守恒方程可以表示为

$$\boldsymbol{j}\times\boldsymbol{B}=\nabla p \tag{2.2.16}$$

将$\boldsymbol{j}\times\boldsymbol{B}$在极向和环向上进行分解,可表示为

$$\begin{aligned}\boldsymbol{j}\times\boldsymbol{B}&=(j_{\Phi}\boldsymbol{i}_{\Phi}+\boldsymbol{j}_{\mathrm{p}})\times(\boldsymbol{i}_{\Phi}B_{\Phi}+\boldsymbol{B}_{\mathrm{p}})\\&=j_{\Phi}B_{\Phi}(\boldsymbol{i}_{\Phi}\times\boldsymbol{i}_{\Phi})+j_{\Phi}\boldsymbol{i}_{\Phi}\times\boldsymbol{B}_{\mathrm{p}}+\boldsymbol{j}_{\mathrm{p}}\times\boldsymbol{i}_{\Phi}B_{\Phi}+\boldsymbol{j}_{\mathrm{p}}\times\boldsymbol{B}_{\mathrm{p}}\\&=\boldsymbol{j}_{\mathrm{p}}\times\boldsymbol{i}_{\Phi}B_{\Phi}+j_{\Phi}\boldsymbol{i}_{\Phi}\times\boldsymbol{B}_{\mathrm{p}}\end{aligned}$$

于是式(2.2.16)可以写成

$$\boldsymbol{j}\times\boldsymbol{B}=\boldsymbol{j}_{\mathrm{p}}\times\boldsymbol{i}_{\Phi}B_{\Phi}+j_{\Phi}\boldsymbol{i}_{\Phi}\times\boldsymbol{B}_{\mathrm{p}}=\nabla p \tag{2.2.17}$$

式中,$\boldsymbol{j}_{\mathrm{p}}$为极向电流密度,$\boldsymbol{B}_{\mathrm{p}}$是极向磁场。

结合式(2.2.6)和式(2.2.13),有

$$\boldsymbol{B}_{\mathrm{p}}=\frac{1}{R}(\nabla\psi)\times\boldsymbol{i}_{\Phi},\quad \boldsymbol{j}_{\mathrm{p}}=\frac{1}{\mu_0 R}(\nabla f\times\boldsymbol{i}_{\Phi}) \tag{2.2.18}$$

将式(2.2.18)代入到式(2.2.17),并且因为$\boldsymbol{i}_{\Phi}$的方向是环向,而$\nabla\psi$和∇F的方向是极向,$\boldsymbol{i}_{\Phi}$和$\nabla\psi$、∇F之间的夹角为90°,所以$\boldsymbol{i}_{\Phi}\cdot\nabla\psi=\boldsymbol{i}_{\Phi}\cdot\nabla F=0$。

式(2.2.17)的左边展开可得

$$\begin{aligned}
&\boldsymbol{j}_{\mathrm{p}}\times\boldsymbol{i}_{\Phi}B_{\Phi}+j_{\Phi}\boldsymbol{i}_{\Phi}\times\boldsymbol{B}_{\mathrm{p}}\\
&=\frac{1}{\mu_0 R}(\nabla F\times\boldsymbol{i}_{\Phi})\times\boldsymbol{i}_{\Phi}B_{\Phi}+\frac{1}{R}j_{\Phi}\boldsymbol{i}_{\Phi}\times(\nabla\psi\times\boldsymbol{i}_{\Phi})\\
&=\frac{1}{\mu_0 R}\left[\boldsymbol{i}_{\Phi}(\boldsymbol{i}_{\Phi}\cdot\nabla F)-\nabla f(\boldsymbol{i}_{\Phi}\cdot\boldsymbol{i}_{\Phi})\right]B_{\Phi}+\frac{1}{R}j_{\Phi}\left[\nabla\psi(\boldsymbol{i}_{\Phi}\cdot\boldsymbol{i}_{\Phi})-\boldsymbol{i}_{\Phi}(\boldsymbol{i}_{\Phi}\cdot\nabla\psi)\right]\\
&=\frac{1}{\mu_0 R}\left[\boldsymbol{i}_{\Phi}(\boldsymbol{i}_{\Phi}\cdot\nabla F)-\nabla f\right]B_{\Phi}+\frac{1}{R}j_{\Phi}\left[\nabla\psi-\boldsymbol{i}_{\Phi}(\boldsymbol{i}_{\Phi}\cdot\nabla\psi)\right]\\
&=-\frac{B_{\Phi}}{\mu_0 R}\nabla F+\frac{j_{\Phi}}{R}\nabla\psi
\end{aligned}$$

即有

$$-\frac{B_{\Phi}}{\mu_0 R}\nabla F+\frac{j_{\Phi}}{R}\nabla\psi=\nabla p \tag{2.2.19}$$

因为F和p是ψ的函数,对F和p求全导数可以得到:$\nabla F(\psi)=\frac{\mathrm{d}f}{\mathrm{d}\psi}\nabla\psi,\nabla p(\psi)=\frac{\mathrm{d}p}{\mathrm{d}\psi}\nabla\psi$。代入到式(2.2.19)中得到

$$\begin{aligned}
&-\frac{B_{\Phi}}{\mu_0 R}\nabla F+\frac{j_{\Phi}}{R}\nabla\psi=\nabla p\\
\Rightarrow\ &-\frac{B_{\Phi}}{\mu_0 R}\frac{\mathrm{d}F}{\mathrm{d}\psi}\nabla\psi+\frac{j_{\Phi}}{R}\nabla\psi=\frac{\mathrm{d}p}{\mathrm{d}\psi}\nabla\psi\\
\Rightarrow\ &-\frac{B_{\Phi}}{\mu_0 R}\frac{\mathrm{d}F}{\mathrm{d}\psi}+\frac{j_{\Phi}}{R}=\frac{\mathrm{d}p}{\mathrm{d}\psi}\\
\Rightarrow\ &-B_{\Phi}\frac{\mathrm{d}F}{\mathrm{d}\psi}+\mu_0 j_{\Phi}=\mu_0 R\frac{\mathrm{d}p}{\mathrm{d}\psi}\\
\Rightarrow\ &\mu_0 j_{\Phi}=\mu_0 R\frac{\mathrm{d}p}{\mathrm{d}\psi}+B_{\Phi}\frac{\mathrm{d}F}{\mathrm{d}\psi}
\end{aligned} \tag{2.2.20}$$

而根据式(2.2.12)得$F=RB_\Phi$,代入式(2.2.20),得到

$$\mu_0 j_\Phi=\mu_0 R\frac{\mathrm{d}p}{\mathrm{d}\psi}+B_\Phi\frac{\mathrm{d}F}{\mathrm{d}\psi}=\mu_0 R\frac{\mathrm{d}p}{\mathrm{d}\psi}+\frac{F}{R}\frac{\mathrm{d}F}{\mathrm{d}\psi}=\mu_0 Rp'+\frac{1}{R}FF' \tag{2.2.21}$$

将式(2.2.14)代入到式(2.2.21)中,就得到

$$\begin{aligned}
&\mu_0 j_\Phi=-\frac{1}{R}\frac{\partial^2\psi}{\partial Z^2}-\frac{1}{R}\frac{\partial}{\partial R}\left(\frac{1}{R}\frac{\partial\psi}{\partial R}\right)\\
\Rightarrow\ &\left(\mu_0 Rp'+\frac{1}{R}FF'\right)=-\frac{1}{R}\frac{\partial^2\psi}{\partial Z^2}-\frac{1}{R}\frac{\partial}{\partial R}\left(\frac{1}{R}\frac{\partial\psi}{\partial R}\right)\\
\Rightarrow\ &\mu_0 R^2 p'+FF'=-\frac{\partial^2\psi}{\partial Z^2}-\frac{\partial}{\partial R}\left(\frac{1}{R}\frac{\partial\psi}{\partial R}\right)
\end{aligned} \qquad 2.2.22)$$

上式给出了柱坐标下的GS方程。其中左边第一项是磁流体压强p对电流的贡献,第二项是极向电流函数F对等离子体电流的贡献。

2.2.2 等离子体平衡重建方法介绍

GS方程是一个非线性偏微分方程,一般需要通过数值方法迭代进行求解。其中具有代表性的方法包括:有限差分法FDM+双循环约简DCR法[33]、交替方向隐士迭代法ADI+三步迭代法[34]、FDM+多重网格法MGM[35]、FDM+逐次超松弛SOR法[36]、有限元法FEM[37]、Green函数法[38]等。国际上提出了使用等离子体周边磁测量信息来重建等离子体平衡边界的多种方法,从计算误差及计算时间来看,有实际应用价值的算法有:电流丝方法[39]、函数参数化法[40]、EFIT全平衡重建编码[41]、局部展开法[42-43]、神经网络法[44]、柯西条件面方法[45-46]、多极电流矩等方法[47](表2.2.1)。接下来,将对电流丝方法和EFIT全平衡重建方法进行详细介绍。

表2.2.1 各装置位形重建方法

位形重建方法	磁约束聚变装置
平衡重建法	DⅢ-D、EAST、HL-3
有限电流元法	TCV
神经网络法	Compass-D、ITER
函数参数法	ASDEX-U
函数衰减法	JT60-U

2.2.1.1 电流丝方法

本节以电流剖面拟合代码(current profile fitting code,CPF)为例展开。CPF代码

是在电流丝(current filament,CF)代码的基础之上发展而来。[48-52] CPF代码首先利用CF模型,结合外磁场与线圈电流测量的信息获得精确的等离子体边界与初步的等离子体内部磁通信息;将内部磁通采用抛物分布约化,再结合内部磁场测量诊断信息,比如MSE[53-54]和激光干涉/偏振仪[55-56],通过最小二乘法对等离子体电流密度剖面进行拟合;之后使用强隐士迭代(strongly implicit procedure,SIP)方法数值求解GS平衡方程[57-59],获得新的等离子体内部磁通;如果不满足误差要求,由新的内部磁通重新拟合等离子体电流密度,并计算GS平衡方程,再一次得到新的磁通,如此反复直到满足误差要求的解。

如前所述,CPF代码中使用了电流丝模型计算等离子边界。所谓电流丝模型,就是在等离子体区域内用几个特定位置及其电流值的电流丝代替等离子体电流。在数学上采用残差平方和(最小二乘法)构造目标函数,通过最优化求解电流丝根数n、位置(R_i,Z_i)和相应电流值I_i,电流丝模型如图2.2.2所示。其中脚标i为电流丝编号。利用磁测量和计算数据求残差平方和得到目标的拉格朗日函数,对各个变量求极值构造出一个$\boldsymbol{Ax}=\boldsymbol{B}$类型的线性代数方程组。其中,向量$\boldsymbol{x}$对应的电流丝的电流值,系数矩阵$\boldsymbol{A}$和向量$\boldsymbol{B}$与诊断数据关联。接着采用奇异值分解法(SVD)求解该方程组从而确定出电流丝信息。

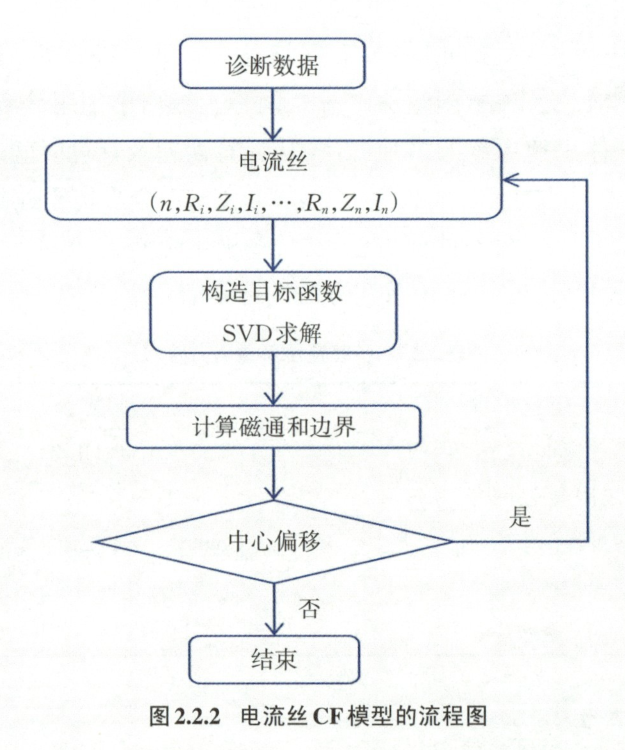

图2.2.2　电流丝CF模型的流程图

用最小二乘法(目标函数-残差平方和)即通过诊断数据构造的Lagrange函数为

$f=f_1(I_J)+f_2(I_J)+f_0(I_J)$，其中，$f_1$是磁探针的贡献项，$f_2$是磁通环的贡献项，$f_0$是等离子体电流贡献项。虽然不同种类的诊断会构造出不同的系数矩阵$\boldsymbol{A}$，但方法是类似的。以下给出磁探针、磁通环和等离子体电流的系数矩阵表达公式。

磁探针测量值分解为垂直和水平两个方向的分量，构成目标函数部分为

$$f_1=\sum_{k=1}^{n_{\mathrm{p}}}\frac{1}{2}w_k^p\left[\left(B_k^z-\sum_{i=1}^{n_{\mathrm{c}}}q_{ik}^{zc}I_i^{\mathrm{c}}-\sum_{j=1}^{n_{\mathrm{f}}}q_{jk}^zI_j\right)^2+\left(B_k^r-\sum_{i=1}^{n_{\mathrm{c}}}q_{ik}^{rc}I_i^{\mathrm{c}}-\sum_{j=1}^{n_{\mathrm{f}}}q_{jk}^rI_j\right)^2\right] \tag{2.2.23}$$

其中，w_k表示第k个磁探针数据对应的权重因子；n_{p}、n_{c}、n_{f}分别表示磁探针、极向场线圈和电流丝数量；B_k^z和B_k^r分别表示磁探针测量的垂直场和水平场；I_i^{c}表示第i个线圈电流，q_{ik}^{zc}和q_{ik}^{rc}表示第i个线圈的单位电流在第k个磁探针处产生的垂直场和水平场；I_j表示第j个等离子体丝电流，q_{iz}^z和q_{ij}^r表示第j个电流丝单位电流在磁探针处产生的垂直场和水平场。

磁通环诊断构成目标函数部分为

$$f_2=\sum_{k=1}^{n_{\mathrm{fl}}}\frac{1}{2}w_k^{\mathrm{fl}}\left(\psi_k^{\mathrm{fl}}-\sum_{i=1}^{n_{\mathrm{c}}}\psi_{ik}^{\mathrm{c}}I_i^{\mathrm{c}}-\sum_{j=1}^{n_{\mathrm{c}}}\psi_{jk}^{\mathrm{f}}I_j\right)^2 \tag{2.2.24}$$

其中，w_k^{fl}表示第k个磁通环对应的权重因子；n_{fl}表示磁通环数量，ψ_k^{fl}表示磁通环诊断数据；I_i^{c}表示第i个线圈电流，ψ_{ik}^{c}表示第i个线圈的单位电流在第k个磁通环产生磁通；I_j表示第j个等离子体丝电流，ψ_{jk}^{f}表示第j个电流丝的单位电流在磁通环处产生磁通。

等离子体电流构成目标函数部分为

$$f_0=\lambda\left(I_{\mathrm{p}}-\sigma\sum_{j=1}^{n_{\mathrm{c}}}I_j\right) \tag{2.2.25}$$

该公式是用等离子体电流的测量值与计算值构成的调节项，λ为正则化因子。其中I_{p}和I_j是等离子体电流和电流丝电流值。在CPF代码中取$\sigma=1$，表示n_{c}条电流丝之和等于等离子体总电流。

目标函数对电流丝电流值I_j求极值，有

$$\frac{\partial f}{\partial I_j}=\frac{\partial f_1}{\partial I_j}+\frac{\partial f_2}{\partial I_j}+\frac{\partial f_0}{\partial I_j}=0,\quad j\in(1,2,\cdots,n_{\mathrm{f}}) \tag{2.2.26}$$

在CPF程序中，只考虑磁探针数据与等离子体电流数据对平衡重建的影响，因此这里只有考虑f_1、f_0的影响：

$$\frac{\partial f}{\partial I_j}=\frac{\partial f_1}{\partial I_j}+\frac{\partial f_3}{\partial I_j}=0,\quad j\in(1,2,\cdots,n_{\mathrm{f}}) \tag{2.2.27}$$

整理得

$$\sum_{k=1}^{n_p} w_k \left[\left(B_k^z - \sum_{i=1}^{n_c} q_{ik}^{zc} I_k^c - \sum_{l=1}^{n_f} q_{il}^z I_l \right) q_{ij}^z + \left(B_k^r - \sum_{k=1}^{n_c} q_{ik}^{rc} I_k^c - \sum_{l=1}^{n_f} q_{kl}^r I_l \right) q_{kj}^r \right] + \lambda = 0$$

令 $B_k^y = B_k^z - \sum_{i=1}^{n_c} q_{ik}^{zc} I_k^c, B_k^x = B_k^r - \sum_{i=1}^{n_c} q_{ik}^{rc} I_k^c$,上式为

$$\begin{aligned} 0 &= \frac{\partial f}{\partial I_j} \\ &= \sum_{k=1}^{n_p} w_k [(B_k^y - \sum_{l=1}^{n_f} q_{kl}^z I_l) q_{kj}^z + (B_k^x - \sum_{l=1}^{n_f} q_{kl}^r I_l) q_{kj}^r] + \lambda \\ &= \sum_{k=1}^{n_p} w_k (B_k^y q_{kj}^z + B_k^x q_{kj}^r) - \sum_{l=1}^{n_f} \sum_{k=1}^{n_p} w_k (q_{kj}^z q_{kl}^z + q_{kj}^r q_{kl}^r) I_l + \lambda \\ &= A_j - \sum_{l=1}^{n_f} B_{lj} I_l + \lambda \end{aligned}$$

其中

$$\begin{cases} A_j = \sum_{k=1}^{n_p} w_k (B_k^y q_{kj}^z + B_k^x q_{kj}^r) \\ B_{lj} = \sum_{k=1}^{n_p} w_k (q_{kj}^z q_{kl}^z + q_{kj}^r q_{kl}^r) \end{cases} \quad j \in (1, 2, \cdots, n_f) \tag{2.2.28}$$

为了得到全局极值,取新的目标函数为 $S(I_k, \lambda) = \sum_{j=1}^{n_f} \frac{1}{2} \left(\frac{\partial f}{\partial I_j} \right)^2$,对电流丝电流 I_k 求偏导数,得到 $\frac{\partial S}{\partial I_k} = \sum_{j=1}^{n_f} \left(\frac{\partial f}{\partial I_j} \right) \frac{\partial f^2}{\partial I_j \partial I_k} = -\sum_{j=1}^{n_f} \left(A_j - \sum_{l=1}^{n_f} B_{lj} I_l + \lambda \right) B_{kj} = 0$,整理后得 $\sum_{l=1}^{n_f} \sum_{j=1}^{n_f} B_{lj} B_{kj} I_l - \lambda \sum_{j=1}^{n_f} B_{kj} = \sum_{j=1}^{n_f} A_j B_{kj}, j \in (1, 2, \cdots, n_f)$。该方程可以采用矩阵表示为 $\boldsymbol{AX} + \lambda \boldsymbol{c} = \boldsymbol{b}$,其中系数矩阵 $\boldsymbol{A}$、$\boldsymbol{c}$、$\boldsymbol{b}$ 的元素为

$$\begin{cases} A_{k,l} = \sum_{j=1}^{n_f} B_{lj} B_{kj} \\ c_k = -\sum_{j=1}^{n_f} B_{kj} \\ b_k = \sum_{j=1}^{n_f} A_j B_{kj} \end{cases} \tag{2.2.29}$$

线性方程 $\boldsymbol{AX} + \lambda \boldsymbol{c} = \boldsymbol{b}$,系数矩阵 $\boldsymbol{A}$ 为病态矩阵,需要用SVD方法求解 $\boldsymbol{A}$ 的奇异值

以及其广义逆矩阵，$\boldsymbol{X}=\boldsymbol{A}^{-1}\boldsymbol{b}-\boldsymbol{c}\boldsymbol{A}^{-1}\lambda$。

由等离子体电流等于电流丝电流值条件可知

$$I_p=\sum_{j=1}^{n_f} I_j=\sum_{j=1}^{n_f}\left(\boldsymbol{A}^{-1}\boldsymbol{b}-\boldsymbol{c}\boldsymbol{A}^{-1}\lambda\right)_j \tag{2.2.30}$$

可以得到

$$\lambda=\frac{\sum_{j=1}^{n_f}\left(\boldsymbol{A}^{-1}\boldsymbol{b}\right)_j-I_p}{\sum_{j=1}^{n_f}\left(\boldsymbol{A}^{-1}\boldsymbol{b}\right)_j} \tag{2.2.31}$$

代入$\boldsymbol{X}=\boldsymbol{A}^{-1}\boldsymbol{b}-\lambda\boldsymbol{A}^{-1}\boldsymbol{b}$就可求得电流丝值。

采用电流丝模型，CPF程序可以获得初步的等离子体内部磁通信息。为了获得准确的芯部磁通ψ分布，需要求解GS方程。

我们采用隐式有限差分得到偏微分方程的近似解，即通过偏微分方程离散得到差分方程组，从而归结为求解一组联立代数方程组。求解代数方程组有直接消元法和迭代法，常用的是松弛法和交替方向法。强隐式迭代法SIP相比于这些算法有如下的优点：收敛速度对等式本身依赖性不强；初始条件的选择不影响其收敛性；SIP收敛速度快。[57-59]下面介绍SIP差分方程的构造。

用五点差分法，离散GS方程为

$$\frac{\psi_{i+1,j}+\psi_{i-1,j}-2\psi_{i,j}}{\Delta r^2}-\frac{1}{r_{i,j}}\frac{\psi_{i+1,j}-\psi_{i-1,j}}{2\Delta r}+\frac{\psi_{i,j+1}+\psi_{i,j-1}-2\psi_{i,j}}{\Delta z^2}=-\mu_0 r j_{i,j} \tag{2.2.32}$$

令$s=\dfrac{\Delta r^2}{\Delta z^2}$，并简化等式为

$$\left(\psi_{i+1,j}+\psi_{i-1,j}-2\psi_{i,j}\right)\frac{1}{s}-\left(\psi_{i+1,j}-\psi_{i-1,j}\right)\frac{\Delta r}{2r_{i,j}}\frac{1}{s}+\left(\psi_{i,j+1}+\psi_{i,j-1}-2\psi_{i,j}\right)=-\mu_0\Delta z^2 r j_{i,j} \tag{2.2.33}$$

整理得

$$\psi_{i,j-1}+\frac{1-\dfrac{\Delta r}{2r_{i,j}}}{s}\psi_{i-1,j}-2\left(1+\frac{1}{s}\right)\psi_{i,j}+\frac{1+\dfrac{\Delta r}{2r_{i,j}}}{s}\psi_{i+1,j}+\psi_{i,j+1}=-\mu_0\Delta z^2 r j_{i,j}$$

$$A_{i,j}\psi_{i,j-1}+B_{i,j}\psi_{i-1,j}+C_{i,j}\psi_{i,j}+D_{i,j}\psi_{i+1,j}+F_{i,j}\psi_{i,j+1}=Q_{i,j} \tag{2.2.34}$$

其中，$A_{i,j}=1$，$B_{i,j}=\dfrac{1-\dfrac{\Delta r}{2r_{i,j}}}{s}$，$C_{i,j}=-2\left(1+\dfrac{1}{s}\right)$，$D_{i,j}=\dfrac{1+\dfrac{\Delta r}{2r_{i,j}}}{s}$，$E_{i,j}=1$，$Q_{i,j}=$

$-\mu_0 \Delta z^2 r j_{i,j}$。

在计算空间中有两个边界，包括等离子体边界和计算边界。等离子边界内部为等离子体区域，该区域有等离子体电流分布；从等离子体边界到计算边界是无等离子体电流分布。

对于偏滤器位形，最外封闭磁面为等离子体边界，在该边界以外电流为0，即

$$Q(i,j)=0, \quad \psi_{i,j}<\psi_{\text{xpoint}} \tag{2.2.34}$$

对于孔栏位形，与孔栏接触的磁面为等离子体边界，在该边界以外电流为0，即

$$Q(i,j)=0, \quad \psi_{i,j}<\psi_{\text{limiter}} \tag{2.2.35}$$

在计算边界上，所有矩阵系数都为0，即

$$A_{i,j}=B_{i,j}=C_{i,j}=D_{i,j}=E_{i,j}=Q_{i,j}=0, \quad i=0 \text{ 或 } i=n_r \text{ 或 } j=0 \text{ 或 } j=n_z$$

这考虑是由于电流丝模型计算的等离子体边界及其以外的磁通分布是准确的，即认为初始磁通在边界上是正确的，因此可以不去修改算法在边界的表达式，而是通过直接赋值形式。

在CPF程序中，通过判据和迭代更新磁通：

$$\begin{aligned} &\boldsymbol{A}\psi=\boldsymbol{Q} \\ &\psi_k=\boldsymbol{A}\psi_{k-1} \\ &\Delta\psi_k=\psi_k-\psi_{k-1} \end{aligned} \tag{2.2.36}$$

其中，$\boldsymbol{A}\psi=\boldsymbol{Q}$为等式准确的矩阵表达式；$\psi_k$和$\psi_{k-1}$表示第$k$和$k-1$次迭代结果；$\Delta\psi_k$表示第$k$和$k-1$次迭代结果的误差，如果该值小于给定的小量，表示该过程收敛。如果k次计算结果为$\sum|\Delta\psi_k|\leqslant\varepsilon$，可以得到

$$\begin{aligned} \varepsilon \geqslant \sum|\boldsymbol{A}\Delta\psi_k|=\sum|\boldsymbol{A}(\psi_k-\psi_{k-1})| \quad &\Rightarrow \quad \boldsymbol{A}\psi_k \geqslant \boldsymbol{A}\psi_{k+1}+\varepsilon \\ &\Rightarrow \quad \psi_k \approx \psi_{k+1} \end{aligned}$$

则迭代过程收敛。因此，CPF程序中用SIP(强隐式迭代法)，不是直接求解$\boldsymbol{A}\psi=\boldsymbol{Q}$，而是迭代求解$\boldsymbol{A}\Delta\psi=\Delta\boldsymbol{Q}$获得最终解。

结合磁测量诊断和动态斯塔克效应(MSE)诊断，可以反演等离子体磁位形及准确的等离子体电流密度和安全因子剖面，如图2.2.3所示。

2.2.1.2 全平衡重建方法

本节介绍等离子体全平衡重建方法EFIT。托卡马克实验装置中，一般使用MHD平衡理论来描述等离子体平衡。在轴对称MHD平衡中，使用GS方程来描述等离子体的磁通函数ψ与其他物理量间的关系。

而平衡条件下的电流密度J_Φ满足以下关系：

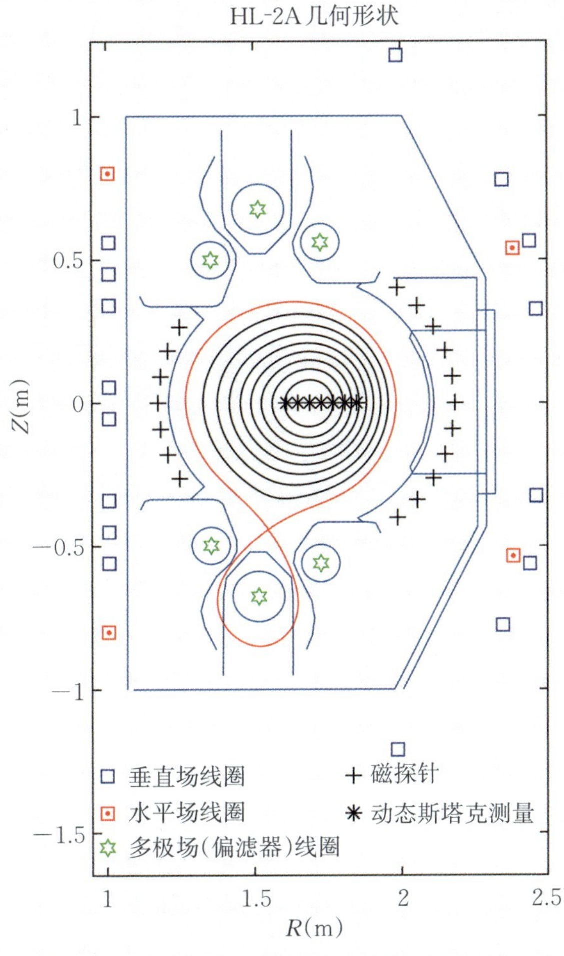

图 2.2.3　CPF 代码反演 HL-2A 偏滤器实验位形

$$J_{\Phi}(R,\psi)=Rp'(\psi)+\frac{1}{\mu_0 R}FF'(\psi) \tag{2.2.37}$$

式中，$F=B_{\Phi}R=\mu I_{\mathrm{pol}}/(2\pi)$环向场函数、$B_{\Phi}$是环向磁场、$p$是等离子体压强。此处需要注意的是$FF'$和$p'$是只含有$\psi$的函数。该方程通过给定的$FF'$和$p'$函数形式，使用数值迭代来求解。

EFIT 包含了平衡模式和反演模式，但是 EFIT 的不断发展和完善主要是因实验位形的反演需求而推动的。在 EFIT 中通过外部位形线圈系统准确计算等离子体的自由边界平衡来模拟实验装置中的等离子体位形。等离子体边界被实验极向限制器所限定，并且使用一个自由边界刮去程序来确保从最外层磁通面到与限制器相交的磁通面上不存在等离子体电流。

平衡重建算法是计算R、Z平面上极向磁通ψ的分布和假设的电流密度J_{Φ}分布，并将这些数据与诊断数据以最小二乘法拟合，同时须满足GS方程。这里，总的极向磁通为$\psi=\psi_{\text{plasma}}+\psi_{\text{coil}}$，$\psi_{\text{plasma}}$是等离子体电流产生的磁通，$\psi_{\text{coil}}$为除了等离子体以外的所有电流源（包括真空室的感应电流）产生的磁通。平衡解由覆盖整个等离子体区域的矩形网格上的ψ和J_{Φ}值组成，电流被看成分布在一定区域的矩形元上，每个电流集中在一个网格点上，总共有1000或更多这样的点（一般可采用33×33，65×65或129×129的RZ坐标网格），计算网格点上的电流密度，以代表电流密度的实际分布。

由以上分析可知，当等离子体的电流剖面被确定后，这个求解过程是较为容易的；但事实上，到目前为止，还没有直接测量等离子体电流剖面的有效手段，所有的剖面信息都需要通过对测量数据的变换计算才能得到。也就是需要一个电流模型描述测量数据和电流剖面分布之间的关系。

EFIT中建立了等离子体磁面重建线电流模型，其主要思想是使用分布的原始资料来模拟等离子体电流，其电流剖面定义为

$$J_{\Phi}(R,\psi)=J_0\left[\beta_{\mathrm{p}_0}\frac{R}{R_0}+(1-\beta_{\mathrm{p}_0})\frac{R_0}{R}\right]g(\psi) \tag{2.2.38}$$

而$g(\psi)$为

$$g(\psi)=\begin{cases}\exp\left[-(\tilde{\psi}\alpha)^2\right], & \tilde{\psi}<1\\ 0, & \tilde{\psi}>1\end{cases}$$

这里，$\tilde{\psi}=(\psi-\psi_{\max})/(\psi_{\lim}-\psi_{\max})$，$\psi_{\max}$是磁轴上$\psi$的值，$\psi_{\lim}$是接触限制器的等离子体第一个磁通面上磁通函数的值，参数R_0是装置的参考半径（如等离子体几何中心的R坐标）。此处，有三个自由参数：α、J_0、β_{p_0}。α是描述电流剖面峰化的参数；J_0是依照总电流I_{p}指定的一个归一化系数；参数β_{p_0}是极向β的标量值，它依赖于不同的等离子体位形。

对于低拉长比的等离子体位形：

$$\beta_{\mathrm{p}}=\frac{2\mu_0\int \mathrm{d}\psi V(\psi)p'}{V\left\langle B_{\mathrm{p}}^2\right\rangle} \tag{2.2.39}$$

对于高拉长比的等离子体位形：

$$\beta_I=\frac{4}{\mu_0R_0I_{\mathrm{p}}^2}\int P\mathrm{d}V \tag{2.2.40}$$

对于非圆形的等离子体位形：

$$\beta_{\mathrm{s}}=\frac{\int \mathrm{d}\psi V(\psi)p'}{\int \mathrm{d}\psi V(\psi)\left[p'+\mu_0^{-1}FF'\left\langle R^{-2}\right\rangle\right]} \tag{2.2.41}$$

这里，$\langle B_p^2 \rangle$是等离子体区最外面磁通面上B_p^2的平均值。β_p和β_s的差异与不同拉长比的非圆截面等离子体有关，β_I是在高拉长比中最有用的常见近似值。对于带有一个单独磁通函数$g(\psi)$的$J(R,\psi)$的这个公式，我们发现一个具有平均半径R_p的等离子体，$\beta_p = \beta_s = R_p^2 R_0^{-2} \beta_{p_0}$。因此对于这个方程($R_p = R_0$)，$\beta_0 = \beta_s = 1$暗示了不具有顺磁性或逆磁性的等离子体。

当参数确定后，求解问题转化成用3个自由参数的最优值来描述等离子体平衡，主要途径是比较外部磁探测线圈的测量值和计算值，等离子体参数的理想值是那些计算场值最符合测量值的情况。电流剖面的最优值是通过栅格化最小技术来确定的，这种思想很有使用价值，但计算量大，程序不够紧凑，计算速度慢。

采用Picard迭代改进程序，将非线性化问题转换成一系列交叉迭代的线性最小化问题。解线性最小二乘问题的算法对测量数据的截断误差和不确定性不敏感，所以它特别适合诸如此类的病态问题，适用于空心托卡马克的偏滤器和限制器位形等离子体。该算法交替进行反演和平衡迭代计算，降低了计算量。

在等离子体磁场分析中，采用了格林函数方法，该方法是计算GS平衡方程的一种特殊方法。为此，改写格林函数，并应用Picard迭代程序来重新定义该方程的数值表示为

$$\psi^{(m+1)}(\boldsymbol{r}) = \sum_{n=1}^{n_e} G(\boldsymbol{r}, \boldsymbol{r}_{en}) I_{en} + \int_{\Omega^{(m)}} \mathrm{d}r' \mathrm{d}z' G(\boldsymbol{r}, \boldsymbol{r}') J_T(r', \psi^{(m+1)}) \tag{2.2.42}$$

这里，ψ代表极向磁通，m代表迭代次数，n_e为外部位形控制线圈的数目，I_{en}是第n个外部线圈的电流，$\boldsymbol{r}_{en}$代表第n个外部线圈的位置，Ω^m代表计算的等离子体体积，J_Φ代表环向电流密度分布。在一次实验中，从外部磁信号并不能唯一地确定电流剖面，然而一旦选择了电流密度分布的参数化形式，就可以唯一确定电流密度分布的参数。Picard迭代基于式(2.2.30)：

$$\chi^2 = \sum_{i=1}^{n_m} \left(\frac{M_i - C_i}{\sigma_i} \right)^2 \tag{2.2.43}$$

这里，M_i代表诊断系统测量值，C_i代表用反演结果模拟计算值，σ_i代表第i道诊断系统的误差。在一次迭代计算过程中，所有的参数都在不断调整直到获得最小的χ^2。

EFIT自开发以来经过多次改进不断完善后，加入了许多的诊断数据，以获得更准确的等离子体位形和磁面分布。EFIT被认为是一种自洽的重建方法，它使用来自外部磁性测量、动力学剖面测量、内部极向磁场测量和软X射线(SXR)测量的拓扑信息的磁流体动力学的平衡约束，来进行托卡马克电流剖面和相关磁拓扑结构的重建。在

EFIT中，不同的数据来源决定了不同的计算结果和数据精度：通过外部磁测量数据可以得到等离子体边界、内部感应系数、极向磁场β；结合外部磁测量数据和内部磁测量数据，可获得安全因子q剖面和内部磁场的拓扑信息；综合外部磁测量数据、内部磁测量数据和动力学剖面数据，能够用来分析等离子体压强剖面等信息。

EFIT的平衡反演基于两个前提：一是等离子体被假定为简单的流体；二是在磁通剖面上等离子体的温度和密度是连续的。与磁数据不同的是，压强剖面p上的动力学剖面信息必须从有关电子与离子的密度及温度的测量中推导得出。压强p不仅与电子密度n_e、离子密度n_i、杂质密度n_{imp}有关，还与它们的各自温度T_e、T_i和快离子压强p_f有关，因此，压强剖面$p(x)$可用下式来表示：

$$p(x)=n_e(x)T_e(x)+[n_i(x)+n_{imp}(x)]T_i(x)+p_f \tag{2.2.44}$$

N_e、T_e、T_i测量通常位于不同的实际空间位置，并且被投影到磁通空间的通常网格，映射中使用了特定的迭代和多项式或三次样条插值函数。使用背景等离子体上的信息，然后在这个磁通空间进行P_f的计算。其重建程序的基本流程分为以下几个步骤：

首先，从外部磁测量数据获得磁通面结构，然后将动力学测量数据映射到相应的磁通面上，再进行迭代计算，最后可以得到完整的磁通面。细节如下：

① 从外部磁测量数据重建一系列磁通面。

② 使用磁通面信息将测量的n_e，n_{imp}，T_e和T_i映射到相同的磁通面上。

③ 用式(2.2.44)计算得到一系列压强数据。

④ 从压强数据和其他可用的测量数据获得新的环向电流密度剖面。

⑤ 解Grad-Shafranov方程得到新的极向磁通面。

⑥ 可加入从软X射线等测量得到的等离子体内部极向磁通拓扑约束，使电流剖面更加准确，回到步骤②，重复这一过程，直到计算的磁通面满足收敛条件。

EFIT可以较快速方便地实现对等离子体准确的平衡重建，但是远不能满足实验中实时控制的需求。为了解决这一问题，将EFIT修改为rt-EFIT程序，rt-EFIT采用与EFIT类似的电流模型，但是将EFIT完整的Picard迭代分割为快循环和慢循环两个部分。快循环使用诊断数据和慢循环的结果只完成EFIT的完整Picard迭代中最小二乘拟合部分，rt-EFIT每完成一次快循环就输出结果；慢循环完成完整Picard迭代中剩余大部分计算，同时使用这次结果作为下次重建的初始输入。当网格点较为稀疏（如33×33）时，RTEFIT可以满足实时控制的需求。目前rt-EFIT在DⅢ-D[60]、NSTX[61]、KSTAR[62]、EAST[63]等众多装置上被应用在实时等离子体控制中。

RTEFIT的网格点划分比较稀疏，实时平衡反演的精度受到影响。随着GPU技术的发展，采用GPU并行计算架构，基于CUDA-C语言重写的平衡重建代码PEFIT

在国内也有了快速发展。[64-67]

相比于rt-EFIT，P-EFIT可以在更高的计算网格划分密度（65×65、129×129）下，达到等离子实时控制的要求。同时，P-EFIT在相对高的网格密度下，每次迭代均为与EFIT相同的完整Picard迭代，而不是像rt-EFIT将完整Picard迭代分割。由于在网格密度和算法完整性上的优势，P-EFIT可以更容易地加入除磁测量以外更多的等离子体测量诊断数据。如图2.2.4所示，利用P-EFIT对DⅢ-D实验的反演结果与EFIT在同等情况下输出的磁面、P'和FF'等都高度吻合。目前，PEFIT已经在等离子体控制系统中发挥作用，用于等磁通方法（ISO-FLUX）实时等离子体位形控制。[68]

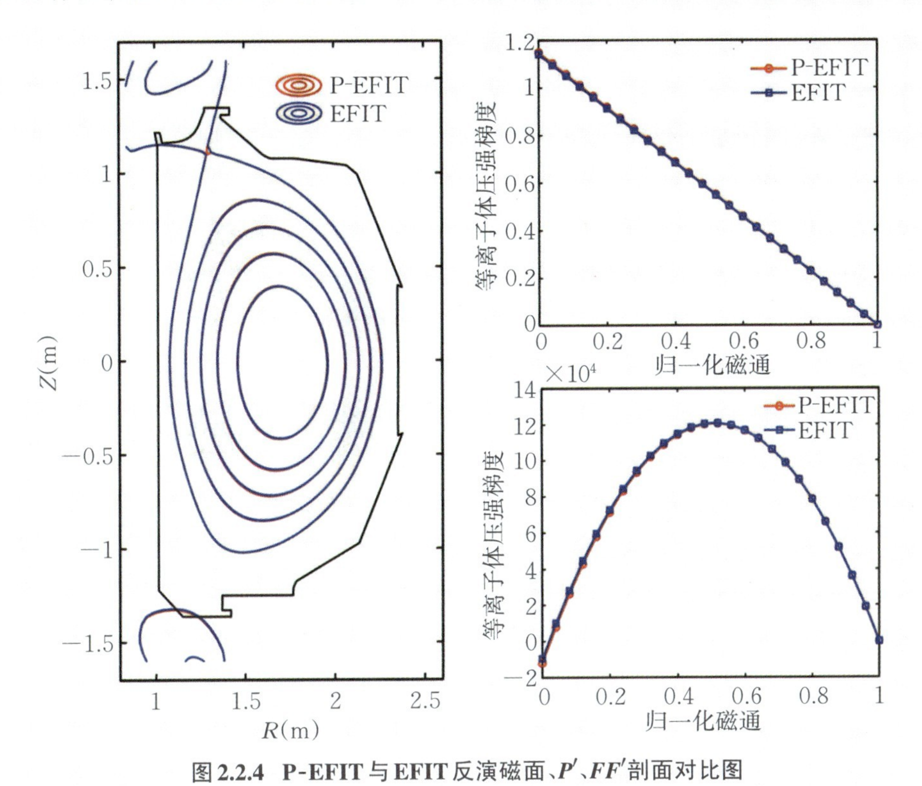

图2.2.4　P-EFIT与EFIT反演磁面、P'、FF'剖面对比图

2.3　磁流体不稳定性的识别

处于平衡态的托卡马克等离子体被平行于磁面的螺旋磁场约束，在实际的磁约束（如托卡马克）等离子体中，达到平衡后的等离子体仍然存在磁扰动。对于处于非热力学平衡态的磁流体，由于内部存在自由能，当触发条件出现时，无规则扰动就会演变成大尺度、长周期、超越热噪声水平集体运动，这一现象被称为磁流体不稳定性。[69-72]当扰动处于有理面时，扰动的传播会返回扰动发生点而得到加强，磁场不断重联使磁岛宽度逐渐加大，直至饱和机制发生作用，这一不稳定模式称为撕裂模，撕裂模是一种非常典型的磁流体不稳定性模式。[73]

磁流体不稳定性模式识别是研究其演化过程并对其实施控制或抑制的前提条件，下面就基于磁扰动测量的撕裂模信号的分析，对磁流体不稳定性模式识别方法以及国内外部分装置上开发的不稳定的识别情况进行介绍。并对不稳定性的控制方法做简要介绍。

2.3.1 磁探针识别不稳定性的方法

磁扰动具有随时间和空间变化的结构特点，如在托卡马克等离子体中通常使用磁感应探针来测量磁扰动，包括测量磁扰动的幅值、频率以及随时间演化的过程。由于磁扰动的螺旋结构，该磁扰动在不同极向或环向角度布置的探针信号上将显示出相位差。这些相位差可以反映该磁扰动的空间信息。通过使用米尔诺夫探针阵列(图2.3.1是HL-1M装置上极向扰动磁探针布局图[74])。测量磁扰动的相位变化规律，可以识别磁扰动反映的不稳定性的模数。

磁流体不稳定性模数识别的常用方法包括使用空间傅里叶分析法、相位比对法、相关分析法和奇异值分解法(SVD)等。这几种方法各有优缺点，根据具体情况选择具体的方法，下面就这4种方法作简要介绍。

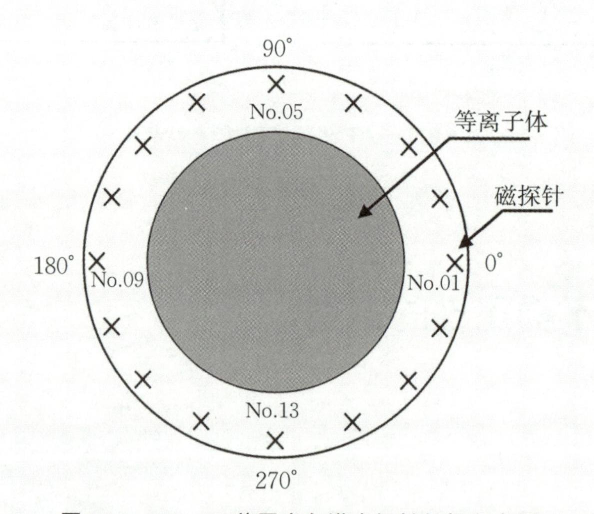

图2.3.1 HL-1M装置米尔诺夫探针的极向布置

(1) 空间傅里叶分析法

轴对称位形中,磁场的扰动信号可以表示为如下形式[75]:

$$\tilde{B}(t)=\tilde{B}_0\sin(m\theta+n\phi+\omega t) \tag{2.3.1}$$

式中,$\tilde{B}_0$为磁扰动幅值,m、n为极向和环向模数,θ、ϕ为极向和环向角度,ω为磁扰动角频率。

但在托卡马克位形中,考虑到环效应,更精确的表示需要将其中的θ换成θ^*,即$\theta^*=\theta-\lambda\sin\theta$,而$\lambda$为

$$\lambda=\left(\beta_p+\frac{l_i}{2}+1\right)\cdot\varepsilon \tag{2.3.2}$$

其中,β_p为极向比压,l_i为等离子体内感,ε为装置的逆环径比。

由式(2.3.1)可知,任意一个米尔诺夫探针信号沿空间的传播,可展开为一个傅里叶多项式:

$$B_{\theta i}=\frac{d_0}{2}+\sum_{m=1}^{N}a_m\cos(m\theta)+\sum_{m=1}^{N}b_m\sin(m\theta) \tag{2.3.3}$$

这里,$B_{\theta i}$为第i个米尔诺夫探针上的信号,各项的系数分别为

$$d_0=\frac{1}{k}\sum_{i=0}^{k-1}B_{\theta i} \tag{2.3.4}$$

$$a_m=\frac{2}{k}\sum_{i=0}^{k-1}B_{\theta i}\cos\left(2\pi\frac{mi}{k}\right) \tag{2.3.5}$$

$$b_m=\frac{2}{k}\sum_{i=0}^{k-1}B_{\theta i}\sin\left(2\pi\frac{mi}{k}\right) \tag{2.3.6}$$

式中,d_0为直流分量,k为米尔诺夫探针的数量,a_m和b_m分别为第m级分量的实部和虚部的展开系数。

$$s_m=\sqrt{a_m^2+b_m^2} \tag{2.3.7}$$

这里,s_m是m级分量的振幅,事实上对a_m实时地观测,就可以确定振荡的模数。但这种方法必须要求探针沿极向均匀分布。尽管如此,该方法可以展示米尔诺夫探针测量MHD不稳定性的原理,便于理解磁扰动测量信号与MHD不稳定性之间的关系。

(2) 相位对比法

所谓“相位比对法”就是直接观测沿极向或环向布置一周的米尔诺夫探针阵列相位变化的周期数,此周期数就是模数。[74]在轴对称位形中,探针信号的等相位点(如零相位点),在时间上后一探针依次滞后于前一探针信号。如果把它们的零相位点依次连接起来,是一条直线。当模在极向或环向运动一周,我们可以通过比较#1探针信号的两个零相位点之间所经历的周期数,就可以确定极向或环向模数。在环形位形中,

考虑到环向效应的影响，等相位点的连线就是一条曲线，而不是直线。尤其存在多模或重连模的情况，相邻探针之间的相位会发生较大的变化，这时等相位点的连线就是一条折线。相位比对法的优点是不需要米尔诺夫探针均匀分布，且简单直观。图 2.3.2 给出了 HL-2A 放电环向探针阵列信号的相位差，通过相位比对可以看出该模式的环向模数为$n=1$。

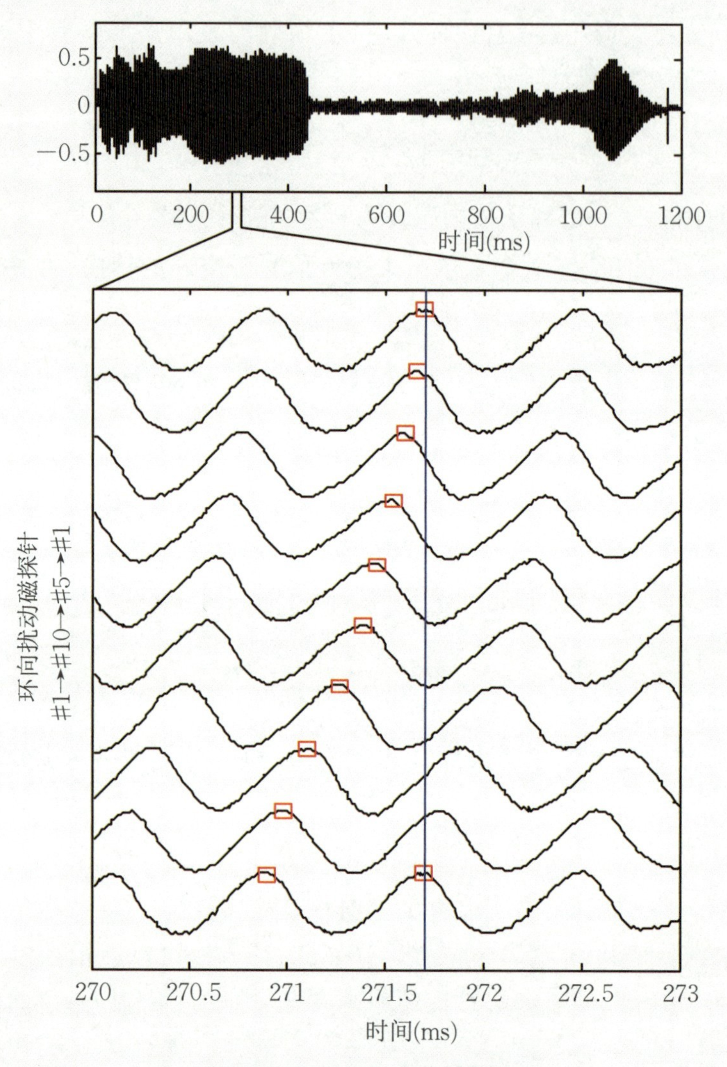

图 2.3.2　相位对比法给出模数

(3) 相关分析法

假如只考虑极向模数，且考虑到环效应的影响，扰动可以写成如下形式[76]：

$$\tilde{B}(t)=\tilde{B}_0\sin[m(\theta-\lambda\sin\theta)+\omega t] \tag{2.3.8}$$

而相位ϕ的表达式为

$$\phi = m(\theta - \lambda\sin\theta) + \omega t \tag{2.3.9}$$

如果把每一探针上的信号分为n段,并对每一段信号做快速傅里叶(FFT)变换并做平均处理,则得到探针信号的频谱,即$\tilde{B}(\omega,\theta)$。在特定的ω,位相ϕ可以表示为如下形式:

$$\phi = m(\theta - \lambda\sin\theta) + \delta \tag{2.3.10}$$

为叙述方便,这里把$\tilde{B}(\omega,\theta)$写成$B_i(\omega)$的形式,其中i表示第i号探针。则自功率谱和交叉功率谱分别为

$$\begin{cases} P_{ii}(\omega) = B_i(\omega)\cdot B_i^*(\omega) \\ P_{ij}(\omega) = B_i(\omega)\cdot B_j^*(\omega) \end{cases} \tag{2.3.11}$$

交叉相关谱为

$$R_{ij}(\omega) = \frac{\langle P_{ij}(\omega)\rangle}{\langle P_{ii}(\omega)\cdot P_{jj}(\omega)\rangle^{\frac{1}{2}}} \tag{2.3.12}$$

相位谱表示为

$$\phi_{ij}(\omega) = \arctan\langle \mathrm{Im}\,(\omega)/\mathrm{Re}\,(\omega)\rangle \tag{2.3.13}$$

其中,算符$\langle\ \rangle$表示对n段数据的系综平均。$\mathrm{Im}\,(\omega)$和$\mathrm{Re}\,(\omega)$分别交叉功率谱的虚部和实部。通过已知的i,j两道信号间隔$\Delta\theta$,可以得到不稳定性扰动模式为

$$m_{ij} = \phi_{ij}(\omega)/\Delta\theta \tag{2.3.14}$$

采用最小二乘法可以得到极向模数m为

$$\chi^2 = \sum_{i=1}^{N}(m - m_{ij})^2 \tag{2.3.15}$$

这里,m是拟合参数,N表示m_{ij}的数量。

更为精确的方法就是把通过式(2.3.9)所得到的相位用最小二乘法拟合公式:$\phi_i = m(\theta_i - \lambda\sin\theta_i) + \delta$,其中$m,\lambda,\delta$是自由拟合参数,$\theta_i$代表第$i$道探针的极向角度位置。$m$、$\lambda$、$\delta$可以由以下最优化表达式得:

$$\chi^2 = \frac{1}{N-3}\sum_{i=1}^{N}(\phi_{\mathrm{fit}} - \phi_i)^2 \tag{2.3.16}$$

这里ϕ_{fit}是拟合相位,ϕ_i是测量值。

相关分析法的主要优点是对不同频率的模分析可以分别得到它们的频率。图2.3.3展示了使用相关分析计算极向模数的结果,分别给出了互相关功率谱、相关系数和模数。

(4) 奇异值分解法

奇异值分解(singular value decomposition,SVD)[77-78]是线性代数中一种重要的矩阵分解,是矩阵分析中正规矩阵酉对角化的推广。在信号处理、统计学等领域有重要应用。

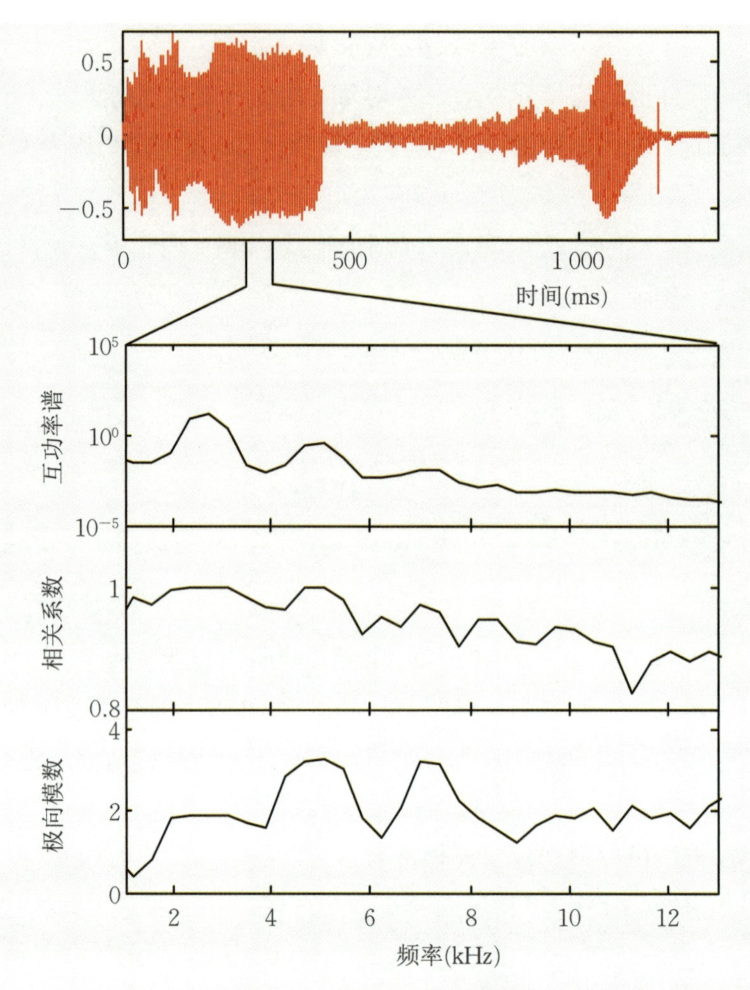

图 2.3.3 相关分析法计算模数

有一组M维的向量$\boldsymbol{X}(t)=[\boldsymbol{X}_1(t),\cdots,\boldsymbol{X}_m(t)]$，其中$\boldsymbol{X}_j(t)$是同一时间在不同的测量位置同一物理参量的一组测量值。每间隔t_s时间对物理参量进行一次测量，得到一组N维的向量$\boldsymbol{X}(0),\boldsymbol{X}(t_s),\cdots,\boldsymbol{X}((N-1)t_s)$。这样就可以由测量数据构造出一个$N\times M$的矩阵：

$$\boldsymbol{X}=\frac{1}{\sqrt{N}}\begin{pmatrix} X(0) \\ X(t_s) \\ \vdots \\ X((N-1)t_s) \end{pmatrix}=\begin{pmatrix} x_1(0) & \cdots & x_M(0) \\ \vdots & & \vdots \\ x_1((N-1)t_s) & \cdots & x_M((N-1)t_s) \end{pmatrix} \tag{2.3.17}$$

其中，$X_{ij}=\left(1/\sqrt{N}\right)X_j\left((i-1)t_s\right)$($i=1,\cdots,N$代表测量次数，$j=1,\cdots,M$代表测量道数)。SVD方法就是把矩阵$X$分解为

$$\boldsymbol{X}=\boldsymbol{USV}^{\mathrm{T}} \tag{2.3.18}$$

$\boldsymbol{U}$是$\boldsymbol{N}\times\boldsymbol{N}$的正交矩阵，$\boldsymbol{V}$是$\boldsymbol{M}\times\boldsymbol{M}$的正交矩阵，$\boldsymbol{S}$是$\boldsymbol{N}\times\boldsymbol{M}$的对角线矩阵。

$\boldsymbol{X}^{\mathrm{T}}\boldsymbol{X}$为不同位置信号值的时间平均量，由正交矩阵特性可得：

$$\boldsymbol{V}^{\mathrm{T}}\boldsymbol{X}^{\mathrm{T}}\boldsymbol{X}\boldsymbol{V}=\boldsymbol{V}^{\mathrm{T}}\boldsymbol{V}\boldsymbol{S}\boldsymbol{U}^{\mathrm{T}}\boldsymbol{U}\boldsymbol{S}\boldsymbol{V}^{\mathrm{T}}\boldsymbol{V}=S^2 \tag{2.3.19}$$

S_i^2是$\boldsymbol{X}^{\mathrm{T}}\boldsymbol{X}$的本征值，以递减顺序排列。$S_i$就叫作矩阵$\boldsymbol{X}$的奇异值(singular value)。由于$S_i$是以递减顺序排列，则大多数$S_i$相对于前面几个占主要地位的$S_i$来说是很小的。这就说明了SVD的噪声过滤功能。$\boldsymbol{V}^{(j)}$是$\boldsymbol{X}^{\mathrm{T}}\boldsymbol{X}$的本征向量，它表示$\boldsymbol{X}$的空间分布。$\boldsymbol{U}^{(j)}$表示$\boldsymbol{X}$的时间向量。仅由前面几个最大的本征值重新构造信号，得到一个新的矩阵，从而达到过滤噪声的目的：

$$X'[(i-1)t_{\mathrm{s}}]=\sum_{j=1}^{l}u_i^{(j)}s_j v^{(j)} \tag{2.3.20}$$

而过滤后的信号包含原始信号的信息量由下式给出：

$$\Delta l=\sum_{k=1}^{l}s_k^2\Big/\sum_{k=1}^{m}s_k^2 \tag{2.3.21}$$

SVD方法不是通过对信号的时间相关性而是通过对信号的空间相关性分析，因此不存在上述问题。对于正弦行波SVD分析方法与离散傅里叶变换方法是相同的。由于SVD方法不存在极向结构计算式引入的近似假设问题，因此在一些理想的情况下SVD方法明显地提高了频谱分析的精度。[79]图2.3.4所示为SVD方法分析的HL-2A装置$m=3$的极向模数某一时刻极向磁探针中的扰动磁场在极坐标中的分布情况。从拟合曲线过零点的周期数中即可获得极向模数$m=3$。

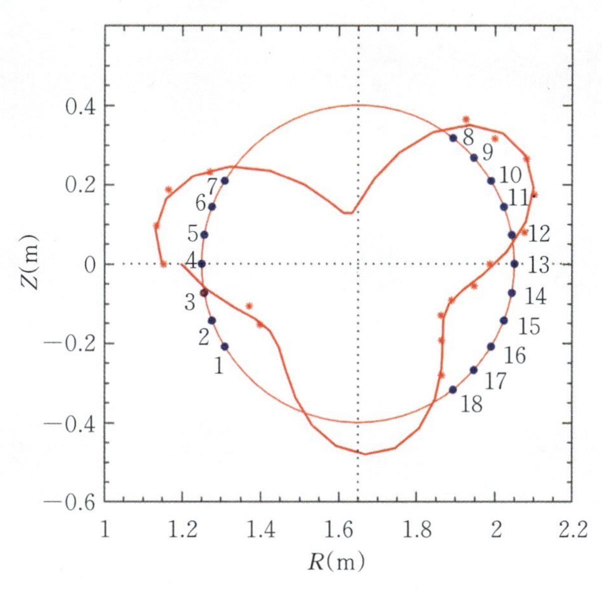

图2.3.4 奇异值分解方法得到的极向模数

(5) 不稳定性模式的频谱分析

为了从测量数据中得到MHD不稳定性的时间演化特征，一般采用基于快速傅里叶变换的方法将时域数据转化成频域数据。[80-81]具体实施过程中通过选取短时间的数据片段，对其进行快速傅里叶变换，将获得频域信号。接着按照相同重叠率，依次选取相同长度的数据点，逐次进行快速傅里叶变化，获得随时间演化的频域数据，并按照时间顺序依次排列，对频域数据做等高分析，获得MHD不稳定性的频谱图，如图2.3.5所示。从频谱演化中可以获得不同MHD不稳定性的频率分布，并且可以直观地看到不同MHD不稳定性的强度。图2.3.5所示为傅里叶变换获得的HL-2A装置撕裂模及其谐波的频谱图，图中显示了2 kHz左右的MHD不稳定性扰动模式，而且同时带有4 kHz和6 kHz左右的二次和三次谐波。

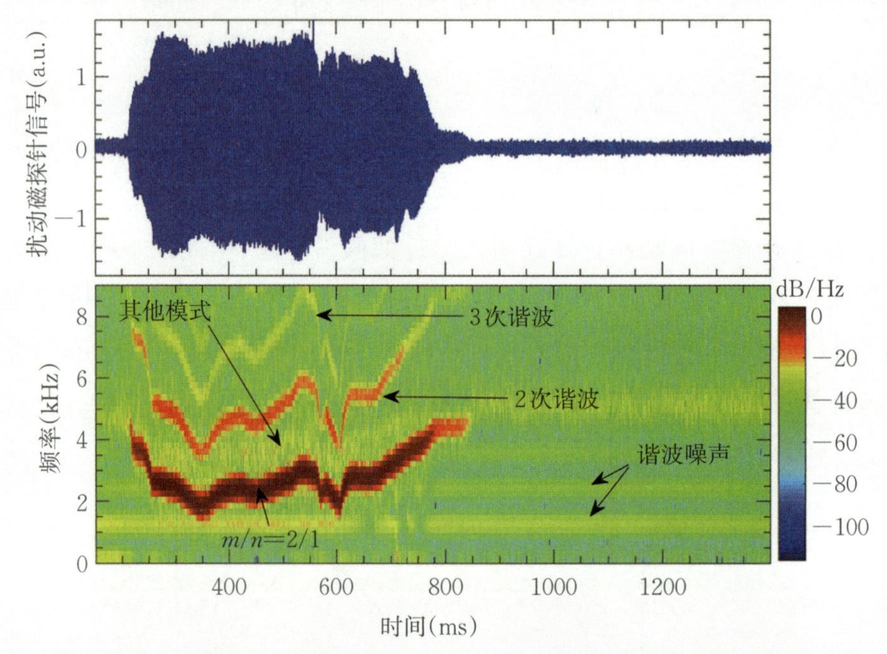

图2.3.5　利用傅里叶变换获得的HL-2A装置撕裂模及其谐波的频谱图

2.3.2　不稳定性结构的重建

测量磁扰动的米尔诺夫探针一般布置在等离子体外，通过其信号不能直观地反映等离子体内部扰动的具体情况。因此，要用米尔诺夫探针来分析等离子体内部复杂的扰动结构的话是很困难的。不稳定性结构的重建有助于帮助分析宏观磁流体不稳定性，直观、清晰地识别并展现不稳定性在等离子体内部的拓扑结构，进而有利于不稳定

性的研究和抑制(或控制)。下面以撕裂模磁岛的磁拓扑结构重建为例,阐述重建的方法和步骤[82]:

① 为了从测量数据中得到扰动场信号,基于快速傅里叶变换的理想滤波方法将磁探针信号进行滤波和积分,提取出主要模式的扰动场。

② 借助模式分析方法,对撕裂模的极向和环向模式进行分析,确定磁扰动模数(m,n)。

③ 通过与磁探针信号进行比较,建立模拟扰动场,模拟出扰动磁通分布。

④ 借助平衡反演编码(EFIT)进行平衡重建,获得平衡磁通分布。

⑤ 将平衡磁通和扰动磁通进行叠加,获得磁岛结构重建的图像。

在磁岛结构重建过程中,假设扰动磁场是由集中分布在共振面附近的扰动电流所产生的,并且进一步假设扰动电流沿着相应的共振面处的磁场方向自由流动。自由流动的电流不改变等离子体的平衡,所以扰动场将不受周围等离子体的影响。考虑到扰动电流在有理面$q=m/n$处形成一个螺旋形状,能够将扰动电流j'表示为[83]:

$$j'(R,Z)=j_0'\cos\left(m\theta+n\varphi+\omega t+\Delta\Phi\right) \tag{2.3.22}$$

式中,θ和φ为极向角和环向角,$\theta=0$在弱场侧中平面处,ω为旋转角频率,$\Delta\Phi$为扰动电流分布的初始相位。考虑到等离子体极向不对称,用磁通坐标θ^*来替代极向坐标θ而$\theta^*=\theta-\lambda\sin\theta$,这里$\lambda=\left(\beta_{\mathrm{p}}+\dfrac{l_i}{2}+1\right)\varepsilon$。在环对称装置(如托卡马克)中,可将三维问题转化为二维问题,因此只需要获得扰动电流的环向分量来分析磁岛的极向结构。扰动电流表达式转化为

$$j_\varphi'(R,Z)=j_0'\cos\left\{m\left[\theta-\left(\beta_{\mathrm{p}}+\frac{l_i}{2}+1\right)\varepsilon\sin\theta\right]+\Delta\Phi\right\} \tag{2.3.23}$$

根据极向磁探针测量的扰动磁场,通过最小二乘法拟合出扰动电流的参数j_0'、θ以及λ,拟合函数设置如下:

$$\delta^2=\sum_{i=1}^{k}\left(\tilde{B}_i-\tilde{B}_{i0}\right)^2 \tag{2.3.24}$$

$\tilde{B}_i$是通过扰动电流方程(2.3.23)计算的第i个磁探针线圈的扰动磁场,$\tilde{B}_{i0}$是第i个磁探针的测量值,k是磁探针的数目。通过求函数δ^2的最小值能够获得扰动电流的这些参数。将拟合的3个参数,代入式(2.3.23),可以求得扰动电流在有理面上的分布。根据扰动电流的分布,使用格林函数对电流丝产生的磁场进行椭圆积分,可以求得扰动磁通分布以及在磁探针处的扰动磁场大小。图2.3.6展示了由扰动电流产生的极向扰动磁通分布情况。

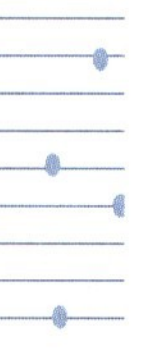

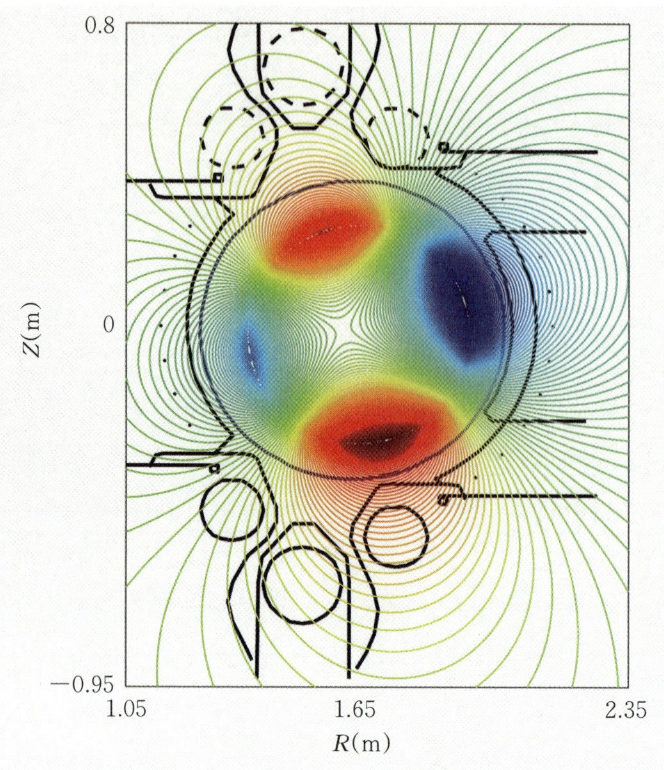

图 2.3.6 扰动电流产生的极向扰动磁通分布

图 2.3.7 显示的是磁探针测量的磁场 $\tilde{B}_{i0}$ 与模拟计算出的磁场 $\tilde{B}_i$ 的对比。可以看出，模拟与测量的结果基本是一致的。

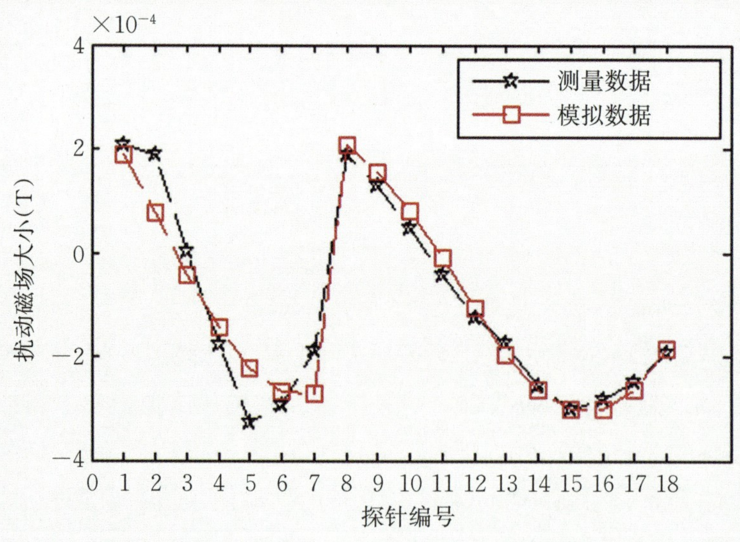

图 2.3.7 HL-2A 装置米尔诺夫扰动磁探针测量的扰动磁场与模拟反演计算的扰动场的比较

为了识别出磁岛的结构，用EFIT重建平衡场磁通 Ψ_h：

$$\Psi_h = \Psi_0 - \Psi_{q=\mathrm{const}} = \Psi_0 - \frac{1}{q}\Phi_0 \tag{2.3.25}$$

式中，Ψ_0 与 Φ_0 分别为极向和环向场通量[84-85]，$\Psi_{q=\mathrm{const}}$（在每个面上 q 均为常数）为0剪切场。根据 $q(q=\mathrm{d}\Phi/\mathrm{d}\Psi)$ 的定义，通量函数 $\Psi_{q=\mathrm{const}}=q^{-1}\Phi_0$。将平衡场通量 Ψ_h 与扰动场通量在共振面 q 处叠加，扰动磁场就会改变原磁场的拓扑结构，引起磁重联而形成磁岛。[86]其中，安全因子 q 的分布从EFIT中可以确定，相应的 $q=m/n$ 共振面的位置也可以从EFIT中获得。

图2.3.8所示是叠加后获得 $m=2$ 的磁岛结构。磁岛的 X 点位于扰动场通量的极小值处，O 点就是极大值处。磁岛的宽度能够被识别出来 $W=5.95$ cm。用软X射线测量估计出的磁岛的宽度范围为5～7 cm。用磁岛反演方法计算出的磁岛宽度与软X射线测量给出的结论相符，这也验证了反演方法的正确性。

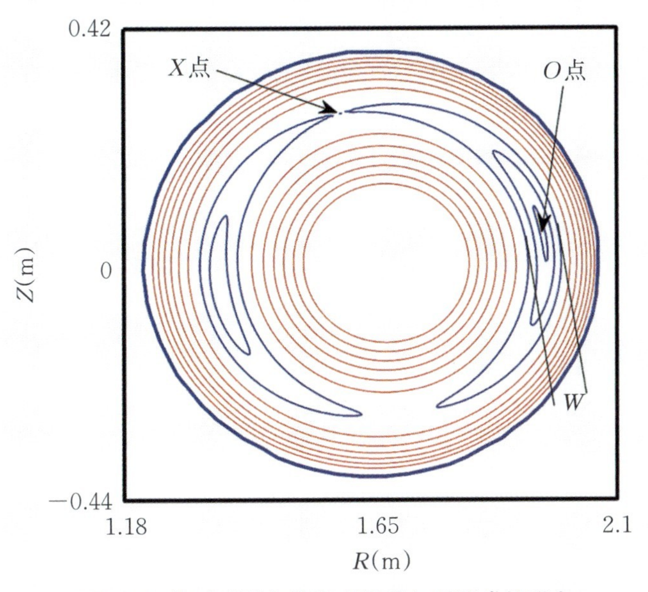

图2.3.8 扰动磁通与平衡磁通叠加后形成的磁岛

2.3.3 不稳定性的实时识别

磁流体不稳定性实时识别的目标是为不稳定性的控制提供实时化指导。以撕裂模为例，撕裂模不稳性的实时识别主要是指对磁岛的时间、空间信息的实时识别。其中磁岛实时定位是撕裂模主动控制的基础，磁岛频率、相位和宽度等信息计算的准确性关系到撕裂模主动控制的效率。

磁岛幅值识别:在撕裂模实时识别时,对米尔诺夫探针的扰动信号进行实时监测,当扰动信号幅度超过预设的阈值时,判断为磁扰动模式产生,扰动信号幅度低于阈值时,判断为模式消失。[87]这个过程可以判断磁岛出现的时间,并可通过信号幅度来大致判断磁岛的宽度。为了减小Shafranov位移引起的强、弱场侧磁岛的极向不对称性影响,一般选用极向角度相差180°强、弱场中平面处的米尔诺夫探针给出的磁场扰动幅度作为约束条件,通过两个米尔诺夫探针的幅度增加值来确定出现的扰动模式是否为磁岛。只有当两个信号的增加值均超过某个阈值时才确定磁岛已经出现。

磁岛模数识别:在撕裂模实时识别时,将探针阵列信号实时化,利用不同位置扰动信号的相位关系判断磁岛的模数。在实时判断模式出现一段时间后(例如5 ms),开始实时模数计算。根据前述模数判断方法,通过阵列性磁扰动信号之前的相位差,实时确定扰动的极向和环向模数m、n,同时可以确定磁岛所在的有理面位置$q=m/n$,然后根据ECE等其他诊断或者实时EFIT确定磁岛的实时径向位置。考虑到实时性要求,环向模数采用相位对比法,一般情况下,撕裂模都是环向模数较低的$n=1$或者$n=2$的模式。因此,可以利用环向阵列180°空间相位间隔的两个磁探针,通过相位的反转情况判断两类环向模式,当环向模式$n=1$时波传播一个周期,相位相反;$n=2$时波传播两个周期,相位相同。在单模情况下,根据经验估计极向模数$m=n+1$。

参考文献

[1] Coccorese V, et al. Design of the new magnetic sensors for Joint European Torus[J]. Review of Science Instrument, 2004, 75: 4311-4313.

[2] Coonrod J, et al. Magnetic diagnostics and feedback control on TFTR[J]. Review of Science Instrument, 1985, 56: 941-946.

[3] Takechi M, et al. Development of magnetic sensors for JT-60SA[J]. Fusion Engineering and Design, 2015: 96-97, 985-988.

[4] Joachim G. Magnetic diagnostic on ASDEX upgrade with internal and external pick-up coils [A]. 1992, IPP 1/262.

[5] Strait E J. Magnetic diagnostic system of the DⅢ-D tokamak[J]. Review of Science Instrument, 2006, 77: 023502.

[6] King J D, et al. An upgrade of the magnetic diagnostic system of the DⅢ-D tokamak for non-axisymmetric measurements[J]. Review of Science Instrument, 2014, 85: 083503.

[7] Edlington T, et al. MAST magnetic diagnostics[J]. Review of Science Instrument, 2001, 72: 421-425.

[8] Moret J M. Magnetic measurements on the TCV tokamak[J]. Review of Science Instru-

ment, 2006, 69: 2333-2348.

[9] Lee S G. Fabrication details, calibrations, and installation activities of magnetic diagnostics for Korea superconducting tokamak advanced research[J]. Review of Science Instrument, 2006, 77: 10E306.

[10] Moreau P, et al. A magnetic diagnostic on Tore Supra[J]. Review of Science Instrument, 2003, 74: 4324.

[11] König R, et al. Diagnostic developments for quasicontinuous operation of the Wendelstein 7-X stellarator[J]. Review of Science Instrument, 2008, 79:10F337.

[12] Sakakibara S, et al. Magnetic measurements in LHD[J]. Fusion Science and Technology, 2010, 58: 471-481.

[13] Moreau P, et al. The new magnetic diagnostics in the WEST tokamak[J]. Review of Science Instrument, 2018, 89: 10J109.

[14] Hutchinson I H. Principles of Plasma Diagnostics[M]. 2nd ed. Cambridge: Cambridge University Press, 2002.

[15] 项志遴, 俞昌旋. 高温等离子诊断技术[M]. 上海:上海科学技术出版社, 1982.

[16] Tonetti G, et al. Measurement of the energy content of the JET tokamak plasma with a diamagnetic loop[J]. Review of Science Instrument, 1986, 57(8): 2087-2089.

[17] Shen B, et al. Poloidal beta and internal inductance measurement on HT-7 superconducting tokamak[J]. Review of Science Instrument, 2007, 78(9): 093501.

[18] Bak J G, et al. Diamagnetic loop measurement in Korea superconducting tokamak advanced research machine[J]. Review of Science Instrument, 2011, 82(6): 063504.

[19] Besshou S, et al. Diamagnetic double-loop method for a highly sensitive measurement of energy stored in a stellarator plasma[J]. Review of Science Instrument, 2001, 72(10): 3859-3863.

[20] Ji X Q, et al. Diamagnetic measurements by concentric loops in the HL-2A tokamak[J]. Review of Science Instrument, 2013, 84(8): 083507.

[21] Entler S, et al. Temperature dependence of the hall coefficient of sensitive layer materials considered for DEMO hall sensors[J]. Fusion Engineering and Design, 2020, 153:111454.

[22] Bolshakova I, et al. Metal hall sensors for the new generation fusion reactors of DEMO scale[J]. Nuclear Fusion, 2017, 57:116042.

[23] Kocan M, et al. Steady state magnetic sensors for ITER and beyond: development and final design[J]. Review of Science Instrument, 2018, 89: 10J119.

[24] Mirnov S V. Investigation of the instabilities of the plasma string in the tokamak-3 system by means of a correlation method[J]. Soviet Atomic Energy, 1971, 30:22.

[25] Seger S E. Magnetic probes of high frequency response[J]. Journal of Scientific Instru-

ments, 1960, 37: 369-371.
[26] Hole M J, et al. A high resolution Mirnov array for the mega ampere spherical tokamak[J]. Review of Science Instrument, 2009, 80: 123507.
[27] Liu Y Q, et al. Design and calibration of high-frequency magnetic probes for the SUNIST spherical tokamak[J]. Review of Science Instrument, 2014, 85:11E802.
[28] Liang S Y, et al. Design and construction of high-frequency magnetic probe system on the HL-2A tokamak[J]. AIP Advances, 2017,7:125004.
[29] Toussaint M, et al. Design of the ITER high-frequency magnetic diagnostic coils [J]. Fusion Engineering and Design, 2011,86:1248-1251.
[30] Testa D, et al. Prototyping conventionally wound high-frequency magnetic sensors for ITER[J]. Fusion Science and Technology, 2012, 61:19-50.
[31] Greene J M, et al. Determination of hydromagnetic equilibria[J]. Physics of Fluids, 1961, 4: 875-890.
[32] Mukhovatov V S, et al. Plasma equilibrium in a tokamak [J]. Nuclear Fusion, 1971, 11: 605.
[33] Johnson J L, et al. Numerical determination of axisymmetric toroidal magnetohydrodynamic equilibria[J]. Journal of Communicational Physics, 1979, 32: 212-234.
[34] Marder B, et al. A bifurcation problem in E-layer equilibria [J]. Plasma Physics, 1970, 12: 435.
[35] Sadeghi Y, et al. Performing real-time reconstruction of the magnetic flux in FTU feedback control loop using multi-polar current moments expansion in RTAI virtual machine[R]. 4th International Conference on Physics and Control, Catania, 2009.
[36] Callen J D, et al. Magnetohydrodynamic equilibria in sharply curved axisymmetric devices [J]. Physics of Fluids, 1972, 15: 1523-1528.
[37] Semenzato S, et al. Computation of symmetric ideal MHD flow equilibria [J]. Computer Physics Reports, 1984,1:389-425.
[38] 铃木 昌荣等. トカマク平衡コ-ドMEUDASのモジ-ル解说[R]. 日本原子力研究所, JAERI-Data/Code, 2001.
[39] Swain D W, et al. An efficient technique for magnetic analysis of non-circular, high-beta tokamak equilibria[J]. Nuclear Fusion, 1982, 22: 1015.
[40] Carthy P J Mc, et al. An integrated data interpretation system for tokamak discharges [D]. Dublin: National University of Ireland, 1992.
[41] Lao L L, et al. Equilibrium analysis of current profiles in tokamaks [J]. Nuclear Fusion, 1990, 30:1035.
[42] Lee D K, et al. An approach to rapid plasma shape diagnostics in tokamaks [J]. Journal

Plasma Physics, 1981, 25:161-173.

[43] O' Bien D P, et al. Local expansion method for fast plasma boundary identification in JET [J]. Nuclear Fusion, 1993, 33: 467.

[44] Windsor C G, et al. Real-time electronic neural networks for ITER-like multiparameter equilibrium reconstruction and control in COMPASS-D [J]. Fusion Technology, 1997, 32: 416-430.

[45] Kurihara K, Tokamak plasma shape identification on the basis of boundary integral equations[J]. Nuclear Fusion, 1993, 33: 399.

[46] Kurihara K, A new shape reproduction method based on the Cauchy-condition surface for real-time tokamak reactor control [J]. Fusion Engineering and Design, 2000, 51-52: 1049-1057.

[47] Alladio F, et al. Analysis of MHD equilibria by toroidal multipolar expansions[J]. Nuclear Fusion, 1986, 26: 1146.

[48] 袁保山. HL-2A 等离子体边界识别的模拟研究[J]. 核聚变与等离子体物理, 2004, 24 (2): 81.

[49] You T X, et al. Plasma boundary identification in HL-2A by means of the finite current element method[J]. Chinese Physics, 2005,14(03): 0560.

[50] 袁保山. HL-2A 等离子体边界识别的研究[J]. 核聚变与等离子体物理, 2005, 25(1): 1.

[51] 游天雪. 用可移动电流丝重建HL-2A 等离子体边界的研究[J]. 中国物理学报, 2007, 56 (9): 317.

[52] 袁保山. HL-2A 等离子体平衡重建的研究[J]. 2012, 国防科学技术报告.

[53] Levinton F M, et al. Magnetic field pitch-angle measurments in the PBX-M tokamak using the motional Stark effect[J]. Physical Review Letter, 1989, 63: 2060.

[54] Chen W J, et al. Current profile reconstruction by using the motional Stark effect polarimeter data on HL-2A tokamak[J]. Fusion science and technology, 2019, 76(1): 37-44.

[55] Jiang Y, et al. Interferometric measurement of high-frequency density fluctuations in Madison symmetric torus[J]. Review of Science Instrument, 1999, 70: 703.

[56] Yuan B S, et al. Study of plasma equilibrium reconstruction on HL-2A[J]. Fusion Engineering and Design, 2018, 134: 5-10.

[57] Herbert L S. Iterative solution of implicit approximations of multidimensional partial differential equations[J]. SIAM Journal of Numerical Analysis, 1968, 5: 530.

[58] Trescott P C, et al. Finite-difference model for aquifer simulation in two dimensions with results of numerical experiments[J]. Investigations of the U. S. Geology Survey, 1976, 76 (1): 37-44.

[59] 付妹莉. 多维偏微分方程强隐式迭代(SIP)解法及温场流场的数值模拟[J]. 试验技术与

试验机，1994，34：5-8.

[60] Ferron J R，et al. Real time equilibrium reconstruction for tokamak discharge control[J]. Nuclear Fusion，1998，38(7)：1055-1066.

[61] Gates D A，et al. Plasma shape control on the National Spherical Torus Experiment (NSTX) using real-time equilibrium reconstruction[J]. Nuclear Fusion，2006，46(1)：17-23.

[62] Kwak J G，et al. Key features in the operation of KSTAR[J]. Ieee Transactions on Plasma Science，2012，40(3)：697-704.

[63] Xiao B J，et al. Recent plasma control progress on EAST[J]. Fusion Engineering and Design，2012，87(12)：1887-1890.

[64] Huang Y，et al. Implementation of gpu parallel equilibrium reconstruction for plasma control in EAST[J]. Fusion Engineering & Design，2016，112:1019-1020.

[65] Huang Y，et al. Fast parallel grad-shafranov solver for real-time equilibrium reconstruction in EAST tokamak using graphic processing unit[J]. Chinese Physics B，2017，26：085204.

[66] Huang Y，et al. Development of real-time plasma current profile reconstruction with POINT diagnostic for EAST plasma control[J]. Fusion Engineering and Design，2017 (120)：1-8.

[67] 凌飞. HL-2A装置实时等离子体位形重建系统的加速优化[J]. 核聚变与等离子体物理，2017，37(2)：152-158.

[68] 黄耀. 基于GPU并行计算的等离子动理论平衡重建及控制研究[D]. 北京：中国科学院大学，2017.

[69] 胡希伟. 等离子体电磁流体力学[M]. 北京：北京大学出版社，2004.

[70] Wesson J. Tokamaks[M]. 3rd ed. Oxford：Clarendon Press，1987.

[71] 石秉仁. 磁约束聚变原理与实践[M]. 北京：原子能出版社，1999.

[72] 宫本健郎. 热核聚变等离子体物理学[M]. 金尚宪，译. 北京：科学出版社，1981.

[73] Rutherford P H. Nonlinear growth of the tearing mode[J]. Physics of Fluids，1973，16 (11)：1903-1903.

[74] 赵开君，严龙文，杨青巍. HL-1M装置撕裂模不稳定性的相位比对法研究[J]. 核聚变与等离子体物理，2004，24(4)：6.

[75] 冯北滨. 空间傅里叶分析法识别MHD扰动模式[J]. 核聚变与等离子体物理，2005，25 (1)：8.

[76] 赵开君，严龙文，杨青巍. 相关分析法确定HL-1M装置磁流体的扰动模式[J]. 核聚变与等离子体物理，2004(02)：129-134.

[77] J. Stoer R. Bulirsch. Introduction to numercial analysis[M]. Springer，New York：Springer-Verlag，1980.

[78] Hole M J, Fourier decomposition of magnetic perturbations in toroidal plasmas using singular value decomposition[J]. Plasma Physics and Controlled Fusion, 2007, 49: 1971-1988.

[79] Ciliberto S, Nicolaenko B. Estimating the number of degrees of freedom in spatially extended systems[J]. Europhysics Letters, 1991, 14(4): 303-308.

[80] Julius S. Bendat, et al. Random Data: Analysis and Measurement Procedures[M]. New York: John Wiley, 1986.

[81] Nardone C, et al. Multichannel fluctuation data analysis by the singular value decomposition method application to MHD modes in JET[J]. Plasma Physics and Controlled Fusion, 1992, 34(9): 1447-1465.

[82] Ji X Q, et al. Identification and analysis of magnetic structures on HL-2A[J]. Plasma Science Technology, 2006, 8(6): 644.

[83] White R B. The Theory of Toroidally Confined Plasmas[M]. London: Imperial College Press, 31-39, 2001.

[84] Bateman G, MHD Instabilities[M]. Cambridge: MIT Press, 1978.

[85] Schittenhelm M, et al. Analysis of coupled MHD modes with Mirnov probes in ASDEX Upgrade[J]. Nuclear Fusion, 1997,37(9): 1255-1270.

[86] 孙腾飞. 用磁探针反演磁岛二维结构的方法及其在HL-2A装置上的应用[J]. 核聚变与等离子体物理, 2011, 31(3): 200-206.

[87] Yan L W, et al. Control of neoclassical tearing modes in real time on HL-2A tokamak[J]. Review of Science Instrument, 2017, 88(11): 113504.

第3章　微波诊断

微波诊断作为一种无扰的测量技术，具有时空分辨率高和定域测量能力等优点，在等离子体物理研究领域中发挥着重要作用。常见的微波诊断主要包括电子回旋辐射计、微波干涉仪、微波反射计、多普勒反射计和微波成像系统等。电子回旋辐射计主要用于电子温度和磁流体不稳定性测量，微波干涉仪主要用于线平均电子密度和密度扰动测量，微波反射计基于电磁波在等离子体中传播时的截止现象来测量电子密度分布。不同于微波反射计要求微波垂直入射等离子体，多普勒反射要求以一定角度将微波入射进等离子体，是一种结合了微波反射技术和微波散射原理，用于极向旋转和湍流测量的诊断手段。电子回旋辐射成像和反射成像系统在电子回旋辐射计和微波反射计的基础上利用准光学系统将一维测量扩展至二维测量，在磁流体不稳定性、高能量粒子物理和H模物理等研究中发挥着非常重要的作用。本章将详细介绍微波诊断的工作原理、研制技术及其在磁约束等离子体领域的应用。

3.1　电子回旋辐射

3.1.1　电子回旋辐射诊断理论

电子在磁场中受洛伦兹力做回旋加速运动从而产生辐射。通常将非相对论电子在磁场中的辐射称为回旋辐射，电子回旋辐射频率及其谐波频率可以写成

$$n\omega_{ce}=neB/(\gamma m_e) \tag{3.1.1}$$

式中，n为谐波次数，ω_{ce}为基频的电子回旋频率，e表示电子电荷量，m_e为电子静止质

量，γ为相对论系数，B为磁场强度。在大多数托卡马克装置中，磁场B的范围一般为1～5 T，电子回旋辐射频率及其高次谐波一般都处于毫米到亚毫米频段。

在托卡马克装置中，中平面等离子体所处的磁场主要为外加环向场B_T，极向磁场B_θ可忽略，即$B(r) \approx B_T$，它反比于装置的大半径：

$$B(r) \approx B_T(r) = R_0 B_0 / (R_0 + r\cos\theta) \tag{3.1.2}$$

其中，R_0为装置极向截面中心相对于装置几何中心的距离，B_0为R_0处环向场强度，θ表示测量位置到装置极向截面几何中心与中平面夹角。

令$\omega = n\omega_{ce}$，在回旋频率附近区域的辐射比强度（单位频率和单位立体角强度）为[1-6]

$$\frac{d}{dl}\left[\frac{I(\omega)}{N_r^2}\right] = \frac{1}{N_r^2}\left[-\alpha(\omega)I(\omega) + j(\omega)\right] \tag{3.1.3}$$

式中，ω为回旋频率，$\alpha(\omega)$、$j(\omega)$、$I(\omega)$为回旋频率为ω时，等离子体对电子回旋辐射的辐射吸收系数、等离子体回旋辐射发射率、电子回旋辐射强度。N_r为折射率。定义光学厚度τ为

$$\tau = \int_L \alpha(\omega) dl \tag{3.1.4}$$

光学厚度τ为$\alpha(\omega)$沿光路的积分，将式(3.1.3)沿观察点l_0到辐射点进行积分得

$$I_{(l)}(\omega) = I_{(l_0)}(\omega) = \exp(-\tau) + \frac{j(\omega)}{\alpha(\omega)}\left[1 - \exp(-\tau)\right] \tag{3.1.5}$$

在回旋频率ω及其谐波频率附近区域的辐射比强度为

$$I_n^{(i)}(\omega) = I_{BB}(r)\left[1 - \exp(-\tau_n^{(i)})\right] / \left[1 - \eta\exp(-\tau_n^{(i)})\right] \tag{3.1.6}$$

$$I_{BB} = \frac{k\omega^2 T_e}{8\pi^3 c^2} \tag{3.1.7}$$

式中，角标i表示极化方向，I_{BB}为瑞利-金斯条件下($h\omega \ll kT_e$)的黑体辐射强度，h为普朗克常量，k为玻尔兹曼常量，T_e为电子温度，c为光速。

光学厚度的计算公式如下：

$$\tau_1^O = \frac{\pi}{2} F^O C_1 C_2 \tag{3.1.8}$$

$$\tau_2^O = \frac{\pi}{2}(FO)^3 C_1^2 C_2 \tag{3.1.9}$$

$$\tau_2^X = \pi F^X C_1 C_2 \tag{3.1.10}$$

式中，τ_1^O、τ_2^O、τ_2^X分别是一次寻常模、二次寻常模和二次非寻常模光学厚度。其中：

$$C_1 = \frac{kT_e}{m_e c^2}$$

$$C_2=\frac{q\omega_{\mathrm{ce}}}{c}(R_0+r)^2/R$$

$$C_3=(\omega_{\mathrm{pe}}/\omega_{\mathrm{ce}})^2$$

$$F^O=(1-C_3)^{1/2}$$

$$F^X=\sqrt{\frac{12-8q+C_3{}^2}{12-4C_3}}\left(\frac{6-C_3}{6-2C_3}\right)^2$$

当满足光学厚($\tau_n^{(i)}\gg 1$)条件时，辐射强度$I_n^{(i)}(\omega)$正比于I_{BB}。表明电子回旋辐射强度正比于当地等离子体电子温度。通常情况下，非寻常模的二次谐波容易满足光学厚条件，当芯部电子温较高且密度较高时寻常模的基频波也有可能满足光学厚条件，通过对满足光学厚条件的回旋辐射进行测量可获得电子温度(图3.1.1)。

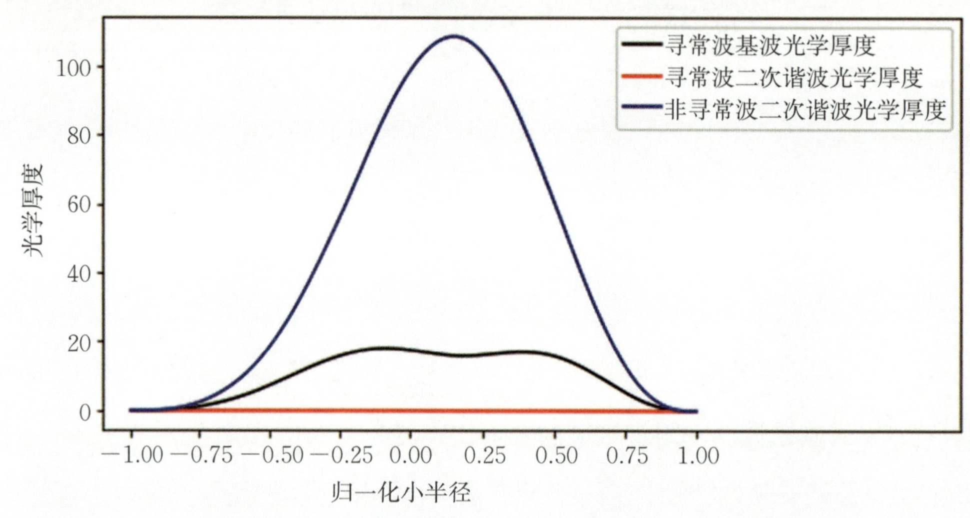

图3.1.1　托卡马克装置典型寻常波基波、寻常波二次谐波和非寻常波二次谐波模光学厚度分布
(芯部电子温度为5 keV，磁场为2 T，线平均电子密度为5×10^{19} m^{-3})

3.1.2　常见ECE探测方案

3.1.2.1　外差ECE接收机

电子回旋辐射(electron cyclotron emission，ECE)诊断系统通常采用外差接收技术，即前端接收到不同频率的电子回旋辐射信号与已知频率的本振(LO)微波源进行混频，产生差频信号。[7]不同频率的电子回旋辐射信号可以理解为在不同环向磁场下的电子温度信号，也就是不同等离子体小半径位置的电子温度。后端通常选择差频(频率相对低)或者多次差频作为检波中频信号。LO源可以为扫频输出或单频输出。LO

为扫频源时系统为扫频系统，它不需要多个通道的输出就能获得电子温度剖面，但时间分辨取决于扫描周期。

外差ECE是非常成熟的诊断系统，图3.1.2所示为外差ECE原理图，通过天线接收来自等离子体中频率为f的电子回旋辐射信号，与本振频率f_0的本振源在混频器中差频，获得频率$|f-f_0|$的低频中频信号，中频信号经过放大滤波后，获得实验测量对应空间位置范围的中频宽带信号。最后检波器对中频宽带信号进行包络解调，获取电子回旋辐射信号强度信息。由于检波信号通常较弱，通过视频放大器将解调信号放大并最后传递给采集器对信号进行采集与储存。

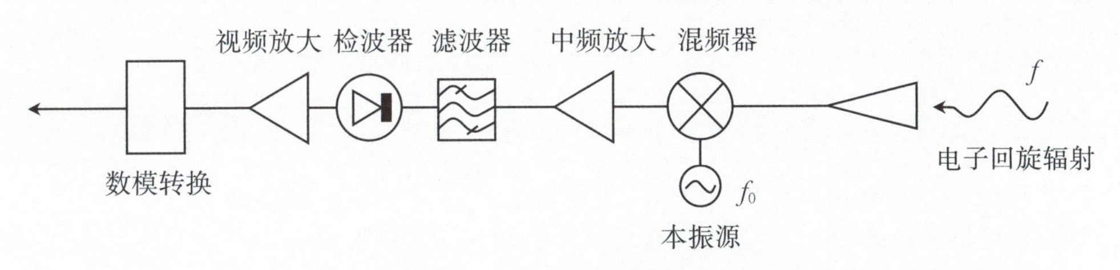

图3.1.2 外差接收机原理图

3.1.2.2 迈克尔逊干涉仪

迈克尔逊干涉仪[8]是一种常见的光学干涉仪，同样可用于电子回旋辐射测量，其基本原理如图3.1.3所示。

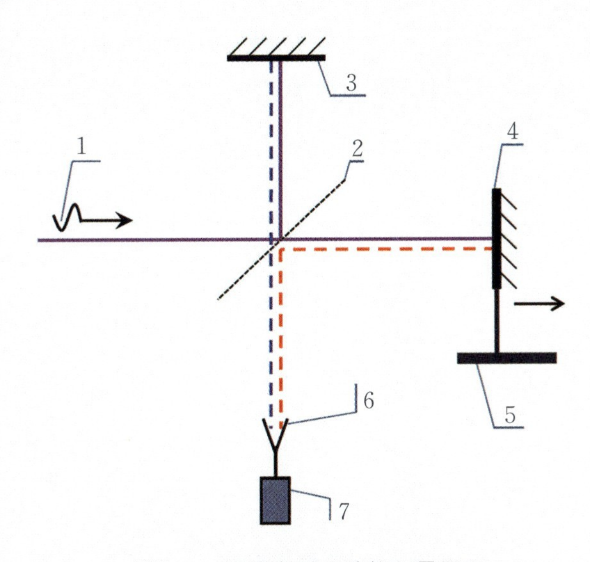

图3.1.3 迈克尔逊干涉仪测量原理

图中的数字1到7分别代表入射微波、微波分束光栅、固定反射镜、可动反射镜、可动反射镜运动系统、接收天线和超宽带微波探测系统。

当动镜位移为x,在探测器上接收到的信号为

$$\begin{aligned}I(x)&=\int_0^{\infty}(1+\cos(kx))G(k)\mathrm{d}k\\&=\int_0^{\infty}G(k)\mathrm{d}k+\int_0^{\infty}G(k)\frac{1}{2}(\mathrm{e}^{\mathrm{i}kx}+\mathrm{e}^{-\mathrm{i}kx})\mathrm{d}k\\&=\frac{1}{2}I(0)+\frac{1}{2}\int_{-\infty}^{+\infty}G(k)\mathrm{e}^{-\mathrm{i}kx}\mathrm{d}k\end{aligned}\tag{3.1.11}$$

$$W(x)=2I(x)-I(0)=\int_{-\infty}^{+\infty}G(k)\mathrm{e}^{-\mathrm{i}kx}\mathrm{d}k\tag{3.1.12}$$

式中,$W(x)$为干涉图函数,即强度函数,$I(0)$为光程差为零时的强度;$G(k)$为入射波谱,k为波数。$W(x)$和$G(k)$构成了傅里叶变换对:

$$G(k)=\frac{1}{2\pi}\int_{-\infty}^{+\infty}W(x)\mathrm{e}^{-\mathrm{i}kx}\mathrm{d}x\tag{3.1.13}$$

将迈克尔逊干涉仪输出的干涉信号经傅里叶变换可得到频谱。根据热辐射谱的二次谐波分布,在光学厚条件下,经黑体标定后,可计算出电子温度的空间分布。对于高次谐波,需要解辐射输运方程,该输运方程中有电子回旋辐射时的电子能量、螺距角和电子速度分布等参数,通过逐次迭代,即可求得电子的能量分布参数。由于波矢$\boldsymbol{k}$和位移$\boldsymbol{x}$成反比,动镜的位移x的大小决定了频谱的分辨。而频谱分辨决定了所能测量的空间道数,即空间分辨率。限制迈克尔逊干涉仪发展的主要技术因素是其时间和空间分辨率,目前迈克尔逊干涉仪主要在JET等几个大装置聚变上应用,在中小聚变实验装置上应用较少。

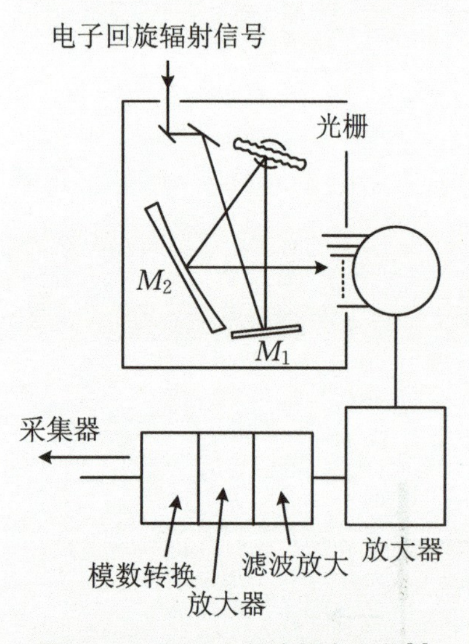

图3.1.4 JT-60上的光栅多色仪[9]

3.1.2.3 光栅多色仪

为提高迈克尔逊干涉仪的分辨率,可以使用光栅将电子回旋辐射频率分散到多个单独的探测器上,再分别对每个探测器的信号进行傅里叶变换,实现高时空分辨(图3.1.4)。[9]

3.1.3 ECE标定方法

为获得等离子体电子温度分布,ECE诊断系统标定是必不可少的,标定方法主要包括以下两种:

第一,双温度绝对标定法:选用能够辐射微波的黑体源作标定源,标定源具有低温

或高温控制能力，低温通常选液氮，高温通常选黑体面源，通过比较高低温下标定源辐射信号强度差及其线性关系外推来完成ECE诊断系统绝对标定。[10-12]由于标定信号非常弱（微伏级），需要用斩波器调制标定源，用长时间积分或锁相放大降低噪声。

第二，相对标定法：由于ECE的测量位置由电子回旋辐射频率决定，改变纵向磁场或者本振频率可以实现测量位置移动，在多道测量时，通过控制位移量，可以使相邻通道建立关系，从而推出各道的相对系数，然后经与能绝对测量温度的系统进行交叉标定得到绝对温度分布。[13-15]

3.1.4 电子温度涨落测量

ECE信号很弱，容易被背景噪声和系统噪声覆盖，传统的外差辐射计不能满足低幅度的电子温度涨落（$\tilde{T}_e/T_e<1\%$）的测量需求[16]，相关ECE技术使用互相关抑制噪声的方法，测量等离子体中的电子温度涨落，可以将涨落的测量精度提高约10倍（图3.1.5）。通过对磁面相近位置两个信号通道之间进行长时间互相关，由于随机噪声信号是互不相关的，而等离子体产生的扰动信号是相关的，因此通过互相关技术可以降低随机噪声信号水平，将微弱的相关扰动信号占比提高。该方法需要有长时间稳定的放电、高精度的准光学系统和高信噪比的电子学系统及采样率。[17-18]相关ECE测量可以采用频率相关技术，也可以采用空间相关技术。图3.1.3为ASDEX装置上采用径向相关（频率相关）技术的相关ECE系统原理图。用于相关分析的两个通道选用的YIG滤波器频率带宽为100～200 MHz，两者中心频率非重叠但处于同一个辐射层内。该技术被绝大多数磁约束聚变装置所采用，包括ASDEX-U[19]、DⅢ-D[20]、HL-2A[21]和W7-AS[22]等。

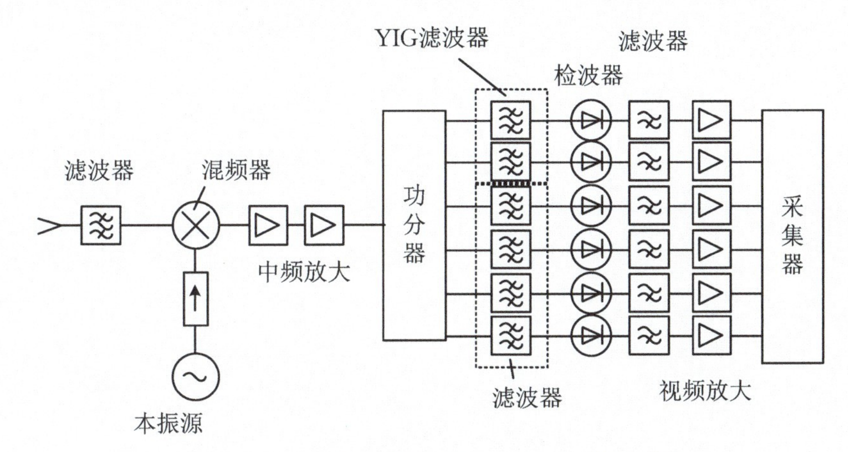

图3.1.5 AUG上的相关ECE系统（径向相关）[19]

3.1.5 相对论效应的影响

为了克服相对论电子回旋共振对电子温度测量的影响，可采用天线接收方向与磁场成斜角的测量方式来诊断电子速度分布[23]，这种诊断技术称为斜ECE。与常规的ECE测量技术相比，斜ECE诊断获得的ECE信号存在多普勒频移，通过改变观测角度、频率以及磁场来改变接收到的ECE谱型，迭代修正电子速度分布，使实验与理论ECE谱型一致，进而提取出电子速度分布。同时，斜ECE也可用于旋转磁岛的径向和环向定位，帮助使用电子回旋电流驱动(ECCD)控制磁岛。[24]

在光学厚等离子体中，当$T_e \leqslant 7$ keV时，ECE诊断和汤姆孙散射诊断测得的电子温度结果基本一致，两者偏差小于10%。然而，电子速度分布函数不满足麦克斯韦分布时，两者测量的差值会变大。在TFTR和JET实验中[25]，发现当电子温度大于7 keV时两者差距会随电子温度增加而增加(图3.1.6)，这可能是由体电子速度分布在平均热速度附近的非麦克斯韦畸变导致。

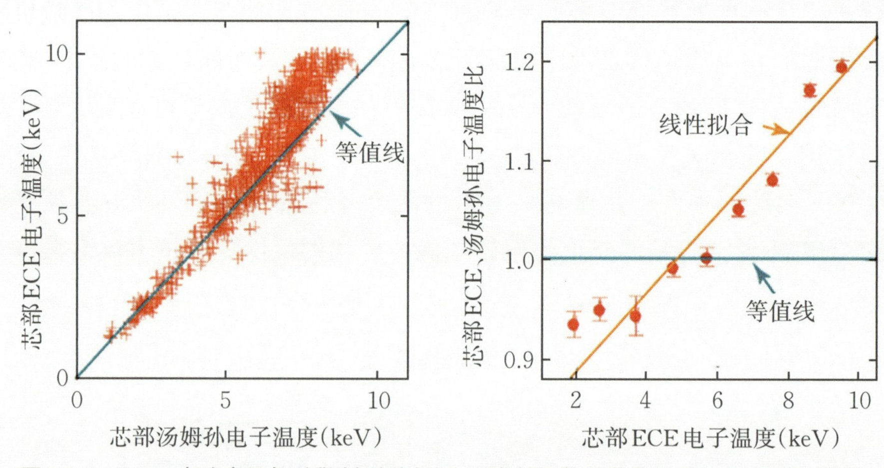

图3.1.6 TFTR实验中汤姆孙散射系统与ECE诊断的数据差异随电子温度增加而增加

在未来磁约束装置高参数运行背景下，ECE诊断存在非麦克斯韦电子速度分布的挑战，如ITER拟运行的电子温度$T_e(0)$为20～40 keV，由非热平衡导致的测量差异将>50%。GENRAY模拟结果显示，在传统ECE系统基础上增加斜ECE系统能够很好地解决测量问题。如图3.1.7和3.1.8，在JET实验中，使用斜ECE获得了与模拟相似的结果。[26]

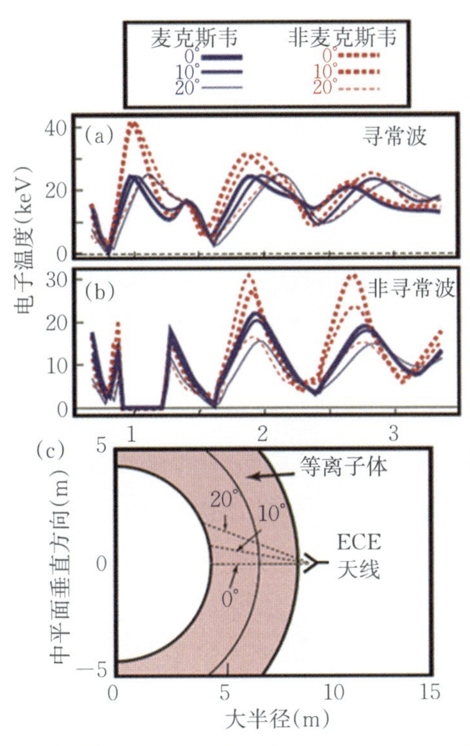

图 3.1.7 (**a**)寻常波,(**b**)非寻常波ECE在热平衡和非热平衡分布下的归一化辐射谱[等离子体中心频率$f_{ce}(0)=149$ GHz]和(**c**)天线安装角度

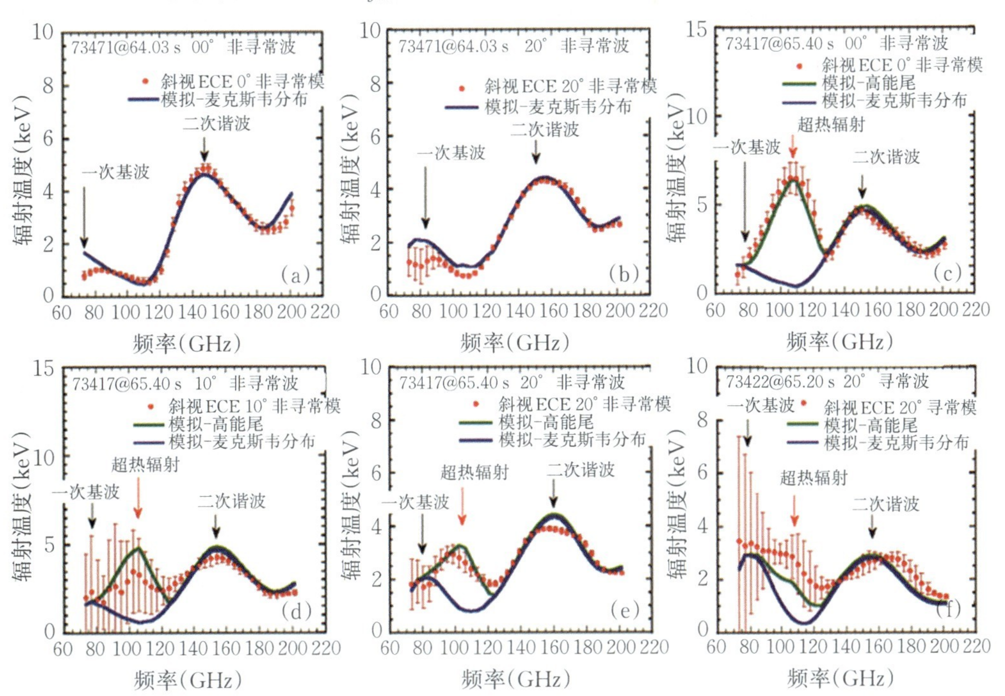

图 3.1.8 JET装置上斜ECE的实验数据(红点)与模拟(蓝色实线)谱的比较

3.2 微波干涉仪

微波干涉仪是测量线平均电子密度的重要诊断,具有结构简单及对等离子体无扰等优点,因而成为最早发展的等离子体微波诊断。目前,微波干涉仪在各类磁约束聚变装置上均有使用。德国W7-AS仿星器研制了一套10通道的微波干涉系统并用于电子密度分布测量[27];欧洲JET装置利用微波干涉仪测量电子密度扰动并成功监控反剪切阿尔芬本征模动态演化特征[28];日本GAMMA 10装置和美国DⅢ-D装置分别利用二维干涉成像系统和单通道微波干涉仪测量串联磁镜和偏滤器的线平均电子密度。[29-30]随着太赫兹技术不断发展,干涉仪的工作频率已经由常规微波频段(0.3~300 GHz)提升至太赫兹频段(0.1~10 THz),这不但扩展了干涉仪的测量范围[31],还增强了其在未来大型聚变装置的适用性。

3.2.1 测量原理

微波在磁化等离子体中可分为寻常波和非寻常波两大类。当传播波数垂直于磁场($\boldsymbol{k}\perp\boldsymbol{B}$)而电场平行于磁场($\boldsymbol{E}/\!/\boldsymbol{B}$)时为寻常波;当$\boldsymbol{k}\perp\boldsymbol{B}$且$\boldsymbol{E}\perp\boldsymbol{B}$时为非寻常波。两种不同模式的微波在等离子体中具有不同的折射率,其中非寻常波的折射率受磁场影响。因此,为了简化测量,微波干涉系统通常采用寻常波测量电子密度。当微波频率大于等离子体频率,寻常波才能穿透等离子体,在不考虑碰撞效应的情况下,折射率为

$$\mu_0=\sqrt{1-(f_p/f)^2}=\sqrt{1-n/n_{oc}} \tag{3.2.1}$$

式中,$f_p=(ne^2/\varepsilon_0 m_e)^{1/2}/(2\pi)$为等离子体频率;$n_{oc}=(2\pi f/e)^2/(\varepsilon_0 m_e)$为微波频率$f$对应的截止密度;$\varepsilon_0$、$m_e$、$e$、$n$分别为等离子体介电常数、电子质量、电荷和密度。当等离子体密度远远小于截止密度时,寻常波的折射率可近似为

$$\mu_0=\sqrt{1-n/n_{oc}}\approx 1-n/(2n_{oc}) \tag{3.2.2}$$

假设寻常波沿着路径x在局域密度分布为$n(x)$的等离子体中传播,随着等离子体密度的变化,微波的相位发生相应变化:

$$\phi(t)=\frac{2\pi}{\lambda}\int_0^L(1-\mu_0)\,\mathrm{d}x \tag{3.2.3}$$

其中，L 和 λ 分别为微波在等离子体中的传播程长和波长。将式(3.2.2)代入式(3.2.3)，则有

$$\phi(t)=\frac{2\pi}{\lambda}\int_0^L n/(2n_{oc})\mathrm{d}x=2.82\times10^{-15}\lambda\int_0^L n(x)\mathrm{d}x \tag{3.2.4}$$

此时对应的等离子体电子线平均密度为

$$n=1.182\times10^6 f\phi/L \tag{3.2.5}$$

3.2.2 常见的干涉仪类型

干涉仪通常采用比较通过等离子体和不通过等离子体两路微波信号的相位差来获取等离子体电子密度信息，因此干涉测量技术可归结为相位变化的探测和记录。就研制技术而言，干涉仪可分为频率调制式、外差式和双色式三大类，下面将对三种干涉仪进行详细介绍。

3.2.2.1 频率调制干涉仪

频率调制技术[32]是早期微波干涉仪最为常用的技术，其结构示意图如图3.2.1所示。

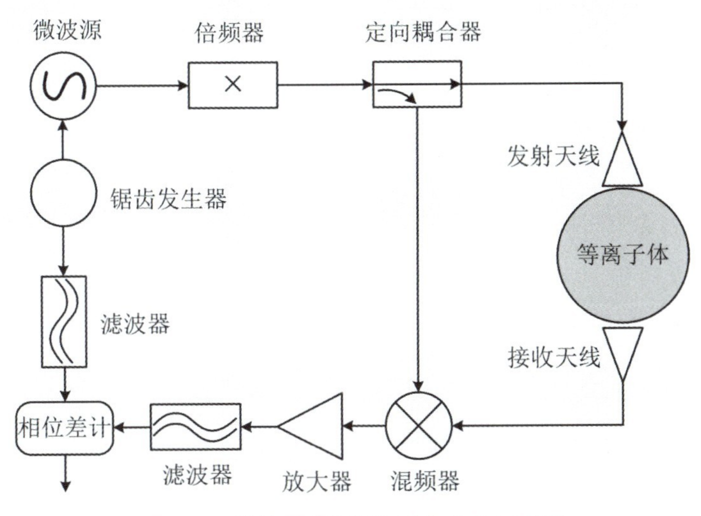

图3.2.1 微波频率调制干涉仪结构示意图

微波源被锯齿波信号发生器的扫描信号所调制，其输出频率随时间周期性变化：

$$f(t)=f_0+\Delta f\frac{t}{T_m} \tag{3.2.6}$$

其中，f_0 为点频源的固有频率，Δf 为频率变化幅度，T_m 为锯齿波信号周期。该调制信号

经过倍频器后被定向耦合器分成两路，一路经过等离子体，另外一路不经过等离子体，分别作为探测束和参考束。假设两路信号通过探测臂和参考臂产生的相位分别为ϕ_1和ϕ_2，当探测路程上没有等离子体时

$$\phi_1 = 2\pi\int f(t)\mathrm{d}t + \frac{2\pi}{\lambda_g}L_1 + \frac{2\pi}{\lambda}L_p \tag{3.2.7a}$$

$$\phi_2 = 2\pi\int f(t)\mathrm{d}t + \frac{2\pi}{\lambda_g}L_2 \tag{3.2.7b}$$

其中，L_1和L_2分别为探测臂和参考臂的波导长度，L_p为微波在等离子体中传播的波程，$\lambda_g = c/\sqrt{f^2 - f_c^2}$是波导波长，$f_c$为波导的截止频率。探测臂和参考臂的相位差为

$$\Delta\phi_0 = \frac{2\pi}{\lambda_g}\Delta L + \frac{2\pi}{\lambda}L_p \tag{3.2.8}$$

这里，$\Delta L = L_1 - L_2$为两臂的波程差。将λ_g代入式(3.2.8)进行计算并进行简化，则有

$$\Delta\phi_0 = \frac{2\pi}{\lambda}L_p + \frac{2\pi\Delta L}{\lambda_{q0}} + \frac{\Delta L}{\lambda_0}\cdot\frac{\lambda_{g0}}{\lambda_0}\cdot\frac{\Delta f}{f_0}\omega t \tag{3.2.9}$$

注意到$\frac{\Delta L}{\lambda_0}\cdot\frac{\lambda_{g0}}{\lambda_0}\cdot\frac{\Delta f}{f_0} = \frac{\Delta L\cdot\Delta f}{v_g} = \Delta f\cdot\tau$，其中$\lambda_{g0} = c/\sqrt{f_0{}^2 - f_c^2}$，$\lambda_0 = c/f_0$，$\omega = \frac{2\pi}{T_m}$，$v_g = c\sqrt{f_0{}^2 - f_c^2}/f_0$，$\tau$为微波通过两路径的时间差，$\Delta f\cdot\tau\cdot\omega$即为探测器输出的中频，则没有等离子体时，干涉仪的固有相位差为

$$\Delta\phi_0 = \frac{2\pi}{\lambda}L_p + \frac{2\pi\Delta L}{\lambda_{q0}} + \Delta f\cdot\tau\cdot\omega t \tag{3.2.10}$$

当探测臂有等离子体时，式(3.2.7a)变成

$$\phi_1 = 2\pi\int f(t)\mathrm{d}t + \frac{2\pi}{\lambda_g}L_1 + \frac{2\pi}{\lambda}\int_0^{L_p}N\mathrm{d}x \tag{3.2.11}$$

相应地，两臂的相位差为

$$\begin{aligned}\Delta\phi &= \frac{2\pi}{\lambda}L_p + \frac{2\pi\Delta L}{\lambda_{q0}} + \Delta f\cdot\tau\cdot\omega t - \frac{2\pi}{\lambda}\int_0^{L_p}(1-N)\mathrm{d}x \\ &= \Delta\phi_0 - \Delta\phi_p\end{aligned} \tag{3.2.12}$$

其中，$\Delta\phi_p = \frac{2\pi}{\lambda}\int_0^{L_p}(1-N)\mathrm{d}x$就是等离子体所引起的相位变化。

设两路微波信号分别为$S_1 = E_1\cos(\omega_1 t + \phi_1)$和$S_2 = E_2\cos(\omega_2 t + \phi_2)$，则两路信号在混频器中进行下变频处理，输出的中频信号为

$$S = E_1E_2\cos\left[(\omega_1 - \omega_2)t + (\phi_1 - \phi_2)\right] = E_1E_2\cos(\Delta\phi + \Delta f\cdot\tau\cdot\omega t) \tag{3.2.13}$$

该信号经过放大器放大和滤波后，输入相位差计并与另一路锯齿波信号进行相位计算，具体方法为从锯齿波第一个周期选取特定时刻t，记录该时刻对应的相位信息，

然后依次寻找 $t+NT_m(N=1,2,3,\cdots)$ 时刻的相位信息，所有时刻的相位组成的数值阵列即为随时间变化的相位，最后通过式(3.2.5)就可以得到等离子体平均密度。

3.2.2.2 外差干涉仪

由上一节可知，频率调制干涉仪的时间分辨率受到锯齿波调制周期 T_m 影响，这对测量快速变化的等离子体密度极其不利，同时还会制约电子密度扰动测量。为了获取高时间分辨率电子密度及其扰动信息，发展了定频外差干涉技术。图3.2.2为HL-2A装置上的多通道微波外差干涉仪。[33]该干涉仪采用倍频技术获取工作频率，微波源输出的低频微波(12.5～18.33 GHz)经定向耦合器后分成两路。从定向耦合器直通端输出的微波被125 MHz的中频信号调制后进入 W 波段六倍频器，从而获得75～110 GHz的工作频率。该微波作为测量波束，经过模波导从装置顶端的窗口进入装置内侧并通过喇叭天线射入等离子体。从耦合器耦合端输出的微波经过 W 波段倍频器后分成4路，每路输入到混频器的本振端，并分别与从4个接收天线接收的4路微波信号进行混频处理，中频输出即为探测信号。晶体振荡器输出的另一路125 MHz中频信号经六倍频器倍频成750 MHz后一分为四，作为参考信号并输入正交解调器进行解调，最后将输出的正交信号送入采集系统。

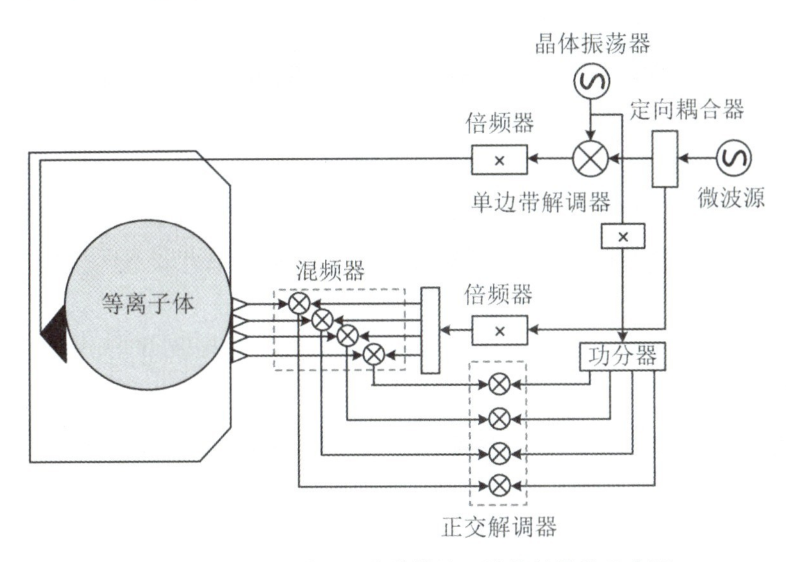

图3.2.2 HL-2A装置上外差微波干涉仪的结构示意图

HL-2A装置上多通道外差干涉仪的天线布置采用单发多收的方式。发射天线采用低增益、宽波瓣的角锥天线，安装在强场侧。4个接收天线采用高增益的角锥天线，安装在弱场侧。通过调整4个接收天线的角度可以使得系统各个通道之间所接收到的信号功率相差不大，从而保证信号质量差别不会很大。4个测量通道的弦心距依次为

5 cm、11 cm、18 cm、24 cm。扇形的测量区域覆盖了HL-2A装置$q=1$和$q=2$有理面等磁流体不稳定性最活跃的区域。值得指出的是，干涉仪由正交解调器产生最后的输出信号，对解调信号进行反正切运算就可以获取相位信息。这种方法能够计算瞬时相位，时间分辨取决于采集系统的采样率，但计算精度受到正交解调器性能制约。由于外差干涉仪会产生一个标准的参考信号，通常是正弦信号，相位计算还可以采用过零比较法和快速傅里叶分析法。过零比较法和硬件相位差计的工作原理一致。首先，确定参考信号和测量信号的基准电平，由于正弦信号的基准电平就等于零相位电平，所以通常选择电位为0的点作为基准。其次，计算参考信号和测量信号每个周期相位零点时刻，得到一系列配对的零相位时刻数据，比较每对数据的时间差值，由时间差值和信号的中心频率可确定两者的相位差。这是一种传统的方法，主要缺点是当基准电平漂移时会出现相位丢失的情况。快速傅里叶分析法是一种频域处理方法，其先将时域信号通过傅里叶变换变成频域信号，然后从频域信号中取出干涉仪参考信号和测量信号的特征频率，最后计算在特征频率的相位差即可获取相位信息。这种方法可以在一定程度上补偿孤立相位丢失，具有不受外部频率干扰的优点。但是，傅里叶变换需要至少2个的中频周期信号才能提取到有效的相位差，使测量的时间分辨率变差，通过提高干涉仪的中频频率，可以提高测量的时间分辨。

干涉仪发射的电磁波不仅可以用传统微波波导传输，还可以利用高斯光学技术传输。图3.2.3为KTX装置上基于高斯光学技术的多通道固态太赫兹干涉仪。[34]两个固态源（solid state sources，SSS）分别输出频率为650 GHz和650.01 GHz的太赫兹波。650 GHz的高频电磁波经过聚焦透镜、反射镜、凸面镜、凹面镜及分光镜后分成两路，其中一路与650.01 GHz太赫兹波的支路进行混频。输出中频，即0号混频器的中频，作为干涉仪的参考信号。由于装置窗口设计成两列并设置在不同的环向位置，这是波束和光学平台之间具有两个不同的平行光学高度。因此，另外一路650 GHz太赫兹波经过光学高度转换器后分成两束具有不同光学高度的波束，其中高度为30 mm的波束经过分光镜和反射镜后形成3个子波束，高度为122 mm的波束则被分为4个子波束，分别如图中红色和蓝色线条所示。7个650 GHz的太赫兹波束从不同的空间位置穿透等离子体后，依次经过凹透镜、分光镜和反射镜并与650.01 GHz太赫兹波的7个分支分别混频，所获得的7个中频携带有太赫兹波经过等离子体产生的相位变化，可以认为是干涉仪的测量信号。通过比较参考信号和测量信号的相位差，确定各个分支在等离子体中传播的路程，根据式(3.2.5)就可以得到不同空间的电子线平均密度。

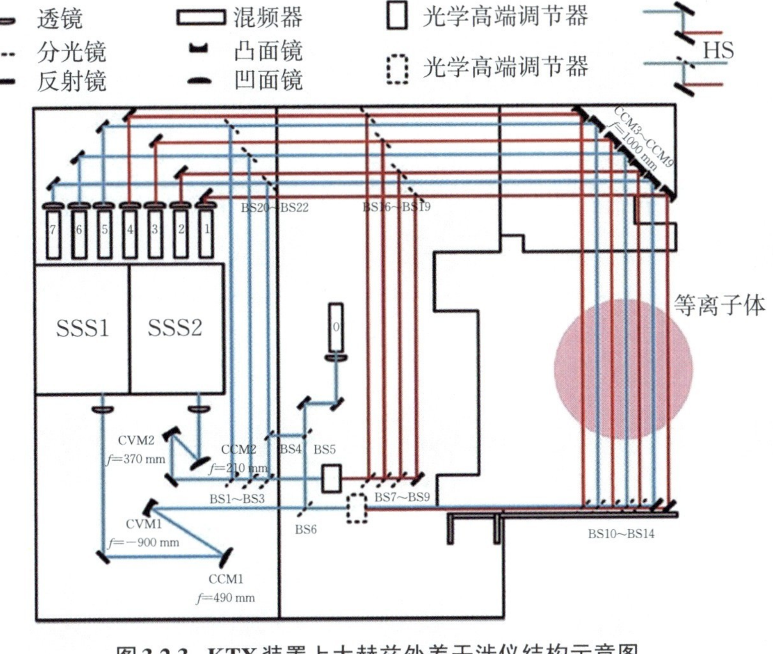

图 3.2.3　KTX 装置上太赫兹外差干涉仪结构示意图

图中 SSS1 和 SSS2 为两个固态源；0～7 是指混频器；BS1～BS19 为 19 个分光镜；CVM1～CVM2 为两个凸面镜；CCM1～CCM9 为 9 个凹面镜

3.2.2.3　双色干涉技术

在长距离传输过程中，机械振动、反射镜和分光镜可能会导致太赫兹波产生一个附加相移。由于波长太短，附加相移与太赫兹波在等离子体中传播引起的相移可比，这会导致干涉仪在测量相位的过程中出现错误。为了补偿机械振动导致的附加相移，发展了双色干涉仪。双色干涉仪典型的特征是利用两种不同频率（波长）的电磁波沿着同一个路径分别测量相移，其基本示意图如图 3.2.4 所示。两种不同频率（ω_1 和 ω_2）的电磁波通过分光镜合成一体，作为探测波束并沿着相同的路径通过等离子体，不经过等离子体的另外一部分则作为参考波束。探测波束和参考波束分别与频率为 ω_3 的电磁波混频，中频输出依次记为 ω_{IF1}^*，ω_{IF2}^*，ω_{IF1}，ω_{IF2}。通过比较 ω_{IF1}^* 和 ω_{IF1}、ω_{IF2}^* 和 ω_{IF2} 就能够得到干涉仪两种高频电磁波对应的总相移信息。假设两种太赫兹波的波长分别为 λ_1 和 λ_2，等离子体引起的相移为 ϕ_1 和 ϕ_2，则干涉仪总相移可表示为

$$\phi_{\mathrm{tot1}} = \phi_1 + 2\pi\delta l/\lambda_1 \tag{3.2.14a}$$

$$\phi_{\mathrm{tot2}} = \phi_2 + 2\pi\delta l/\lambda_2 \tag{3.2.14b}$$

其中，δl 为机械振动引起的总位移。消去 δl，则有

$$\phi_{\mathrm{tot1}}\lambda_1 - \phi_{\mathrm{tot2}}\lambda_2 = \phi_1\lambda_1 - \phi_2\lambda_2 \tag{3.2.15}$$

将式(3.2.4)代入式(3.2.15),即可获取电子线平均密度

$$\int_0^L n(x)\mathrm{d}x = \frac{4\pi c^2 \varepsilon_0 m_e}{e^2} \frac{\phi_{tot1}\lambda_1 - \phi_{tot2}\lambda_2}{\lambda_1^2 - \lambda_2^2} \tag{3.2.16}$$

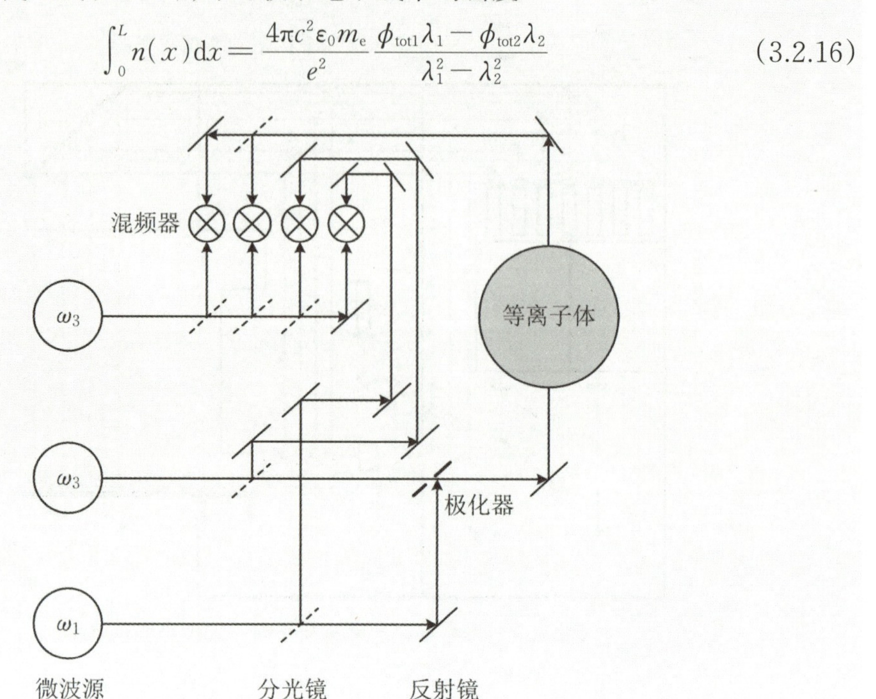

图3.2.4　双色干涉仪结构示意图

3.3　微波反射计

微波反射计基于雷达原理发展而来,随着半导体材料和器件的使用,功率、稳定性等性能越来越好,技术越发成熟,逐渐得到广泛应用。世界各大托卡马克和其他磁约束装置上发展了多种类型的微波反射诊断,进行了多种技术方案的探索和更迭,其中比较重要的方式为短脉冲雷达、调幅连续波和调频连续波三种方式。根据不同的系统方案设计和安装位置,微波反射可用于测量等离子体密度分布、密度扰动、等离子体位移和等离子体旋转等信息。因其通常具有较高的时间和空间分辨能力,该诊断还适用于边缘局域模、撕裂模、弹丸注入等较快的物理过程研究,对仿真模拟中的平衡剖面、实验物理中的粒子输运等研究具有重要意义。

3.3.1 测量原理

在磁约束等离子体中，带电粒子围绕磁力线做回旋运动，被束缚在磁力线周围，因而等离子体对不同极化方向的电磁波的作用是不同的。当电磁波的电矢量沿磁力线方向时，磁场不限制带电粒子的运动，因此与非磁化等离子体情况一致，被称为寻常模式(ordinary mode，O模)，根据电磁方程和运动方程可以得到简单的色散关系：

$$\omega^2 = k^2c^2 + \omega_{\mathrm{pe}}^2 \tag{3.3.1}$$

其中，$\omega_{\mathrm{pe}} = \sqrt{\dfrac{n_e e^2}{m_e \varepsilon_0}}$为等离子体频率。则等离子体的折射率和波矢为

$$N = \frac{ck}{\omega} = \sqrt{1 - \frac{\omega_{\mathrm{pe}}^2}{\omega^2}} \tag{3.3.2}$$

$$k = \frac{\omega N}{c} = \frac{\omega}{c}\sqrt{1 - \frac{\omega_{\mathrm{pe}}^2}{\omega^2}} \tag{3.3.3}$$

可见，等离子体的折射率与频率有关，是一种色散介质。当电磁波频率$\omega > \omega_{\mathrm{pe}}$时，波矢$k$为实数，正常传播；当$\omega < \omega_{\mathrm{pe}}$时，波矢$k$为虚数，电磁波呈指数衰减。当$\omega = \omega_{\mathrm{pe}}$时折射率为0，电磁波无法继续前进而被反射，称为截止。

在反射计测量中，向等离子体发射一系列频率为F_i的电磁波，不同频率的电磁波从等离子体最外层位置R_0经过不同的路径到达截止层位置R_c反射回来，最终在测量信号上得到各自的飞行时间：

$$\tau_i = \frac{2}{c}\int_{R_0}^{R_c} N_{ij}\mathrm{d}\boldsymbol{l} \tag{3.3.4}$$

其中，c为光速，N_{ij}为频率为F_i的电磁波在R_j处的折射率。在离散化的测量数据处理中，应用矩阵可以简单表示为

$$\begin{bmatrix} \tau_1 \\ \tau_2 \\ \tau_3 \\ \vdots \\ \tau_i \end{bmatrix} = \frac{2}{c}\begin{bmatrix} N_{11} & 0 & 0 & \cdots \\ N_{21} & N_{22} & 0 & \cdots \\ N_{31} & N_{32} & N_{33} & \cdots \\ \vdots & \vdots & \vdots & \\ N_{i1} & N_{i2} & N_{i3} & \cdots \end{bmatrix}\begin{bmatrix} l_1 \\ l_2 \\ l_3 \\ \vdots \\ l_i \end{bmatrix} \tag{3.3.5}$$

其中，l_i为F_i对应的截止层厚度，则

$$\boldsymbol{l} = \frac{c}{2}N^{-1}\cdot\tau \tag{3.3.6}$$

求解向量$\boldsymbol{l}$及其对应的截止层密度，即构成了等离子体密度分布。

当电磁波电矢量垂直磁力线方向时，带电粒子同时受到电磁波和磁场的约束，因

此称为非寻常模(extraordinary mode,X模),其色散关系和折射率为

$$\omega^2=\omega_{\mathrm{ce}}^2+\omega_{\mathrm{pe}}^2 \tag{3.3.7}$$

$$N=\frac{ck}{\omega}=\sqrt{1-\frac{\omega_{\mathrm{pe}}^2(\omega^2-\omega_{\mathrm{pe}}^2)}{\omega^2(\omega^2-\omega_{\mathrm{uh}}^2)}} \tag{3.3.8}$$

其中,$\omega_{\mathrm{ce}}=\dfrac{qB_t}{m_{\mathrm{e}}}$为电子回旋频率,$\omega_{\mathrm{uh}}=\sqrt{\omega_{\mathrm{ce}}^2+\omega_{\mathrm{pe}}^2}$为上杂化频率,该模式下截止条件($N$=0)有两个解:

$$\omega_{\mathrm{R}}=\sqrt{\frac{\omega_{\mathrm{ce}}^2}{4}+\omega_{\mathrm{pe}}^2}+\frac{\omega_{\mathrm{ce}}}{2}>\omega_{\mathrm{pe}} \tag{3.3.9}$$

$$\omega_{\mathrm{L}}=\sqrt{\frac{\omega_{\mathrm{ce}}^2}{4}+\omega_{\mathrm{pe}}^2}-\frac{\omega_{\mathrm{ce}}}{2}<\omega_{\mathrm{pe}} \tag{3.3.10}$$

分别称为X模的右旋截止频率和左旋截止频率,对应着右旋和左旋椭圆偏振的截止频率。另外可见两个解中均含有电子回旋频率项,所以其中含有磁场项,而托卡马克中磁场沿径向不均匀分布,表现为装置大半径R的函数。因此,一方面磁场项的出现致使反射计可以用右旋截止频率测量到第一截止层绝对位置,因此剖面测量中边界的测量通常采用X模,而另一方面,矩阵$\boldsymbol{N}$无法写成R的显式函数,因此X模反射计的反演过程难以通过矩阵运算直接求得,需要对根据测量过程进行逐层计算以得到密度分布:

$$\begin{aligned}
l_1&=\left(\tau_1\cdot c/2\right)/N_{1,1}\\
l_2&=\left(\tau_2\cdot\frac{c}{2}-r_1\cdot N_{2,1}\right)\Big/N_{2,2}\\
l_3&=\left(\tau_3\cdot\frac{c}{2}-r_1\cdot N_{3,1}-r_2\cdot N_{3,2}\right)\Big/N_{3,3}\\
&\vdots\\
l_n&=(\tau_n\cdot\frac{c}{2}-r_1\cdot N_{n,1}-\cdots-r_{n-1}\cdot N_{n,n-1})/N_{n,n}
\end{aligned}$$

对于反射计而言,同一频率的O模和X模截止密度不同,截止层的位置不同。若两种极化方向的信号同时进入诊断系统,测量信号不免出现串扰。在实际测量中,一方面诊断系统发射和接收的微波可能不在理想的极化方向上,尤其在圆形波导中可能会出现模式转换和极化偏转,更重要的一方面是,磁力线在不同放电参数下的螺距角也是不同的,在球形环或球马克装置上螺距角的影响会表现得更加明显。这意味着如果要保证微波诊断发射和接收较纯粹的O模或X模信号,则需要实时调整天线的极化方向。另外,虽然托卡马克装置中不同径向位置的磁力线螺距角也是不同的,但微波在径向传输过程中会跟随磁场发生极向偏转并保持与磁场极化关系,因此诊断系统只

要保持跟随最外层极化耦合即可。从另外一方面考虑，两种极化模式下微波传输特性不同是由磁场导致的，因此可利用这一特性进行磁场相关的测量。O模反射计可以不借助磁场给出径向密度分布，则此时局域的电子回旋频率可由O模和X模反射计共同给出，$\omega_{ce}(r)=\omega_{R}(r)-\frac{\omega_{pe}^{2}(r)}{\omega_{R}(r)}$，进一步则给出内部磁场强度。此外，由于磁扰动会导致散射波的极化方向转变，利用垂直极化方向的天线分别进行发射和接收，则可以用于进行内部磁扰动的测量。

3.3.2 常见微波反射计类型

从系统方案上反射计主要分为脉冲波和连续波两大类，其中脉冲波直接对波包进行延迟检测，而连续波则需要对发射波进行调制。

3.3.2.1 短脉冲反射计

短脉冲方式测量等离子体密度分布、位置和扰动，采用的是标准雷达技术，即直接测量接收信号与发射信号的时间延迟，如图3.3.1所示。其脉冲通常由半导体开关调制形成，脉宽通常为纳秒量级。根据时间延迟可得到截止层位置，根据发射频率和传输模式可知截止层密度。为了测量等离子体密度剖面，需要发射不同频率的脉冲。不同频率的脉冲可以同时入射，或依次入射。

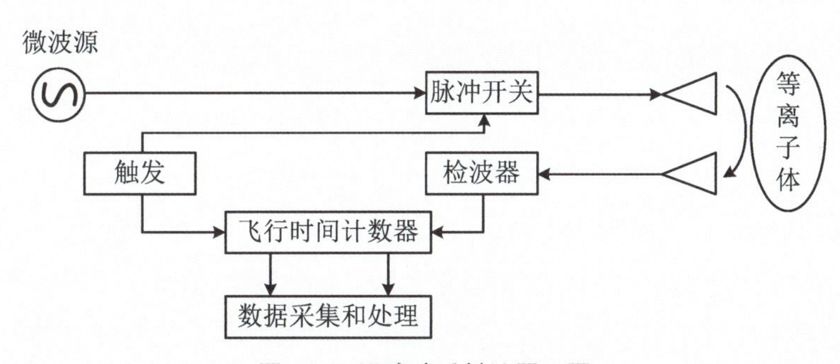

图3.3.1 短脉冲反射计原理图

短脉冲方式测量的时间分辨非常高，因此也避免了等离子体密度涨落对剖面测量的影响。但受限于微波源的技术发展，通常只能进行少数频点的测量，因而相较于其他方式空间分辨较差。

3.3.2.2 调幅连续波反射计

该方式与短脉冲测量的不同在于，发射信号采用连续波，并通过调幅的方式进行

相位 $\delta\varphi$ 探测，以计算飞行时间 $\tau=\frac{1}{2\pi}\frac{\delta\varphi}{f_m}$，其中 f_m 为调幅频率，在系统设计上 f_m 不宜过低，否则相位分辨能力会变差，f_m 也不宜太高，否则调幅信号相位超过一个周期造成处理困难。改变信号频率可以进行不同截止层的位置测量。

图 3.3.2 所示为 HL-2A 装置上的一套调幅反射计（Ka 和 U 波段）的原理图，其采用返波管微波源进行扫频，扫频信号被 250 MHz 中频信号调幅之后发射至等离子体，经反射接收之后被检波、调谐放大。接收信号和中频参考信号再分别与 252 MHz 信号进行外差处理，经过滤波和放大调理，最终进行 I/Q 解调，以计算飞行时间，得到密度剖面。

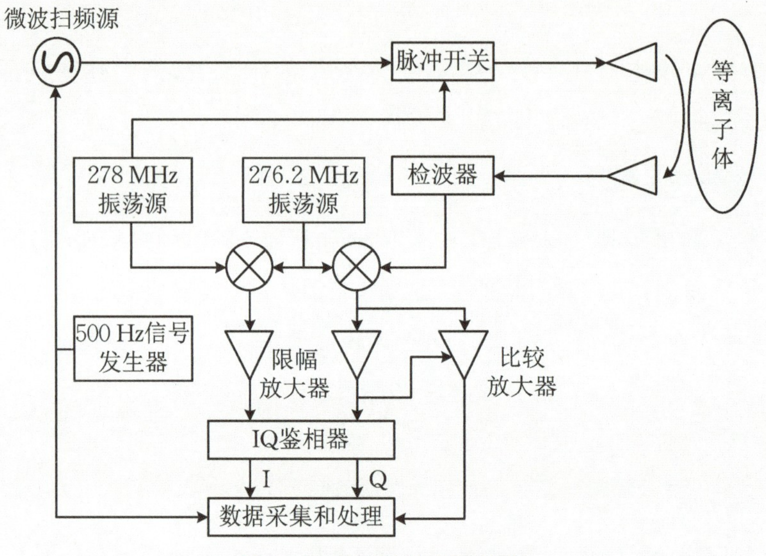

图 3.3.2　调幅反射计原理图

调幅波可表示为射频波 f_{RF} 和调制波 f_m 的乘积，根据三角函数的积化和差，该信号也可以表示为 $f_{RF}\pm f_m$ 两支频率的信号。因此从频域上看，调幅反射计发射了两支频率相近的信号同时进行探测，而测量的相位相当于二者的相对相位。因此调幅反射计对射频源的要求较低，且不易受到等离子体湍流的影响。基于同样的理解，TFTR 装置上采用另一种实现方式[35]，其直接利用双频率源进行探测。双频信号分为两支，一支用于参考，另一支用于测量。然后分别进行幅度解调得到差频，最后对两支差频进行 I/Q 解调完成测量。其优势在于几乎消除了探测信号的杂散干扰，相比幅度调制信噪比更高。该方式早期应用于基础的密度平衡剖面测量，由于易受干扰，目前已经逐渐被时空分辨更高、结构更简单的调频技术所取代，近年来鲜有进展。

3.3.2.3 调频连续波反射计

调频反射是测距雷达最常用的技术方式，也是目前磁约束聚变领域中应用最广泛的密度剖面测量手段。其测量原理如图3.3.3所示。其中，调频信号控制微波源快速扫频，该扫频信号分为两支，一支直接发射至等离子体进行探测，另一支作为参考。由于两支信号的行程不同，经历的时间延迟也不相同，因此二者混频可得到频率较低的中频信号。由中频信号的相位，结合扫频源的标定和系统固有相位差的标定可计算微波在等离子体中的传播而产生的相位差，进而得到密度分布。调频反射计应用连续扫频方式进行测量，因此空间上具有极高的分辨，相比于定频反射计，其天生具有时间分辨的劣势。目前，调频反射计的扫频速率不断提高，这种快速扫描状态下其诊断能力相当于通道数量巨大的定频反射计，这也使得高频密度扰动测量成为可能。

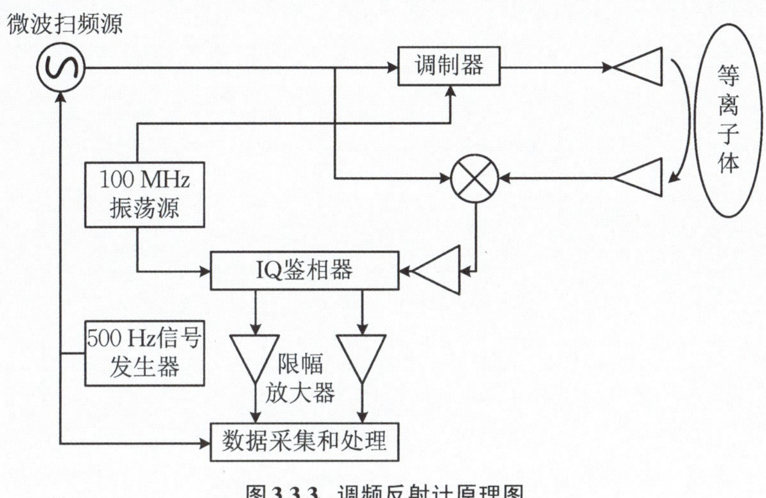

图3.3.3 调频反射计原理图

3.4 微波前向散射测量

相干汤姆孙散射(collective Thomson scattering，CTS)对很多的等离子体参数敏感，因此有诊断等离子体多个参数的潜力，包括电子密度(涨落和绝对值)、磁场(涨落、绝对值和方向)、电子和离子温度、各种离子的相对密度以及离子速度分布。在毫米波频率下，波与等离子体之间的相互作用特别强，从而提高了CTS对等离子体参数的敏感性。CTS系统可以用毫米波进行探测，也可以用远红外激光进行探测。我们先概述CTS的理论，然后再讨论诊断能力。

3.4.1 测量原理

等离子体是一种介电介质，与真空环境相比，它能极大地改变电磁波的传播。等离子体的介电特性取决于等离子体的状态，在最一般的公式中，等离子体的状态由离子和电子的相空间分布以及电场和磁场给出。在磁约束聚变等离子体中用毫米波诊断的情况下，电磁波频率ω在电子回旋频率ω_{ce}和电子等离子体频率ω_{pe}的范围，通常离子的状态并不显著影响等离子体的介电性能从而可以忽略。然而，离子的状态会影响电子的状态，特别是电子的扰动。在冷等离子体近似中，等离子体的介电特性只取决于电场和磁场以及粒子的密度和通量，即速度分布的前两个矩。在更完整的模型中，介电特性还依赖于速度分布的高阶矩，但是灵敏度对最低阶矩还是最高的。波在等离子体中的传播不仅与电场、磁场、波的电磁场的变化有关，还与粒子分布的变化有关。因此，等离子体中的波会扰动等离子体的介电特性，使介电特性具有与波相同的空间和时间变化。当毫米波在等离子体中传播时，等离子体的密度会发生时空上的变化(这里称为密度扰动或密度波)，因此也会发生介电特性的变化。毫米波与变化的介电特性相互作用产生了一种新的波，即满足布拉格条件的散射波：

$$\boldsymbol{k}^{s}=\boldsymbol{k}^{i}+\boldsymbol{k}^{\delta} \tag{3.4.1}$$

以及

$$\omega^{s}=\omega^{i}+\omega^{\delta} \tag{3.4.2}$$

式中，$\boldsymbol{k}$和ω分别是波矢量和角频率；s、i和δ分别代表散射波、入射波和密度扰动。

前文已经提出了毫米波是由密度波散射的，但也可以认为密度波是由毫米波散射的。毫米波很大程度上是横向的(波的电场很大程度上与波矢量正交)，并且与很小的密度扰动有关。然而，它的电场对密度波的介电特性有显著的扰动。把这个过程看作是一个波被另一个波散射，这样的认识更有成效：等离子体有弱的非线性介电响应，因为波的电磁场不仅与平衡的粒子分布相互作用，也与波引发的粒子分布扰动相互作用，前者产生线性响应而后者产生非线性响应。由于这种非线性，波不是独立传播而是相互作用并产生新的波。

对一个散射系统，谱功率密度为

$$\frac{\partial P^{s}}{\partial \omega^{s}}=P^{i}O_{b}(\lambda_{0}^{i})^{2}r_{e}^{2}n_{e}\frac{1}{2\pi}\Sigma \tag{3.4.3}$$

其中，P^{i}是入射功率，$\lambda_{0}^{i}=\omega^{i}/c$，$r_{e}=q_{e}/4\pi\varepsilon_{0}m_{e}c^{2}$是经典电子半径，$n_{e}$是电子密度，$O_{b}$波

束重叠是归一化波束强度乘积的空间积分，表示为 $O_b = \int I^i(r)I^s(r)\mathrm{d}r$，由于折射，$O_b$ 会一定程度上随频率改变。但是频率的变化大部分体现在散射函数 Σ 中：

$$\Sigma = \sum_{\alpha\beta}\Sigma_{\alpha\beta}, \quad \Sigma_{\alpha\beta} = \left(\frac{\omega^s}{\omega_{pe}}\right)^4 \frac{1}{S^iS^s}\hat{G}_i^{(\alpha)}\left\langle \alpha_i\beta_j\right\rangle \hat{G}_j^{(\beta)*} \tag{3.4.5}$$

其中，α_i，β_i 是和扰动波 δ 相关的量（其可以是 n、E_i、B_i、Γ_i，它们分别为密度，电场，磁场和粒子通量），在不造成误解的情况下省略了上标 δ。耦合因子 $\hat{G}_i^{(\alpha)}$ 代表了探测波与给定部分的扰动（如密度 n）相互作用的源电流辐射散射波的效率。可以写成

$$\hat{G}^{(n)} = \left(e_i^s\right)^* \chi_{il}^s e_l^i \tag{3.4.6}$$

$$\hat{G}_k^{(B)} = \left(e_i^s\right)^* \chi_{ij}^s \epsilon_{jmk} \frac{i\omega^i \varepsilon_0}{q_e}\chi_{ml}^i e_l^i \tag{3.4.7}$$

$$\hat{G}_k^{(\Gamma)} = \left(e_i^s\right)^* \chi_{ij}^s \left(\epsilon_{jmk}\epsilon_{mnl}\frac{k_n^i}{\omega^i} + Y_{jkl}^s \frac{1}{c}\right) e_l^i \tag{3.4.8}$$

$$\hat{G}_k^{(E)} = \left(e_i^s\right)^* \frac{i\varepsilon_0}{q_e}\chi_{ih}^s \left(\delta_{hk}k_j^i + Y_{hjl}^s \frac{\omega^i}{c}\right)\chi_{jl}^i e_l^i \tag{3.4.9}$$

其中包括标准化通量和标准化电场矢量：

$$S = N\left|\hat{\boldsymbol{k}} - Re\{(\hat{\boldsymbol{k}}\cdot\boldsymbol{e})\boldsymbol{e}^*\}\right|$$

$$e = \boldsymbol{E}/|\boldsymbol{E}|$$

其中，$\hat{\boldsymbol{k}} = \boldsymbol{k}/k$，$k = |\boldsymbol{k}|$，$N = kc/\omega$。

Σ 中所有的物理量都指的是在散射体积的条件下。$\langle \alpha_i\beta_j\rangle$ 是引发散射的扰动中两个量的总体平均。散射函数中的对角项（如 Σ_{nn} 和 Σ_{BB}）是正定的，非对角项可能是负值。非对角项的总和就解释了不同类型扰动导致的散射之间的相位关联。对上述 $\omega^i < \omega_{ce}$ 的X模条件下，这些项是负的。

如果只考虑由密度扰动引起的散射函数，可以得到

$$\Sigma_{nn} = \left(\frac{\omega^s}{\omega_{pe}}\right)^4 \frac{1}{S^iS^s}\left(e_i^s\right)^* \left|\chi_{il}^s e_l^i\right|^2 \langle nn\rangle \tag{3.4.10}$$

如果散射几何结构中探测辐射和接收辐射都垂直于散射体积中的磁场传播，且一个是O模，另一个是X模，那么 $(e_i^s)^*\chi_{il}^s e_l^i = 0$，即引起散射的扰动中通常占主导的密度扰动项消失了。在这种情况下，其他量尤其是磁场的扰动，即使没有像和磁声波相关的扰动那样强，也能被测量到，我们也能得出磁场扰动的散射函数

$$\Sigma_{BB} = \left(\frac{\omega^s}{\omega_{pe}}\right)^4 \frac{1}{S^iS^s}\left(\frac{\omega^i\varepsilon_0}{q_e}\right)^2 \left\{\left(e_i^s\right)^* \chi_{ij}^s \epsilon_{jmk}\chi_{ml}^i e_l^i\right\} \times \langle B_kB_{k'}\rangle \left\{\left(e_i^s\right)^* \chi_{ij}^s \epsilon_{jmk'}\chi_{ml}^i e_l^i\right\}^*$$

需要注意的是，通过特殊的散射排列布置，通量和电场扰动也可以在散射中占主导从而被测量到。[36]

3.4.2 相干散射诊断的应用

3.4.2.1 求解波数 $\boldsymbol{k}$ 的相干散射

在大量测量非热(湍流)密度扰动或者静电波的相关散射实验中，散射辐射的检测用的是光学混频方法。通过把散射信号和一个本振信号进行混频，能够获取散射辐射的幅度和相位，频谱被下变频到更便于处理的频率范围，从而可以被数值或电子学处理分析，并保证高谱分辨率。

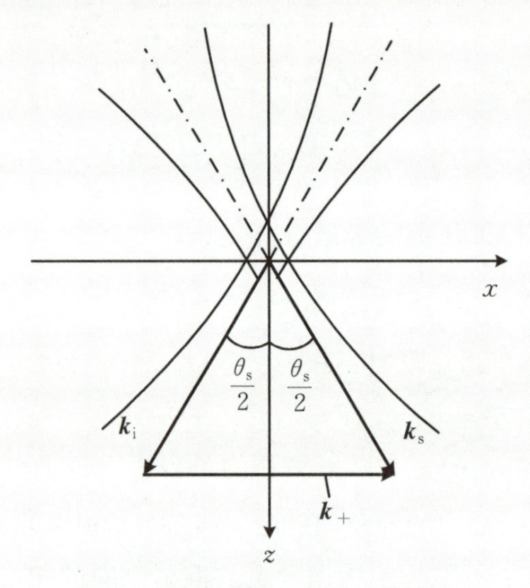

3.4.1 相关探测散射实验的原理图

其中，$\boldsymbol{k}_i,\boldsymbol{k}_s,\boldsymbol{k}_+$ 分别是入射波矢、散射波矢以及两者之差，θ_s 是散射角。

一个典型的使用相关检测的散射实验的几何结构如图3.4.1所示。入射电磁波特性是角频率 ω_i，波矢量 $\boldsymbol{k}_i$，以及电场 $\boldsymbol{E}_i(\boldsymbol{r})=\boldsymbol{E}_{i0}U(\boldsymbol{r})e^{i\boldsymbol{k}_i\cdot\boldsymbol{r}}$，它被密度扰动 $\boldsymbol{n}(\boldsymbol{k},\omega)$ 散射。散射辐射 $(\boldsymbol{k}_s,\omega_s)$ 沿着接收天线波束的波矢量 $\boldsymbol{k}_l(k_l\approx k_s)$ 方向传播，然后进入接收机再与本振 $[\boldsymbol{E}_l(\boldsymbol{r})=\boldsymbol{E}_{l0}\boldsymbol{U}_l(\boldsymbol{r})e^{i\boldsymbol{k}_l\cdot\boldsymbol{r}-i\omega_l t}]$ 混频。出于简化做出以下假定，入射和散射波都是O模且频率远高于截止频率，$\omega_{i,s,l}\gg|\omega_l-\omega_i|,|\omega_s-\omega_i|$，$\boldsymbol{k}_s$ 垂直于 $\boldsymbol{E}_i$。混频器输出的功率谱密度为

$$P(\omega)=\frac{\gamma^2}{T}\left\{\left|\hat{n}(\boldsymbol{k}_+,\omega-\omega_\Delta)\right|^2+\left|\hat{n}(\boldsymbol{k}_-,-\omega-\omega_\Delta)\right|^2\right\} \tag{3.4.11}$$

其中

$$\gamma=\frac{1}{2}r_e\lambda_i R_d\sqrt{\frac{\varepsilon_0}{\mu_0}}E_{i0}E_{l0} \tag{3.4.12}$$

$$\boldsymbol{k}_+=\boldsymbol{k}_s-\boldsymbol{k}_i,\boldsymbol{k}_-=-\boldsymbol{k}_+=\boldsymbol{k}_i-\boldsymbol{k}_s \tag{3.4.13}$$

$$\hat{n}(\boldsymbol{k}_+,\omega)=\int \mathrm{d}\boldsymbol{r}\,n(\boldsymbol{r},\omega)U(\boldsymbol{r})\mathrm{e}^{\mathrm{i}\boldsymbol{k}_+\cdot\boldsymbol{r}}=\int\frac{\mathrm{d}\boldsymbol{k}}{(2\pi)^3}n(\boldsymbol{k},\omega)W(\boldsymbol{k}-\boldsymbol{k}_+) \tag{3.4.14}$$

$$n(\boldsymbol{k},\omega)=\int \mathrm{d}t\,\mathrm{e}^{\mathrm{i}\omega t}\int \mathrm{d}\boldsymbol{r}\,\tilde{n}(\boldsymbol{r},t)\mathrm{e}^{\mathrm{i}\boldsymbol{k}\cdot\boldsymbol{r}}=\int \mathrm{d}\boldsymbol{r}\,\tilde{n}(\boldsymbol{r},\omega)\mathrm{e}^{\mathrm{i}\boldsymbol{k}\cdot\boldsymbol{r}} \tag{3.4.15}$$

$$W(\boldsymbol{k})=\int \mathrm{d}\boldsymbol{r}\,U(\boldsymbol{r})\mathrm{e}^{\mathrm{i}\boldsymbol{k}\cdot\boldsymbol{r}} \tag{3.4.16}$$

$$U(\boldsymbol{r})=U_i(\boldsymbol{r})U_l^*(\boldsymbol{r}) \tag{3.4.17}$$

以上公式里,λ_i、R_d、$\sqrt{\varepsilon_0/\mu_0}$、$U_i(\boldsymbol{r})$、$U_l(\boldsymbol{r})$分别是入射波长、探测器响应率、自由空间特征阻抗、入射波束和天线波束的标准化剖面。

引入散射体积$V_s=\int \mathrm{d}\boldsymbol{r}\left|U(\boldsymbol{r})\right|^2$,就可以把功率谱密度改写为

$$P(\omega)=r_e^2\lambda_i^2R_d^2n_0V_s\frac{P_iP_l}{A_iA_l}S(\boldsymbol{k},\omega) \tag{3.4.18}$$

其中

$$S(\boldsymbol{k},\omega)=\frac{1}{n_0V_sT}\left[\left|\hat{n}(\boldsymbol{k}_+,\omega-\omega_\Delta)\right|^2+\left|\hat{n}(\boldsymbol{k}_-,-\omega-\omega_\Delta)\right|^2\right] \tag{3.4.19}$$

也就是动力学形状因子,T是测量的时间间隔,n_0是V_s中的平均密度,P_i/A_i(P_l/A_l)是V_s中入射(天线)波束的平均强度。可以看出实际上测量的频谱里面包含了一系列由权重函数$W(\boldsymbol{k}-\boldsymbol{k}_+)$决定的$\boldsymbol{k}$,从而可以将权重函数视为一个滤波器,测量频谱的密度扰动是这个滤波器带宽里面的平均值,从而决定了波数分辨率。

可以看出这个权重函数由入射波和天线探测波的波束剖面分布决定,其中,横截面方向(垂直于波矢方向)的波数分辨率只由波束束腰半径决定,束腰半径越大,波数分辨率越小(越优);而纵向(沿着波矢)分辨率还取决于散射角度。同时,束腰半径越大,波数分辨率越大(越差),因此不能简单地通过减小束腰半径来增大空间分辨率,但是可以增大散射角来实现,同时不减小波数分辨率,而布拉格条件决定散射角的增大就要求波长的增大。在Tore Supra上的一种技术利用了极向平面内俯仰角沿着等离子体直径的变化,基于湍流波矢量基本上垂直于局部磁场的特性,提高了小角度散射的空间分辨率。在DⅢ-D上利用了径向电场的各向异性对散射频谱的影响,区分H模放电时的边界和芯部湍流,但是这种方法要求大梯度的径向电场。

如图3.4.2所示,在TFTR上安装了一套空间扫描微波散射系统,X模运行,探测频率为60 GHz,使用一个59.7 GHz的耿式管作为外差测量的本振,通过前馈跟踪技术获

得了稳定的微分频率，该系统成功应用于短波长扰动测量。

在上述讨论中都默认散射角大于探测波束的发散角，但为了测量全范围的波数，可能需要散射系统突破这个极限。电磁波在折射等离子体中传播时，会受到相位和幅度的调制，而调制频率，幅度以及介质中相位扰动的位置有关，从而可以通过衍射波提取相关信息。远场前向散射技术就是检测在远场处由密度扰动引发的探测波调制。高斯探测束在z方向传播，从而被x方向垂直传播的等离子体波衍射，等离子体波就像一个移动的正弦相位光栅。通过后，探测波会获得等离子体波频率及谐波的成分。这一成分由于其时间依赖性可以简单地从未扰动项中区分出来，根据其包络轮廓就可以得出波数。在TOSCA和TEXTOR上使用这一技术测量长波长湍流。这一方法对共振不敏感，对高斯束剖面的偏离十分敏感，且实验上简单易于实施。

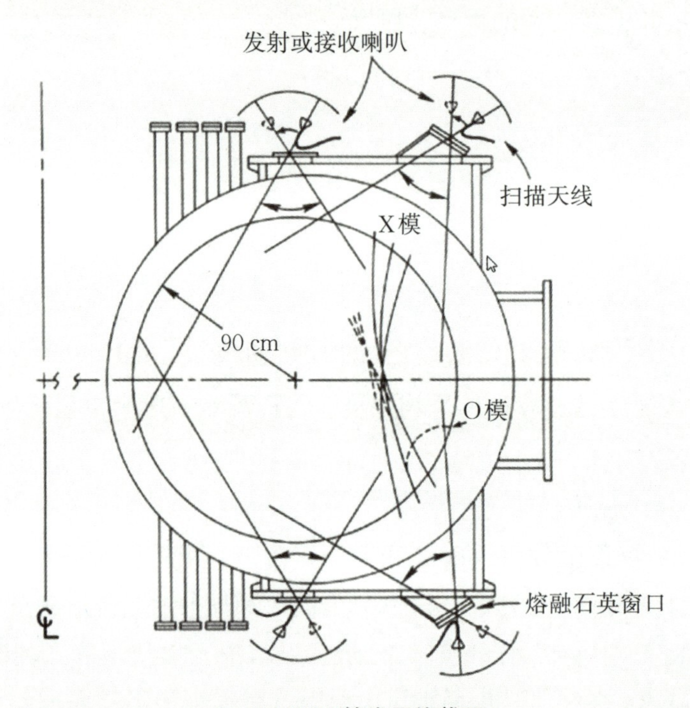

3.4.2 TFTR等离子体截面

其中显示了X模散射天线的物理位置及扫描范围。一共有4个扫描天线，每个天线由一个耐热玻璃镜面和一个围绕窗口旋转的微波喇叭组成，扫描范围是±30°。

3.4.2.2 交叉极化散射

交叉极化散射(cross polarization scattering，CPS)诊断是一种用于磁场扰动诊断的技术，它依赖的原理是：入射至等离子体中电磁波会由于局域的扰动磁场矢量引发电场方向与入射电磁波相互垂直的散射电磁波，即所谓的交叉极化散射，也就是说如果入射波是O模则散射电磁波是X模，反之亦然。只有当入射频率接近电子回旋频率时，磁扰动散射才变得显著。在常见的相干散射中，入射频率足够高，所以等离子体的介电性对波传播的影响可以忽略，从而磁扰动对散射的影响可以被忽略。在磁约束等离子体中通常的理论估计认为磁场扰动水平比密度扰动小几个量级，因此在实际应用时必须要通过技术手段将密度扰动引起的散射波滤除。

在Tore Supra托卡马克上第一次利用CPS技术成功实现了测量等离子体内的磁湍流。[37]利用一个扩展互作用速调管(extended interaction oscillator，EIO)发出60 GHz，70 W的X模微波，从装置上窗口垂直于截止层发射进等离子体，如图3.4.3所示。X模截止层可以视为一个极化滤波器，能够反射由密度扰动引起的X模散射波，而由于磁湍流散射转换为O模的散射波会继续穿过等离子体传播，从而被装置底部的接收天线检测到。为了优化极化选择，要求发射和接收天线都要有高极化隔离度。为此使用了一个具有电动旋转接头的精确定位系统，基于Tore Supra放电时间长的优势，在同一炮放电过程中通过扫描天线的电场方向确定入射电磁波和等离子体边界磁场的方向匹配关系，匹配的角度精度可达0.36°。[38]

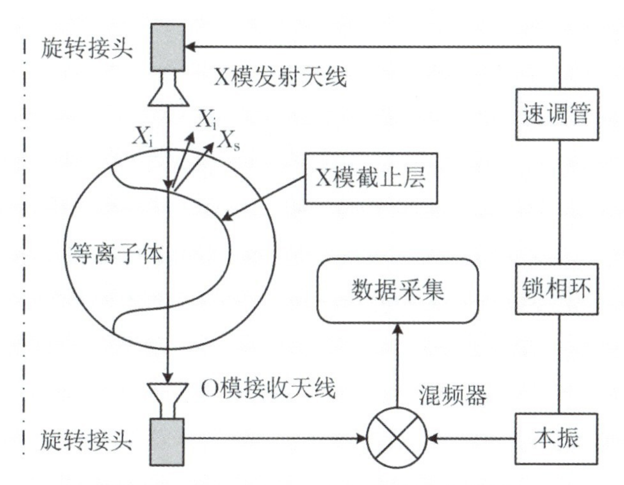

图3.4.3 Tore Supra上CPS系统示意图

X模微波(X_i)从装置上窗口垂直于截止层发射进等离子体，被X模截止层反射(X_i)。由于密度扰动引起的X模散射波(X_s)不能穿过X模截止层，仅被磁湍流散射转换为O模的散射波(O_s)会穿透等离子体，被装置底部的O模接收天线检测到。

3.4.3 相干散射在粒子速度分布诊断中的应用

在前文中所提及的都是来自电子分布和场扰动的散射，而来自离子分布的散射被忽略了。然而，事实上在某些参数范围内离子会在扰动中占主导，因此可以从不直接来自离子的散射测量中推断出离子信息。

当一个带电粒子在等离子体中移动时，它将推拉其他的带电粒子，从而在其周围形成一个屏蔽云层。这个云层的长度就近似于一个德拜长度，$\lambda_D = \sqrt{T_e \varepsilon_0 / n_e} / q_e$。当这个测试粒子缓慢移动时，其周围的云层由电子和离子构成；当它移动速度变快，电子会迅速在鞘层中占主导，因为电子荷质比大得多，它们对电磁场变化的响应也快得多。除了可以用静电场描述的鞘层云之外，移动电荷也可以通过共振相互作用在等离子体中激起波，这些波和粒子的相互作用需要用全电磁描述。

即使一个电子和一个离子用相同速度移动，对电子分布造成仅有符号不同的扰动，两者存在一个重要的差异：测试电子本身对电子分布的扰动有贡献，而离子不会。在德拜球范围内云层实际上是一群电子的聚集或者空缺，实际上就相当于一个空间范围扩大为德拜长度的电子或空穴。当测试粒子是电子时，就相当于把一个空穴叠加到了一个电子上。从大于德拜长度的尺度来看，空穴和这个电子合并了，几乎不对电子分布造成扰动。因此在这个尺度内电子分布的扰动主要由离子引起，扰动散射包含了离子信息，被称为相干汤姆孙散射。根据以上讨论离子驱动的扰动相对电子占主导的条件是Salpeter参数远大于1。

$$\alpha = \left(\lambda_D k^\delta\right)^{-1} \tag{3.4.20}$$

对CTS诊断来说，由于散射信号相对探测信号非常微弱（往往数量级差异大于10^{20}），稳定的窄带高功率探测源是必需的。此外，信噪比、等离子体对辐射的吸收以及要区分出离子特征的α的限制共同决定了探测频率和散射几何结构的选择。红外CO_2激光和远红外DO_2激光都是高功率的探测源，但是由于它们频率较高，在扰动波矢量$\boldsymbol{k}^\delta$相同的情况下，对应的散射角必须取得很小，这直接限制了几何结构，同时还会导致较差的空间分辨率，以及强烈的杂散辐射。高功率的回旋管的发展带来了另一种选择，在回旋管的毫米波频率范围内，散射几何结构几乎不会受到限制，但是这也带来了另一个挑战，相对CTS信号而言强烈的ECE辐射产生的本底噪声。此外，还必须考虑探测波与散射波和等离子体的相互作用，比如截止或共振。

在TFTR，JET与JT-60U上的CTS系统均采用了小角度散射的几何结构。具体来说，探测波从托卡马克装置顶部发射，散射波在底部被接收，其中JT-60U使用的探测源是CO_2激光，因此其散射角不超过1°，而JET和TFTR都使用了60 GHz的回旋管，其散射角均在20°左右，这三个装置上的系统均没有竖直方向的分辨率。[39-40]在近期的CTS实验中，由于偏滤器等装置结构的限制，小角度散射难以实施，大部分装置上的CTS系统使用了接近90°乃至背向的散射角与几何结构，如TEXTOR[41]、AUG[42]和LHD。[43]AUG上的CTS系统真空室内几何结构如图3.4.4所示，发射端和接收端在同一个窗口处，转动范围更大$\angle(\boldsymbol{k},\boldsymbol{B}_\mathrm{T})$可以在20°～160°之间变化，从而可以得到垂直和几乎平行于磁场的速度信息。随着几何结构的改变，空间分辨率在2～10 cm间变化。

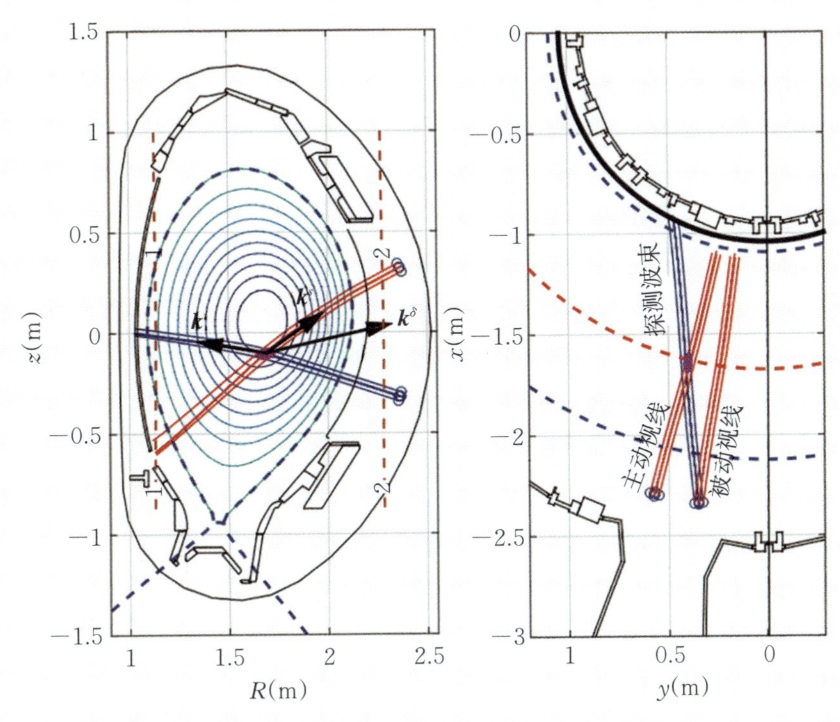

图3.4.4 左图：AUG上第29600放电的CTS波束几何形状的极向投影；右图：俯视图，显示波束几何形状的环形投影

磁通面（左图）由嵌套轮廓线表示，竖直虚线表示对应探测频率的电子回旋共振基频和二次谐波的位置。通过光线追踪计算波束图。CTS测量位置在由洋红色椭球表示的波束重叠所定义的体积内。如黑色箭头所示，用波矢量$\boldsymbol{k}^{\delta}=\boldsymbol{k}^{s}-\boldsymbol{k}^{i}$来表示CTS测量的扰动波矢（不按真实比例）。

虽然散射函数形式上依赖于离子的全三维分布，但是它对$\boldsymbol{k}^{\delta}$正交方向的速度分布函数的变化的敏感性事实上几乎没有，因此我们可以下结论说实际上CTS只能求解$\boldsymbol{k}^{\delta}$方向的一维速度分布。系统的几何结构也同时决定了所测量速度分布投影的方向。如果想要得到不止一个方向上的速度分布，就不能采用单一的几何结构。比如，TFTR上，发射天线极向、环向分别可以转动−30°～30°和−1°～10°。接收散射信号的两个天线在极向都可以和发射天线一样转动，在环向，只有一个接收天线可以和发射天线一样转动。另一个在环向固定，保持和磁场垂直。根据几何结构的不同，空间分辨率在10～30 cm间变化。而HL-2A上，虽然接收天线角度固定，但是用作探测源的回旋管分别在环向和极向有−36°～36°，−16°～16°的可调节范围。

动力学形状因子$S(k,\omega)$在很大程度上反映了散射频谱的形状，其中可以分为电子，热离子和快离子引起的部分。

$$S(k,\omega)=S_{\mathrm{e}}(k,\omega)+S_{\mathrm{i}}(k,\omega)+S_{\mathrm{f}}(k,\omega) \tag{3.4.21}$$

$$S_{\mathrm{e}}(k,\omega)=\left|1-\frac{G_{\mathrm{e}}}{\epsilon}\right|^{2}\frac{2\pi}{k}f_{\mathrm{e}}^{1} \tag{3.4.22}$$

$$S_{\mathrm{i}}(k,\omega)=\left|\frac{G_{\mathrm{e}}}{\epsilon}\right|^{2}\frac{2\pi Z_{\mathrm{i}}}{k}f_{\mathrm{i}}^{1} \tag{3.4.23}$$

$$S_{\mathrm{f}}(k,\omega)=\left|\frac{G_{\mathrm{e}}}{\epsilon}\right|^{2}\frac{2\pi Z_{\mathrm{f}}}{k}f_{\mathrm{f}}^{1} \tag{3.4.24}$$

其中，纵向介电系数 $\epsilon=1+G_{\mathrm{e}}+G_{\mathrm{i}}+G_{\mathrm{f}}$。

$$G_{\gamma}=\frac{\omega_{\mathrm{p}}^{2}}{k^{2}}\int_{-\infty}^{\infty}\mathrm{d}v\,\frac{k\cdot\partial f_{\gamma}/\partial v}{\omega-k\cdot v-i\delta}\quad(\gamma=\mathrm{e,i,f}) \tag{3.4.25}$$

式中，f_{γ},f_{γ}^{1}($\gamma=\mathrm{e,i,f}$)为对应粒子的速度分布和一维速度分布，ω_{p} 为对应等离子体频率。

实际上获得的CTS信号中一定会有来自等离子体辐射和电子元件的噪声，对于微波频率范围，主要的等离子体辐射噪声来自ECE，且ECE噪声水平往往远大于CTS信号。为了提高信噪比，可以在一定带宽和一定测量时间内对信号进行平均，此外还可以通过调制探测波，将探测波关闭时的信号作为本底噪声减去，也能提高信噪比。

假设一个CTS频谱一共包括N个频道，其中每一道都有各自的信噪比 $l_i=(S/N)_i=E(P_i)/\mathrm{var}(P_i)$。当我们把其中一道分为两道时，得到的两道的信噪比都会下降，如果两道的信号与噪声功率谱密度变化不大，其信噪比应为$l_i/\sqrt{2}$，但是它们信号之和携带的信息并不发生变化，而这两道信号之间的差异会携带一小部分额外的信息。所以，将一个频谱用更多更窄的频道分辨，其信息不会减少，而可能会增加。当N增加时，量

$$L_N=\left(\sum_{i=1}^{N}l_i^2\right)^{\frac{1}{2}} \tag{3.4.26}$$

渐近地趋向于一个有限值L，实际上，当分辨一个频谱的频道数可以适当地描述频谱形状之后，L_N本质上收敛。于是就明确了L是频谱的总体信噪比，也是频谱中信息总量的衡量。有时相邻两道信号的平均，使信噪比的提高少于$\sqrt{2}$，这种现象说明，对信号不确定度的完整描述不能靠每一道信号的估计值变化给出，而要求完整的估计值的协方差矩阵。因此得到一个更一般的总体信噪比的定义

$$L=\left(\sum\alpha_{ii}\right)^{\frac{1}{2}} \tag{3.4.27}$$

其中$\boldsymbol{\alpha}=\boldsymbol{C}^{-1}$是归一化协方差矩阵的逆，$C_{ij}=\mathrm{var}(P_i,P_j)/(P_iP_j)$。

由于中心频率附近的信号功率远大于较偏离的频区，大部分装置上的系统都选择了有差异的频道带宽设置，在中心频率附近的频道带宽更小，远离区带宽更大，如JET、TEXTOR、AUG。W7-AS上采取的做法是在将52道频道分为两组，32道平均分布在要测量的整个频谱范围内，然后在中心频率周围的小频率范围再平均分布20道。[44]

CTS频谱不仅依赖于快离子速度分布函数，还依赖于一系列其他的参数，如电子温度，散射角等参数。这些参数并不是CTS测量的目标，我们需要测量或估算这些参数，从而提取那些描述了离子分布特征的兴趣参数的信息。如果没有这些多余参数的先验信息，当然可以通过CTS频谱来估算，但是这样会减少获取的离子分布相关信息。反之，这些多余参数的先验信息，如电子温度，会增加可提取的离子信息。先验信息的不确定度和频谱噪声都会影响精确度，以及频谱中与粒子分布相关的细节。前面已经提到过，探测源往往是高功率的，对于回旋管来说其功率一般在100 kW以上，因此其产生的杂散辐射很可能会对系统的电子元件造成损伤。因此对CTS的接收系统来说必须在探测频率处提供足够大的衰减，一个陷波器是理想的选择。如果回旋管频率啁啾超出了陷波器范围，就可能需要一个额外的主动控制开关，在回旋管的频率漂移出陷波器范围前关闭回旋管的功率输出。

3.5 微波多普勒反射计

通常认为，托卡马克中的反常输运主要由等离子体湍流引起。因此，理解和控制湍流输运已成为磁约束核聚变研究的重要方向之一。为了深入研究等离子体湍流物理，发展高效的湍流诊断工具至关重要。微波多普勒反射计(Doppler reflectometry)是一种主要用于测量特定波数的湍流密度涨落及极向旋转速度的诊断工具。该诊断方法具有对等离子体无干扰和定域测量的优点，已被广泛应用于世界各大磁约束核聚变装置中。

3.5.1 测量原理

微波多普勒反射计与常规微波反射计的主要区别为入射微波与对应等离子体截止层法线的角度。常规反射计通常要求入射波垂直于等离子体的截止层，多普勒反射计则要求微波束相对于等离子体截止层法线以倾角θ入射到等离子体中。如图3.5.1为微波多普勒反射计原理示意图，入射微波在截止层处将被等离子体湍流散射，散射信号中携带有等离子体湍流旋转产生的多普勒频移。[45]

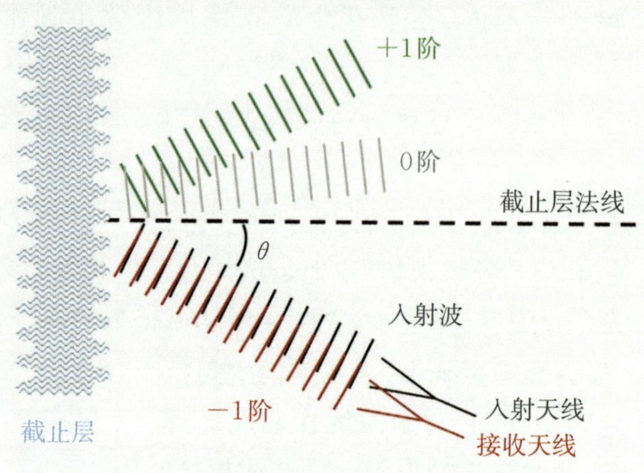

图3.5.1 微波多普勒反射计原理示意图

这一过程遵循能量和动量守恒定律，即

$$\omega=\omega_s-\omega_i \tag{3.5.1}$$

$$\boldsymbol{k}=\boldsymbol{k}_s-\boldsymbol{k}_i \tag{3.5.2}$$

式中，ω和k是散射涨落的频率和波数，ω_s和ω_i分别是散射频率和入射频率，$\boldsymbol{k}_s$和$\boldsymbol{k}_i$分别是散射波数和入射波数。设$|\boldsymbol{k}_s|=|\boldsymbol{k}_i|=k_0$，有

$$mk=k_0(\sin\theta_s-\sin\theta_i) \tag{3.5.3}$$

其中，$k_0=2\pi/\lambda_0$是入射波波数；m表示散射的阶数，即散射波相对于入射波的位置；$m>0$表示前向散射；$m<0$表示背向散射；$m=0$则表示直接反射。图3.5.1为诊断原理的示意图，θ_s和θ_i分别为散射角和入射角，不同散射角条件下可以分为$m=-1$，$m=-2$，…阶等多个背向散射和$m=+1$，$m=+2$，…阶等多个前向散射。对于一个天线倾角为θ的单基微波测量系统，天线接收到的主要是$m=-1$阶背向散射。设被测湍流波数为$\boldsymbol{k}=\boldsymbol{k}_\perp+\boldsymbol{k}_{/\!/}+\boldsymbol{k}_r$，则多普勒反射计测量到的多普勒频移可以写为

$$\omega_D=\boldsymbol{v}\cdot\boldsymbol{k}=\boldsymbol{v}_\perp\boldsymbol{k}_\perp+\boldsymbol{v}_{/\!/}\boldsymbol{k}_{/\!/}+\boldsymbol{v}_r\boldsymbol{k}_r \tag{3.5.4}$$

式中，$\boldsymbol{v}$和$\boldsymbol{k}$分别是被测湍流的速度和波矢，$v_\perp$、$v_{/\!/}$、v_r分别是湍流速度$\boldsymbol{v}$在等离子体垂直于磁力线方向、环向以及径向所对应的湍流速度分量，$k_\perp$、$k_{/\!/}$、k_r是波矢$\boldsymbol{k}$在上述三个方向上的对应分量。在托卡马克等离子体中，湍流波数的平行分量远小于垂直方向的分量($k_\perp\gg k_{/\!/}$)，并且在径向上的分量趋近于零($k_r\approx0$)，因此，湍流波数的平行分量和径向分量可以忽略不计。据布拉格散射定律可得

$$k_\perp=2k_0\sin(\theta) \tag{3.5.5}$$

结合式(3.5.4)和式(3.5.5),可以获得等离子体湍流垂直于磁力线的速度为

$$v_{\perp}=\frac{\omega_{\mathrm{D}}}{2k_0\sin\theta}=\frac{2\pi f_{\mathrm{D}}}{2k_0\sin\theta} \tag{3.5.6}$$

其中,f_{D}为从散射信号中提取的多普勒频移。从多普勒频移中计算获得的速度包含了两个分量,即

$$v_{\perp}=V_{\boldsymbol{E}\times\boldsymbol{B}}+v_{\mathrm{phase}} \tag{3.5.7}$$

式中,$V_{\boldsymbol{E}\times\boldsymbol{B}}$表示$\boldsymbol{E}\times\boldsymbol{B}$漂移速度,$v_{\mathrm{phase}}$为等离子体坐标下的湍流的相速度,通常情况下可以忽略[2],湍流旋转速度可以近似表示成

$$v_{\perp}\approx V_{\boldsymbol{E}\times\boldsymbol{B}} \tag{3.5.8}$$

由此可进一步计算获得等离子体的径向电场E_{r}:

$$E_{\mathrm{r}}=-V_{\boldsymbol{E}\times\boldsymbol{B}}B_{\mathrm{t}} \tag{3.5.9}$$

式中,B_{t}为等离子体环向磁场。

3.5.2 常见多普勒反射计

微波多普勒反射计的主要组成部件包括微波源、传输线、微波天线和I/Q正交解调电路等,其中微波源是多普勒反射计的核心部件。目前,多普勒反射计已经发展出多种不同的技术类型。根据微波源的工作方式来分类,可以分为扫频多普勒反射计和定频多普勒反射计。定频多普勒反射计又可进一步分为单通道、双通道、多通道等。在扫频多普勒反射计中,微波源可以采用电压控制振荡器(VCO)或步进频率合成源(synthesizer)等技术来实现扫频微波输出。扫频多普勒反射计的输出微波频率随时间呈现出台阶步进变化,实现微波频率的扫描输出。对于多道多普勒反射计,则需要产生梳状频率阵列,连续不间断地输出特定频率的微波。这类微波源技术相对于扫频源技术更加复杂。发展多道微波源技术是多通道多普勒反射计中最具挑战性的部分,也是目前各大聚变装置发展该诊断的主要限制因素之一。本小节根据微波源技术分类,简要叙述目前各个装置上的微波多普勒反射计正在使用的微波源技术。

3.5.2.1 扫频多普勒反射计

为了获得等离子体湍流旋转速度分布,早期的多普勒反射计通常采用改变微波的测量频率,从而改变测量位置,以实现速度分布的测量。2004年,在ASDEX Upgrade装置上发展了扫频多普勒反射计,该系统工作频率为12.5～18.75 GHz,经过四倍频器可放大至V波段(50～75 GHz)。通过连续的频率扫描测量获得了等离子体湍流旋转速度的径向分布。之后,在法国的Tore Supra托卡马克装置、西班牙的TJ-Ⅱ仿星器装

置、我国的HL-2A托卡马克装置、日本的JT-60U装置上先后都发展了不同波段的扫频多普勒反射计。上述各个装置上的扫频多普勒反射计大多采用外差测量，以ASDEX Upgrade装置上的扫频多普勒反射计为例[46]，其系统原理图如图3.5.2所示。图中较粗的线表示微波在波导中传播，而较细的线表示射频信号在同轴线中的传输过程。系统的发射微波源和本振源都采用了固态超突变变容二极管调谐振荡器(hyper-abrupt varactor tuned oscillators, HTOs)，工作频率范围为12.5～18.75 GHz，微波源频率通过外部辅助的锁相环电路(phase locked loop，PLL)控制，使得两个微波源的频差保持固定20 MHz，经过四倍频器后输出频率为80 MHz信号用作中频(intermediate frequency, IF)参考信号。在HTOs之后，有源四倍频器将发射和本振频率倍频至V波段范围，发射的微波功率约为5 mW。散射信号经过双基微波天线接收，通过波导混频器后得到的频率为80 MHz的中频射频信号，经过7 MHz滤波器后送入IQ正交解调器进行信号解调，其输信号输入数据采集系统。

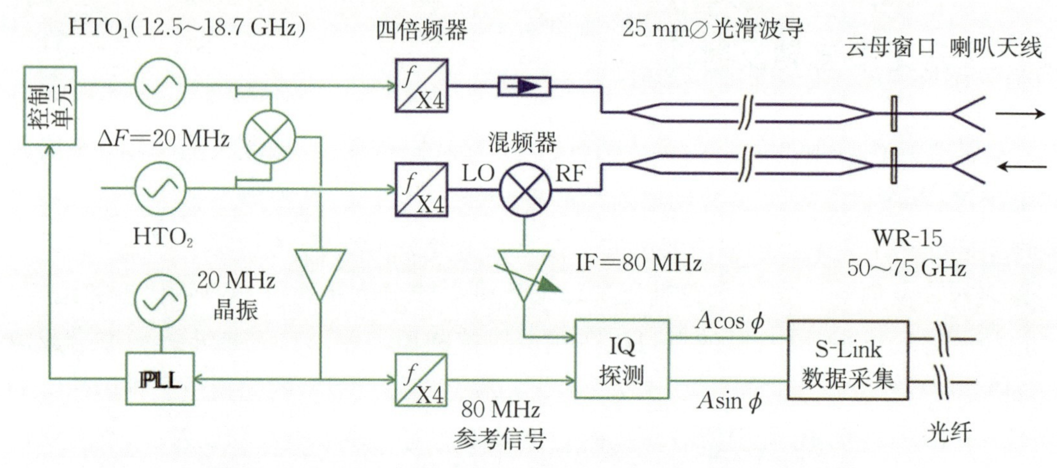

图3.5.2 ASDEX Upgrade装置上的扫频多普勒反射计原理图[46]

3.5.2.2 基于馈锁相环源的多普勒反射计

多道多普勒反射计系统的难点在于多频点的梳状频率阵列产生。本小节介绍中国环流器二号A(HL-2A)装置上发展的基于滤波器的正反馈回路微波源(FFLMS)技术[47-48]，该技术具有低相位噪声、发射功率稳定的优点，且可以组合任意通道数量的微波源，相较于现有的变频调制频率阵列和梳状频率阵列发生技术，FFLMS技术在低频段的开发成本、输出功率平坦度和相位噪声等方面具有明显的优点，有助于提高多普勒反射的测量精度。

基于FFLMS技术的微波源由微波功率放大器、定向耦合器、带通滤波器、隔离器等组成，其设计原理如图3.5.3(a)所示。运行的基本原理是宽带的随机电子噪声经功

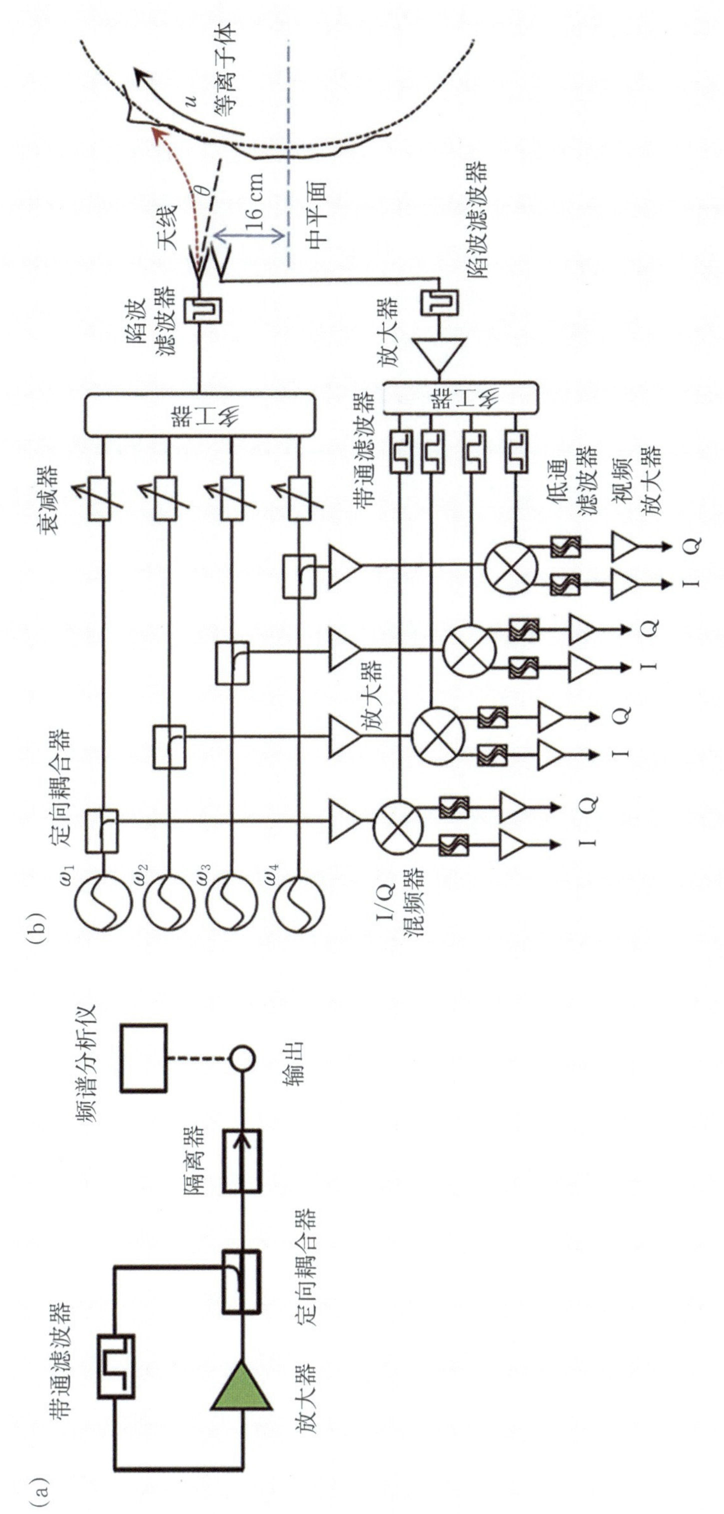

图3.5.3 正反馈锁相环技术示意图及其在HL-2A装置的应用示例[47-48]

率放大器放大，输出端将会经过滤波器并返回到放大器的输入端，该微波功率放大器的输出端通过定向耦合器和带通滤波器与其输入端相连接，形成一个反馈回路。回路增益大于衰减就可形成正反馈回路，经过正反馈回路就得到了一个具有一定频率的正弦波形，该频率取决于滤波器的通过带宽，其他频点的信号都将被强烈地抑制，最终反馈回路中的微波信号通过定向耦合器耦合输出。FFLMS的输出取决于放大器和滤波器的响应函数：$BW(\omega)=BW_A\omega*BW_B\omega$，其中，$BW_A\omega$ 和 $BW_B\omega$ 分别是放大器和滤波器的响应函数。通常情况下，滤波器的带宽远小于放大器的带宽。因此输出的微波的频率主要决定于滤波器的参数。为了获取一个固定的输出频点，需要一个质量较好的带通滤波器。该滤波器的通带带宽峰顶要有很小的插入损耗，同时在带通和带阻之间的转换要迅速，而且这个滤波器的带宽越窄越好，回路的输出的频率就可以被锁在带通的峰值上。FFLMS回路的输出功率和相位噪声主要取决于放大器的参数，因此该放大器需要有高增益、低噪声、高的输出功率和较好的回波损失。而且该放大器的增益必须大于定向耦合器和带通滤波器回路的功率损耗。当放大器的增益大于整个回路的插入损耗时，回路开始自激振荡，最终放大器就工作在了饱和状态，此时就获得了稳定的微波信号输出。

基于该技术，2016年，HL-2A装置发展了16通道的多普勒反射计，包含有4个4通道多普勒反射计。图3.5.4(b)所示为其中一套4通道系统，包括了4频点微波发射系统和接收系统。[4]每套多普勒反射计都由FLLMS微波源产生4路频率不同的微波，经一个多工器耦合成一路微波发射至等离子体，其插入损耗IL(insertion loss)小于2 dB。微波入射天线偏离中平面约16 cm，极向入射角度约20°，距离发射天线20 cm处的束腰约为6 cm。每个FFLMS微波源都经过一个定向耦合器分离处参考信号，用作本振输入驱动IQ解调器。从接收天线返回的等离子体散射信号，经过4通道功分器和带宽为50 MHz带通滤波器滤波后用作IQ解调器的射频输入，最终输出了包含湍流扰动信息的I信号和Q信号。

3.5.2.3 基于多路复用器阵列源的多普勒反射计

在上述FFLMS技术的基础上，发展了一种基于多路复用器的频率阵列源技术(multiplexter-based frequency array source，MFAS)。[49]其主要功能是将多个微波频点合路成一路的多频点微波信号，亦可将已合成的多频点微波信号分成多路的单频点信号。图3.5.4是多路复用器频率阵列微波源(MFAS)的设计原理示意图，该微波源主要包括两个具有较低插入损耗(IL小于3 dB)的多路复用器、功率放大器、定向耦合器以及波导传输线等，MFAS微波源技术是在FFLMS技术上进一步升级的结果，其关键技术在于微波多工器的使用。它可以从多个频带中选择一个频点进行滤波并传输到一个单独的输出线路中。该功能类似于一个低插入损耗的功分器/耦合器与多个分散窄带滤波器的组合。图3.5.4中使用了两个多工器,微波功率放大器的输出端通过多工器和定向耦合器与其输入端连接,微波功率放大器输入端的背景电子学噪声被放大,它的输出端经过定向耦合器和多工器后会被再次返回至输入端,因此就形成了一个功率放大的正反馈回路。图中微波源有8个功率放大器,多工器和定向耦合器回路,因此有8个不同的工作频点产生。MFAS微波源输出功率由放大器参数决定,其增益须大于由多工器、放大器和定向耦合器组成回路的插入损耗。回路中的放大器将在饱和状态运行,它的输出功率接近微波功率放大器的1 dB压缩增益(P-1 dB),P-1 dB压缩功率越大,输出的微波功率也就越大。由于是多路信号同时工作,整个回路受温度的影响明显,另外,输出微波的噪声主要由放大器的噪声系数决定,使用低噪声微波放大器能降低微波输出的噪声系数,故在参数设计和器件选型时需要优先保证多路复用器的各通道的滤波带宽以及放大器的噪声系数和增益,并将波源系统置于恒温度和较好的电磁屏蔽环境中。

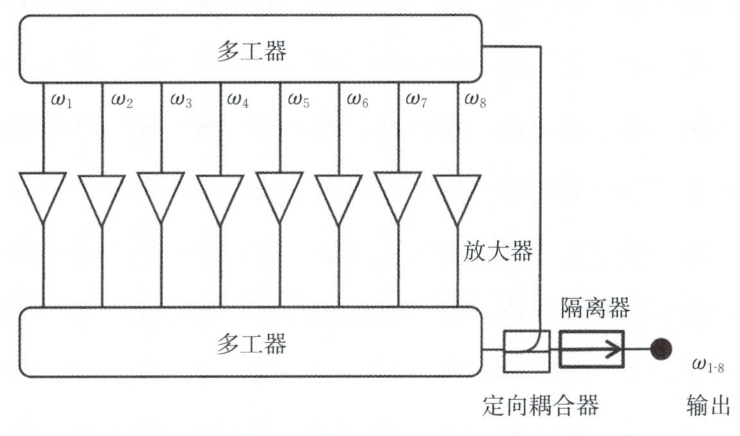

图3.5.4 多路复用器频率阵列微波源原理示意图[49]

HL-2A装置上的V波段8通道多普勒反射计采用了MFAS多道微波源技术,系统的设计原理图如图3.5.5所示,其包含了一个射频系统、一个具有远程控制功能的中频系统和一个准光学系统,射频系统包括MFAS微波源、本振微波源、混频器、双基天线和传输线等。MFAS微波源输出多道微波给定向耦合器,进一步分成两路传输,其中一路传给混频器与本振微波源下变频输出中频参考信号IF_0,另一路将通过双基微波天线发射至等离子体中,是功率输出的主要部分,其背散射信号通过双基天线的接收天线返回至射频系统,接收信号与本振微波源混频后进行降频处理,输出多频点的中频测量信号IF_1。中频测量信号IF_1携带有等离子体的旋转速度和湍流密度涨落信息。由上述射频系统得到的2个中频信号IF_0和IF_1,将被传输至V波段系统的另一个子系

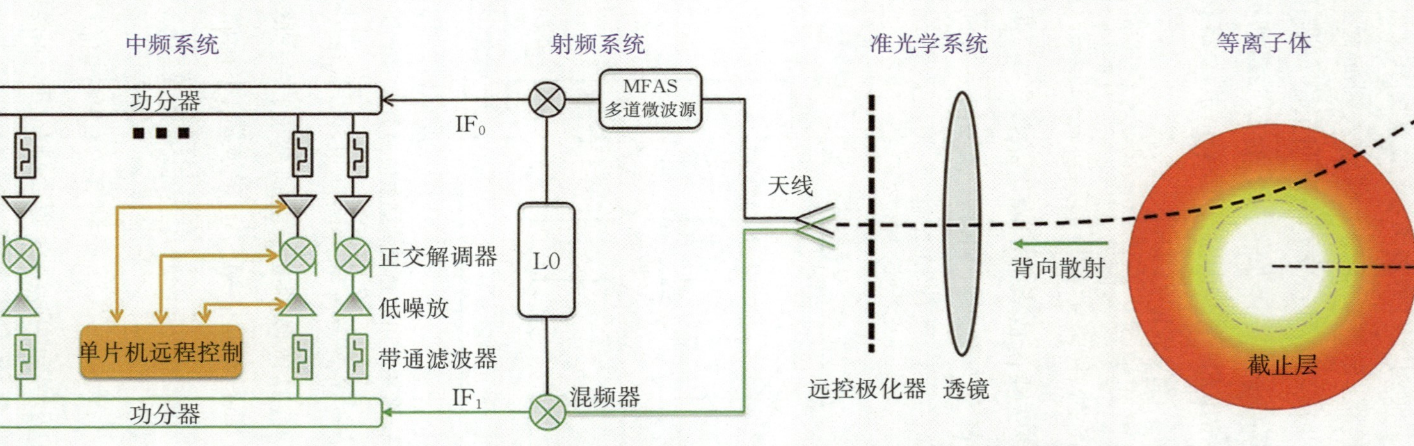

图 3.5.5 基于多路复用器的频率阵列微波源技术及其在 HL-2A 装置应用[49]

统，即中频系统，在该系统中可完成信号的I/Q解调处理。

3.5.2.4 基于压控振荡器调制技术的多普勒反射计

2009年，在DⅢ-D装置上发展了一套V波段8通道多普勒反射计[50]，该系统的微波源采用350 MHz射频调制一个宽带的VCO，能在一个载波信号上产生多边带调制信号，从而产生多道频率阵列，其频率间隔为350 MHz，经4倍频后，多道频率中心可调范围53～78 GHz。然而，该频率调制技术对输入VCO端的直流电源的噪声极其敏感，通常要求调制信号输入端的噪声水平非常低，需要控制在毫伏量级以下。

图3.5.6展示了VCO调制技术原理及其在DⅢ-D装置多普勒反射计上的应用，通过350 MHz晶振调制工作频率范围为13.5～20 GHz的VCO，该VCO最小扫描频率为

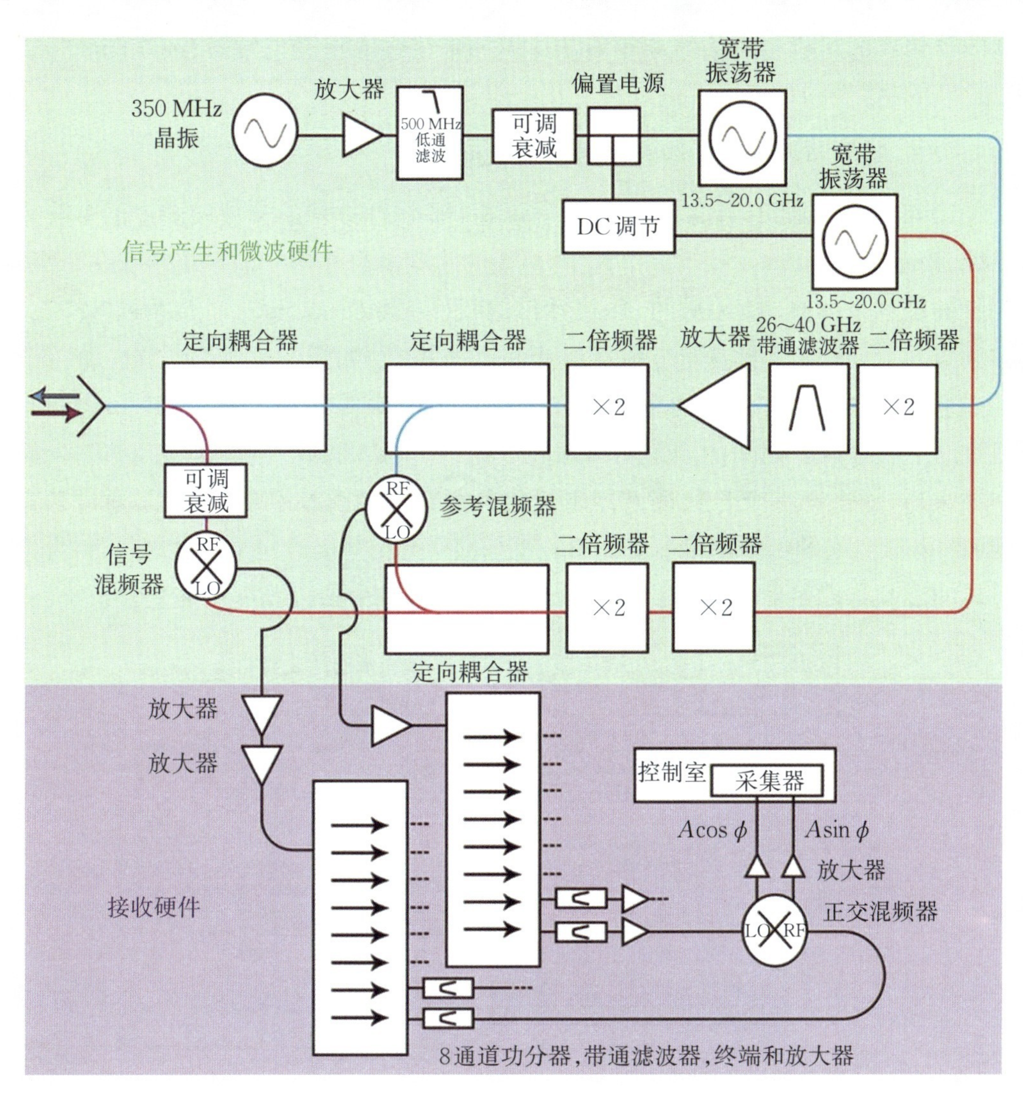

图3.5.6 压控振荡器调制技术及其在DⅢ-D装置应用原理示意图[50]

20 MHz/μs,可调衰减器用于调节晶振源的调制幅度。该多道微波源技术硬件能够工作在53~78 GHz频率范围。倍频器的作用不仅仅是使每个输入频率翻倍,在多道频率阵列中还增加了额外的频率,其结果是边带的数量大约增加了一倍,但频率间隔保持不变。输出的部分毫米波通过定向耦合器作为射频输入至V波段混频器以提供微波参考信号,其余微波则使用单基天线发射到等离子体中。在微波返回路径中利用微波可调衰减器,优化不同发射频率和不同等离子体状态下的信号幅度。系统的另一个VCO产生单频点微波,经过两次倍频后通过定向耦合器为微波参考信号和等离子体返回的测量信号的混频器提供LO输入功率。参考信号与等离子体返回信号经下变频输出产生的中频IF信号将传输至接收硬件,该部分有功率放大、功分、滤波等电路,通过滤波器选择的对应参考信号和等离子体返回信号进入正交混频器,最终产生"同相"和"正交"的I信号和Q信号并进入数字化采集系统。

3.5.2.5 基于非线性传输线技术的多普勒反射计

2010年,美国DⅢ-D装置上发展了一套基于非线性技术的V波段多道的多普勒反射系统,该系统可同时探测8个不同空间位置的湍流及其涨落。该系统基于一个高频、低相噪的梳状发生器,即无源的、非线性传输线(nonlinear transmission line,NLTL)产生多频点阵列,还包括滤波器组和正交探测系统等。[51]如图3.5.7所示,首先将一个稳定的、内部锁相的微波源经功率放大并传输至无源的非线性传输线NLTL电路中。NLTL产生的频点阵列间的频率间隔是固定的,为本振源的倍数。这些频率阵列经过功率放大后,输出至一个E-H调谐器来优化各个频点的功率平坦性分配,通过E-H调谐器可将各频点间的功率差减小至6 dB以下。接下来信号经过一个定向耦合器,为参考信号端的混频器提供射频RF输入,其余信号将通过一个耦合器进入准光学系统,并经

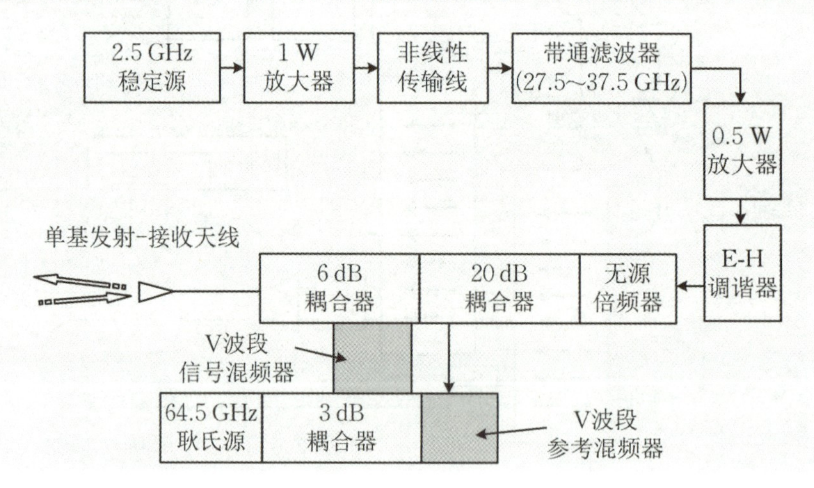

图 3.5.7　非线性传输线技术及其在DⅢ-D装置应用示例[51]

过单基天线发射至等离子体中。其背散射信号经过相同的准光学传输路径进入耦合器作为RF输入进入信号端的混频器完成下变频处理。

3.5.2.6　基于双梳状谱技术的多普勒反射计

LHD装置在非线性传输线技术的基础上利用上述梳状谱发生器，研制了一套Ka波段的双梳状谱源多普勒反射计。[52]图3.5.8是双梳状谱源的设计原理图，一个频率为190 MHz的信号经过梳状谱发生器后产生多道微波源1，另一个频率为200 MHz的信号经梳状谱发生器后，其输出频率用作多道微波源2，这两个微波源将产生离散中频IF信号对应的多道微波信号。经过混频器后，其产生的混频信号为频率间隔$\Delta f=$ 10 MHz的多通道信号。

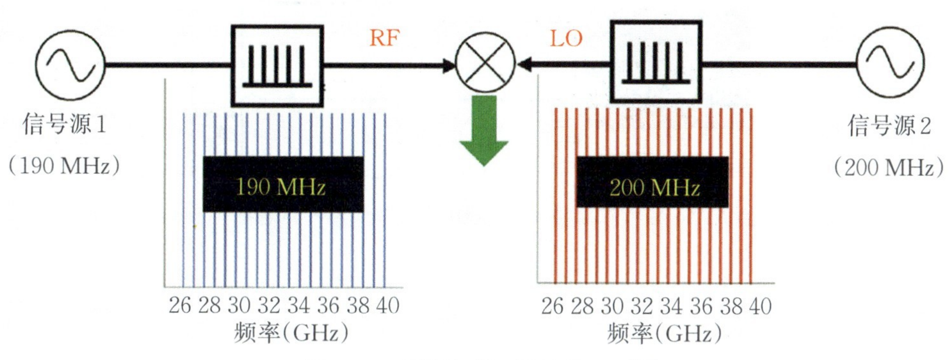

图 3.5.8　双梳状谱源设计原理图[52]

图3.5.9为LHD装置Ka波段的双梳状谱源多普勒反射计，其梳状谱源对应输入频率分别为710 MHz和730 MHz。其中一个梳状谱由混频器1进行混频，其本振输入LO工作频率为26.27 GHz的，由带通滤波器进行滤波选择，混频器1的输出信号将在混频器3进行再次下变频，产生的信号作为IQ探测的射频输入。为了进行精确的外差探测，微波源1和微波源2经过混频后产生的信号用作IQ探测的参考输入。混频器2和混频器3的输出信号都将进入电子-光学转换器，以将信号传输至100 m远的实验室进行IQ探测。一部分探测信号经过分离后直接传输至高频采样系统(示波器直接采集)，另一部分信号将传输至8通道的IQ探测系统，通过采集系统记录等离子体放电数据。因为经过2次变频，中频频率范围极大地降低，也使得8通道的滤波器和IQ探测都可集成到电路板中，从而降低了系统的复杂性。

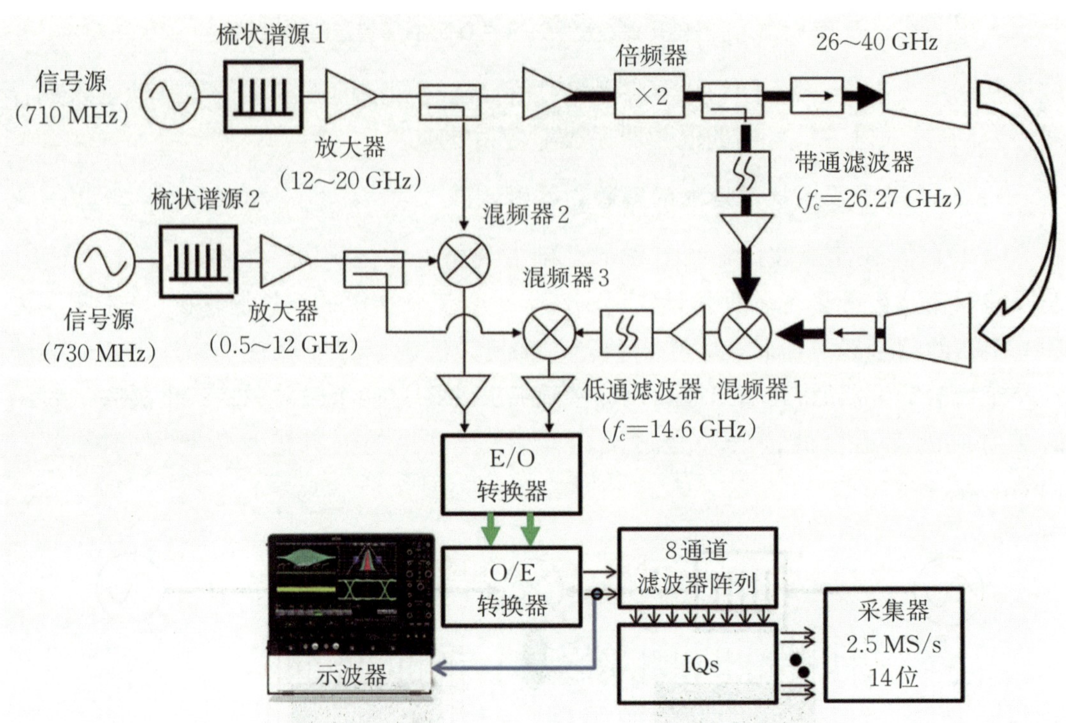

图 3.5.9　双梳状谱技术在 LHD 装置应用原理示意图[52]

3.6　微波成像技术

传统的电子回旋辐射计和反射计只能探测中平面的电子温度和电子密度信号，而聚变等离子体中的不稳定性模式的结构通常都是二/三维的，因此迫切需要发展能够探测电子温度和电子密度扰动空间结构的诊断技术。采用大口径的光学透镜和天线阵列技术可很好地弥补传统一维诊断能力的不足。微波成像系统主要包括两类，一是被动成像系统即电子回旋辐射成像(ECEI)实现对电子温度扰动的成像；二是主动成像系统即微波反射成像(MIR)实现对电子密度扰动的成像。ECEI 首先在美国得克萨斯大学奥斯汀分校的 TEXT-U[53]装置上发展起来，后来在 RFP、TEXTOR、GAMMA10、LHD、HT-7、ASDEX-U、DⅢ-D、KSTAR、EAST、HL-2A 和 J-TEXT 等装置上发展起来。[54-63]MIR 也先后在 TEXTOR、LHD、DⅢ-D、KSTAR、EAST 和 HL-2A 装置上发展起来。[64-68]近年来，关于 ECEI 和 MIR 诊断技术的研究主要集中在前端光学系统的优化、天线阵列的升级、毫米波集成电路的研发和前向模拟技术。以下将分别介绍ECEI和MIR系统、微波集成电路和成像诊断模拟的前沿进展。

3.6.1 电子回旋辐射成像

电子回旋辐射成像(ECEI)系统被动地接收等离子体自发产生的电子回旋辐射信号,实现对电子温度扰动在极向截面上的成像。它是在一维的电子回旋辐射计(ECE)基础上发展起来的,其基本原理与ECE相似,这里不再重复,不同之处在于其前端包含大孔径的准光学透镜组和天线阵列。

传统一维ECE辐射计[78],该辐射采用单一天线接收来自中平面的电子回旋辐射,后端通过不同的工作频率实现不同径向位置的测量。ECEI采用透镜组和垂直排列的天线阵列将电子温度测量扩展到径向和极向组成的二维平面。ECE测量的径向空间分辨由辐射线展宽效应、重吸收和中频滤波器的带宽决定,通常为1~2 cm,极向空间分辨由接收天线在等离子体中的束腰半径决定,对于一维ECE来讲,极向分辨约为5 cm,对于ECEI来讲极向分辨约为1 cm。

图3.6.1给出了ECEI系统的示意图,它由4个子系统组成,分别是准光学系统、天线阵列、微波接收机(电子学系统)和数据采集系统。来自等离子体的电子回旋辐射信号经过准光学系统变焦、聚焦后会聚到天线阵列,与来自本振光路的本振信号混频后变成2~9.2 GHz的中频信号,该中频信号在微波接收机被分为8个通道,再被第二次下变频、滤波、检波、放大后变为视频信号,经过数据采集器处理后变成待分析的测量信号。

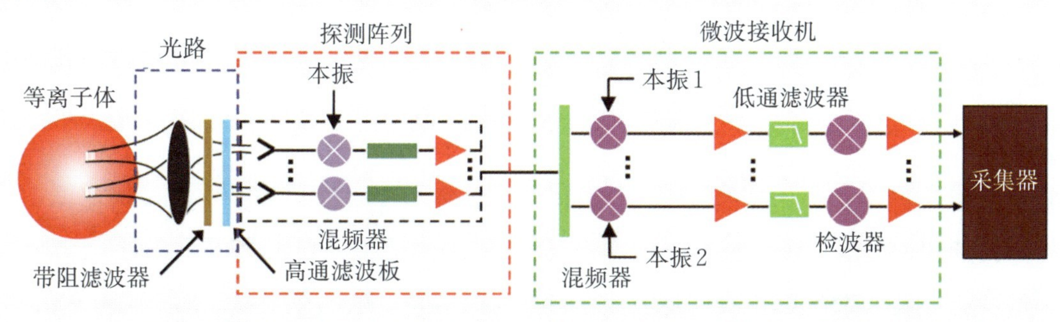

图3.6.1 ECEI系统的示意图,由准光学系统、天线阵列、微波接收机和数据采集系统4部分组成

3.6.1.1 准光学系统

如果将ECEI诊断当成微波频段的照相机,那么前端光路就是相机的镜头。ECEI的准光学系统基于高斯光束设计,包括本振光路(LO)和射频光路(RF)两部分。本振光路将微波源(例如返波管或耿氏管等)发出的微波信号沿着水平和垂直方向扩展后再会聚成一条窄带光束照射到天线阵列,该本振光束主要有两个作用:(a)驱动天线阵列中的肖特基二极管工作,(b)与射频光束混频将高频微波信号下变频为中频信号。射频光路将等离子体中的二维电子回旋辐射信号一一对应地引至接收天线阵列处,具有变焦和聚焦功能,因此其成像质量直接决定了后端微波接收机收集到的电子温度信号的强度、信噪比以及测量的空间局域性。图3.6.2为HL-2A装置上24(径向通道数)×16(垂直方向通道数)ECEI阵列的射频光路的示意图。[79]两个24×8阵列的光路共用变焦透镜组(zoom lenses),然后通过分光板将光束分为两束,一束透射,一束反射,两路光束分别经过两组聚焦透镜(focal lenses)到达天线阵列,在天线阵列中与来自本振光路的光束混频后输出24通道频率为2~9.2 GHz的中频信号。

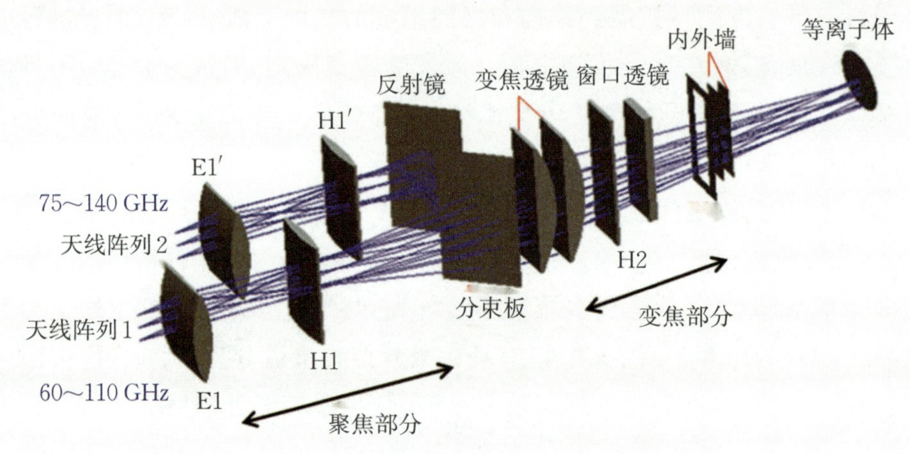

图3.6.2 HL-2A装置上ECEI射频光路的示意

近年来,各大装置上也开展了许多优化ECEI光学系统的研究,包括优化聚焦功能、变焦功能、优化像面的形状、优化聚焦-变焦功能的解耦等。对于ECEI来说,由于径向测量位置仅是磁场的函数,等离子体中辐射区域是一系列垂直于径向方向的竖直平面。要获得最佳的成像效果,应保证准光学系统的像平面与辐射平面尽可能贴合,将像面场曲优化至最小。在实际光学设计时,将聚焦透镜和变焦透镜的表面类型由圆柱面修改为双曲面可大大优化成像面的形状,图3.6.3为HL-2A装置上对射频光路修正前后的高斯束追迹结果,修正前像面非常弯曲,修正后像面变得平整。

3.6.1.2 天线阵列

天线阵列是ECEI系统接收信号和预处理最核心的部分。图3.6.4(a)为接收天线示意图,ECE信号经过高通滤波板后在分束板与本振信号透射和反射后照射到介质透镜,分别送入天线阵列偶数通道和天线阵列奇数通道。接收天线采用图3.6.4(b)所示的双偶极天线系统,对应的天线尺寸为1～2 mm。天线阵列接收到的信号的频率为100 GHz附近,若前端光学系统设计不恰当或者加工带来的误差造成本振束和等离子体回旋辐射信号不能正好会聚到双偶极天线上,会造成天线上肖特基二极管驱动不足或射频信号太弱,收集到的信号信噪比和定域性均会受影响。因此,这种袖珍型介质透镜后端接双偶极天线的方案,对前端本振光路、射频光路和天线阵列中光学结构都提出了非常苛刻的要求。后端的微波接收系统本质上与一维ECE的电路大致相同,近年来除了对某些衰减器和滤波器升级了远程控制系统之外,微波电路上来讲,基本没有太大改进,读者可参考之前的文献。[70]

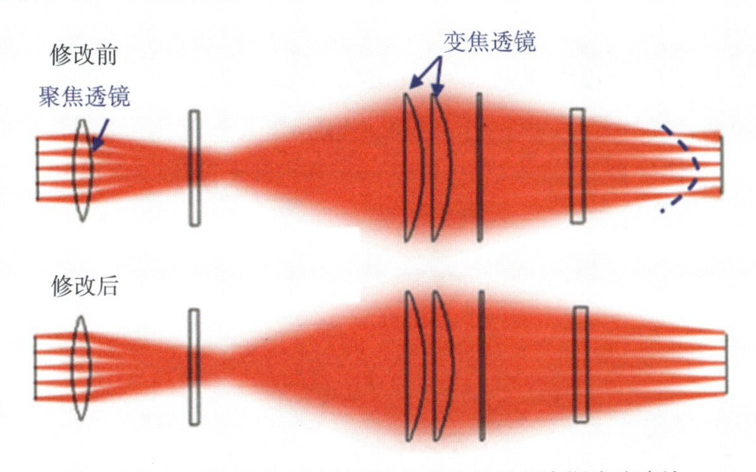

图3.6.3 HL-2A装置上对射频光路修正前后的高斯束追迹结

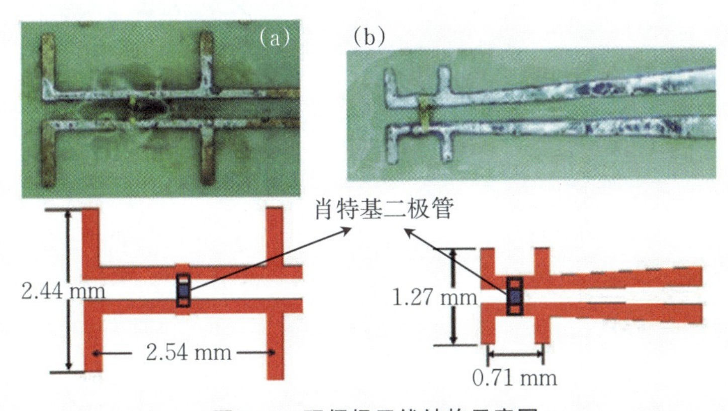

图3.6.4 双偶极天线结构示意图

(a) 为旧的半球介质透镜使用的天线模式 (b) 为袖珍型介质透镜使用的天线模式[58]

3.6.2 微波反射成像

近年来，为了拓展传统反射计测量等离子体密度涨落的能力，基于准光学成像的微波反射计(微波反射成像)也得到了发展和应用，该诊断将密度涨落的相位信息成像在二维多通道探测阵列上，相对于传统的无成像光学组件的反射计，该诊断拓展了对短波长湍流的测量能力。它不仅能直接给出等离子体密度扰动变化的完整图像，还能用于湍流的各种相关分析，获得湍流的相关长度、波数、相速度，该先进诊断已成为前沿物理研究比较得力的辅助工具。

与ECEI类似，微波反射成像也包括4部分组成，准光学系统、天线阵列、微波处理系统和数据采集系统。各组成部分与ECEI的功能大体一致，不同的是：① MIR的光学系统包括探测光路和接收光路，图3.6.5为MIR系统的探测光路和接收光路原理图；② MIR对等离子体中截止层(cutoff surface)成像，因此该诊断系统的关键技术之一是探测器面阵与光路聚焦面的匹配问题，通常采用相控阵天线和微电机系统来主动控制波前以实现聚焦面与探测器面阵的匹配。[71-79]

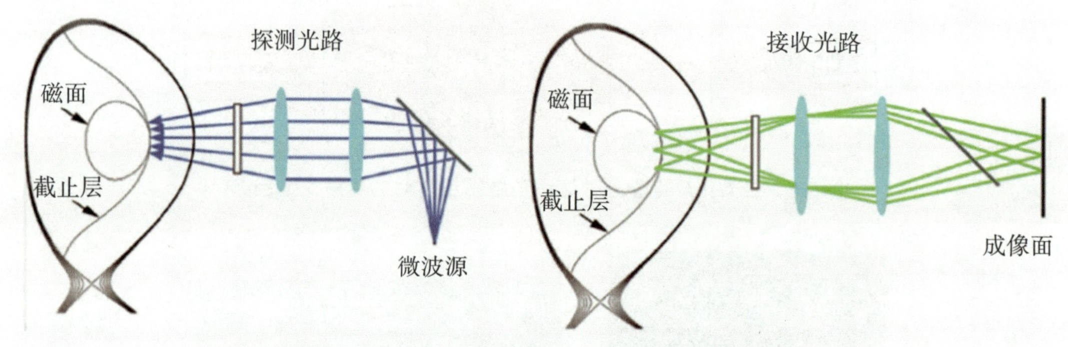

图3.6.5 MIR系统的探测光路和接收光路原理图

图3.6.6为HL-2A装置上MIR系统的示意图，该系统共有64个通道，其中4个不同的发射频率用于测量不同的径向位置，在极向方向上有8个通道，在环向方向上有2个通道。分别通过光学模拟软件和实验室标定对系统的光学成像能力进行了评估，结果表明二者较为符合要求。由于MIR和ECEI都需要较大的诊断窗口，在HL-3装置上将开展MIR和ECEI准光学集成设计，两套系统将共用一个诊断窗口和一套成像光路，同时实现电子密度和电子温度测量。

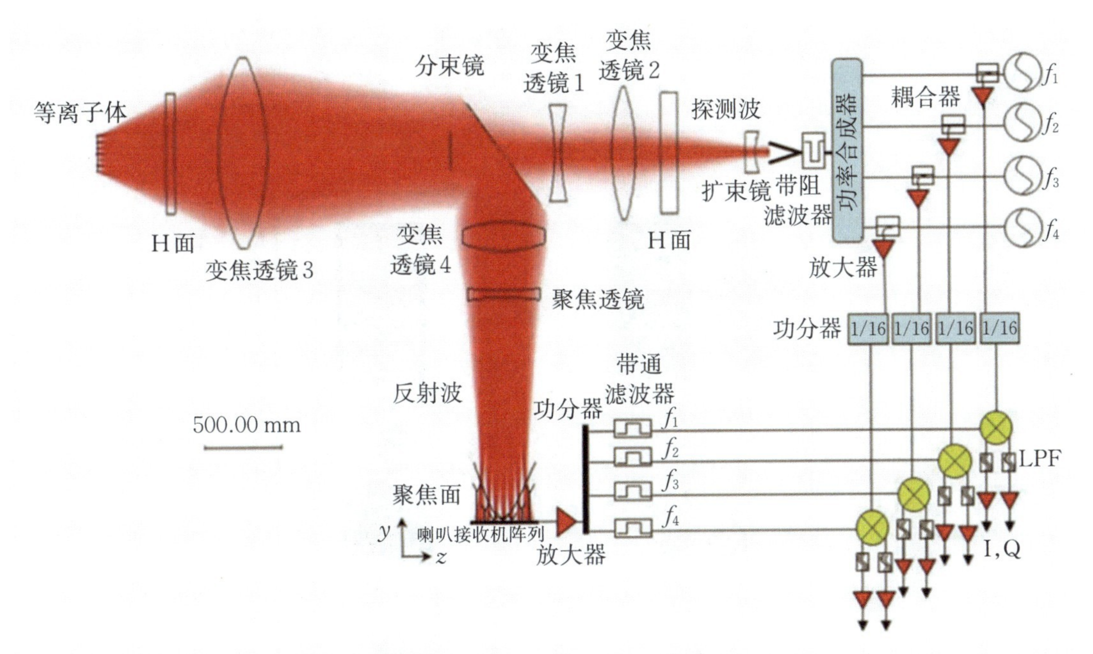

图3.6.6 HL-2A装置上微波反射成像系统示意图

3.6.3 成像诊断前向模拟

合成成像诊断是先进的数值分析工具,解释大型数据集,优化诊断响应,并可直接与等离子体模拟代码结合进行诊断数据的前向建模。它们对验证算法和高级预测/控制都很有用。图3.6.7为合成成像诊断结果和等离子体物理实验结果的比较。合成成像诊断对于解释来自高性能放电数据和对新实验现象理解有非常强的直观作用,完全自洽的二维和三维微波传播模型对于优化电子和数字波束天线阵列同样重要。将这些合成成像诊断与等离子体模拟代码耦合将不可避免地导致测量创新和重要的新实验方法。在可预见的未来,合成成像诊断数据甚至可能与机器学习方法相集成,如深度神经网络,可实现诊断自动准直和等离子体控制的智能自动化。

合成成像诊断系统支持新系统的设计和新数据的解释。单个合成成像诊断模块模拟可预测出诊断系统的响应,例如用于建模反射测量的FWR2D/3D[80-81],用于建模回旋辐射测量的ECEI2D[82],其他模块用于处理等离子体模拟代码(如M3D-C1、XGC0和GTC)的输出,以产生背景等离子体参数的分布和与时间相关的扰动信息。合成成像诊断平台结合这些模块可确定某些诊断系统对等离子体行为的响应。在模型中,该诊断的一些重要参数可以被修改直到数值响应能够正确地分辨出模式结构或等离子体行为的关键信息——这就是合成成像诊断平台辅助真实诊断设计的方式。一旦诊断系统被安装到聚变装置上并提供数据，对实验数据和合成成像诊断数据的比较将获得对复杂成像数据的理解。因此，对合成成像诊断能力的提升无疑将提高真实诊断系统的工作性能。

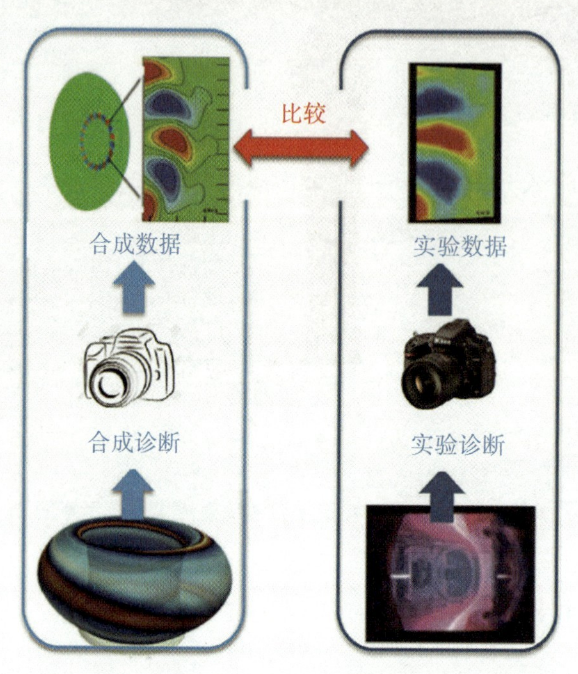

图 3.6.7　合成成像诊断结果与聚变等离子体物理实验结果的比较

由图3.6.8可知，合成成像诊断系统将天线和透镜系统的准光学模拟、产生线性和非线性时变等离子体涨落的等离子体模拟代码和用于研究微波反射层等离子体-波相互作用的二维/三维全波建模结合起来。该合成成像诊断系统已广泛用于MIR诊断[80-81]设计。此外，它还被用于DⅢ-D上的边缘谐波振荡的线性的、与时间相关的M3D-C1模拟结果和MIR实验结果进行了比较。这种比较证实了预期，即MIR光学设计能够清晰地区分模式的极向波数。模式结构的测量有助于验证边缘谐波振荡的稳定性和控制的物理图像，这是针对避免边界局域模的静态高约束模式(QH)开发的一个重要应用。

除了用于反射测量的前向建模代码FWR2D/3D外，还开发了一种用于建模ECEI数据的新代码ECEI2D。[82]该代码实现了自洽互易模型，它不仅包括发射、再吸收和辐射传输，而且还可同时模拟准光学成像系统的折射和衍射特性。这种优势允许在各种条件下对诊断响应进行真实的前向建模，并对于解释从等离子体边缘获得的数据非常有价值(边缘光学厚度随等离子体的折射率快速变化)。这段代码已经被合并到一个开源的Python软件包中，其中包括用于读取等离子体模拟代码的时间依赖性输出模块，如M3D-C1、XGC0和GTC。

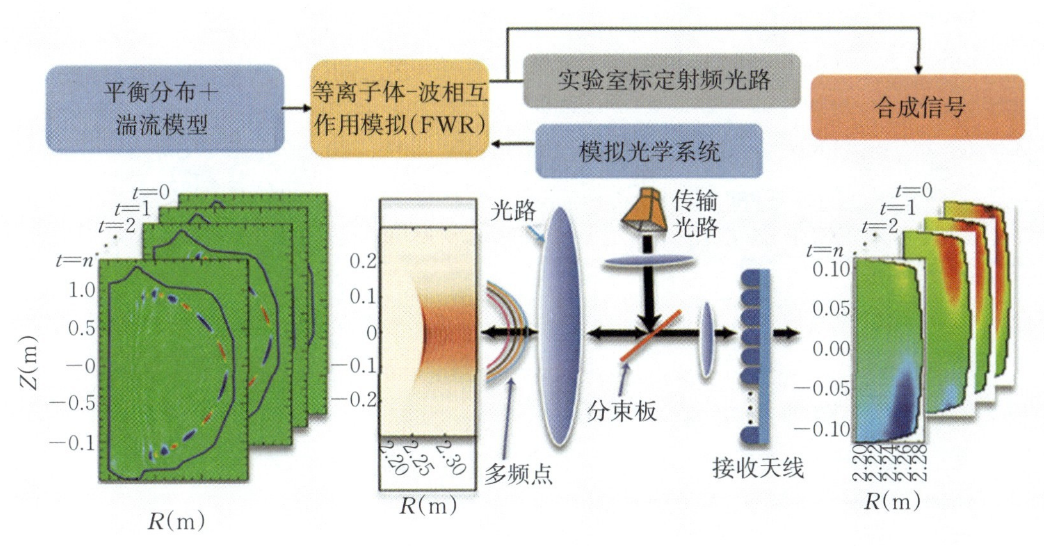

图3.6.8　MIR合成成像诊断系统的演示图

参考文献

[1]　项志遴，俞昌旋. 高温等离子体诊断技术：上册[M]. 上海：上海科学技术出版社，1982.

[2]　Bekefi G. Radiation processes in plasmas[J]. Physics Today，1969(10)：1063.

[3]　Phelps A D R. The physics of plasmas[J]. Journal of Plasma Physics，2004，70(4)：502-503.

[4]　Udintsev V S. Electron temperature dynamics of TEXTOR plasmas[D]. Utrecht：Utrecht University，2003.

[5]　Luhmann N C，Bindslev H，Park H，et al. Microwave diagnostics[J]. Fusion Science and Technology，2008，53(2)：335-396.

[6]　Bornatici M，Cano R，De Barbieri O，et al. Electron cyclotron emission and absorption in fusion plasmas[J]. Nuclear Fusion，1983，23(9)：1153.

[7]　Shi Z，Jiang M，Huang X，et al. Calibration of a 32-channel electron cyclotron emission radiometer on the HL-2A tokamak[J]. Review of Scientific Instruments，2014，85(2)：023510.

[8]　Costley A，Hastie R，Paul J，et al. Electron cyclotron emission from a tokamak plasma：experiment and theory[J]. Physical Review Letters，1974，33(13)：758.

[9]　Efthimion P，Arunasalam V，Bitzer R，et al. A fast-scanning heterodyne receiver for measurement of the electron cyclotron emission from high-temperature plasmas[J]. Review of Scientific Instruments，1979，50(8)：949-951.

[10] Moss D G, Quincey P G, Birch J R. The characterisation of the radiometric temperature of large area thermal sources by heterodyne and Fourier transform radiometry[C]//IEE Colloquium on Microwave and Millimetre-Wave Radiometry. London, 1989.

[11] Ségui J L, et al. An upgraded 32-channel heterodyne electron cyclotron emission radiometer on Tore Supra[J]. Review of Scientific Instruments, 2005, 76(12): 123501.

[12] Tobias B, et al. Advancements in electron cyclotron emission imaging demonstrated by the TEXTOR ECEI diagnostic upgrade[J]. Review of Scientific Instruments, 2009, 80(9): 093502.

[13] Yu X, Shi Z, Yang Z, et al. Upgrade of the relative calibration methods and Bayesian inference processing for electron cyclotron emission radiometry[C]//EPJ Web of Conferences. 2023, 277: 03009.

[14] 黄贤礼，石中兵，孙红娟，等. HL-2A 装置 ECE 测量系统标定研究[J]. 核聚变与等离子体物理，2011，31(3)：193-199.

[15] Shi Z, Wang Z, Jiang M. Progress of microwave diagnostics development on the HL-2A tokamak[J]. Plasma Science and Technology, 2018, 20(9): 094007.

[16] Sattler S, Hartfuss H. Intensity interferometry for measurement of electron temperature fluctuations in fusion plasmas[J]. Plasma Physics and Controlled Fusion, 1993, 35(9): 1285.

[17] Cima G, Watts C, Gandy R. Correlation radiometry of electron cyclotron radiation in TEXT-U[J]. Review of Scientific Instruments, 1995, 66(1): 798-801.

[18] Sattler S, Hartfuss H. Experimental evidence for electron temperature fluctuations in the core plasma of the W7-AS stellarator[J]. Physical Review Letters, 1994, 72(5): 653.

[19] Creely A, Freethy S, Burke W, et al. Correlation electron cyclotron emission diagnostic and improved calculation of turbulent temperature fluctuation levels on ASDEX Upgrade [J]. Review of Scientific Instruments, 2018, 89(5): 053503.

[20] White A, Schmitz L, Peebles W, et al. A correlation electron cyclotron emission diagnostic and the importance of multifield fluctuation measurements for testing nonlinear gyrokinetic turbulence simulations[J]. Review of Scientific Instruments, 2008, 79(10): 103505.

[21] Fang K, Shi Z, Yang Z, et al. An eight-channel correlation electron cyclotron emission diagnostic for turbulent electron temperature fluctuation measurement in HL-2A tokamak [J]. Review of Scientific Instruments, 2019, 90(6): 063503.

[22] Watts C. A review of ece correlation radiometry techniques for detection of core electron temperature fluctuations[J]. Fusion Science and Technology, 2007, 52(2): 176-192.

[23] Preische S, Efthimion P C, Kaye S M. Oblique electron cyclotron emission for electron distribution studies[J]. Review of Scientific Instruments, 1997, 68(1): 409-414.

[24] Volpe F, Austin M E, Campbell G, et al. Oblique electron-cyclotron-emission radial and phase detector of rotating magnetic islands applied to alignment and modulation of electron-cyclotron-current-drive for neoclassical tearing mode stabilization[J]. Review of Scientific Instruments, 2012, 83(10):055501-055528.

[25] Fontana M, Giruzzi G, Orsitto F P, et al. High discrepancies between ECE and Thomson diagnostics in high-performance JET discharges[J]. Physics of Plasmas, 2023, 30(12).

[26] Sozzi C, Grossetti G, Baranov Y, et al. Studies on LH-generated fast electron tail using the oblique ECE diagnostic at JET[C]//AIP Conference Proceedings. American Institute of Physics, 2009, 1187(1): 387-390.

[27] Geist T, et al. Multichannel millimeter wave interferometer for W7-AS[J]. Review of Scientific Instruments, 1997, 68: 1162.

[28] Hacquim S, et al. Characterization of Alfven cascades on the JET tokamak using a multi-channel O-mode reflectometer diagnostic[J]. Nuclear Fusion, 2006, 46: S714.

[29] Kohagura J, et al. A new frequency-multiplied interferometer system in the GAMMA 10 tandem mirror[J]. Review of Scientific Instruments, 2012, 83: 10E310.

[30] James R A, et al. A 250-GHz microwave interferometer for divertor experiments on DⅢ-D [J]. Review of Scientific Instruments, 1995, 66: 422.

[31] Xie L J, et al. Design of interferometer system for Keda Torus eXperiment using terahertz solid-state diode sources[J]. Review of Scientific Instruments, 2014, 85: 11D828.

[32] Brower D L, et al. Multichannel interferometer system for the helically symmetric experiment[J]. Review of Scientific Instruments, 2001, 72: 1081.

[33] Shi P W, et al. Multichannel microwave interferometer for simultaneous measurement of electron density and its fluctuation on HL-2A Tokamak[J]. Plasma Science and Technology, 2016, 18: 708.

[34] Mao W Z, et al. Measurement of density profile and fluctuations using a multi-channel terahertz solid-state interferometer system on Keda Torus eXperiment (KTX)[J]. Review of Scientific Instruments, 2021, 92: 053514.

[35] Hanson G R, Wilgen J B, Bigelow T S, et al. A swept two-frequency microwave reflectometer for edge density profile measurements on TFTR[J]. Review of Scientific Instruments, 1992, 63(10): 4658-4660.

[36] Luhmann N C, et al. Microwave diagnostics[J]. Fusion Science and Technology, 2008, 53 (2): 359.

[37] Ruskin L G, et al. Two-dimensional microwave scattering by fluctuations of plasma density and magnetic field[J]. Plasma Physics and Controlled Fusion, 1995, 37(2): 255.

[38] Zou X L, et al. Internal magnetic turbulence measurement in plasma by cross polarization

scattering[J]. Physical Review Letters, 1995, 75(6): 1090.

[39] Bindslev H, et al. Fast-ion velocity distributions in JET measured by collective Thomson scattering[J]. Physical Review Letters, 1999, 83(7): 3206.

[40] Kondoh T, et al. Collective Thomson scattering using a pulsed CO_2 laser in JT-60U[J]. Review of Scientific Instruments, 2001, 72(3): 1143.

[41] Bindslev H, et al. Fast-ion dynamics in the TEXTOR tokamak measured by collective Thomson scattering[J]. Plasma Physics and Controlled Fusion, 2007, 49(12B): B552.

[42] Meo F, et al. Commissioning activities and first results from the collective Thomson scattering diagnostic on ASDEX Upgrade[J]. Review of Scientific Instruments, 2008, 79 (10): 10E501.

[43] Nishiura M, et al. Spectrum response and analysis of 77 GHz band collective Thomson scattering diagnostic for bulk and fast ions in LHD plasmas[J]. Nuclear Fusion, 2014, 54(2): 023006.

[44] Suvorov E V, et al. Collective Thomson scattering at W7-AS[J]. Plasma Physics and Controlled Fusion, 1997, 39(12B): B337.

[45] Conway G D, Schirmer J, Klenge S, et al. Plasma rotation profile measurements using Doppler reflectometry[J]. Plasma Physics and Controlled Fusion, 2004, 46(6): 951.

[46] Conway G D, Scott B, Schirmer J, et al. Direct measurement of zonal flows and geodesic acoustic mode oscillations in ASDEX Upgrade using doppler reflectometry[J]. Plasma Physics and Controlled Fusion, 2005, 47(8): 1165.

[47] Zhong W L, Shi Z B, et al. Spatiotemporal characterization of zonal flows with multi-channel correlation Doppler reflectometers in the HL-2A tokamak[J]. Nuclear Fusion, 2015, 55 (11): 113005.

[48] Shi Z B, Zhong W L, Jiang M, et al. A novel multi-channel quadrature Doppler backward scattering reflectometer on the HL-2A tokamak[J]. Review of Scientific Instruments, 2016, 87(11): S780.

[49] Wen J, Shi Z B, Zhong W L, et al. A remote gain controlled and polarization angle tunable Doppler backward scattering reflectometer[J]. Review of Scientific Instruments, 2021, 92 (6): 063513.

[50] Hillesheim J C, Peebles W A, Rhodes T L, et al. A multichannel, frequency-modulated, tunable Doppler backscattering and reflectometry system[J]. Review of Scientific Instruments, 2009, 80(8): 083507.

[51] Peebles W A, Rhodes T L, Hillesheim J C, et al. A novel, multichannel, comb-frequency Doppler backscatter system[J]. Review of Scientific Instruments, 2010, 81(10): 10D902.

[52] Tokuzawa T, et al. Dual-comb microwave doppler reflectometer system in LHD and feasi-

bility study for a JT-60SA Doppler reflectometer[C]//14th International Reflectometry Workshop, Lausanne, 2019: 203.
[53] Hsia R P, et al. Hybrid ECE imaging array system for TEXT-U[J]. Review of Scientific Instruments, 1997, 68(2): 488.
[54] Deng B H, et al. Electron cyclotron emission imaging diagnostic system for Rijnhuizen tokamak project[J]. Review of Scientific Instruments, 1999, 70(3): 998.
[55] Deng B H, Domier C W, Luhmann N C, et al. Electron cyclotron emission imaging diagnostic on TEXTOR[J]. Review of Scientific Instruments, 2001, 72(1): 368.
[56] MASE, et al. ECE-Imaging Work on GAMMA 10 and LHD[J]. Fusion Engineering and Design, 2001, 53: 87.
[57] Wang J, et al. One-dimensional vertical electron cyclotron emission imaging diagnostic for HT-7 tokamak[J]. Plasma Science and Technology, 2006, (1):76-79.
[58] Classen G J, et al. 2D electron cyclotron emission imaging at ASDEX Upgrade[J]. Review of Scientific Instruments, 2010, 81: 10D929.
[59] Tobias B, et al. Commissioning of electron cyclotron emission imaging instrument on the DⅢ-D tokamak and first data[J]. Review of Scientific Instruments, 2010, 81: 10D928.
[60] Yun G S, et al. Development of KSTAR ECE imaging system for measurement of temperature fluctuations and edge density fluctuations [J]. Review of Scientific Instruments, 2010, 81: 10D930.
[61] Xu M, et al. Electron cyclotron emission imaging on the EAST tokamak[J]. Plasma Science and Technology, 2011, 13(2): 167-171.
[62] Jiang M, et al. Development of electron cyclotron emission imaging system on the HL-2A tokamak[J]. 2013, 84: 113501.
[63] Pan X M, et al. Design of the 2D electron cyclotron emission imaging instrument for the J-TEXT tokamak[J]. Review of Scientific Instruments, 2016, 87(11):335.
[64] Munsat T, et al. 2003 Microwave imaging reflectometer for TEXTOR (invited)[J]. Review of Scientific Instruments, 2003, 74: 1426.
[65] MASE, et al. Application of millimeter-wave imaging system to LHD[J]. Review of Scientific Instruments, 2001, 72(1): 375.
[66] Lee W, et al. Microwave imaging reflectometry for density fluctuation measurement on KSTAR[J]. Nuclear Fusion, 2014, 54: 023012.
[67] Zhu Y, et al. Millimeter-wave imaging diagnostics systems on the EAST tokamak[J]. Review of Scientific Instruments, 2016, 87(11): 11D901.
[68] Shi Z B, Jiang M, Che Y L, et al. Development of microwave imaging reflectometry on the HL-2A tokamak[J]. Review of Scientific Instruments, 2014, 85(11): 1955.

[69] Park H K, et al. Observation of high-field-Side crash and heat transfer during sawtooth oscillation in magnetically confined plasmas[J]. Physical Review Letters, 2006, 96: 195003.

[70] Park H K, et al. Comparision study of 2D image of temperature fluctuations during sawtooth oscillation with theoretical model[J]. Physical Review Letters, 2006,96:195003.

[71] Tobias B J, et al. Fast ion induced shearing of 2D Alfve'n eigenmodes measured by electron cyclotron emission imaging[J]. Physical Review Letters, 2011, 106: 075003.

[72] Classen G J, et al. Effect of heating on the Ssuppression of tearing modes in tokamaks[J]. Physical Review Letters, 2007, 98: 035001.

[73] Jiang M, Ding X T, Shi Z B, et al. Observation of the double e-fishbone instability in HL-2A ECRH/ECCD plasmas[J]. Physics of Plasmas, 2017, 24: 022110.

[74] Jiang M, Xu Y, Chen W, et al. Localized modulation of turbulence by $m/n=1/1$ magnetic islands in the HL-2A tokamak[J]. Nuclear Fusion, 2019, 59: 066019.

[75] Yun G S, et al. Two-dimensional visualization of growth and burst of the edge-localized filaments in KSTARH-mode plasmas[J]. Physical Review Letters, 2011, 107: 045004.

[76] Lee J, et al. Nonlinear interaction of edge-localized modes and turbulent eddies in toroidal plasma under $n=1$ magnetic perturbation [J]. Physical Review Letters, 2016, 117: 075001.

[77] Luhmann N C, Bindslev H, Park H, et al. Microwave diagnostics[J]. Fusion Science and Technology, 2018, 53(2): 335-396.

[78] Wang Y, et al. Millimeter-wave imaging of magnetic fusion plasmas: technology innovations advancing physics understanding[J]. Nuclear Fusion, 2017, 57: 072007.

[79] Jiang M, et al. Note: upgrade of electron cyclotron emission imaging system and preliminary results on HL-2A tokamak[J]. Review of Scientific Instruments, 2015, 86(7): 1693.

[80] Lei L, Tobias B, Domier C W, et al. A synthetic diagnostic for the evaluation of new microwave imaging reflectometry diagnostics for DⅢ-D and KSTAR[J]. Review of Scientific Instruments, 2010, 81(10): 3787.

[81] Ren X, Tobias B J, Che S, et al. Evaluation of the operating space for density fluctuation measurements employing 2D imaging reflectometry[J]. Review of Scientific Instruments, 2012, 83: 10E338.

[82] Shi L, Valeo E J, Tobias B J, et al. Synthetic diagnostics platform for fusion plasmas[J]. Review of Scientific Instruments, 2016, 87: 11D303.

第4章 主动光谱测量

被动可见光谱诊断主要基于未完全电离的原子或离子的碰撞辐射过程。然而,随着托卡马克等离子体辅助加热技术的不断进步,等离子体的温度,尤其是芯部温度不断上升,等离子体的可见光辐射主要来自边缘及偏滤器室这些低参数区,被动可见光谱诊断对主等离子体区的测量越来越困难。中性束技术的发展和应用为芯部可见光诊断技术带来了全新的可能,并在最近30余年的发展过程中,逐渐形成了一系列基于中性束发射光谱的诊断技术——主动光谱诊断技术。

中性束是一种高速定向运动的中性粒子束。电中性的特点使得注入磁约束聚变装置中的高能中性粒子能够不受装置磁场的偏转,而保持直线运动贯入等离子体中。这些中性束粒子在进入等离子体后,通过与等离子体粒子发生多种碰撞过程成为离子,并被磁场约束而沉积下来。这些碰撞过程主要包括电荷交换、离子碰撞电离及电子碰撞电离过程(以氘中性束注入氘等离子体为例):

直接电荷交换:$D_b^0+A^{Z+}\rightarrow D_b^{+}+A^{(Z-1)+*}$ (4.0.1a)

离子碰撞电离:$D_b^0+A^{Z+}\rightarrow D_b^{+}+A^{Z+*}+e$ (4.0.1b)

电子碰撞电离:$D_b^0+e\rightarrow D_b^{+}+2e$ (4.0.1c)

式中,D_b^0是中性束粒子,A^{Z+}表示等离子体中的各种离子,*表示处于激发态,D_b^{+}表示由中性束粒子转化而来的离子,e表示电子。式(4.1a)也被称为直接电荷交换(DCX)。这些碰撞过程形成的新粒子还可能与中性束或等离子体中的粒子继续发生碰撞。例如,电荷交换过程中D_b^0与等离子体中的D_{th}^{+}反应,生成了热中性原子D_{th}^0,这些热中性原子也能够与等离子体中的各种离子、电子发生电荷交换或电离反应;电荷交换及碰撞电离过程中形成的D_b^{+}通常速度很快,是等离子体物理实验中快离子(D_{fi}^{+})的主要来源之一,这些快离子能够继续与中性束粒子D_b^0、热中性原子D_{th}^0等发生碰撞反应。对于光谱诊断技术应用相关的反应过程包括:

光晕辐射(Halo):$D_{th}^0+D_{th}^{+}\rightarrow D_{th}^{+}+D_{th}^{0*}$ (4.0.1d)

主动快离子Dα辐射(aFIDA):$D_b^0+D_{fi}^{+}\rightarrow D_b^{+}+D_{fi}^{0*}$ (4.0.1e)

被动快离子Dα辐射(pFIDA):$D_{th}^0+D_{fi}^{+}\rightarrow D_{th}^{+}+D_{fi}^{0*}$ (4.0.1f)

此外,中性原子与等离子体的碰撞也可能不发生电荷转移,而是将中性原子激发到高能态：

束发射谱(BES)：$D_b^0 + A^{Z+}/e \rightarrow D_b^{0*} + A^{Z+}$ (4.0.1g)

这些碰撞过程产生的激发态粒子在退激发过程中会产生特征谱线，而这些特征谱线的强度、展宽、频移、极化等信息反映了等离子体的温度、密度、旋转速度、电磁场强度等重要信息。在诊断实践中，考虑到可见光谱诊断技术更为成熟，基于中性束的光谱诊断通常选择氢(或其同位素氘)的巴尔末线(通常为Hα/Dα线)或杂质离子的可见光辐射(如CVI 529.1 nm)等作为工作谱线。近年来，随着真空紫外光谱技术的不断发展，基于氢/氘的莱曼谱(通常为Lα谱线)的束辅助诊断也逐步研发并初步用于实验研究。

有鉴于此，自20世纪80年代末以来的30余年中，基于中性束注入的主动光谱诊断技术在托卡马克、仿星器等磁约束聚变实验装置中逐步发展完善。当前已经发展起来一系列应用广泛的重要诊断技术包括：测量等离子体电流密度的动态斯塔克偏振仪(MSE)，测量离子温度和等离子体旋转的电荷交换复合谱仪(CXRS)，测量等离子体密度扰动的束发射谱诊断(BES)，测量快离子空间及速度空间分布的快离子氘阿尔法谱诊断(FIDA)等。这些诊断系统为装置运行控制、宏观与微观不稳定性研究、快离子约束与输运等重要课题的研究提供了大量的数据支撑。

4.1 动态斯塔克偏振仪

在托卡马克等离子体中，等离子体电流密度和安全因子是非常重要的两个参数，它们对MHD稳定性、输运垒触发和维持以及等离子体约束起到重要作用。动态斯塔克偏振仪可以直接测量与磁场方向相关的光偏振信息，是国际上用于测量芯部安全因子的核心诊断技术。该诊断最早由Levinton等人[1]设计，实现了芯部的局域安全因子的测量，之后在诊断系统和测量精度方面进行了提升。国内外多个聚变实验装置也发展了MSE系统，如DⅢ-D、JET、HL-2A和EAST等托卡马克装置，他们利用MSE系统的测量结果并结合平衡重建代码计算得到了精确的磁面结构、等离子体电流密度和安全因子剖面。[2]此外，MSE系统也可以测量芯部径向电场，如DⅢ-D装置上通过两套不同角度的视线测量了径向电场分布。[3-5]径向电场对于理解等离子体物理中的MHD不稳定性、输运和约束起到非常重要的作用。

4.1.1 测量原理

动态斯塔克效应是由电场引起的谱线发生分裂的现象。具体说，在托卡马克装置中，当中性束上的粒子以速度$\boldsymbol{v}$横越磁场$\boldsymbol{B}$时，在粒子为参考系中观测，将产生洛伦兹

电场 $\boldsymbol{E}=\boldsymbol{v}\times\boldsymbol{B}$。同时，高能的中性粒子与本底等离子体相互作用，被激发到高能态，在退激发过程中，在该洛伦兹电场的作用下，谱线发生分裂的现象。核电荷数为 Z 的原子，主量子数为 n 的斯塔克能级分裂的能极差为

$$\Delta\varepsilon=3nk\frac{E}{Ze/(4\pi\varepsilon_0 a_0^2)}R_y=nk\Delta E \tag{4.1.1}$$

其中，$k=0,\pm 1,\cdots,\pm(n-1)$。中性氢原子 $H\alpha$ 线的能级分裂理论上应该有15条不同的分裂成分，但其中6条强度太弱，因而实验中只观察到9条谱线。考虑到多普勒展宽和仪器展宽等效应，在实验室条件下，观测谱线为三峰结构，如图4.1.1所示。

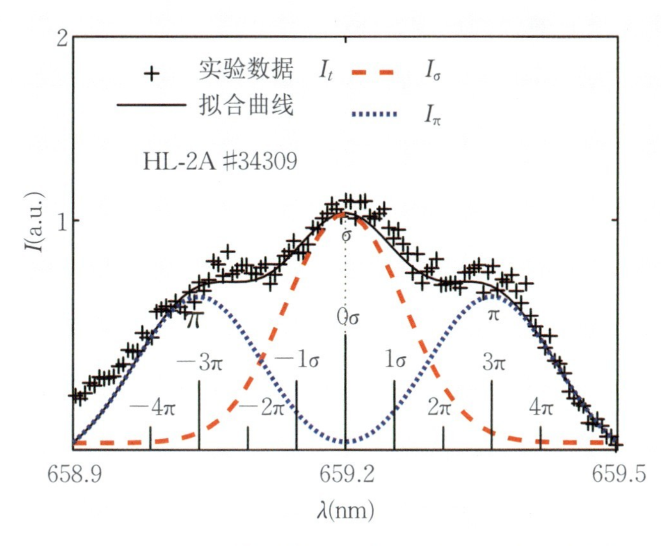

图4.1.1 HL-2A装置上动态斯塔克偏振分裂的Dα谱线

在斯塔克效应中，能级和谱线的分裂呈对称分布。斯塔克谱线的位移依赖于原子的电子偏振态，在不同的斯塔克位移谱线中，发射光子也有不同的偏振方向。其中 π 成分（$\Delta m=0$）的偏振方向平行于局部电场方向，σ 成分（$\Delta m=\pm 1$）的偏振方向垂直于局部电场方向。通过测量这些谱线的偏振来获得磁场的方向。

4.1.1.1 MSE系统测量磁场方向的方法

上文提到，通过测量动态斯塔克分裂谱线的偏振态来获得磁场的方向。与MSE有关且用于测量磁场方向的系统主要包括：调制法MSE、比值法MSE、成像法MSE和B-Start MSE。

调制法MSE是通过双光学弹性调制器和偏振片将偏振光的偏振角信息调制并编码成强度信息，再利用快速傅里叶变换进行解码，最终得到调制频率的二倍频幅值计算磁场倾角。比值法MSE是利用4个偏振方向分别与水平夹角为0、$\pi/4$、$\pi/2$和$3\pi/4$的偏振片对偏振光进行强度编码，由强度比值计算磁场倾角。成像法MSE采用偏振

干涉技术，偏振光通过Savart晶体、延迟器和检偏器，在空间上分解成若干束相干光，通过干涉条纹获得二维偏振信息。B-Stark MSE通过直接测量σ和π谱线强度比，结合视线与磁场以及中性束注入方向的几何关系，直接获得磁场大小和磁场方向。

目前，MSE系统倾向采用基于光学弹性调制器的偏振技术，可称为调制法MSE，该类型MSE系统的发展最为繁多，诊断结果也最为丰富，也是HL-2A装置上重点发展的类型。调制法MSE优点在于测量精度高，可以用于等离子体电流实时控制；缺点在于前端调制光学使得该系统易受磁场的干扰，需要严格标定，另外，以滤光片为核心的分光系统很难在弱斯塔克效应和谱线不稳定条件下获得高信噪比的结果。

4.1.1.2 MSE系统测量径向电场方法

斯塔克效应由电场诱发，这个电场包括了洛伦兹电场$E_{V\times B}$和径向电场E_r。一般情况下，径向电场比洛伦兹电场小2个数量级左右，因此无须考虑径向电场对系统测量结果的影响。在一些具有非常强的径向电场的特殊放电条件下，系统测量可以对这个强的径向电场做出反应，因此可以测量出该参数。

如果径向电场、中性束注入方向与MSE系统视线方向都位于中平面，MSE系统测量角度γ_m、磁场倾斜角γ_{pitch}和径向电场E_r之间的关系如下

$$\tan\gamma_m = \tan\gamma_{pitch}\frac{\cos(\alpha+\Omega)}{\sin\alpha} + \frac{E_r\cos\Omega}{v_0 B_T\sin\alpha} \tag{4.1.2}$$

其中，α是中性束注入方向与环向磁场的夹角，Ω是在中平面的投影后的视线与环向磁场的夹角，v_0是中性束上粒子速度，B_T是环向磁场。该公式中，除了磁场倾斜角γ_{pitch}和径向电场E_r为未知量以外，其他都是已知量。虽然在$\alpha+\Omega=90^\circ$条件下，可以通过测量角γ_m直接计算得到径向电场，但是此时从中性束辐射的Dα谱线没有多普勒频射，将与边界等离子体辐射的Dα严重重叠，实际上无法测量。该公式可以表示为如下形式

$$a\cdot\tan\gamma_{pitch} + b\cdot E_r = c \tag{4.1.3}$$

因此，如果适当改变参数a，b和c，得到一个2×2行列式不为0的矩阵，理论上就可以同时计算磁场倾斜角和径向电场。实际上，TFTR、JET和DⅢ-D装置就是采用这种方式成功测量出芯部径向电场的时空分布。通过改变中性束能量（中性粒子速度ν_o）方式测量径向电场，称之为能量法测量径向电场。方程可以表示为

$$\begin{aligned} a\cdot\tan\gamma_{pitch} + b_1\cdot E_r &= c_1 \\ a\cdot\tan\gamma_{pitch} + b_2\cdot E_r &= c_2 \end{aligned} \tag{4.1.4}$$

径向电场可以表示为

$$E_r = \frac{c_1 - c_2}{b_1 - b_2} \tag{4.1.5}$$

该方法只需要一套MSE系统就可以测量，但是该方法对束的能量要求极高。目

前HL-2A装置上约40 keV的束能量和壁条件无法采用该方案。另外一种方法，通过改变视线的几何参量Ω方式来测量径向电场，称之为视线法测量径向电场。方程可以表示为

$$\begin{aligned} a_1 \cdot \tan \gamma_{\text{pitch}} + b_1 \cdot E_{\text{r}} = c_1 \\ a_2 \cdot \tan \gamma_{\text{pitch}} + b_2 \cdot E_{\text{r}} = c_2 \end{aligned} \tag{4.1.6}$$

径向电场表示为

$$E_{\text{r}} = \frac{a_2 b_1 - a_1 b_2}{a_2 c_1 - a_1 c_2} \tag{4.1.7}$$

该方法需要用两套MSE测量同一个空间位置，因此技术难度较大。

4.1.2 MSE技术方案及关键器件

4.1.2.1 调制法MSE系统

调制法MSE系统是众多动态斯塔克偏振仪类型中运用最广的。Levinton等人首次在PBX-M装置上发展了调制法MSE系统[1]，TFTR、JET、JT-60U和DⅢ-D等装置也随之发展了该类型的MSE偏振仪系统，并成功地测量了磁场结构信息。

图4.1.2显示了调制法MSE系统的诊断原理图。中性束原子发射的偏振光首先通过两个快轴相差45°的光弹调制器(photoelastic modulator，PEM)，其调制频率分别为20 kHz和23 kHz，随后通过一个透振方向与这两个PEMs快轴互成22.5°的偏振片。PEM是一个可以将偏振光相位进行调制的波长延迟器，调制后的偏振光通过之后的偏振片进行选择，可以将偏振光的角度信息通过相位调制转化为光强，接着通过光电倍增管(PMT)或雪崩二极管(APD)进行光电转换，之后通过傅里叶变换，获得光强调制信号，最后计算获得偏振光角度。

$$\frac{I_{\text{out},2\omega_1}}{I_{\text{out},2\omega_2}} = \tan(2\gamma) \tag{4.1.8}$$

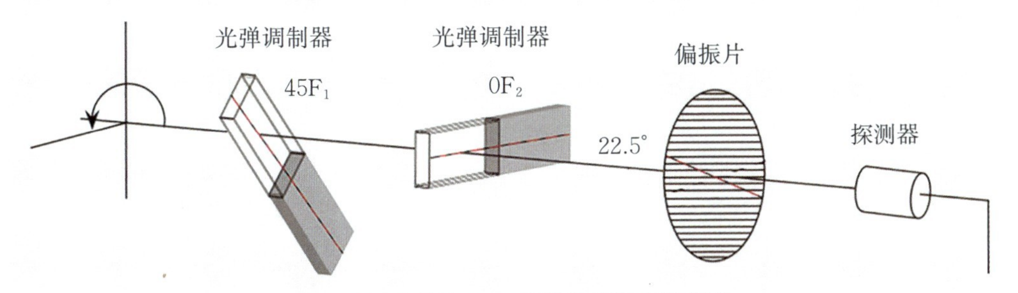

图4.1.2 调制法MSE系统诊断原理示意图

因此可以通过光强提取出调制频率对应的2倍频幅值，就可以获取偏振光的偏振方向信息，进而获得磁场方向。

4.1.2.2 比值法MSE系统

比值法MSE系统测量利用偏振片对偏振光的消光，达到测量偏振角度的目的。硬件包括4个光学准直透镜、4个偏振片、4条传输光纤束、分光光谱仪、CCD相机和数据采集系统，如图4.1.3所示。4个偏振片的透振方向分别与水平夹角为0、π/4、π/2和3π/4，偏振光经光学透镜组，经由偏振片，成像到光纤面上。由光纤把光信息传输到实验室的光谱仪进行分光，之后在CCD相机上成像并进行光电转换与数据采集和存储。

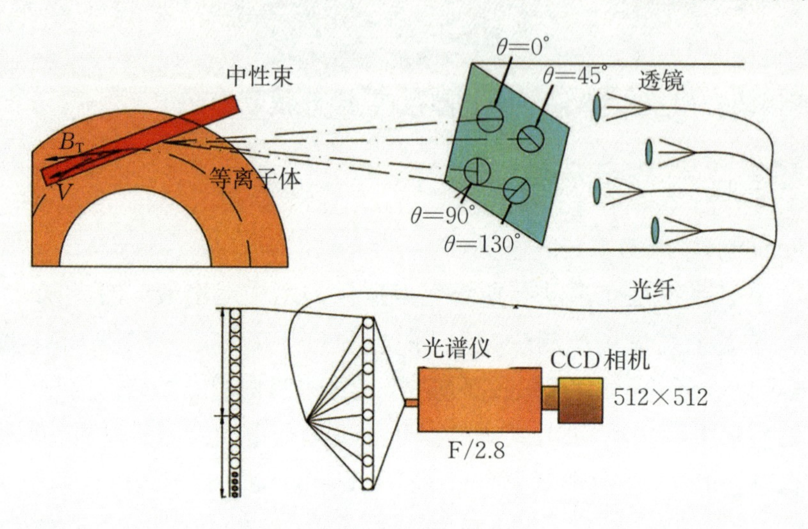

图4.1.3 比值法MSE诊断系统示意图

为了进一步阐明比值法MSE系统的诊断原理，以水平为基准方向为x轴。假设测量谱线包括非偏振背景辐射I_b、σ分量的偏振光I_σ与水平夹角为γ_σ、π分量的偏振光I_π与水平夹角为$\gamma_\pi=\gamma_\sigma+\pi/2$和σ分量的圆偏振光$I_{\sigma c}$。经过透振方向与水平夹角为$\varphi$的偏振片后光强为

$$I(\varphi)=\frac{1}{2}I_b+\frac{1}{2}I_{\sigma c}+I_\sigma\cos^2(\gamma_\sigma-\varphi)+I_\pi\sin^2(\gamma_\pi-\varphi) \tag{4.1.9}$$

4个偏振片的透振方向与水平夹角分别为0、π/4、π/2以及3π/4时，相应的光强为

$$\begin{aligned}
I(0)&=\frac{1}{2}I_b+\frac{1}{2}I_{\sigma c}+I_\sigma\cos^2(\gamma_\sigma-0)+I_\pi\sin^2(\gamma_\pi-0)\\
I(\pi/4)&=\frac{1}{2}I_b+\frac{1}{2}I_{\sigma c}+I_\sigma\cos^2(\gamma_\sigma-\pi/4)+I_\pi\sin^2(\gamma_\pi-\pi/4)\\
I(\pi/2)&=\frac{1}{2}I_b+\frac{1}{2}I_{\sigma c}+I_\sigma\cos^2(\gamma_\sigma-\pi/2)+I_\pi\sin^2(\gamma_\pi-\pi/2)\\
I(3\pi/4)&=\frac{1}{2}I_b+\frac{1}{2}I_{\sigma c}+I_\sigma\cos^2(\gamma_\sigma-3\pi/4)+I_\pi\sin^2(\gamma_\pi-3\pi/4)
\end{aligned} \tag{4.1.10}$$

通过比值计算获得倾斜角为

$$\tan(2\gamma_\sigma)=\frac{I(3\pi/4)-I(\pi/4)}{I(\pi/2)-I(0)} \tag{4.1.11}$$

因此，理论上只要通过光谱仪准确采集通过4个偏振片的光强，便可以求得偏振光角度信息。

该系统优点在于可以同时测量σ和π分量的偏振角度；光学前端只需要通过选择费尔德常数接近0的光学透镜，就不容易受磁场的干扰，因此视线可做成切向观测，不需要反射镜，降低对偏振光的影响（反射镜对偏振光的s和p分量的反射率不同，偏振光经过反射镜反射之后，会影响原来的偏振态）。另外成像系统非常简单，大大降低诊断在托卡马克端占用的空间。该系统也有其不足之处，首先对于同一个空间测量点的4个偏振片，它们的视线与中性束注入方向的夹角θ不同，导致多普勒频移$\Delta\lambda=v/c\lambda_0\cos\theta$也不一样，因此谱线需要经过一定的估算纠正，保证同一通道4条光路的波长一致。其次，对于在多个NBI离子源同时注入情况下，从不同离子源发射的谱线相互叠加与干扰，会严重干扰测量的精度。另外，在等离子体中成像，同一空间通道的4个光纤成像必须对准同一测量点，而多个空间通道对准的难度就比较大。这个主要是在托卡马克装置上定位难，而且NBI尺寸大，会在NBI所在空间分散开。

4.2 电荷交换复合光谱诊断

电荷交换复合光谱诊断（charge exchange recombination spectroscopy，CXRS，也有文献称之为CER、CXE、CXS）最早是在20世纪70年代末至80年代初用于研究完全剥离的氧[6]和碳[7]。随后，CXRS又应用到了等离子体离子温度（T_i）和旋转速度（v_t）的测量上。[8-10]从此之后，各大磁约束聚变装置都发展了CXRS诊断系统用于离子温度和旋转速度以及杂质密度的测量。这也是CXRS目前最广泛的应用，所以现在所说的CXRS就是指用于测量离子温度、旋转速度和杂质浓度的电荷交换复合光谱诊断系统。通过测量电荷交换复合光谱谱线的多普勒展宽和多普勒频移可以得到等离子体的离子温度T_i、环向旋转速度v_t以及极向旋转速度v_θ。将测量的谱线强度与中性束沉积数据相结合，可以得到杂质离子的浓度n_{imp}。另外，将测量的离子温度及旋转速度代入到平衡方程中可以得到等离子体的径向电场E_r，该参数对于研究等离子体物理约束及输运有着非常重要的作用。

4.2.1 测量原理

电荷交换复合光谱诊断系统（CXRS）是依赖于中性束注入的一种束辅助诊断。当中性束注入后，大量高能量的中性原子按照一定的角度注入到等离子体中，与等离子体中完全电离的低Z杂质或者主离子D^+进行电荷交换，该过程可描述为

$$D + A^{Z+} \rightarrow D^+ + A^{(Z-1)+*} \rightarrow D^+ + A^{(Z-1)} + \gamma \tag{4.2.1}$$

其中D代表氘原子，A^{Z+}代表完全电离的杂质离子。在电荷交换过程中，氘原子D失去一个电子，变成D^+，杂质离子A^{Z+}得到一个电子变成$A^{(Z-1)+*}$，$A^{(Z-1)+*}$是处于激发态的，它退激发辐射出光子γ，该光谱就是CXRS的目标谱线，测量该谱线的多普勒展宽和多普勒频移就可以得到等离子体中杂质离子的离子温度和旋转速度，将测量的谱线强度与中性束沉积数据结合，还可以得到杂质离子的浓度n_{imp}。

假设杂质离子具有麦克斯韦速度分布，则电荷交换复合光谱谱线也会呈高斯分布，其谱线形状是满足高斯分布的，假设杂质辐射线的静态波长为λ_0，则谱线可以由下式表示为

$$I(\lambda) = I(\lambda_0)\exp\left[-\frac{1}{2}\frac{(\lambda-\lambda_0)^2}{\lambda_0^2}\frac{m_i c^2}{T_i}\right] \tag{4.2.2}$$

其中$I(\lambda)$是测量的电荷交换复合光谱谱线的强度，c是光速，λ_0是谱线的中心波长，m_i是离子质量，T_i是离子温度，谱线的标准偏差W_D(即谱线分布的宽度)可以用下式表示为

$$W_D = \lambda_0\sqrt{\frac{T_i}{m_i c^2}} \tag{4.2.3}$$

所以离子温度T_i可以表达为

$$T_i = m_i c^2\left(\frac{W_D}{\lambda_0}\right)^2 \tag{4.2.4}$$

若假定离子沿着视线方向有一个相对速度，则会产生多普勒频移$\Delta\lambda$，此时，光谱的强度分布由下式表示为

$$I(\lambda) = I(\lambda_0)\exp\left[-\frac{1}{2}\frac{(\lambda-\lambda_0-\Delta\lambda)^2}{\lambda_0^2}\frac{m_i c^2}{T_i}\right] \tag{4.2.5}$$

杂质离子的旋转速度可以表示为

$$v_i = \left(\frac{\Delta\lambda}{\lambda_0}\right)c \tag{4.2.6}$$

电荷交换复合光谱的光谱强度与杂质离子密度、中性束氘原子密度以及反应截面成正比，它们的关系可以由下式表示为

$$I_{cx} = \frac{C_{cx}}{4\pi}\sum_{E_i}\int_{los} n_{imp} q_{cx}^{E_i} n_b^{E_i} \mathrm{d}l \quad \left(E_i = E, \frac{E}{2}, \frac{E}{3}\right) \tag{4.2.7}$$

其中I_{cx}是电荷交换谱线的光谱强度，C_{cx}为绝对标定系数，需要对硬件系统进行光强的

绝对标定，n_{imp}即为所求的杂质离子密度，n_b为中性束束粒子密度，需要通过束衰减过程求解，E_i为束离子能量，包含了全能量、半能量和三分之一能量三个成分，$q_{cx}^{E_i}$是电荷交换辐射系数，可以从原子数据库ADAS(atomic data and analysis structure)中查询。在观测视线与磁面相切的情况下，同一磁面上的等离子体参量如果近似假设为常量，上式积分号内的n_{imp}可以提出来。式(4.2.7)经简单变形可以得到杂质离子密度的表达式如下：

$$n_{imp} = \frac{4\pi I_{cx}}{C_{cx} q_{cx}^{E_i} \int_{los} n_b^{E_i} dl} \tag{4.2.8}$$

可以看出得到I_{cx}、C_{cx}、q_{cx}和n_b就可以算出杂质浓度，其中比较难精确获得的是绝对标定系数C_{cx}与中性束密度n_b的分布。

4.2.2 CXRS诊断系统技术方案

在配备了中性束的聚变装置中，CXRS是一种非常有用的离子温度诊断技术，所以目前在各大磁约束聚变装置上都发展了CXRS诊断系统，比如DⅢ-D[11]、LHD[12]、ASDEX Upgrade[13]、HL-2A[14]、EAST[15]、KSTAR[16]等。CXRS诊断系统通常由采集光学、光纤束(或光学成像系统)、光栅光谱仪或单色仪(光栅光谱仪为主)以及数据采集系统组成。如图4.2.1所示是CXRS诊断系统示意图。其采集光学是安装在装置端与NBI邻近的窗口上，视线与中性束相交，便于获取电荷交换复合光谱信号。采集光学收集的光信号经光纤束(或光学成像系统)传输至实验室的光栅光谱仪或单色仪中，并由光谱仪或单色仪上的探测器进行光电转换，最后经信号调理、数据采集系统等仪器进行采集处理。

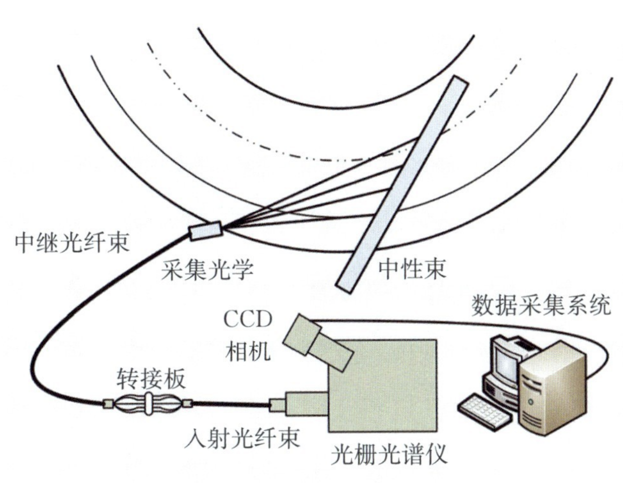

图4.2.1 CXRS诊断系统示意图

4.2.2.1 视线布局

CXRS诊断系统根据视线的布局可以分为环向CXRS和极向CXRS。它们都可以测量离子温度T_i和杂质密度n_z，其差别在于它们分别用于测量环向旋转速度v_t和极向旋转速度v_θ。如图4.2.2(a)所示，是CXRS诊断系统的环向和极向视线布局示意图。环向CXRS的视线沿着等离子体大环方向与中性束相交，而极向CXRS的视线布局在装置顶端的窗口，沿极向观测等离子体。

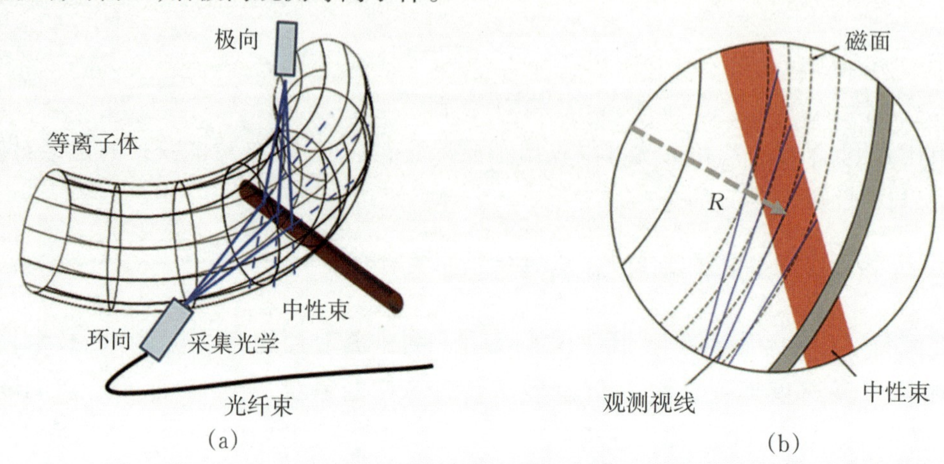

图4.2.2 环向和极向CXRS诊断系统视线示意图(a)和细节图(b)

在布置视线时应尽量保证视线与磁力线相切，且中性束的束宽度越窄越好，这样测量的数据的准确性和局域性更好。图4.2.2(b)是CXRS视线布局的细节图，只有当视线与磁力线相切时，测量得到的速度才更接近于真实的旋转速度，若视线与磁力线存在角度θ，则测量的速度V_{LOS}就是真实速度V_t在视线方向的投影，表示为$V_{LOS}=V_t\times\cos\theta$。由于同一个磁面上的参数可以近似认为是相同的，若中性束束宽度较大，则沿每条视线方向，中性束会与径向距离较大的磁力线相交，则测量的信号就是多个磁面的数据的积分，导致测量的数据不准确。若在装置上放置一套束宽度窄的诊断束，可以有效地缓解这个问题。

环向和极向CXRS的视线布局通常都有两种，比如环向CXRS的视线可以顺着中性束注入的方向观测发生红移的谱线，也可以逆着中性束注入的方向观测发生蓝移的谱线。如图4.2.3(a)所示，在HL-2A装置上，其视线就是与中性束注入方向一致，观测的谱线会发生红移，主动谱的波长大于被动谱。图4.2.3(b)所示的是EAST装置上，CXRS的视线与中性束注入方向相反，它观测的就是蓝移的谱线，主动谱的波长小于被动谱，还有一套测量边缘温度和旋转的edge-CXRS则是与中性束注入方向相同，测量红移谱线。视线位置的选择主要是根据观测的杂质特征谱线的周围是否有其他谱线干扰，如果在长波段有谱线干扰，则应该将视线布置在逆中性束方向，观测蓝移的谱线;反之则视线与中性束注入相同方向。极向CXRS的视线可以分别布置在装置的上下窗口来观测蓝移和红移的谱线。

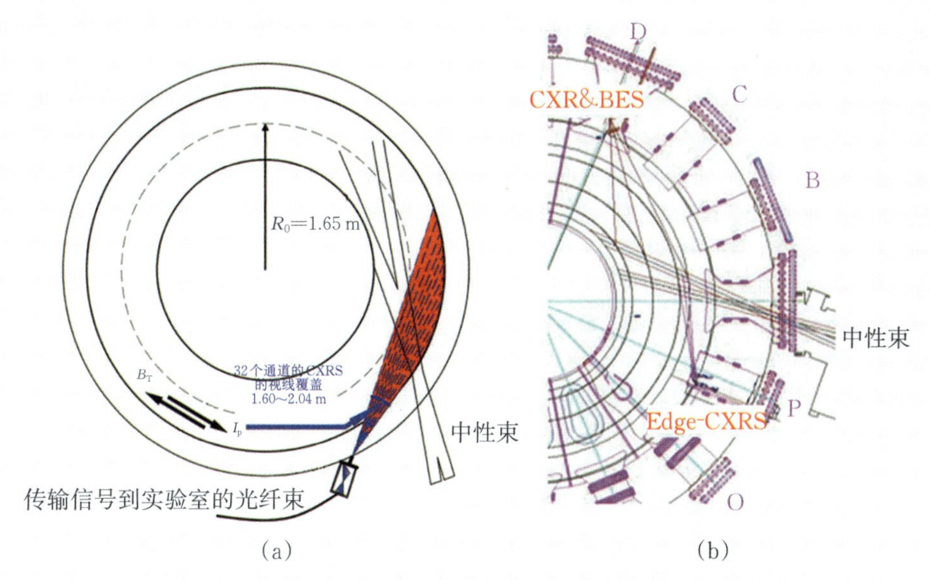

图4.2.3 HL-2A(a)和EAST(b)装置上CXRS的视线布局

4.2.2.2 CXRS系统设计

离子温度、旋转速度以及杂质密度是通过电荷交换复合光谱的展宽、频移以及强度来得到的,所以要获取这些参数就需要采集到高信噪比的光谱信号。通常CXRS诊断系统的主要部件是一个高光通量和高光谱分辨的光栅光谱仪系统,包括光纤束和光栅光谱仪。光纤束的设计主要有两个部分,一是安装在装置端的光纤束,用于收集光信号,二是光谱仪端的入射光纤束,用于将光信号导入光谱仪进行分光。通常装置端的光纤束可以密排多根光纤束形成一个光纤阵列,其优势在于是可以用于多套束辅助诊断系统的测量,也可以满足多种不同需求的CXRS诊断的测量。如图4.2.4所示是LHD[12]上装置端的光纤束投影到磁面上示意图。它是一个包含50×9根光纤的阵列,这些光纤可以用于不同的CXRS诊断系统,比如图中竖直排列的多根光纤可以合并在一起提高光通量用于高时间分辨的CXRS系统测量。有时为了对某个区域进行细致的测量,则可选择密排的光纤通道进行高空间分辨的测量。

入射光纤束的设计需要与光谱仪匹配,也可以将其视为光谱仪设计的一部分。通常用于CXRS测量的光谱仪如图4.2.5所示,包括一根入射光纤束、两个透镜、一块光栅以及一个CCD相机。图中入射光纤束是双列排布的,实际在使用中也可以进行单列排布或者只连接单列的光纤束,每一根光纤代表一个通道,它经过两个透镜后成像于CCD像面上。比如在图4.2.5中,LHD使用的光纤芯径为200 μm,相邻两光纤相距

250 μm,两个透镜的焦距都是f=400 mm,所以光纤经透镜成像到CCD后,其缩放比为1,由于选用的CCD相机的像素点大小是16 μm×16 μm,所以每根光纤经1∶1成像后对应CCD相机上的16行。由于16行的光都是来自同一根光纤,不具备空间分辨,所以可以将这16行的像素进行合并,这样可以提高CCD的采样频率。在LHD上选用的CCD有1024×1024个像素点,每20行进行像素合并,实现51个通道的测量。另外双列排布的好处是可以扩展通道数,所以LHD的这套系统有102个空间通道。图4.2.5(b)所示是LHD上使用双列排布时的光谱信号图,通道35和通道86是左右两列光纤同一水平位置的光纤,它们对应于CCD像面的相同位置,但是由于它们在入射端位置有差异,所以衍射后相同波长的位置不同,经过滤光片后,两个通道的波长不会重叠,这样就实现通道翻倍。

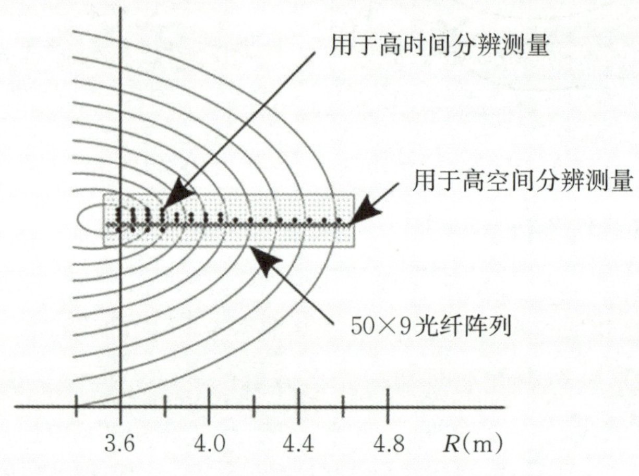

图4.2.4 LHD装置端光纤通道在磁面的投影图

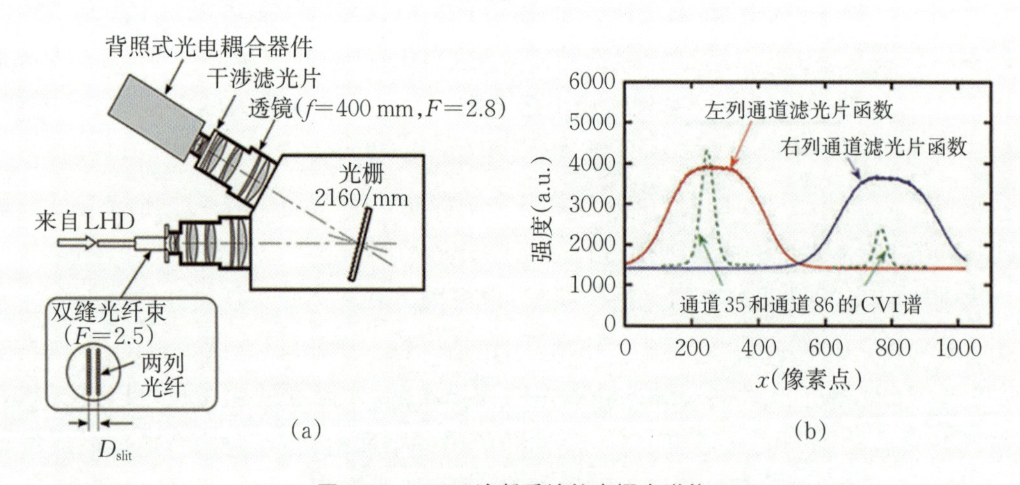

图4.2.5 CXRS诊断系统的光栅光谱仪

光谱仪的设计的最重要的参数是光谱分辨能力，一般用倒线色散率来代表光谱分辨能力。倒线色散率定义为

$$D=\frac{\mathrm{d}\lambda}{\mathrm{d}p} \tag{4.2.9}$$

其单位是nm/像素点。倒线色散率给出了CCD上像素点与实际波长λ之间的对应关系。倒线色散率的理论值可以由下式给出：

$$D=\frac{\mathrm{d}\lambda}{\mathrm{d}p}=\frac{\mathrm{d}x}{\mathrm{d}l}\frac{1}{mfg}\left[\sqrt{\cos^2\theta-\left(\frac{mg\lambda}{2}\right)^2}-\frac{mg\lambda}{2}\tan\theta\right] \tag{4.2.10}$$

其中$\mathrm{d}x/\mathrm{d}l$为像素点的尺寸，$m=1$为光谱级数，g为光栅刻线数，f为光谱仪透镜焦距，θ为光栅角（入射光与出射光的夹角的一半），λ是波长。倒线色散率越大，表示固定波长范围的光谱在CCD上占用的像素点越少，也就是其谱分辨能力越差，不利于主动光谱的提取，所以CXRS的光谱仪倒线色散率要小。从式(4.2.10)可以看出，焦距f越大、光栅刻痕数g越多、CCD像素尺寸$\mathrm{d}x/\mathrm{d}l$越小、波长λ越大，则倒线色散率越小，光谱分辨能力越高。

LHD装置上的这种CXRS诊断系统是目前各大装置应用最多的一种，其时间分辨率大约在几个毫秒到几十个毫秒之间，空间通道数一般为几十个，可以提供完整的离子温度和旋转速度的剖面数据，在等离子体物理研究中不可或缺。不过随着研究的深入，对CXRS的时间分辨提出了更高的需求。目前主要有两种方法提高系统的时间分辨率，一是沿用传统的CXRS系统，对入射光纤束的设计进行改进，使得其只对应于CCD像面的最下方，这是通过减小CCD像面的大小，来提高时间分辨的，图4.2.6是传统CXRS和快速CXRS的示意图，它们的硬件组成部分基本相同，都包括入射光纤束、狭缝、透镜组、光栅以及CCD相机，快速CXRS则多一个滤光片，另外快速CXRS的入射光纤束的通道是由多根光纤合并为一个通道，并且不同通道沿水平方向排列，它们只对应CCD像面上最下方的几十行，如图中所示的40行，所以经过CCD软件上的设置，可以提高时间分辨率至几十微秒；而传统CXRS的入射光纤束是用一根光纤作为一个通道，通道是按照竖直方向进行排列，对应于CCD的整个像面，通常传统CXRS的时间分辨为几个毫秒到几十个毫秒，但是传统CXRS的通道数比快速CXRS的通道数更多。如图中所示，传统CXRS在16行合并的情况下有32个通道，而快速CXRS必须要使用滤光片避免相邻通道的波长重叠，且由于通道的排列方式变化，快速CXRS的通道数通常只有几个，在ASDEX Upgrade[17]和HL-2A[18]装置上的通道数分别是9个和8个。

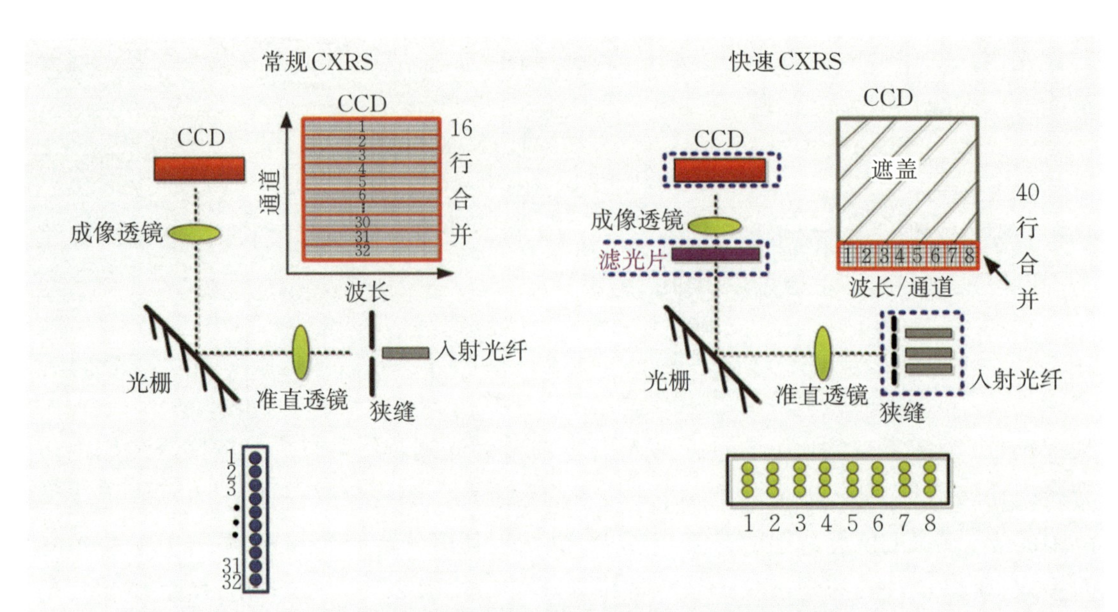

图4.2.6 传统CXRS和快速CXRS的光路原理示意图

CXRS的时间分辨率主要受到光强和探测器的采样频率影响，光强可以通过排布多根光纤解决，但是CCD探测器受到技术限制，很难提升帧频。如要进一步提高系统的时间分辨率，可以使用采样速率达到MHz的雪崩二极管（APD）阵列来进行光电转换，图4.2.7(a)是DⅢ-D上利用APD阵列测量T_i湍流的系统示意图，其时间分辨可高达1 μs。它也是用光谱仪进行分光，将光信号按照波长展开，但是在接收端没有使用CCD相机，而是利用光纤束与APD阵列耦合。图4.2.7(a)中的(1)(2)(3)和图4.2.7(b)中的(1)(2)(3)是一一对应的。可以看到从光谱仪出射的光是由图(b)所示的光纤阵列(1)接收的，一根光纤可以看作是一个像素点。竖直排列的15根光纤合并为1个通道，然后将每列的15根光纤在光纤束(3)的另外一端排列成(2)所示的多个小的光纤阵

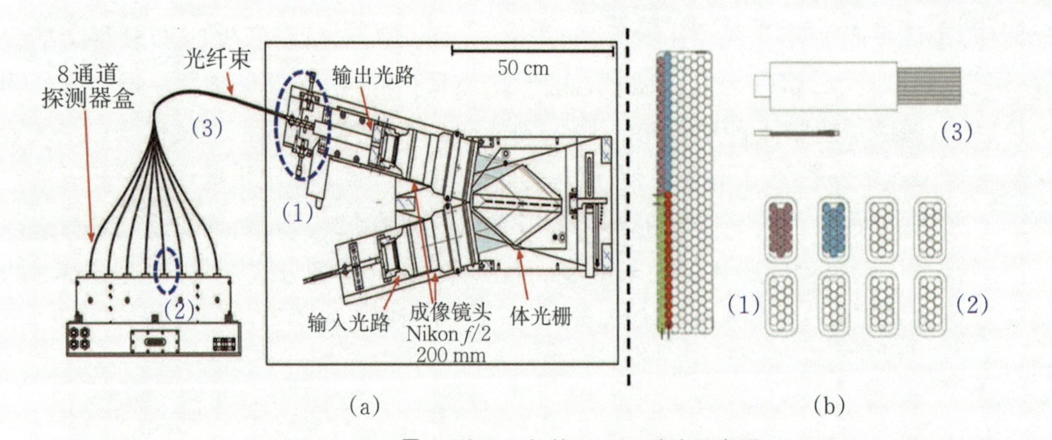

图4.2.7 DⅢ-D装置上超快CXRS系统示意图

列，每个小光纤阵列的信号代表一个波长的强度，所以要多个小的光纤阵列信号才能描述一个光谱（也就是一个空间通道），这些光纤阵列再与APD对应，进行光电转换。这种CXRS系统的特点是速度非常快，可以达到兆赫兹，但是其缺点就是通道数少，DⅢ-D上这套系统只有2个空间通道。

CXRS诊断系统可以通过改变硬件设计提高采样频率，还可以通过光栅级联的方式实现多种离子电荷交换复合光谱的同时测量。通常在这种系统中需要使用透射式的光栅，一部分光通过光栅色散，另一部分光透过光栅进入下一级的光栅。如图4.2.8是HL-2A装置上研制的三波段光栅光谱仪[19]，它可以用于测量CVI（529.05 nm）、HeⅡ（468.57 nm）以及Dα（656.1 nm）电荷交换谱线。该系统的工作流程是等离子体发射的光传至光谱仪的入射狭缝后，通过准直透镜到达光栅1，光信号在光栅1处发生色散，色散得到的光谱中心波长约为468.5 nm，并经会聚透镜成像到光电探测器上；从光栅1透射的光信号到达光栅2后发生透射和色散，色散后得到的光谱中心波长约为529 nm，并经会聚透镜成像到光电探测器上；从光栅2透射的光信号达到光栅3时发生透射和色散；色散后得到的光谱中心波长约为656 nm，并经会聚透镜成像到光电探测器上。最终三个光电探测器就测量到三个波段的光谱，通过对这些光谱信号的处理可以得到不同离子的离子温度、旋转速度及杂质浓度。

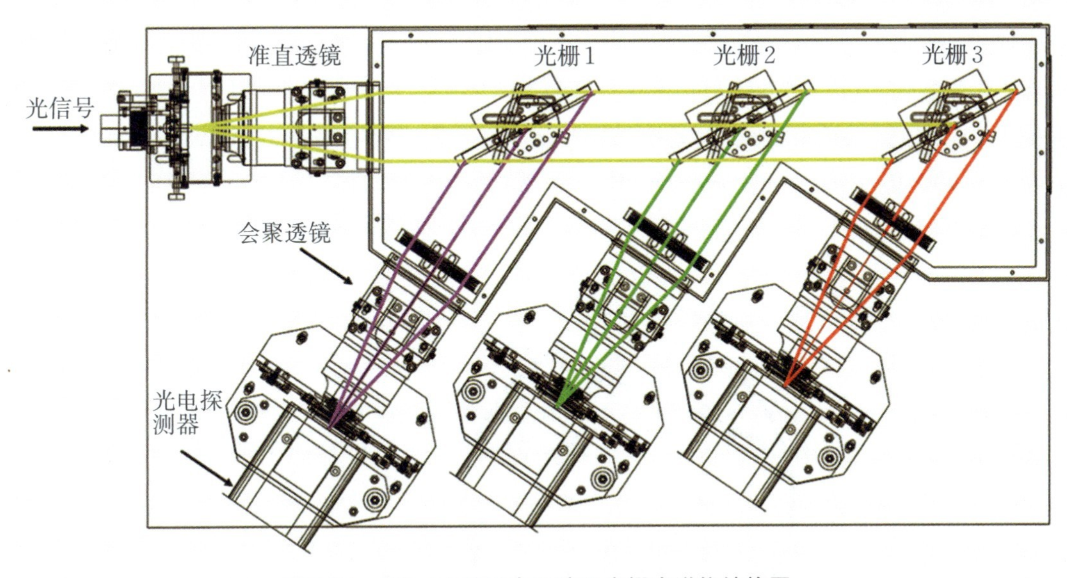

图4.2.8　HL-2A装置中三波段光栅光谱仪结构图

4.2.3　CXRS数据分析

从等离子体中辐射的光谱成分非常复杂，与中性束相关的光谱成分也比较多，所以CXRS系统测量所得的光信号并不是直接可用于计算温度、旋转速度以及浓度的谱线，而是要先从复杂的谱线中提取出可用于计算的目标光谱成分。

电荷交换复合光谱的发射是集中在中性束与等离子体相交处，但接收的信号来自视线与等离子体相交处（含视线、中性束与等离子体共同的交叠处）。它所接收的光谱信号包含轫致辐射、低Z杂质的裸核与中性束注入的中性原子发生电荷交换（charge exchange，CX）反应产生的目标电荷交换谱线，也叫作主动谱（active charge exchange，ACX），以及在等离子体边缘辐射的波长接近或等于目标谱线的光谱。其中轫致辐射是等离子体中电子与离子之间的自由-自由碰撞过程，是连续光谱，对数据分析结果没有干扰，但是边缘发射的波长与目标谱线波长接近或相等的几种谱线会对CXRS的数据提取造成干扰。它主要包括两种，一种就是等离子体边缘其他低Z杂质辐射的线，它们与目标谱线的波长接近，导致谱线重叠，比如在LHD装置上发现边界的OVI辐射的谱线与CVI辐射的谱线非常接近。[20]这可以结合装置本身杂质种类的特点，选择周围没有其他谱线或者其他谱线强度很低的目标谱线。另外一种就由于边缘的杂质离子与器壁再循环产生的中性原子发生电荷交换反应或者与电子碰撞激发而辐射的谱线，比如边缘的C^{6+}与中性氘原子发生电荷交换反应或C^{5+}受到电子碰撞激发。其中C^{6+}与器壁再循环产生的中性氘原子发生电荷交换反应辐射的谱线叫作被动谱（passive charge exchange，PCX），C^{5+}受到电子碰撞激发辐射的谱线叫作电子激发线。对于不同的杂质，电子激发的强度不同，其中电子激发效应在HeII中比较明显。图4.2.9展示的是ACX、PCX以及边缘激发线辐射的位置，从图中可以看到ACX是沿着中性束的路径辐射的，而PCX及边缘激发线则主要来自等离子体的边界。

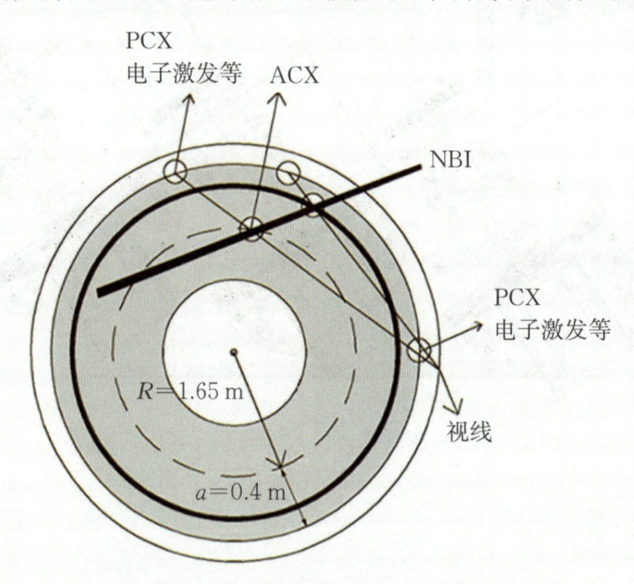

图4.2.9 CXRS诊断系统谱线成分来源示意图

为了消除边缘的PCX和电子激发辐射的影响，目前国际上主要有三种方法：第一种是利用软件拟合分析的方法，将所有的谱线用合适的模型进行拟合，这在用于处理等离子体芯部的电荷交换谱线时效果最好，因为芯部的温度和旋转速度都较大，所以其多普勒频移和展宽较大，容易与边界的PCX等分离开，如图4.2.10所示，就是芯部的ACX与边界的PCX差别较大，容易通过软件数据拟合而实现谱线提取。但是在测量边界的离子温度时，利用这种方法求解会非常困难，因为此时的温度和旋转速度都较小，ACX与PCX几乎重合。

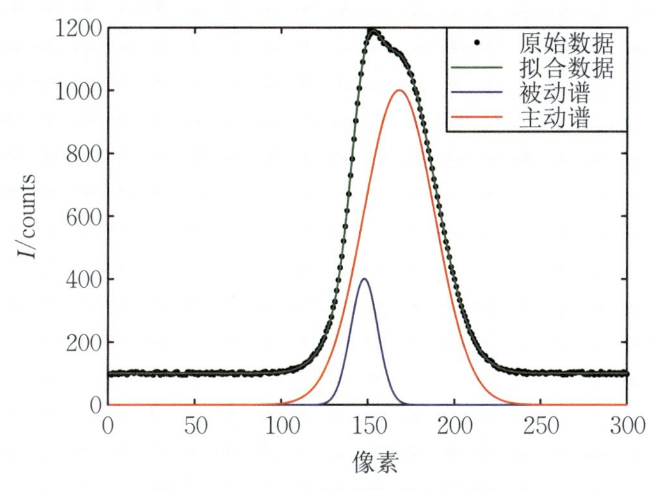

图4.2.10　CXRS的谱线成分示意图

软件拟合分析是目前最盛行的方法，其中以Hellermann等人开发的CXFIT程序最为常用。在ASDEX-Upgrade、JET、TEXTOR和HL-2A上都采用这个光谱分析软件。在处理复杂的光谱时，需要借助原子物理模型，了解等离子体辐射的光谱信号的特点，给出初始的约束条件。图4.2.11就是Hellermann等人[21]利用CxFit并结合原子物理模型得到HeII和BeIV的CX谱线、边界edge线、PCX线。

第二种是对称视线法，在可以观测到中性束和不能观测到中性束的两个位置对称地布置视线，在JIPP TII-U tokamak[22]上就用的是这种方法，可以观测到中性束的系统，测量的信号包含ACX和PCX成分及边缘edge线，而另一组50个视线则避开中性束，只测量PCX成分和edge线，两组数据相减就可以得到ACX成分。这种方法的最大优点就是数据处理过程简洁明了而且效率很高，缺点是需要两套系统或两倍的通道数，造价高昂而且对诊断窗口有更高的要求，并且主动视线和被动视线必须是对称放置，这种方法可行的前提是中性粒子密度是环向对称的。

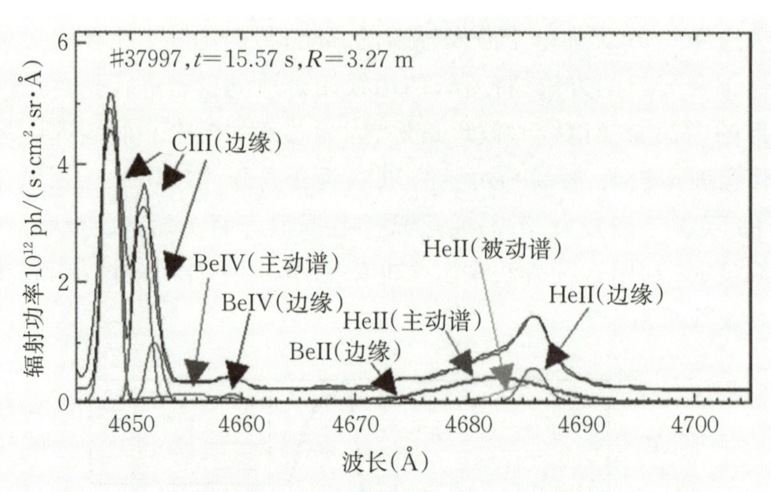

图 4.2.11　利用 CXFIT 分析 CXRS 光谱

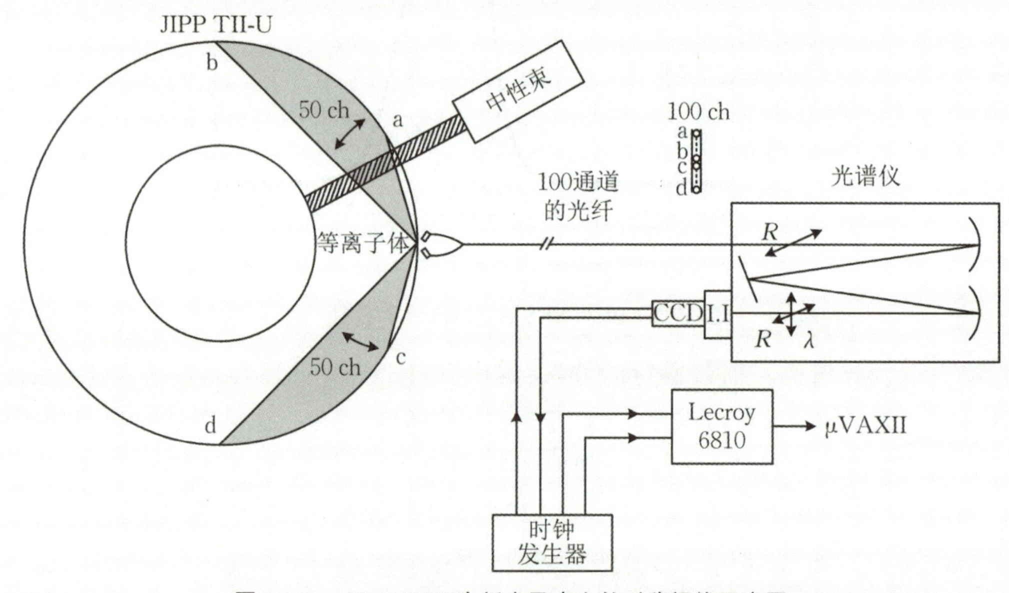

图 4.2.12　JIPP TII-U 在托卡马克上的对称视线示意图

第三种方法是中性束调制法，因为 ACX 只产生于中性束期间，所以在中性束开启时测量的是 ACX 和 PCX 的总和，而在中性束关断期间就只有 PCX 成分，扣除 PCX 最好配备专门用于诊断的中性束。图 4.2.13 是 DⅢ-D[23] 在测量主等离子体温度时使用中性束调制法扣除 PCX 后得到的光谱，中性束开启(Beam On)时测量的谱线如图中(小图)红色线所示，中性束关闭(Beam Off)时测量的谱线如图中(小图)黑色线所示。将 Beam On 和 Beam Off 两个时刻的谱线相减，便可得到 ACX 的信号，如图中所示的 Active。图 4.2.13 中的大图展示的就是 ACX 的信号以及附近的束发射谱(BES)信号等，其中 Thermal Da 就是提取的 ACX 信号。由于主等离子体的光谱成分比其他杂质谱的谱线成分更为复杂，利用调制法扣除被动谱已经是必需的手段了。这种方法不需要额外的通道和探测器，但是需要中性束关断和工作期间被动谱的强度尽量保持稳定，因此对等离子体控制又提出了很高的要求。另外，这种方法得到的测量数据由于受到中性束关断的影响，会缺失一部分数据，而且它不适用于测量等离子体参数变化很快的情况，因为等离子体的快速变化会使得中性束开启和中性束关闭两个时间段的PCX及edge线不同，从而导致被动谱扣除不干净或者扣除过多，影响实验数据的准确性。

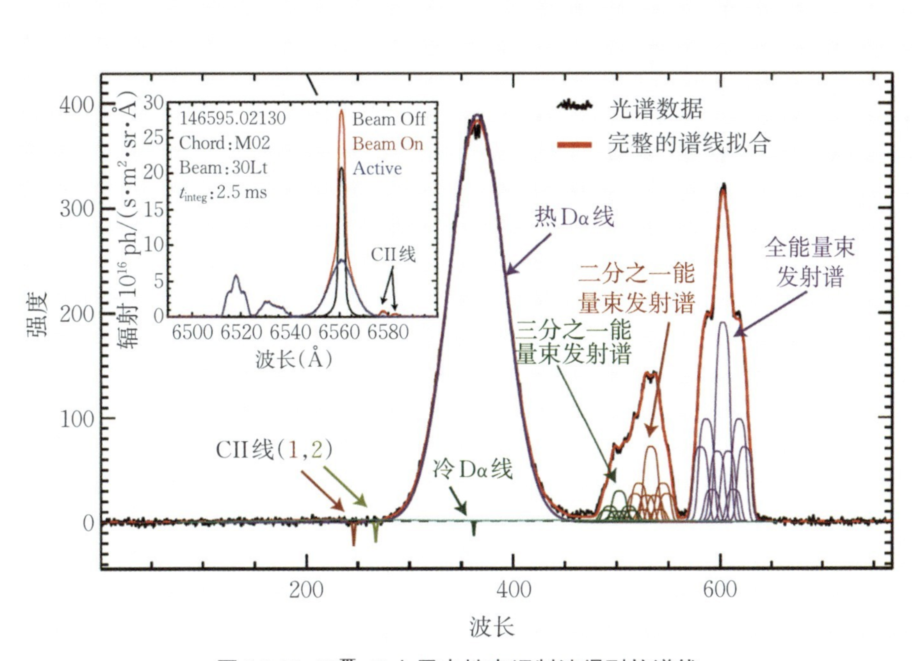

图4.2.13 DⅢ-D上用中性束调制法得到的谱线

除了边缘的谱线的干扰，还有其他效应会使得CXRS的ACX畸变，其中包括羽化效应(plum effect)、晕(halo)效应以及截面(cross-section)效应以及中性束衰减。羽化效应就是参与电荷交换反应后的离子其再电离的时间可能比较长，所以该离子会在等离子体中漂移，该过程可以用下式表示：

$$A^{Z+} + D_b^0 \rightarrow A^{(Z-1)+*} + D_b^+ \rightarrow A^{(Z-1)+} + D_b^+ + h\nu(\text{ACX}) \quad (4.2.11)$$

$$A^{(Z-1)+} + e \rightarrow A^{(Z-1)+*} + e \rightarrow A^{(Z-1)+} + e + h\nu(\text{plum}) \quad (4.2.12)$$

这种离子羽流可以在沿中性束的不同点形成，然后漂移到光谱系统的视线中。这些离子的电子碰撞激发会干扰ACX，使其畸变。由于羽流效应主要沿着磁力线对环向测量有较大影响，所以如果改变视线位置，采用垂直视线的话可以减轻这种效应对离子温度和密度测量的影响。

Halo效应也就是晕效应，它是ACX谱线的另一个重要来源。它是由于中性束中的D原子与等离子体中的D^+粒子发生电荷交换后，产生Halo(D^0)粒子，如下式所示：

$$D_p^+ + D_b^0 \rightarrow D_p^{0*} + D_b^+ \rightarrow D_{halo}^0 + D_b^+ + h\nu(\mathrm{ACX}) \tag{4.2.13}$$

这种Halo粒子对CXRS的影响还是非常明显的，其一是在等离子体离子温度很高，如超过20 keV时，Halo离子与等离子体中的低Z杂质发生电荷交换的可能性比较大，该过程用下式表示：

$$D_{halo}^0 + A^{Z+} \rightarrow D_{halo}^+ + A^{(Z-1)+*} \rightarrow D_{halo}^+ + A^{(Z-1)+} + h\nu(\mathrm{Halo}) \tag{4.2.14}$$

若使用该低Z杂质进行CXRS测量，则会使得测量的光谱信号增强。以修正测量的离子温度和旋转速度。在利用主离子也就是D^+进行CXRS测量时，Halo粒子同样将提供一个波长相同的辐射源，增加电荷交换复合光谱的复杂程度，该过程如下式所示：

$$D_{halo}^0 + D_p^+ \rightarrow D_{halo}^+ + D_p^{0*} \rightarrow D_{halo}^+ + D_p^0 + h\nu(\mathrm{Halo}) \tag{4.2.15}$$

Cross-section效应也可以称为截面效应，是指电荷交换复合辐射截面与碰撞速度之间存在敏感的依赖关系，使得谱线发生畸变而偏离高斯型的现象。[24-25]电荷交换复合光谱的强度可由下式表示：

$$I \propto n_b n_z \sigma_{cx} |\boldsymbol{V} - \boldsymbol{V}_b| \tag{4.2.16}$$

其中n_b是中性粒子密度，n_{imp}是杂质离子密度，σ_{cx}是电荷交换截面，它是相对速度的函数，$|\boldsymbol{V} - \boldsymbol{V}_b|$是杂质离子和中性束原子的相对速度，$\overline{V_b}$应该考虑中性束中的三个能量成分对应的速度。若$\sigma_{cx}$对相对速度的响应是常数的话，则仍然得到的是满足高斯分布的谱线，但是实际上σ_{cx}对相对速度的响应非常灵敏[26]，如下图4.2.14所示是DⅢ-D装置上电荷交换辐射系数σv(即上文中的$\sigma_{cx}|\boldsymbol{V} - \boldsymbol{V}_b|$)与束能量的依赖关系图。

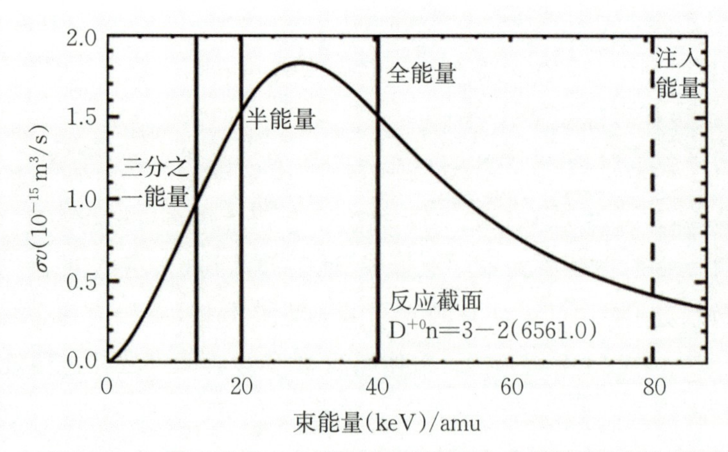

图4.2.14　DⅢ-D装置上电荷交换辐射系数与束能量的依赖关系图

从图4.2.14可以看出，电荷交换辐射系数σv随束能量增加，其变化幅度很大。且中性束中的三个成分（全能量成分E(Full)，二分之一能量成分$E/2$(Half)，三分之一能量E/3(Third)）的辐射系数均不相同，以图中显示的DⅢ-D上中性束全能量（40 keV/amu）为例，由于等离子体中的D^+离子速度满足麦克斯韦分布，则必然有其中一部分D^+离子的速度方向与NBI注入同方向，满足$|\boldsymbol{V}-\boldsymbol{V}_b|<|\boldsymbol{V}_b|$，从图4.2.14中可以看出这部分离子的辐射系数更大，其辐射也更强。反之，也存在一部分D^+离子的速度方向与NBI注入方向相反，它们满足$|\boldsymbol{V}-\boldsymbol{V}_b|>|\boldsymbol{V}_b|$，从图中可以看出其辐射系数偏小，所以辐射也更弱。如果CXRS的观测视线与NBI的注入方向相同，则本该是高斯曲线的光谱其长波部分（远离观测视线的离子所产生的光谱）会增强，而短波部分会变弱，最后的结果是谱线偏离高斯型且峰值会往长波方向偏移。而对于$E/2$和$E/3$能量成分，则是速度与NBI速度方向同向，则辐射系数低，辐射强度小，与NBI方向相反，则辐射系数高，辐射强度大。综合这三个成分对辐射系数的影响可以得到最终的谱线。如果在数据分析时不修正截面效应，则会引入较大误差。DⅢ-D上的模拟结果显示，在温度较高的等离子体放电中，由于截面效应的影响，主离子的旋转测量误差可以达到100 km/s。

中性束的沉积也会影响电荷交换复合光谱的分析。当中性束注入等离子体后，它们会通过与电子碰撞、离子碰撞以及与热离子发生电荷交换而被电离。这个过程决定了中性束的粒子、能量和动量在等离子体中的沉积位置。由于电荷交换复合光谱强度I与中性束密度n_b是正比关系的，所以要利用CXRS求解离子密度需要知道中性束的密度信息。此外，由于来自正离子源的中性束具有三个能量成分，它们的速度不同，则每个成分在穿过等离子体时其衰减也不同。所以要考虑三个成分的束衰减对于辐射光强的影响。

4.3 中性束发射光谱测量

束发射谱诊断（beam emission spectroscopy，BES）是高温等离子体诊断的一项重要技术。自1989年Fonck等人[27]提出使用中性束光谱作为等离子体的诊断手段以来，世界各主要托卡马克装置根据自身装置的特点，相继研发了束发射谱诊断系统。目前国际上尚在运行的主要托卡马克装置中，已经研发并使用束发射谱诊断系统的主要包括：DⅢ-D[28]、NSTX[29]、MAST[30]、EAST[31-32]、KSTAR[33]、HL-2A[34]等装置。核工业西南物理研究院新建成的HL-3装置上的束发射谱诊断系统也已经初步研制成功，可以为相关物理实验提供数据支持。束发射谱诊断通过对中性束辐射的特征谱线强度的测量，获得托卡马克装置中等离子体小截面上的二维密度扰动，具有较高的时间和空间分辨能力，因而在湍流与约束、磁流体不稳定性、高能粒子物理、高约束模与台基物理等重要研究课题中有着广泛的应用，为这些问题的实验研究提供了重要的数据支撑。

4.3.1 测量原理

中性束是由高速定向运动的中性粒子构成的高能束流。这些定向运动的中性粒子注入托卡马克时不会被磁场偏转，径直贯入等离子体中。部分中性束粒子在注入过程中，与等离子体中的电子、主离子及杂质离子等发生碰撞而被激发到高能级态，随后自发或碰撞退激发而辐射出中性束粒子的特征光谱。以氘中性束为例：

$$\mathrm{D_b^0} \xrightarrow{D^+,\mathrm{e}^-,Z^{n+}} \mathrm{D_b^{0^*}} \xrightarrow{\mathrm{D}^+,\mathrm{e}^-,Z^{n+}} \mathrm{D_b^0} + h\nu \tag{4.3.1}$$

式中，$\mathrm{D_b^0}$是中性束氘原子，$\mathrm{D^+}$是等离子中的氘离子，$\mathrm{e^-}$表示电子，Z^{n+}表示各种杂质离子，$\mathrm{D_b^{0^*}}$是激发态的中性束氘原子，$h\nu$代表激发态中性束氘原子退激辐射的光子。注意，式(4.3.1)仅是中性束发射光谱过程的简单示意。实际上，中性束原子的激发与退激涉及多个不同能级间的多种跃迁过程，最终构成了从真空紫外到红外波段的多个特征分立谱系。对于氢及其同位素，常见的包括莱曼系(Lyman，末态能级$n=1$)，巴耳末系(Balmer，末态能级$n=2$)和帕邢系(Paschen，末态能级$n=3$)等。显然，中性束粒子的这种碰撞辐射的谱线强度与中性束束流强度和当地等离子体的密度正相关，其具体的依赖关系可通过对原子分子过程的建模得到。需要指出的是，束发射谱与当地冷中性原子(主要来自加料过程)和热中性原子(主要来自电荷复合交换等过程)的辐射光谱结构是一致的。其最主要区别在于中性束粒子具有很高的定向移动速度，远超本地冷中性原子和热中性原子的热速度。因而，在实验室坐标系统中观测束发射谱时，谱线会有明显的多普勒频移，且频移量与视线和中性束注入方向的夹角、中性束能量相关。因此，选择适当的观测角度，将能够很容易在光谱上将束发射谱与本底中性原子辐射分离开[参考图4.3.2(e)]。正因如此，束发射谱诊断系统可以应用于局域等离子体密度，尤其是密度扰动的测量。

在诊断系统中，通常选择Balmer-α(氘等离子体放电时为Dα)线作为观测对象。束发射谱诊断系统的工作谱线通常选择发射谱中最亮的谱线，但Lyman-α(Lα)线波长为121.6 nm，位于真空紫外波段(vacuum ultraviolet，VUV)，在托卡马克装置上使用该谱线系统较为复杂，探测效率低。因此，通常退而选择Dα线(波长为656.1 nm)，该谱线在可见光及近红外波段辐射强度最高，附近的杂质谱线也较少，易于观测。因此，国际上现有的几套束发射谱诊断系统都是基于该谱线设计和工作的。近年来，随着真空紫外探测技术的发展，Lα线由于其强度高、寿命短等特点，理论上可以获得比使用Dα更高的空间分辨能力，越来越具有吸引力，基于Lα线的束发射谱诊断系统处于初步发展阶段。除了最常见的基于加热束（通常为氘束）的束发射谱诊断系统外，部分装置上还研发了基于诊断中性束（锂中性束、氦中性束等）的束发射谱诊断系统，其原理大同小异，这里不再细述。

为获得束发射谱与等离子体参数的依赖关系，需要建立适当的模型分析中性束与等离子体相互作用过程。当等离子体密度较低时，中性束粒子与等离子体碰撞率较小，碰撞退激发的影响远小于自发退激发，激发态的中性原子适用“日冕模型”描述，那么束发射谱强度将与当地等离子体的密度成正比。然而，当等离子体密度较高时，除了像日冕模型那样考虑从基态激发至激发态后发生连续辐射外，还不得不考虑碰撞引起的向高能级或低能级的转移，即稠密等离子体需要使用完整的“碰撞-辐射模型”描述。在托卡马克等离子体的绝大多数参数区间中，束发射谱均需要使用碰撞-辐射模型来描述。[35]

谱线的辐射强度通常用辐射率来表示。辐射率是激发态原子数量与该激发态原子自发辐射速率的乘积。束发射谱强度受束流密度和等离子体密度的影响，因此研究辐射率时，通常将辐射率对束流密度和等离子体密度进行归一化，得到有效辐射率系数来描述。在托卡马克装置中，束流原子动能通常在40～100 keV，例如HL-2A装置上，中性束动能为45 keV，DⅢ-D装置的中性束动能可以调节，最高可以达到约80 keV，HL-3装置中性束动能约为80 keV。这时中性束的原子速度已经与等离子体中的电子热速度（电子温度通常在几eV至keV量级）相比拟。中性束与离子碰撞过程和与电子碰撞同样重要，甚至在某些情况下，与离子碰撞更加重要。因此，中性束中激发态原子数量不仅与等离子体密度相关，还受束流的动能，以及电子温度T_e的影响。如果离子的热运动速度接近中性束的速度，还需要考虑离子温度T_i的影响。然而，除非是达到聚变级的等离子体中，离子热运动平均动能都是远低于中性束的动能的，因此，不需要考虑离子温度T_i的影响。此外，等离子体中的杂质也会影响辐射强度，在此不做讨论。

各能级的原子数量的方程可以写成方程组的形式：

$$\frac{\mathrm{d}N_j}{\mathrm{d}t}=\sum_k N_k M_{kj} \tag{4.3.2}$$

式中，N_j表示处于$n=j$能级的原子数，M_{kj}表示从$n=k$能级原子到$n=j$的能级原子的跃迁速率。这里，M_{kj}包括两能级间的自发辐射和碰撞作用的总和。由于碰撞作用还与等离子体密度有关，而自发辐射作用与等离子体密度无关，M_{kj}通常将碰撞和自发辐射两部分分离开，即$M_{kj}=n_eX_{kj}+R_{kj}$。只考虑第1、2、3个能级时，式(4.3.2)可以近似写成

$$\begin{aligned}\frac{dN_1}{dt}&=-D_1N_1\\ \frac{dN_2}{dt}&=P_{12}N_1-D_2N_2\\ \frac{dN_3}{dt}&=P_{13}N_1+P_{23}N_2-D_3N_3\end{aligned}\tag{4.3.3}$$

这里，D_1是基态粒子总的损失率，主要是由电荷复合交换及电离造成的。P_{ij}表示从能级i激发到能级j的粒子的速率，D_j表示j能级粒子总的损失率。这里能够把方程(4.3.3)写成了一个便于求解的三角形式，是因为通常来说，从高能级向低能级转移而引起的低能级粒子的变化是可以忽略的。也就是说，N_2的变化受制于N_1的数量，但是N_1的数量却基本与N_2的变化无关。同样的情形也适用于(N_1，N_3)和(N_2，N_3)。在中性束中的原子与等离子体碰撞发生激发作用时，主导的过程是一个逐级向上的级联过程，即从j态激发到$j+1$态。

方程组(4.3.3)的三个方程通过上述的近似后已经部分解耦。这样就可以直接得到该方程组的解：

$$\begin{aligned}N_1(t)&=N_1(0)\exp\left(-\int_0^t D_1\mathrm{d}t\right)\\ N_2(t)&=N_1(t)\exp\left[\int_0^{t_2}\mathrm{e}^{-t_2'}f_2(t_2-t_2')\mathrm{d}t_2'+\mathrm{e}^{-t_2}\frac{N_2(0)}{N_1(0)}\right]\\ N_3(t)&=N_1(t)\exp\left[\int_0^{t_3}\mathrm{e}^{-t_3'}f_3(t_3-t_3')\mathrm{d}t_3'+\mathrm{e}^{-t_3}\frac{N_3(0)}{N_1(0)}\right]\end{aligned}\tag{4.3.4}$$

式中，t_2和t_3是无量纲时间变量，f_j是j能态原子的占比，$f_j=N_j/N_1$。

$$t_i=\int\frac{\mathrm{d}t}{\tau_j},\quad \tau_j=\frac{1}{D_j-D_1}\tag{4.3.5}$$

$$f_2=\frac{P_{12}}{D_2-D_1}\tag{4.3.6}$$

$$f_3=\frac{P_{13}+P_{23}N_2/N_1}{D_3-D_1}\tag{4.3.7}$$

图4.3.1给出了上述方程的在一些参数条件下的解[35]，可以看出，在不同束能量和等离子体电子温度下，曲线的形状相似。束的能量的提高，可以提高第二、三能级的粒子数比例，但对曲线的梯度$(n_e/f)\mathrm{d}f/\mathrm{d}n_e$几乎没有影响。等离子体温度的变化会使曲线

在水平方向有偏移，在温度较低的等离子体中，中性束与等离子体中的粒子的碰撞率更高，时间常数(τ_2,τ_3)也更小。

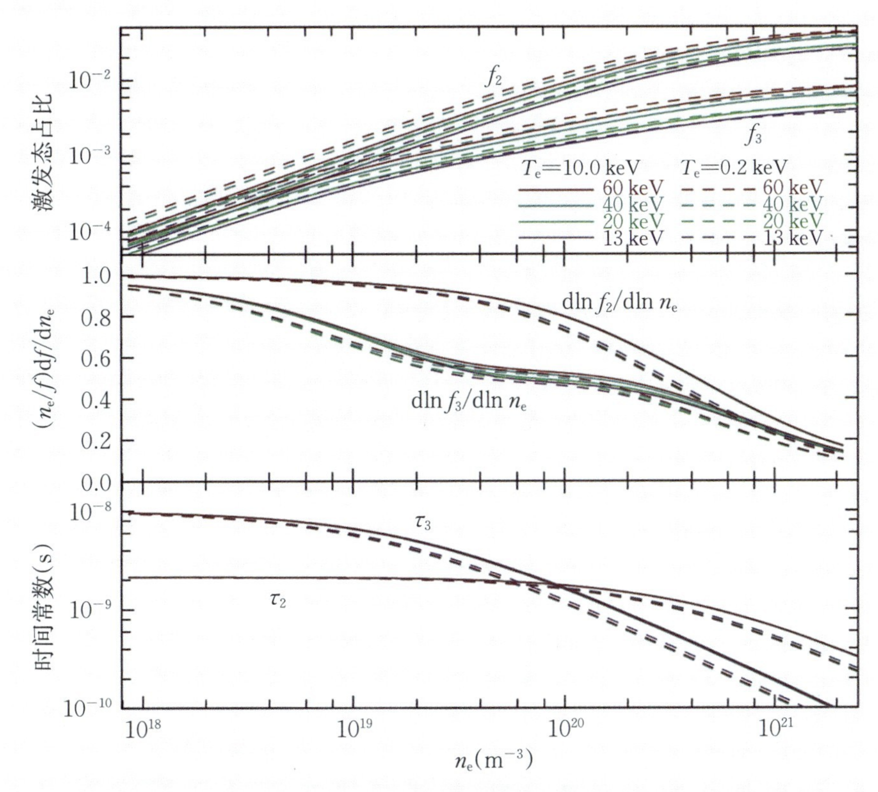

图4.3.1 不同电子温度和中性束注入能量下碰撞辐射模型的计算结果

(a) 第二激发态和第三激发态占比 (b) 激发态占比的相对增长率 (c) 第二、第三激发态跃迁弛豫时间

束发射谱诊断主要测量等离子体的密度扰动，那么$(n_e/f)df/dn_e$反映了光强对密度的敏感度，即等离子体中小的密度扰动Δn_e对应的光强扰动ΔS的关系是

$$\frac{\Delta S}{S}=\frac{d\ln f}{d\ln n_e}\cdot\frac{\Delta n_e}{n_e} \tag{4.3.8}$$

HL-2A装置的束发射谱诊断系统使用的是Dα线，因此该系数应当为第三能级的分支比的梯度，即$d\ln f_3/d\ln n_e$，考虑到HL-2A等离子体密度水平在$10^{19}\sim10^{20}$ m^{-3}，诊断系统使用的中性束的原子动能为40～45 keV，电子温度在1 keV量级，这一系数大约为0.5。

时间常数(τ_2,τ_3)决定了诊断系统的固有时间分辨能力，从而也决定了诊断系统的固有空间分辨能力。随着密度的升高，碰撞率也逐渐升高，能级二、三的原子由于碰撞导致的粒子损失率也逐渐提高。在超过10^{20} m^{-3}后，$\tau_2>\tau_3$，这时N_3主要取决于粒子从

基态激发到第二能级，然后再激发到第三能级的速率。因而，系统的固有时间分辨取决定于两者中较大的那个，即

$$\tau_{\text{intri}} = \max\{\tau_2, \tau_3\} \tag{4.3.9}$$

系统的固有空间分辨为

$$\Delta_{\text{intri}} = v_{\text{beam}}\tau_{\text{intri}} \tag{4.3.10}$$

式中，v_{beam}表示中性束中原子的运动速度。

对于典型的等离子体和中性束参数，束发射谱诊断系统的固有时间分辨能力最高可达到ns量级，而固有空间分辨能力一般在0.5～2 cm。受限于诊断系统实际可收集的辐射光强度，实用的束发射谱诊断系统的时间分辨率通常控制在1 MHz左右，空间分辨率在1～2 cm左右。再通过小截面上的二维阵列排布，束发射谱诊断系统能够实现对局域密度扰动场的高时空分辨二维成像，为微观不稳定性和宏观不稳定性的研究提供重要的局域测量工具。

4.3.2 BES诊断系统

与大多数光谱诊断系统类似，束发射谱诊断系统主要的性能指标包括：空间分辨能力、时间分辨能力、信噪比（signal to noise ratio，SNR）。对束发射谱诊断的设计和优化也主要从这三个方面出发。束发射谱诊断系统主要包括以下几个部分：光收集系统、光探测系统、信号处理系统、数字采集系统、控制系统和辅助系统。其中，光收集系统决定了系统的空间分辨能力和通光量，光探测系统及信号处理系统决定了系统的时间分辨能力，通光量和光探测系统的噪声性能又决定了系统的信噪比。

4.3.2.1 光收集系统

光收集系统主要实现两个目标，即尽可能高的空间分辨能力和尽可能大的光通量。前者决定了系统的空间分辨能力，而后者对高信噪比至关重要。在4.3.1节的讨论中可知，受辐射时间常数的限制，束发射谱诊断系统固有空间分辨率是有限的，通常在数mm到数cm的量级。例如，在HL-2A装置上，45 keV的切向中性束注入下，BES系统在边缘区的固有分辨率$\Delta_{\text{intri},r} \approx 5$ mm。

对于磁约束聚变装置，在主磁场方向通常具有环向对称性（如托卡马克、RFP等）或低环向模数（如仿星器、螺旋器等）。在中性束发射特征光谱的区域内，通常近似认为在磁力线方向上等离子体是均匀的。而束发射谱诊断系统正是利用该特性，对束流经过的区域的特征辐射谱线进行小截面上的二维成像，即可获得局域密度扰动的二维分布。为了提高光学系统的空间分辨能力，第一镜的视线（line of sight，LOS）应当尽可能在探测区内与磁力线相切。

为了进一步提高空间分辨能力，磁力线的倾角也应当加以考虑。束发射谱诊断系统的光路系统具有有限的景深，而通常使用的中性束在环向上有一定的宽度。这导致BES测量的空间分布函数在极向和径向上具有一定的展宽，降低了系统的分辨率。而磁力线与视线间的夹角，也会进一步增强这一效应。在HL-2A的BES系统中，LOS与中平面夹角约为8.9°，以配合边缘区5°～9°的磁倾角。而在NSTX这样的球型托卡马克装置中，由于磁倾角在不同径向位置变化很大，甚至需要对不同的观测区域设计不同倾角的镜头组，以缓解LOS与磁力线切线夹角过大导致的空间分辨率下降。

在图4.3.1中可以看到，中性束与等离子体中的粒子碰撞后激发到第三能级的原子数量并不多，对典型的托卡马克装置的密度（10^{19}～10^{21} m^{-3}）该比例大约在千分之一的量级。而中性束的密度，以HL-2A装置的1 MW中性束为例，中性束能量为45 keV，电流为23 A，束直径为约15 cm，中性束出口处的原子密度约为4×10^{15} m^{-3}。使用直径达到18 cm的第一镜，距离观测点约1.5 m收集到的光能量在10^{12}～10^{14}光子/s。由此可见，中性束碰撞发射出的特征谱线并不强。因此，各大装置上的束发射谱诊断系统都纷纷使用了大尺寸高透过性的透镜组来收集中性束发光。例如，NSTX装置上第一镜直径为11 cm，KSTAR上第一镜直径为13.4 cm，EAST装置为14.5 cm。并尽量在装置窗口允许的条件下接近中性束，以尽可能提高信号光收集的立体角。

除了保证大的镜头外，镜头的中轴线还应当尽量与磁力线平行。这是因为，托卡马克等离子体中的扰动在沿磁力线方向的相关长度很长，而中性束本身有一定的厚度，平行于磁力线观测，可以尽可能地提高空间分辨能力。另外，观测角度也会对系统的分辨率产生一定的影响，通常在束发射谱线的红移侧进行观测比蓝移侧获得的空间分辨更高。

光经过第一镜收集后，通过透镜组成像后，即可传递给探测器进行测量。但是，有些装置上会将透镜组成的像通过光纤束传递给探测器，这主要是基于多个方面的考虑。首先部分装置受装置周围环境的影响，如纵场线圈，在成像面上放置探测器十分困难；其次，装置的振动会影响探测的精度，使用光纤束可以尽可能地减小装置振动的影响；再次，装置在放电时会产生各种高能的射线，以及中子辐射，这些辐射可能会对探测器造成损害；最后，使用非集成式的探测器（如DⅢ-D、NSTX）时，需要使用光纤来匹配光信号与探测器。在使用光纤时，通常会使用光纤束阵列的形式来提高通光量。图4.3.2展示了HL-2A装置上束发射谱诊断系统的示意图，使用了6根光纤作为一个通道。另外，使用光纤束阵列也可以较容易地实现灵活的阵列排布。[34]

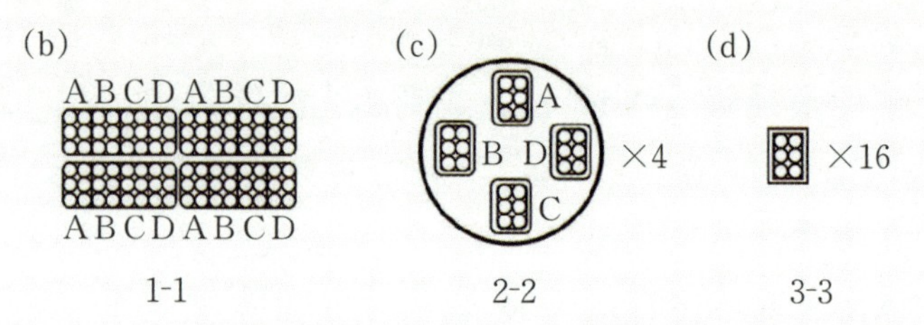

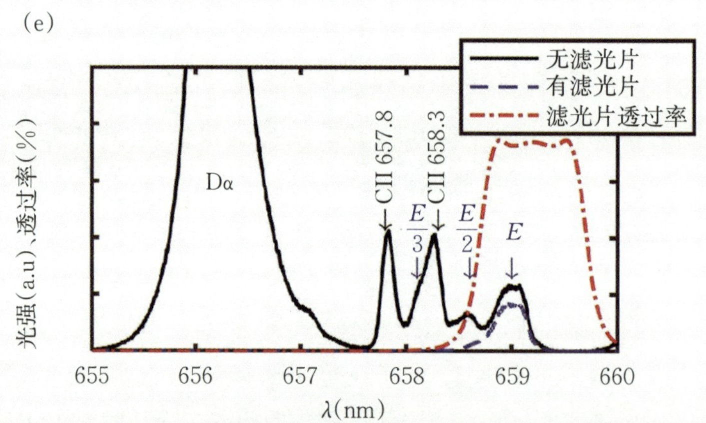

图4.3.2　HL-2A托卡马克装置束发射谱诊断系统示意图

(a) 束发射谱诊断系统布置图　(b) 成像面上光纤束的排布,ABCD表示一组光纤束中的4个通道　(c) 一组光纤束中的光纤排布　(d) 光纤出口处一个通道的光纤束排布　(e) HL-2A装置上实验测量得到的Dα光谱(黑色实线),束发射谱诊断系统带通滤光片的透过率(红色点划线)和束发射谱诊断系统测量的Dα光谱成分(蓝色虚线)

4.3.2.2 光探测系统

光探测系统的作用是将光收集系统获得的光信号转换为便于数字化采集的电信号。光探测系统的灵敏度和噪声水平，对束发射谱诊断系统的信号质量至关重要。光探测系统的设计重点在于光敏元件的选型和对应放大电路的设计。

目前常用的可见光探测器种类较多，主要包括：电荷耦合二极管(CCD)探测器、光电倍增管(PMT)、雪崩光电二极管(APD)和PIN型光电二极管(PPD)。由于BES系统需要较高的读出速率(Msps)，使用CCD相机较难实现，因此通常使用通道独立的PMT/APD/PPD探测器。图4.3.3比较了三种不同类型探测器在不同光子计数下的信噪比。[36]在弱光条件下，PMT的表现十分优秀，这得益于其高的光电子增益。而由于PMT量子效率(QE)较低，通常在10%左右，而APD和PPD探测器QE通常能够达到80%～85%，导致在光通量较大时，APD和PPD的信噪比表现更加优秀。光通量更高时，PPD由于其自身更低的噪声水平，使得其性能优于APD。对于束发射谱诊断系统，各装置上的光通量水平各不相同，通常会选择适当的探测器技术。目前，W7-AS、AUG、LHD上的束发射谱诊断系统使用PMT探测器，EAST、KSTAR、MAST上均采用APD探测器方案，而DⅢ-D、NSTX、HL-2A使用了低电容并加高偏置电压的PPD探测器，并配备了低噪声水平的前置放大器。

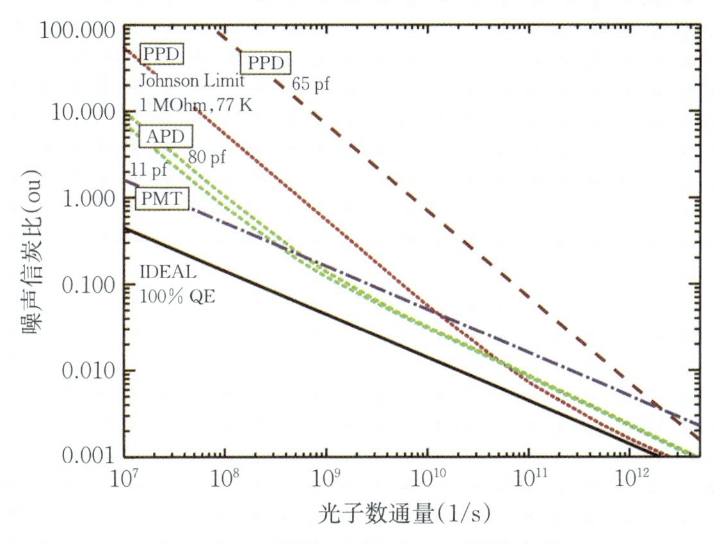

图4.3.3 不同探测器信噪比的对比(测量带宽为1 MHz)

(1) PMT探测器

光电倍增管(PMT)探测器是利用高电场加速光电子轰击打拿极，多级倍增电流信号。通常光电倍增管可实现10^7的固有增益。传统的光电倍增管使用真空管，容易受到的空间强磁场的干扰。光电倍增管适用于光子通量较低的测量($<10^{10}$光子/s)，但

由于其量子效率通常较低，仅为10%左右，在高通量测量中一般不再使用PMT型的探测器。

(2) APD探测器

雪崩二极管(APD)探测器本身具有一定的光电子放大倍数(固有增益)。利用二极管内部的电子雪崩过程可以以固有增益提高系统检测的极限能力。与PMT探测器一样，APD的倍增过程中也包含统计波动，因为电子雪崩的发展本身也是一个统计过程。这种额外的噪声将会导致APD探测器的输出电流噪声比PPD探测器更高一些。正如图4.3.3中所示，当光通量较低时，光子的散弹噪声相对水平较高，APD探测器将有可能获得超过PPD探测器的SNR表现。但在光通量足够大时，PPD探测器的噪声性能将超过APD探测器，更接近理想探测器。APD探测器可通过改变偏置电压来改变雪崩增益，但并非越大越好。最佳的选择是，根据信号光通量，设置在放大器的噪声水平低于光子统计噪声(热噪声)。这种设置通常会导致APD探测的有效QE值降低至30%～45%。APD放大电路的噪声水平主要取决于作为第一级的电流-电压转换器，即前置放大器。

(3) PPD探测器

PIN型光电二极管(PPD)是一种在常规二极管的PN结中间增加中间层的方式，提高光电探测效率的一种高灵敏光电二极管。由于其对光电子的固有增益为1，因此不存在PMT和APD探测器中出现的内部增益噪声。因此，在光通量较高的情况下，可以获得接近理想的QE。但同样由于本身无增益，探测器的输出电流十分微弱，通常在纳安量级，导致探测器对前置放大器的增益和噪声都十分敏感。PPD型探测器通常需要冷却以降低热噪声，前放器件选择也较为苛刻。

表4.3.1总结了3类不同光电探测器系统，在不同的应用场景下，应当选择适当的探测器系统，以获得最佳的信号响应。

表4.3.1　束发射谱诊断系统光探测器系统比较

技术路线	光电倍增管(PMT)	雪崩二极管(APD)	PIN光电二极管(PPD)
量子效率QE	～10%	80%～85%	80%～85%
适宜光通量(光子/s)	10^7～10^9	10^9～10^{11}	10^{10}～10^{12}
固有增益	10^7	～50	1
应用	W7-X，AUG，LHD	EAST，KSTAR，MAST，DⅢ-D	DⅢ-D，NSTX-U，HL-2A，HL-3

从目前国际上发展束发射谱诊断系统的情况来看，努力的目标都是尽可能地提高系统收集光的能力，并提高探测器的性能，以提高系统整体的信噪比，从而能够探测到更高频率的等离子体密度扰动信息和实现更高的空间分辨能力。

4.3.3 标定及实验

束发射谱诊断系统的最大特点在于，能够在高参数等离子体放电条件下，获得从芯部到边缘区高时空分辨的二维密度扰动场信息，对湍流、MHD、高能粒子、台基物理等重要物理实验的开展都具有重要作用。BES系统为局域测量，其空间分辨能力决定了它所能测量的扰动波数上限。对于目前已经研发的大多数BES诊断系统，其空间分辨能力大都在1 cm水平，因而可测量波数$k<3\ \mathrm{cm}^{-1}$的低波数密度扰动。这一波数范围通常对应于装置中的ITG湍流、部分TEM湍流等微观不稳定性，以及TM、EPM、BAE、TAE等大部分宏观不稳定性。得益于高带宽、低噪声的设计，BES的时间分辨能力通常在1 MHz左右。而系统获得有效信号的频率范围受SNR的限制。例如，在HL-2A典型的高辅助加热L-mode放电条件下，BES系统在$f<150$ kHz的范围内获得了3 dB以上的信噪比，而更高频率上，由于扰动信号较弱，噪声水平已经超过信号水平。图4.3.4是HL-2A装置上BES系统在高约束模下测量的边缘区密度扰动的功率谱。[37]在RMP缓解ELM的过程中，边缘区的密度扰动水平上升，BES诊断系统很好地为该现象提供了实验证据。

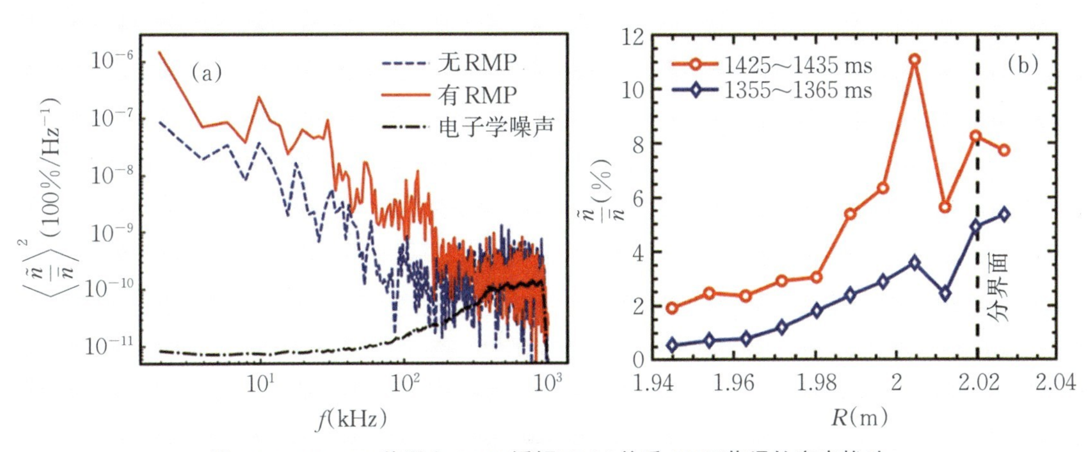

图4.3.4 HL-2A装置上RMP缓解ELM前后，BES获得的密度扰动

4.4 快离子氘阿尔法光谱测量

快离子氘阿尔法(fast-ion D-alpha, FIDA)诊断不仅能够给出快离子的空间分布还能得到速度空间的分布,因此成为聚变等离子体高能粒子物理研究的重要诊断技术。20世纪90年代的早期研究主要是基于电荷交换复合谱(CXRS)诊断[38],在JET装置上测量中性束注入快离子氦发射光谱[39-40],在TFTR装置上测量氘氚聚变反应产物阿尔法粒子的发射光谱。[41-42]在2004年左右,快离子氘阿尔法诊断在DⅢ-D装置上首次得到应用[43-44],并在物理研究如阿尔芬波不稳定性[45]、微观湍流[46]方面取得了重要成果。之后,在多个聚变装置(NSTX、TEXTOR、LHD、ASDEX Upgrade、MAST、EAST、TCV、HL-2A等)得到广泛的应用。

4.4.1 测量原理

快离子氘阿尔法辐射也是基于电荷交换反应,是快离子与中性束粒子进行电荷交换后产生的线辐射,由于其速度远大于本底离子,会在光谱区间发生比较大的多普勒频移。同时,快离子在等离子体内运动过程中会发生慢化,失去能量而改变速度,不同速度的快离子会产生多普勒频移连续谱,这与以相同速度定向运动的杂质离子产生的电荷交换复合线发射谱有显著不同。快离子氘阿尔法诊断就是通过测量这段多普勒频移连续谱得到等离子体内快离子的速度和密度分布信息。

4.4.1.1 快离子氘阿尔法谱的产生

在聚变等离子体中,除了本底热离子外,还存在温度比热离子高得多的高能量离子,也叫快离子。快离子主要来源是聚变反应、中性束注入和离子回旋波加热。聚变反应中,快离子是氘氚反应的产物阿尔法粒子,它携带极高能量,大约为3.5 MeV。

$$ {}_{1}^{2}\mathrm{D} + {}_{1}^{3}\mathrm{T} \rightarrow {}_{2}^{4}\mathrm{He}(3.5\,\mathrm{MeV}) + \mathrm{n}(14.1\,\mathrm{MeV}) \tag{4.4.1} $$

中性束加热过程中,注入高能量粒子与本底电子和离子发生碰撞或电荷交换失去电子而产生快离子。离子回旋波加热时,回旋波向相应频率范围内的背景离子传递足够的能量,使得这部分离子变为快离子。中性束和离子回旋加热产生的快离子能量决定于注入能量和回旋频率,大约为100 keV。快离子在环形磁场中运动,与中性束粒子相遇而发生电荷交换获得电子,会变成处于激发态的快中性粒子。在沿直线短暂运动时,快中性粒子受激辐射或由于碰撞引起能级跃迁,发出多条特征光谱线。

$$ \mathrm{D}^{0} + \mathrm{D}_{\mathrm{f}}^{+} \rightarrow \mathrm{D}^{+} + \mathrm{D}_{\mathrm{f}}^{0*} \rightarrow \mathrm{D}^{+} + \mathrm{D}_{\mathrm{f}}^{0} + \gamma \tag{4.4.2} $$

其中，D^0表示氘中性束粒子，D_f^+表示氘快离子。特征光谱线中的巴耳末系谱线($n=3\sim>2$)处于可见光波段，是该诊断的首选。在聚变等离子体中，巴尔末系谱线常被用于探测边缘中性粒子的分布，即氘阿尔法线，也被用于获取中性束注入中性粒子的分布，也就是氘束发射谱(BES)。这里，巴尔末系谱线被用于测量快离子在等离子体内的分布，并且快离子通常是由氘中性束产生，称为快离子氘阿尔法(FIDA)诊断。

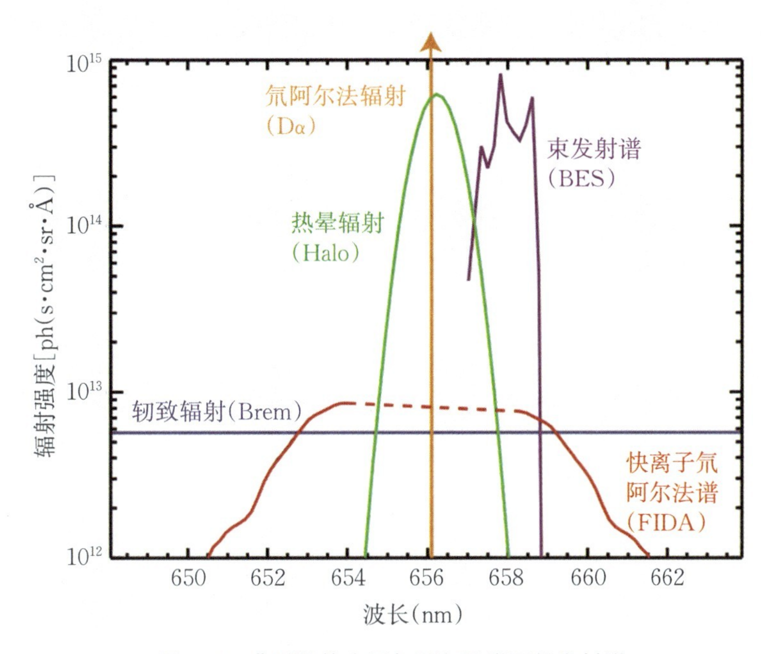

图 4.4.1　典型的快离子氘阿尔法谱区的发射谱

4.4.1.2　快离子氘阿尔法的发射区间

快离子氘阿尔法的多普勒频移量由快离子的速度在观测视线上的分量决定，正比于沿视线方向上的快离子能量。在观测视线接收端测量到的波长可以由多普勒效应表达式给出：

$$\lambda=\frac{1+\beta\cos\theta}{\sqrt{1-\beta^2}}\lambda_0 \tag{4.4.3}$$

其中，$\beta=v/c$，v是快离子运动速度，c是光速，λ是多普勒频移后的波长，λ_0是氘阿尔法线的波长，θ是快离子运动方向和观测视线的夹角。由于氘粒子的速度$v_D\ll c$，$\sqrt{1-\beta^2}\approx 1$，

$$\Delta\lambda_{\text{Doppler}}=\lambda-\lambda_0=\lambda_0\beta\cos\theta=\lambda_0\frac{v}{c}\cos\theta\propto\sqrt{E_{/\!/}} \tag{4.4.4}$$

其中，$E_{/\!/}$是快离子在观测视线上的投影能量。由于快离子速度远高于本底离子且分布是各项异性的，快离子氘阿尔法谱的谱形是一个很宽的非高斯分布。一般光谱线，如

氘阿尔法线(D-alpha),由于其离子分布为麦克斯韦分布,其谱形都是高斯分布的。图4.4.1给出了快离子氘阿尔法测量区间内各辐射成分的典型谱线。其中,FIDA谱是一种展宽谱,分布于650.5~661.5 nm的波长区间,而D-alpha线位于固定的656.1nm的波长处。在聚变等离子体中,D-alpha线主要来自等离子体边缘大量存在的低温氘中性粒子,它们产生于装置的真空室内壁和偏滤器室,通过再循环进入到等离子体内。由于快离子主要来源于中性束注入粒子,快离子的上限能量决定于中性束的最高能量,这个最高能量也决定了快离子氘阿尔法的最大多普勒频移波长值。中性束注入粒子是由外部中性束注入器中离子源的加速产生,有3种能量的粒子,分别是全能量、1/2能量和1/3能量。由于注入粒子具有很高的定向能量,中性束氘阿尔法谱(BES)也具有比较宽的多普勒频移,并且每种能量的发射谱由于磁场和电场的存在具有额外的斯塔克展宽,一般表现为3个比较小的谱峰。热晕粒子氘阿尔法光谱(Halo)由本底热离子与中性束粒子发生电荷交换反应后发出,由于其温度相对较高基本处于平衡态,会在D-alpha线附近有1 nm左右展宽的高斯分布。韧致辐射(bremsstrahlung)谱是电子库仑碰撞产生的连续辐射谱,它存在于整个可见光波段,在FIDA谱所在波长区间可以近似为一条比较平坦的直线。FIDA谱的谱区虽然在所在波长区间覆盖范围比较宽,但是FIDA谱的强度却非常弱。在这个波长区间,辐射强度最高的是D-alpha线,强度大约比FIDA谱辐射高几个量级;BES谱和Halo谱的强度相当,也要比FIDA谱高两个量级;韧致辐射谱的强度在低密度等离子体中和FIDA谱相当,在高密度等离子体中比FIDA谱高一个量级。因此,快离子氘阿尔法谱诊断的主要目标就是在强干扰源存在时尽可能获得足够强度的有效FIDA谱信号。

4.4.1.3 快离子氘阿尔法的发射粒子轨道

带电粒子在磁场中运动要受到洛伦兹力的作用。带电粒子的回旋半径ρ_L,与垂直磁场方向的速度分量$v_\perp$成正比,反比于回旋运动圆频率ω_c:

$$\rho_L = \frac{v_\perp}{\omega_c} = \frac{mv_\perp}{qB} \tag{4.4.5}$$

回旋频率与带电粒子质量m、所带电荷q以及磁场强度B有关。快离子的运动速度远高于本底电子和离子,因此回旋半径非常大。如80 keV能量氘离子的运动速度为2.8×10^6 m/s。当磁场为2.5 T时,回旋频率为$f_c=\omega_c/2\pi\approx20$ MHz,回旋半径为$\rho_L\approx$ 2.3 cm。做回旋运动的带电粒子磁矩μ,由下式给出:

$$\mu = IS = \frac{mv_\perp^2}{2B} \tag{4.4.6}$$

其中,I表示由带电粒子形成的电流,S是以回旋半径为中心的圆面积。对于带电粒子在磁场中的回旋运动,磁矩是一个守恒量,也叫第一绝热不变量。由于磁矩守恒,在变化磁场中带电粒子的垂直速度$v_{\perp}$也在变化。根据能量守恒，带电粒子垂直速度的变化又会改变平行磁场方向的速度分量$v_{/\!/}$。为了能够更好地理解快离子在磁场中的运动，快离子在速度空间可以由快离子能量E和快离子在磁场方向上的速度分量，倾角p定义：

$$p=\frac{v_{/\!/}}{v_{\text{tot}}}=\cos\alpha \tag{4.4.7}$$

其中，v_{tot}是快离子运动速度，α是快离子运动与磁场的夹角。当快离子沿磁场方向运动或在磁场反方向运动时，倾角的值为1或-1。如果快离子只有垂直磁场方向的速度，则倾角为0。在聚变装置上环向磁场与装置大半径成反比，外侧磁场弱而内侧磁场强。带电粒子从环外侧向环内侧运动时，当平行磁场的速度为零时，会在强磁场处被反射，在两个反射点之间做往复运动，不能到达环的内侧，也不能沿大环方向持续运动，这部分粒子被定义为捕获粒子。平行速度大的带电粒子能通过大环内的强磁场点，形成绕以磁场中心为圆的小环和以装置中心为圆的大环的连续运动，这部分粒子被定义为通行粒子。倾角小的快离子将成为捕获粒子，在弱场侧沿香蕉型轨道运行。倾角大的快离子穿过强磁场，绕圆周运动，成为通行粒子。对于快离子氘阿尔法诊断，测量通行快离子的分布，需要沿磁场切向布置多条径向分布观测视线。如果是测量捕获快离子的分布，需要垂直磁场方向布置观测视线。

4.4.1.4　快离子氘阿尔法的发光强度

快离子氘阿尔法的发光强度正比于观测视线上处于$n=3$激发态的快中性粒子的密度。然而，这个密度不仅依赖于快离子的密度，还与电荷交换反应截面和$n=3$激发态的跃迁概率有关。处于不同激发态的快离子与中性粒子电荷交换反应率由下面的表达式决定：

$$Q(v_{\text{nbi}})=\sum_{j}\sum_{k}n_{\text{nbi}(j,k)}\cdot\sigma_{\text{cx}(j\to i)}(v_{\text{rel}(k)})\cdot v_{\text{rel}(k)} \tag{4.4.8}$$

其中，$n_{\text{nbi}}(j,k)$代表中性束注入方向上在激发态j和能量k的中性束粒子及相关热晕中性粒子密度，v_{rel}是快离子与发生电荷交换中性粒子的相对速度，$\sigma_{\text{cx}(j\to i)}$是电荷交换反应截面，$j=3$时表示处于$n=3$激发态的电荷交换反应率。由于电荷交换反应截面是激发态和能量的函数，因此需要考虑所有可能的注入中性粒子和热晕中性粒子的激发态分布和速度分布。热晕中性粒子是中性束注入粒子与本底热离子发生电荷交换反应产生的。

$$\text{D}^0+\text{D}_\text{b}^+\to\text{D}^++\text{D}_\text{b}^{0*}\to\text{D}^++\text{D}_\text{b}^0+\gamma \tag{4.4.9}$$

其中，D^0表示氘中性束粒子，D_b^+表示氘离子，D_b^0表示氘热晕中性粒子。并且，热晕中性粒子还能与本底热离子再次发生电荷交换反应生成二级热晕中性粒子。这些热晕中性粒子环绕在中性束粒子周围，粒子密度能够与中性束粒子密度相当，甚至超过中性束粒子密度。由于其能量适中，热晕中性粒子更容易与快离子之间发生电荷交换反应。

$$D_b^0 + D_f^+ \rightarrow D_b^+ + D_f^{0*} \rightarrow D_b^+ + D_f^0 + \gamma \tag{4.4.10}$$

在得到处于$n=3$激发态的快中性粒子电荷交换反应率后，快离子氘阿尔法谱的发光强度由下式给出：

$$\frac{d^2 I}{d\lambda d\Omega} = \frac{C_0}{4\pi}\sum_{k=1}^{3} n_{\mathrm{nbi}(k)} \int n_f(v)\cdot\sigma_{\mathrm{cx}(3\rightarrow 2)}(v_{\mathrm{rel}})\cdot v_{\mathrm{rel}} dv_y dv_z \tag{4.4.11}$$

其中，C_0为与观测视线和波长有关的常数，n_f为观测视线上快离子的分布函数。由于热晕中性粒子的速度分布可以近似为与背景离子相同的热平衡，快离子氘阿尔法谱的发光强度中与热晕中性粒子有关的部分可以表示为

$$\frac{d^2 I}{d\lambda d\Omega} = \frac{C_0}{4\pi}\int n_f(v)\cdot Q(v_f) dv_y dv_z \tag{4.4.12}$$

$$Q(v_f) = \int f_{\mathrm{thermal}}(v)\cdot\sigma_{\mathrm{cx}(3\rightarrow 2)}(v_{\mathrm{rel}})\cdot v_{\mathrm{rel}} dv_x dv_y dv_z \tag{4.4.13}$$

其中，$Q(v_f)$为快离子与热晕中性粒子的电荷交换反应率，v_{rel}为快离子速度与发生电荷交换热晕中性粒子的相对速度，f_{thermal}为麦克斯韦分布。

4.4.1.5 快离子氘阿尔法模拟相关的物理量提取

快离子氘阿尔法诊断的目标是通过测量不同位置和不同波长处快离子氘阿尔法的强度获得聚变等离子体中快离子空间分布和速度分布。但是，快离子氘阿尔法谱诊断测量的空间局限于测量视场与注入中性束的交叉区域，而对于速度空间的测量则通过所有可能的快离子倾角和能量在特定波长位置处的投影体现。

为了解决这个问题，快离子氘阿尔法强度可以看作是以能量E和倾角p为变量的分布函数$F(E,p)$与权重函数$W(E,p)$在特定波长处积分[26]。快离子氘阿尔法的表达式(4.4.11)经过视线积分后可以简化为

$$\frac{dI}{d\lambda} = \frac{C_1}{4\pi}\int n_f(v)\cdot Q(v_{\mathrm{nbi}}) dv_y dv_z \tag{4.4.14}$$

其中，C_l为与波长有关的常数，$Q(v_{\mathrm{nbi}})$为快离子与中性束粒子的电荷交换反应率。将式(4.4.14)中速度空间坐标转换为能量和倾角坐标，表达式为

$$\frac{dI}{d\lambda} = \frac{C_1}{4\pi}\int_0^{E_{\max}}\int_{-1}^{1} F(E,p)\cdot W(E,p) dp dE \tag{4.4.15}$$

其中，倾角$p=-1$时快离子沿大环方向运动与磁场方向相反，倾角$p=1$时运动方向与磁场方向相同。能量的最大值$E_{\max}$决定于中性束注入能量。在测量出快离子氘阿尔法光谱强度的情况下，只要能得到权重函数的分布，就可以提取出快离子的分布函数。

权重函数与注入中性束、等离子体参数及位形和观测视线的布置有关，与快离子的分布函数无关，可以通过模拟计算得到。

快离子氘阿尔法强度的模拟计算需要借助碰撞辐射模型[47-49]获得快中性粒子、中性束粒子和热晕中性粒子的各个电离态和激发态的密度分布。在碰撞辐射模型中，等离子体密度较高，各电离态和激发态的中性粒子密度由自发辐射和碰撞辐射两个过程决定，需要求解包含激发、复合和电离多个过程速率方程：

$$\begin{aligned}\frac{\mathrm{d}N_i}{\mathrm{d}t} = &\sum_{i'>i}(A_{i'\to i} + n_\mathrm{e}q^\mathrm{e}_{i'\to i} + n_\mathrm{p}q^\mathrm{p}_{i'\to i})N_{i'} + \sum_{i''>i}(n_\mathrm{e}q^\mathrm{e}_{i''\to i} + n_\mathrm{p}q^\mathrm{p}_{i''\to i})N_{i''} \\ &+\left(\alpha_i^\mathrm{RR} + \alpha_i^\mathrm{DR} + \frac{n_\mathrm{b}}{n_\mathrm{e}}\alpha_i^\mathrm{CX} + \alpha_i^{(3)}n_\mathrm{e}\right)n_+n_\mathrm{e} - \sum_{i''>i}(A_{i\to i''} + n_\mathrm{e}q^\mathrm{e}_{i\to i''} + n_\mathrm{p}q^\mathrm{q}_{i\to i''})N_i \\ &-\sum_{i'>i}(n_\mathrm{e}q^\mathrm{e}_{i\to i'} + n_\mathrm{p}q^\mathrm{p}_{i\to i'})N_i - (n_\mathrm{e}q^\mathrm{e}_{i\to\infty} + n_\mathrm{p}q^\mathrm{p}_{i\to\infty} + n_\mathrm{p}q^\mathrm{CX}_{i\to\infty})N_i\end{aligned} \tag{4.4.16}$$

其中，$i''<i<i'$表示激发态，A是自发辐射系数，$q_{i'\to i}$、$q_{i''\to i}$、$q_{i\to\infty}$分别是激发辐射、去激发辐射、碰撞电离系数，n_e是电子密度，n_p是粒子密度，α^RR、α^DR、$\alpha^{(3)}$是辐射、双电子复合和三体复合系数，α^CX是中性粒子做为供电子原子发生电荷交换的贡献，N_i是处于激发态i的中性粒子密度。

将式(4.4.16)转换成矩阵算式：

$$\frac{\mathrm{d}N_i}{\mathrm{d}t} = n_\mathrm{e}n_+r_i - \sum_j C_{ij}N_j \tag{4.4.17}$$

其中

$$C_{ij} = \begin{cases} A_{j-i} + n_\mathrm{e}q^\mathrm{e}_{j\to i} + n_\mathrm{p}q^\mathrm{p}_{j\to i}, & j>i \\ n_\mathrm{e}q^\mathrm{e}_{j\to i} + n_\mathrm{p}q^\mathrm{p}_{j\to i}, & j<i \end{cases}$$

$$\begin{aligned}\mathrm{C}_{ii} = &-\sum_{j'>i}A_{i\to j'} + n_\mathrm{e}q^\mathrm{e}_{i\to j'} + n_\mathrm{p}q^\mathrm{q}_{i\to j'} - \sum_{j''>i}(n_\mathrm{e}q^\mathrm{e}_{i\to j''} + n_\mathrm{p}q^\mathrm{p}_{i\to j''}) \\ &-(n_\mathrm{e}q^\mathrm{e}_{i\to\infty} + n_\mathrm{p}q^\mathrm{p}_{i\to\infty} + n_\mathrm{p}q^\mathrm{CX}_{i\to\infty})\end{aligned}$$

$$r_i = \alpha_i^\mathrm{RR} + \alpha_i^\mathrm{DR} + \frac{n_\mathrm{b}}{n_\mathrm{e}}\alpha_i^\mathrm{CX} + \alpha_i^{(3)}n_\mathrm{e}$$

4.4.2 FIDA技术方案

快离子氘阿尔法诊断需要测量快离子与中性束粒子发生电荷交换反应后产生的氘阿尔法谱，并在光谱信息中完成对快离子空间和速度分布的提取。由于快离子氘阿尔法谱强度很弱，其与轫致辐射强度相当，如何在增强光通量的同时完成强干扰辐射谱的排除是诊断首先要解决的问题。常规的可见光谱仪侧重于获得较高的成像质量，实现高光谱高空间分辨。快离子氘阿尔法诊断发展的光谱仪需要增加光信号的强度，完成弱光信号的高信噪比高时间分辨率探测。为了能在测量的一维光谱信号中读取速度分布的二维信息，需要借助模拟代码FIDASIM分析或层析重建技术完成对实验数据中物理量的提取。

4.4.2.1 快离子氘阿尔法的光谱、频谱和成像探测

快离子氘阿尔法诊断根据测量目的不同，可以分为光谱诊断、频谱诊断和成像诊断。诊断系统由前端光收集部分、光纤传导部分、光学分光部分、光电转换部分和数据采集与系统控制部分组成。前端光收集部分主要是通过在装置诊断窗口安装成像镜头组件，完成对测量中性束发光区域的视线布置。主要的视线布置方向是切向和垂直向，也可以根据实验需要布置多个角度的观测视线，以提高反演分析和模拟代码的计算精度。光学分光部分和光电转换部分的不同选择是3套诊断系统最主要的区别。

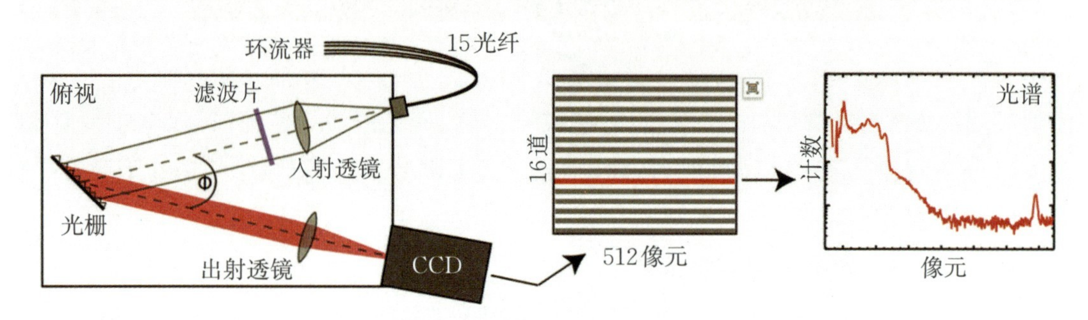

图4.4.2 ASDEX Upgrade装置上快离子氘阿尔法光谱诊断的光谱仪系统

光谱诊断是通过可见光光谱仪和探测器实现对光信号的高光通量高时间分辨测量。由于快离子氘阿尔法光谱非常弱，需要在光谱仪中内置挡光条或中性密度滤波片衰减大部分的氘阿尔法线强辐射信号，避免探测器饱和谱仪内的过高杂散光干扰。探测器一般选择CCD或EMCCD(electron-multiplying CCD)。EMCCD也叫电子倍增CCD，与CCD的主要区别是在读出寄存器后面加了增益寄存器，可以对信号进行100～1000倍的增强。可见光光谱仪有两种选择，一种是Czerny-Turner型反射式光谱仪，另外一种是体全息光栅(volume phase holographics，VPH)型透射式光谱仪。反射式光谱仪成像质量高，光谱分辨率优于透射式光谱仪。透射式光谱仪光通量高，光损失小，容易达到较快的时间采样率。DⅢ-D装置[50]上采用了反射式光谱仪F数为4，焦距为300 mm。在光谱仪出光口和CCD探测器之间，放置一根1 mm宽2 mm长的挡光条，并后置两个焦距为85 mm和50 mm的镜头，将光谱仪的出射光聚焦到CCD的探测面内。ASDEX Upgrade装置[51]上也采用了反射式光谱仪(图4.4.2)，为了增加光通量将反射镜都换成了透镜，挡光条改为带通滤波片，F数是2.8，焦距为180 mm。MAST装置[52]上采用了更大光通量的透射式光谱仪，F数是1.8，焦距为85 mm。遮光部件为

高带通滤波片，在氘阿尔法线（656.1 nm）处透过率为1%，波长距离大于0.7 nm处为33%，更大波长方向为90%。

频谱诊断采用带通滤波片进行FIDA谱段光信号直接提取，光电倍增管完成光电转换和信号的初级放大，增加放大器完成信号的二级放大，配置采集卡进行信号的收集和模数转换。带通滤波片波长是所选谱段的中心波长，带宽2～3 nm，透过率90%。在带通滤波片和接入光纤之间放置准直镜，避免入射光的角度偏差。入射角2°的偏差会引起滤波片中心波长0.2 nm的移动，并且快离子氘阿尔法的测量信号也会随之变动。布置更长的接出光纤，使光电倍增管及后端设备远离装置，避免电磁干扰。光电倍增管可以选择具有空间分辨的多阳极光电倍增管，也可以是通用单道光电倍增管。多阳极光电倍增管可以做多通道测量，信号增益较大，时间响应快，而单通道光电倍增管受光面积更大，光敏度高且稳定。DⅢ-D装置[53]上使用的是H8711-20型多阳极光电倍增管。诊断系统采样率可达1 MHz，受限于诊断信号的强度，实际信号的最大采样率约为200 kHz。国内EAST装置[54]上由于实际信号相对较弱采用了两种光电倍增管，一种是H8711-20型多阳极光电倍增管，另一种是H10721-20型光电倍增管。通过装置实验表明H10721-20型光电倍增管能够探测到更高信噪比的数据。

成像诊断采用带通滤波片后端连接高速CMOS（complementary metal oxide semiconductor）相机的组合。该诊断需要光纤传像束代替多根光纤将最前端镜头中的光学图像传输到后端的高速CMOS相机。不同于前两套诊断，光纤传像束和高速CMOS相机都是采用面阵探测方式，诊断的目标从多条视线的一维测量变为完整视场的二维测量，单个面元只有几十微米使得空间分辨率达到几个毫米。CCD相机也可以进行面阵探测，由于是行转移读出方式，全帧读出速度慢约为5 fps，而CMOS相机是像面直接读出，全帧读出速度极快为100 kfps。DⅢ-D装置[55]上光纤传像束的探测面为8 mm×10 mm，像素数800×1000，单丝直径8 μm，长度2.7 m，前端的物镜收集发光面的光信号，后端的中继镜与带通滤波片和高速CMOS相机依次相连。物镜所在诊断窗口布置在与发光面相差90°角的环向。高速CMOS相机的探测面为35.8 mm×22.4 mm，像素数1280×800，单个像素28 μm×28 μm，满帧读出速度7.5 kfps。

4.4.2.2 快离子氘阿尔法诊断的干扰源分析及排除方法

快离子氘阿尔法诊断的干扰源主要分为与中性束注入相关的和与本底等离子体有关的干扰源。与中性束注入相关的干扰源包括中性束氘阿尔法发射谱、杂质电荷交换线辐射、热晕粒子谱。此外，氘中性束注入夹杂的少量氢中性束发射出中性束氢阿尔法（HBES）谱。与本底等离子体有关的干扰源是氘阿尔法线辐射、杂质线辐射、轫致辐射谱。还有一种是被动快离子氘阿尔法光谱(passive FIDA),是快离子与边缘中性粒子发生电荷交换反应产生的。氘阿尔法线和热晕粒子谱的发射强度大必须用遮光部件进行硬件消除。中性束氘阿尔法发射谱能通过增大诊断测量视线与中性束束线的夹角,减小多普勒频移量,在进行诊断布置时排除。如果中性束注入期间存在杂质电荷交换线辐射,杂质线辐射只能通过模拟方法消除。与本底等离子体有关的干扰源的排除方法有中性束调制法和对称视线法。中性束调制法是在等离子体放电时注入多个间隔相等的短脉冲,由于间隔时间很短,与本底等离子体有关的干扰源在中性束打开和关闭时保持不变,两个连续的时段信号相减就得到了测量所需的有效信号。对称视线法是在与测量视线相反的环向上对称布置测量视线,由于观测位置没有中性束束线,所测信号是与本底等离子体有关的干扰源,由于等离子体辐射在环向保持不变,两道信号相减即为所测有效信号。NSTX装置上[44-56]在等离子体放电条件比较好的情况下,同时使用这两种排除干扰的方法进行评估,所获得的有效信号基本一致,但仍然存在大约10%的系统误差,见图4.4.3。

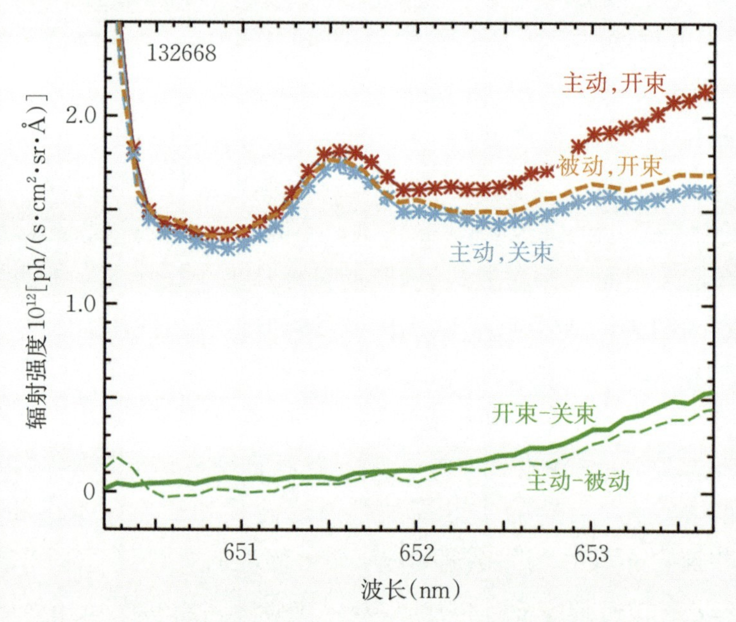

图4.4.3 NSTX装置上中性束调制法和对称视线法测量信号的比较

4.4.2.3 快离子氘阿尔法发射谱的分析代码FIDASIM

快离子氘阿尔法分析代码FIDASIM是以输入的中性束注入粒子分布、等离子体本底粒子分布、等离子体内磁场位形为基础,通过基于蒙特卡洛法的碰撞模型模拟计算已知快离子分布函数时布置视线所能探测的快离子氘阿尔法光谱、中性束氘阿尔法光谱、热晕粒子氘阿尔法光谱以及轫致辐射。该分析代码主要是模拟快离子在与注入中性束相关粒子发生电荷交换然后产生氘阿尔法辐射的整个过程。碰撞模型[47]的输入是中性粒子初始通量、等离子体参数、格点中性粒子速度矢量和时间间隔，输出是进入到下个网格的中性粒子通量、格点具有不同能态的中性粒子密度，见图4.4.4。碰撞辐射模型用来计算模拟中性束粒子，本底离子和快离子的中性粒子部分的电离、电荷交换、激发和去激发的瞬时过程，计算过程，参见速率方程(4.4.16)及矩阵表达式(4.4.17)。基于这个模型，可以得到中性束、热晕粒子和快粒子的发射谱。为了更为方便地模拟快粒子的发射谱，用权重函数法代替蒙特卡洛法，发射谱强度表示为权重函数与输入快离子分布函数的积分，见式(4.4.15)。权重函数主要是得出了给定观测线上的速度和能量空间的快离子与中性粒子发生电荷交换反应产生快离子氘阿尔法光谱的发射率。权重函数在速度空间的轮廓不仅与观测视线有关还与平衡磁场位形相关。权重函数的计算输入量包括观测视线、磁场位形、等离子体参数和中性束注入中性粒子密度。权重函数计算碰撞模型时线积分替代网格计算中性束和热晕粒子密度，快离子通过时间由快离子速度和穿透半宽度决定。线平均的等离子体参数k_{mean}表示如下，

$$k_{\text{mean}}=\frac{\int k\cdot\left(d_{\text{beam}}+d_{\text{halo}}\right)\mathrm{d}l}{\int\left(d_{\text{beam}}+d_{\text{halo}}\right)\mathrm{d}l} \tag{4.4.18}$$

其中，$\mathrm{d}l$是沿视线方向的路径，k表示电子和离子温度、电子和离子密度、磁场矢量、等离子体旋转和杂质密度，d_{beam}和d_{halo}表示中性束和热晕中性粒子密度。在得到线积分和线平均的参量后，快中性粒子在观测视线上中性束和热晕粒子中通过时间内的中性化率基于碰撞辐射模型就能够计算，然后，再计算这部分快中性粒子的发射强度和波长展宽。HL-2A装置上垂直向视线在不同波长区间的权重函数在图4.4.5中给出。

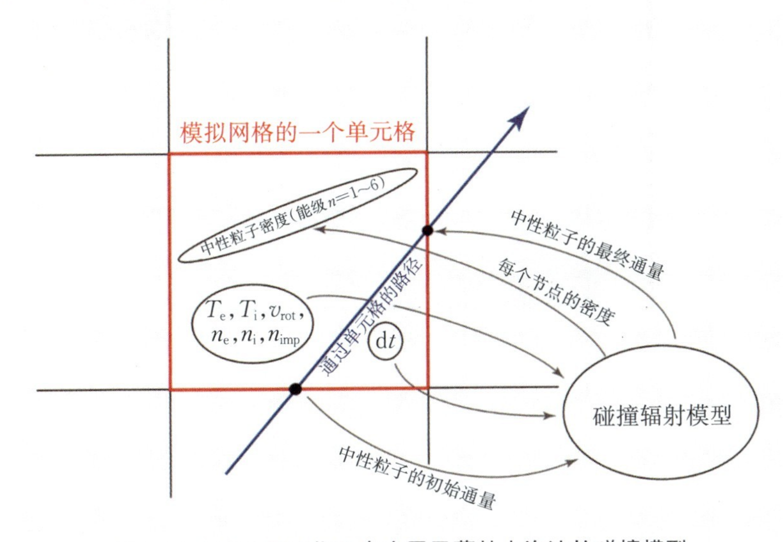

图4.4.4 FIDASIM代码中应用于蒙特卡洛法的碰撞模型

FIDASIM代码的快离子分布函数由TRANSP代码计算得到，在图4.4.5中由阴影部分表示。FIDASIM代码模拟得到的发射谱，在图4.4.6中给出。快离子分布函数的确认要进行模拟结果与快离子氘阿尔法诊断数据比较。FIDASIM代码最初是由Heidbrink教授等人在DⅢ-D装置上基于蒙特卡洛方法编写的IDL版本[57-58]，后来，Geiger等人在ASDEX Upgrade装置上将其转化为Fortran90版并提出了权重函数。[47,59]国际上多个装置(NSTX、MAST、EAST、TCV、LHD、HL-2A)都使用了FIDASIM代码进行诊断结果评估和相关物理分析。

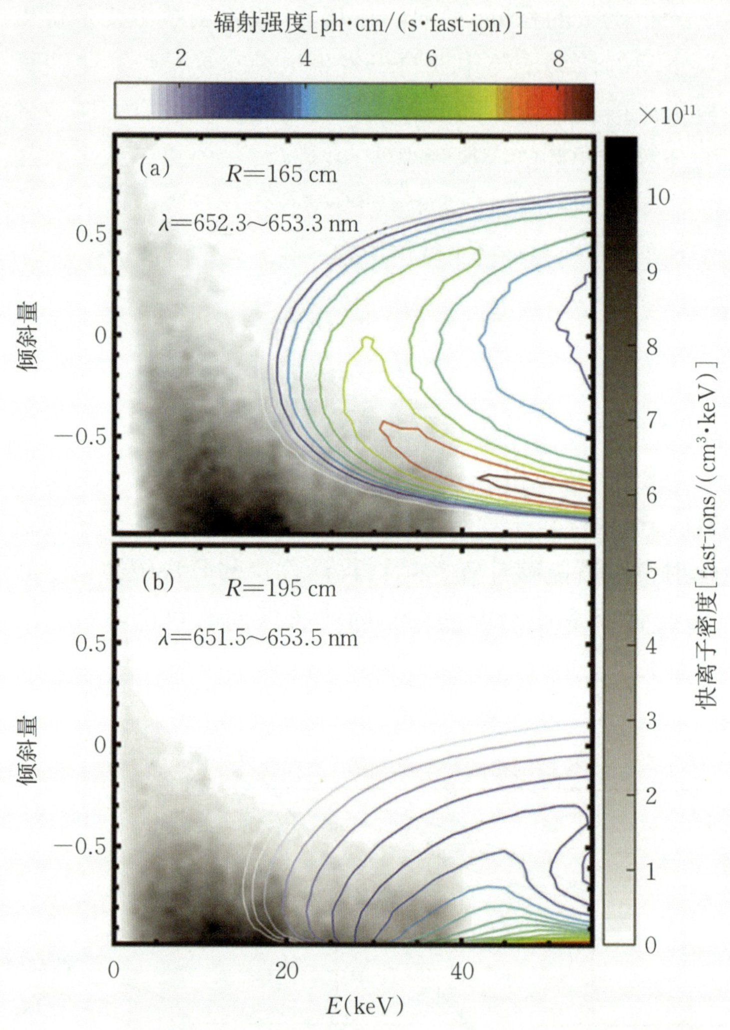

图4.4.5 HL-2A装置上FIDASIM代码得出的不同径向位置速度空间权重函数

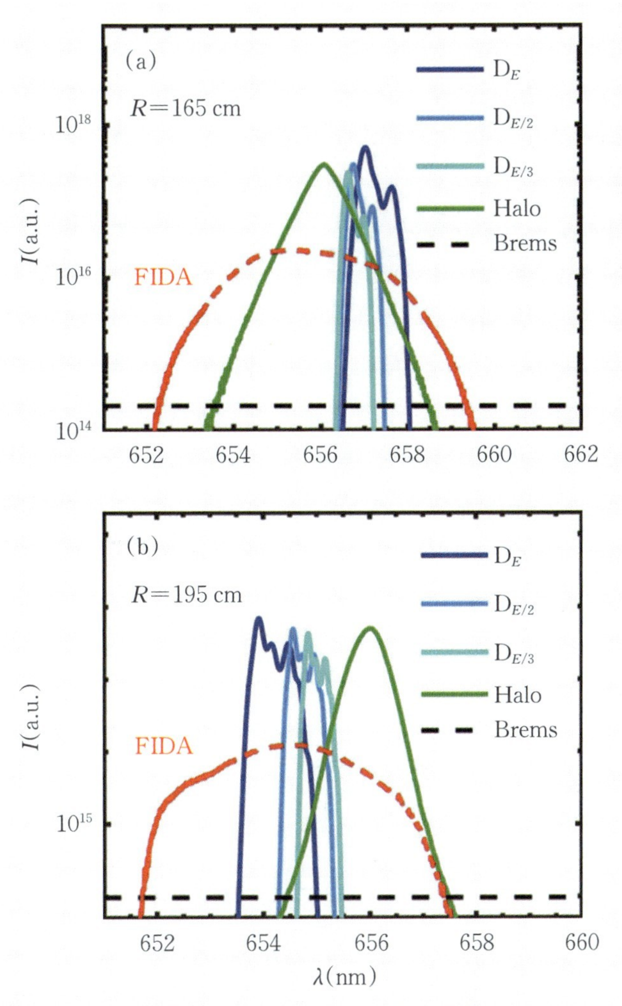

图4.4.6 HL-2A装置上FIDASIM代码得出的不同径向位置发射谱

4.4.2.4 快离子分布函数的层析重建

层析重建(tomography)技术是利用快离子氘阿尔法诊断测量的线积分光谱数据和FIDASIM计算出的对应视线的权重函数反演得到快离子的速度和能量分布。层析重建时快离子氘阿尔法的强度可以用矩阵表示为

$$\boldsymbol{S}=\boldsymbol{W}\boldsymbol{F} \tag{4.4.19}$$

矩阵$\boldsymbol{S}$表示不同视线上各个波长间隔上快离子氘阿尔法的强度,矩阵$\boldsymbol{W}$表示对应各条视线FIDASIM代码计算出的速度空间权重函数,矩阵$\boldsymbol{F}$表示快离子速度分布。为了计算得到矩阵$\boldsymbol{F}$,对上式做逆变换:

$$\boldsymbol{F}=\boldsymbol{W}^{-1}\boldsymbol{S} \tag{4.4.20}$$

矩阵$\boldsymbol{W}$的逆矩阵$\boldsymbol{W}^{-1}$不容易得到或者并不存在,一般采用最小二乘法进行拟合或者是

奇异值分解法、Tikhonov 正则法等求约束解。最小二乘法的求解表示为

$$\chi^2 = |\boldsymbol{S} - \boldsymbol{W}\boldsymbol{F}|^2 \tag{4.4.21}$$

层析重建完成后得到的矩阵$\boldsymbol{F}$即为快离子的速度分布。如果TRANSP代码模拟出的快离子速度分布也符合条件，也就是TRANSP代码和FIDASIM代码计算出的不同视线的快离子氘阿尔法光谱与矩阵$\boldsymbol{S}$中的一致。比较层析重建和TRANSP代码给出的快离子速度分布，就可以评估层析重建的结果。快离子氘阿尔法诊断的视线布置受限于观测视窗的位置，光谱中有效信号的提取长度受到干扰源制约，层析重建仍然有不少困难。在ASDEX Upgrade装置上对三条不同角度上的测量视线数据进行层析重建得到了快离子的速度分布[60]，并与已经验证过的TRANSP代码计算的速度分布进行比较，两个分布的形状相似并且中性束全能量和半能量峰在两个分布中的坐标位置基本一致，说明层析重建的结果基本与实际实验情况相符。之后，ASDEX Upgrade装置上层析重建进行升级[61]，视线条数从三组增加到五组从不同角度覆盖多个径向位置，拓展了层析重建在等离子体放电中的适用范围，并且重建结果可以对锯齿崩坍现象进行物理分析。在EAST装置[62]上层析重建技术也获得了比较好的结果，通过引入快离子慢化过程的分布函数作为基函数，提升了快离子速度空间重建后的分辨率，实现了只有两个方向的视线数据进行的层析重建。

4.4.3 标定与实验

通过改善放电条件和改进数据分析手段，提升了中性束调制法和对称视线法在干扰排除方面的准确度，完成了有效快离子氘阿尔法辐射的光谱谱形、空间分布和时间演化的探测。应用FIDASIM代码实现了对实验数据的模拟和评估，并且借助TRANSP代码或层析反演获得了快离子空间和速度分布并为等离子体输运和宏观磁流体不稳定性分析提供了重要实验基础。

4.4.3.1 快离子氘阿尔法谱的分析代码的应用

快离子氘阿尔法光谱诊断的测量结果是快离子的发射谱，不能直接获得快离子能量和速度分布的函数，需要借助分析代码FIDASIM得到分布函数。FIDASIM代码能模拟快离子相关的束发射谱、热晕粒子谱和快离子氘阿尔法谱并与测量到的各种发射谱比较，如果比较结果基本一致，则能确认代码输入的快离子能量和速度分布的函数即为实验的实际分布函数。快离子能量和速度分布的函数是由TRANSP代码计算出的，一旦分布函数确定，TRANSP代码可以模拟等离子体内的输运过程估算出快离子的输运系数，分析快离子相关的物理过程。等离子体符合经典碰撞输运过程的典型放电，由于没有宏观磁流体不稳定性的存在，TRANSP代码能够准确预测并给出快离子

的分布函数，是进行FIDASIM代码确认和应用重要依据。在ASDEX Upgrade装置[59]上典型放电条件下，FIDASIM代码模拟得到快离子氘阿尔法谱、束发射谱和热晕粒子谱的总辐射谱与实验测量的发射谱基本一致。借助TRANSP代码计算了不同输运系数下快离子在大半径方向波长区间积分后快离子氘阿尔法辐射强度分布。波长区间选择的是659.5～660.6 nm，对应的能量区间为25～42 keV，装置的磁轴位于R=1.719 m处。对于经典输运过程，实验数据与模拟分布比较一致，对于输运系数较大的反常输运，模拟分布比较平坦与实验数据有很大偏差。

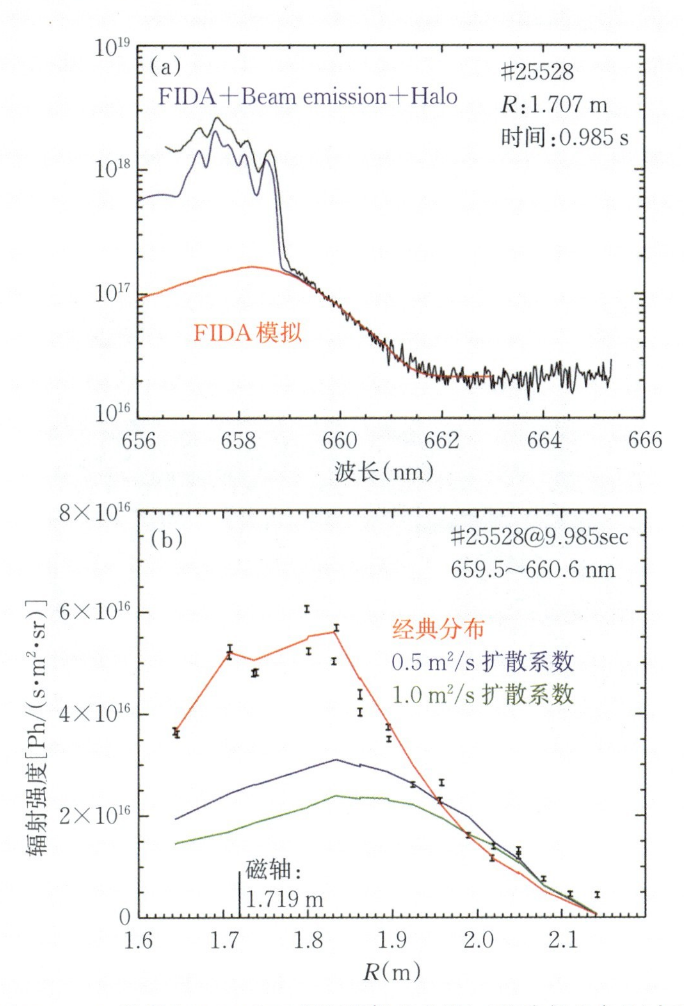

图4.4.7 ASDEX Upgrade装置上FIDASIM代码模拟的光谱(a)和空间分布(b)与实验数据的比较

4.4.3.2 快离子氘阿尔法谱的层析重建技术的应用

快离子的能量和速度分布函数可以通过应用FIDASIM代码和TRANSP代码的物理模型方法来确定。但是，物理模型方法在面对复杂物理过程的放电实验数据时，往往难于获得比较自洽的模拟结果。层析重建分析技术不依赖物理模型，输入数据为实验测量值和诊断相关的基本数据，因此在复杂物理过程数据的分析中有比较大的优势。快离子的能量和速度分布的层析重建首先要得到各条观测视线的权重函数，也就是确定视线与中性束重叠的等离子体区域内不同能量和速度的快离子在视线上的发光概率。然后，要通过快离子氘阿尔法光谱诊断获得不同视线上各个波长处的快离子氘阿尔法的辐射强度。最后，通过各种约束条件降低实验数据的不确定度减少反演误差得到有效的快离子能量和速度的分布信息。在ASDEX Upgrade装置[61]上研究了锯齿振荡过程中快离子的能量和速度分布的变化，共布置了5个角度的视线列（见图4.4.8），观测到的谱分布覆盖了645～665 nm的波长区间。分析比较了层析重建后在等离子体的两个径向位置上锯齿振荡前后两个时刻的快离子能量和速度分布（见图4.4.9）。在等离子体中心位置快离子密度下降25%，在等离子体中间位置快离子密度上升19%。在中心位置具有比较大倾角的通行快离子下降大约50%，小倾角的捕获快离子没有太明显下降，而在中间位置趋势正好相反。

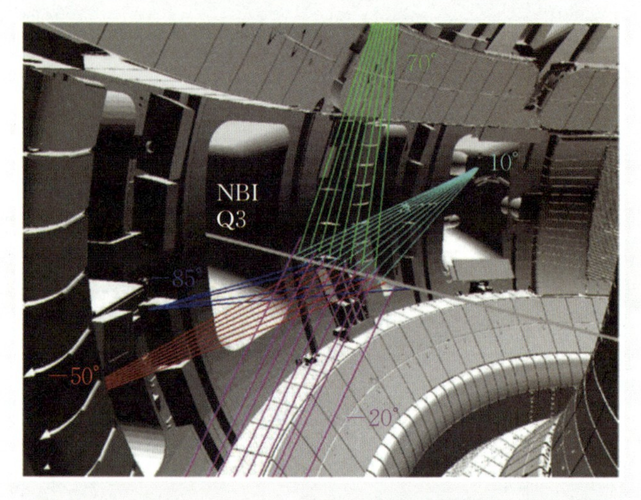

图4.4.8　ASDEX Upgrade装置不同角度观测视线的布置

4.4.3.3　快离子氘阿尔法诊断与其他快离子诊断的比较

快离子氘阿尔法谱诊断测量的是聚变等离子体内与束粒子发生电荷交换反应的快离子分布。快离子氘阿尔法谱所在波长的多普勒频移是快离子最小倾角的能量值，光谱强度是最小倾角能量和大于该能量的所有可能快离子辐射的均值。权重函数是能量E和倾角p的函数，表示速度分布在测量信号强度中的占比。快离子氘阿尔法谱诊断的权重函数在特定波长位置处的占比由速度空间以最小倾角能量为顶点的抛物线决定，并且满足$W\neq 0$的条件。垂直向视线的曲线满足$E=E_\lambda/(1-p^2)$的关系。在顶点附近的空间，辐射强度的占比更高。由于快离子与束粒子的反应截面也直接影响光

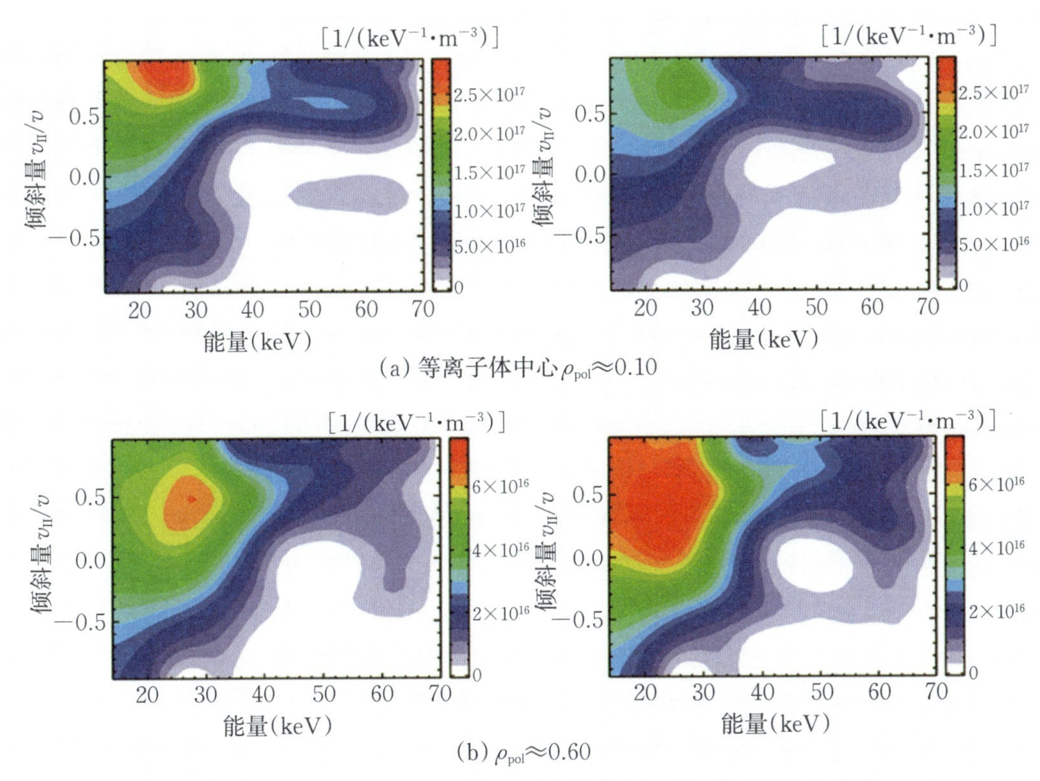

图4.4.9　ASDEX Upgrade装置上层析重建在锯齿振荡过程中的应用

谱强度，权重函数在速度分量更接近束粒子能量和倾角的区域有更大的占比，其他速度分量占比很小。中子诊断测量的是氘-氘聚变反应的中子计数率，在等离子体中氘-氘聚变反应主要是快离子相关的束离子与主等离子体离子之间的反应。由于聚变反应截面取决于相对能量且芯部区域主离子密度比较高，中子诊断的强度与芯部高能部分快离子的密度直接相关。中子诊断的权重函数主要体现束离子与主等离子体离子之间的反应，能量越高反应截面越大，占比的增速越快。倾角的非对称性主要与等离子体的环向转动有关，快离子能量一定时反向运动的快离子具有更大的占比。快中性粒子诊断测量与中性束粒子电荷交换反应后到达等离子体外的快中性粒子能量和密度，是对快离子分布的直接测量。快中性粒子诊断的权重在速度空间就是一个点，权重函数是一个$\delta(E_0,p_0)$函数。表4.4.1给出了三种诊断在速度权重、空间分辨和时间分辨上的比较。快中性粒子诊断的能量分辨最好，中子诊断的时间分辨最高，快离子氘阿尔法诊断既具有能量分辨又有倾角的分辨。图4.4.10给出了DⅢ-D装置[63]上快中性粒子(NPA)诊断[64]、快离子氘阿尔法(FIDA)诊断[50]和中子(NEUT)诊断[65]的权重函数和权重函数与快离子分布的乘积分布，快离子的分布函数也在图4.4.10(a)中给出，是切向中性束注入($p=0.6$，$E_{max}=80$ keV)形成。快中性粒子诊断具有很好的能量分辨，在速度空间是$E=50$ keV和$p=0$的测量点。信号强度也只与这个速度空间的点内快离子个数有关，与快离子的分布函数无关。快离子氘阿尔法诊断的权重函数是抛物面，信号强度由权重函数和快离子分布函数共同决定。在波长$E_\lambda=50$ keV的信号强度主要来自中性束注入能量($p=0.6$，$E_{max}=80$ keV)附近的快离子。中子诊断的信号主要由快离子分布函数决定，信号强度决定于快离子的高能部分，在$E_{max}=80$ keV附近信号强度最强。

表4.4.1 快离子相关诊断参数比较

诊　断	速度权重	空间分辨	时间分辨
快离子氘阿尔法谱诊断	能量分辨和倾角分辨中等	~3 cm	~10 ms
中子诊断	高能部分权重高，倾角度分辨低	≥10 cm，弦积分	~10 μs
快中性粒子诊断	能量分辨高，倾角度分辨低	~5 cm	~1 ms

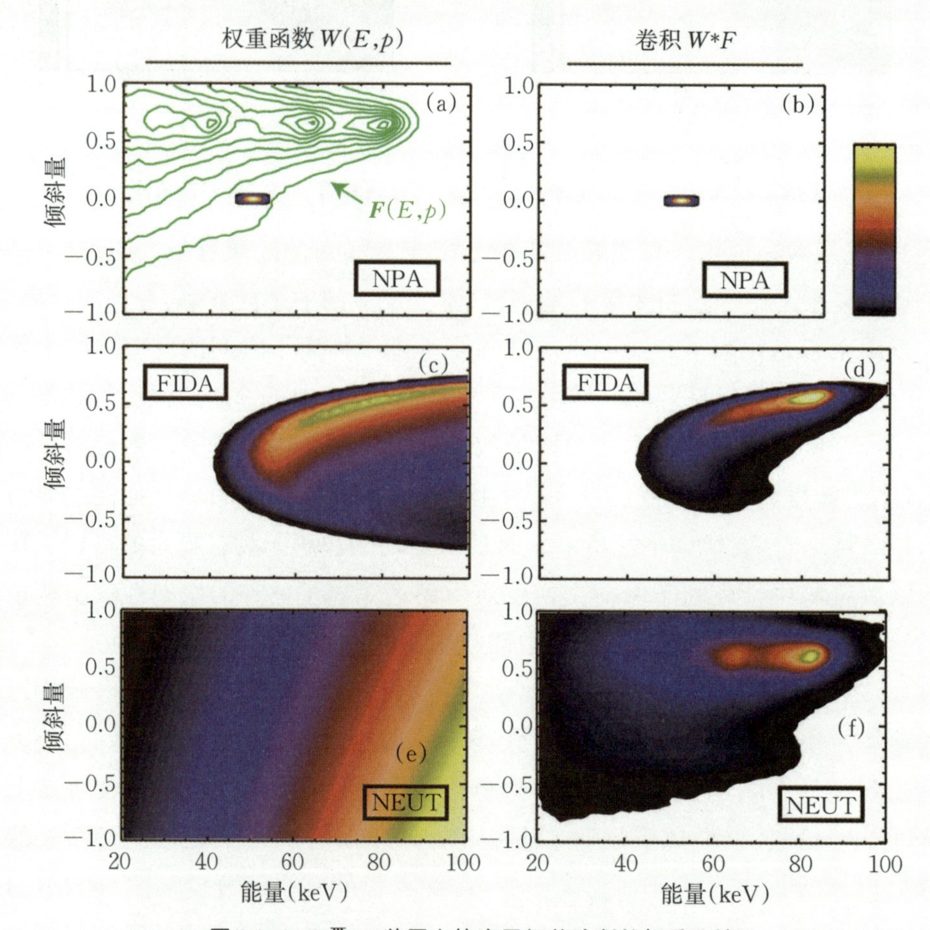

图4.4.10 DⅢ-D装置上快离子相关诊断的权重比较

4.4.3.4 快离子氘阿尔法诊断的典型研究成果

快离子氘阿尔法诊断应用于高能粒子相关的前沿物理研究展现出了独特的优势。Heidbrink 等人在 DⅢ-D 装置上利用 FIDA 诊断实验结果证实了微湍流(microturbulence)引起的高能量离子输运。[46]图 4.4.11 中,(a)~(d)为 FIDA 谱蓝移区,红色曲线表示实验数据,其中,波长越小表示多普勒频移值越大,对应的快离子的能量越大;蓝色实线则表示经典理论的预测值;黑色虚线表示对该区间进行积分以计算辐射。中性束功率 $P=3.1$ MW 时,靠近芯部的通道 $\rho=0.39$,整个能量区间与理论值较吻合,而靠近边界的通道 $\rho=0.69$ 处,高能区吻合较好,低能区则出现了差异。中性束功率 $P=7.2$ MW 时,不论是靠近芯部还是边界的通道,实验值均低于理论值。图 4.4.11(e)(f)不同中性束功率下 FIDA 辐射的径向分布再次证实了功率较高时,实验值远低于理论值,芯部尤其明显。而造成该现象的主要原因:微湍流引起了快离子的输运,且 E/T 值较小时易发生:① 当中性束功率较大时,离子温度升高,故 E/T 较小;② 多普勒频移较小的低能区,E/T 较小;③ 边界湍流的扰动更强,故靠近边界处与理论值吻合较差。

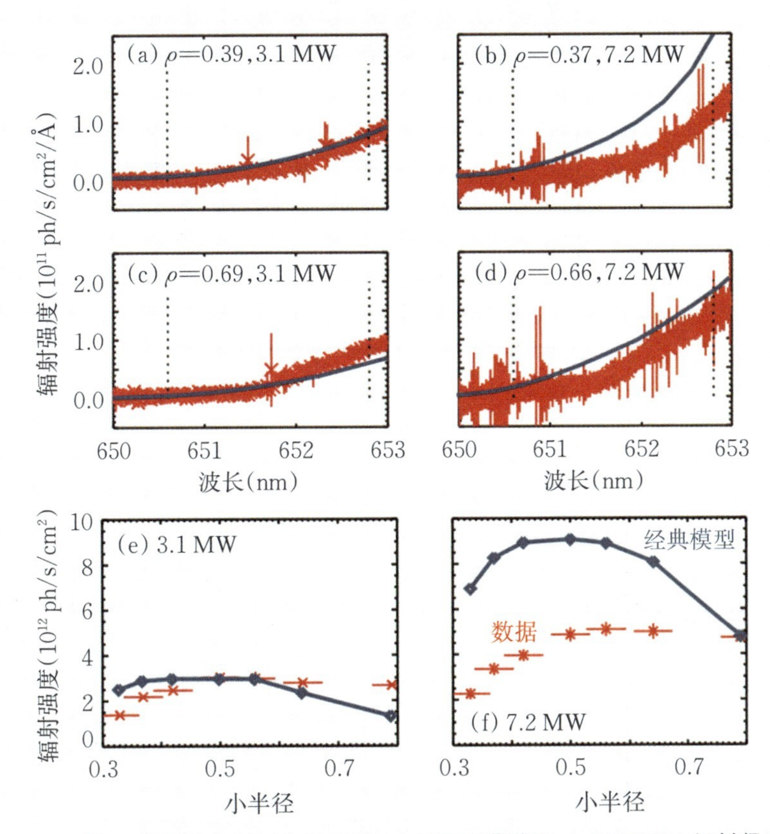

图 4.4.11 DⅢ-D 装置上(a)(b)(c)(d)FIDA 诊断谱蓝移区;(e)(f)FIDA 辐射径向分布

Heidbrink 等人在 DⅢ-D 装置上利用 FIDA 诊断探究阿尔芬本征模对快离子输运

的影响。[45]当阿尔芬本征模(RSAEs、TAEs)存在时,中子发射率与FIDA测得的快离子密度与经典理论预测值的比值随时间的演化,见图4.4.12。其中,实验值小于理论预测值,表明阿尔芬本征模的出现使得快离子的密度降低,且阿尔芬本征模越强,这种抑制效果就越明显。当t=0.36 s,阿尔芬本征模较强时,与TRANSP模拟理论值相比,芯部快离子的压强分布趋于平缓,明显低于理论值;当t=1.2 s,阿尔芬本征模较弱,芯部快离子的压强有所提高,但远低于理论值,见图4.4.13。然而,此前的研究[58]表明,没有阿尔芬本征模时,实验值与理论值吻合较好,因此,实验与理论值对比,证实阿尔芬本征模的出现导致芯部快离子密度分布降低。

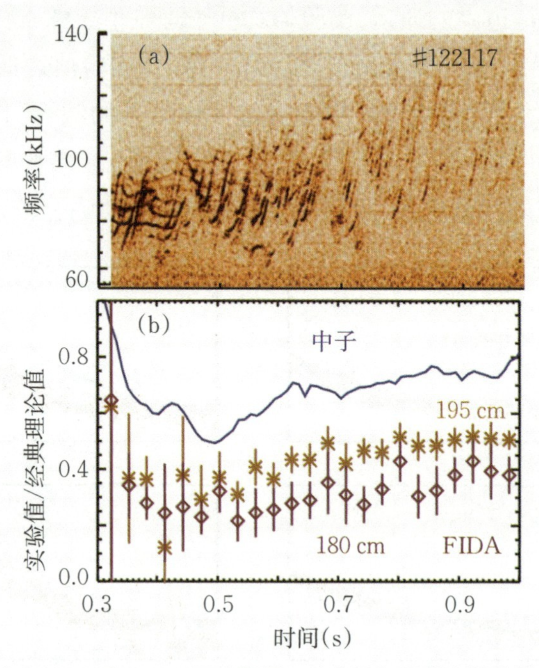

图4.4.12 DⅢ-D装置上(a)RSAEs与TAEs互功率谱;(b)中子与不同半径位置FIDA辐射值随时间的演化

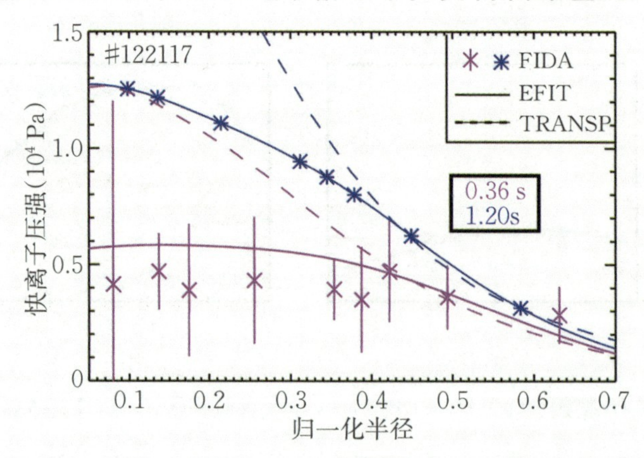

图4.4.13 DⅢ-D装置上FIDA实验值与TRANSP理论值对比

4.4.4 技术发展与展望

快离子氘阿尔法诊断已经在国际多个聚变装置上得到广泛的应用。快离子氘阿尔法诊断测量的是快离子与束中性粒子发生电荷交换反应后的多普勒频移连续谱。快离子氘阿尔法谱中能够提取快离子速度分布的二维信息,快中性粒子电荷交换反应后受激辐射的空间分辨距离只有大约3 cm,高信噪比信号的时间分辨在毫秒量级。快离子空间和速度分布的准确测量将为聚变等离子体输运和MHD不稳定性研究的开展提供重要依据。快离子氘阿尔法谱诊断由于系统易于布置建设成本低,非常适合具有中性束正离子源注入和等离子体低密度运行的磁约束装置。快离子氘阿尔法谱分析代码FIDASIM能够模拟快离子氘阿尔法谱以及束粒子相关发射谱,计算速度空间的权重函数,结合输运代码TRANSP能开展基于物理模型的等离子体输运理论分析,应用层析重建能开展基于算法的等离子体输运实验验证。对于即将运行的ITER装置,FIDA诊断的应用将非常困难。ITER装置等离子体密度高、快离子密度低并且中性束注入能量越高束粒子密度越低,这些因素都会造成信号强度的减弱。并且,高的等离子体密度会产生强的轫致辐射,超强背景辐射的存在将严重影响FIDA有效信号的提取。

参考文献

[1] Levinton F M, Fonck R J, Gammel GM, et al. Magnetic field pitch-angle measurements in the PBX-M tokamak using the motional Stark effect[J]. Physical Review Letters, 1989, 63(19): 2060.

[2] Holcomb C T, Makowski M A, Allen SL, et al. Overview of equilibrium reconstruction on DⅢ-D using new measurements from an expanded motional Stark effect diagnostic[J]. Review of Scientific Instruments, 2008, 79(10): 614.

[3] Rice B W, Nilson D G, Burrell K H, et al. Simultaneous measurement of q and E_r profiles using the motional Stark effect in high-performance DⅢ-D plasmas[J]. Review of Scientific Instruments, 1999, 70(1): 815-820.

[4] Rice B W, Burrell K H, Lao L L. Effect of plasma radial electric field on motional Stark effect measurements and equilibrium reconstruction[J]. Nuclear Fusion, 1997, 37: 517.

[5] Rice B W, Burrell K H, Lao L L, et al. Direct measurement of the radial electric field in tokamak plasmas using the stark effect[J]. Physical Review Letters, 1997(79): 2694.

[6] Isler R C. Observation of the reaction $H^0+O^{8+}\rightarrow H^{0+}(O^{7+})$ during Neutral-Beam Injection into ORMAK[J]. Physical Review Letters, 1997,38(23): 1359.

[7] Afrosimov V, Gordeev Y, Zinov' ev A, et al. Active diagnostics of impurity ions in the

plasma of a T 4 tokamak[J]. JETP Letters, 1978, 28(8):500-502.

[8] Fonck R J, Goldston R J, Kaita R, et al. Plasma ion temperature measurements via charge exchange recombination radiation[J]. Applied Physics Letters, 1983,42(3): 239-241.

[9] Isler R C and Murray L E. Plasma rotation measurements using spectral lines from charge transfer reactions[J]. Applied Physics Letters, 1983,42(4): 355-357.

[10] Groebner R J, Brooks N H, Burrell K H, et al. Measurements of plasma ion temperature and rotation velocity using the HeII 4686 Å line produced by charge transfer[J]. Applied Physics Letters, 1983,43(10): 920.

[11] Uzun-Kaymak I U, Fonck R J, McKee G R. Ultra-fast charge exchange spectroscopy for turbulent ion temperature fluctuation measurements on the D Ⅲ-D tokamak (invited)[J]. Review of Scientific Instruments, 2012,83(10):526.

[12] Yoshinuma M, Ida K, Yokoyama M, et al. Charge-exchange spectroscopy with pitch-controlled double-slit fiber bundle on LHD[J]. Fusion Science and Technology, 2010, 58(1): 375-382.

[13] Viezzer E, Pütterich T, Dux R, et al. High-resolution charge exchange measurements at ASDEX Upgrade[J]. Review of Scientific Instruments, 2012(83): 103-501.

[14] Wei Y L, Yu D L, Liu L, et al. High spatial and temporal resolution charge exchange recombination spectroscopy on the HL-2A tokamak[J]. Review of Scientific Instruments, 2014(85): 103-503.

[15] Li Y Y, Fu J, Lyu B, et al. Development of the charge exchange recombination spectroscopy and the beam emission spectroscopy on the EAST tokamaka[J]. Review of Scientific Instruments, 2014(85): 11E428.

[16] Ko W H, Lee H, Seo D, et al. Charge exchange spectroscopy system calibration for ion temperature measurement in KSTAR[J]. Review of Scientific Instruments, 2010(81): 10D740.

[17] Cavedon M, Pütterich T, Viezzer E, et al. A fast edge charge exchange recombination spectroscopy system at the ASDEX Upgrade tokamak[J]. Review of Scientific Instruments, 2017(88): 43-103.

[18] He X X, Yu D L, Yan L W, et al. Fast charge exchange recombination spectroscopy on HL-2A tokamak[J]. Review of Scientific Instruments, 2020(91): 530-504.

[19] Liu L, Yu D L, Ma Q, et al. The tri-band high spectral resolution spectrometer with gratings in tandem for the charge-exchange recombination spectroscopy diagnostic system on HL-2A tokamak[J]. Plasma Science and Technology, 2024(26): 65-102.

[20] Ida K, Kado S, and Liang Y. Measurements of poloidal rotation velocity using charge exchange spectroscopy in a large helical device[J]. Review of Scientific Instruments, 2000

(71): 23-60.

[21] von Hellermann M G, Bertschinger G, Biel W, et al. Complex spectra in fusion plasmas [J]. Physica Scripta, 2005(T120): 19-29.

[22] Knize R J, Fonck R J, Howell R B, et al. Utilization of charge exchange recombination spectroscopy for the study of metallic ion transport in TFTR[J]. Review of Scientific Instruments, 1988(59): 15-18.

[23] Grierson B A, Burrell K H, Chrystal C, et al. Active spectroscopic measurements of the bulk deuterium properties in the DⅢ-D tokamak[J]. Review of Scientific Instruments, 2012 (83): 10D529.

[24] von Hellermannt M, Bregert P, Frielingt J, et al. Analytical approximation of cross-section effects on charge exchange spectra observed.in hot fusion plasmas[J]. Plasma Physics and Controlled Fusion, 1995(37): 71-94.

[25] Solomon W M, Burrell K H, P Gohil, et al. Extraction of poloidal velocity from charge exchange recombination spectroscopy measurements[J]. Review of Scientific Instruments, 2004, 75(10): 34-81.

[26] Grierson B A, Burrell K H, Solomon W M, et al. Deuterium velocity and temperature measurements on the DⅢ-D tokamak[J]. Review of Scientific Instruments, 2010(81): 10D735.

[27] Fonck R J, Duperrex P A, Paul S F. Plasma fluctuation measurements in tokamaks using beam plasma interactions[J]. Review of Scientific instruments, 1990, 61(11): 3487-3495.

[28] McKee G, Ashley R, Durst R, et al. The beam emission spectroscopy diagnostic on the DⅢ-D tokamak[J]. Review of Scientific Instruments, 1999, 70(1): 913-916.

[29] Smith D R, Feder H, Feder R, et al. Overview of the beam emission spectroscopy diagnostic system on the National Spherical Torus Experiment[J]. Review of Scientific Instruments, 2010, 81(10): 10D717.

[30] Field A R, Dunai D, Gaffka R, et al. Beam emission spectroscopy turbulence imaging system for the MAST spherical tokamak[J]. Review of Scientific Instruments, 2012, 83(1): 13-508.

[31] Wang H J, Yu Y, Chen R, et al. Development of beam emission spectroscopy diagnostic on EAST[J]. Review of Scientific Instruments, 2017, 88(8): 83-505.

[32] Wang H J, Yu Y, Chen R, et al. Optics of beam emission spectroscopy diagnostic on EAST tokamak[J]. Journal of Instrumentation, 2018, 13(1): P01001.

[33] Nam Y U, Zoletnik S, Lampert M, et al. Analysis of edge density fluctuation measured by trial KSTAR beam emission spectroscopy system[J]. Review of Scientific Instruments, 2012, 3(10): 10D531.

[34] Ke R, Wu Y F, McKee G R, et al. Initial beam emission spectroscopy diagnostic system on HL-2A tokamak[J]. Review of Scientific Instruments, 2018(89): 10.

[35] Hutchinson I H. Excited-state populations in neutral beam emission[J]. Plasma physics and controlled fusion, 2001, 44(1): 71.

[36] Dunai D, Zoletnik S, Sárközi J, et al. Avalanche photodiode based detector for beam emission spectroscopy[J]. Review of Scientific Instruments, 2010, 81(10): 103-503.

[37] Sun T F, Liu Y, Ji X Q, et al. Edge-coherent oscillation providing nearly continuous transport during edge-localized mode mitigation by $n=1$ resonant magnetic perturbation in HL-2A[J]. Nuclear Fusion, 2021(61)3: 36-20.

[38] Post D E, Mikkelsen D R, Hulse R A, et al. Techniques for measuring the alpha-particle distribution in magnetically confined plasmas[J]. Journal of Fusion Energy, 1981(10): 129-142.

[39] Von Hellermann M G, Core W G, Frieling J, et al. Observation of alpha particle slowing-down spectra in JET helium beam fuelling and heating experiments[J]. Plasma Physics and Controlled Fusion, 1993, 35(7):799.

[40] Gerstel U, Horton L, Summers H P, et al. Quantitative simulation of non-thermal charge-exchange spectra during helium neutral beam injection[J]. Plasma Physics and Controlled Fusion, 1997, 39(5): 737.

[41] McKee G, Fonck R, Stratton B, et al. Confined alpha distribution measurements in a deuterium-tritium tokamak plasma[J]. Physical Review Letters, 1995, 75(4): 649.

[42] McKee G et al., Confined alpha distribution measurements in a deuterium-tritium tokamak plasma[J]. Nuclear Fusion, 1997, 37: 501.

[43] Heidbrink W W, Burrell K H, Luo Y, et al. Hydrogenic fast-ion diagnostic using Balmer-alpha light[J]. Plasma physics and controlled fusion, 2004, 46(12):18-55.

[44] Heidbrink W W. Fast-ion Dα measurements of the fast-ion distribution[J]. Review of Scientific Instruments, 2010,81(10): 799.

[45] Heidbrink W W, et al. Anomalous flattening of the fast-ion profile during alfvén-eigenmode activity[J]. Physical Review Letter, 2007,99: 245002.

[46] Heidbrink W W, Park J M, Murakami M, et al. Evidence for fast-ion transport by microturbulence[J]. Physical Review Letter, 2009, 103(17): 175001.

[47] Geiger B. Fast-ion transport studies using FIDA spectroscopy at the ASDEX Upgrade tokamak[D]. Garching: Max-Planck-Institute for Plasma Physics, 2013.

[48] 项志遴,俞昌旋. 高温等离子体诊断技术[M]. 上海:科学技术出版社,1982.

[49] Anderson H. Collisional-radiative modeling of neutral beam attenuation and emission[D]. Strathclyde: Strathclyde University,1999.

[50] Luo Y, Heidbrink W W, Burrell K H, et al. Measurement of the Dα spectrum produced by fast ions in DⅢ-D[J]. Review of Scientific Instruments, 2007, 78(3): 575.
[51] Geiger B, Dux R, McDermott R M, et al. Multi-view fast-ion D-alpha spectroscopy diagnostic at ASDEX Upgrade[J]. Review of Scientific Instruments, 2013, 84(11): 113502.
[52] Michael C A, Conway N, Crowley B, et al. Dual view FIDA measurements on MAST [J]. Plasma Physics and Controlled Fusion, 2013, 55(9): 095007.
[53] Muscatello C M, Heidbrink W W, Taussig D, et al. Extended fast-ion D-alpha diagnostic on DⅢ-D[J]. Review of Scientific Instruments, 2010,81(10):033505.
[54] Zhang J, Huang J, Chang J F, et al. Fast ion D-alpha measurements using a bandpass-filtered system on EAST[J]. Review of Scientific Instruments, 2018, 89(10): 10D121.
[55] Van Zeeland M A, Heidbrink W W, Yu J H. Fast ion Dα imaging in the DⅢ-D tokamak [J]. Plasma Physics and Controlled Fusion, 2009, 51(5): 055001.
[56] Podesta M, Heidbrink W W, Bell R E, et al. The NSTX fast-ion D-alpha diagnostic[J]. Review of Scientific Instruments, 2008, 79(10): 033505.
[57] Heidbrink W W, Liu D, Luo Y, et al. A code that simulates fast-ion Dα and neutral particle measurements[J]. Communications in Computational Physics, 2011, 10(3): 716-741.
[58] Luo Y, Heidbrink W W, Burrell K H, et al. Fast-ion Dα measurements and simulations in quiet plasmas[J]. Physics of Plasmas, 2007,14(11):112503.
[59] Geiger B, Garcia-Munoz M, Heidbrink W W, et al. Fast-ion D-alpha measurements at ASDEX Upgrade[J]. Plasma Physics and Controlled Fusion, 2011,53(6):065010.
[60] Salewski M, Geiger B, Jacobsen A S, et al. Measurement of a 2D fast-ion velocity distribution function by tomographic inversion of fast-ion D-alpha spectra [J]. Nuclear Fusion, 2014, 54(2): 023005.
[61] Weiland M, Geiger B, Jacobsen A S, et al. Enhancement of the FIDA diagnostic at ASDEX Upgrade for velocity space tomography[J]. Plasma Physics and Controlled Fusion, 2016, 58(2): 025012.
[62] Madsen B, Huang J, Salewski M, et al. Fast-ion velocity-space tomography using slowing-down regularization in EAST plasmas with co-and counter-current neutral beam injection [J]. Plasma Physics and Controlled Fusion, 2020, 62(11): 115019.
[63] Heidbrink W W, Luo Y, Burrell K H, et al. Measurements of fast-ion acceleration at cyclotron harmonics using Balmer-alpha spectroscopy[J]. Plasma Physics and Controlled Fusion, 2007, 49(9): 1457.
[64] Carolipio E M, Heidbrink W W. Array of neutral particle analyzers at DⅢ-D[J]. Review of Scientific Instruments, 1997, 68(1): 304-307.
[65] Heidbrink W W, Taylor P L, Phillips J A. Measurements of the neutron source strength at

DⅢ-D[J]. Review of Scientific Instruments, 1997, 68(1): 536-539.

名词缩略表

FIDA, fast-ion D-alpha, 快离子氘阿尔法谱

EMCCD, electron-multiplying CCD, 电子倍增电荷耦合器件

VPH, volume phase holographics, 体全息分光

CMOS, complementary metal oxide semiconductor, 互补金属氧化物半导体器件

第5章　激光汤姆孙散射诊断技术

1962年，Hughs指出激光汤姆孙散射可以用于等离子体诊断，1963年，Fioceo和Thompson首次在实验室中成功开展了汤姆孙散射实验，实验中采用电光调Q、20 J的单脉冲红宝石激光测量了在$5\times10^9\ \mathrm{cm}^{-3}$密度下电子束的汤姆孙散射光谱。1968年，Peacock领导的小组应邀在苏联T-3托卡马克装置上完成了激光汤姆孙散射诊断史上里程碑式的实验，实验不仅确立了托卡马克装置在磁约束聚变研究中的主导地位，也推动了激光汤姆孙散射在聚变实验等离子体诊断中的广泛应用。[1]现在非相干激光汤姆孙散射已是一项可用于高温等离子体电子温度和电子密度测量的重要诊断方法，被广泛应用于大中型托卡马克装置（HL-2A[2]、EAST[3]、MAST[4-5]、JT-60U[6]、DⅢ-D[7]、JET[8-9]和TEXTOR[10-11]等）。在惯性约束聚变系统打靶试验中，同样使用了汤姆孙散射系统诊断靶场附近激光等离子体的电子温度和密度。[12]

5.1　等离子体的汤姆孙散射理论

众所周知，电磁辐射是由加速电荷发射的。这种现象的一个重要例子是电磁波引起的加速度。在这种相互作用中，当入射波具有足够低的频率ω，使得ω远小于电荷的静止能量m_ec^2时，运动电荷产生的电磁辐射即被称为汤姆孙散射。对于包含大量自由正负电荷的等离子体而言，其散射是单电荷汤姆孙散射的延伸。

5.1.1　自由电子对电磁波的散射

首先，自由电子在电磁波辐射场的作用下作受迫振动，从而发射出次级电磁辐射，形成散射波的现象，称为汤姆孙散射。[13]在碰撞前，如果电子是静止的，则散射光子与入射光子具有相同的频率；如果电子是运动的，则散射光子的频率可以用于分析电子的运动速度。[14]如图5.1.1所示，定义绝对空间坐标（任意原点），$\boldsymbol{k}_s$为散射光的波矢，$\boldsymbol{k}_i$为入射激光的波矢。λ_i为入射激光波长，λ_s为散射光波长。$\boldsymbol{k}_s$与$\boldsymbol{k}_i$之间的夹角θ，称为散射角。当入射光子的能量远远小于电子静止能量（$\hbar\omega\ll m_ec^2$）时，考虑相对论因子

$\boldsymbol{\beta}=\boldsymbol{v}/c$，$\boldsymbol{v}$为电子的运动速度，$c$为光速，$\hat{\boldsymbol{s}}$为从电荷指向观察者的单位矢量，$t'\cong t-(|\boldsymbol{R}-\hat{\boldsymbol{s}}\cdot\hat{\boldsymbol{r}}|)/c$为传播迟滞近似时间，根据辐射理论，在远离振荡电子的$\boldsymbol{R}$处，振荡电子所产生的再辐射场为

$$\boldsymbol{E}_s(\boldsymbol{R},t)=-\frac{e}{4\pi\varepsilon_0 cR}\left\{\frac{\boldsymbol{k}_s\times(\boldsymbol{k}_s-\boldsymbol{\beta})\times\dot{\boldsymbol{\beta}}}{(1-\boldsymbol{k}_s\cdot\boldsymbol{\beta})^3}\right\}_{t'}-\frac{e}{4\pi\varepsilon_0 R^2}\left\{\frac{\boldsymbol{k}_s\times(\boldsymbol{k}_s-\boldsymbol{\beta})\times(1-\beta^2)}{(1-\boldsymbol{k}_s\cdot\boldsymbol{\beta})^3}\right\}_{t'} \tag{5.1.1}$$

$$\boldsymbol{B}_s(\boldsymbol{R},t)=\frac{\hat{\boldsymbol{s}}\times\boldsymbol{E}_s(\boldsymbol{R},t)}{c} \tag{5.1.2}$$

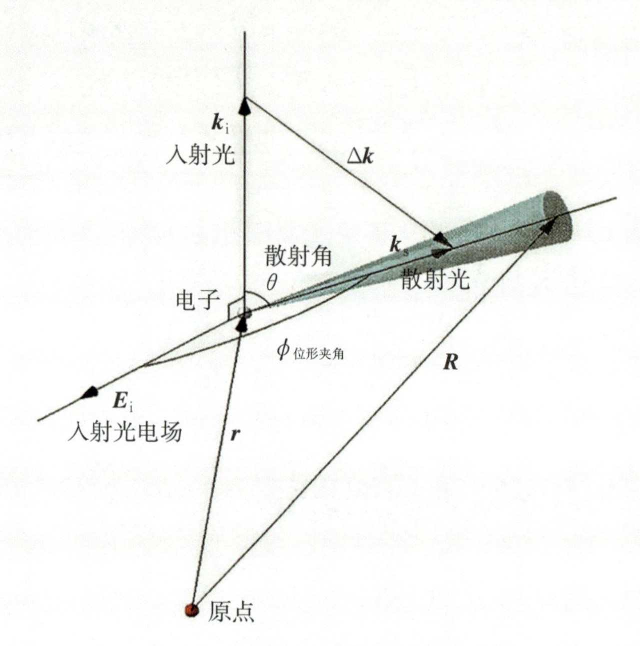

图 5.1.1　电子对电磁波的散射示意图

微分散射截面为

$$\frac{\mathrm{d}\sigma_T}{\mathrm{d}\Omega}=\frac{\langle R^2(\boldsymbol{E}_s\times\boldsymbol{B}_s)\cdot\boldsymbol{k}_s\rangle}{\langle\boldsymbol{E}_i\times\boldsymbol{B}_i\rangle}=R^2\frac{E_{s0}^2}{E_{i0}^2} \tag{5.1.3}$$

在非相对论条件下，$\boldsymbol{\beta}\to 0$，有

$$\frac{\mathrm{d}\sigma_T}{\mathrm{d}\Omega}=r_e^2\sin^2\phi \tag{5.1.4}$$

式中$r_e=e^2/(4\pi\varepsilon_0 m_e c^3)=2.82\times10^{-5}$ Å，是电子的经典半径，ϕ为电子的加速度方向$\dot{\boldsymbol{\beta}}$与观测方向$\boldsymbol{k}_s$的夹角，ε_0为真空介电常数。为了使微分散射截面最大，从而提高散射光的功率，应当尽可能使$\phi=90°$，这就是常见的90°激光散射方案。[16,19-20]电子的汤姆孙散射截面很小，其总截面约为$\sigma_s=(8/3)\pi r_e^2=6.65\times10^{-25}$ cm^2。

5.1.2 等离子体的汤姆孙散射

电磁波在等离子体中传播时,若入射波频率较高,并限制入射功率,使其不会改变等离子体条件,电磁波以传输为主,由散射和吸收导致的衰减很小。如果散射体积光学上很薄(穿过它没有明显的损失),那么可以分别处理与散射体积中每个电荷的相互作用。总散射电场作为单电子散射场的总和获得。

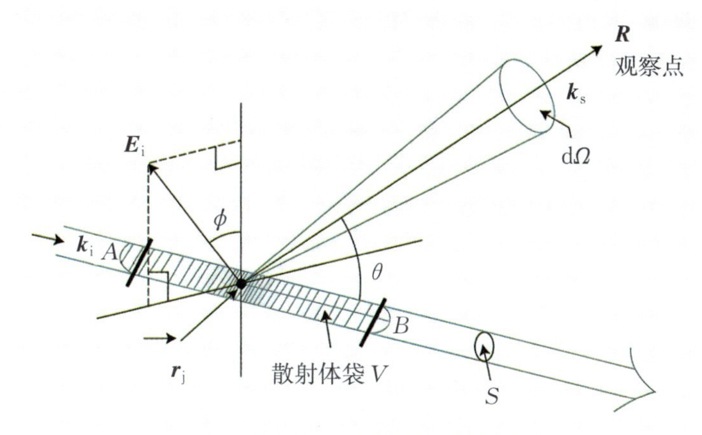

图 5.1.2 等离子体的激光汤姆孙散射

如图5.1.2所示,激光沿$\boldsymbol{k}_{\mathrm{i}}$方向入射,如果激光束截面积为$S$,测量长度为$\overline{AB}=L$,该散射体积内的电子总数为$N=\int_A^B n_{\mathrm{e}} S\mathrm{d}l \approx LS\dot{n}_{\mathrm{e}}$,$\dot{n}_{\mathrm{e}}$表示该散射体的平均电子体密度,散射体积内的每一个电子都会参与散射过程,向接收系统发出散射光。测量位置处的电场强度$\boldsymbol{E}_{\mathrm{s}}$是每个电子散射电场的迭加,$\boldsymbol{E}_{\mathrm{s}}=\sum_{j=1}^{N}\boldsymbol{E}_j$。相应的单位立体角$\mathrm{d}\Omega$内的散射功率为

$$\begin{aligned}\frac{\mathrm{d}P_{\mathrm{s}}}{\mathrm{d}\Omega}&=\varepsilon_0 cR^2\left(\boldsymbol{E}_{\mathrm{s}}\cdot\boldsymbol{E}_{\mathrm{s}}\right)=\varepsilon_0 cR^2\left(\sum_{j=1}^{N}E_j^2+\sum_{j\neq u}\boldsymbol{E}_j\cdot\boldsymbol{E}_u\right)\\&=\varepsilon_0 cR^2\left[NE_s^2+N(N-1)(\boldsymbol{E}_j\cdot\boldsymbol{E}_u)\right]\end{aligned}\tag{5.1.5}$$

这里,下标j,u表示不同电子。显然,散射功率与电子散射波之间的相干性有关,这种相关性可以用散射参数α表示:

$$\alpha=\frac{1}{\Delta k\lambda_{\mathrm{D}}}=\frac{1.07\times10^{-4}\lambda_{\mathrm{i}}}{\sin\dfrac{\theta}{2}}\sqrt{\frac{n_{\mathrm{e}}}{T_{\mathrm{e}}}}\tag{5.1.6}$$

其中,λ_{D}为等离子体德拜长度。当$\alpha\gg1$时,式(5.1.5)中第二项起主要作用,称为相干散射,其含义为:在与德拜长度可以相比拟的空间尺度上(通常为1~1000 μm,典型的在

100 μm左右)，电子之间的位置是相关联的，表现出明显的集体行为，其散射可以用于研究电子密度涨落、等离子体中的波动现象以及测量离子温度。

当散射参数$\alpha \ll 1$时，式(5.1.5)中第一项起主要作用，电子的热运动破坏了电子之间的位置关联，在$\boldsymbol{R}$处的总功率是各个电子的辐射场在该处的非相干迭加，总的散射光功率为单个电子的N倍，这种散射称为非相干汤姆孙散射。

5.1.2.1 非相干汤姆孙散射

运动电子的散射光将产生多普勒频移，频移大小取决于电子在差分散射波矢$\Delta \boldsymbol{k} = \boldsymbol{k}_s - \boldsymbol{k}_i$方向上的速度分量，即：$\Delta \omega = \Delta \boldsymbol{k} \cdot \boldsymbol{v}$。因此，电子运动的速度不同，多普勒频移的大小也就不同，则其整个散射谱的形状也不同(假设已知参与散射电子速度的分布)。温度是粒子热运动剧烈程度(平均平动动能，亦即平动速度大小)的表征，所以通过测量其散射谱的形状(比如散射谱的宽度)就可以推算出等离子体的电子温度值。通过瑞利散射或拉曼散射对散射谱进行绝对定标，非相干汤姆孙散射系统也能测量等离子体的电子密度。

当$\alpha \leqslant 0.1$时，非相干汤姆孙散射谱完全反映电子无规则热运动的特征。此时入射激光的波长λ_i远小于德拜长度λ_D，在散射特征长度范围内，只能感受到电子云内各个电子的无规则热运动，而感受不到电子整体随离子的运动，散射功率谱反映的是电子无规则热运动的特征。托卡马克等离子体的参数很容易满足$\alpha \leqslant 0.1$。

$\boldsymbol{k}_s$方向上立体角$d\Omega$内的总散射功率为

$$P_{ST} = P_S(\boldsymbol{R})d\Omega = P_i n_e L r_e^2 \sin^2\phi d\Omega \tag{5.1.7}$$

则散射光功率与入射光功率之比可表示为

$$\frac{P_{ST}}{P_i} = n_e L r_e^2 \sin^2\phi d\Omega \leqslant n_e L r_e^2 d\Omega \tag{5.1.8}$$

$\phi \to 90°$时，$\boldsymbol{k}_s$方向上立体角$d\Omega$内的总散射能量为

$$E_S = E_I n_e r_e^2 \sin^2\phi L d\Omega \tag{5.1.9}$$

E_I为入射到等离子体里的激光脉冲能量。以典型的托卡马克等离子体参数举例，当$n_e = 10^{13}\ \text{cm}^{-3}$，$L \approx 2\ \text{cm}$，$d\Omega \approx 10^{-2}\ \text{sr}$，$r_e^2 = 7.95 \times 10^{-26}\ \text{cm}^2$，可求得

$$\frac{E_S}{E_I} = 10^{-14} \sim 10^{-12} \tag{5.1.10}$$

一般情况下，在托卡马克等离子体散射实验中，散射光强度非常弱。使用大能量的调Q激光器可以提高入射激光的峰值功率，而且为了使微分散射截面最大，应当尽可能使ϕ约90°，从而提高散射光的功率。由于等离子体自身会产生连续辐射光和线辐射光，对散射信号的测量造成一定的干扰，如果采用对光电流积分的探测方法，应尽可能使用短的积分时间，以提高信噪比。式(5.1.10)表明，这种实验必须采用高功率脉冲

激光器。

设 $\eta=(\lambda_s-\lambda_i)/\lambda_i$ 代表散射光波长相对于入射激光波长的偏移系数，假设电子速度沿差分散射波矢 $\Delta\boldsymbol{k}$ 方向为麦克斯韦(Maxwellian)分布。对于高温等离子体，Selden给出了 $\phi=90^\circ$ 散射布局，电子温度 T_e 范围在100 eV～100 keV之间，考虑了相对论效应的散射光谱按波长分布的精确表达式[14]：

$$I(\lambda_s)=\frac{A(E_S,T_e)}{Y(\theta,\eta)}\left(1-1.875B^{-1}+2.695B^{-2}\right)\cdot\exp\left[-B(T_e)X(\theta,\eta)\right]=E_S S(\lambda_s,T_e) \tag{5.1.11}$$

这里，$S(\lambda_s,T_e)$ 为散射谱的形状因子，其中间函数表达如下：

$$A(E_S,T_e)=2.86\times\frac{10^2E_S}{(\lambda_i\sqrt{T_e})} \tag{5.1.12}$$

$$B(T_e)=5.11\times\frac{10^5}{T_e} \tag{5.1.13}$$

$$X(\theta,\eta)=\sqrt{1+\frac{\eta^2}{\left[2(1-\cos\theta)(1+\eta)\right]}}-1 \tag{5.1.14}$$

$$Y(\theta,\eta)=(1+\eta)^3\sqrt{2(1-\cos\theta)(1+\eta)+\eta^2} \tag{5.1.15}$$

当 $T_e=20$ keV时，其误差小于0.1%；当电子温度高达100 keV时，误差小于1%。在忽略了相对论效应的零级近似条件下，散射光能量按波长的分布为

$$P_s(\lambda_s)\mathrm{d}\lambda_s=\frac{A}{\lambda_i}\frac{5.0547\times10^2}{\sqrt{\pi}\sqrt{T_e}}\frac{\mathrm{d}\lambda_s}{2\sin(\theta/2)}\exp\left[B(T_e)\xi(\theta,\eta)\right] \tag{5.1.16}$$

其中

$$A=P_i^T n_e L r_e^2\Delta\Omega \tag{5.1.17}$$

$$\xi(\theta,\eta)=\eta^2\left[8\sin^2\left(\frac{\theta}{2}\right)\right]^{-1} \tag{5.1.18}$$

散射谱的 $1/e$ 高半宽度为

$$(\Delta\lambda_{ST})_{1/e}\approx4\times10^{-3}\lambda_i\sin\left(\frac{\theta}{2}\right)\sqrt{T_e} \tag{5.1.19}$$

根据上述散射光谱表达式，可以通过测量不同波长(或波长范围)散射光的强度，来得到散射谱的形状，根据散射谱的 $1/e$ 高半宽度推导出等离子体中的电子温度。

图5.1.3为当散射角 $\theta=100^\circ$ 情况下的电子温度 T_e 为1 keV、2 keV、5 keV、10 keV、15 keV和20 keV时按Selden公式计算得到的汤姆孙散射谱分布。可以看出，散射谱的峰值波长比激光波长小，有一个偏移值，即发生了蓝移现象。蓝移量为 $\Delta\lambda_B=\eta_c\lambda_i$，其中

蓝移系数为$\eta_c=(-2.74\times10^{-5}T_e+2.41\times10^{-10}T_e^2)\sin^2(\theta/2)$。电子温度越高，蓝移量越大，这是由于增强的电子辐射的方向性造成的。如果电子朝向探测系统运动，系统接收的电子散射功率将增加；反之，如果电子背离探测系统运动，系统接收的散射功率将减少。此外，由于相对论电子的运动质量比静止质量大，相对论电子的散射截面比电子的经典散射截面小。

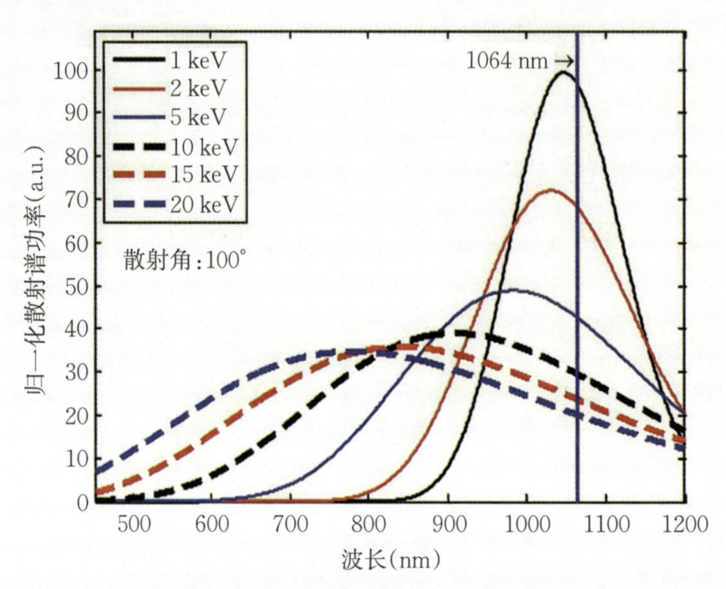

图5.1.3　高温等离子体的汤姆孙散射谱

5.1.2.2　相干汤姆孙散射

当$\alpha\gg1$时，即入射波长远大于等离子体德拜长度，此时入射波作用于每个电子和离子的屏蔽电子，散射光谱取决于电荷团的集体行为，对应于相干汤姆孙散射(collective Thomson scattering，简称CTS)，可用于测量离子温度、快离子能量分布、湍流以及等离子体波动现象。

相干散射在研究等离子体湍流输运中扮演着重要的角色，因为它可以直接测量湍流波动的谱功率密度，并首次证实了托卡马克中的小尺度密度波动。

这里我们从分析电子密度涨落$\tilde{n}(r,t)$入手：

$$\tilde{n}(r',t')=\int_{-\infty}^{\infty}\frac{d^3k}{(2\pi)^3}\int_{-\infty}^{\infty}\frac{d\omega}{2\pi}\tilde{n}(k,\omega)\exp[i(\omega t'-kr')] \tag{5.1.20}$$

密度涨落引起的总散射电场为

$$E_s(r,t)=-\frac{r_e}{R_0}\int_{V_s}dr'\tilde{n}(r',t')E_i(r',t') \tag{5.1.21}$$

假设等离子中密度涨落体现为沿着x轴方向传播的单色静电波：

$$\tilde{n}(r',t')=\tilde{n}_0\cos(k_0x'-\omega_0t') \tag{5.1.22}$$

其傅里叶变换之后：

$$\tilde{n}(k,\omega)=\frac{\tilde{n}_0}{2}\left[\delta\left(k-k_0\hat{e}_x\right)\delta\left(\omega-\omega_0\right)+\delta\left(k+k_0\hat{e}_x\right)\delta\left(\omega+\omega_0\right)\right] \tag{5.1.23}$$

代入式(5.1.22)可得

$$\begin{aligned}E_s(k^S,t)=&-\frac{r_e\omega_0^2L_VE_0\tilde{n}_0}{(4\pi)^2R_0}\left[\exp\left(-\frac{-(k_x^S-k_0)^2\omega_0^2}{4}\right)\exp\left(-\frac{(k_y^S\omega_0)^2}{4}\right)\cos(\omega_i+\omega_0)t'\right.\\&\left.+\exp\left(-\frac{-(k_x^S+k_0)^2\omega_0^2}{4}\right)\exp\left(-\frac{(k_y^S\omega_0)^2}{4}\right)\cos(\omega_i-\omega_0)t'\right]\end{aligned} \tag{5.1.24}$$

在单色静电波的作用下，扰动的频率(ω)和波矢($\boldsymbol{k}$)必须满足能量和动量守恒，即$\omega=\omega_s-\omega_0$，$\boldsymbol{k}=\boldsymbol{k}_s-\boldsymbol{k}_0$。其中下标s和0分别表示散射波和入射波。由于$\omega_s\approx\omega_0$和$\boldsymbol{k}_s\approx\boldsymbol{k}_0$，散射角$\theta$必须满足布拉格条件$k=2k_0\sin(\theta/2)$。托卡马克装置中存在着复杂的湍流结构，它们具有宽的频谱和波数谱，根据式(5.1.24)计算单位立体角、单位频率内的散射功率为

$$\frac{\mathrm{d}^2P_s}{\mathrm{d}\Omega}=(2\pi)^2\left|\frac{cE_0^2}{VT}\right|L_Vr_e^2\left(\frac{\omega_0}{4\pi}\right)^4\times\int\exp\left(-\frac{2\omega_0^2(k_\perp^S-k)^2}{4}\right)\delta\left(k_z\right)\left|\tilde{n}(k,\omega)\right|^2\mathrm{d}^3k \tag{5.1.25}$$

式中，L_V为散射体长度，V为散射体积。当密度涨落在k空间上变化较慢时，对上式积分得

$$\frac{\mathrm{d}^2P_s}{\mathrm{d}\Omega}=\pi r_enL_VP_iS(k,\omega) \tag{5.1.26}$$

这里n为等离子体密度，P_i为入射功率，其中

$$S(k,\omega)=\frac{1}{VT}\left\langle\frac{\left|\tilde{n}(k,\omega)\right|^2}{N}\right\rangle_{TV} \tag{5.1.27}$$

式中，$S(k,\omega)$是散射的动力学形状因子。对于等离子体中的单色波的密度涨落，其散射功率为

$$P_s=\frac{1}{4}\tilde{n}r_e^2\lambda_0^2L_V^2P_i \tag{5.1.28}$$

由此可见，湍流散射的功率与涨落幅度的平方成正比。

5.1.3 等离子体汤姆孙散射的应用

激光散射诊断的空间定位性好，只需要假设电子速度满足麦克斯韦分布，经过仔细、精准地标定，就可以得到可信度高、误差小的电子温度和电子密度数据。到目前为

止，已有对电离层、磁约束、惯性约束、工业用等各种参数的等离子体电子密度和温度测量应用。在众多应用中，针对磁约束聚变等离子体的汤姆孙散射诊断具有最复杂和迫切的需求。在诸多磁约束聚变装置上，汤姆孙散射系统的发展面临高时空分辨率、性能稳定性和可持续性、安装和维护等众多挑战。磁约束聚变等离子体的汤姆孙诊断可以分为非相干和相干汤姆孙散射诊断。

5.2 非相干汤姆孙散射诊断系统

非相干汤姆孙散射为约束聚变等离子体的电子密度和电子温度测量提供了很好的诊断方法。此类汤姆孙散射系统一般主要包含激光源、光路传输、散射光收集和传输、光谱分析探测和数据收集处理几个部分。在实际应用时，需要根据不同时空分辨率对系统做出调整。通常根据所采用的散射光收集处理方式将磁约束聚变装置上的激光汤姆孙散射系统的技术实施方案上大体分为三类[12]：高重复频率多空间点测量的汤姆孙散射系统（repetitive TS system），激光雷达汤姆孙散射系统（LIDAR TS system），二维成像汤姆孙散射系统（TV TS system）。

5.2.1 重复脉冲汤姆孙散射系统

使用高重复频率高能量脉冲激光实现汤姆孙散射系统是目前满足等离子体足够的时空分辨率的最优选择，且已被ITER计划考虑为最终实施方案。重复脉冲汤姆孙散射可以十分方便地实现对固定空间点电子密度和电子温度的多次测量，具有简单可靠、低成本的优势。但为了实现高空间和时间分辨率，需要分别在激光源、光路布置、光谱分析和数据收集处理上满足特别的要求。

5.2.1.1 激光源的选择

根据等离子体的散射理论可知，在满足散射测量高信噪比要求的情况下，增大散射光接收系统的立体角$d\Omega$、增大激光脉冲的能量E_i，就可以减小散射长度L，从而等效提高空间分辨率。对于磁约束聚变等离子体而言，散射截面通常非常小，因此需要一个非常强的入射光源。对于惯性约束聚变的高密度等离子体，虽然微分散射功率高，但需要更强的入射光源，甚至是X射线，才能达到光学薄条件。而为了获得高信噪比的快时间分辨信号，还需要提高激光源的重复频率。激光源还需要具有良好的单色性，发散度必须足够小，以便将入射光束在等离子体中聚焦到合理的直径。如表5.2.1所示，是一些适用于不同等离子体汤姆孙散射的光源选择。对于磁约束聚变等离子体非相干散射诊断来说，比较合适的是Nd：YAG（掺钕钇铝石榴石）激光和红宝石（Ruby）

激光，目前广泛采用的是Nd：YAG激光。

表5.2.1　汤姆孙散射的光源

光源材料技术	激光波长λ_i	脉宽	峰值功率	能量
X射线	3000～9000 eV	10～100 ps		0.1 J
自由电子激光	60～8000 eV	40～900 fs		3～60 mJ
Nd：YAG	1064，532，261 nm	0.1～20 ns	～200 MW	＞2 J
红宝石	694.3 nm	15 ns	1.7 GW	～25 J
钛宝石晶体	800 nm/（10～100 nm）	10～200 fs	～1 PW	～30 J
CO_2	10.59 μm	1 μs	17 MW	17 J
D_2O	385 μm/100 MHz FWHM	1 μs	2.5 MW	～2.5 J
$C_{13}H_3F$	1.22 mm	～1 μs	4 kW	0.5 mJ

但是，对于Nd：YAG激光来说，增大激光能量与提高重复频率是矛盾的，且受到泵浦光源特性、电源技术、Nd^{3+}离子荧光寿命和YAG（钇铝石榴石）晶体尺寸及其热工补偿效果的制约，同时也需要满足对激光束的横向分布均匀性、发散角和指向稳定性方面的要求。因此Nd：YAG激光器的制造技术是制约激光散射诊断能实现的空间分辨率、重复测量频率的关键因素。LHD、DⅢ-D和MAST等装置受早期激光器制造技术的限制，使用多台激光器协同工作的方式提高诊断系统的重复测量频率。

例如，在MAST上配置有8台重复频率为50 Hz的Nd：YAG激光器，它们可以几乎“同时”输出激光，从而得到很高能量的激光脉冲；也可以设置为等时间间隔的工作模式，形成400 Hz的重复频率；或者是“子脉冲群”的工作模式，“子脉冲群”的重复频率为50 Hz，8个子激光脉冲之间的时间间隔可以小到100 ns。在该系统中[15]，突出的特点是空间分辨1 cm的16道边缘等离子体电子温度和电子密度测量，测量频率为200 Hz，使用4台（4×50 Hz）Nd：YAG激光器。它们可以脉冲串的模式工作，脉冲间隔可以小到μs量级，从而可以研究边缘等离子体中的超快现象［如边缘局域模（ELM）、丝化电流（filaments）］。激光器以5 μs的间隔工作时，可以观测到在ELM期间filament在径向以12 km/s的速度喷发。[4]

DⅢ-D装置上的激光汤姆孙散射系统[17-18]则使用8台10～100 Hz可变频的Nd：YAG激光器来测量40个空间点的电子温度和密度分布，其中一台用于偏滤器等离子体电子温度和密度的测量，七台激光器用于主等离子体电子温度和密度的测量。[16]实验时这8台激光器交替工作，平均时间分辨率160 Hz，空间分辨率1.3 cm，电子温度的测量范围10 eV～20 keV，电子密度的测量范围2×10^{18}～$2\times10^{20}\ m^{-3}$。

ASDEX-U装置上的汤姆孙散射系统使用6台脉冲频率为20 Hz的Nd：YAG激光

器，在控制下先后输出的激光脉冲之间的时间间隔几乎相等，具有120 Hz的测量能力。这些激光器也可以按“Burst”模式工作，即它们先后输出激光的时间间隔可以很短，用于研究等离子体中的一些快速变化现象。

5.2.1.2 光路系统

汤姆孙散射诊断系统的另一个关键组成部分是光路系统，包括入射光路和散射光收集，其布置主要受制于装置安装条件和物理诊断需求。但一个基本的要求是尽量保证光路的透射率，同时散射光的收集角度尽量垂直于入射光偏振面，从而保证散射光的强度。例如，入射激光偏振面与装置纵场方向平行且垂直于大半径时，在垂直于入射激光偏振面的探测方向，会获得相对较强的散射光信号和好的空间分辨，而且更能满足非相干散射条件。

针对测量的需求，可以将空间区域上进行测量研究的等离子体可分为芯部等离子体、边缘等离子体、偏滤器与磁零点等离子体。针对入射光路特征，可以将光路系统分为水平光路和垂直光路。水平光路可以同时满足芯部和边缘等离子体电子密度温度的汤姆孙散射诊断，但需要在装置内安装激光吞噬器消除装置对入射激光的散射，如图5.2.1所示为MAST水平光路布置。激光束从弱场侧法兰沿中平面进入真空室，由相邻窗口作为芯部汤姆孙散射散射光收集系统，从而可以提供较大的立体角和较宽的覆盖范围。在激光入射相同的窗口上集成边缘等离子体汤姆孙散射光收集系统，从而可以提供较大的立体角和更宽的背向散射谱。

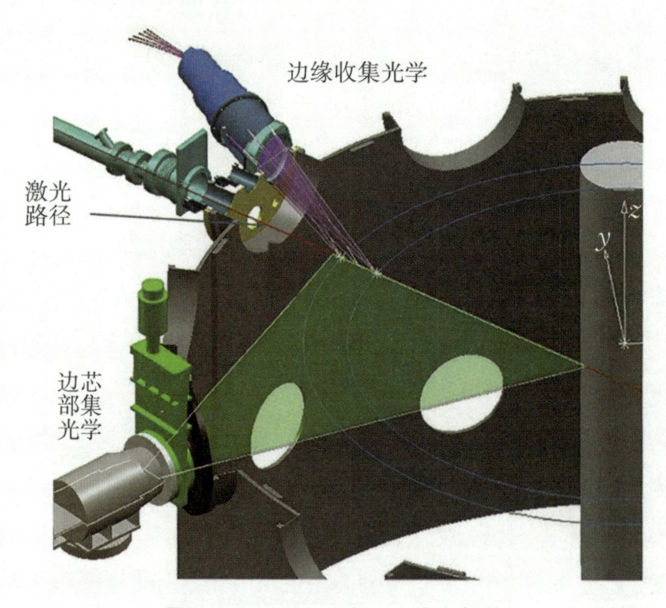

图5.2.1 MAST上的TS系统布局

垂直光路可以同时满足芯部和偏滤器与磁零点等离子体电子密度温度的汤姆孙

散射诊断，同时入射光通常可以通过上下对穿窗口穿出装置而不容易产生较强的杂散光，如图5.2.2所示的DⅢ-D光路。DⅢ-D布置了2条垂直光路以分别实现偏滤器区域、主等离子体的汤姆孙散射诊断，其中主等离子体采用多束激光合束实现更高时间分辨率，散射光收集系统位于中平面和上部法兰位置，从而可以实现主等离子体的温度和密度剖面高空间分辨率覆盖。DⅢ-D的另一条垂直光路是为了实现偏滤器与磁零点等离子体诊断而专门设计的，因为汤姆孙散射是为数不多可以实现该区域等离子体电子温度和密度分布的诊断，同时垂直光路也可以较好地避免杂散光的影响。

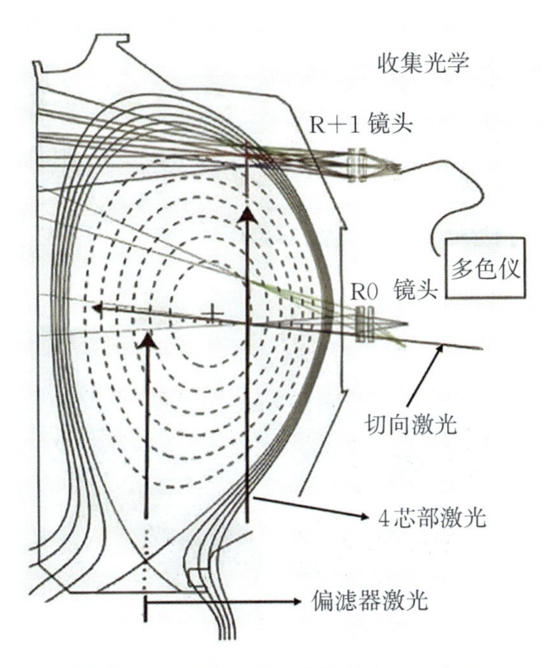

图5.2.2 DⅢ-D上的TS系统布局示意图

在二维成像汤姆孙散射系统中，还可以通过垂直反射入射激光提高穿过等离子体的激光重复频率，只不过由于真空室环境问题，这种方式更适用于垂直入射光路，反射镜可以置于装置外。如果需要同时对三种空间位置进行散射测量，则需要考虑多光路的散射，此时需要考虑光路和散射光之间的干涉，应尽量避免在同一窗口操作。

5.2.1.3 多色仪

根据汤姆孙散射诊断原理，需要对收集到的散射光进行光谱能量分析，才能进行散射谱的拟合得到等离子体的电子温度。传统上可以用光栅光谱仪作为分光元件，光电倍增管为探测器。但对于托卡马克来说，使用滤光片的多色仪是分辨TS系统散射光光谱的最佳选择。

图 5.2.3 展示了 HL-3 装置上多色仪设计中使用的光路和总体布局示意图。将光纤束中的光引导到多色仪后，使用不同带宽的干涉光学滤光片（interference filter，选定波长范围透射，非选定范围波长反射至下一通道）实现散射光光谱分割，然后使用每个通道后的有源功率二极管探测器（雪崩光电二极管，APD）进行光电信号转换、放大，最后进行采集。通常分光的部分使用全密封的黑化腔体封装，以充分抑制杂散光和环境光的影响。APD 的供电根据器件特性通常需要稳定的高压偏置，因此稳定的线性电源必不可少。放大电路则需要满足采集的带宽需要和噪声水平要求。

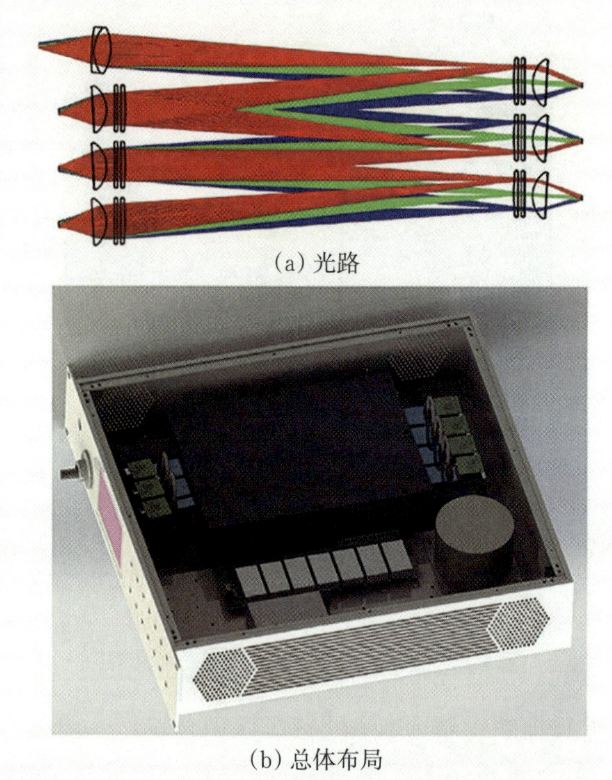

(a) 光路

(b) 总体布局

图 5.2.3　HL-3 装置上 6 通道多色仪光路和总体布局示意图

对于多色仪的设计，可能还需要考虑以下要求。多色仪的布局应便于制造和安装。APD 的增益会随着温度的升高而降低，影响多色仪的灵敏度和校准一致性，必要时可以考虑通过额外的反馈机制控制 APD 的工作温度以保持恒温状态。在某些情况下，激光会造成具有一定延迟的二次散射光，因此激光脉冲持续时间、APD 响应和放大器的响应必须明显小于这个时间以分辨信号，也可以使用陷波滤光片对激光波长的光进行限制过滤。测量的散射脉冲会有一定的噪声和等离子体背景光，可以利用高速交流耦合采集和电路低频滤波去除背景光信号。

5.2.1.4 数据采集

根据Nd:YAG激光的特征,汤姆孙散射脉冲信号的持续时间一般约为10 ns,至少需要数百兆赫兹的高频数据采集卡才能保证采集信号不失真。目前使用的数模转换器(ADC)主要有两类,即电流积分型ADC和高速数字化仪。对于前者,在门控制信号的时间宽度内,电流信号被积分并作为电荷形态保存在一电容器上,然后被数值化,通常需要5~10 μs的转换时间。随着电子技术的发展,高速采集(采样速率≥1 GS/s,电压分辨率≥10 bit,带宽≥250 MHz)成为发展趋势,在包含散射信号的100~500 ns时间内采集一系列数据,就能获得散射强度、本底扰动等方面的信息。高速采集技术在散射系统中已经获得了广泛的应用,如在ASDEX-U[27]、MAST[36]装置上。成功的数据采集可以获得良好的散射信号,散射脉冲可以从高频采集到的数据中提取,同时完整的高低频信号也可以用于去除噪声和背景信号。

5.2.1.5 系统标定

在确定各系统光路校准好以后,需要对系统各通道进行信号强度标定,这样就可以不细致考虑散射光谱计算时的散射体积、散射截面、散射光收集角度等问题,利用标定数据直接进行匹配计算。在激光汤姆孙散射诊断中,主要有两方面的标定工作,一是系统各通道相对光谱响应标定,从而反推汤姆孙散射谱,计算等离子体电子温度的绝对值;二是绝对标定,即在真空室内充中性气体的瑞利(Rayleigh)或拉曼(Raman)散射实验,利用中性分子与电子的散射截面确定比值推算标定通道信号幅值对应的等离子体电子密度绝对值。但在通常的实验条件下,杂散激光很强使得瑞利散射信号的测量无法进行。

首先,进行系统各通道相对光谱响应标定是由于光学系统的透射率、APD的量子效率与光的波长有关(APD的量子效率也与偏置电压、环境温度有关,需保证标定时与实验测量时一致),必须用标定方法将测量系统的光谱响应系数与波长的关系测量出来。

典型的光谱标定系统主要由标准宽谱光源、单色仪、斩波器、标准探测器构成。标准光源发出的光经过聚焦透镜聚焦后,被斩波器变成脉冲光。通过斩波器的脉冲光进入电扫描单色仪的入射狭缝,经过电扫描单色仪衍射光栅的分光作用,按设定波长从出射狭缝依次输出,形成可调的单色光源。然后将该光源一分为二,其中一路引入多色仪入口或测量原点作为待测光源,一路引入标准功率计作为校准光源,即可以通过扫描波长得到系统各通道的光谱响应系数。

对于绝对标定,由于汤姆孙散射强度与测量空间点的电子密度、接收立体角和散射体积成正比,也与激光脉冲的能量成正比,还与散射角有关。但对系统的几何参数(散射角、接收立体角和散射体积)进行直接精确的测量是很困难的,而且误差也大。

可以在装置真空室内充中性气体(如D_2、N_2、干燥洁净空气)开展瑞利散射或拉曼散射(应知道散射截面的数据,记为$\delta\sigma^R$),在已知的气压(即气体密度,记为n_g)下,测量出对应通道的散射强度(记为D_n^R),然后就可以通过气体与电子的散射截面比值换算得到不同电子温度条件下通道信号强度对应的绝对电子密度,以氮气的拉曼散射为例,测量的电子密度为

$$n_e = \frac{n_{N_2} E_{iR} r_{N_2}^2 \int S_R(\lambda_s) R(\lambda_s) d\lambda_s}{E_{iT} r_e^2 \int S(\lambda_s, T_e) R(\lambda_s) d\lambda_s} \tag{5.2.1}$$

其中,n_{N_2}为氮气密度,E_{iR}为氮气拉曼实验时的激光强度,$r_{N_2}^2$为氮气的散射截面值,$S_R(\lambda_s)$为氮气的拉曼散射谱分布函数,E_{iT}为等离子体测量时的激光强度,$S(\lambda, T_e)$是散射光谱形状因子的Selden表达式,$R(\lambda_s)$为系统相对光谱响应强度。

在实验方案上,中性气体的瑞利散射波长不发生改变,与入射激光波长是一样的,但它容易受到光学元件表面、器壁表面产生的杂散激光,以及气体中灰尘产生的米氏散射的干扰,可靠性略差。在当代托卡马克装置上常常使用N_2进行拉曼散射的标定实验,因为它操作安全且经济。N_2是双原子分子,存在大量的振动-转动能级,可以产生丰富的拉曼谱线,如图5.2.4中的蓝色竖线所示。它的反斯托克斯谱线(ASRR)多,很多谱线位于测量通道的边缘,受谱仪内温度变化的影响大。在ITER装置上,正在研究用D_2开展ASRR进行标定实验的可能性,它的ASRR谱线少,位移$\Delta\lambda_{l\to l'}$较大,如图5.2.5所示。缺点是D_2属易爆气体,操作上不安全。

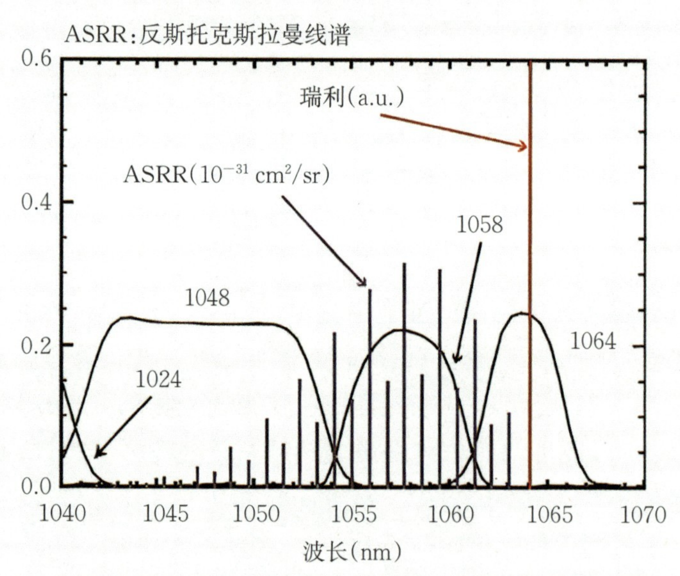

图5.2.4 N_2的拉曼反斯托克斯谱线(ASRR)与多色仪通道响应范围

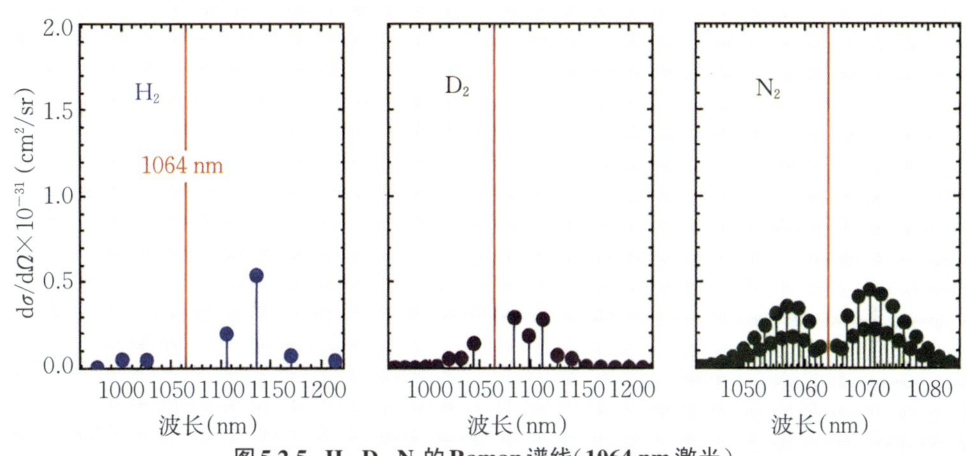

图5.2.5 H_2、D_2、N_2的Raman谱线(1064 nm激光)

5.2.1.6 数据处理

如果标定系统输出的单色光$J(\lambda)\delta\lambda$的功率是已知的,采集系统得到的读数为D_r,则光谱响应系数为$R(\lambda)= D_r/[J(\lambda)\delta\lambda]$。如果等离子体在第$k$个散射体积处的电子温度为$T_e$,则第$i$光谱测量道采集的散射信号值$D_{si}^k$为

$$D_{si}^k \propto n_e^k \int S(\lambda, T_e) R_i^k(\lambda) \mathrm{d}\lambda = n_e^k F_i^k(T_e) \tag{5.2.2}$$

$R_i^k(\lambda)$为多色仪通道的光谱响应系数,F_i是电子密度为标定参考值时电子温度为T_e对应的散射信号的预期值。得到每个通道的散射信号强度值后,使用误差权重的最小二乘法拟合,可以得到电子温度T_e的测量值。

$$\gamma^2{}_{\rightarrow \min}(T_e) = \sum_{i=1}^{5} w_i (D_{si} - \beta F_i)^2 \tag{5.2.3}$$

式中,$w_i = 1/\sigma_i^2$为第i光谱通道的与该通道测量误差σ_i^2有关的权重因子,D_i为测量到的汤姆孙散射信号的通道积分值,β是与电子密度以及散射几何参数有关的拟合变量。

也可以利用比值法进行计算。以简单的三通道多色仪散射系统为例。如果等离子体在散射体积处的电子温度为T_e,则第i光谱测量道的值D_{si}也可以表示为

$$D_{si} = A(T_e) \int S(\lambda_s, T_e) R_i(\lambda_s) \frac{\mathrm{d}\lambda_s}{\lambda_i} = A \cdot F_i(T_e) \tag{5.2.4}$$

式中A是可用瑞利或拉曼散射标定得到的响应参数,用来计算等离子体的电子密度;将光谱道两两分组,(CH1,CH2),(CH1,CH3),(CH2,CH3),然后求出其信号比值,$\zeta_1 = D_{s1}/D_{s2}$, $\zeta_2 = D_{s1}/D_{s3}$, $\zeta_3 = D_{s2}/D_{s3}$。以(CH1,CH2)组的求解为例,$\zeta_1 = D_{s1}/D_{s2}$只与电子温度T_e有关,且一一对应,即

$$\begin{aligned} \zeta_1 &= F_1(T_e)/F_2(T_e) = f[T_e(\zeta_1)] \\ &= \int S_1(\lambda_s, T_e) R_1(\lambda_s) \mathrm{d}\lambda_s / \int S_2(\lambda_s, T_e) R_2(\lambda_s) \mathrm{d}\lambda_s \end{aligned} \tag{5.2.5}$$

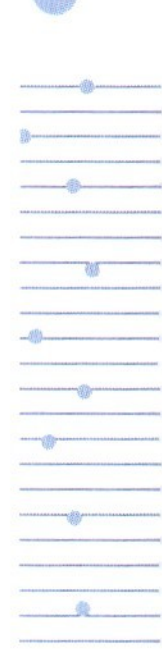

将上式对ζ_1取导数，可得

$$\frac{\partial T_e}{\partial \zeta_1}=\frac{\int S_2R_2\mathrm{d}\lambda}{\int \chi_1S_1R_1\mathrm{d}\lambda-\zeta_1\cdot\int \chi_2S_2R_2\mathrm{d}\lambda}\cdot\frac{T_e^2}{5.11\times10^5} \tag{5.2.6}$$

以T_e为自变量(100 eV～10 keV，步长5 eV)，对(CH1，CH2)组按式(5.2.5)求得对应的$\zeta_1\sim T_e$，再按式(5.2.6)求得对应的$\partial T_e/\partial\zeta_1\sim(\zeta_{10},T_e)$，并整理得到一个以$\zeta_{1,0}$为入口参数的表格$\zeta_{1,0}\sim\left(T_e,\partial T_e/\partial\zeta_1\right)$。然后，根据散射实验所得数据，计算出$\zeta_1=D_{s1}/D_{s2}$，在表格$\zeta_{1,0}\sim\left(T_e,\partial T_e/\partial\zeta_1\right)$中查找绝对值$\left|\zeta_1-\zeta_{1,0}\right|$最小的$\zeta_{1,0}$，则获得$T_{e1}$的测量值。而$T_{e1}$的测量误差为

$$\mathrm{Var}(T_{e1})=\left(\frac{\partial T_{e1}}{\partial\zeta_1}\right)^2\left[\left(\frac{\delta D_{s1}}{D_{s2}}\right)^2+\left(\frac{D_{s1}\delta D_{s2}}{D_{s2}^2}\right)^2\right] \tag{5.2.7}$$

同理，可以求得T_{e2}、$\mathrm{Var}(T_{e2})$和T_{e3}、$\mathrm{Var}(T_{e3})$。则对电子温度测量的结果为

$$T_e=\mathrm{Var}(T)\cdot\left[\frac{T_{e1}}{\mathrm{Var}(T_{e1})}+\frac{T_{e2}}{\mathrm{Var}(T_{e2})}+\frac{T_{e3}}{\mathrm{Var}(T_{e3})}\right] \tag{5.2.8}$$

$$\mathrm{Var}(T_e)=\frac{1}{\left[\frac{1}{\mathrm{Var}(T_{e1})}+\frac{1}{\mathrm{Var}(T_{e2})}+\frac{1}{\mathrm{Var}(T_{e3})}\right]} \tag{5.2.9}$$

5.2.1.7 汤姆孙散射诊断实例

中国环流三号(HL-3)同时设计建设了水平切向(HTS)和垂直光路(VTS)的汤姆孙散射系统如图5.2.6所示。基于物理研究对等离子体基础剖面诊断的需求，VTS光路位于#6扇段、R=1.78 m处的上下对穿，HTS激光由#6中平面水平斜入射至#13中平面附近，在中平面系统内。

除此之外，主机周围包括：激光光路系统(包括位于#13弱场侧第一壁的激光吞噬消光器)；散射光收集窗口及散射光收集光学系统；装置地面层的激光器。除此之外还有远离主机的分光多色仪以及采集、控制、计算系统；为支撑系统运行，还搭建了快速标定系统。

HL-3中平面HTS系统采用一台可以运行在2.5 J/50 Hz的Nd:YAG 1064 nm脉冲激光器，激光脉宽约10 ns，光束直径约为25 mm，为氙灯泵浦，共有3级串联放大。激光器放置于装置下方，通过4个反射镜和1个聚焦透镜(F=4.0 m@1064 nm)组成的光路传输至位于中平面的TS激光入射管道窗口。VTS系统采用一台可以运行在2.0 J/30 Hz的Nd:YAG 1064 nm脉冲激光器，激光脉宽约10 ns，束直径约为30 mm。激光器放置于装置下方，通过2个反射镜和1个聚焦透镜传输至位于装置下方的入射

管道窗口。由于TS的激光光强非常高且人眼不可见，为防止激光暴露伤害、保证传输光路洁净，对整个激光传输光路进行了密封防护和微正压防尘。

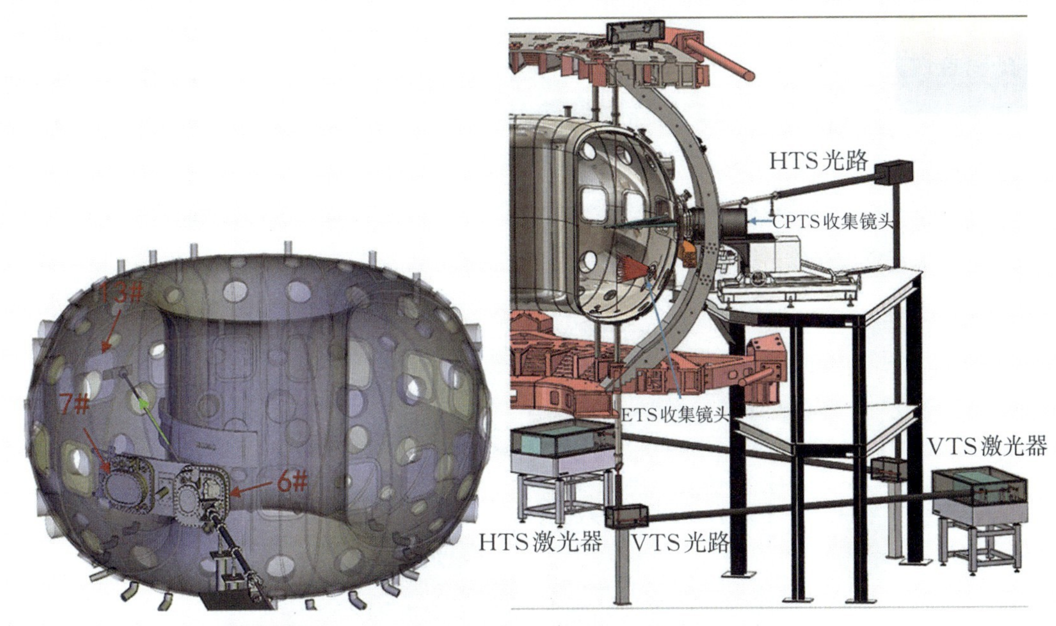

图 5.2.6　HL-3 上的激光汤姆孙散射诊断系统布局

如图5.2.7所示为HTS的收集光学布局。激光由#6中平面窗口切向入射（与R呈24.4°角），依次经过等离子体边界、边缘等离子体、芯部、强场侧、芯部、边缘后进入激光吞噬器。散射光的收集窗口位于#6中平面和#7中平面，其中#7作为芯部（或强场

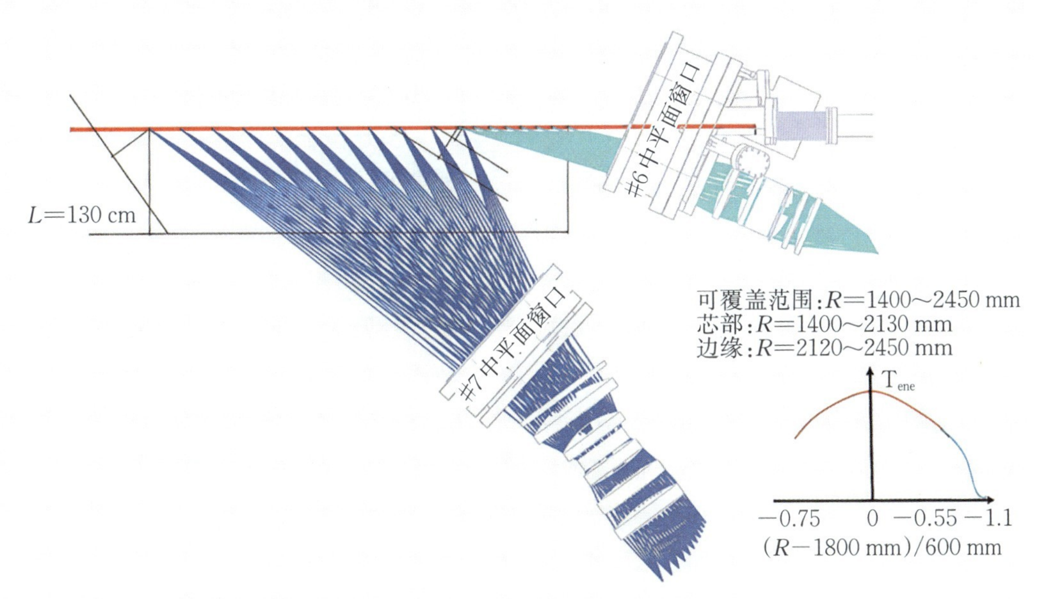

图 5.2.7　HL-3 上的 HTS 系统覆盖和收集光学设计

侧)的观察窗口,已设计和制造了如蓝色所示镜头,可以覆盖R为1400~2138 mm的芯部等离子体区域,#6作为入射窗口和边缘观察窗口,根据设计可覆盖R为2125~2450 mm,两套系统有极限交叉地带,可以满足基于磁面的全剖面诊断。为了保证窗口在装置辉光清洗和壁处理期间免受镀膜影响,还需要考虑窗口玻璃的防护问题。如图5.2.8所示为HTS的芯部窗口防护设计,其采用仿折扇子的设计,通过6片转动冗余度不一致的叶片和对应的限位实现窗口的遮盖。而为了保证可靠性,所有叶片和传动结构隐藏在一块严密的防护盖板之下。为了满足真空传动件的力矩限制,还设计了3倍传动齿轮结构,并使用铜衬套和加大的公差提高结构的耐磨和容错率。

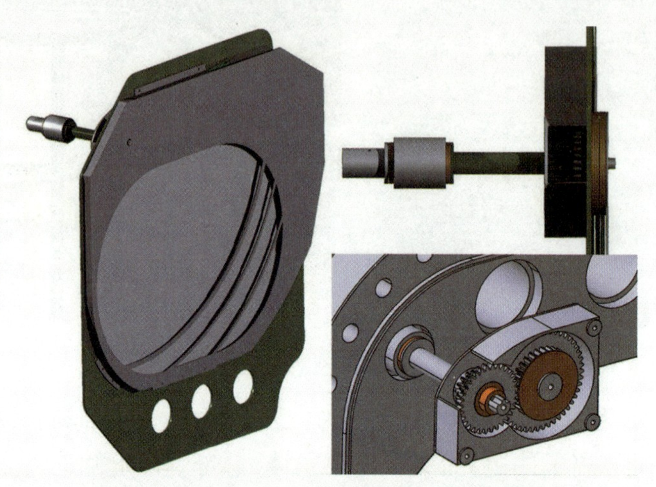

图5.2.8 HL-3上的HTS系统的窗口防护设计

如图5.2.9所示为HL-3 VTS系统的收集光学布局。激光沿位于大半径$R=178$ cm处的上下对穿管道穿过,由位于#6下、中、上三个散射光的收集窗口形成全剖面诊断能力。其中,上、下2个窗口由于窗口尺寸限制,为了保证足够的光通量,现使用一种收集光学、法兰、防护集成的设计,以尽量靠近观测弦。如图5.2.10所示。收集镜头的镜片集成在法兰桶内,镜头前端采用了3叶片式的防护结构,依靠此设计VTS的边缘系统收集光学实现了最大超过40 msr的收集立体角。

HL-3的汤姆孙散射系统诊断能力需要满足等离子体电子密度为$(0.1\sim10)\times10^{19}\ \mathrm{m}^{-3}$,电子温度范围为5~15000 eV,最终空间分辨率为1~2 cm,大约需要100~120台多色仪才能形成全剖面诊断。为此,HL-3设计了模块化的多色仪,可以方便地更改不同通道的滤光片参数以满足不同电子温度区间的诊断要求。如图5.2.11所示为HL-3的多色仪、内部的APD放大集成模块。多色仪采用典型的折返分光光路结构,将主光束与滤光片的夹角控制在3.7°以内,以尽可能保证滤光片工作在设计参数区间。为了抑制杂散光,在光纤入射端口还设置了1064 nm陷波滤光片的安装结构,并使用宽带的颜色滤光片抑制可见波段的等离子体背景光。每个通道的APD和放大电路集成在一起组成一个标准模块。这样可以通过更换模块前面的干涉滤光片实现不同电子温度区间的诊断,最大可以设置7个通道。以边缘系统为例,目前设置了5个通道,通道的相对光谱响应如最右侧图所示。

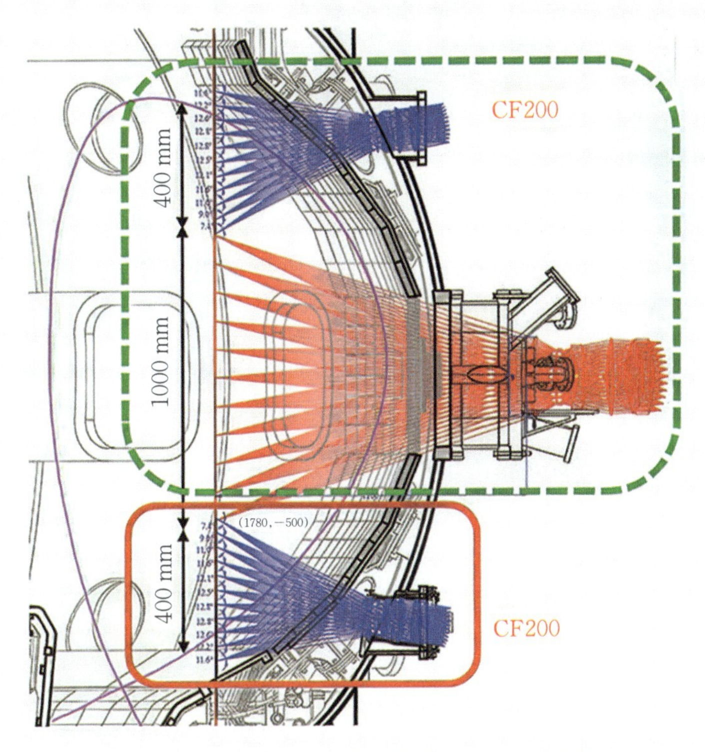

图5.2.9 HL-3上的VTS系统覆盖和收集光学设计

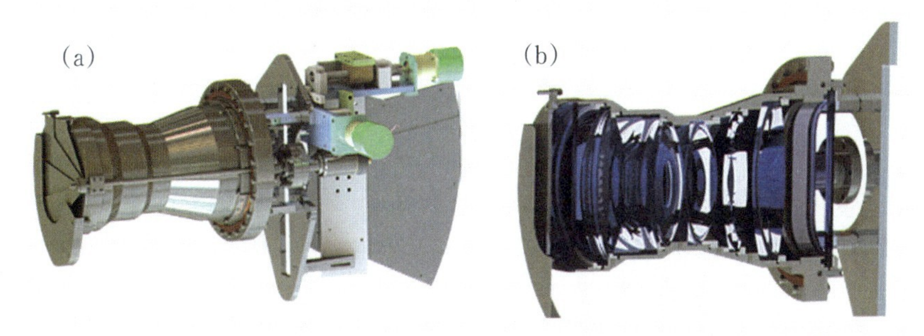

图5.2.10 HL-3上的VTS系统边缘的收集光学与法兰、窗口防护的集成设计

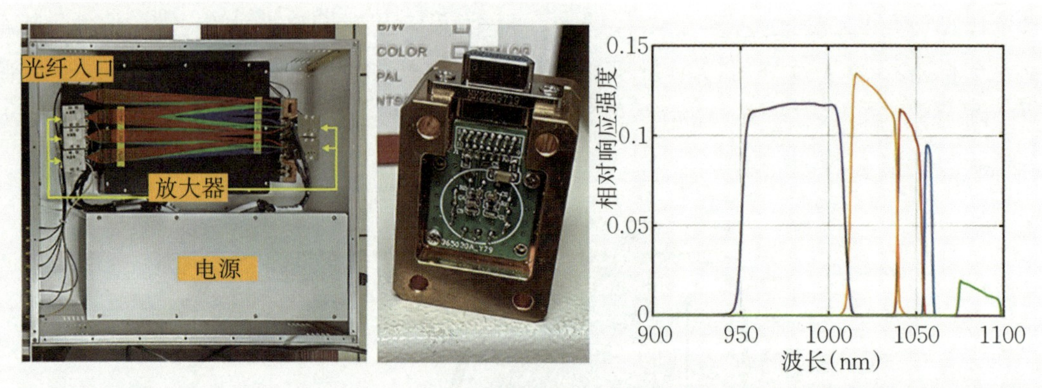

图5.2.11 HL-3的多色仪、APD放大集成模块、低温多色仪通道相对光谱响应

在HL-3上采用了常见的原位光谱标定和拉曼散射标定，分别对每个空间点对应的多色仪通道的相对光谱响应强度和低温通道的绝对响应强度进行了标定。基于上述设计和标定实验，HL-3上的TS系统取得的实际散射信号如图5.2.12所示。左图是一次放电后采集得到的一台多色仪1个通道的所有散射信号，右图是对其中一个时刻的5个通道的波形绘制，每个波形的时间长度约为410 ns。该炮等离子体的主要基本参数如图5.2.13所示。经过比对，所测信号的幅值与信噪比基本符合预期。

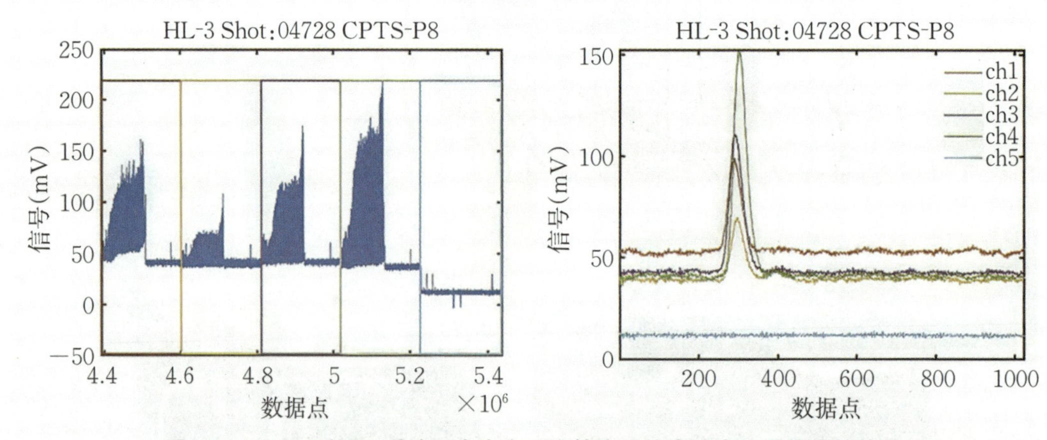

图5.2.12 HL-3的TS系统一个点在一次等离子体实验中取得的原始信号

电子温度数据由多色仪测量信号比对标定数据得出。将如图5.2.12(右)所示的原始信号首先通过降噪、减去零漂、积分3个步骤后可以得到各通道的信号值s_i。将信号值与标定数据值$c_i(T_e)$都按以下规则进行标准化，以消除幅值区间不同的影响：

$$s_i' = \frac{s_i - \langle \bar{s} \rangle}{\sigma_{(s_i)}} \tag{5.2.10}$$

其中，$\langle \bar{s} \rangle$为参与计算的通道值平均值，$\sigma_{(s_i)}$为参与计算的通道值标准差。然后通过寻找最小闵可夫斯基距离即可以快速得到一个电子温度值，距离判据为

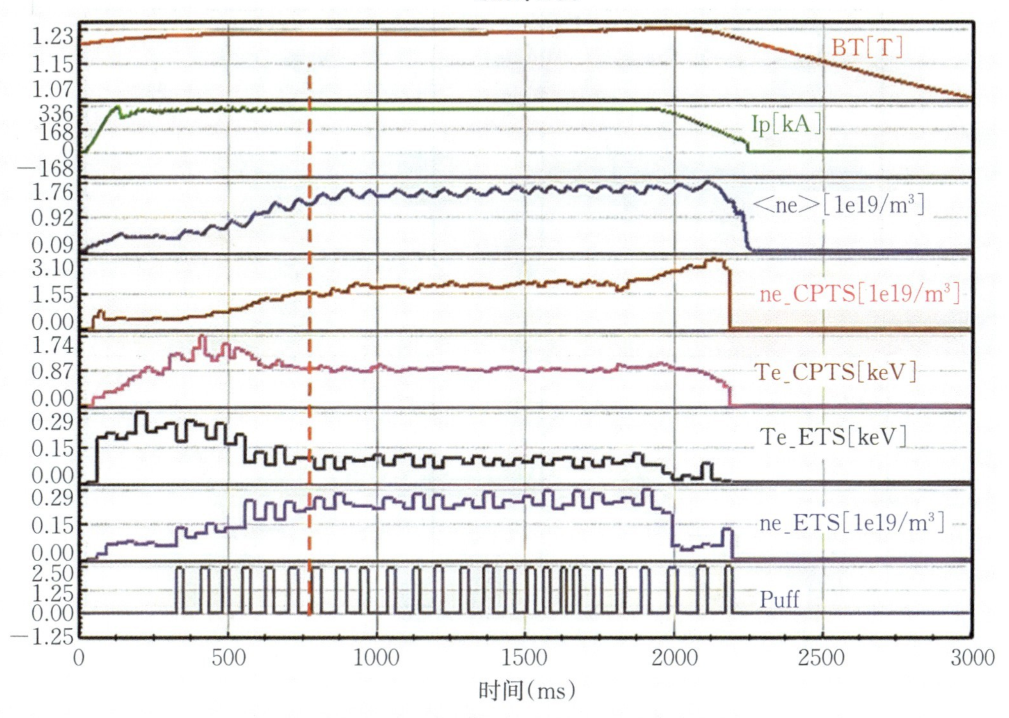

图5.2.13　HL-3的第4728炮等离子体放电基本参数

$$L(T_e)=\left[\sum_{i=1}^{n}\left|s_i'-c_i'(T_e)\right|^p\right]^{\frac{1}{p}} \tag{5.2.11}$$

其中,p为2时即为最小二乘法。为了得到计算结果的误差棒,一个简单的做法是评估噪声对原始信号信噪比的影响,以在信号值s_i上随机叠加一个误差信号,即$s_i+s_{i,r}$,假设其中$s_{i,r}$按正态分布在小于最大噪声值或不确定性影响值范围内。此时应当取足够多的样本值$s_{i,r}$,且各通道相互独立。然后利用新的信号值$s_i+s_{i,r}$计算出可能的电子温度值,并以其平均值为电子温度值,标准差为误差棒大小。但是需要注意的是,$s_{i,r}$的取值范围和分布还需要对全系统进行更细致的分析计算才能更准确地得出。如图5.2.14所示为一些计算结果对应的散射谱理论分布与根据TS原始信号和标定数据计算得到的光谱分布对比验证结果,可以看到大多数情况下各个通道的值与结果对应的理论谱分布基本一致,但是也有一些点不对应,这说明标定数据与实际信号存在偏差,相应的偏差影响应包含在误差棒内。

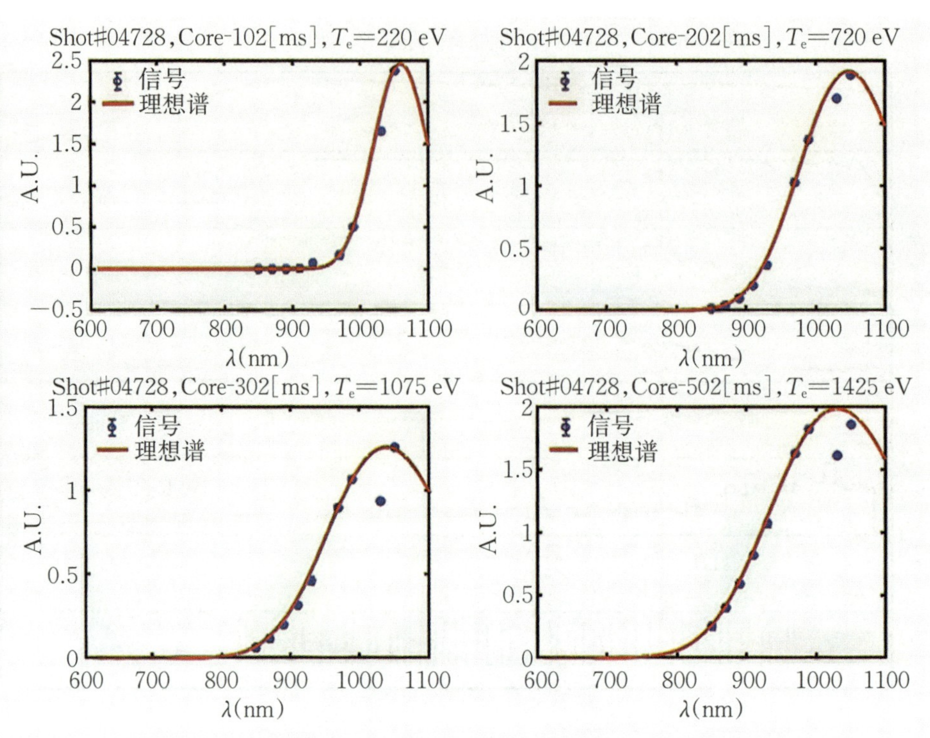

图 5.2.14　TS 理论散射光谱分布与标定数据计算得到的光谱分布对比

5.2.2　激光雷达汤姆孙散射系统

重复脉冲激光汤姆孙散射是测量等离子体中电子温度和密度的一种成熟技术。然而，当等离子体装置及其周围区域由于辐照活化而变得难以接近时，将这种技术应用于大型等离子体装置变得困难，特别是窗口小而少的情况会进一步限制探测。考虑到在参数接近点火条件下的等离子体装置上的应用，汤姆孙散射系统需要满足的一系列条件，例如：诊断系统应该需要尽可能少的窗口，并且这些窗口应该具有较小的尺寸；在等离子体约束装置附近的光学组件的数量应该尽量减少，从而便于远程控制；收集和传输光学部件应该具有辐射抗性；围绕等离子体约束装置的生物屏蔽墙的穿透应尽可能小和少；激光器和探测器应该位于生物屏蔽物外部，并且可供维护访问；需要用足够的分辨率沿着空间弦测量电子密度和温度，并且需要足够的准确性以实现实验目标。在等离子体放电期间应尽可能频繁地重复这些测量。基于上述考虑，JET 提出了一种基于背向汤姆孙散射和雷达技术的诊断方案，即激光雷达汤姆孙散射系统（LIDAR TS）。[9,17]

5.2.2.1　LIDAR TS 原理

对于大型磁约束等离子体装置上的汤姆孙散射，存在两种可能的安排方式，使光学对准能够保持稳定,从而不需要远程控制,即小角度前向散射和背向散射。在这两种情况下,可以将收集光学与聚焦光学刚性耦合。因此,等离子体散射体可能会由于振动轻微偏移,但激光与检测系统之间的对准保持不变。典型的LIDAR TS布局如图5.2.15所示,散射光收集光学与主激光光路耦合在一起,主激光从中空聚焦透镜中心穿过,从而保证散射光收集光学与激光的对准不变。但是,这两种散射几何结构存在几个需要克服的问题:① 当散射角接近0°或180°时,空间分辨率会降低。② 在背散射情况下,等离子体辐射强度较大,因为散射光谱较宽。③ 对于正向和背向散射,杂散光抑制可能会成为一个问题。

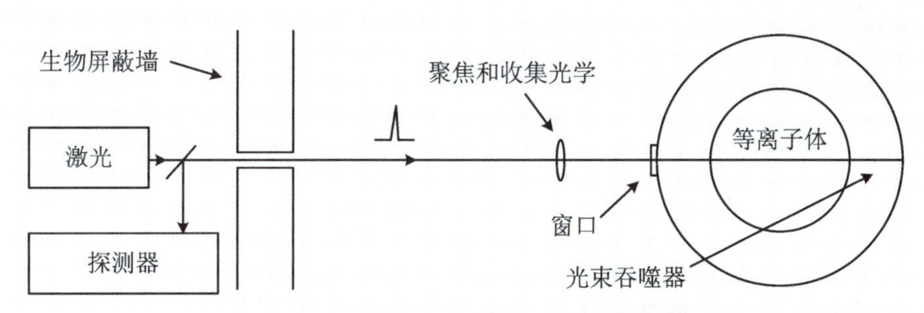

图5.2.15 激光雷达汤姆孙散射诊断系统原理布局

对于背向散射,所有这些缺点都可以通过使用亚纳秒激光脉冲和高速检测系统来避免:① 空间分辨率将通过类似于激光雷达技术的飞行时间测量来实现。它由激光脉冲长度和检测系统的响应时间决定。② 在几百皮秒的曝光时间记录的等离子体背景辐射将比常规90°汤姆孙散射设置小两个数量级。③ 散射光以外的杂散光将在不同时间到达探测器,因此可以进行区分。因此,原则上LIDAR散射系统只需要一个窗口。而对于180°散射和飞行时间判别,只需要一个采集和传输光学件。在这个单一光学通道中,来自所有空间点的信号都在时间上错位重现。在背散射中实现的空间分辨率由以下公式给出:

$$\Delta x = c/2(t_L + t_d) \tag{5.2.12}$$

其中,c为光速,t_L为激光脉冲宽度,t_d为探测系统响应时间。当t_L和t_d值满足要求时,Δx的值可以远低于10 cm。这种分辨率对于像JET这样的大型托卡马克装置已经足够。

但是由于汤姆孙散射截面小,散射光子数少,且窗口大小受限,因此要尽可能使用更高能量的激光器,目前已知的亚纳秒脉冲激光器有:钕玻璃激光器(ND:Glass,波长为1.06 μm)。这种激光器主要是为激光聚变实验开发的。参数可以超过30 J,脉冲持续时间为500 ps。光化学碘激光器(波长为1.315 μm):脉宽持续时间为300 ps的情况下能量可以高达300 J。也可将150 J的激光倍频得到约90 J的657 nm激光。但

LIDAR TS系统的激光器选择要关注超短脉冲激光的峰值与背景光的对比度，从而避免背景光的影响。还需要选取可以重复输出的激光以提高系统的时间分辨率。

与激光器对应，还必须选取具有亚纳秒级别响应速度的光电探测器以准确探测散射信号，包括波形和不同位置散射信号的延迟波形。微通道板(MCP)光电倍增管是一种可用探测器，单级MCP光电倍增管的最快响应时间约为300 ps。将等离子体产生的背向散射光成像收集后通过光栅或滤光片分光后引入不同的探测器即可以实现光谱的分辨。但与传统的重复脉冲TS信号波形不一样，LIDAR TS的通道波形为整个可观测路径上的散射光总波形。如图5.2.16所示为一个使用300 ps脉宽激光光源的LIDAR TS通道的信号示意。紫色曲线表示整个可观测路径上的散射光总波形，波形的宽度与收集镜头覆盖的等离子体弦长度产生的光程延时一致。信号波形为该路径上不同位置散射信号的叠加(也可以按特定空间分辨率计算相应脉宽长度进行离散拟合)。通过仔细对比信号延迟、激光脉宽就可以计算出实际被测位置在该通道上的信号幅值。在对所有通道进行离散以后即可以得到类似传统汤姆孙散射单个脉冲的多通道信号，根据响应的标定数据即可以得到对应的电子温度、密度值。LIDAR TS的通道相对光谱响应标定与绝对响应标定操作方式和原理与传统TS方法基本一致。

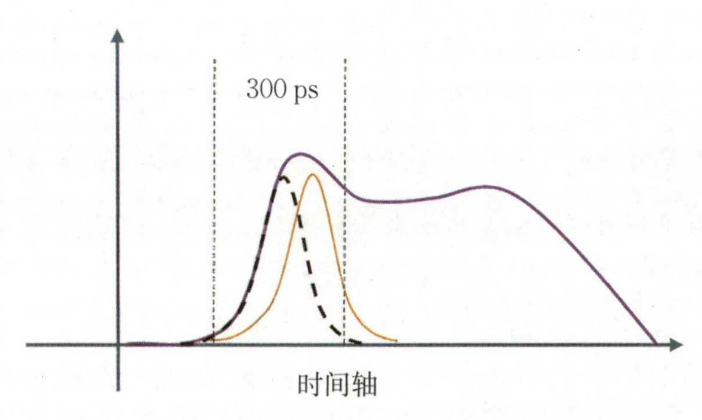

图5.2.16 激光雷达汤姆孙散射诊断通道信号示意

5.2.2.2 JET上的LIDAR TS

由于LIDAR TS系统需要探测点之间具有足够的空间间距才能在探测器响应速度有限制条件下实现空间分辨，因此目前只有JET装置上应用LIDAR TS诊断。

JET的激光雷达汤姆孙散射诊断布局如图5.2.17所示。诊断的所有主要组件都位于生物屏蔽层(2.5～3 m混凝土)之外，而只有少量的光收集镜靠近托卡马克。通过锁模红宝石激光器(694.3 nm～300 ps，1 J，4 Hz)产生短脉冲激光，发射后通过一个直径8 cm的管道穿过2.5 m厚的生物屏蔽层天花板，朝向托卡马克大厅下方近20 m处的一个45°镜子，然后水平引导进入JET等离子体。等离子体散射的光通过6个直径为0.16 m的真空窗口组收集，这些窗口位于距离等离子体中心约4.4 m的JET真空室末端。每个窗口使用两个球面镜，所有窗口共享一个平面镜，共同形成一个牛顿望远镜系统，聚焦后再将光反射向另外6个球面镜，这些球面镜将光聚焦到装置上方另一个直径为0.25 m的生物屏蔽层穿孔，也是多色仪的光线入口。为了保持对准稳定性，所有镜子都安装在一个与JET分开的混凝土塔上，确保装置的任何移动都不会影响光学系统。这样一来，收集光学系统可以在多年内正常运行而无需任何调整，这是激光雷达的主要优势之一。

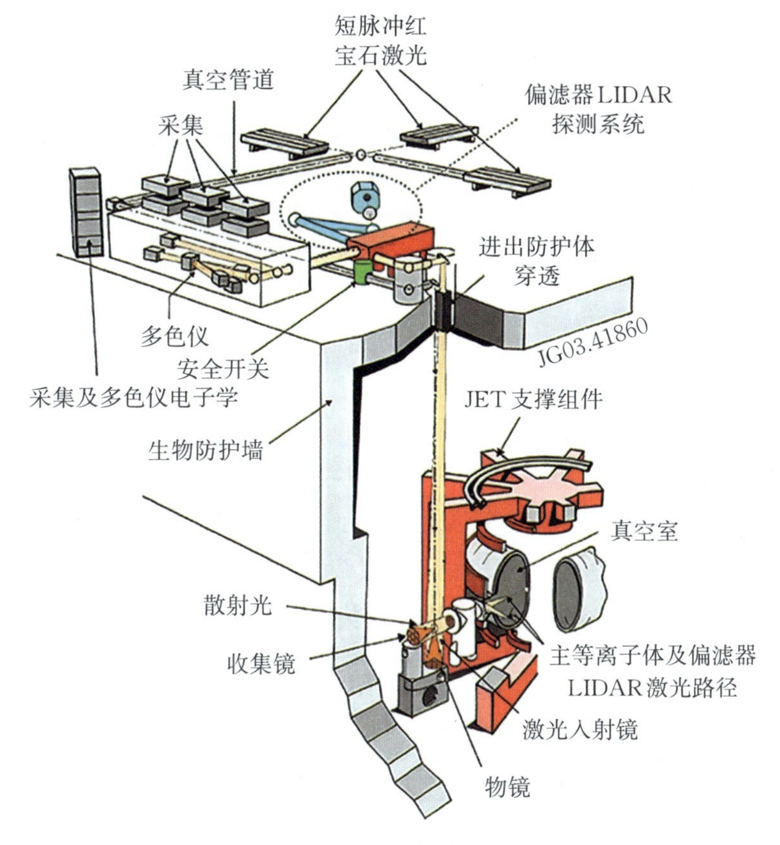

图5.2.17 JET上的激光汤姆孙散射诊断系统布局

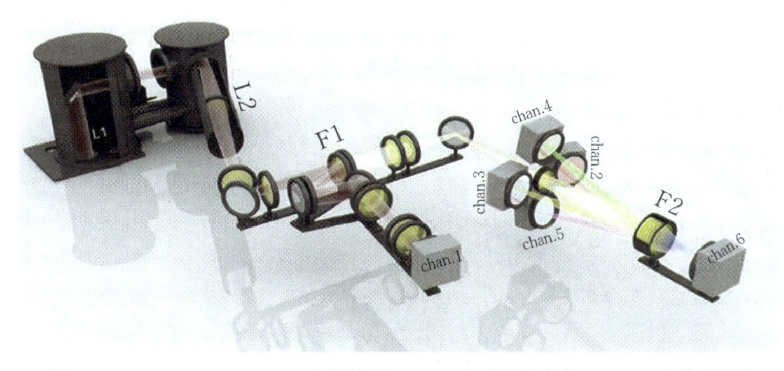

图5.2.18 JET LIDAR TS光谱仪，F1~F2为滤光片，L1~L2为透镜

JET的LIDAR TS光谱仪结构示意如图5.2.18所示，在生物屏蔽层穿孔末端有一个透镜L1，它将大厅内的6个水平镜子成像到标记为L2的场镜上，然后传递到第一个滤光片F1，其截止波长刚好低于红宝石激光线。因此，它反射了红宝石激光和所有更高波长的散射光到第1探测器，该探测器有2个散射光滤波器提供约10^{-6}的滤除比。光谱的较低波长分支被传送到滤光片组F2，该系统由两个楔形衬底组成，两侧涂覆有不同截止频率的滤波涂层，作为不同截止波长的滤光通道，光线根据波长反射到#2～#5通道，最短波长带(<500 nm)透过F2照射到6号光谱通道。

该光谱仪系统的相对灵敏度校准使用经过校准的色温黑体光源测量。在装置窗口前放置了一块涂有漫反射材料的板，并由1 kW标准灯具照明。由于系统的整体灵敏度需要校准以适应散射光的偏振方向，因此还使用了偏振片来测量收集光学的传输特性，可以通过使用偏振片在不同对准位置进行测量得到。除此之外，还需要定期对窗口进行单独的透过率标定。特别是JET本身中子、伽马辐照较强，窗口玻璃会受辐照影响导致可见波段的透过率显著降低。

该系统的绝对光谱响应校准与其他TS系统一样，都使用拉曼散射进行标定。但是由于JET LIDAR TS使用了红宝石激光器，波长为694.3 nm，因此中性气体的散射截面更大($\sigma_{\text{Raman}} \propto 1/\lambda_0^4$)，但是散射谱的宽度会更窄($\Delta\lambda_{\text{Raman}} \propto \lambda_0^2$)，因此主要的挑战是如何在很窄的范围内充分滤除激光本底波长，同时又保证足够的光子通量。JET LIDAR TS也使用氮气进行拉曼散射，最大压力约为400 mbar(40000 Pa)。为了保证激光波长被完美地滤除，使用了特制的红宝石滤波器，该滤波器由64个5 mm×5 mm×15 mm的小立方体相互黏合而成，因此只有几乎垂直于其表面入射的光才能无干扰地传播。但该滤波器的总孔径也相对较小(约40 mm)，不足以覆盖光谱仪的整个输入。因此唯一有效的使用方法是将其布置在L2透镜后，这里的光线角度变化最小。但是像由6个约35 mm直径的独立光斑组成，因此需要分别由红宝石滤波器覆盖6个光斑，进行6次拉曼校准，才能得到最终结果。但需要注意的是激光晶体材料对激光波长的被动吸收特性是红宝石激光系统所特有的，如果使用Nd:YAG作为激光源，则无法使用这种方法抑制杂散光。

5.2.3 二维成像汤姆孙散射系统

在某些情况下，由于等离子体温度较低，散射谱较窄，使用滤光片不能实现精细的分光，此时需要考虑使用光栅作为分光元件，并采用像增强器、感光耦合组件实现光谱分辨，例如ICCD(增强型)、CCD。使用ICCD、CCD直接探测散射光谱的汤姆孙诊断系统称为二维成像汤姆孙散射系统(television Thomson scattering system，TVTS)。[18]

ICCD、CCD具有自扫描、光谱范围宽、畸变小、体积小、重量轻、系统噪声低、功耗小、寿命长、可靠性高等优点，结合其二维视场特性，TVTS系统可以提供稳定、集成化的超高空间分辨率的电子密度和温度分布诊断。TVTS系统在很多装置上都有所应用，例如PLT[19]、TFTR[18]、JFT-2M[20]、RTP[21]、TJ-Ⅱ[22]、TEXTOR[10]、MAST[5,23]、LHD[24]和HT-7。[25]TVTS也可以为一些简单的物理课题，如ECRH加热、弹丸加料等提供可靠数据。

5.2.3.1 TVTS的时空分辨

TVTS系统的入射激光光路与传统TS系统没有太大区别，但在入射光和散射光收集端需要针对CCD特征进行优化设计。如低频率的入射激光和高动态范围的一般电耦合器件配合，由于CCD的读取时间很长，可以采用多激光脉冲和多探测器的间隔操作获取短时间差的两个数据片。例如在RTP上采用的双脉冲双ICCD相机的TVTS系统，其系统布局如图5.2.19所示。

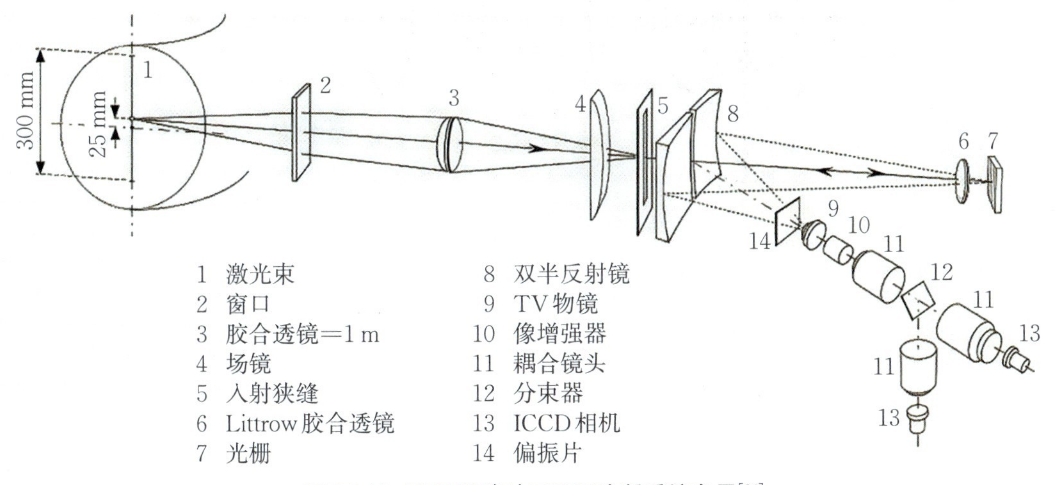

图5.2.19 RTP双脉冲TVTS诊断系统布局[26]

直径为25 mm的入射激光由入射光路引导进入真空室，形成长300 mm的观测弦。在散射光收集端，散射光通过一个焦距$f=1000$ mm的消色差胶合透镜(3)成像在分光系统的入口狭缝(5)上。收集到的光由利特罗透镜(6)对光线进行准直和衍射光的聚焦，并通过定向的利特罗结构平面光栅(7)进行消杂，使得当全狭缝高度均匀照明时，每个空间单元的杂散光比$\leqslant 5\times 10^{-4}$。衍射光谱图像反过来会投射到入口狭缝后方的两块球面反射镜(8)上用于瞳孔成像。该图像经过偏振片(14)和TV镜头(9)投射到像增强器的光电阴极(10)，像增强器也用作ICCD系统的电子快门。增强后的光束通过透镜耦合系统(11)和分光镜(12)分别进入两个ICCD相机进行光强探测。由于采用的高动态范围ICCD相机的典型读出时间远长于等离子体需要的诊断时间，因此可以利用两套相同的ICCD相机对两个间隔的激光脉冲的散射信号分别探测，最后得到两个短时间差的数据片。

提高TVTS时间分辨率的方法是对激光系统和CCD系统进行改进，提高激光的重复频率，采用可以在短时间内爆发的高频率激光源；提高CCD的读写性能，采用高频率的读出放大器或者新型的互补金属氧化物半导体(CMOS)相机。[5,10]例如在TEXTOR采用的10 kHz重复高分辨率TVTS[10]，如图5.2.20所示。其系统布局与早期TVTS系统基本一致，但是在入射激光和探测器上进行了改进。

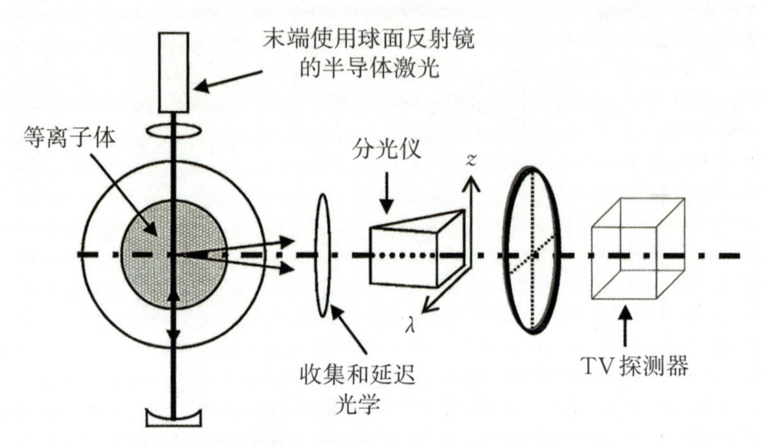

图5.2.20 TEXTOR TVTS系统布局[10]

入射激光源用多脉冲红宝石内腔激光器代替传统的双脉冲红宝石激光器。初始激光由透镜聚焦到等离子体中并由球面镜反射，沿相同路径两次经过等离子体，然后再返回到激光介质中。内腔激光器的基本原理类似于已建立的激光振荡器，由可编程Q开关控制脉冲数量。这种光子回收装置可以产生一长串脉冲，每个脉冲的能量比传统的高功率激光器产生的能量更高。该系统允许产生5～10 ms长，15 J激光脉冲的爆发，在爆发期间的重复频率为10 kHz。

另外，用超高速多帧CMOS相机代替CCD相机。虽然可以使用集成存储芯片的CCD存储多个图实现后续图像的超快记录，但是由于CCD芯片的晕染效应和图像增强器的光晕会造成存储图像之间的时域串扰。而CMOS的感光度相对CCD更低，其晕染和串扰远小于CCD，采样图像的数量仅取决于所选图像格式和可用RAM的容量。如图5.2.21所示，分光图像可以通过叠加多级图像增强器收集放大后，由透镜聚焦到超快速CMOS相机中进行有效采集。图中，一个CMOS相机用于检测重复频率高达10 kHz的汤姆孙散射光，而另一个用于测量后续激光脉冲之间的背景等离子体光。[10]

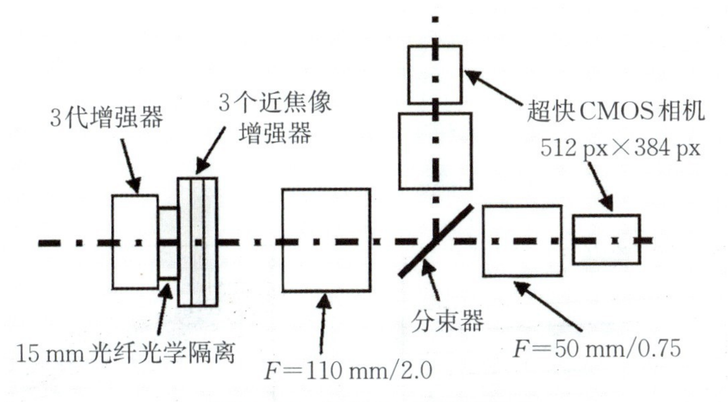

图 5.2.21 超快 TV 探测器组成

5.2.3.2 数据处理

由 TVTS 系统测得等离子体数据也需要经过定标和数据校正。TVTS 系统的散射光光谱分布受用于将散射光引导至检测系统的光学系统的相关波长透射率所影响。探测器对不同波长的灵敏度也不一致。一些情况下,还要考虑等离子体发光的影响,可以通过另外一组相机测量脉冲间隔期的背景等离子体发光,用来进行背景信号剔除。因此,为了找到散射光的正确光谱形状,需要先对从光源到检测器的光学系统进行校准。虽然 TVTS 系统有大量的探测器元件,但其校准原理相当简单明了。与其他光谱诊断系统标定手段一样,可以用钨灯进行校准以确定相对光谱分布,可以计算电子温度。通过瑞利或拉曼散射对散射光子数进行绝对标定,可以推算电子密度。TVTS 与一般 TS 系统的数据处理的主要不同在于需要基于二维图像系统的信号增益、衰减以及分布进行数据处理。

首先,对 CCD 得到的原始暗区数据(只接收到少量光子的区域)进行一次线性曲面(定义 CCD 图像的长宽为 x,y 方向)拟合得到背景校正数据(BG)。

$$\mathrm{BG}(x,y)=a_{\mathrm{bg}}x+b_{\mathrm{bg}}y+c_{\mathrm{bg}} \tag{5.2.13}$$

然后,由于入射狭缝(图 5.2.19,5)对于每个波长有不同的放大率会导致每个竖直位置的光谱相对于 CCD 相机的栅格都会有稍微倾斜,存在透视效应。为了确定作为竖直位置的函数的这种倾斜,在狭缝前放置一组小孔(图 5.2.19,3),白光发射针孔被成像到分光计狭缝上,小孔的直径为 0.25 mm,间隔 20 mm,这样 17 个小孔覆盖了 300 mm 的整个观测弦,然后用白光光源照射后可以从记录的光谱线计算出每个竖直位置的图像倾斜,从而给出校正 TS 数据的透视校正算法。

该校正包括每个 CCD 像素的位置校准,例如图 5.2.22 RTP 的示例。旋转 CCD 相机使像素方向被设置为平行整个谱线,对透视效果进行校正后,每条光谱线看起来都是稍微弯曲的,需要利用光谱灯对每个 z 方向像素进行色散校正。每个像素的波长用可以通过校准数据拟合的三阶多项式来计算：

$$\lambda(z)=a_{wl}(z)x^3+b_{wl}(z)x^2+c_{wl}(z)x+d_{wl}(z) \tag{5.2.14}$$

这里，x 表示硬件像素，z 为等离子体位置（与 y 方向像素位置对应）。经过上述原始数据处理后就可以进行相对光谱响应系数标定。

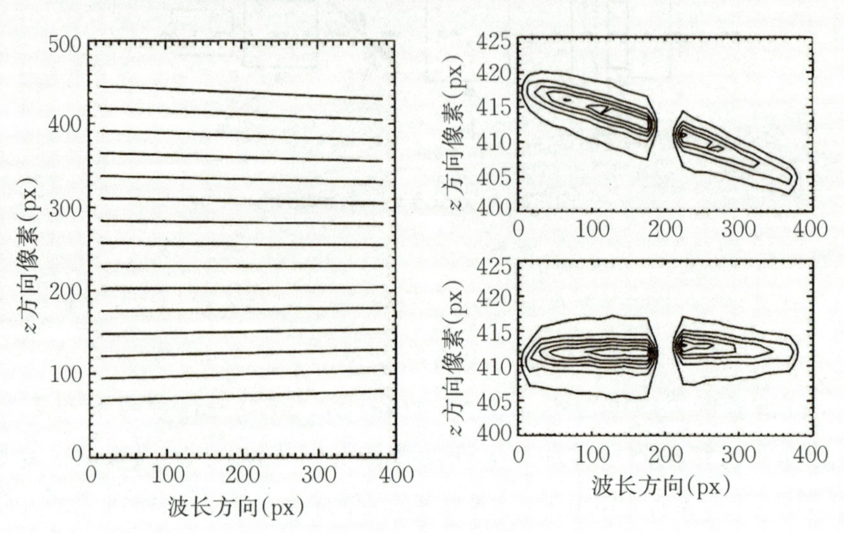

图 5.2.22 （左）透视效果的示例，这些物点对应的光谱略倾斜，两部分反射镜的长波放大率小于短波的放大率（色散效应）；（右）光谱分布等高线图；光谱的倾斜超过 **13** 个像素；右下图显示了透视校正后的相同光谱[27]

TVTS 系统的相对光谱响应系数校准基于积分球广角均匀光源。标定光路的布局如图 5.2.23 所示。通过透镜将焦点上的钨丝灯灯芯光源聚焦到积分球内，为收集系统提供均匀稳定的白光光源。为了校准完整的光学系统，光源出口应该放置在散射体的位置附近，通常情况下被放置在观察透镜的前面，从而不用打开真空室。考虑到光

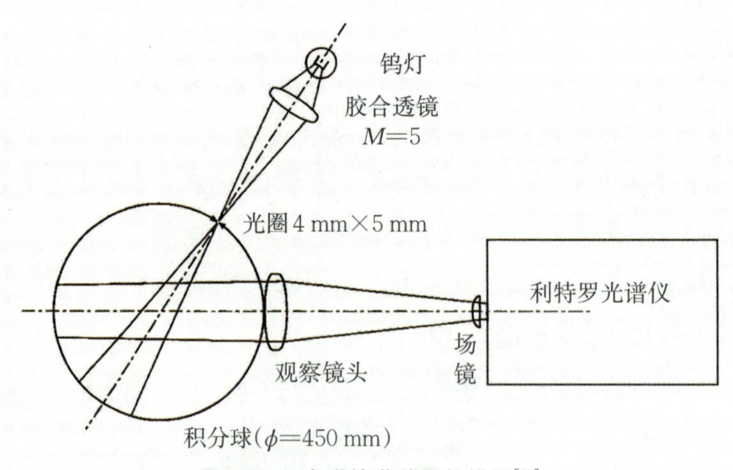

图 5.2.23 光谱校准装置的设置[27]

源的位置差异，系统的光谱校准因子应为

$$C_{\mathrm{abs}}(\lambda,z)=\frac{E_{\mathrm{w}}(\lambda,z)R_{\mathrm{sphere}}(\lambda,z)G(\lambda)\tau_{\mathrm{qw}}(\lambda)}{S_{\mathrm{cal}}(\lambda,z)} \tag{5.2.15}$$

其中，E_{w}是钨灯在不同观测点时的光谱能量分布，R_{sphere}是对应的积分球波长依赖参数，$G(\lambda)$是偏振片的透射率，S_{cal}是钨灯的校准强度，τ_{qw}是真空玻璃窗的透射率。对于TS系统来说，光谱能量分布即为：

$$E_{\mathrm{TS}}^{\mathrm{abs}}(\lambda,z)=C_{\mathrm{abs}}(\lambda,z)S_{\mathrm{TS}}(\lambda,z) \tag{5.2.16}$$

其中S_{TS}是TS散射的信号。这样，只需要知道积分球发出的光谱形状，而不是它的绝对值就足够了。由此可以得到相对校准系数C_{rel}：

$$C_{\mathrm{rel}}(\lambda,z)=C_{\mathrm{abs}}(\lambda,z)/K_{\mathrm{abs}}(\lambda_0,z) \tag{5.2.17}$$

系数$K_{\mathrm{abs}}(\lambda_0,z)$由瑞利散射测量值得出。绝对校准的程序如下。在TS的情况下，总散射能量由下式给出：

$$E_{\mathrm{TS}}^{\mathrm{abs}}=E_{\mathrm{TS}}^{\mathrm{laser}}\Delta L\Delta\Omega n_{\mathrm{e}}\frac{\mathrm{d}\sigma_{\mathrm{T}}}{\mathrm{d}\Omega}\int_{-\infty}^{+\infty}F(\lambda)\mathrm{d}\lambda \tag{5.2.18}$$

这里，$E_{\mathrm{TS}}^{\mathrm{laser}}$是到达散射体的激光能量，$\Delta L$是散射体积长度，$\Delta\Omega$是立体角，$n_{\mathrm{e}}$是电子密度，$\mathrm{d}\sigma_{\mathrm{T}}/\mathrm{d}\Omega$是微分散射截面，$F(\lambda,T_{\mathrm{e}})$是汤姆孙散射能谱，由密度归一化因子$p_0$和谱宽度$p_1$（正比于$\sqrt{T_{\mathrm{e}}}$）定义。在电子温度较高时，能谱积分略高于非相对论情况。而对于瑞利散射，以1 Torr压强的室温氢气标定的话，散射能量可以从下式得到：

$$E_{\mathrm{Rayleigh}}^{\mathrm{abs}}=E_{\mathrm{Rayleigh}}^{\mathrm{laser}}\Delta L\Delta\Omega 1.87\times 10^{19}p_{\mathrm{hydrogen}}\frac{\mathrm{d}\sigma_{\mathrm{T}}}{\mathrm{d}\Omega} \tag{5.2.19}$$

检测信号、校准因子和散射能量的关系满足：

$$\begin{aligned}E_{\mathrm{Rayleigh}}^{\mathrm{abs}}(\lambda_0,z)&=C_{\mathrm{abs}}(\lambda_0,z)S_{\mathrm{Rayleigh}}(z)\\&=K_{\mathrm{abs}}(z)C_{\mathrm{rel}}(\lambda_0,z)S_{\mathrm{Rayleigh}}(z)\end{aligned} \tag{5.2.20}$$

其中，$C_{\mathrm{rel}}(\lambda_0,z)$是二次钨灯校准，因为执行瑞利散射需要将光栅小幅度倾斜，使得激光波长的图像投射在检测器表面，导致光栅的方向与汤姆孙散射（光栅使激光波长沿着原始路径通过入口狭缝返回）不同。考虑到透射校正关系，可以得到绝对校正系数为：

$$K_{\mathrm{abs}}(z)=\frac{E_{\mathrm{Rayleigh}}^{\mathrm{laser}}\Delta L\Delta\Omega p_{\mathrm{hydrogen}}\frac{\mathrm{d}\sigma_{\mathrm{T}}}{\mathrm{d}\Omega}1.87\times 10^{19}}{C_{\mathrm{rel}}(\lambda_0,z)S_{\mathrm{Rayleigh}}(z)} \tag{5.2.21}$$

电子密度为

$$n_{\mathrm{e}}(z)=\frac{1.87\times 10^{19}p_0(z)E_{\mathrm{Rayleigh}}^{\mathrm{laser}}p_{\mathrm{hydrogen}}}{C_{\mathrm{rel}}(\lambda_0,z)E_{\mathrm{TS}}^{\mathrm{laser}}\delta\lambda_0(z)S_{\mathrm{Rayleigh}}(z)} \tag{5.2.22}$$

汤姆孙散射光谱的相对光谱分布为

$$E_{\mathrm{TS}}^{\mathrm{rel}}(\lambda,z)=C_{\mathrm{rel}}(\lambda,z)S_{\mathrm{TS}}(\lambda,z) \tag{5.2.23}$$

可以通过拟合汤姆孙散射能谱$F(\lambda)$找到宽度$p_1(z)$和密度归一化因子$p_0(z)$。从能谱的宽度可以推导出电子温度。对于红宝石激光器,可以通过以下方法从以纳米为单位的光谱宽度中获得:

$$T_e = 2.56 \times 10^5 p_1^2(z) \tag{5.2.24}$$

完成这些校正和校准后对能谱分布的拟合可以采用非线性最小二乘拟合。在数据的处理过程中还可以通过多次定标拟合减少噪声和标定误差,例如对绝对标定系数做拟合,最后的电子密度可以表示为

$$n_e(z) = \frac{p_0 F_T(z)}{E_{TS}^{laser} \delta\lambda_0(z)} \tag{5.2.25}$$

其中,$F_T(z)$是利用三次多项式平滑背景噪声后的结果。T_e以及n_e的测定可能还特别受到相对校准中的系统误差的影响。包括:钨灯的稳定性,等离子体操作或放电清洗对检测窗口的镀膜,探测器灵敏度的长期变化,探测器灵敏度的未知变化,对准控制和曝光控制,探测器稳定性和线性度。可以通过将最终结果与干涉仪结果进行比较,检验测定的可靠性。

5.3 激光相干汤姆孙散射诊断技术

在未来聚变堆中,高能的聚变产物α粒子的能量必须有效地传递给燃料离子(D^+和T^+)才能实现等离子体的自持燃烧。但阿尔法粒子在燃烧等离子体中能量不直接转移给离子,而是主要加热电子。因此电子的热输运研究在聚变能的获取过程中非常重要。目前实验观测到的电子热输运是反常的,即输运系数远大于新经典库仑碰撞理论给出的值。而小尺度湍流一般被认为是引起托卡马克等离子体电子反常热输运的主要机制[28],对小尺度湍流的测量和分析研究对于理解电子反常热输运非常重要。

激光相干汤姆孙散射是研究等离子体多尺度湍流的重要工具。在光源选择上,CO_2激光器波长处于远红外波段,波数的测量范围较宽,输出功率较大,相关激光器技术成熟,是激光相干汤姆孙散射的重要光源之一。1972年,Surko利用CO_2激光器实现了对实验室等离子体密度涨落的外差式探测。[28]1976年在Adiabatic Torodial Compressor(ATC)装置上首次实现了利用CO_2激光小角散射观测到等离子体密度扰动[29-30],可实现对波长20 mm到2 mm的等离子体密度涨落进行测量,它采用了高功率(200 W)的连续CO_2激光器作为光源,采用零差式探测。在这之后,CO_2激光散射诊断已应用于多种磁约束聚变装置,包括TEXTOR[31]、Tore Supra[32]、FT[33]等。

国内在托卡马克装置KT-5[34]和HT-6M[35]上也较早地进行了相干散射诊断的研发。激光相干散诊断系统的稳定运行和相关研究是在HT-7[36-37]托卡马克装置上实现和发展的，其密度涨落波数的测量范围为10～40 cm^{-1}，波数分辨为±2.5 cm^{-1}。2012年，EAST上实现了切向4通道CO_2激光相干散射诊断[30]，并在2015年升级为四道极向诊断系统，密度涨落波数的测量范围为10～26 cm^{-1}，可实现对极向电子模湍流特性的探测。[30]2016年，HL-2A装置上安装了CO_2激光相干散射系统来测量HL-2A托卡马克装置(R=165 cm，a=40 cm)上的小尺度密度扰动，它可以同时测量两个不同波数的波动，范围从10 cm^{-1}到50 cm^{-1}，波数分辨为±3 cm^{-1}，时间分辨为0.5 μs。

CO_2激光相干散射诊断技术已相对成熟，并成为托卡马克上探测小尺度密度涨落的重要手段。表5.3.1展示了部分托卡马克装置上CO_2激光相干散诊断系统的探测方式和密度涨落波数的测量范围。

表5.3.1　部分托卡马克装置上CO_2激光相干散诊断系统的探测方式和密度涨落波数测量范围

装　置	探测方式	波数范围(cm^{-1})
TEXTOR	零差式	3～130
Tore Supra	零差式	12～34
FT	零差式	3～30
HT-7	零差式	10～40
EAST	零差式	10～26
HL-2A	零差式	10～50

5.3.1　相干汤姆孙散射测量湍流密度扰动

零差式激光相干散射探测系统如图5.3.1所示。激光从激光器出射后，被分成主光束(main beam，MB)和本振光束(local oscillator beam)。其中主光束功率较大，本振光功率很小。主光束穿过等离子体，与等离子体相互作用产生散射光。本振光束用于和散射光混频进行相干探测。

混频之后，输出的光电流正比于在探测器光敏面上各处电场能力的积分：

$$i(t)=\frac{e\eta}{hf_0}\int_A\left|\boldsymbol{E}_{\mathrm{S}}+\boldsymbol{E}_{\mathrm{LO}}\right|^2\mathrm{d}\boldsymbol{r}\tag{5.3.1}$$

式中，$\boldsymbol{E}_{\mathrm{S}}$和$\boldsymbol{E}_{\mathrm{LO}}$分别为散射光束电场和本振光束电场；$hf_0$为单个光子的能量；$\eta$为探测器量子效率，$A$是探测器光敏面的面积。探测器输出的电流信号中携带了三部分信息：散射光强度、本振光强度以及它们的拍频信号，其中拍频信号携带了密度扰动的信息。因此只需要得到混频输出的中频信号的电流：

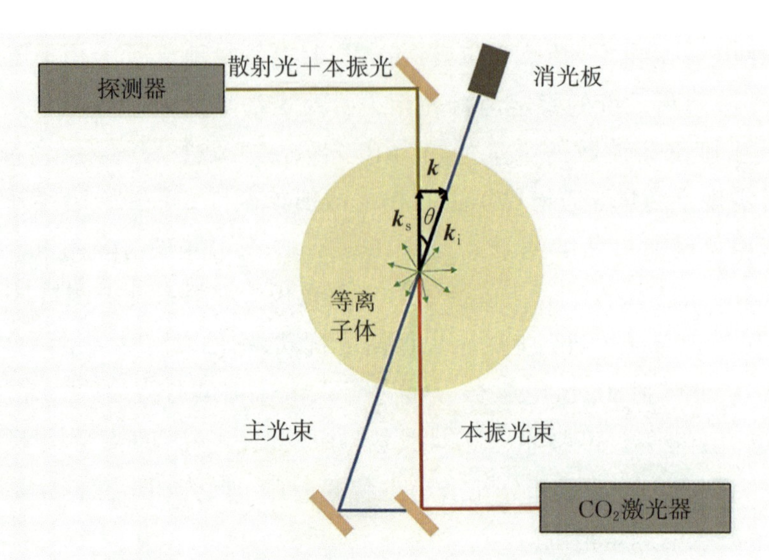

图 5.3.1　激光相干散射测量等离子体密度扰动示意图

$$i_b(t)=\frac{e\eta}{hf_0}\int_A(\boldsymbol{E}_S\cdot\boldsymbol{E}_{LO}+\boldsymbol{E}_{LO}\cdot\boldsymbol{E}_S)\mathrm{d}\boldsymbol{r}=2\frac{e\eta}{hf_0}\int_A\boldsymbol{E}_{LO}\cdot\boldsymbol{E}_S\,\mathrm{d}\boldsymbol{r}\tag{5.3.2}$$

其中,散射电场$\boldsymbol{E}_S$为

$$E_s(\boldsymbol{R},t)=r_eE_i\int U_i(\boldsymbol{r})n(\boldsymbol{r},t)\frac{\mathrm{e}^{-\mathrm{i}k_i|\boldsymbol{R}-\boldsymbol{r}|}}{|\boldsymbol{R}-\boldsymbol{r}|}\mathrm{e}^{\mathrm{i}|\omega_it+\boldsymbol{k}_i\cdot\boldsymbol{r}|}\tag{5.3.3}$$

r_e为电子的散射截面,E_i为主激光振幅,ω_i为主激光频率,$U_i(\boldsymbol{r})$是主光束在空间上的振幅分布,$n(\boldsymbol{r},t)$是电子密度。本振光束电场为

$$E_{LO}(\boldsymbol{r},t)=E_{LO}U_{LO}(\boldsymbol{r})\mathrm{e}^{\mathrm{i}|\omega_{LO}t+\boldsymbol{k}_S\cdot\boldsymbol{r}|}\tag{5.3.4}$$

E_{LO}是本振光的振幅,$U_{LO}(\boldsymbol{r})$是和本振光在空间上的振幅分布。将式(5.3.3)和式(5.3.4)代入拍频信号电流式(5.3.2)中得

$$i_b(t)=\frac{e\eta r_e}{hf_0}E_iE_{LO}\int_A n(\boldsymbol{r},t)U_i(\boldsymbol{r})U_{LO}(\boldsymbol{r})\mathrm{e}^{\mathrm{i}[(\omega_i-\omega_s)t+(\boldsymbol{k}_i-\boldsymbol{k}_s)\cdot\boldsymbol{r}]}\mathrm{d}\boldsymbol{r}\tag{5.3.5}$$

式中,$\omega_i-\omega_s$是密度扰动的频率,$\boldsymbol{k}_i-\boldsymbol{k}_s$是密度扰动的波矢。

电流信号的自功率谱可以通过傅里叶变换得到

$$I_k(\omega)=\frac{\left|i_{b,\Delta k}(\omega)\right|^2}{T}=\frac{\left(\int_T\mathrm{e}^{\mathrm{i}\omega t}i_{b,k}(t)\mathrm{d}t\right)^2}{T}\tag{5.3.6}$$

其中,T是傅里叶变换的间隔长度。等离子体中电子的扰动:

$$\delta n(\boldsymbol{r},t)=n(\boldsymbol{r},t)-\frac{1}{T}\int_T n(t)\mathrm{d}t\tag{5.3.7}$$

考虑散射体积中的空间光场分布,均方电子密度扰动为

$$\langle \delta n^2 \rangle_{UT} = \frac{\int_T \int_V \delta n^2(\boldsymbol{r}, t) U^2(\boldsymbol{r}) \mathrm{d}^3(\boldsymbol{r}) \mathrm{d}t}{T \int_V U^2(\boldsymbol{r}) \mathrm{d}^3(\boldsymbol{r})} \tag{5.3.8}$$

根据Parseval定理，写成波矢-频率域的表达式，再代入相关物理量之后可得

$$\langle \delta n^2 \rangle_k = \frac{1}{(2\pi)^5} \left(\frac{h\omega_0}{e\eta} \right)^2 \frac{1}{\lambda_0^2 r e^2 L^2} \frac{1}{P_\mathrm{i} P_\mathrm{LO}} \int \frac{\mathrm{d}\rho}{2\pi} I_k(\omega) \tag{5.3.9}$$

其中，L是散射体沿激光传播方向的纵向长度，P_i是探测光束的功率参数

$$P_\mathrm{i} = \frac{\pi \rho^2}{4} \sqrt{\frac{\varepsilon_0}{\mu_0}} |E_\mathrm{i}^2| \tag{5.3.10}$$

P_LO是本振光束的功率参数：

$$P_\mathrm{LO} = \frac{\pi \rho^2}{4} \sqrt{\frac{\varepsilon_0}{\mu_0}} |E_\mathrm{LO}^2| \tag{5.3.11}$$

ρ是两光束的光斑半径。整理可得探测器的信号强度表达式为

$$S = \int \frac{\mathrm{d}\omega}{2\pi} I_k(\omega) = (2\pi)^5 \lambda_0^2 r_\mathrm{e}^2 L^2 P_\mathrm{i} P_\mathrm{LO} \left(\frac{e\eta}{h\omega_0} \right)^2 \langle \delta n^2 \rangle_k \tag{5.3.12}$$

可见，探测器信号强度与入射电磁波波长的平方成正比，与主光束功率、本振光功率成正比，与均方电子密度扰动成正比。

5.3.2 信号处理

二氧化碳激光散射系统的信号处理是该系统的一大重点，其测得的是等离子体芯部电子的集群效应，得到的信号是散射场中各个电子散射电场的矢量和，它是一种非平稳随机信号，可以从能量角度从局部对信号进行研究。功率密度谱表示了信号功率随着频率的变化情况，即信号功率在频域的分布状况。将某一段时间分为若干个时段，计算各自时段内的功率密度谱，再将所有功率密度谱按照时序排列之后，得到信号的功率时频谱图，可以得到信号中某些频率随时间的变化。本系统的信号大多采用Welch法来获得功率时频谱图。

Welch法又称加权交叠平均法，是对常规的周期图法的改进，可以得到更平滑的功率谱和更小的谱方差。将观测到的数据$x(n)$连续分成L段，每段有M个数据，第i段可表示为

$$x_i(n) = x(n + iM - M), \quad 0 \leqslant n \leqslant M, 1 \leqslant i \leqslant L \tag{5.3.13}$$

然后把窗口函数$w(n)$加到每一个数据段上，求出每一段的周期图，第i段的周期图可表示为

$$I_i(\omega)=\frac{1}{U}\left|\sum_{n=0}^{M-1}x_i(n)w(n)\mathrm{e}^{-\mathrm{j}\omega n}\right|^2,\quad i=1,2\cdots,M-1 \tag{5.3.14}$$

其中,U称为归一化因子:

$$U=\frac{1}{M}\sum_{n=0}^{M-1}w^2(n) \tag{5.3.15}$$

假设每一段周期图之间近似看成互不相关,得到功率谱为

$$P_{xx}(\mathrm{e}^{\mathrm{j}\omega})=\frac{1}{L}\sum_{i=0}^{L}I_i(\omega) \tag{5.3.16}$$

对式(5.3.16)求统计平均可得

$$E[P_{xx}(\mathrm{e}^{\mathrm{j}\omega})]=\frac{1}{2\pi}\int_{-\pi}^{\pi}P_{xx}(\mathrm{e}^{\mathrm{j}\theta})W(\mathrm{e}^{\mathrm{j}(w-\theta)})\mathrm{d}\theta \tag{5.3.17}$$

式中

$$W(\mathrm{e}^{\mathrm{j}(w-\theta)})=\frac{1}{MU}\left|\sum_{n=0}^{M-1}w(n)\mathrm{e}^{\mathrm{j}\omega}\right|^2 \tag{5.3.18}$$

对式(5.3.16)求方差可得

$$\mathrm{Var}[P_{xx}(\mathrm{e}^{\mathrm{j}\omega})]=\frac{1}{L}\mathrm{Var}[I_i(\omega)] \tag{5.3.19}$$

由式(5.3.17)和式(5.3.19)可知,方差与每段内数据的个数M有关。由式(5.3.19)可知,Welch法得到的功率谱方差是周期图法的$1/L$,这样利用将数据分段的处理方式可以降低估计的协方差,使功率谱变得平滑。并且在样本总点数N确定的条件下,将分段互相重叠的方法来增加分段数,可以保证在偏移量不变的前提下进一步降低估计的协方差。

5.3.3 CO_2激光相干散射诊断实例

在HL-2A装置上研制的二氧化碳相干散射诊断系统布局如图5.3.2所示。激光输出后,与可见的氦氖激光束合束的同时,被平均分为2束,其中一束用于诊断测量;另一束用于激光功率监测。用于诊断的激光束在距离激光输出位置3.25 m处被一个焦距为2.99 m的聚焦反射镜聚焦后又被分成2束,其中一束(功率约为15 W)作为主光束与等离子体相互作用并产生散射信号光,另外一束继续被分束和衰减,以得到两个低功率光束(功率约为2 mW)用作两束独立的本振光,它们都和主光束在等离子体测量位置处相交。

3束激光(1道探测光、2道本振光)相距很近,且都在平行于地面的水平面上。它们被一个直径4 inch(1 inch≈2.54 cm)的反射镜从装置大厅一楼竖直传输到二楼入射窗口附近,再经过2个反射镜调整后切向入射到装置的等离子体中。为保证三束光穿

过等离子体的时候都在装置“赤道面”上，激光在被支架上下两个反射镜反射前后的路径是在同一个竖直的平面内。这几束激光都经过装置中平面切向穿过等离子体，与大圆半径相切于$R=155$ cm处。

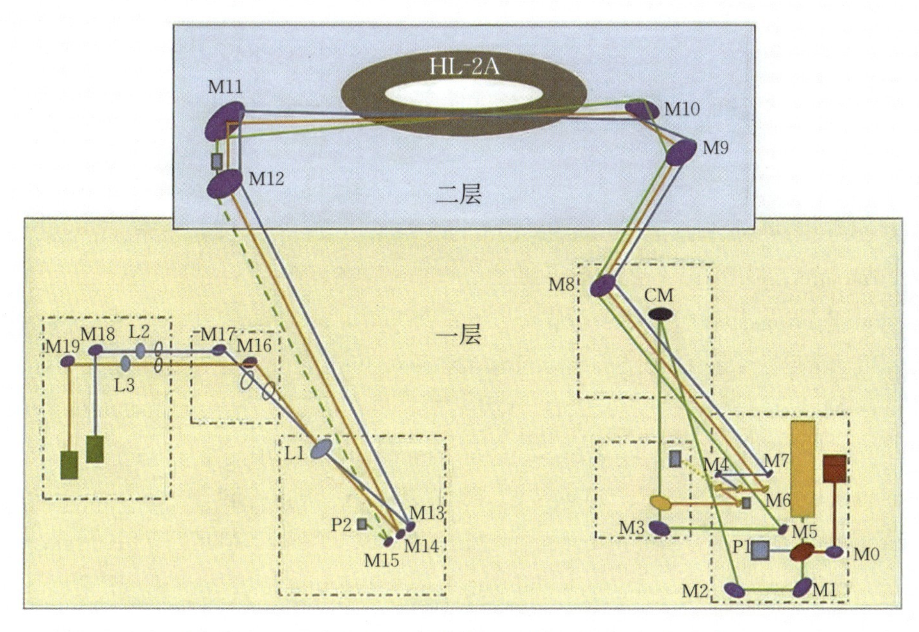

图5.3.2 HL-2A上二氧化碳相干散射诊断系统的布局

在这之后，这3束激光通过出射窗口的反射镜，传输到大厅一楼。这时它们彼此之间已经分开，没有重叠的部分。对于主光束，使用了一个独立的反射镜将它反射到一个消光板上后被吸收。另外两束参考光经过聚焦后，被传输到光信号接收平台。这两道参考光与其传播方向相同的散射光都被高灵敏的红外探测器接收。光学平台附近放置了数据采集系统，用于采集和储存数据。

对于托卡马克装置的等离子体，二氧化碳激光的波长作为探测光源波长很短，散射角很小，光路中难以直接确定散射角度和接收的散射光与主光束的交点。所以在激光被分成探测光和参考光后，在大厅一楼入射端，用一个大的反射镜，将它们水平地反射到一楼较远的地方。然后根据激光传输到真空室内测量点的距离和需要测量的波数大小，计算出测量点在一楼光路中的镜像位置、各个光束的夹角和反射镜上光点的距离，并调节各个光束，使它们之间的相对位置达到计算出的设计需求。光点间的距离可通过调节的反射镜之间的距离，根据已知等腰三角形高和顶角，去确定底边求得。

参考文献

[1] Froula D H, Glenzer S H, Luhmann N C, et al. Plasma scattering of electromagnetic radiation: theory and measurement techniques[J]. Fusion Science and Technology, 2012, 61

(1): 104.

[2] Huang Y, Zhang P, Feng Z, et al. The development of Thomson scattering system on HL-2A tokamak[J]. Review of Scientific Instruments, 2007, 78 (11):113501.

[3] Li Y, Baonian W, Junyu Z, et al. Design of Thomson scattering diagnostic system on EAST[J]. Plasma Science and Technology, 2010, 12 (3):284.

[4] Scannell R, Walsh M J, Carolan P G, et al. Enhanced edge Thomson scattering on MAST [J]. Review of Scientific Instruments, 2006, 77 (10):10E510.

[5] O'Gorman T, Mc Carthy P J, Prunty S, et al. Design and implementation of a full profile sub-cm ruby laser based Thomson scattering system for MAST [J]. Review of Scientific Instruments, 2010, 81 (12): 123508.

[6] Hatae T, Nagashima A, Kondoh T, et al. YAG laser Thomson scattering diagnostic on the JT-60U[J]. Review of Scientific Instruments, 1999, 70 (1): 772.

[7] Ponce-Marquez D M, Bray B D, Deterly T M, et al. Thomson scattering diagnostic upgrade on DⅢ-D[J]. Review of Scientific Instruments, 2010, 81 (10): 10D525.

[8] Pasqualotto R, Nielsen P, Gowers C, et al. High resolution Thomson scattering for Joint European Torus (JET)[J]. Review of Scientific Instruments, 2004, 75 (10): 3891.

[9] Kempenaars M, Flanagan J C, Giudicotti L, et al. Enhancement of the JET edge LIDAR Thomson scattering diagnostic with ultrafast detectors [J]. Review of Scientific Instruments, 2008, 79 (10): 10E728.

[10] Barth C J, v. d. Meiden H J, Oyevaar T, et al. High resolution multiposition Thomson scattering for the TEXTOR tokamak[J]. Review of Scientific Instruments, 2001, 72 (1): 1138.

[11] van der Meiden H J, Barth C J, Oyevaar T, et al. 10 kHz repetitive high-resolution TV Thomson scattering on TEXTOR[J]. Review of Scientific Instruments, 2004, 75 (10): 3849.

[12] Davies A S, Haberberger D, Katz J, et al. Investigation of picosecond thermodynamics in a laser-produced plasma using Thomson scattering [J]. Plasma Physics and Controlled Fusion, 2019, 62 (1):014012.

[13] 项志遴,俞昌旋. 高温等离子体诊断技术(下)[M]. 上海:上海科学技术出版社, 1992.

[14] Bowles K L. Observation of vertical-incidence scatter from the Ionosphere at 41 Mc/sec[J]. Physical Review Letters, 1958, 1 (12): 454.

[15] Walsh M J, Arends E R, Carolan P G, et al. Combined visible and infrared Thomson scattering on the MAST experiment[J]. Review of Scientific Instruments, 2003, 74 (3): 1663.

[16] Greenfield C M, Campbell G L, Carlstrom T N et al., Real-time digital control, data acquisition, and analysis system for the DⅢ-D multipulse Thomson scattering diagnostic

[J]. Review of Scientific Instruments, 1990, 61 (10): 3286.

[17] Salzmann H, Bundgaard J, Gadd A et al., The LIDAR Thomson scattering diagnostic on JET (invited)[J]. Review of Scientific Instruments, 1988, 59 (8):1451.

[18] Johnson D, Bretz N, Dimock D, et al. Multichannel Thomson scattering systems with high spatial resolution (invited)[J]. Review of Scientific Instruments, 1986, 57 (8): 1856.

[19] Bretz N, Dimock D, Foote V, et al. Multichannel Thomson scattering apparatus[J]. Appl. Opt., 1978, 17 (2): 192.

[20] Yamauchi T, Dimock D, Tolnas E, et al. The JFT-2M TV Thomson scattering system [J]. Japanese Journal of Applied Physics, 1992, 31: 2255.

[21] Beurskens M N A, Barth C J, Chu C C, et al. Double pulse Thomson scattering system at RTP[J]. Review of Scientific Instruments, 1997, 68 (1): 721.

[22] Barth C J, Pijper F J, v. d. Meiden H J, et al. High-resolution multiposition Thomson scattering for the TJ-Ⅱ stellarator[J]. Review of Scientific Instruments, 1999, 70 (1): 763.

[23] Walsh M J, Conway N J, Dunstan M, et al. Interactive optical design and realization of an optimized charge coupled device Thomson scattering system for the spherical tokamak START[J]. Review of Scientific Instruments, 1999, 70 (1): 742.

[24] Yamada I, Narihara K, Funaba H, et al. Design and development of the large helical device TV Thomson scattering[J]. Review of Scientific Instruments, 2004, 75 (10): 3912.

[25] Han X, Shao C, Xi X, et al. Data processing and analysis of the imaging Thomson scattering diagnostic system on HT-7 tokamak[J]. Review of Scientific Instruments, 2013, 84 (5): 053502.

[26] Beurskens M N A, Barth C J, Cardozo N J L, et al. A high spatial resolution double-pulse Thomson scattering diagnostic; description, assessment of accuracy and examples of applications[J]. Plasma Physics and Controlled Fusion, 1999, 41 (11): 1321.

[27] Barth C J, Chu C C, Beurskens M N A, et al. Calibration procedure and data processing for a TV Thomson scattering system[J]. Review of Scientific Instruments, 2001, 72 (9): 3514.

[28] Surko C M, et al. 10.6-μm laser scattering from cyclotron-harmonic waves in a plasma[J]. Physical Review Letters, 1972, 29 (2): 81.

[29] Surko C M, et al. Study of the density fluctuations in the adiabatic toroidal compressor scattering tokamak using CO_2 laser[J]. Physical Review Letters, 1976, 37: 26.

[30] Cao G M, Li Y D, Li Q, et al. A tangential CO_2 laser collective scattering system for measuring short-scale turbulent fluctuations in the EAST superconducting tokamak[J]. Fusion Engineering & Design, 2014, 89 (12): 3016.

[31] Andel H W H V, Boileau A, Hellerman M V. Study of microturbulence in the TEXTOR

tokamak using CO_2 laser scattering[J]. Plasma Physics & Controlled Fusion, 2000, 29 (1): 49.

[32] Truc A, Quéméneur, et al. ALTAIR: An infrared laser scattering diagnostic on the TORE SUPRA tokamak[J]. Review of Scientific Instruments, 1992, 63(7):3716-3724.

[33] Simone P D, Frigione D, Orsitto F. Density fluctuations measurement on FT Tokamak by CO_2 coherent scattering[J]. Plasma Physics and Controlled Fusion, 1986, 28(5):751.

[34] Chang L, Zeng L, Cao J, et al. Study of microturbulence on the KT-5 tokamak by CO_2 laser scattering[J]. Chinese Physics Letters, 1990, 7(1):16.

[35] Zeng L, Cao J, Zhu G, et al. Density fluctuation in HT-6M tokamak by CO_2 laser scattering [J]. Proceedings of SPIE: The International Society for Optical Engineering, 1993, 1928: 293-299.

[36] Li Y, Li J, Mao J. CO_2 laser collective Thomson scattering diagnostics on the HT-7 tokamak[J]. Plasma Science & Technology, 2004, 6 (6):2526-2530.

[37] Li Y D, Li J G, Zhang X D, et al. High wavenumber density fluctuation measurement in the HT-7 tokamak[J]. Plasma Science & Technology, 2009, (05), 529-533.

第6章　激光干涉与偏振测量

激光干涉和偏振测量技术在磁约束核聚变等离子体领域广泛应用[1-4]，其中，基于远红外(FIR)激光的干涉仪用于测量电子密度，包括弦积分电子密度、电子密度分布、电子密度扰动等，是核聚变实验装置放电运行和开展等离子体物理研究不可或缺的诊断技术。相比于干涉仪，激光偏振仪诊断技术更加复杂，主要有基于法拉第旋转效应(Faraday rotation effect)的偏振仪和基于科顿-穆顿效应(Cotton-Mutton effect)的偏振仪，前者在文中简称为法拉第偏振仪，后者简称为科顿-穆顿偏振仪。法拉第偏振仪通过检测激光束穿过磁化等离子体后偏振面的旋转角(即法拉第旋转角：α)来获得极向磁场分布[$B_\theta(r)$]、电流密度分布[$j(r)$]、安全因子分布[$q(r)$]等；而科顿-穆顿偏振仪通过测量激光束穿过等离子体后偏振椭圆度改变来获得电子密度和电流密度信息。二氧化碳(CO_2)激光色散干涉仪(dispersion interferometer，DI)近些年发展较快，它采用晶体倍频和相位调制技术，通过分析干涉信号一次和二次谐波的幅度比值来获得弦积分电子密度，非常适合在高密度条件下测量。CO_2激光相衬成像诊断(phase contrast imaging，PCI)利用激光与等离子体相互作用发生的散射，通过相位调制实现对散射光强的直接测量，获得电子密度涨落信息。

本章将重点介绍磁约束核聚变实验装置上最常见的激光干涉仪、法拉第偏振仪、科顿-穆顿偏振仪、CO_2激光色散干涉仪和CO_2激光相衬成像仪。

6.1　理论基础

激光干涉和偏振测量原理基于电磁波在磁化等离子体中传播的色散关系，选择不同的电磁波，根据它们不同的折射率(N)特征，实现对等离子体电子密度、电流密度等参数的测量。

6.1.1　电磁波在磁化等离子体中的传播

在磁化等离子体中传播的电磁波，其传播规律由麦克斯韦(Maxwell)方程组决定[1-3]：

$$\nabla \times \boldsymbol{E} = -\frac{\partial \boldsymbol{B}}{\partial t} \tag{6.1.1}$$

$$\nabla \times \boldsymbol{B} = \mu_0 \boldsymbol{j} + \varepsilon_0 \mu_0 \frac{\partial \boldsymbol{E}}{\partial t} \tag{6.1.2}$$

式(6.1.1)和式(6.1.2)中，$\boldsymbol{E}$和$\boldsymbol{B}$表示电磁波的电场和磁场矢量，$\boldsymbol{j}$是电磁波引起的电流，ε_0和μ_0是真空中的介电常数和磁导率。基于麦克斯韦方程组，最终可以推导出电磁波在冷等离子体中的折射率(N)：

$$N^2 = 1 - \frac{X(1-X)}{1 - X - \frac{1}{2}Y^2\sin^2\theta \pm \left[\left(\frac{1}{2}Y^2\sin^2\theta\right)^2 + (1-X)^2Y^2\cos^2\theta\right]^{1/2}} \tag{6.1.3}$$

式(6.1.3)就是著名的Appleton-Hartree公式[1-2]，$X = \omega_p^2/\omega^2$，$Y = \omega_{ce}/\omega$，其中，ω是电磁波的角频率，$\omega_p = (n_e e^2/\varepsilon_0 m_e)^{1/2}$是等离子体振荡频率，$\omega_{ce} = eB/m_e$是电子回旋频率，$e$是电子电荷量，$m_e$是电子质量，$n_e$是电子密度，$\theta$表示电磁波传播方向与磁力线的夹角。

从Appleton-Hartree公式可知，折射率(N)与等离子体内部参数密切相关，因此，通过测量折射率就可以获得等离子体电子密度、内部磁场等参数信息，磁约束核聚变装置上常见的激光干涉仪、法拉第偏振仪、科顿-穆顿偏振仪等就是基于该原理发展起来的。目前，传统的激光干涉仪和偏振仪测量原理都是基于冷等离子体近似推导而来，对于高温等离子体，尤其是将来的聚变反应堆，有限温度效应会逐渐凸显，还需要把相对论性的有限温度效应考虑进来。[3]

6.1.2 激光波长的选择

在磁约束核聚变等离子体装置上，干涉仪和偏振仪对激光器波长的选择有特殊要求[1-3]，除了满足基本条件($\omega \gg \omega_p, \omega \gg \omega_{ce}$)，即激光频率远大于等离子体振荡频率和电子回旋波频率，还要求：

(1) 激光能够穿过等离子体，且折射效应要小

激光干涉和偏振测量首先要求激光束能够很好地穿过等离子体，不被反射和共振吸收。电磁波在等离子体中传播对应的截止密度可以近似表示成[1]：

$$n_{ec}(\lambda) = 1.11 \times 10^{15}/\lambda^2 (\mathrm{m}^{-3}) \tag{6.1.4}$$

从式(6.1.4)可知，截止密度n_{ec}与波长(λ)的平方成反比关系，波长越长，它对应的截止密度越低，在高密度条件下不易穿透等离子体。表6.1.1给出了核聚变装置上几种常用探测光源对应的截止密度。

表 6.1.1　不同波长光源对应的截止密度

激光源	探测波长(μm)	频率(kHz)	截止密度(m^{-3})
二氧化碳激光	10.6	2.83×10^{10}	9.88×10^{24}
重水激光	66	4.55×10^{9}	2.55×10^{23}
甲醇激光	119	2.53×10^{9}	7.84×10^{22}
氰化氘激光	195	1.54×10^{9}	2.92×10^{22}
氰化氢激光	337	8.9×10^{8}	9.80×10^{21}
甲酸激光	432.5	6.94×10^{8}	5.95×10^{21}
固体源	462	6.50×10^{8}	5.20×10^{21}

另外,由于等离子体的折射效应,激光束在穿过等离子体过程中会发生不同程度的偏折,偏折角的大小与波长的平方成正比。等离子体折射效应对激光干涉和偏振测量的影响主要表现在:首先,折射效应会使部分探测光偏离探测器,降低信号信噪比,严重情况下还会引起探测光偏离出光学元器件的有效面积,导致信号丢失,测量失败。其次,折射效应还会使探测光不能按照原设计路径穿过等离子体,导致实际测量值与该路径上的真实结果略有偏差。

为了减小等离子体折射效应,对激光源波长的选择不宜太大。在电子密度满足抛物线分布条件下,可以近似得到激光波长的选择范围[1]:

$$\lambda < 1.16\times10^{10}(L_0 n_0^2)^{-1/3} \tag{6.1.5}$$

其中,n_0表示等离子体芯部电子密度最大值,L_0表示诊断窗口到等离子体中心的距离。对于芯部最大电子密度为$1.0\times10^{20}\ m^{-3}$的等离子体,应选择波长小于500 μm的激光源,而对于$1.0\times10^{22}\ m^{-3}$的高密度等离子体,应选择波长小于25 μm的激光源。

(2) 外界震动对测量结果影响要小

无论是激光干涉仪还是偏振仪,都是通过测量激光束穿过等离子体后发生的相位变化量来获得等离子体内部参数信息。依据磁约束核聚变装置上等离子体运行的密度区间,激光源通常选择波长从几十到数百微米范围的激光器,因此,外界环境微小的震动都会对电子密度相位测量值产生较大影响,震动引起的光程(和相位)会叠加到电子密度相位当中,给干涉测量引入误差。因此,干涉仪光路要充分考虑防震动干扰设计,技术方案要优先选择具有震动补偿的光路或对震动干扰不敏感的技术途径,激光波长的选择应该尽可能地减少机械振动引入的测量误差,即选择对机械振动不敏感的波长。

当激光穿过等离子体后产生的光程差为λF,F为电子密度相位对应的干涉条纹数,如果发生机械振动,则干涉仪测量到的总光程差可以表示为

$$L = \lambda F + \Delta L \tag{6.1.6}$$

其中，ΔL为光学元件等震动引入的光程差，因此需要选择合适的激光波长λ，使得$\Delta L / \lambda F$足够小，对于抛物线形状的电子密度分布，激光波长选择下限范围[1]：

$$\lambda > 4.08 \times 10^5 (r_0 n_0)^{-1/2} \tag{6.1.7}$$

式中，r_0表示等离子体半径，n_0为等离子体芯部电子密度最大值。因此，对于等离子体半径为0.5 m，芯部最大电子密度为$1.0 \times 10^{20}\ \mathrm{m}^{-3}$的等离子体，应选择波长大于50 μm的激光源，而对于$1.0 \times 10^{22}\ \mathrm{m}^{-3}$的高密度等离子体，应选择波长大于5 μm的激光源。

(3) 相位测量值足够大，相位分辨率高

在目前的核聚变实验装置上，激光干涉仪和偏振仪通常选用FIR波段光源。由于干涉仪测量电子密度相位值与波长成正比，绝对值在数个或数十个2π范围；然而，法拉第偏振仪和科顿-穆顿偏振仪测量到的相位值远小于2π，属于小角度探测，其绝对值分别与波长的平方和立方成正比，因此，在相同的放电条件下，偏振仪选择长波长光源得到的相位角更大，系统测量的精度也越高。

综上所述，在激光干涉仪和偏振仪设计中，光源的波长选择要求适中，既要考虑较大的相位值和较高的测量精度，还要考虑光束在等离子体中的折射效应要小，同时对振动不敏感。

6.1.3 高斯束传输与变换

所谓高斯束，是指激光谐振腔发出的基模辐射场，其横截面的振幅分布遵守高斯函数。

图6.1.1展示了高斯束的基本波束参数和透镜变换。对于一束沿Z轴方向传播的高斯激光束，它在自由空间的光斑直径($d(Z)$)满足[1-3]：

$$d(Z) = [d_0^2 + (4\lambda^2/\pi^2)(Z^2/d_0^2)]^{1/2} \tag{6.1.8}$$

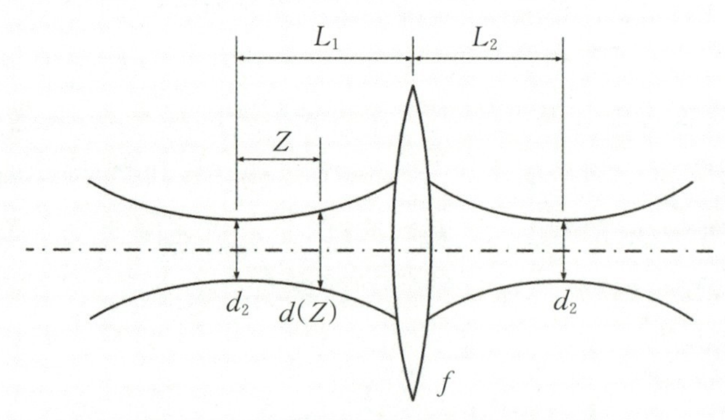

图6.1.1 高斯束透镜变换中的波束参数

d_0表示激光的初始束腰直径，Z_R表示瑞利长度（即束腰到$\sqrt{2}\,d_0$的距离），θ表示高斯束的发散角。在高斯束的传播过程中，只要知道束腰直径d_0，就可以根据式(6.1.8)确定它在任意位置的光斑大小$d(Z)$。根据上式，可以获得瑞利长度Z_R，即束腰到$\sqrt{2}\,d_0$的距离，还可以获得高斯束的发散角$\theta=\sqrt{\lambda/(\pi Z_R)}$。

在磁约束核聚变等离子体装置上，激光器通常远离装置放置，中途采用长波导把激光束引入诊断系统主体光路。由于高斯激光束传播过程中按照式(6.1.8)发散，随着距离增大，光斑快速增大，超出诊断系统中光学元器件的有效接收面。因此，在激光诊断系统光路设计中，我们需要依据高斯束的透镜变换方法，如图6.1.1所示，选择合适焦距(f)和尺寸的透镜，对光束进行变换调整，以满足光路传输的要求。

采用焦距为f的透镜对束腰直径为d_1的高斯光束进行变换，变换后的束腰直径(d_2)及位置(L_2)可以表示为[1-3]

$$d_2=\left\{1\Bigg/\left[\frac{1}{d_1^2}\left(1-\frac{L_1}{f}f\right)^2+\frac{1}{f^2}\left(\frac{\pi d_1}{2\lambda}\right)^2\right]\right\}^{1/2} \tag{6.1.9}$$

$$L_2=f+(L_1-f)\left\{f^2/\left[(L_1-f)^2+(\pi d_1^2/4\lambda^2)\right]\right\} \tag{6.1.10}$$

式(6.1.9)、式(6.1.10)中，λ是激光束的波长，L_1是高斯束变换前的束腰到透镜的距离。可见，在光路系统中使用合适焦距的透镜，就能变换成需要的束腰参数。

6.2 激光干涉仪

远红外(FIR)激光干涉仪在磁约束核聚变装置上发展数十年，广泛应用于电子密度参数的测量，是装置放电运行和开展等离子体物理研究不可或缺的诊断。通常，FIR激光干涉仪通过空间多通道布局，观测不同空间位置上的弦积分电子密度，然后利用数据反演算法，重建电子密度的径向分布；同时，基于FIR激光干涉仪诊断系统高时间分辨率特性，它还可以观测等离子体中MHD不稳定性引起的电子密度扰动。

6.2.1 干涉仪诊断原理

当一束线偏振激光($\omega\gg\omega_p$, $\omega\gg\omega_{ce}$)垂直于磁场方向进入等离子体($\boldsymbol{k}\perp\boldsymbol{B}$)，且电矢量与磁场方向平行($\boldsymbol{E}/\!/\boldsymbol{B}$)，即满足寻常光(o光)条件，根据式(6.1.3)，o光在等离子体中的折射率为

$$N_O = \left(1 - \frac{\omega_p^2}{\omega^2}\right)^{1/2} = \left(1 - \frac{n_e}{n_{ec}}\right)^{1/2} \tag{6.2.1}$$

式中，ω表示激光角频率，$\omega_p = (n_e e^2/\varepsilon_0 m_e)^{1/2}$是等离子体振荡频率，$\varepsilon_0$是真空中的介电常数，$e$是电子电荷量，$m_e$是电子质量，$n_e$是电子密度，$n_{ec} = \omega^2 m_e \varepsilon_0 / e^2$是截止密度。对于FIR激光($n_e \ll n_{ec}$)，式(6.2.1)可近似成：

$$N_O \approx 1 - \frac{n_e}{2n_{ec}} \tag{6.2.2}$$

由于激光在等离子体介质中的折射率不同于真空中的折射率($N_v = 1$)，于是，激光束经过等离子体后会产生相移：

$$\varphi = \frac{2\pi}{\lambda}\int_{z_1}^{z_2}[N_v - N_O(z)]dz \tag{6.2.3}$$

式中，λ为激光波长，Z_1、Z_2分别表示激光经过等离子体的起点和终点，把其他参数代入式(6.2.3)，有

$$\varphi = \left(\frac{\pi}{\lambda n_{ec}}\right)\int_{z_1}^{z_2} n_e(z)dz = \left(\frac{\lambda e^2}{4\pi c^2 \varepsilon_0 m_e}\right)\int_{z_1}^{z_2} n_e(z)dz \tag{6.2.4}$$

把已知系数代入式(6.2.4)，最后有

$$\varphi = 2.82 \times 10^{-15}\lambda\int_{z_1}^{z_2} n_e(z)dz \tag{6.2.5}$$

可见，只要测量到激光束经过等离子体后产生的相移量(φ)，就可以获得相应空间位置上的弦积分电子密度$\int_{z_1}^{z_2} n_e(z)dz$。

在大多数磁约束核聚变实验装置上，干涉仪通常选用FIR波段激光作为探测光源，波长在数十到数百微米范围，微小的环境震动都可能引起相位差明显改变，导致较大的电子密度测量误差。为了解决环境震动影响干涉测量问题，人们通常把FIR激光器放置在抗震平台上，同时，干涉仪塔架与装置和其他系统分离。

双色震动补偿干涉仪直接从诊断技术上消除震动对电子密度测量的干扰[4]，它把两套不同波长(λ_1, λ_2)的干涉仪光路集成在一起，二者经过相同的传播路径和光学元件，因此，震动对两套干涉仪光路的作用效果是相同的。假设震动引起激光(λ_1, λ_2)光程改变量为ΔL，那么，两套干涉仪测量到的相位差分别为[1-2]：

$$\begin{cases} \varphi_{\lambda 1} = \varphi_1 + (2\pi\Delta L/\lambda_1) \\ \varphi_{\lambda 2} = \varphi_2 + (2\pi\Delta L/\lambda_2) \end{cases} \tag{6.2.6}$$

式(6.2.6)中，φ_1，φ_2分别表示(λ_1, λ_2)真实的电子密度相位，把式(6.2.4)代入式(6.2.6)，令系数$K = e^2/(4\pi c^2 \varepsilon_0 m_e)$，化简后有

$$\varphi_{\lambda 1}\lambda_1-\varphi_{\lambda 2}\lambda_2=K(\lambda_1^2-\lambda_2^2)\int_{Z_1}^{Z_2}n(z)\mathrm{d}z \tag{6.2.7}$$

最终，真实弦积分电子密度为

$$\int_{Z_1}^{Z_2}n(z)\mathrm{d}z=\frac{\varphi_{\lambda 1}\lambda_1-\varphi_{\lambda 2}\lambda_2}{K({\lambda_1}^2-{\lambda_2}^2)} \tag{6.2.8}$$

可见，双色震动补偿干涉仪通过测量相位差$\varphi_{\lambda 1}$和$\varphi_{\lambda 2}$，就可以消除弦积分电子密度中的震动干扰，从而获得真实的弦积分电子密度。

6.2.2 干涉测量技术

干涉仪光路通常采用马赫-曾德尔型或迈克尔逊型结构，如图6.2.1所示，其中，马赫-曾德尔干涉仪的探测光单次穿过被测介质，而迈克尔逊型干涉仪的探测光两次穿过被测介质。在磁约束核聚变装置上，干涉仪光路主要由装置主机结构、诊断窗口、外围空间及周围辅助系统等多种因素相互决定，比如真空室外围纵场线圈和极向磁场线圈、偏滤器结构等，决定了诊断窗口的位置和大小，进而决定了干涉仪光路的选择类型。

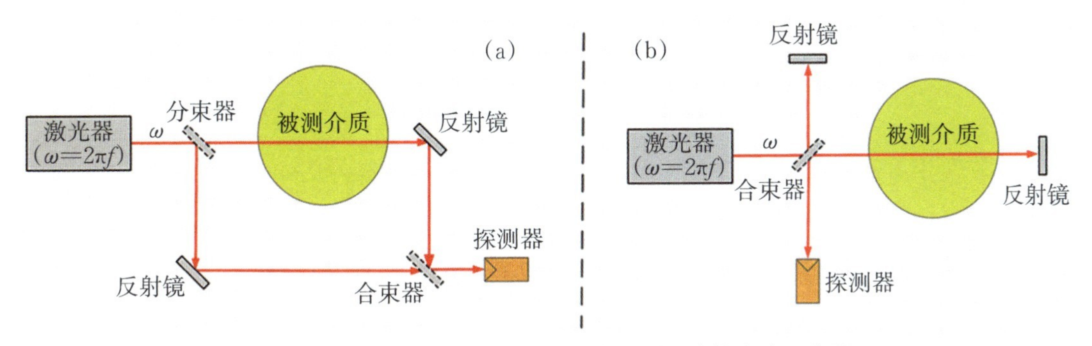

图6.2.1 马赫-曾德尔干涉仪(a)与迈克尔逊干涉仪光路示意图(b)

干涉仪的探测技术分为零差法和外差法，零差法中探测光和本振光(LO)的频率相同($\omega=2\pi f$)，如图6.2.1所示。假设探测光和本振光电矢量幅值分别为E_1和E_2，那么零差干涉信号强度为

$$I=(E_1^2+E_2^2)\cdot\left(1+\frac{2E_1E_2}{E_1^2+E_2^2}\cos\varphi\right) \tag{6.2.9}$$

可见，零差干涉法的总强度包含两部分：一部分是与两束光波强度相关的常量，另一部分则与两束光波的相位差(φ)相关，干涉信号总强度会随着相位差的变化而改变。反之，若要得知式(6.2.9)中的相位差(φ)，那么需要测量探测信号的绝对强度。实际上，许多因素都可能引起信号强度发生改变，比如激光器功率不稳定、杂散光窜扰、环境震动等，都可能导致较大的测量误差。

外差干涉法中探测光与本振光具有微小的频率差(ω_0)，它把对相位差(φ)的检测转换到测量中频(IF)余弦信号的相位差上来[5]，解决了零差干涉法的不足。于是，外差干涉法不再受信号幅值影响，具有比零差干涉法更高的测量精度。

图6.2.2给出了外差干涉法的光路示意图，其中，探测光束($\omega=2\pi f$)经过分束器1后均匀分成a_1和a_2两束，a_2用作干涉仪的本振光(LO)。a_1经过分束器2后被分成b_1和b_2两束，其中b_1进入等离子体，b_2用于参考通道信号混频。a_2的频率经过调制后变为($\omega+\omega_0$)，再经过分束器3后均匀分成c_1和c_2，分别用作探测通道和参考通道信号的本振光。

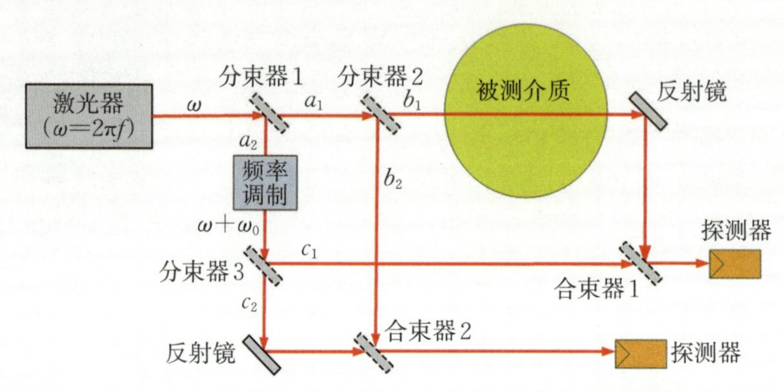

图6.2.2　外差干涉法光路原理图

下面简单分析图6.2.2中的外差干涉过程。首先，经过分束器1后探测光和经频率调制后的本振光可表示为

$$\begin{cases}\text{探测光}: S_1=a_1\cos(\omega t)\\ \text{本振光}: S_2=a_2\cos(\omega+\omega_0)t\end{cases}\tag{6.2.10}$$

分束器2把探测光S_1分成两部分：

$$\begin{cases}S_{1p}=b_1\cos(\omega t)\\ S_{1r}=b_2\cos(\omega t)\end{cases}\tag{6.2.11}$$

分束器3把本振光分成两部分：

$$\begin{cases}S_{2p}=c_1\cos(\omega+\omega_0)t\\ S_{2r}=c_2\cos(\omega+\omega_0)t\end{cases}\tag{6.2.12}$$

由于激光束($\omega=2\pi f$)在等离子体中的折射率不同于真空中的折射率，那么探测光经过等离子体后产生相移(φ)，最后与本振光S_{2r}一起进入探测器混频。探测器不响应高频，输出经滤波和中频放大，于是，探测通道的中频差拍信号可表示为

$$P\propto b_1c_1\cos(\omega_0 t+\varphi)\tag{6.2.13}$$

参考通道的中频差拍信号为

$$R \propto b_2 c_2 \cos(\omega_0 t) \tag{6.2.14}$$

通过比较式(6.2.13)和式(6.2.14)两组中频信号的相位差,就可以得到电子密度相位(φ)。由此可见,外差干涉测量法与中频信号的幅值无关。

外差干涉法中,本振光需要产生频移(ω_0),目前主要的频率调制方法有旋转光栅法、声光调制法(AOM)、谐振腔调节法等。旋转光栅调制法比较简单,主要依靠机械转动光栅产生多普勒频移来获得频差,但调制频率不高,通常在10~100 kHz范围,比如JET和Tore Supra装置上FIR激光干涉仪就是采用旋转光栅来获得100 kHz调制频率。声光调制法可以获得很高的频移量(ω_0),但调制效率很低,比如DⅢ-D装置上CO_2激光干涉仪就是采用该调制技术。谐振腔调节法通过微调FIR激光器谐振腔长度来获得频移(ω_0),但频率稳定性较差,通常需要设计专门的频率稳定控制系统。

6.2.3 相位比较算法

在激光干涉仪中,我们需要计算探测通道(P)和参考通道(R)两组中频信号的相位差(φ)来获得弦积分电子密度。下文介绍一种基于快速傅里叶变换(FFT)的数字相位比较技术[5],该算法原理简单、相位计算精度高,在许多干涉仪诊断系统中应用。

这里对FFT数字相位比较算法进行简单介绍,激光干涉仪系统的中频信号可以表示为

$$S(t_n) = A(t_n)\cos[(\Delta\omega t_n) + \varphi(t_n)] \tag{6.2.15}$$

式中,$A(t_n)$为信号幅值,$\Delta\omega_0$为中频信号角频率,$\varphi(t_n)$为中频信号在t_n时刻的相位。若干涉仪采集系统的采样率为f_s,那么相邻采样点之间的时间间隔$\Delta t = 1/f_s$,令$\Delta\omega' = \Delta\omega \cdot \Delta t$,于是上式可以改写成

$$S^{(1)}(n) = A(n)\cos[\omega_0' n + \varphi(n)],\quad n = 0, 1, 2, \cdots, N-1 \tag{6.2.16}$$

其中,N是数据采样点个数,此时,对信号$S(n)$进行快速傅里叶变换:

$$Y(\omega_0') = \frac{1}{N}\sum_{n=0}^{N-1} S^{(1)}(n)\mathrm{e}^{-\mathrm{i}n\omega_0'} \tag{6.2.17}$$

再对$Y(\omega_0')$进行以下处理:

$$Y^{(1)}(\omega_0') = \begin{cases} Y(\omega_0'), & n = \left(0, \dfrac{N}{2} - 1\right) \\ 0, & n = \left(\dfrac{N}{2}, N-1\right) \end{cases} \tag{6.2.18}$$

然后,再对式(6.1.17)进行快速傅里叶逆变换,可以得到

$$S^{(1)}(n) \propto \mathrm{e}^{\{\mathrm{i}[\omega_0' n + \theta(n)]\}} \tag{6.2.19}$$

采用上述处理方法,对测量道信号(P)和参考道信号(R)进行相同处理,可以得到

$$\begin{cases} R^{(1)}(n) \propto A(n)\mathrm{e}^{\mathrm{i}[\omega_0' n+\varphi_R(n)]} \\ P^{(1)}(n) \propto B(n)\mathrm{e}^{\mathrm{i}[\omega_0' n+\varphi_P(n)]} \end{cases} \tag{6.2.20}$$

最终，比较探测通道信号(P)和参考通道信号(R)的对应的调制频率的相位差，就可以直接得到弦积分电子密度相位，它与信号的幅值$A(n)$，$B(n)$无关：

$$\Delta\varphi(n)=\varphi_P(n)-\varphi_R(n) \tag{6.2.21}$$

实际上，上述FFT数字相位比较算法不仅可以应用于干涉仪诊断系统，同样可以应用于后文讲述的偏振仪诊断系统。

6.2.4 电子密度分布计算方法

FIR激光干涉仪直接测量参数为弦积分电子密度，要得到电子密度的径向分布，还需要后续数据反演计算。传统的阿贝尔反演(Abel inversion)算法简单，但它主要适用于圆截面的等离子体位形，对于非圆截面等离子体放电位形的计算误差较大，因此很难在等离子体放电中应用。近些年，一种基于磁面的数值反演算法(简称PARK算法)在核聚变装置上广泛应用[6]，该算法原理简单、适用性广，电子密度分布计算精度高，尤其适用于非对称电子密度分布。

PARK算法过程可以大致描述为：在等离子体平衡条件下，电子密度可以通过等磁面来描述，当磁面划分数量足够多，即相邻两个磁面间距Δ足够小，就可以假定相邻磁面小间距内的电子密度相等。于是，干涉仪测量到的弦积分电子密度可以转换成如下表达式：

$$\int n_{\mathrm{e}}(r)\mathrm{d}l=\sum_i n_{\mathrm{e}}(i)L(i) \tag{6.2.22}$$

式中，$n_{\mathrm{e}}(i)$为每个相邻磁面间距Δ内的电子密度，$L(i)$为每个相邻磁面间隔内的弦长。即每个空间位置上弦积分电子密度变换为电子密度$n_{\mathrm{e}}(i)$与对应弦长$L(i)$的乘积之和。于是，从磁面最外层逐层往内，就可以推算出每个磁面上近似的电子密度，最后再转换到径向坐标，得到电子密度的径向分布。

图6.2.3给出了PARK算法示意图，图中仅给出了下中平面磁面结构，其中等离子体中心在1.65 m位置，存在一定的Shafranov位移，磁面个数为m。当FIR激光束从水平方向进入等离子体，$n_{\mathrm{e}}(i)$代表不同磁面上的电子密度值，$L(i,j)$代表探测光束在不同磁面间的路径长度，于是弦积分电子密度可表示成

$$n_{\mathrm{e}}L1=n_{\mathrm{e}}(1)L(1,m) \tag{6.2.23}$$

$$n_{\mathrm{e}}L2=n_{\mathrm{e}}(1)[L(1,m-1)+L(1,m+1)]+n_{\mathrm{e}}(2)L(2,m-1) \tag{6.2.24}$$

$$\begin{aligned} n_{\mathrm{e}}L3=&n_{\mathrm{e}}(1)[L(1,m-2)+L(1,m+2)]+n_{\mathrm{e}}(2)[L(2,m-2)+L(2,m)] \\ &+n_{\mathrm{e}}(3)L(3,m-2) \end{aligned} \tag{6.2.25}$$

…

$$n_eL(m)=n_e(1)\cdot[L(1,1)+L(1,2m-1)]+n_e(2)\cdot[L(2,1)+L(2,2m-2)]$$
$$+n_e(3)\cdot[L(3,1)+L(3,2m-3)]+\cdots+n_e(m)\cdot L(m,1) \tag{6.2.26}$$

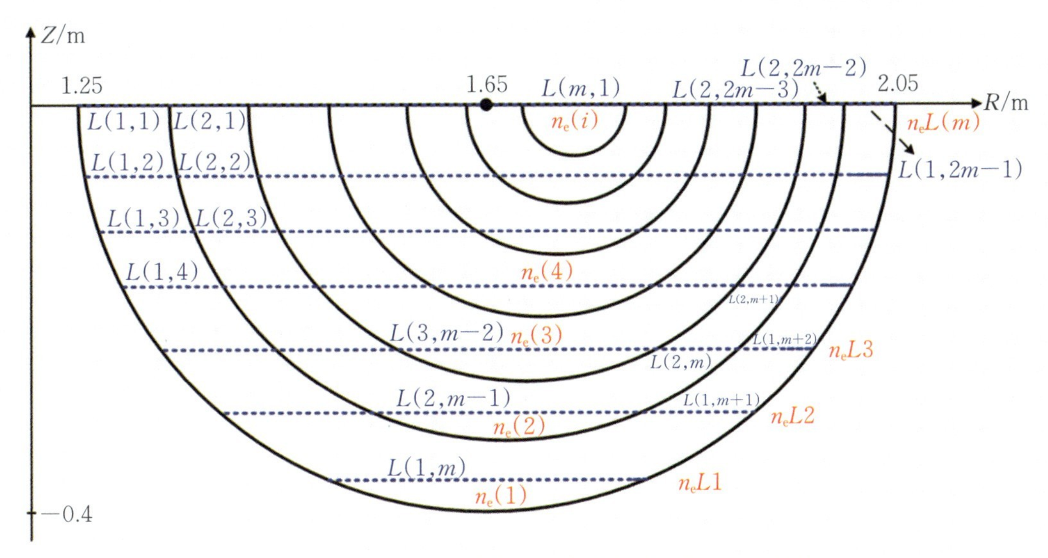

图 6.2.3　PARK 方法计算电子密度径向分布的原理示意图

根据最外层弦积分测量值和测量路径上弦距 $L(1,1)$，可以直接计算出电子密度 $n_e(1)$。然后，根据每一个 Δ 磁面内电子密度相等，可以依次推算出 $n_e(2)$，$n_e(3)$，…。由于磁面位形反映了真实的等离子体位形，因此，根据磁面的径向坐标，就可以得到电子密度的径向分布，并依据磁面坐标的不均匀性反映电子密度径向分布的不对称性。

6.2.5　激光干涉仪的应用

激光干涉仪可连续测量电子密度，且对背景等离子体无干扰，诊断数据稳定可靠，时间分辨率高，是核聚变装置上基础的诊断系统之一，主要用于观测弦积分电子密度、电子密度分布和电子密度扰动等参数信息。

实时电子密度反馈控制是 FIR 激光干涉仪主要的应用之一，其工作流程为：放电之前，中控系统设置好需要的中心弦平均电子密度的时间变化曲线。放电过程中，激光干涉仪实时测量电子密度并快速上传到中控系统（时间延迟 <1.0 ms）；中控系统自动判别电子密度实验测量值与预设值的偏差，如果实验值低于预设值，那么送气系统将自动补充送气，并根据密度偏离值大小调节送气量大小，当达到预设电子密度水平，送气系统停止送气。从实时电子密度反馈控制工作流程可以看出，其中最大的难点是“稳定、实时”，即要求诊断数据不仅稳定可靠，同时还要在非常短的时间内（1.0 ms 量

级)上传至中控系统,这给激光干涉仪的数据采集和处理技术提出了很高要求。近些年,人们基于FPGA和PXIe技术开发数据处理系统,在实时电子密度反馈控制中应用效果很好。

另外,采用双激光外差技术和AOM调频技术的FIR激光干涉仪,可以获得频率较高的中频信号(>1.0 MHz),因此干涉仪的时间分辨率很高(可优于1.0 μs),可以广泛应用于等离子体不稳定性引起的电子密度扰动,在MHD不稳定性物理研究中发挥重要作用。

下面将介绍干涉仪在多个核聚变装置上的应用实例。

德国ASDEX Upgrade装置上发展了两套激光干涉仪诊断系统,包含一套FIR激光干涉仪和一套双色震动补偿干涉仪。FIR激光干涉仪采用迈克尔逊型干涉仪结构设计,包含5个探测通道,通道布局如图6.2.4(a)所示,FIR激光干涉仪激光源选用氰化氘(DCN,λ=195 μm)激光,光路系统中,DCN激光被分成两束,一束被旋转光栅调频后得到本振光,另一束未被调制的探测光被均匀分成5束,沿不同的路径穿过等离子体,覆盖不同的等离子体区域。探测光被安装在真空室内壁的反射镜反射出真空室。最后,携带电子密度信息的探测光与真空室外的本振光混频,产生干涉仪差拍信号。通过比较探测通道与参考通道差拍信号的相位差,就可以得到相应位置上的弦积分电子

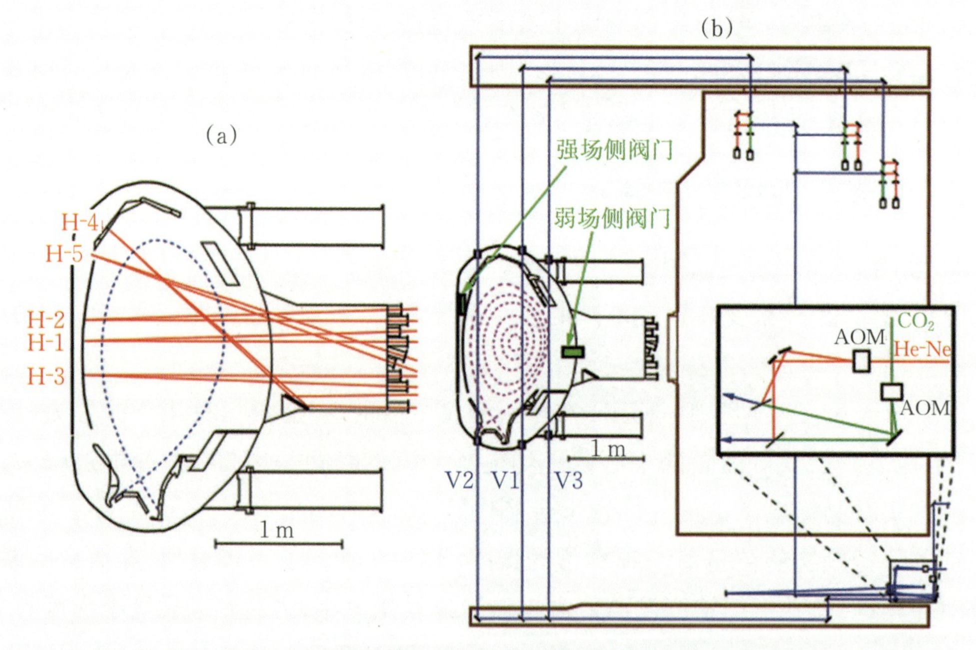

图6.2.4 ASDEX Upgrade装置上的(a) DCN激光干涉仪探测通道布局图和(b)双色震动补偿干涉仪光路示意图

密度。

双色震动补偿干涉仪采用马赫-曾德尔干涉仪结构设计，包含3个探测通道，光路示意图如图6.2.4(b)所示，主要用于高密度测量。双色震动补偿干涉仪激光源选用10.6 μm的二氧化碳(CO_2)激光和633 nm的氦氖(He-Ne)激光。CO_2激光和He-Ne激光均采用声光调制器(AOM)调制频率，产生40 MHz的频移，二者复合在一起，沿着相同的路径传播。经过AOM的基频光束通过分束器后均匀分成3束，用作探测光，而调频光则用作本振光。CO_2和He-Ne探测光经长距离传输后到达装置底部，沿着3个竖直方向诊断窗口进入真空室探测电子密度。最后，携带电子密度信息的探测光与装置外未经过等离子体的本振光混频产生CO_2和He-Ne干涉仪差拍信号，系统时间分辨率达到200 ns。

美国DⅢ-D装置上同样发展有CO_2激光干涉仪，在MHD不稳定性扰动观测中发挥了重要作用，比如反剪切阿尔芬本征模(RSAE)。[7]图6.2.5(左图)是探测通道布局图，其中，(R_0、V_1、V_2、V_3)标记出4个探测通道位置，R_0通道采用水平布局，探测光被安装在真空室内壁上的反射镜反射出来，V_1～V_3通道采用竖直布局，探测光被安装在装置顶部的反射镜反射回来。由于CO_2激光干涉仪具有很高的时间分辨率，因此它很容易观测到MHD不稳定性引发的电子密度扰动，尤其是中心R_0通道，由于它经过等离子体芯部区，因此它在观测芯部密度扰动中具有很大优势。图6.2.5(右图)是DⅢ-D实验中观测到的一次RSAE扰动，根据图6.2.5(左图)所示的探测位置和结合MHD模拟

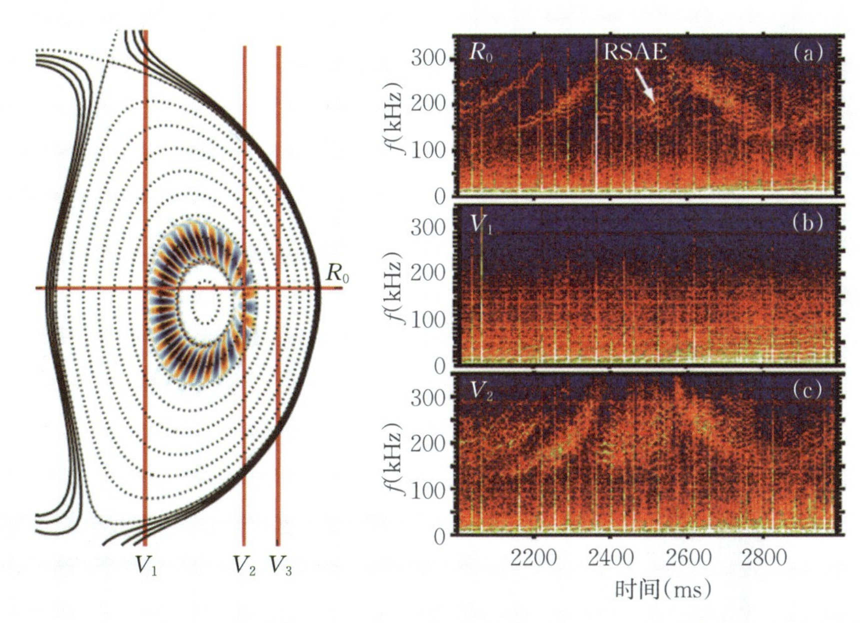

图6.2.5　左图：CO_2激光干涉仪在DⅢ-D装置上的布置图以及NOVA计算的RSAE扰动结构；右图：R_0、V_1、V_2通道测量的电子密度扰动频谱

程序NOVA计算的RSAE空间结构对比发现，可以很好地解释干涉仪测量的电子密度扰动频谱结果，图中R_0、V_2两个探测通道经过RSAE主扰动区域，因此，两个通道均测量到很强的密度扰动，见图6.2.5(右图)所示，频率f为120～280 kHz。由于V_1和V_3探测通道没有经过RSAE扰动区，因此，右图显示V_1通道没有观测到RSAE扰动。根据多道干涉仪测量信号频谱差异特征，我们可以近似判定RSAE位于V_1通道对应的径向位置以内，这与左图RSAE模拟结果一致。

中国HL-2A装置上发展了8通道FIR激光干涉仪，图6.2.6给出了诊断系统的光路布局[8]，8个水平探测通道的空间间距为7.0 cm。FIR激光干涉仪选用氰化氢(HCN，$\lambda=337\ \mu\text{m}$)激光器，其最大输出功率超过400 mW。HCN激光从HL-2A主机大厅一楼经波导到达干涉仪塔架，从竖直方向传输进入干涉仪主体光路系统，然后被石英分束器平均分成两束：其中一束HCN激光经过旋转光栅后产生10 kHz频移，随后被分束片平均分成9束，作为干涉仪外差探的本振光LO(参考通道+8个测量通道)；另一束HCN激光同样被均分成9束，其中一束与LO混频产生10 kHz的参考通道差拍信号(R)，另外8束HCN激光用作探测光，分别沿着水平方向Z=(−24.5，−17.5，−10.5，−3.5，3.5，10.5，17.5，24.5 cm)穿过HL-2A等离子体，然后被安装在

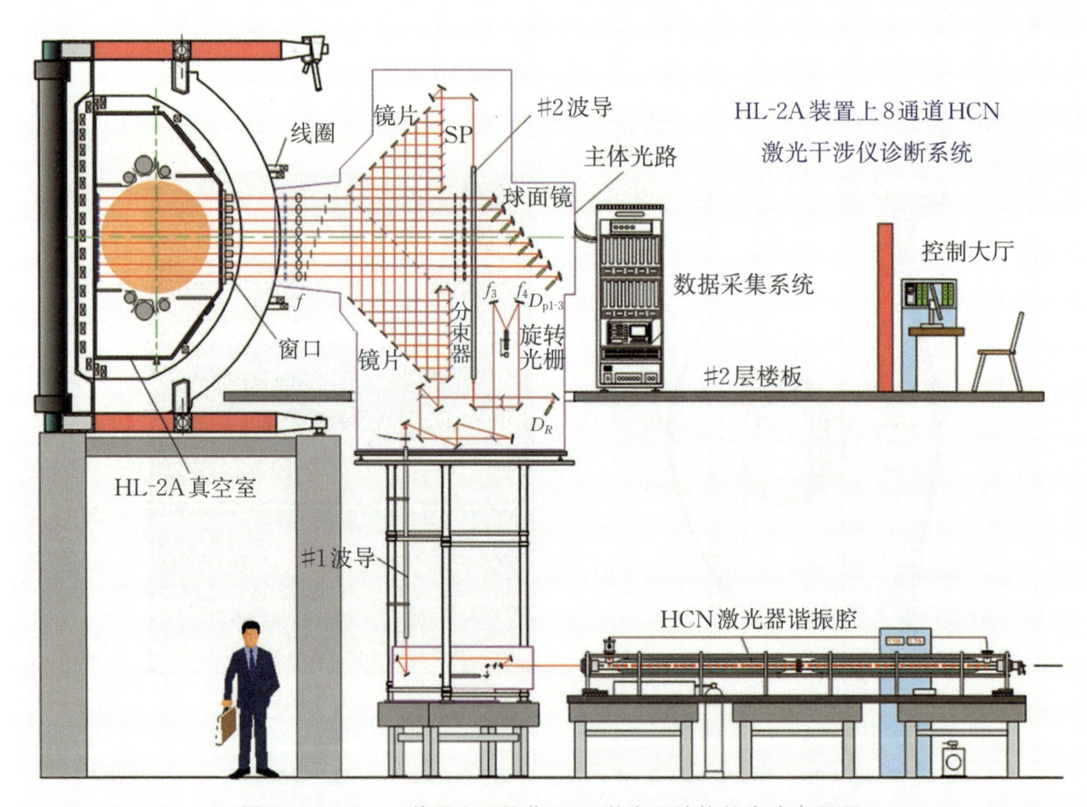

图6.2.6　HL-2A装置上8通道HCN激光干涉仪的光路布置图

真空室内壁上的反射镜反射出等离子体。最后，探测光与本振光复合后被高灵敏度肖特基二极管探测器接收，混频后产生10 kHz的探测通道信号(P)。最终，通过鉴相器比较探测通道信号与参考通道信号的相位差，得到不同位置上的弦积分电子密度。

由于HL-2A装置上HCN激光干涉仪旋转光栅的调制频率仅为10 kHz(对应时间分辨率0.1 ms)，不利于观测等离子体不稳定性相关的电子密度扰动；同时，为了测量与极向磁场相关的法拉第旋转角，8通道HCN激光干涉仪在2015年升级成甲酸(HCOOH，λ=432.5 μm)激光偏振-干涉仪，通过微调两台甲酸激光器谐振腔长获得1.0 MHz左右的中频信号，时间分辨率达到1.0 μs。[9-10]

6.3 激光偏振仪

激光偏振仪同样在磁约束核聚变装置上广泛应用，主要有法拉第偏振仪和科顿-穆顿偏振仪，可用于测量等离子体内部极向磁场分布、电流密度分布、安全因子分布和电子密度信息。

6.3.1 法拉第偏振仪

6.3.1.1 测量原理

大家知道，线偏振光可以分解成两个振幅相等的左旋和右旋圆偏振光，在各向同性介质中，左旋和右旋圆偏振光传播的相速度相等，合成波的偏振面始终保持不变，仍为线偏振光。但是，在磁约束等离子体中，由于等离子体双折射效应，左旋和右旋圆偏振光在等离子体中传播的相速度不同，它们经过等离子体后合成光的偏振面发生改变，以传播方向为轴发生旋转，如图6.3.1所示，旋转角大小为法拉第旋转角(α)。磁约束核聚变装置上常见的法拉第偏振仪就是通过检测法拉第旋转角来重建等离子体内部的极向磁场分布信息，进而获得电流密度分布和安全因子分布。

根据Appleton-Hartree公式和式(6.1.3)可知，当一束线偏振激光束(角频率：ω)沿着磁场方向传播，此时式中$\theta=0°$，经简化，左旋和右旋圆偏振光在等离子体中的折射率可表示为[1]

$$N_{\pm}=\left[1-\left(\frac{X}{1\pm Y}\right)\right]^{1/2} \tag{6.3.1}$$

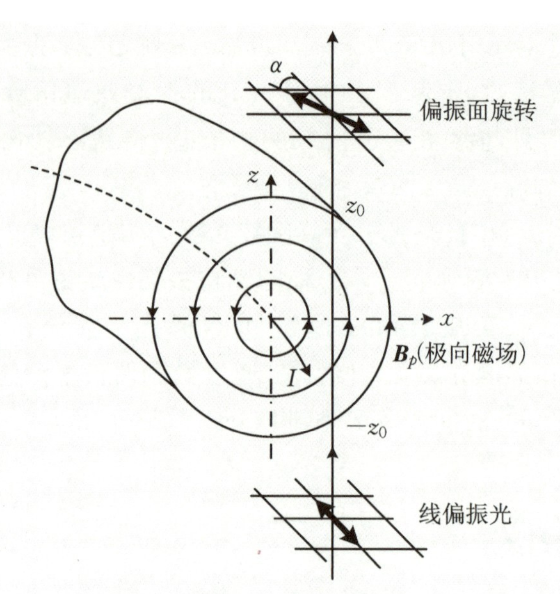

图 6.3.1　激光束经过磁化等离子体后发生法拉第旋转示意图

式(6.3.1)中，符号“±”代表左旋和右旋圆偏振光。把 $X=\omega_p^2/\omega^2$, $Y=\omega_c/\omega$, $\omega_p=(e^2n_e/\varepsilon_0 m_e)^{1/2}$，$\omega_{ce}=eB/m_e$ 代入式(6.3.1)，有

$$N_{\pm}^2=1-\frac{\omega_p^2/(2\omega^2)}{1\mp\omega_{ce}/\omega} \tag{6.3.2}$$

由于左旋/右旋圆偏振光在等离子体中的折射率不同，它们在等离子体中经过路径 $|Z_2-Z_1|$ 后产生相位差，该相位差值的一半就是法拉第旋转角：

$$\alpha=\frac{\pi}{\lambda}\int_{Z_1}^{Z_2}(N_+-N_-)\mathrm{d}z=\frac{\lambda^2e^3}{8\pi^2c^3\varepsilon_0 m_e^2}\int_{Z_1}^{Z_2}n_e B_{p//}\mathrm{d}z \tag{6.3.3}$$

式中，λ 是激光波长，e 是电子电荷量，c 是光速，ε_0 是真空介电常数，m_e 是电子质量，n_e 是电子密度，$B_{p//}$ 是磁场沿入射光方向上的分量。把所有系数代入式(6.3.3)，最后有

$$\alpha=2.62\times10^{-13}\lambda^2\int_{Z_1}^{Z_2}n_e B_{p//}\mathrm{d}z \tag{6.3.4}$$

可见，法拉第旋转角(α)与激光传播线上的电子密度(n_e)和磁场的平行分量($B_{p//}$)有关，在已知电子密度条件下，通过测量法拉第旋转角就可以得到等离子体内部极向磁场分布信息。

在实际测量中，由于法拉第偏振仪系统中部分光学元件可能会改变探测光偏振面方向，从而导致实验测量值与真实值之间出现一定偏差。为此，法拉第偏振仪通常需要配备标定系统，通过旋转半波片改变入射光的偏振面方向，模拟磁化等离子体引起的法拉第旋转效应，获得实验测量相位差值与半波片旋转角度的定量关系，从而得到法拉第偏振仪系统的标定系数。

6.3.1.2 法拉第旋转角在等离子体平衡重建中的应用

EFIT(equilibrium fitting)是磁约束核聚变装置上最常用的等离子体平衡重建编码,在许多核聚变装置上应用。EFIT编码在外部诊断数据约束条件下,通过迭代求解Grad-Shafranov平衡方程的极向磁通,重建等离子体边界、极向磁场分布、电流密度分布、安全因子分布等参数。在迭代计算过程中,极向磁通不断收敛,同时,利用最小二乘法判别每次迭代计算后重建参数与实验测量值之间的均方根误差,见式(6.3.5),满足最小条件,迭代终止。

$$\chi^2 = \sum_{i=1}^{N_M} \frac{1}{\sigma_i^{\ 2}} (M_i^{\mathrm{meas}} - M_i^{\mathrm{calc}})^2 \tag{6.3.5}$$

通常,用于EFIT平衡重建约束条件的是磁诊断测量参数(例如磁探针、磁通环、反磁测量等),式(6.3.5)中,M_i^{meas}代表磁诊断信号,M_i^{calc}代表磁信号重建值,σ_i代表诊断误差。由于磁诊断主要提供等离子体边界区域磁相关的信息,缺乏芯部值,导致EFIT重建的等离子体参数在芯部区误差较大,比如芯部区电流密度。

从式(6.3.4)可知,法拉第旋转角(α)测量值携带有等离子体内部极向磁场(B_{p})信息,法拉第偏振仪中心通道包含了芯部区磁场信息。因此,它可以用作等离子体平衡重建中重要的内部约束条件,从而获得更加精确的极向磁场分布、电流密度分布以及安全因子分布,提高芯部区的重建精度。

通过将法拉第旋转角用作EFIT编码内部约束条件,式(6.3.5)可以扩展为[11]

$$\chi^2 = \sum_{i=1}^{N_M} \frac{1}{\sigma_i^{\ 2}} (M_i^{\mathrm{meas}} - M_i^{\mathrm{calc}})^2 + \sum_{j=1}^{N_F} \frac{1}{\sigma_{Fj}^{\ 2}} (F_j^{\mathrm{meas}} - F_j^{\mathrm{calc}})^2 \tag{6.3.6}$$

式(6.3.6)中,第二项为法拉第旋转角约束项,其中,F_j^{meas}代表法拉第旋转角测量值,F_j^{calc}代表EFIT重建值,N_F代表法拉第测量通道数量。

图6.3.2是法国Tore-Supra装置上法拉第偏振仪测量结果在EFIT重建中的应用结果[12],其中EFIT_mag代表EFIT仅有磁诊断约束条件的重建结果,EFIT_pol代表EFIT采用磁诊断和法拉第偏振仪诊断信号约束条件下的重建结果。图6.3.2(a)中,ECE测量到的电子温度信号在2.0 s左右出现锯齿振荡扰动,表明该时刻存在($q=1$)磁面;然而,EFIT_mag重建的安全因子最小值$q_0>1$,如图6.3.2(b)所示,和锯齿的物理特征不符合。当加入法拉第旋转角诊断数据后,EFIT_pol重建值$q_0<1$,而且开始时刻与锯齿发生时刻完全吻合,如图6.3.2(b)蓝色曲线所示;同时,进一步分析($q=1$)磁面的几何位置与多道ECE信号测量到的锯齿反转位置基本吻合,如图6.3.2(c)所示,从而证实了法拉第旋转角的测量可以明显提高等离子体平衡重建精度。

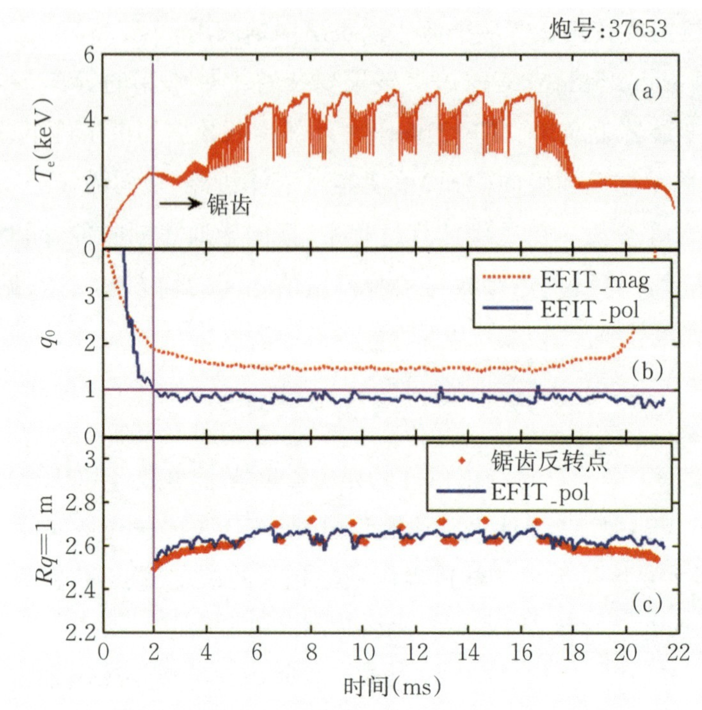

图6.3.2 Tore-Supra装置上法拉第偏振仪测量结果在EFIT编码中的应用[12]

6.3.1.3 偏振/干涉仪集成诊断系统

由于法拉第偏振仪与干涉仪的光路系统具有通用性,因此二者可以集成在同一套光路系统中,完成弦积分电子密度和法拉第旋转角的同时测量,文中称之为偏振/干涉仪诊断系统。

激光偏振/干涉仪在许多核聚变实验装置上发展,并衍生出多种诊断方案,下文将主要介绍两类应用最广的幅值法偏振/干涉仪和三波相位法偏振/干涉仪。

(1) 幅值法偏振/干涉仪

对于一束线偏振光,它经过磁化等离子体后,在实验室坐标下分别测量正交电场分量(x,y)的强度之比,就可以计算得到其偏振方向;通过连续测量即可得到偏振方向的变化,此变化量即为法拉第旋转角;幅值法偏振测量原理可简单描述为:当一束线偏振激光(O光:$\boldsymbol{k}\perp\boldsymbol{B},\boldsymbol{E}/\!/\boldsymbol{B}$)进入等离子体,其电矢量可表示为[1]

$$\begin{cases}x_1=a\cos\omega_1 t\\ y_1=0\end{cases}\tag{6.3.8}$$

如前文所述,线偏振光可以分解成左旋("+")和右旋("−")圆偏振光,因此,式(6.3.8)可以改写为

$$\begin{cases} x_1 = x_1(+) + x_1(-) = \dfrac{a}{2}\cos\omega_1 t + \dfrac{a}{2}\cos\omega_1 t \\ y_1 = y_1(+) + y_1(-) = \dfrac{a}{2}\sin\omega_1 t - \dfrac{a}{2}\sin\omega_1 t \end{cases} \tag{6.3.9}$$

左旋和右旋圆偏振探测光束穿过等离子体后产生相移(ϕ_+,ϕ_-),可表示为

$$\begin{cases} x_2(+) = \dfrac{1}{2}a\cos(\omega_1 t - \varphi_+)t \\ y_2(+) = \dfrac{1}{2}a\sin(\omega_1 t - \varphi_+)t \end{cases} \text{与} \begin{cases} x_2(-) = \dfrac{1}{2}a\cos(\omega_1 t - \varphi_-)t \\ y_2(-) = -\dfrac{1}{2}a\sin(\omega_1 t - \varphi_-)t \end{cases} \tag{6.3.10}$$

另外,未经过等离子体的本振光(LO:$\omega_2 = \omega_1 + \Delta\omega$)相对于探测光束有一定频移,其电矢量形式为

$$\begin{cases} x_{\mathrm{LO}} = b\cos\left(\omega_1 + \Delta\omega\right)t \\ y_{\mathrm{LO}} = b\cos\left(\omega_1 + \Delta\omega\right)t \end{cases} \tag{6.3.11}$$

经过等离子体的探测光与本振光在45°倾斜放置的线栅上复合,探测光的透射光与本振光的反射光经过检偏器后被探测器接收,而探测光的反射光与本振光的透射光经过检偏器后被另一个探测器接收,探测器输出信号分别为

$$\begin{cases} S_{\mathrm{F}} \propto \dfrac{ab}{2}\left[\sin(\Delta\omega t + \varphi^+) - \sin(\Delta\omega t + \varphi^-)\right] \\ S_{\mathrm{D}} \propto \dfrac{ab}{2}\left[\cos(\Delta\omega t + \varphi^+) + \cos(\Delta\omega t + \varphi^-)\right] \end{cases} \tag{6.3.12}$$

左旋和右旋圆偏振光的相位表示成电子密度相位和法拉第旋转角的组合形式:$\varphi^+ = \varphi + \alpha, \varphi^- = \varphi - \alpha$,式(6.3.12)最后化简为

$$\begin{cases} S_{\mathrm{F}} \propto ab\sin(\alpha)\cdot\cos(\Delta\omega t + \varphi) \\ S_{\mathrm{D}} \propto ab\cos(\alpha)\cdot\cos(\Delta\omega t + \varphi) \end{cases} \tag{6.3.13}$$

可见,根据差拍信号S_{D}产生的相移量,就可以得到弦积分电子密度相位(φ),根据信号S_{F},S_{D}的强度比就可以获得法拉第旋转角(α)。幅值法偏振/干涉仪应用时间较早,在多个核聚变实验装置上应用,例如RFX[13]、Tore-supra(WEST)[14]、JET。[15]

法国Tore-supra装置上的法拉第偏振/干涉仪基于幅值法方案设计,并集成了震动补偿干涉仪光路,分别采用氰化氘(DCN,λ_1=195 μm)激光和水蒸气(H_2O,λ_2=119 μm)激光作为主光源。

图6.3.3是Tore-Supra装置上双色震动补偿偏振/干涉仪光路示意图,系统包含5个竖向探测通道(1989年建成)和5个极向探测通道(2005年建成)。图中蓝线代表两个通道的探测束,绿线代表本振光,本振光被分为三束之后分别与两组探测路和一个参考道进行干涉测量。DCN和H_2O激光器出射激光波长分别为195 μm和119 μm,最

大输出功率分别为150 mW和30 mW。对于DCN偏振/干涉仪，DCN激光束首先被分束器分成两部分：反射光经过转动光栅产生100 kHz多普勒频移，用于偏振/干涉仪外差探测的本振光(LO)；透射光再次被均分成两束，一束用于5个极向通道的探测光进入等离子体，另一束用于参考光和5个竖向通道的探测光进入等离子体。参考光与本振光被探测器接收，混频后产生偏振/干涉仪的参考通道信号(R_{DCN})。10束探测光从等离子体出来后，同样与本振光复合，再经过45°倾斜放置的检偏器，分离出正交分量(反射束与透射束)，然后被单独的探测器接收，得到偏振/干涉仪的两个测量通道正交光的差拍信号P_{POL}与P_{INT}，通过这两个测量道信号的强度比，可以得到法拉第旋转角；通过比较P_{INT}与参考道信号R_{DCN}的相位差，可以得到弦积分电子密度值。H_2O激光在主体光路中与DCN同路传播，经过相同的光学元件和光程，因此震动效果是相同的。最后，在靠近DCN偏振/干涉仪探测器光路中安装H_2O激光分束器，获得H_2O激光干涉仪的探测通道信号(P_{H_2O})。最后，根据双色震动补偿干涉仪电子密度计算公式(6.2.8)，获得准确的弦积分电子密度。目前，该双色震动补偿偏振/干涉仪已能在实验中进行密度和法拉第旋转角测量，时间分辨率为10 μs。[16]

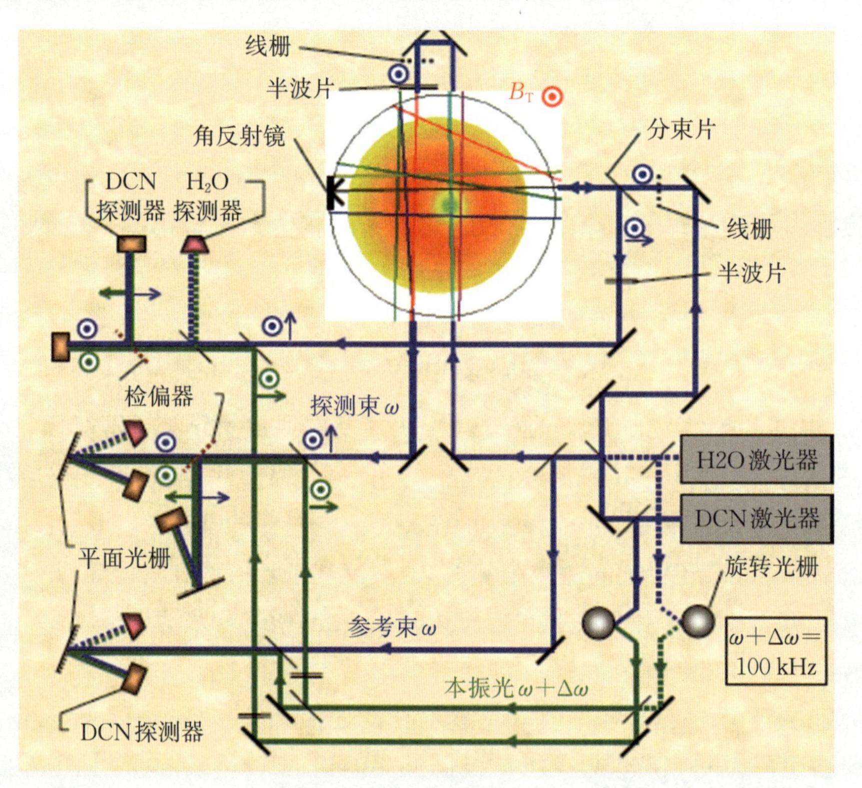

图6.3.3 Tore-Supra装置上双色震动补偿偏振/干涉仪光路布置示意图[14]

目前，Tore Supra装置已经升级改造成带偏滤器结构的WEST装置，受偏滤器支承部件影响,WEST装置上无法使用之前的竖向窗口布置光路。最终,WEST偏振/干涉仪在Tore Supra原有5个极向通道不变的情况下,增加了3个极向通道,同时在等离子体边界区增加了2个探测通道。[16]

(2) 三波相位法偏振/干涉仪

线偏振光可以分解为左旋和右旋圆偏振光,因此,线偏振激光穿过等离子体后偏振面偏转可理解为左旋和右旋圆偏振光经过等离子体产生的相位差。于是,相位法偏振仪直接采用两束共线传播的左旋和右旋圆偏振光进入等离子体,最后通过测量左旋和右旋圆偏振光的相位差来获得法拉第旋转角。由于左旋和右旋圆偏振光经过等离子体后发生的相位变化量由电子密度相位和法拉第旋转角组成,在相位法偏振仪基础上增加一束本振光(LO),探测器输出信号将包含三组中频(IF)。最后,通过分析三组中频的相位关系,就可以获得弦积分电子密度相位和法拉第旋转角,这就是三波相位法偏振/干涉仪。[17]

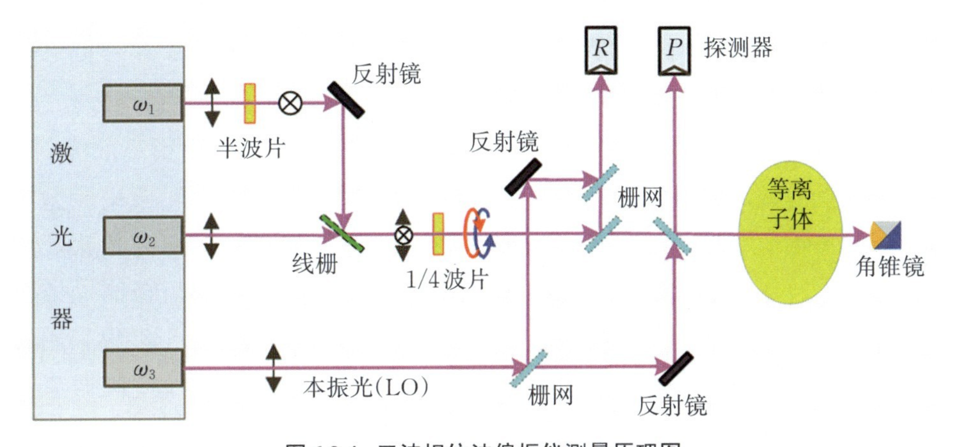

图6.3.4 三波相位法偏振仪测量原理图

图6.3.4是三波相位法偏振/干涉仪测量原理图。线偏振激光ω_1经过半波片($\lambda/2$)后偏振面旋转90°,然后与另一束激光ω_2经过线栅复合后形成正交光(ω_1、ω_2)同路传播,正交光穿过1/4波片后变换成左旋和右旋圆偏振光,然后经栅网反射分出小部分与本振光(ω_3)混频,得到偏振/干涉仪的参考通道信号(R):

$$R \propto E_1E_2\cos[(\omega_1-\omega_2)t]+E_1E_3\cos[(\omega_1-\omega_3)t]+E_2E_3\cos[(\omega_2-\omega_3)t] \tag{6.3.14}$$

这里,E_1、E_2、E_3代表三束激光的电矢量幅值。左旋和右旋圆偏振光(ω_1、ω_2)经过栅网的透射光进入等离子体后,被安装在真空室内壁上的角锥镜反射回来,与外部本振光LO(ω_3)混频,得到测量通道信号(P):

$$P \propto E_1'E_2'\cos[(\omega_1-\omega_2)t-(k_1-k_2)z]+E_1'E_3'\cos[(\omega_1-\omega_3)t-k_1z]$$

$$+E_2'E_3'\cos[(\omega_2-\omega_3)t-k_2z] \tag{6.3.15}$$

式中,k_1、k_2、k_3代表三组波数,z代表激光经过等离子体的路径。探测器输出信号包含三个中频:$\Delta\omega_1=(\omega_1-\omega_2)$、$\Delta\omega_2=(\omega_1-\omega_3)$、$\Delta\omega_3=(\omega_2-\omega_3)$。采用前文所述FFT数字相位比较算法,得到每一个中频对应的相位差,法拉第旋转角为:

$$\alpha=(\Delta\varphi_+-\Delta\varphi_-)/2=2.62\times10^{-13}\lambda^2\int_{Z1}^{Z2}n_eB_{p//}\cdot dz \tag{6.3.16}$$

而电子密度相位为:

$$\varphi=(\Delta\varphi_++\Delta\varphi_-)/2=2.82\times10^{15}\lambda\int_{Z1}^{Z2}n_e dz \tag{6.3.17}$$

可见,三波相位法偏振/干涉仪能够同时测量相同空间位置上的弦积分电子密度和法拉第旋转角。

RTP是发展三波相位法偏振/干涉仪较早的装置之一。[18]RTP偏振/干涉仪采用大功率CO_2激光(150 W)泵浦三台独立的甲酸激光源($\lambda=432.5\ \mu m$),输出最大功率约每台30 mW。三台甲酸激光具有微小频率差异,用于外差探测,其中两束甲酸激光用作探测光,第三束甲酸激光用作本振光(LO)。首先,半波片把其中一台线偏振甲酸激光偏振方向旋转90°,随后经线栅(polarizer)复合形成正交线偏振光同路传输,随后使用1/4波片变换成左旋和右旋圆偏振光,然后栅网分束器将其分出很小部分,在RTP装置外与本振光混频产生参考通道信号。另外,探测束95%的功率将入射到抛物面反射镜,把光斑径向扩大7.5倍,覆盖整个RTP等离子体。扩束后的探测光从等离子体出来后与外部同样采用抛物面反射镜扩束后的本振光LO复合,最后被高灵敏度肖特基探测器阵列接收(mixer array),完成多空间通道测量。RTP偏振/干涉仪采用新颖的抛物镜扩束和探测器阵列方式,可以提高空间分辨率,最终实现19个空间通道的法拉第旋转角和电子密度的同时测量,空间分辨率为1.4 cm。

MST装置是三波相位法偏振/干涉仪应用较为成功的核聚变装置之一[19],它同样使用三台甲酸激光,其最大输出功率约25 mW/台。如图6.3.5给出了偏振/干涉仪光路示意图,通过微调三台甲酸激光器谐振腔长,相互产生微小频差,其中两束激光用作探测光,第三束激光用作本振光(LO)。MST装置上甲酸激光偏振/干涉仪前端光路与RTP类似,两束探测激光复合在一起后同路传播,经过长波导传输进入主体光路系统。在靠近MST装置的主体光路系统中,正交线偏振光穿过1/4波片后变换成左旋和右旋圆偏振光,进入等离子体。MST装置上偏振/干涉仪包含11个探测通道,诊断小窗口采用环向双列布局,可以增加空间分辨率,见图6.3.5右下角子图所示,对应环向位置分别为:250°(r=36,21,6,−9,−24 cm),255°(r=43,28,13,−2,−17,−32 cm)。最后,经过等离子体的左旋和右旋圆偏振光与装置外的本振光LO复合,被肖特基探测器接收,产生包含三组中频的偏振/干涉仪差拍信号。

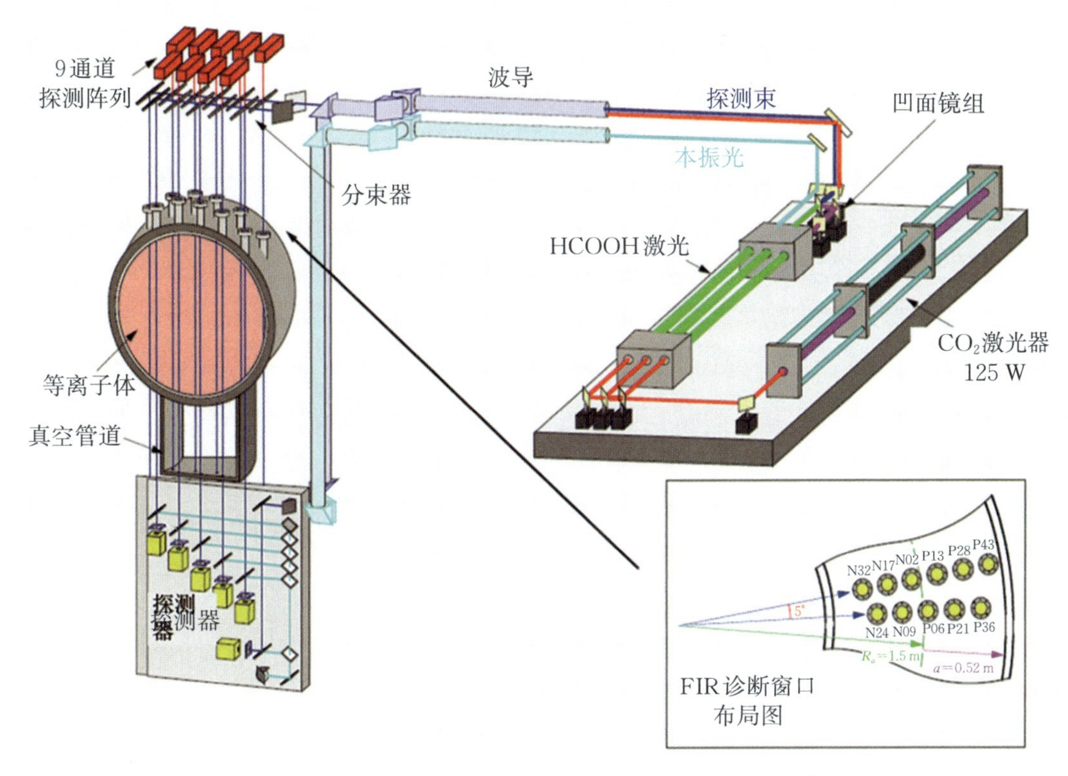

图6.3.5 MST装置上三波偏振/干涉仪光路布置示意图[19]

MST装置上甲酸激光偏振/干涉仪时间分辨率达到1.0 μs,法拉第旋转角分辨率达到0.1°,弦积分电子密度分辨率为$1.0\times10^{16}\ \mathrm{m^{-2}}$。基于高时间分辨率的偏振/干涉仪诊断数据,MST装置上开展了新颖的磁涨落方面物理实验研究。此外,MST研究人员在偏振仪测量误差方面开展了深入细致的研究,例如前端光路的共线校准误差、中频漂移误差、偏振态改变等引起的测量误差等,提高了偏振测量精度。

中国科学院等离子体物理研究所EAST装置上偏振/干涉仪同样基于三波相位法设计,实现弦积分电子密度和法拉第旋转角同时测量,但光路系统采用的是分离式的水平通道布局[20],包含11个探测通道,相对于中平面上下对称分布,对应几何位置为:$Z=-42.5,-34,-25.5,-17,-8.5,0,8.5,17,25.5,34,42.5$ cm,Z代表测量弦与EAST中平面的距离。

6.3.2 科顿-穆顿(C-M)偏振仪

科顿-穆顿偏振仪(简称:C-M),是基于科顿-穆顿效应(Cotton-Mouton effect)发展起来的激光诊断系统,在核聚变实验装置上通常用于电子密度测量。科顿-穆顿偏振仪与法拉第偏振仪的光路相似,它采用正交共线传播的o光和e光作为探测光,因此,我们去掉法拉第偏振仪光路中的四分之一波片，就可以变换成科顿-穆顿偏振仪光路系统。

6.3.2.1 测量原理

当一束线偏振光垂直于磁场方向进入等离子体($\boldsymbol{k} \perp \boldsymbol{B}$)，入射线偏振光可以分解为电矢量平行于磁场方向的寻常光(o光)和垂直于磁场方向的非寻常光(e光)。由于o光和e光在等离子体中的折射率不同，导致传播的相速度不同，它们穿过等离子体后会产生相位差，即为科顿-穆顿相位角[21]：

$$\varphi_{\mathrm{CM}}=\frac{1}{2}\frac{\omega}{c}\int(N_x-N_o)\mathrm{d}l=k_{\mathrm{CM}}\lambda^3\int n_e B_{\perp}^2\,\mathrm{d}l \tag{6.3.20}$$

式(6.3.20)中，ω是入射光角频率，c是光速，λ是入射光波长，N_x和N_o分别是e光和o光在等离子体中的折射率，见前文Appleton-Hartree公式，常数$k_{\mathrm{CM}}=2.45\times10^{-11}$，$n_e$是电子密度。可见，在磁场已知条件下，通过测量$\varphi_{\mathrm{CM}}$，就可以获得弦积分电子密度$\int n_e\mathrm{d}l$。

科顿-穆顿偏振仪的光路系统与法拉第偏振仪光路系统具有通用性，只是法拉第偏振仪的探测光采用两束共线传播的左旋和右旋圆偏振光(L/R)，而科顿-穆顿偏振仪采用的是两束正交线偏振光(o/e)。这两束光(o光频率为ω，e光频率为$\omega+\omega_0$)共线传播进入等离子体，由于二者在等离子体中的折射率不同，因此，它们穿过等离子体后会产生相位差。o光和e光经过45°放置的检偏器(polarizer)后被平方率探测器检测，输出信号可表示为

$$S_p\propto\cos\{\omega_0 t+(\varphi_o-\varphi_x)\} \tag{6.3.21}$$

未经过等离子体的参考通道差拍信号强度可以表示为

$$S_R\propto\cos(\omega_0 t) \tag{6.3.22}$$

通过比较S_p与S_R两组信号的相位差，就可以获得与电子密度相关的科顿-穆顿相位角：

$$\varphi_{\mathrm{CM}}=\varphi_o-\varphi_x=2.4\times10^{-20}\lambda\int n_e B_{\perp}[T]^2\mathrm{d}l \tag{6.3.23}$$

6.3.2.2 科顿-穆顿偏振仪的典型特征

科顿-穆顿偏振仪与法拉第偏振仪类似，属于小角度探测，相位角易受外界因素干扰。这种偏振仪已在CHS、W7-AS、C-Mod多个核聚变实验装置上发展应用。与常规的FIR激光干涉仪测量系统相比较，科顿-穆顿偏振仪的主要特征有：

① 科顿-穆顿偏振仪测量弦积分电子电子密度不易发生传统干涉仪中的“条纹跳变”问题。因为科顿-穆顿相位角测量值很小，通常远小于2π，而弹丸注入、等离子体破裂等引起的电子密度快速变化引起的相位变化也就不会超过2π。

② 科顿-穆顿偏振仪不易受震动干扰。从科顿-穆顿偏振仪测量原理图可知，两束正交线偏振光(o/e光)在系统中同路传播，即经过相同的光程和光学器件，外界震动对o光和e光的影响效果是等效的，科顿-穆顿偏振仪测量到的相位差中会自动抵消。

③ 小角度既是科顿-穆顿偏振仪的优点，也是它的缺点。小角度探测给诊断技术本身增加了难度，要求相位测量分辨率非常高。

6.3.2.3 科顿-穆顿偏振仪的应用

科顿-穆顿偏振仪在多个核聚变实验装置上发展，用于测量弦积分电子密度。

图6.3.6是CHS仿星器上科顿-穆顿偏振仪的光路示意图，它与干涉仪光路系统集成在一起，同时运行、互不影响。科顿-穆顿偏振仪采用HCN激光作为探测光源，HCN激光(ω)被分束器(BS_1)分成两束，反射光经过光栅调制后频率变为($\omega+\omega_0$)，再经过半波片($\lambda/2$)，偏振面旋转90°，然后与分束器(BS_1)的透射光(ω)在线栅(wire-grid)复合，形成正交线偏振光($\omega,\omega+\omega_0$)，即o光和e光。o光和e光同路传播，在进入等离子体之前被分束器(BS_2)分成两束，反射光混频后得到参考通道信号：$R\propto\sin(\omega_0 t)$，透射光束进入等离子体，由于o光和e光在等离子体中折射率略微不同，经过等离子体后会产生相位差。从等离子体出来，探测光($\omega,\omega+\omega_0$)被再次分成两束，透射束产生科顿-穆顿偏振仪信号：$P_{CM}\propto\sin(\omega_0 t+\varphi_{CM})$，反射束经过检偏器(polarizer)后保留o光，然后与未经过等离子体的o光复合，产生常规外差干涉仪探测通道信号：$P_{int}\propto\sin(\omega_0 t+\varphi_{int})$。最后，比较信号$P_{int}$与$R$的相位差可以获得电子密度相位$\varphi_{int}$，比较$P_{CM}$与$R$的相位差可以获得科顿-穆顿相位$\varphi_{CM}$。

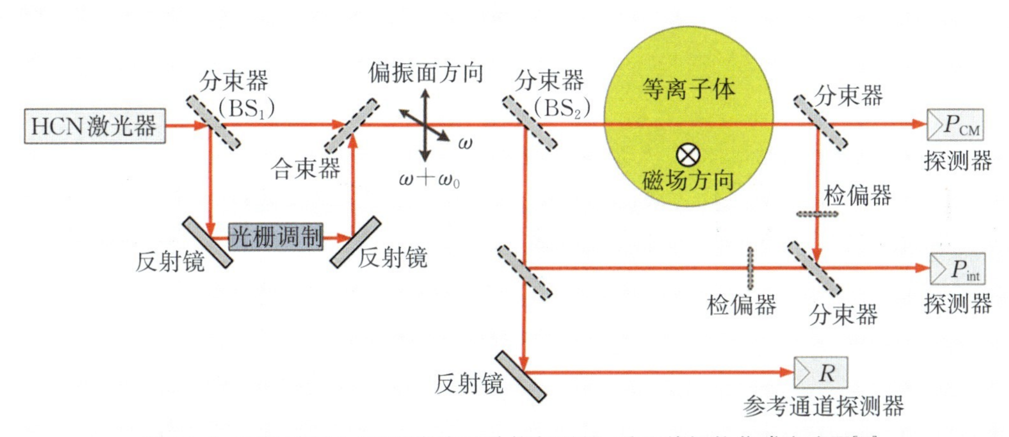

图6.3.6 CHS装置上HCN激光干涉仪与科顿-穆顿偏振仪集成光路图[21]

6.4 激光色散干涉诊断

6.4.1 色散干涉原理

1991年，Drachev、Krasnikov和Bagryansky为GDT(gas-dynamic trap)磁镜装置研发了一种新型的干涉仪，这种干涉仪基于倍频技术研制，让基频光和倍频光沿同一光路进行探测，并通过探测束的色散关系计算出光路中的等离子体电子线密度积分。这种色散干涉仪充分利用了激光倍频的特性，用作色散测量的两探测束天然合束，从而省去了复杂的光路合束和分束环节，使得光路设计更为紧凑，非常适合未来聚变装置在复杂工程环境下的密度干涉诊断。

这种干涉仪的测量方法依赖于激光倍频技术，需要利用倍频晶体的非线性效应生成入射波束的二次谐波。当入射光的偏振状态满足特定的相位匹配条件时，倍频晶体能够产生极其微弱的倍频光输出。倍频晶体具备两种相位匹配方式，Ⅰ型相位匹配时，出射的基频光与倍频光的偏振方向相互垂直；Ⅱ型相位匹配时，出射的基频光与倍频光的偏振方向保持一致。目前，倍频晶体的最大倍频效率通常在$10^{-5}\sim10^{-4}$量级。

图6.4.1为色散干涉仪的基本原理流程。探测束在通过等离子体前后，分别通过一块倍频晶体，进而产生倍频信号。设基频波和倍频晶体1产生的倍频波的相位分别为

$$\begin{aligned}\phi_0&=\omega t+\psi_0\\ \phi_1&=2\omega t+\psi_1\end{aligned}\tag{6.4.1}$$

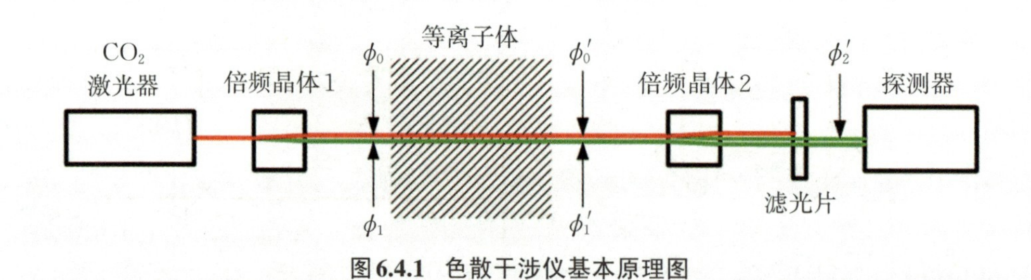

图6.4.1 色散干涉仪基本原理图

根据式(6.2.4)，用探测束的频率代替波长，我们可以将等离子体对探测波束的相位影响表示为

$$\phi=\frac{e^2\overline{n_eL}}{2\omega c\epsilon_0 m_e}$$

可以看到，该相位与探测束频率ω成反比关系。当探测束穿过等离子体后，基波

和倍频波的相位均会发生变化，此时基波和倍频波（频率为2ω）的相位如下：

$$
\begin{aligned}
\phi_0' &= \omega t + \frac{e^2 \overline{n_e L}}{2\omega c \epsilon_0 m_e} + 2\pi\omega \Delta d / c + \psi_0 \\
\phi_1' &= 2\omega t + \frac{e^2 \overline{n_e L}}{4\omega c \epsilon_0 m_e} + 4\pi\omega \Delta d / c + \psi_1
\end{aligned}
\tag{6.4.2}
$$

式中，第一项为等离子体对探测波束造成的相位改变，第二项为光路中的机械振动产生的相位改变，Δd 为机械振动造成的光程改变，ψ_0 和 ψ_1 为探测束的初始相位。

随后，探测束经过倍频晶体2，将经过等离子体的基频信号再次倍频，产生第二束倍频波，其相位可表示为

$$
\phi_2' = 2\omega t + \frac{e^2 \overline{n_e L}}{\omega c \epsilon_0 m_e} + 4\pi\omega \Delta d / c + 2\psi_0 \tag{6.4.3}
$$

最终，通过滤光片去除基频波，仅让两束倍频波通过，随后利用探测器接收这两束倍频波的干涉信号。根据干涉测量的基本原理，可以获得相应的干涉信号：

$$
I = A + B\cos(\phi_2 - \phi_1) = A + B\cos\left(\frac{3e^2 \overline{n_e L}}{4\omega c \epsilon_0 m_e} + \psi\right) \tag{6.4.4}
$$

式中，机械振动 Δd 带来的影响已完全抵消，可根据该信号计算出线密度积分 $\overline{n_e L}$。

根据式(6.4.4)可以看出，色散干涉仪实质上是一个零差法测量系统。这种测量方法易受到探测束功率波动的影响，导致较大的干扰，因此无法直接应用于精确的密度测量。为了克服零差法的固有缺陷，Drachev 等人提出了一种光路补偿方案。[22]

图6.4.2展示了干涉仪系统中的元件布局。图中，黑色虚线分别表示两个倍频晶体的主轴，它们互相垂直，并且各自与基波的偏振方向呈45°角，因此，由这两个晶体分别

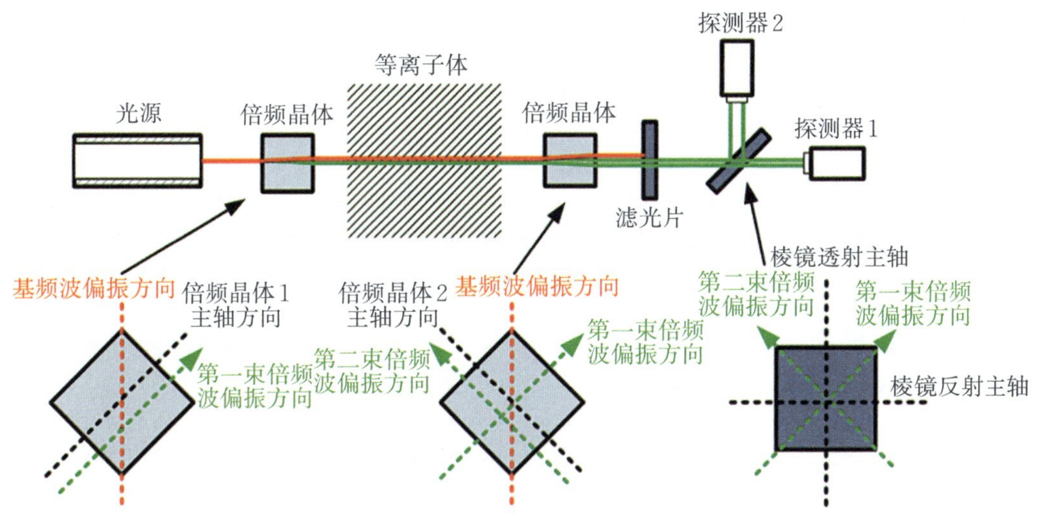

图6.4.2 利用光学布局来减小功率漂移引入的误差

产生的两个倍频波束也相互垂直，并且均与基波的偏振方向呈45°角。

探测束在通过滤光片滤掉基频波后进入一个Glan棱镜，其特性是允许偏振方向沿透射主轴方向的波束透过，同时使偏振方向沿反射主轴（与透射主轴垂直）的波束发生反射。在图示中，两个倍频波束在透射主轴方向的偏振分量同相进入探测器1，而在反射主轴方向的偏振分量反相进入探测器2。

根据这一布局，两个探测器所接收到的信号分别为

$$U_1(\theta)=k_1(I_1+I_2+2\sqrt{I_1I_2}\cos\theta) \tag{6.4.5}$$

$$U_2(\theta)=k_2(I_1+I_2-2\sqrt{I_1I_2}\cos\theta) \tag{6.4.6}$$

其中，I_1和I_1分别为两个倍频波束的强度，k_1和k_2为两个探测器的测量系数，$\theta=\frac{3e^2\overline{n_eL}}{4\omega c\epsilon_0 m_e}+\psi$为两倍频束的相位差。通过调节前端放大器的增益，可以使两信号的平均值一致，此时$k_1=k_2$，于是将两个信号相减即可去除强度项，只留下干涉项的信号$4k_1\sqrt{I_1I_2}\cos\theta$，从而可以计算出密度相位：

$$\theta=\cos\frac{U_1-U_2}{4k_1\sqrt{I_1I_2}} \tag{6.4.7}$$

为了获取式(6.4.7)中的正比系数$4k_1\sqrt{I_1I_2}$，需要对干涉仪系统进行校准。校准采用一块楔片，将其放置于两块倍频晶体之间，并使其垂直于光路运动即可使探测波束穿过楔片的光程发生变化，由于基频波和倍频波在楔片中的折射率不同，θ会不断变化。测量得到变化过程中U_1-U_2的最大值和最小值，即可得到$U_1(0)-U_2(0)=4k_1\sqrt{I_1I_2}$，$U_1(\pi)-U_2(\pi)=-4k_1\sqrt{I_1I_2}$。

对式(6.4.5)和式(6.4.7)分别两端对I_2求导，即可得到光学补偿前后的相位误差：

$$\Delta\theta=\frac{\sqrt{I_2/I_1}+\cos\theta}{2\sin\theta}\cdot\frac{\Delta I_2}{I_2} \tag{6.4.8}$$

$$\Delta\theta_+=\frac{1}{2\tan\theta}\cdot\frac{\Delta I_2}{I_2} \tag{6.4.9}$$

其中，$\Delta\theta_+$为补偿后的相位误差，$\Delta\theta$为补偿前的相位误差。可以观察到，在补偿前，由于分子中$\sqrt{I_2/I_1}$项的存在，无论密度相位处于何种区间，功率漂移引起的相位误差均难以消除。然而，通过光学补偿后，只要确保密度相位处于适当值附近，即可减少功率漂移$\Delta I_2/I_2$所带来的误差。

尽管这种光学补偿法有其优势，但它仍存在固有的缺陷：功率漂移带来的相位误差只能得到一定程度的减小，而无法完全消除（在GDT放电实验中，相对误差达到10%）。此外，由于倍频晶体光轴和入射光偏振方向不一致，会导致倍频效率的损失。

并且，测量结果依然依赖于探测束的功率，因此每次使用前都需要校准系统以确保探测器效率的一致性。因此，为了真正克服零差法测量对探测束功率稳定性的依赖，必须对探测束进行调制。

2006年，Bagryansky、Khilchenko和Kvashnin等人针对TEXTOR装置设计了一套全新的色散干涉仪系统。[23]该系统采用了一个光电调制器，旨在对来回波束中的二次谐波进行调相式调制。此调制器的核心是一块光电晶体，通过光电效应产生周期性的双折射效应，进而为特定偏振方向的入射波束引入周期变化的相位偏移。经过精心调整调制器的控制信号，调制器产生的最大附加相移被精准地设置为半个波长。

在这套色散干涉仪中，选用了I型倍频晶体，这种晶体所产生的倍频波束和基频波束的偏振方向相互垂直。光电调制器中的光电晶体所施加电压方向与基频波束的偏振方向保持一致。在这种配置下，二次谐波在穿过光电晶体后会附加一个相位移动，具体形式为$g\sin(\omega_m t)$，其中ω_m代表调制频率，而g代表最大附加相移，通过精确控制调制器的外加电压，g的值被设置为π。经过计算，所得到的干涉信号呈现为以下形式：

$$U_{det}=I_1+I_2+2\sqrt{I_1 I_2}\cos[\phi-g\sin(\omega_m t)] \tag{6.4.10}$$

其中I_1和I_2分别为两个倍频波的强度。当干涉项幅值恒定时，干涉信号会在一个最大值和最小值之间变化。

随后，光电调制器的控制信号和探测器测量得到的信号被同步数字化。由于信号具有$A+B\cos\theta$的形式，若A和B在每个调制周期内保持不变，则可以通过为各个周期内的信号添加一个偏移量消去A，并将正弦部分正规化。

在光电调制器的控制信号的零点处，$g\sin(\omega_m t)=0$，此时通过计算测量信号的反余弦可以得到ϕ的值，通过探测器此时接收到的信号的正负和斜率，可以判定ϕ所在的象限，从而完全重建出探测波束中的相位信息。然而，基于这种原理的测量，最终密度数据由反余弦函数产生，若密度信号相位恰好接近$k\pi$，则系统的相位分辨率会受到极大的影响。

为了改进上述问题，日本的Akiyama和Kawahata等人在2010年设计了一套新的色散干涉仪，对调相式调制方案在数据处理方面进行了改进。[24]这套色散干涉仪采用了一套新型的光学弹性调制器(PEM)，取代了光电调制器。PEM与光电调制器同样是具有双折射效应的调相式调制器，但其工作参数能更方便、精细地调节。

对式(6.4.10)中的最终信号U_{det}以调制频率ω_m进行傅里叶展开，得到的展开式如下：

$$U_{\mathrm{det}} = A + B\cos\phi\cos[g\sin(\omega_{\mathrm{m}}t)] + B\sin\phi\sin[g\sin(\omega_{\mathrm{m}}t)]$$
$$= A + B\cos\phi[J_0(g) + 2\sum_{n=1}^{\infty}J_{2n}(g)\cos(2n\omega_{\mathrm{m}}t)]$$
$$+ 2B\sin\phi\sum_{n=1}^{\infty}J_{2n-1}(g)\sin[(2n-1)\omega_{\mathrm{m}}t]$$

其中，ω_{m}的基频项和倍频项部分的强度为

$$I_{\omega_{\mathrm{m}}} = 2B\sin\phi J_1(g) \tag{6.4.11}$$

$$I_{2\omega_{\mathrm{m}}} = 2B\cos\phi J_2(g) \tag{6.4.12}$$

两式相除就可以得到

$$\phi = \arctan\frac{I_{\omega_{\mathrm{m}}}J_2(g)}{I_{2\omega_{\mathrm{m}}}J_1(g)} \tag{6.4.13}$$

通过调节PEM的调制幅度g使得两贝塞尔函数项相等，即$J_1(g) = J_2(g)$，并将其代入ϕ的表达式，即可得到测量的等离子体平均密度为

$$\overline{n_{\mathrm{e}}} = \left(\arctan\frac{I_{\omega_{\mathrm{m}}}}{I_{2\omega_{\mathrm{m}}}} - \psi\right) \times 4\omega\epsilon_0 m_{\mathrm{e}}c/3e^2L \tag{6.4.14}$$

经过优化，密度相位由反正切而非反余弦计算得出，可以规避反余弦函数在斜率奇异点处引发的误差。目前，这种调制解调方案在现有的色散干涉仪中占据着较为核心的地位。

6.4.2 各种类型的色散干涉仪

6.4.2.1 常规型色散干涉仪

目前最成熟的色散干涉仪方案基于PEM调制解调技术，最早由日本Akiyama团队研制并安装于LHD装置上。[25]

LHD色散干涉仪运用了两台锁相放大器以处理数据。首先，将干涉信号输入至锁相放大器的输入端，同时，将PEM生成的参考信号及其倍频信号一同输入至锁相放大器的参考端。随后，锁相放大器计算出与调制频率相对应的项$I_{\omega_{\mathrm{m}}}$以及其倍频项$I_{2\omega_{\mathrm{m}}}$，并输出与$I_{\omega_{\mathrm{m}}}$及$I_{2\omega_{\mathrm{m}}}$成正比的模拟信号。最后，这两个信号被输入至数字除法器中并进行反正切运算，从而计算出密度相位曲线。

LHD色散干涉仪光源部分光路和探测器部分光路分别安装在同一个机柜的上下两层，上层为光源光路，下层则为探测器光路。光学机柜距离探测窗口约2 m，且未采用任何隔震设计。探测束在穿过等离子体后，经由一块角反射镜反射，再次穿过等离子体后离开真空室，并被引导回光学机柜。

干涉仪的光源波长为10.6 μm，输出功率约为7 W。倍频系统采用了两块尺寸为

5 mm×5 mm×15 mm 的 $AgGaSe_2$ 非线性晶体，通过风扇进行强制风冷以确保其稳定运行，工作时的最大倍频功率可达 50 μW。光弹调制器的调制频率设置为 50 kHz。探测器为一款中心波长 5 μm 的红外探测器，并配备了一块蓝宝石滤光片以滤除 10.6 μm 的基频波束，从而保护探测器并防止其因为过热而损坏。该色散干涉仪的测量精度，在未进行光学隔震的前提下，已达到了 $\pm 2\times 10^{17}\ m^{-3}$，且基线漂移幅度仅为每 30 min $5\times 10^{17}\ m^{-3}$。

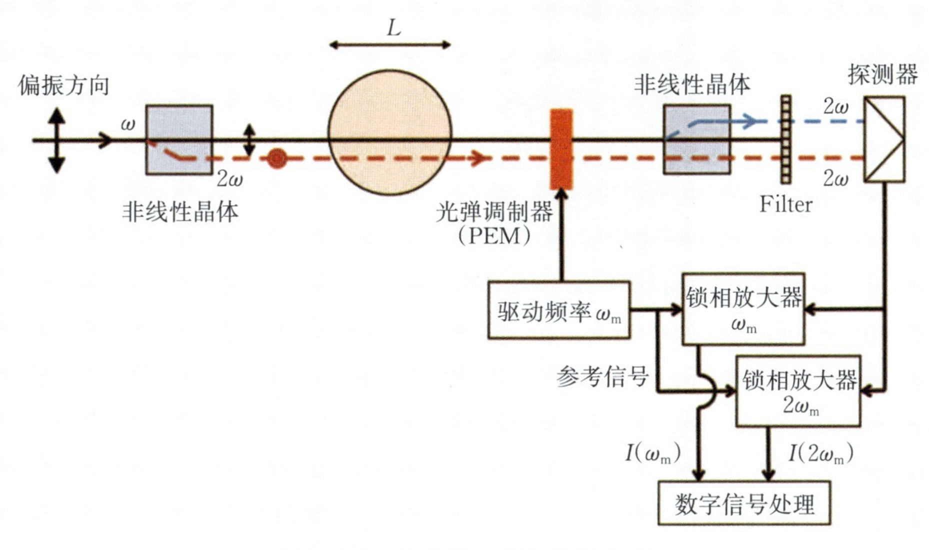

图 6.4.3　LHD 色散干涉仪系统原理图

自 2017 年开始，国内亦逐步启动了色散干涉仪的研究与设计工作。2020 年，HL-3 装置上已成功安装一套色散干涉仪，用于电子密度的测量，在放电过程中获得了一系列实验结果。

该色散干涉仪利用 HL-3 真空室中的一条竖直光路。探测束自真空室底部窗口入射，竖直穿过等离子体后从上方窗口出射，随后经过一块凹面镜反射，再次穿过真空室，并从底部窗口返回到探测光路。大部分光学元件均布置在距离真空室超过 5 m 的两张光学平台上。

图 6.4.4 展示了 HL-3 色散干涉仪的光路布局。光学桌面布置在距离装置正下方约 5 m 处，传输到#5 扇段正下方后通过一块大型平面反射镜反射至垂直方向，并向上进入真空室的下窗口。

干涉仪的光源中心波长为 10.6 μm，输出功率约 22 W。该激光器是一台平行板电极射频激励激光器，具备多项优势，包括辉光放电稳定、电流密度大，从而可以获得更高的激光输出功率；可通过控制信号在一定范围内优化激光参数，以及对激光进行直接调制;激励电压低使得激光器结构紧凑,整体尺寸更为小巧。倍频系统则采用了两块 $AgGaSe_2$ 非线性晶体,其工作时最大倍频功率可达150 μW。

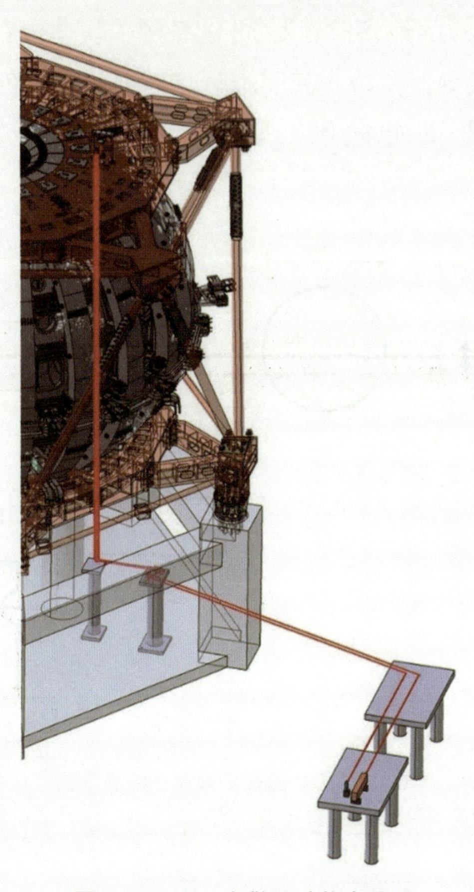

图6.4.4 HL-3色散干涉仪布局图

色散干涉仪能获得两个原始数据,一个是探测器测量得到的干涉信号,另一个是光弹调制器提供的一个基准方波,其相位与调制器产生的附加相位变化严格同相同频。在数据处理过程中,首先运用带通滤波器来消除干涉信号中频率在50 kHz和100 kHz之外的干扰信号;随后,一个正弦波整形器根据光弹调制器提供的基准方波生成50 kHz和100 kHz的两个正弦波,并与干涉信号进行混频,旨在将干涉信号中50 kHz和100 kHz的频率成分搬移至低频区域;接着,使用检波器分别提取出密度计算公式中所需的 I_{ω_m} 和 $I_{2\omega_m}$ 项;最终,这些数据通过一个数字除法器,并进行反正切运算,从而得到密度相位的输出结果,如图6.4.5所示。

如图6.4.6所示,为一次HL-3 H模放电实验中的远红外干涉测量的密度与色散干涉仪所测得的密度曲线之间的数据对比,远红外干涉的探测束为中平面测量,色散干涉仪的探测束为垂直向测量,两套系统在放电平稳段一致性很好,在放电结束段两者的差异主要是因为等离子体从偏滤器位置变成孔栏位形所致。另外,从实验上发现,色散干涉仪系统的密度测量精度达到了$\pm 2\times 10^{17}/m^3$。

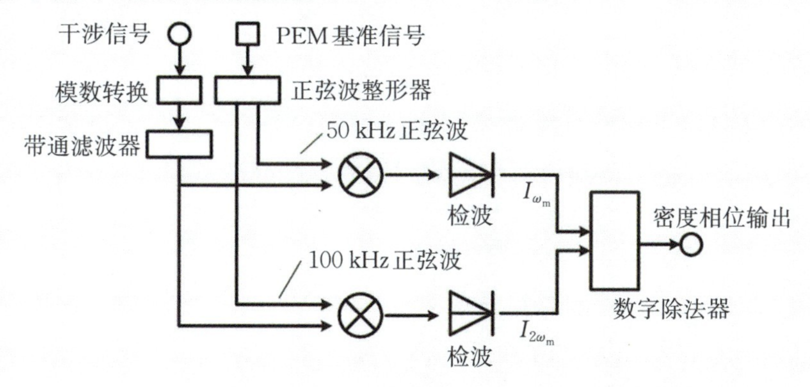

图6.4.5 数据处理流程

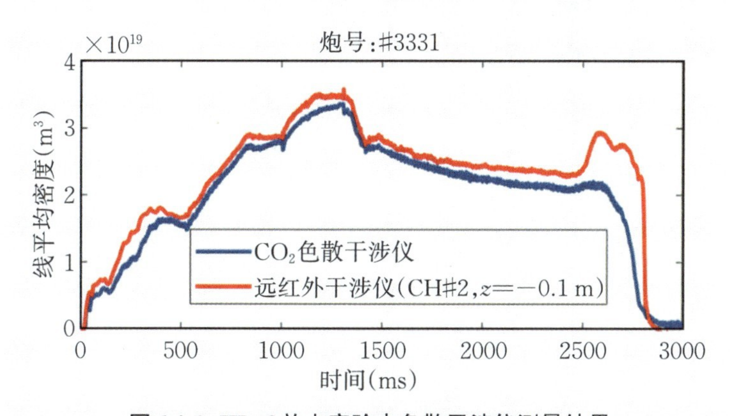

图6.4.6 HL-3放电实验中色散干涉仪测量结果

6.4.2.2 外差式色散干涉仪

2018年,Akiyama团队[26]在美国DⅢ-D装置上成功研发了一款新型的外差式色散干涉仪(图6.4.7)。不同于LHD和HL-3装置上的零差式色散干涉仪,DⅢ-D色散干涉仪将基频光和倍频光分束后,采用单独调制的方式,引入了一台声光调制器进行调频式调制。这一设计牺牲了光路的紧凑性和可靠性,但实现了调制解调系统的简化以及时间分辨率的大幅提升。

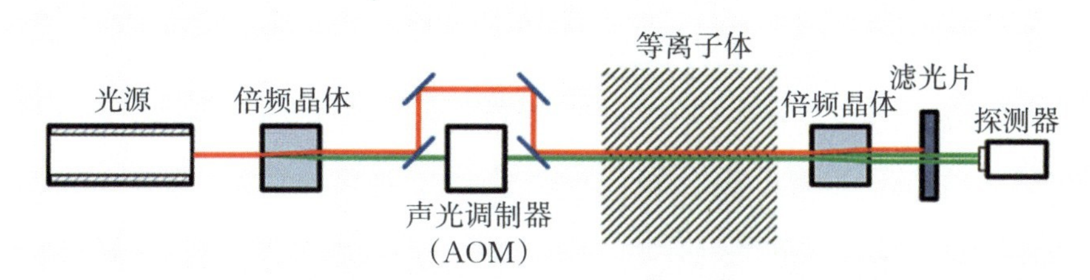

图6.4.7 DⅢ-D色散干涉仪系统原理图

在探测束经过首次倍频之后,基频光和倍频光被一块分束片分离。随后,倍频光通过一个声光调制器进行调制,引入差频 $\omega_m=40$ MHz。声光调制器的出射光中,未被调制的零级倍频光被遮挡,经过调制的一级倍频光再次通过一块分束片与基频光进行合束,并引入至等离子体中。这两束倍频光发生干涉后,探测器所捕获的最终信号包含了密度相位信息的差频信号。此调制解调方法与传统的迈克尔逊式干涉仪在原理上非常相似。外差式色散干涉仪的探测器所接收到的两个倍频信号相位分别为

$$\phi_0=2\omega t+\frac{e^2\overline{n_e L}}{\omega c\epsilon_0 m_e}+4\pi\omega\Delta d/c+\psi_0 \tag{6.4.15}$$

$$\phi_1=(2\omega+\omega_m)t+\frac{e^2\overline{n_e L}}{2(2\omega+\omega_m)c\epsilon_0 m_e}+2\pi(2\omega+\omega_m)\Delta d/c+\psi_1 \tag{6.4.16}$$

其中,ϕ_0代表由第二块倍频晶体产生的倍频波束,且该波束未经过声光调制器的调制。ϕ_1代表由第一块倍频晶体产生的倍频波束,它经过了声光调制器的调制。基于干涉测量的基本原理,可以推导出干涉信号的相位:

$$\phi=\phi_1-\phi_0=\omega_m t-\frac{3\omega+2\omega_m}{2\omega(2\omega+\omega_m)}\frac{e^2\overline{n_e L}}{c\epsilon_0 m_e}+2\pi\omega_m\Delta d/c+\psi] \tag{6.4.17}$$

考虑到$\omega_m\ll\omega$,上式可以化简为

$$\phi=\omega_m t-\frac{3}{4\omega}\frac{e^2\overline{n_e L}}{c\epsilon_0 m_e}+2\pi\omega_m\Delta d/c+\psi] \tag{6.4.18}$$

当调制频率 $\omega_m=40$ MHz,且由机械振动导致成的光程变化 $\Delta d=1$ mm时,机械振动所引起的相位变化仅为约 1.33×10^{-4} 个条纹,这表明机械振动对相位测量的影响已基本被消除。通过将式(6.4.18)中的干涉信号与一参考信号进行相位比较,即可获得密度相位。这种数据处理方法与经典的调频式外差干涉仪完全一致。

DⅢ-D色散干涉仪使用了一条径向光路,探测束自真空室的中平面窗口入射,随后被强场侧的一块角锥镜反射,并沿原路返回至桌面光路。鉴于装置周围环境的限制,光学桌面与真空室的距离超过100 m。在如此长的光束传输过程中,因震动导致的光路偏移是不可避免的。为应对该问题,研究团队在第二块倍频晶体前设置了一块分束片,将探测束的一部分导入一个光束位置传感器。通过实时监测光束位置信息,系统能够实施精确的反馈控制,根据光束的偏移情况,自动调节入射装置前的一块反射镜的角度,从而补偿光路偏移。

由于采用了40 MHz的声光调制器,这套色散干涉仪的时间分辨率显著优于使用50 kHz光弹调制器的干涉仪。在DⅢ-D放电实验中,通过该色散干涉仪可观察到由新经典撕裂模(NTM)引发的显著密度扰动,最高能测量到超过100 kHz的高频扰动。这些测量数据充分验证了这种新型色散干涉仪在时间分辨能力方面的卓越性能。

6.4.2.3 改进型外差色散干涉仪

2021年,韩国的KSTAR团队针对外差式色散干涉仪进行了进一步的优化和改进,成功在KSTAR装置上研发并安装了一套全新的外差式色散干涉仪。[27]

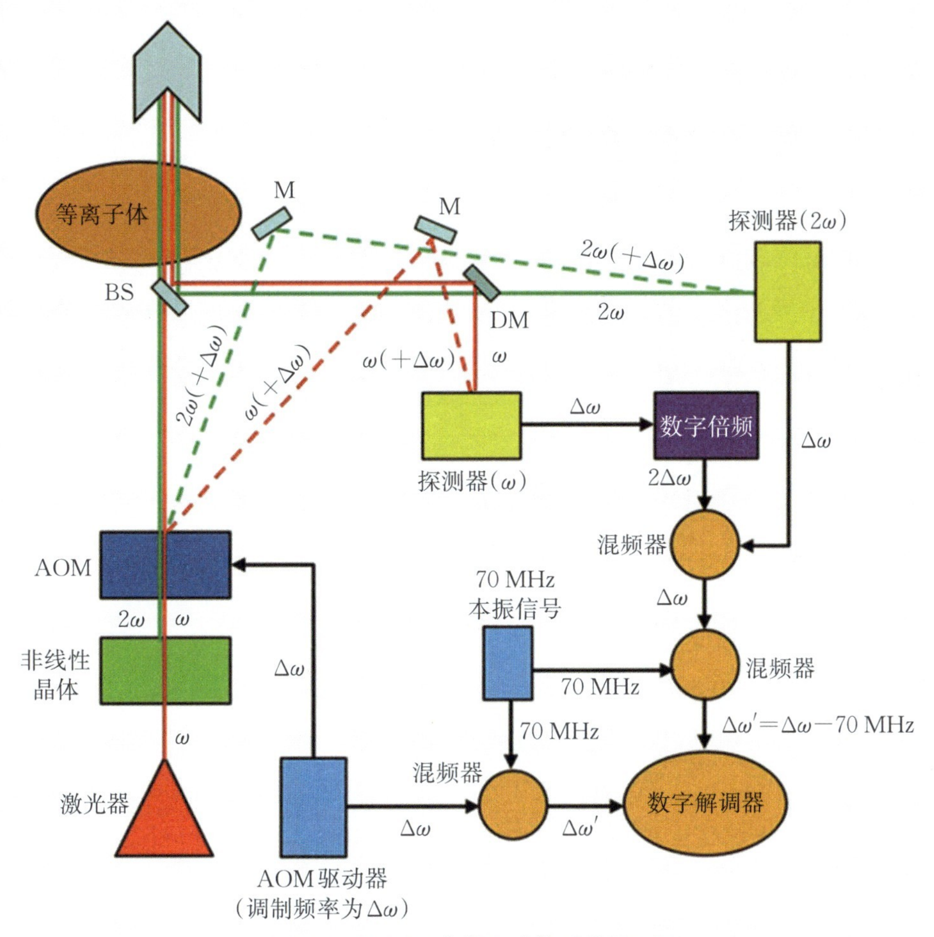

图6.4.8 KSTAR色散干涉仪系统原理图

该色散干涉仪的系统原理与常规的双波长干涉仪相近,同时融入了倍频系统的优势(图6.4.8)。探测束在倍频晶体的作用下产生倍频波束,随后通过一台工作频率为70 MHz的声光调制器,使基频光和倍频光同时生成被调制的一级光。基于声光调制器的工作原理,这两束一级光将以不同的角度出射。接着,声光调制器出射的两束零级光共同穿过等离子体,产生密度相位,随后经分束片分离,分别与两束一级光进行混频和探测,从而获取基频和倍频的两个独立干涉测量结果。这一探测过程相当于两个独立的马赫-曾德尔干涉仪,其光源分别来自倍频晶体出射的基频光和倍频光,并通过倍频系统的工作原理实现自然共束。

系统的光源选用了波为长1064 nm的YAG激光器,其功率约为3 W。经过声光调制器的调制后，基频光的总功率约为1.862 W，而倍频光的总功率约为0.524 mW。由于测量原理的改进，比起同为外差系统的DⅢ-D色散干涉仪，KSTAR色散干涉仪的光路设计更为简洁，无需复杂的分束和合束操作，确保了光路的高稳定性，同时使得调试更简单。

6.5 CO_2激光相衬成像诊断

CO_2激光相衬成像诊断(phase contrast imaging，PCI)是托卡马克装置上用于测量等离子体电子密度涨落$\tilde{n}_e$的先进光学诊断，基本原理为等离子体中的密度涨落会使入射激光发生散射，改变其相位分布，通过空间相位调制方法可实现对散射光相位的直接测量，从而得到等离子体密度涨落信息。PCI是一种典型的自干涉诊断系统，无需外加参考光束，是研究等离子体湍流扰动的重要手段。

在托卡马克装置中，针对低波数湍流的实验研究手段包括静电探针[28]、充气成像诊断[29]、束发射光谱[30]、微波反射计[31]等；对于高波数湍流，远红外相干散射诊断[32]获得了一系列进展，受限于散射角，该诊断只能测量特定波数的湍流，缺乏波数分辨能力。与上述诊断方法相比，PCI能够同时测量芯部和边界等离子体密度涨落，可在极宽的波数和频率范围内提供等离子体相关信息，同时不会对等离子体造成任何影响。[33] PCI诊断的特色主要包括：① 测量的波数范围广，可达到30 cm^{-1}，覆盖了离子温度梯度模(ion temperature gradient mode，ITG)和捕获电子模(trapped electron mode，TEM)，并能达到电子温度梯度模(electron temperature gradient mode，ETG)的边界；② 对等离子体湍流扰动的时间响应快，能达到亚微秒量级。通过在托卡马克装置上发展PCI诊断系统，能够获得等离子体多尺度湍流的谱特征及其动力学特征，为更好地研究等离子体反常输运提供诊断基础。

6.5.1 诊断原理

当一束激光经过等离子体时会发生散射，激光相位出现ϕ的变化：

$$\phi = k_0 \int (N-1)\mathrm{d}l \tag{6.5.1}$$

其中，k_0为入射激光的波数，$N=\left(1-\dfrac{\omega_{pe}^2}{\omega_0^2}\right)^{1/2}$为等离子体折射率，$\omega_{pe}=\left(\dfrac{n_e e^2}{m_e \varepsilon_0}\right)^{1/2}$为等离子体频率，$\omega_0$为入射激光的频率，$l$为积分路径。若等离子体电子密度涨落满足$n_e = n_0 + n_1$，则可以得到

$$\phi = -\lambda_0 r_e \int n_0 \mathrm{d}l - \lambda_0 r_e \int n_1 \mathrm{d}l = \phi_0 + \phi_1 \tag{6.5.2}$$

其中,λ_0为入射激光的波长,$r_e = \dfrac{e^2}{4\pi\varepsilon_0 m_e c^2}$为电子经典半径。由于$\phi_0$是平衡量,故接下来的讨论将只考虑$\phi_1$。假设入射光为单色平面波,振幅为$E_0$,经过等离子体散射后,其振幅变为

$$E_p = E_0 e^{i\phi_1} \approx E_0(1 + i\phi_1) \tag{6.5.3}$$

若密度涨落是正弦变化的,即$n_1 = \tilde{n}_e \cos(k_p x + \omega_p t)$,则$\phi_1 = \Delta \cos(k_p x + \omega_p t)$。其中$|\Delta| = \lambda_0 r_e \int \tilde{n}_e \mathrm{d}l \int \ll 1$,$x$是密度涨落的传播方向,与入射光方向垂直,$k_p$为密度涨落的波数,$\omega_p$为密度涨落的频率。将$\phi_1$代入$E_p$的表达式中,得到

$$E_p = E_0[1 + i\Delta \cos(k_p x + \omega_p t)] = E_0\left[1 + i\frac{\Delta}{2} e^{i(k_p x + \omega_p t)} + i\frac{\Delta}{2} e^{-i(k_p x + \omega_p t)}\right] \tag{6.5.4}$$

因此,入射激光通过等离子体后,电场分布由两部分组成:① 实部为未散射光分量E_0;② 虚部为散射光分量$\dfrac{E_0}{2}\Delta e^{\pm i(k_p x + \omega_p t)}$,其中散射角满足$\theta \approx k_p/k_0$。由式(6.5.4)可知出射的总光强如下:

$$I_0 \sim |E_p|^2 = E_0^2\{1 + [\Delta \cos(k_p x + \omega_p t)]^2\} \tag{6.5.5}$$

即出射光强的变化量$\tilde{I}_0$与Δ^2成正比,由于$\Delta \ll 1$,此变化难以测量。相衬技术的关键在于对出射激光进行相位调制,如图6.5.1所示,通过在未散射光分量和散射光分量之间引入特定的光程差,使未散射光比散射光多传播$\lambda_0/4$的距离,造成$\pi/2$的相位延迟,则调制后的振幅变为

$$E_{PCI} = iE_0[1 + \Delta \cos(k_p x + \omega_p t)] \tag{6.5.6}$$

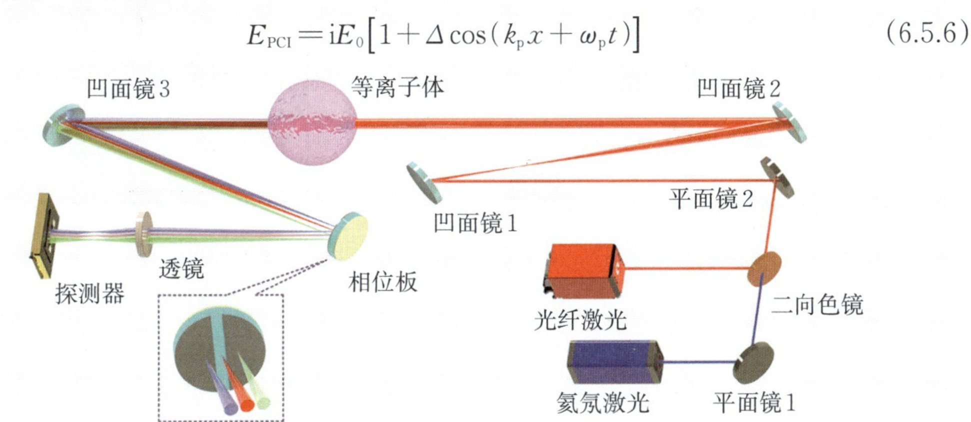

图6.5.1 相衬法原理

激光光路中的红色部分为未散射光分量,紫色和绿色为散射光分量,未散射光分量和散射光分量在相位板上完成相位调制,通过聚焦透镜重新成像到探测器

经过相位调制后的出射总光强为

$$I_{\mathrm{PCI}} \sim \left|E_{\mathrm{PCI}}\right|^2 \sim E_0^2\left[1+2\Delta\cos(k_{\mathrm{p}}x+\omega_{\mathrm{p}}t)\right] \tag{6.5.7}$$

此时光强的变化量$\tilde{I}_{\mathrm{PCI}}$与Δ成正比，将信号强度提升了数个量级，通过使用光电探测器阵列测量像面处的光强变化，就可以得到密度涨落量的谱特征。

6.5.2 相衬技术

相位板是PCI诊断中最核心的部件，能够使出射激光的散射光分量发生90°的变化。首先利用离轴抛物面镜对出射激光进行聚焦，使焦平面处的散射光斑与未散射光斑相互分离，通过在散射光斑与未散射光斑之间引入$\lambda_0/4$光程差，使散射光与未散射光的相位产生90°的差异。为了提高散射信号强度，相衬成像诊断一般采用高功率CO_2激光作为入射光，波长为10.6 μm。图6.5.2是相位板的示意图，基底材料为硒化锌，其表面覆盖$\lambda_0/8$的反射涂层，λ_0为入射光波长，反射涂层的材料选用金，金对于10.6 μm激光的反射率为99.5%。采用高反射率材料能够有效减少相位板对激光的吸收，对其结构不会造成热损伤。相位板中央留出宽度为w的凹槽，用于接收未散射光斑（红色箭头），散射光斑则全部被反射层接收（蓝色箭头）。由于凹槽的反射，未散射光斑的光程比散射光斑多出$\lambda_0/4$，因此，散射光与未散射光之间的相位产生了90°偏移，实现了相位调制。此外，通过在硒化锌底部镀CO_2激光增透膜，可防止二次反射的光线对激光相位造成干扰。

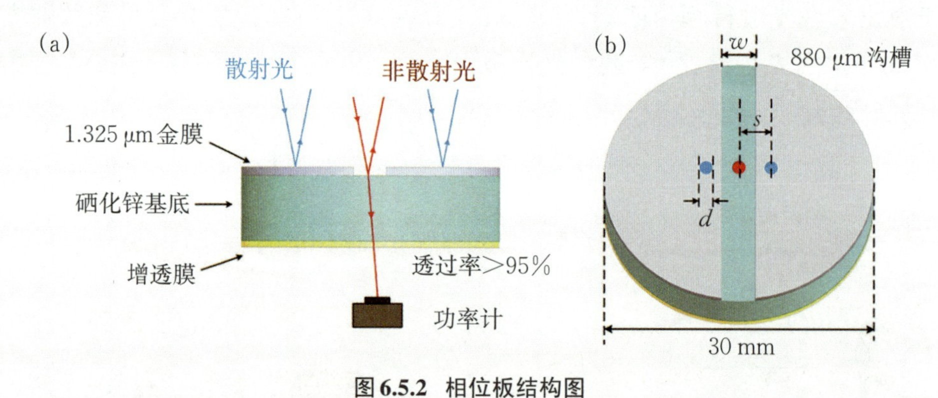

图6.5.2 相位板结构图

(a) 侧视图 (b) 俯视图：相位板由硒化锌作为基底，表面为镀金反射涂层，中央留出宽为w的凹槽，底部镀增透膜，非散射光全部落于凹槽内，散射光落在金膜涂层上，产生相位差

假设入射激光直径为D，经过离轴抛物面镜反射后，在其焦平面上形成的聚焦光斑直径$d=\dfrac{4F\lambda_0}{\pi D}$，散射光斑与未散射光斑中心间隔满足$s=F\dfrac{\lambda_0}{\lambda_{\mathrm{p}}}$。为使未散射光斑完全落在凹槽内，散射光斑完全落在凹槽外，需要满足$d \ll w \ll 2s$。如果w太大，散射光

斑和未散射光斑均可能落在凹槽内，无法测量长波长的密度涨落；如果 w 太小，未散射光斑只有部分落在凹槽内，使得只有部分未散射光产生 $\pi/2$ 的相位改变，导致可测量的光强变化量减弱。

硒化锌的折射率为 $N=2.4028$，对于垂直入射的 10.6 μm 激光，其反射系数 $R=0.1699$，因而相位板上的未散射光斑有很大一部分光穿过了硒化锌基底。一方面，高透过率可用来实现对中心光斑的位置监测，通过在相位板凹槽的正后方使用激光功率计测量透过凹槽的光强，当测量值最大时表明光斑正好位于凹槽中心；另一方面，由于 k_p 散射光信号微弱，即使采用了相衬技术，未散射分量的强度仍然非常高，探测器接收总光强的直流成分远大于交流成分，导致光强变化量难以分辨。选择高透射率材料可以减少未散射部分的光强，增大成像时的光强变化量。由于存在反射系数 R，式(6.5.6)需要进行修正：

$$E_{\mathrm{PCI+ZnSe}} = \mathrm{i}E_0\left[\sqrt{R} + \Delta\cos(k_p x + \omega_p t)\right] \tag{6.5.8}$$

$$I_{\mathrm{PCI+ZnSe}} \sim \left|E_{\mathrm{PCI+ZnSe}}\right|^2 = RE_0^2\left[1 + 2\frac{\Delta}{\sqrt{R}}\cos(k_p x + \omega_p t)\right] \tag{6.5.9}$$

与原表达式相比，光强变化量增大了 $1/\sqrt{R}$ 倍。尽管整体的光强减弱，但对于密度涨落信号的测量更有用，可以有效提高信噪比。

6.5.3 相衬成像诊断在聚变装置上的应用

20 世纪 30 年代，荷兰物理学家 Frits Zernike[34] 首次提出相衬法的概念——利用光来测量介质属性。当光穿过透明介质时，既不会发生反射也不会被吸收，而是与介质相互作用并产生相移，该相移量与介电常数直接相关，这使得介质成为了“可见”的。相衬法最早应用于光学显微成像，进而发展出相衬显微镜，极大地提高了成像精度。20 世纪 80 年代，Henri Weisen[35] 首次把相衬成像技术引入磁约束等离子体研究中，成功对 TCA 装置上的湍流与阿尔芬波进行了测量。该诊断技术已被应用于 Alcator C-Mod[36]、DⅢ-D[37]、HL-2A、TCV[38]、LHD[39]、TEXTU[40]、KT-5C[41] 等磁约束等离子体装置，主要用于研究等离子体湍流、磁流体不稳定性现象及射频波加热等离子体。

Alcator C-Mod 装置上的 PCI 系统光路如图 6.5.3 所示，经过扩束的 CO_2 激光自下而上垂直穿过等离子体，可测量水平方向的扰动波数 k_R，该装置上的 PCI 特点在于诊断光束穿过等离子体芯部，有利于测量芯部等离子体密度扰动。其中入射激光功率为 60 W，进入等离子体的光束直径为 6～12 cm 可调，探测器采用 32 通道碲镉汞单元，中心间隔 850 μm，诊断系统波数分辨为 0.7 cm^{-1}。

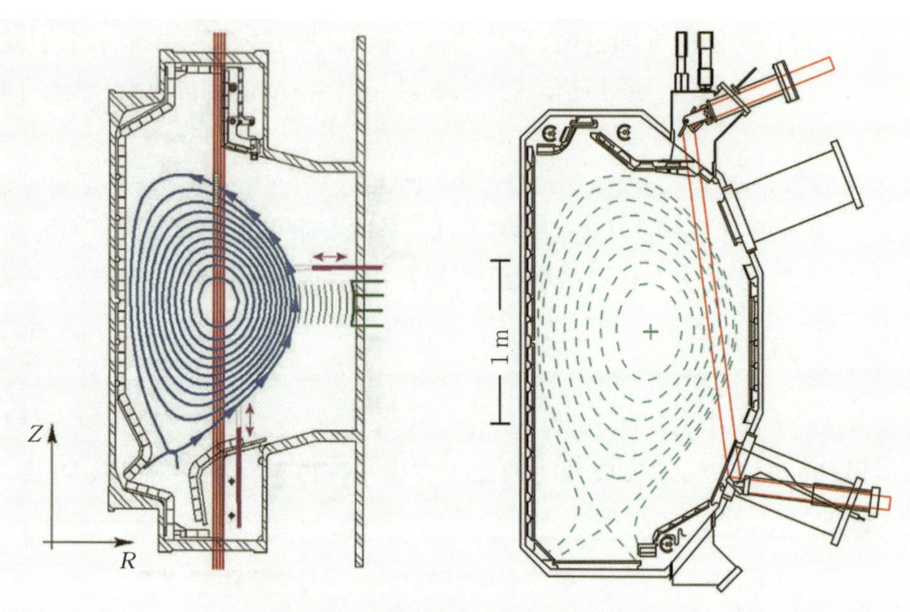

图6.5.3　国际装置上的PCI系统

左图：Alcator C-Mod装置，PCI激光自装置底部垂直向上穿过等离子体中心

右图：DⅢ-D装置，PCI激光利用真空室内部反射镜，斜入射穿过等离子体边界

利用PCI系统，Alcator C-Mod装置实现了对准相干模的实验测量，结果与电阻性气球模理论[42]、BOUT＋＋仿真[43]等数值结果高度一致。如图6.5.4所示，准相干模一般出现在L模到EDA H模转换的时候，频率从200～250 kHz下降到60～120 kHz，波数的变化在20％之内，这表明等离子体旋转速度发生了改变。图6.5.4中PCI信号的频率波数谱出现两个峰[44]，分别代表激光在垂直方向上两次与准相干模发生相互作用，

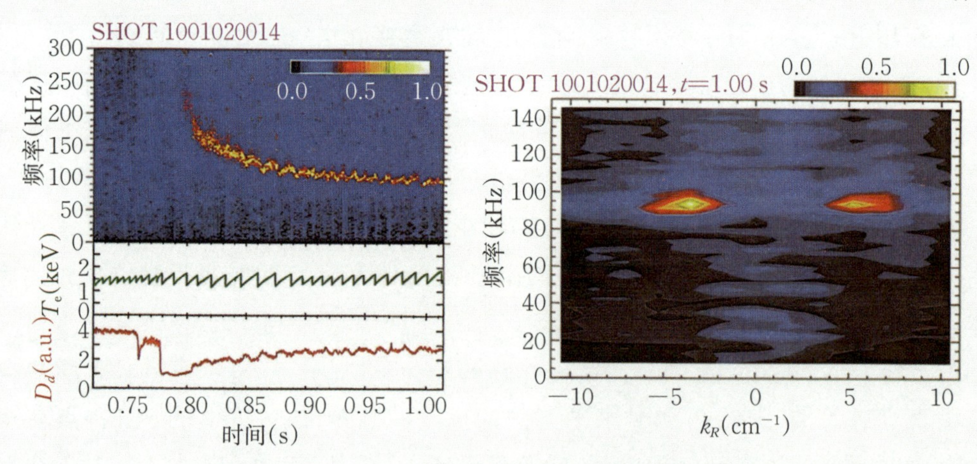

图6.5.4　Alcator C-Mod装置利用PCI测量的湍流信号

左图：湍流时频谱，准相干模频率从200～250 kHz下降到60～120 kHz　右图：t=1 s时刻的频率-波数谱，峰值为f～95 kHz，k_R=−4 cm^{-1}和＋5 cm^{-1}，实现了对准相干模波数的测量

典型值为$f \approx 95$ kHz，$k_R = -4\ \mathrm{cm}^{-1}$和$+5\ \mathrm{cm}^{-1}$，$k_R$的不对称性是因为Alcator C-Mod装置等离子体平衡位形是非圆截面，使得激光与磁面底部和顶部的夹角不同，导致波数的径向分量不同。

DⅢ-D装置上的PCI系统如图6.5.3所示，整体布局与Alcator C-Mod装置类似，不同点在于诊断光束为斜入射，位置更加靠近等离子体边界，有利于研究边界等离子体湍流扰动。其中入射激光功率为20 W，进入等离子体的光束直径为5 cm，探测器采用16通道碲锰汞单元，中心间隔650 μm，诊断系统波数分辨为$0.7\ \mathrm{cm}^{-1}$。通过控制等离子体位形，DⅢ-D装置研究了等离子体与第一壁距离对约束的影响，实验结果表明在等离子体边界的强剪切区域存在高波数湍流扰动。[45]一般而言，剪切流能够减小湍流径向相关长度，降低湍流输运水平，但传统诊断方法不具备高波数测量能力，无法进一步区分湍流究竟被抑制，亦或是湍流功率谱向高k_R方向移动。PCI诊断给出了强剪切区存在高波数湍流的证据，高波数湍流对于高约束模式下的等离子体粒子输运和能量输运可能会起到重要作用。

HL-2A装置上的PCI诊断参数如下：光源为波长10.6 μm的CO_2激光，出射光斑直径2 mm，输出模式为连续光。激光经过凹面镜与离轴抛物面镜后实现扩束，获得直径30 mm的光斑，覆盖等离子体区域为归一化半径$0.625 < r/a < 0.7$；成像光路的物面为等离子体外中平面，放大倍数为0.3；碲镉汞探测器阵列被用来接收激光，工作于70 K的低温环境，一共32道呈线性排列，探测器单元间距为0.25 mm，单元大小为0.2 mm×1.0 mm，探测器时间响应高于2 μs，前置放大器带宽达到5 MHz，波数测量范围为2～15 cm^{-1}。

6.5.4 其他空间相位调制技术

中心暗场法（central dark ground，CDG）原理如图6.5.5(a)所示，使用聚焦镜将出射光的散射电场与未散射电场分开后，未散射光斑（红色部分）被不透明介质阻挡，只有散射光分量可以到达成像面，由式(6.5.4)可知，像面处满足：

$$E_{\mathrm{CDG}} = 0 \times E_0 + \mathrm{i}E_0 \frac{\Delta}{2} \mathrm{e}^{\mathrm{i}(k_\mathrm{p} x + \omega_\mathrm{p} t)} + \mathrm{i}E_0 \frac{\Delta}{2} \mathrm{e}^{-\mathrm{i}(k_\mathrm{p} x + \omega_\mathrm{p} t)} \tag{6.5.10}$$

因此中心暗场法获得的总光强为

$$I_{\mathrm{CDG}} \sim E_0^2 \Delta^2 \cos^2(k_\mathrm{p} x + \omega_\mathrm{p} t) \tag{6.5.11}$$

中心暗场法的优势在于在空间上去除了未散射光，光电探测器输出信号与密度扰动Δ直接相关，不受高强度直流分量E_0^2的干扰，因此在前置放大电路中无须进行直流滤波处理，可以极大程度地降低电路噪声。中心暗场法的缺点主要为光强信号与密度扰动二次方成正比，当$\Delta \ll 1$时（例如，磁约束等离子体、空间等离子体），像面总光强过低，无法被有效探测。

纹影法基本思想与中心暗场法类似，使用聚焦镜将出射光的散射电场与未散射电场分开，以便进行相位调制。不同之处在于，纹影法使用刀口在焦平面的一侧完全阻挡散射光斑，保留未散射光斑和另一侧的散射光斑，如图6.5.5(b)所示，则像面的总电场为

$$E_{\text{schlieren}} = E_0 + 0 \times \mathrm{i}E_0 \frac{\Delta}{2} \mathrm{e}^{\mathrm{i}(k_\mathrm{p}x + \omega_\mathrm{p}t)} + \mathrm{i}E_0 \frac{\Delta}{2} \mathrm{e}^{-\mathrm{i}(k_\mathrm{p}x + \omega_\mathrm{p}t)} \tag{6.5.12}$$

因此纹影法获得的像面总光强为

$$I_{\text{schlieren}} \sim \left| E_{\text{schlieren}} \right|^2 \sim E_0^2 \left[1 + \Delta \sin(k_\mathrm{p}x + \omega_\mathrm{p}t) \right] \tag{6.5.13}$$

与相衬法相比，纹影法同样具备测量微小扰动的能力，通过相位调制将二阶微扰转变为一阶微扰，光强变化与密度扰动成正比。纹影法的不足之处在于，光强扰动$\sin(k_\mathrm{p}x + \omega_\mathrm{p}t)$与密度扰动$\cos(k_\mathrm{p}x + \omega_\mathrm{p}t)$之间相差四分之一周期，即光强与相位不是线性相关，因此在实际应用时需要仔细考虑测量范围。

闪烁法是另外一种测量等离子体密度扰动的光学诊断方法，图6.5.5(c)给出了闪烁法的原理，成像光路的物面位于距离等离子体扰动L处，由于散射光分量相比较于未散射光分量而言，传播方向和传播距离都发生了改变，因此在到达L处时，二者会存在额外的光程差。如图6.5.9所示，相位改变量$\delta\varphi$满足：

$$\delta\varphi = L(k_0 - k_z) = L\left(k_0 - \sqrt{k_0^2 - k_\mathrm{p}^2}\right) \approx \frac{\pi \lambda_0 L}{\lambda_\mathrm{p}^2} \tag{6.5.14}$$

则物面处的总电场为

$$E_{\text{scintillation}} = E_0 + \mathrm{i}E_0 \frac{\Delta}{2} \exp(\mathrm{i}k_\mathrm{p}x - \mathrm{i}\delta\varphi) + \mathrm{i}E_0 \frac{\Delta}{2} \exp(-\mathrm{i}k_\mathrm{p}x - \mathrm{i}\delta\varphi) \tag{6.5.15}$$

总光强为

$$I_{\text{scintillation}} \sim E_0^2 \left(1 + 2\Delta \sin \frac{\pi \lambda_0 L}{\lambda_\mathrm{p}^2} \cos k_\mathrm{p}x \right) \tag{6.5.16}$$

当满足$L = \lambda_\mathrm{p}^2 / 2\lambda_0$时，闪烁法与相衬法的总光强相同。在这种特定位置下，闪烁法不需要任何空间滤波处理，直接通过测量出射光强能得到相位扰动信息，极其简便。然而这种情况只适用于测量单一的密度扰动信息，无法用于等离子体宽谱湍流的测量。

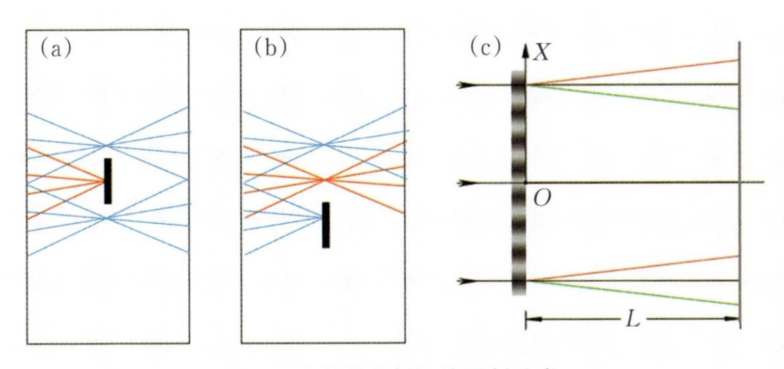

图6.5.5　其他空间相位调制技术

(a) 中心暗场法　(b) 纹影法　(c) 闪烁法

缩写词

远红外光　far-infrared ray, FIR

氰化氢　hydrogen cyanide, HCN

甲酸　formicacid, HCOOH

寻常光　ordinary wave, o

非寻常光　extraordinary wave, e

左旋圆偏振光　left-handed circularly polarized wave, L-

右旋圆偏振光　right-handed circularly polarized wave, R-

本振光　local oscillation, LO

折射率　N

测量道信号　probing beam, P

参考道信号　reference beam, R

中频　intermediate frequency, IF

电子密度　electron density, n_e

法拉第旋转角　Faraday rotation angle, α_F

科顿-穆顿　Cotton-Mouton, CM

快速傅里叶变换　fast Fourier transform, FFT

色散干涉仪　dispersion interferometer, DI

倍频晶体　second harmonic generator, SHG

光学弹性调制器　photo-elastic modulator, PEM

声光调制器　acoustic optic modulator, AOM

相衬成像诊断　phase contrast imaging, PCI

中心暗场法　central dark ground, CDG

参考文献

[1] Veron D. Infrared and millimeter waves[J]. Imw, 1979, 2: 71.

[2] Peng X. Polarimetry measurements of current density profile and fluctuation changes during lower hybrid experiments on Alcator C-Mod[D]. Cambridge: Massachusetts Institute of Technology,2013.

[3] 陈杰. J-TEXT三波远红外激光偏振干涉仪的建立[D]. 武汉:华中科技大学,2013.

[4] 项志遴,俞昌旋. 高温等离子体诊断技术(下)[M]. 上海:上海科学技术出版社,1982.

[5] Jiang Y, et al. Application of a digital phase comparator technique to interferometer data [J]. Review of Scientific Instruments, 1997, 68(1): 902.

[6] Park H. A new asymmetric Abel-inversion method for plasma interferometry in tokamaks [J]. Plasma Physics and Controlled Fusion, 1989, 31(13): 2035.

[7] Zeeland M A, et al. Internal Alfven eigenmode observations on DⅢ-D[J]. Nuclear Fusion, 2006, 46: S880.

[8] Zhou Y, et al. A new multichannel interferometer system on HL-2A[J]. Review of Scientific Instruments, 2007, 78: 113503.

[9] Zhou Y, et al. Multi-channel far-infrared HL-2A interferometer-polarimeter[J]. Review of Scientific Instruments, 2012, 83: 10E336.

[10] Li Y G, et al. Optical technologies towards improving the far-infrared laser polarimeter-interferometer system on HL-2A tokamak[J]. Fusion Engineering and Design, 2018, 137: 137.

[11] Qian J P, et al. EAST equilibrium current profile reconstruction using polarimeter-interferometer internal measurement constraints[J]. Nuclear Fusion, 2017, 57: 036008.

[12] Li Y G, et al. EFIT equilibrium reconstruction including polarimetry measurements on Tore Supra[J]. Fusion Science and Technology, 2011, 59: 397.

[13] Gadani G, et al. Single chord far-infrared polarimetry experiment on RFX[J]. Review of Scientific Instruments, 1995, 66(9): 4613.

[14] Elbèz D, et al. Spurious oscillations affecting FIR polarimetry measurements[J]. Review of Scientific Instruments, 2004, 75(10): 3406.

[15] Boboc A, et al. Recent developments of the JET far-infrared interferometer-polarimeter diagnostic[J]. Review of Scientific Instruments, 2010, 81: 10D538.

[16] Gil C, et al. Renewal of the interfero-polarimeter diagnostic for WEST[J]. Fusion Engineering and Design, 2019, 140: 81.

[17] Ding W X, et al. Laser Faraday rotation measurement of current density fluctuations and electromagnetic torque[J]. Review of Scientific Instruments, 2004, 75(10): 3388.

[18] Rommers J H, et al. The multichannel triple-laser interferometer/polarimeter system at RTP[J]. Review of Scientific Instruments, 1997, 68 (2): 1217.

[19] Brower D L, et al. Multichannel far-infrared polarimeter-interferometer system on the MST reversed field pinch[J]. Review of Scientific Instruments, 2001, 72(1): 1078.

[20] Liu H Q, et al. Initial measurements of plasma current and electron density profiles using a polarimeter/interferometer (POINT) for long pulse operation in EAST[J]. Review of Scientific Instruments, 2016, 87: 11D903.

[21] Kawahata K, et al. Advanced laser diagnostics for electron density measurements[J]. Plasma and Fusion Research,2007 (2): S1027.

[22] Drachev V P, Krasnikov Y I, Bagryansky P A. Dispersion interferometer for controlled fusion devices[J]. Review of Scientific Instruments, 1993, 64: 1010.

[23] Bagryansky P A, Khilchenko A D, Kvashnin A N, et al. Dispersion interferometer based on a CO_2 laser for TEXTOR and burning plasma experiments[J]. Review of Scientific Instruments, 2006, 77: 053501.

[24] Akiyama T, Kawahata K, Okajima S, et al. Conceptual design of a dispersion interferometer using a ratio of modulation amplitudes[J]. Plasma and Fusion Research, 2010, 5: S1041.

[25] Akiyama T, Yasuhara R, Kawahata K, et al. Dispersion interferometer using modulation amplitudes on LHD[J]. Review of Scientific Instruments, 2014, 85: 11D301.

[26] Akiyama T, Van Zeeland M A, Boivin R L, et al. Bench testing of a heterodyne CO_2 laser dispersion interferometer for high temporal resolution plasma density measurements[J]. Review of Scientific Instruments, 2016, 87: 123502.

[27] Lee D G, Lee K C, Juhn J W, et al. The new single crystal dispersion interferometer installed on KSTAR and its first measurement[J]. Review of Scientific Instruments, 2021, 92: 033536.

[28] Nie L, et al. Experimental evaluation of Langmuir probe sheath potential coefficient on the HL-2A tokamak[J]. Nuclear Fusion, 2018, 58(3):036021.

[29] Yuan B, et al. Development of a new gas puff imaging diagnostic on the HL-2A tokamak [J]. Journal of Instrumentation, 2018, 13(03):C03033.

[30] Ke R, et al. Initial beam emission spectroscopy diagnostic system on HL-2A tokamak[J]. Review of Scientific Instruments, 2018, 89(10):10D122.

[31] Shi Z, et al. A novel multi-channel quadrature Doppler backward scattering reflectometer on the HL-2A tokamak[J]. Review of Scientific Instruments, 2016, 87(11):113501

[32] Yao K, et al. A laser collective scattering system for measuring short-scale turbulence on HL-2A tokamak[J]. Journal of Instrumentation, 2020, 15(12): P12016.

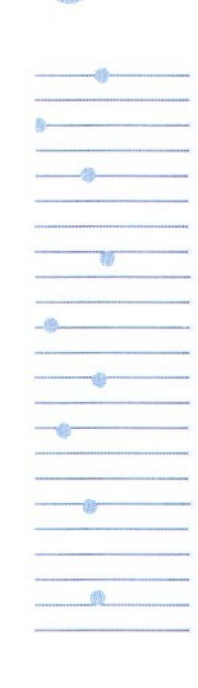

[33] Gong S, et al. Design of phase contrast imaging on the HL-2A tokamak[J]. Fusion Engineering and Design, 2017, 123:802.

[34] Zernike F. Phase contrast, a new method for the microscopic observation of transparent objects part Ⅱ[J]. Physical, 1942, 9(10): 974.

[35] Weisen H. The phase-contrast technique as an imaging diagnostic for plasma density fluctuations[J]. Review of Scientific Instruments, 1988, 59(8):1544-1549.

[36] Coda S. An experimental study of turbulence by phase-contrast imaging in the DⅢ-D tokamak[D]. Cambridge: Massachusetts Institute of Technology, 1997.

[37] Coda S, Porkolab M. Edge fluctuation measurements by phase contrast imaging on DⅢ-D [J]. Review of Scientific Instruments, 1995, 66(1): 454.

[38] Marinoni A. Design of a tangential phase contrast imaging diagnostic for the TCV tokamak [J]. Review of Scientific Instruments, 2006, 77: 10E929.

[39] Sanin A L, et al. Two-dimensional phase contrast interferometer for fluctuations study on LHD[J]. Review of Scientific Instruments, 2004, 75: 3439.

[40] Chatterjee R, et al. Phase contrast imaging system for TEXTU[J]. Review of Scientific Instruments, 1995, 66: 457.

[41] Zhuang G, et al. A phase contrast imaging system for KT-5C tokamak[J]. Fusion Engineering and Design, 1997, 34-35: 411.

[42] Xu X Q, et al. Low-to-high confinement transition simulations in divertor geometry[J]. Physics of Plasmas, 2000, 7(5):1951.

[43] Myra J R, et al. Resistive modes in the edge and scrape-off layer of diverted tokamaks[J]. Physics of Plasmas, 2000, 7(11):4622-4631.

[44] Mazurenko A, et al. Experimental and theoretical study of quasi coherent fluctuations in enhanced D(alpha) plasmas in the Alcator C-Mod tokamak[J]. Physical Review Letters, 2002, 89(22):315.

[45] Rost J C, et al. Short wavelength turbulence generated by shear in the quiescent H-mode edge on DⅢ-D[J]. Physics of Plasmas, 2014, 21: 062306.

第7章　等离子体辐射诊断技术

在磁约束核聚变等离子体中存在着大量的带电粒子和中性粒子，尤其是杂质粒子，它们之间复杂的相互作用能够辐射出波段范围很宽（从微波到X射线）的电磁波。通过测量这些电磁波辐射能够获得很多有价值的等离子体信息。本章光谱测量主要来自等离子体自身的电磁波辐射，与第4章主动光谱测量相比，属于被动光谱测量。

在等离子体芯部，燃料粒子和低Z杂质（如碳、氧）基本都处于完全电离状态，而高Z杂质（如铁、钨）处于部分电离状态；在等离子体边缘，尤其是偏滤器区域，杂质基本上处于低电离状态。这些带电粒子围绕磁力线做回旋加速运动而产生回旋辐射，常用于电子温度及其扰动的测量。带电粒子之间因库仑碰撞使粒子速度发生变化而产生的辐射，称之为轫致辐射。由于离子的质量远大于库仑电子，因此轫致辐射主要来自电子的贡献。通过对等离子体轫致辐射可见波段的测量可以计算等离子体的有效电荷数（Z_{eff}），评估杂质含量水平。杂质跃迁辐射大部分处于紫外、真空紫外波段，开展紫外光谱测量可以用来识别杂质，开展杂质输运研究。特征谱线展宽也是一类很重要的等离子体诊断方法，这在第4章主动光谱测量中作了详细的介绍。在高温等离子体芯部，部分高Z杂质的跃迁辐射和粒子库仑碰撞轫致辐射处于X射线波段，因此，通过X射线的测量可以分析芯部杂质的情况以及磁流体不稳定性。这些电磁波最终以辐射的形式离开等离子体，并带走很大一部分能量，尤其是杂质跃迁辐射，是等离子体能量的主要损失通道。因此，等离子体辐射功率是等离子体能量平衡中的主要组成部分。

光谱测量通常都是沿观测视线的积分信号，比如，软X射线，辐射量热计等。为了开展等离子体物理研究，需要开发层析反演算法重建相关物理量的空间分布，本章也将介绍层析反演问题以及几种典型的算法。

此外，等离子体中一部分超热电子或更高能量的逃逸电子与限制器、第一壁等材料相互作用时会产生硬X射线，通过硬X射线的测量可以监测逃逸电子的具体情况。尽管硬X射线不是直接来自等离子体辐射，但本文将它归属于X射线辐射测量的范畴。

7.1 等离子体辐射机制

磁约束核聚变等离子体能够辐射出波段很宽的电磁波，从等离子体的辐射机制来看，主要包含：轫致辐射、复合辐射、回旋辐射和线辐射，其中前两种为连续光谱辐射，而后两种为线光谱辐射。

7.1.1 轫致辐射

轫致辐射是指带电粒子由于碰撞而引起的运动速度发生变化时产生的电磁波辐射。在高温等离子体中，轫致辐射主要是由电子和离子之间的库仑碰撞所引起的。由于电子的质量比较小，在碰撞过程中主要是电子的运动速度发生变化，因此，轫致辐射主要考虑电子的贡献。根据电动力学理论，对电子加速情况下的辐射功率进行积分便可得到单位体积内、在波长为λ的单位波长内电子总轫致辐射功率[1]：

$$P_{\lambda,\mathrm{br}}=6.01\times 10^{-36}\frac{Z^2 n_e n_i}{\lambda^2(kT_e)^{1/2}}\bar{g}\exp\left(-\frac{12.4}{\lambda kT_e}\right) \tag{7.1.1}$$

其中，n_e为等离子体电子密度，n_i为等离子体离子密度，kT_e为等离子体电子温度，Z为离子的电荷数，λ为轫致辐射的波长，$\bar{g}$为岗特因子，用于修正量子力学效应。通过上式，可以得到轫致辐射谱峰值对应的波长：

$$\lambda_{\max}=\frac{6.2}{kT_e}(\text{Å}) \tag{7.1.2}$$

当等离子体温度达到0.1 keV时，轫致辐射能谱就进入X射线区域，因此，在托卡马克等离子体中，轫致辐射基本上都在X射线波段。例如，当电子温度kT_e约5 keV，轫致辐射谱峰值的波长在1.24 Å（光子能量约10 keV）附近。通过软X射线的测量可以得知芯部等离子体的信息（如磁流体不稳定性等），这就是软X射线诊断技术的理论原理。

将式(7.1.1)对波长λ做积分，就可得到单位体积内等离子体轫致辐射的总辐射功率：

$$P_{\mathrm{br}}(\mathrm{Wm^{-3}})=5.35\times 10^{-37}Z^2 n_e n_i\sqrt{kT_e} \tag{7.1.3}$$

其中，岗特因子$\bar{g}$在低频区域($h\nu\ll kT_e$)随着频率的对数而变化，而在高频区域($h\nu\gg kT_e$)近似等于1，我们在此选择适用于托卡马克等离子体参数的典型值，$\bar{g}\approx 2\sqrt{3}/\pi$[1]。

在托卡马克氢（及同位素）放电过程中，会有少量的杂质进入等离子体，经常用有

效电荷数 $Z_{\text{eff}}=\sum_j \frac{n_j Z_j^2}{n_e}$ 来表征等离子体中杂质的含量，其中，n_j 是第 j 种离子的密度，z_j 是第 j 种离子的有效电荷数，n_e 是等离子体电子密度，$\sum_j$ 表示对所有离子进行求和。在现有的磁约束装置上，等离子体中的杂质主要是轻杂质（如碳、氮、氧），以及少量的重杂质（如铁、钨），有效电荷数大约在2～3。以 $n_e=10^{20}\ \text{m}^{-3}$，$kT_e=10\ \text{keV}$ 为例，其辐射功率密度大约在 $0.1\ \text{MWm}^{-3}$ 量级。在未来聚变堆装置上，轫致辐射功率随着电子温度增加迅速上升，如图7.1.1所示，其辐射功率所占份额会大幅增加。在 $n_e=10^{20}\ \text{m}^{-3}$，$Z_{\text{eff}}=3$ 条件下，轫致辐射随着电子温度的升高而增强，而中心波长随电子温度的升高而变短，轫致辐射谱峰值波长会进入硬X射线波段区域，这就需要新测量技术。

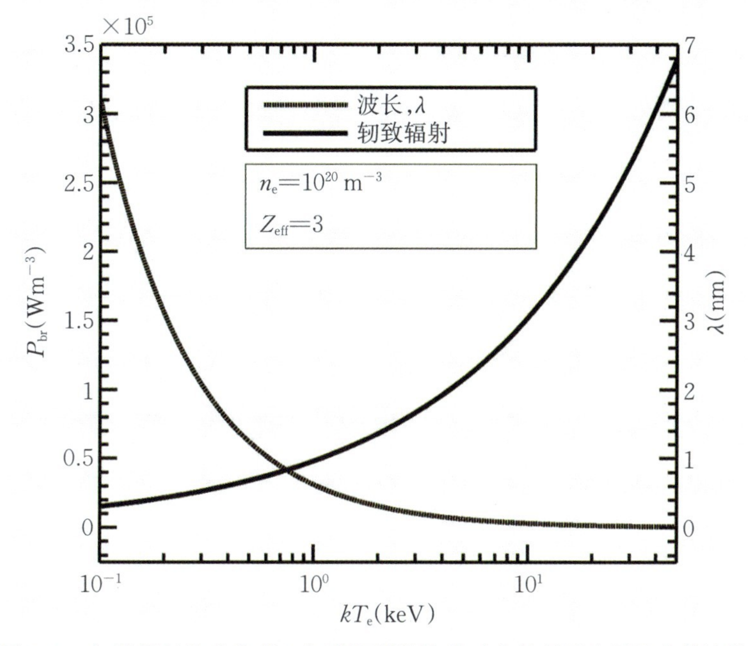

图7.1.1 轫致辐射总功率以及轫致辐射谱峰值对应波长随电子温度的演化

图中轫致辐射功率曲线在等离子体密度 $n_e=10^{20}\ \text{m}^{-3}$ 和有效电荷数 $Z_{\text{eff}}=3$ 的条件下的计算结果

除此之外，在托卡马克中高能量电子逃出等离子体之后轰击装置第一壁，在这个过程中损失的能量以辐射的形式辐射出去，也属于轫致辐射。这是硬X射线辐射产生的机制。产生硬X射线的辐射机制分为两种：薄靶轫致辐射和厚靶轫致辐射。

高能量电子在等离子体内部与其他带电粒子碰撞，或逃出等离子体轰击装置第一壁，在这个过程中高能量电子只损失部分能量，发生的辐射即是薄靶轫致辐射。

高能量电子发生薄靶轫致辐射产生能量为 ε 的X光子，电子的总能量 $E=T+U$，

T是电子的动能,$U=m_0c^2$是电子的静止能量。那么,产生能量为ε的光子的韧致辐射微分截面为

$$\sigma(k,E)=\sigma_0\frac{T+u}{\varepsilon T_p}B \tag{7.1.4}$$

式中,T_p是等离子体温度,σ_0为

$$\sigma_0=\frac{r_0^2Z^2}{137}=0.58\times10^{-27}Z^2\ (\mathrm{cm^2/nucleus}) \tag{7.1.5}$$

Z是离子电荷,函数$B=B\left(\dfrac{\varepsilon}{T_e},E\right)$,$B$的近似值为:当$E\geqslant50\,\mathrm{MeV}$时,$B=14$;当$0.5<E<5\,\mathrm{MeV}$时,$B=15(1-k/T)$。韧致辐射的微分截面在非相对论和相对论的情形下可分别表示为近似表达式:

$$\sigma(\varepsilon,T)\approx\frac{16}{3}\sigma_0\frac{U}{T}\frac{T}{\varepsilon}\ln\left(\sqrt{T/U}+\sqrt{T/\varepsilon-1}\right),\quad T\ll U \tag{7.1.6}$$

$$\sigma(\varepsilon,E)\approx2\sigma_0(E/k-1)\left[\left(\frac{\varepsilon}{E}\right)^2\left(\frac{1}{1-\varepsilon/E}\right)+\frac{4}{3}\right]\left[2\ln\frac{2E}{U}\left(\frac{E}{\varepsilon}-1\right)-1\right],\quad T\gg U \tag{7.1.7}$$

对于分布函数为$f(T)$的电子,其韧致辐射强度(在$\mathrm{d}\varepsilon$的间隔内):

$$I(\varepsilon)\mathrm{d}\varepsilon=\sigma_0n_i\mathrm{d}\varepsilon\int_\varepsilon^\infty f(T)\sqrt{1+2U/T}\,B\mathrm{d}T \tag{7.1.8}$$

假如B等于常数,则

$$\frac{\mathrm{d}I(\varepsilon)}{\mathrm{d}\varepsilon}/_{\varepsilon=T}=\sigma_0n_iB\sqrt{1+2U/T}\,f(T) \tag{7.1.9}$$

假设f满足麦克斯韦分布,$f(T)=\sqrt{\dfrac{2m}{\pi}}(T_e)^{-2/3}v_e\mathrm{e}^{-T/T_e}$,$v_e$是相对论电子速度,$v_e=\beta c=\sqrt{1+2U/T}\dfrac{cT}{T+U}$。韧致辐射的强度可表示为

$$I(\varepsilon)=\sigma_0n_in_e\sqrt{\frac{2m}{\pi}}BT_e^{-1/2}\mathrm{e}^{-\varepsilon/T_e} \tag{7.1.10}$$

由于韧致辐射是有方向性的,因而微分截面依赖于入射电子与韧致辐射矢量k之间的夹角θ,这时微分截面的表达式为

$$\sigma_\Omega(\varepsilon,E,\theta)\mathrm{d}\varepsilon\mathrm{d}E\mathrm{d}\Omega\approx\frac{A\mathrm{d}\varepsilon\mathrm{d}E\mathrm{d}\Omega}{\left[\theta^2+(U/E)^2\right]^2}\left[\ln\left(1+\frac{\theta^2U^2}{E^2}+C\right)\right] \tag{7.1.11}$$

上式中,A和C分别是ε和$\left(\dfrac{\varepsilon}{E}\right)$的函数,$\mathrm{d}\Omega=2\pi\sin\theta\mathrm{d}\theta$。对于密度为$n_e$的单能电子和密度为$n_i$的离子,韧致辐射强度为

$$I(\varepsilon)\mathrm{d}\varepsilon = n_i n_e v_e \varepsilon\sigma(\varepsilon, T)\mathrm{d}\varepsilon \tag{7.1.12}$$

高能量电子从等离子体逸出轰击装置第一壁，在这一过程中损失其全部能量，发生的辐射即是厚靶轫致辐射。

当一个高能量电子轰击进入厚靶时，其全部轫致辐射等于电子进入各薄靶微元的积分：

$$I_{th}(\varepsilon) = \int_E^{\varepsilon} I(\varepsilon)\frac{\mathrm{d}E}{\mathrm{d}E/\mathrm{d}x} \tag{7.1.13}$$

电子在物质中的能量损失 $\mathrm{d}E/\mathrm{d}x$ 在非相对论情形下等于 C_1/E，在相对论情形下等于 C_2、C_1 和 C_2 是依赖于能量的常数。对于 B 等于常数，式(7.1.13)的积分为

$$I_{th}(\varepsilon) = C_3 Z(T-\varepsilon) \tag{7.1.14}$$

C_3 是常数，当 $0.5\,\mathrm{MeV} < T < 5\,\mathrm{MeV}$ 时，用实验的方法可求出 $C_3 = 1\times 10^{-3}(\mathrm{MeV})^{-1}$。电流密度为 $j(E)$ 的逃逸电子束打在厚靶上，则厚靶每单位面积上辐射的强度为

$$I_{th} = C_4\int_{\varepsilon}^{\infty} j(E)(E-\varepsilon)\mathrm{d}E \tag{7.1.15}$$

由此可标出：

$$\frac{\mathrm{d}^2 I_{th}}{\mathrm{d}\varepsilon^2} = C_4 j(E) \tag{7.1.16}$$

C_4 是常数。由上式对轫致辐射谱取二阶微分可求出逃逸电子流密度。

7.1.2 复合辐射

当等离子体中的自由电子被正离子俘获时，被俘获的电子在整个过程中失去的能量以电磁波的形式辐射出来，这种辐射称为复合辐射。它包含辐射复合和双电子复合两种情况。双电子复合是指，当一个电子与离子碰撞时，激发了一个电子到高激发态，它自己也被俘获到高激发态，然后两个电子分别发射光子回到基态的过程。自由电子有一个速度分布，在其被俘获时释放的能量构成一个连续谱。自由电子可能被捕获到各个能级上，其辐射的光子能量为

$$h\nu = E_0 + E_n \tag{7.1.17}$$

式中 h 为普朗克常数，ν 为释放的光子频率，E_0 为自由电子的动能，E_n 为俘获能级 n 的电离能。

不同的原子以及不同的电离能具有不同的能级分布，情况是非常复杂的。对于氢原子或类氢原子，在热动平衡状态下，n 能级的复合辐射可以表示为

$$p_{cy}=5.47\times 10^{-47}\frac{\bar{g}Z^4 n_e n_i}{n^3(kT_e)^{3/2}}\exp\left[-\frac{1000(h\nu-E_n)}{kT_e}\right] \tag{7.1.18}$$

可以看到复合辐射随电子温度的升高而降低，复合辐射仅在低温时比较重要，在磁约束核聚变装置上复合辐射主要发生在等离子体边缘以及偏滤器区域。对比式(7.1.3)可知，轫致辐射与Z^2成正比，而复合辐射与Z^4成正比，因此，当等离子体中含高Z杂质时，辐射将显著增强，尤其是复合辐射。但是，随着等离子体温度的升高，复合辐射逐渐降低，在高温等离子体中它对等离子体辐射功率损失的贡献基本可以忽略不计。

7.1.3 回旋辐射

在磁约束核聚变装置上，等离子体处于强磁场中，因受到洛伦兹力的作用而做螺旋式运动。带电粒子在磁场中做回旋运动时，由于向心加速度而产生的电磁波称为回旋辐射。根据电动力学理论，辐射功率与加速度的平方成正比，由于电子的质量比较小，因此，等离子体中的回旋辐射主要是由电子发射的。其回旋频率为$\omega_{ce}=\frac{eB}{m_e}=1.76\times 10^{11}B$，其中，$B$为聚变装置的磁场强度，以特斯拉为单位。在磁约束核聚变装置上，磁场强度大约在1至几十特斯拉量级，因此局域的回旋辐射频率处于微波波段，是一种线光谱辐射。如果假设等离子体对于微波来说是光学薄的，那么单位体积内等离子体回旋辐射功率可以近似表达为[1]

$$P_c\approx 0.4B^2 n_e T_e \tag{7.1.19}$$

在未来聚变堆装置上，回旋辐射的功率密度将大于$1\,\mathrm{MWm^{-3}}$，是非常可观的。但是，等离子体对于基频辐射是光学厚的，能量损失主要来自回旋辐射的高次谐波，这些谐波主要是通过相对论效应产生。谐波辐射功率强度随着谐波阶数锐减，因此，等离子体中的回旋辐射功率大部分会被等离子体吸收，由回旋辐射所引起的等离子体辐射功率损失可以忽略不计。

7.1.4 线辐射

电子在束缚态之间跃迁时，便会向外辐射能量，此即为线辐射。在磁约束核聚变装置上，由于等离子体与壁的相互作用不可避免地会混入一些杂质，它们在等离子体中并非被完全电离，尤其是高Z杂质，因此，杂质的存在会增强线辐射损失。在核聚变等离子体中杂质辐射是等离子体辐射功率损失的主要来源，对于低Z杂质（如碳、氧）而言，其线辐射波长大部分在紫外波段，分布在等离子体边缘区域；但是对于一些高Z杂质，尤其是在等离子体芯部，某些线辐射波长在X射线波段，与轫致辐射的波谱相重叠。

为了求出等离子体中的线辐射功率，理论上必须计算所有谱线的辐射功率总和，不同的元素激发的线辐射与元素的原子序数及电子温度有很大的关系，这样计算显得十分复杂。在满足日冕模型条件下，单一杂质的辐射功率可以近似表示为

$$P_r \approx n_e n_z L(T_e) \tag{7.1.20}$$

其中，n_z为杂质浓度，$L(T_e)$为辐射冷却率。在目前托卡马克装置上，主要的杂质种类有碳、氧、氮等低Z杂质，但是在第一壁采用金属钨的装置上，如ASDEX Upgrade和未来的ITER装置，钨也是一种主要的杂质种类。对于低Z杂质，其辐射冷却率的峰值在几十eV附近，因此，在目前托卡马克装置上，等离子体辐射功率主要在等离子体边缘位置以及偏滤器区域。但在等离子体芯部，等离子体温度高，低Z杂质基本被全部电离，高Z杂质辐射占据主导位置，因此，在未来聚变堆装置上必须控制高Z杂质的含量。

7.2 等离子体热辐射功率测量

核聚变等离子体中存在着大量的带电粒子和中性粒子，它们之间复杂的相互作用能够激发电磁波辐射，其波段范围非常广阔，覆盖微波至X射线波段。[2]在磁约束核聚变装置上通常将波段从红外至X射线之间的所有电磁波辐射作为等离子体热辐射功率损失，用于研究等离子体能量平衡。此外，辐射偏滤器是未来聚变堆装置的常规运行模式，用于耗散进入偏滤器区域的等离子体功率，降低靶板上的等离子体热流。[3]在此过程中，等离子体辐射功率常用于杂质气体注入的反馈控制手段。因此，等离子体热辐射功率是核聚变等离子体装置上的基本参数之一。

辐射量热计(bolometer)是测量等离子体热辐射功率的一项诊断技术，它被广泛应用于国内外核聚变等离子体研究装置上。[4-11]辐射量热计探测器通常设计为多个探测器集成在一起，并采用小孔相机的方式进行测量。合理布置辐射量热计系统的探测视线，可以通过层析反演技术重建等离子体辐射功率密度的空间分布，用于杂质输运研究。

7.2.1 辐射量热计

用于测量等离子体热辐射功率的技术手段称之为辐射量热计，它涉及的探测器种类繁多，在磁约束核聚变装置上采用的探测器主要有金属电阻探测器[5]、薄膜探测器[12]和光电探测器。[3]

7.2.1.1 金属电阻探测器

金属电阻探测器是聚变等离子体中应用最广的辐射量热计探测器。它采用金属薄膜吸收等离子体电磁波辐射，金属薄膜的温度变化通过绝缘层(如，聚酰亚胺薄膜、氮化硅等)传递给热敏电阻，从而通过测量热敏电阻的阻值变化反推出入射等离子体的辐射功率。金属薄膜的厚度决定着探测器测量光子能量的范围，薄膜越厚测得光子的能量越高，但是，由此而来的热容增加却降低了探测器的时间分辨能力。此外，为了提高探测器的时间分辨能力，金属薄膜与热敏电阻之间的绝缘层越薄越好，同时也需要选择导热性能比较高、比热容比较小的材料。因此，在制作探测器时，需要平衡金属薄膜、绝缘层，与探测器分辨能力之间的关系。

为了提高探测器的性能，金属电阻探测器通常采用四个完全相同的热敏电阻组成电桥结构。[13]其中，两个电阻作为测量电阻，其背面的金属薄膜吸收等离子体热辐射；另两个作为参考电阻，其背面的金属薄膜由金属板遮挡等离子体热辐射，如图 7.2.1 所示。当等离子体中的电磁波入射到探测器上时，金属薄膜的温度发生变化，金属薄膜将热传递给测量电阻，从而引起测量电阻阻值发生变化，电桥失去平衡，输出电压信号。热敏电阻与温度之间基本呈线性关系：

$$R = \alpha \Delta T + R_{rt} \tag{7.2.1}$$

其中，R_{rt} 为室温下的电阻值，α 为温度与电阻之间的关系曲线的斜率。探测器所吸收的等离子体热辐射功率可以表示为

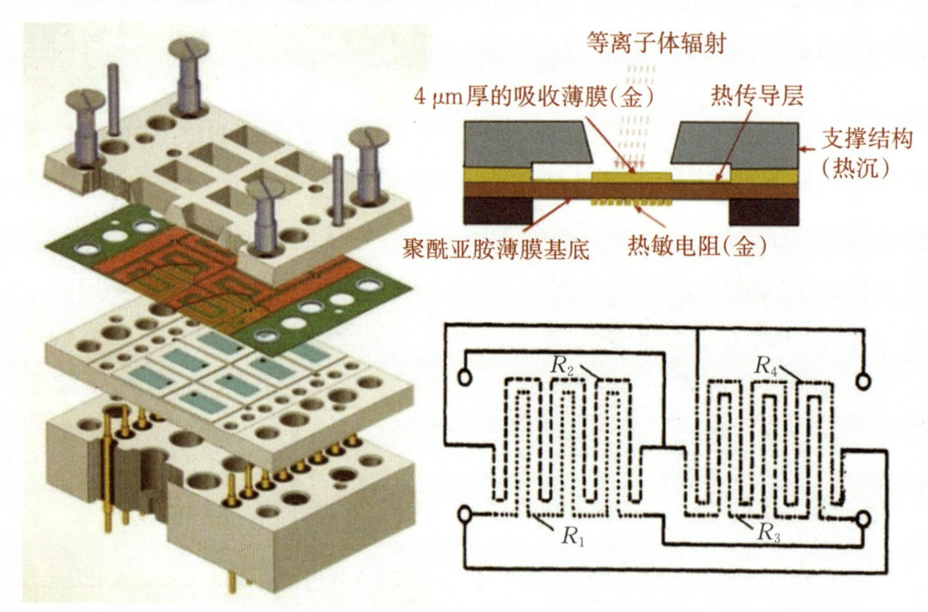

图 7.2.1 金属电阻探测器的结构图，以及金属电阻电桥结构示意图

(R_1和R_2为测量电阻，R_3和R_4为参考电阻)[13]

$$P_{\mathrm{rad}}(t)=\frac{1}{\kappa}\left(\frac{\mathrm{d}\Delta T(t)}{\mathrm{d}t}+\frac{\Delta T(t)}{\tau_{\mathrm{c}}}\right) \tag{7.2.2}$$

其中，τ_{c}为冷却时间，κ为标定常数。

为了消除电阻之间的温度差异，电阻通常采用相互嵌套的方式，并集成在一起，如图7.2.1所示。目前电阻和金属薄膜常用的金属材料是金，但是，金在中子的轰击下很容易转化为汞，因此，针对未来聚变堆装置正在研发新材料的金属电阻探测器，如金属铂。由于金属电阻探测器采用传热的方式，所以它的时间分辨能力比较差，一般在毫秒量级。此外，金属薄膜同时吸收中性粒子和电磁波辐射，因此，它不能分辨中性粒子对等离子体热辐射损失的贡献。尽管如此，由于这种探测器的结构比较简单，易于标定，它被广泛应用于聚变等离子体装置。

7.2.1.2 薄膜探测器

薄膜探测器与金属电阻探测器相似，都是采用金属薄膜吸收等离子体热辐射，但是，薄膜探测器的几何尺寸要比金属电阻探测器大得多，并且金属薄膜的温度演化由红外热像仪来测量。[12]图7.2.2展示了LHD装置上的红外热辐射成像系统，它采用100 mm×100 mm的金(Au)金属薄膜作为探测器，其温度演化由红外热像仪测量，然后通过求解金属薄膜上的二维热传导方程就可以得到入射等离子体的辐射功率。

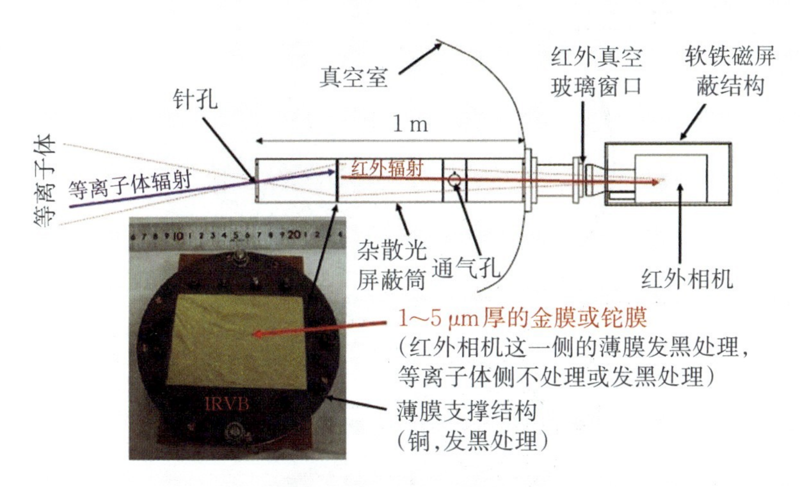

图7.2.2 LHD装置上的红外热辐射成像系统[12]

由于金属薄膜的几何尺寸比较大，而探测通道是对薄膜的几何划分，因此，金属薄膜探测器可以做到很高的空间分辨率。此外，金属薄膜探测器是二维探测器，所以它通常采用切向观测等离子体的方式，因此，同一个等离子体区域如果有两套以上的探测器观测，可以通过三维层析反演重建等离子体辐射功率密度的三维分布。[14]这对于理解等离子体的环向不对称特性具有很大的帮助。但是，受到加工工艺的限制，每个金属薄膜的工艺不是完全一致，并且即使同一片金属薄膜不同区域的厚度也有差异。此外，为了提高探测器的吸收系数和发射系数，有时需要对探测器发黑处理。因此，每个金属探测器的所有探测通道都需要详细地标定，这是一个非常大的任务量。

7.2.1.3 光电探测器

随着光电技术的快速发展，光电探测器的波段响应范围也逐渐增大，尤其是紫外波段。例如，AXUV 光电探测器，它的光子响应范围在 1.1 eV～30 keV 之间，完全满足等离子体热辐射的测量需求。光电探测器具有结构尺寸小、集成度高、响应速度快和价格低廉的特点，能做到很高的时空分辨，因此，光电探测器也常用于等离子体热辐射功率的估算，如图 7.2.3 所示。HL-2A 托卡马克装置采用 AXUV16ELG 光电探测器，每个探测器阵列集成 16 个探测通道，完全覆盖整个主等离子体区域和外偏滤器等离子体区域。[3]

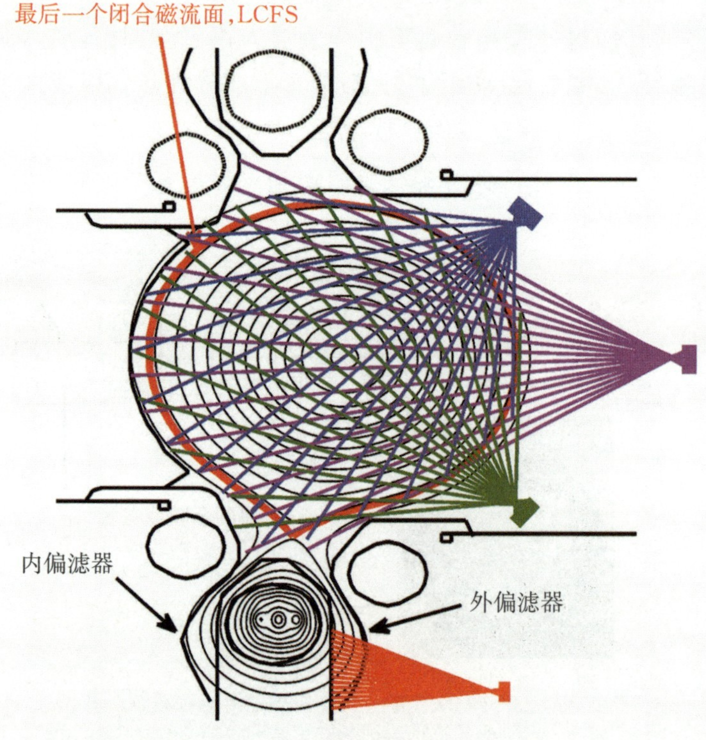

图 7.2.3 HL-2A 装置光电探测器布局图

尽管如此，光电探测器的光子响应系数不均匀，尤其是在 1～200 eV 范围内，因此，光电探测器非常难以标定。此外，光电探测器在长时间的等离子体辐照下，其性能会下降，尤其紫外波段对其有无法逆转的损伤性。因此，利用光电探测器估算等离子体热辐射功率时需要特别注意。但是，光电探测器的响应非常快（微秒量级），它被广泛应用于国内外各大聚变装置上研究等离子体中的快物理过程研究，如边缘局域模、等离子体破裂等。

7.2.3 等离子体热辐射功率测量

辐射量热计探测器一般做的很小，并采用多个探测器组成阵列的方式来完成等离子体热辐射功率的估算。多个探测器组成一个线阵列，共用一个小孔，形成小孔相机的方式，安装在一个等离子体极向截面内(图7.2.3)，覆盖整个等离子体小截面；并在等离子体环向对称的假设条件下，估算出等离子体的总辐射功率。

7.2.3.1 总辐射功率估算方法

在装置某个极向截面内，等离子体辐射功率密度可以描述为一个二维分布函数，$g(R,Z)$，那么探测器的测量信号可以表述为辐射功率密度沿测量视线的积分：

$$f(\boldsymbol{p},\xi)=\iint g(R,Z)\delta\left(\boldsymbol{p}+(R-R_0)\sin\xi-(Z-Z_0)\cos\xi\right)\mathrm{d}R\mathrm{d}Z \tag{7.2.3}$$

其中，(R_0,Z_0)为数学处理方便而选择的原点，如磁轴位置或者X点等。δ为Dirac δ函数。$(\boldsymbol{p},\xi)$为投影坐标系，其中，$\boldsymbol{p}$为坐标中心到探测视线的距离(矢量)，ξ为探测视线与横坐标正方向的夹角，如图7.2.4所示。这两个参量用以确定探测视线的位置，每一条探测视线在投影坐标系内表示为一个点。在投影坐标系中，p取值范围通常为$-a\leqslant|p|\leqslant a$，其中，a为离原点$(R_0,Z_0)$最大的距离；$\xi$的取值范围通常为$0\leqslant\xi\leqslant\pi$，因为投影坐标系具有如下性质：$f(\boldsymbol{p},\xi+\pi)=f(-\boldsymbol{p},\xi)$。图中阵列$A$为平行视线，它们在投影坐标系内为规则的点列分布。合理布局不同角度的探测视线，在投影空间内形成均匀的点分布，这对于层析反演是非常有利的。在医学上不受空间限制，通常采用这种分布方式。阵列B为扇形分布，在投影坐标系内为不规则的点分布。在核聚变装置上由于空间的限制，通常都是这种分布方式，因此，在层析反演时通常加入平滑项来降低噪声。

等离子体总辐射功率是等离子体辐射功率密度的体积分，在假设等离子体辐射功率密度环向对称的条件下(托卡马克装置基本满足这一条件)，等离子体总辐射功率可以表示为

$$P=2\pi R_0\iint g(R,Z)\mathrm{d}R\mathrm{d}Z \tag{7.2.4}$$

其中，面积分$\iint g(R,Z)\mathrm{d}R\mathrm{d}Z=\int f(\boldsymbol{p},\xi)\mathrm{d}p$，因为在投影坐标系内所有竖直积分都是相等的，即不依赖于角度ξ。那么，等离子体总辐射功率可以进一步离散为

$$P=2\pi R_0\int f(p,\xi)\mathrm{d}p\approx 2\pi R_0\sum_i f(p_i,\xi=\mathrm{Cont.})\Delta p_i \tag{7.2.5}$$

角度，ξ通常取探测器阵列中心通道的数值。

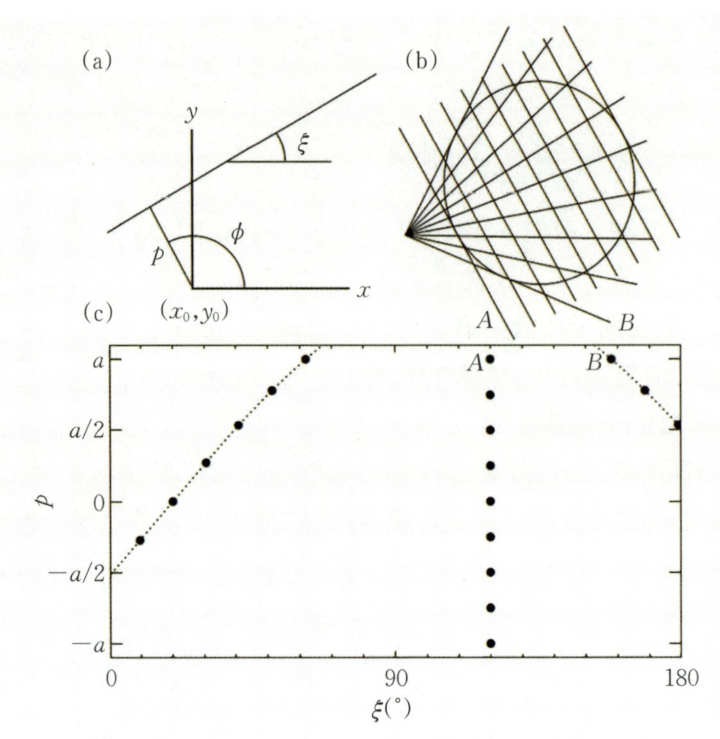

图7.2.4 笛卡儿坐标系与投影坐标系之间的关系($p=-(R-R_0)\sin\xi+(Z-Z_0)\cos\xi$),**以及参数**$p$**和**$\xi$**的定义**

第二种等离子体总辐射功率的估算方法就是层析反演求和法。采用多个不同方位的探测器阵列进行层析反演,重建等离子体辐射功率密度,$g(R,Z)$,的空间分布,然后对等离子体辐射功率密度进行空间数值积分求和:

$$P_{\mathrm{rad}}=2\pi R_0\sum_i g\left(R_i,Z_i\right)A_i \tag{7.2.6}$$

其中,A_i为第i个网格的面积,$g\left(x_i,y_i\right)$为第i个网格内的辐射功率密度。

由于辐射量热计阵列共用一个小孔,所以其视场范围呈扇形分布,加权求和法中探测通道的权重不能完全反映它们的几何结构因子,因此,加权求和法在计算等离子体总辐射功率时误差比较大,尤其是针对不同的辐射分布。但是,加权求和法比较简单、快速,适用于等离子体研究中的实时处理情况。相对于加权求和法,层析反演不依赖于等离子体的辐射分布,因此,该方法得到的等离子体总辐射功率更加精确。但是,层析反演方法需要求解等离子体辐射功率密度,比较耗时。需要注意的是,虽然我们将探测器的视场简化为理想线积分形式,但是由于探测器和小孔都有一定的面积,所以它们的视场范围是一个锥形结构,相邻通道之间可能还存在相互交叉,因此,辐射量热计系统的空间分辨能力并不是简单的探测视线之间的距离。

7.2.3.2 探测视线布局

除了等离子体热辐射总功率的测量,借助于数学工具可以重建出等离子体热辐射功率密度的空间分布(tomography),这对于理解等离子体的特性具有重要的意义。空间一点的辐射功率密度至少需要不同角度的两条探测视线来确定,因此,从理论上来讲探测视线的数量越多,重建图像的精度越高。但是,由于受到工程限制,实际探测器的安装数量是有限的,因此,在探测器数量一定的情况下需要对探测器的视线进行优化,以便满足物理研究的需求。

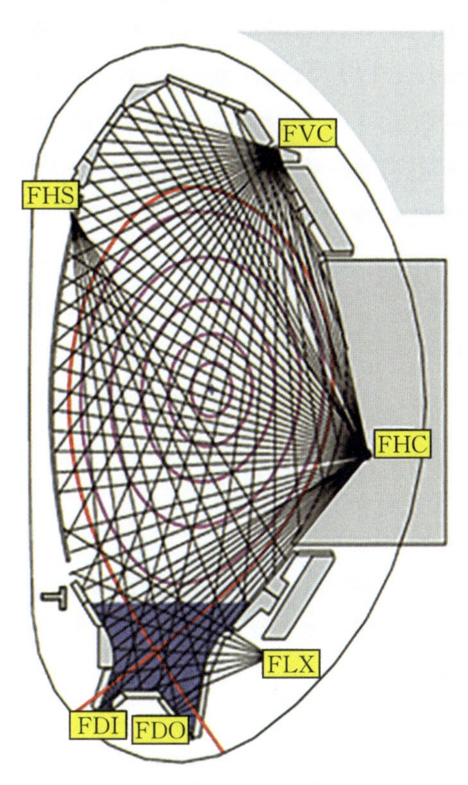

图 7.2.5 ASDEX Upgrade 装置上辐射量热计的探测视线布局图[16]

从图像重建的角度出发,探测视线布局最佳的方法就是在投影坐标系内,探测视线呈均匀分布,即,在角度ξ方向上等间距选取一些角度,并在每个角度上等间距布置探测视线,如图 7.2.4 中A阵列所示。但是,探测器通常是扇形分布(如图 7.2.4 中B阵列所示),并且受到工程限制,无法满足各个角度的布局方式。这里介绍一种最直观的方法就是在等离子体高辐射区域进行加密处理。在托卡马克研究装置上,等离子体热辐射功率主要来自等离子体边缘区域($\rho\approx 0.9$)和偏滤器区域的杂质辐射,等离子体热辐射功率密度呈中空分布。因此,探测视线在等离子体边缘区域的密度一般比较大。图 7.2.5 展示了 ASDEX Upgrade 装置[16]上的辐射量热计的探测视线布局图,探测器采用金属电阻探测器,共设计6个相机,含有112个探测通道,它们覆盖整个等离子体小截面并对等离子体边缘区域,尤其是偏滤器区域进行了加密处理。此外,为了重建等离子体辐射功率空间分布,这些相机在极向上设计在多个位置,探测视线相互交叉。

7.3 X射线辐射诊断技术

在磁约束核聚变装置上,X射线测量是一类重要的诊断技术手段,它包含软X射线测量和硬X射线测量两部分。软X射线辐射与等离子体电子温度、密度,以及杂质有关,因此,通过软X射线的测量可以开展电子密度、电子温度杂质,以及磁流体不稳定性的研究。硬X射线主要与高能电子相关,因此,硬X射线诊断广泛应用于逃逸电子、磁流体不稳定性、等离子体破裂等实验研究。

7.3.1 软X射线辐射诊断

软X辐射测量分为强度测量和能谱测量。软X 辐射强度及扰动测量是磁约束核聚变装置上的一项重要诊断,从该诊断可以获得很多直观的等离子体信息,用于磁流体不稳定性、等离子体破裂、等离子体约束和输运,以及杂质行为的研究等;同时借助于层析反演数学工具,还可以计算软X辐射空间分布,研究磁流体不稳性的结构。[17-19]对等离子体自身辐射的软X射线进行能谱测量,可以获得等离子体电子温度,该方法简单可靠是磁约束聚变装置上的常规诊断。此外,电子回旋辐射(ECE)诊断和激光汤姆孙散射诊断也被用来测量等离子体电子温度。这三种电子温度诊断在时空分辨能力、测量精度、抗干扰等方面各有优势,从而可以取长补短,获得更为准确可靠的电子温度诊断数据。

7.3.1.1 软X辐射强度测量

等离子体中某一给定点的软X射线辐射率由电子和杂质密度以及电子温度决定的,其表达式为

$$q_{\mathrm{x}}(r,t)=\sum_{z} n_{\mathrm{e}}(r,t) n_{z}(r,t) L[T_{\mathrm{e}}(r,t)] \tag{7.3.1}$$

式中,n_{e}为等离子体电子密度,n_z为电荷数为Z的杂质离子密度,L为辐射冷却函数,与电子温度相关,Σ表示对所有杂质求和。

一般情况下,该公式可以简化为

$$q_{\mathrm{x}}(r,t) \propto n_{\mathrm{e}}(r,t) T_{\mathrm{e}}^{\alpha}(r,t) \tag{7.3.2}$$

由于等离子体电磁辐射为连续谱,所以为了去除低能波段对软X射线测量的影

响，通常在探测器前安装滤波材料，如铍箔、铝箔等，其厚度决定了系统测量的最低光子能量。在实际测量中，对于一个装有铍箔的探测器来说，它输出的电荷Q是由下式给出：

$$Q = AB\int R(E)S(E)\mathrm{d}(E) \tag{7.3.3}$$

其中，$S(E)$是X射线能谱，A是探测器的有效探测面积，B是探测器的灵敏度，及在PIN耗尽层的量子效率，而相应函数$R(E)$为

$$R(E) = \prod_{i=1}^{3}\exp[-\eta_i(E)\rho_i d_i]\{1-\exp[-\eta_{\mathrm{D}}(E)]\rho_{\mathrm{D}}d_{\mathrm{D}}\} \tag{7.3.4}$$

η是质量衰减系数，ρ是质量密度，d为厚度，$i=1,2,3$分别指铍箔、探测器P型硅表面死层和二氧化硅(SiO_2)死层，下标D表示探测器耗尽层。因此响应函数$R(E)$是可以计算的。

假设软X射线能谱$S(E)$是纯氢或氘等离子体韧致辐射，并且$n_{\mathrm{e}}=n_i=$常数，则在等离子体给定密度的条件下，探测器的输出是电子温度和铍箔厚度的函数，其输出电流为

$$I_{\mathrm{SX}} \propto n_{\mathrm{e}}^2 T_{\mathrm{e}}^{\alpha} \tag{7.3.5}$$

在一定的T_{e}范围内，α值和铍箔厚度有关。如果MHD活性活动引起密度和温度的扰动，探测器对这种扰动的响应可以表示为

$$\frac{\partial I_{\mathrm{SX}}}{I_{\mathrm{SX}}} = 2\frac{\partial n_{\mathrm{e}}}{n_{\mathrm{e}}} + \alpha\frac{\partial T_{\mathrm{e}}}{T_{\mathrm{e}}} \tag{7.3.6}$$

软X射线测量波段覆盖从10 Å到100 Å。目前国内外用于软X辐射测量的探测器有很多种类，常见的探测器类型主要有光二极管探测器(PIN)、气体电子倍增器(GEM)。

(1) 光二极管探测器(PIN)

半导体探测器是一种固体电离室。当P型半导体和N型半导体直接接触时，在接触面的两侧，由于各自有较高的空穴和自由电子浓度，它们会彼此向对方扩散，并在邻近界面附近复合，最后在界面附近形成一薄层的PN结，其中空穴和自由电子都很少，其电阻很大，故称为耗尽层或阻挡层。入射软X射线在耗尽层中由于光电效应产生电子空穴对(每一电子空穴对需3.76 eV的能量)。探测器的灵敏区就是耗尽层。因为只有在耗尽层内产生的电子—空穴对，才能被电极有效地收集而形成信号脉冲，因此它的厚度决定了探测器可测的最大光子能量。对于面垒型探测器，其厚度与工作电压有关，耗尽层厚度可达到100 μm。

目前已研制和生产的半导体探测器的种类很多，但广泛应用的主要有两种。一种是金硅面垒型探测器，它是在一块清洁的N型硅表面上蒸镀一薄层的金，而形成表面的PN结。它的主要特点是金可以镀得很薄，使不灵敏区(亦称为死层)做得很薄能有

效地吸收软X射线。另一种是用硅或锗单晶做成的锂漂移型探测器称为PIN光二极管探测器，它是利用锂作为施主杂质．在一定的漂移电压和温度下使其向N型硅（或锗）中漂移，以补偿其中的受主杂质，使得在P区和N区之间夹有一层比较厚的高阻区，称为本征层I。PIN光二极管探测器的特点是灵敏区比较厚（厚度达到3～300 μm），既可以用于可见光的测量也可以用于探测高能的X射线。尽管光电探测器对不同能量的光子响应不一致，但是，主要集中在可见波段和紫外波段，在软X射线波段，探测器的响应系数基本上比较平稳，如图7.3.1所示。因此，光电探测器是软X射线诊断技术的不错选择。

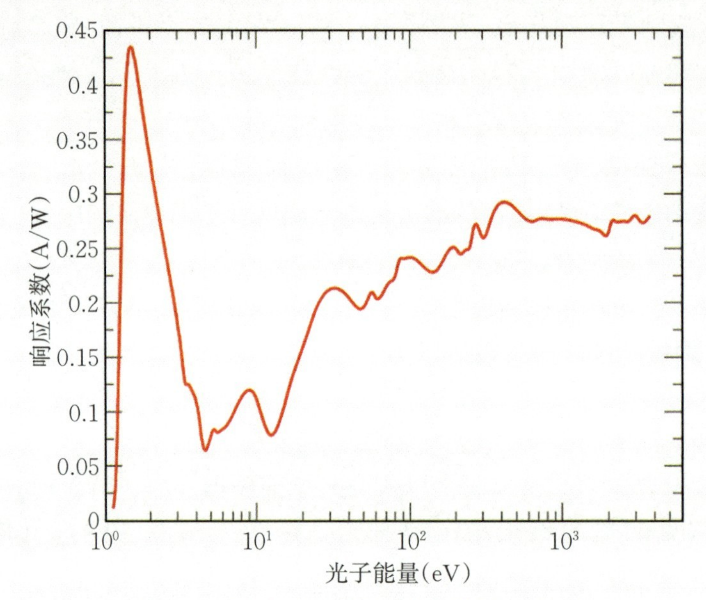

图7.3.1 AXUV光电探测器的响应系数曲线[15]

（2）气体电子倍增器GEM

1968年，Charpak首先发明了多丝正比室（MWPC）[20]，从全新的角度处理粒子探测问题，广泛应用于高能物理、晶体衍射、天体物理、核医学等领域。但由于其结构上的限制，它无法满足高光度条件下高分辨率、高计数率的要求。1988年法国人Oed在MWPC的基础上，结合现代光刻和微加工技术，提出了一种新型的位置灵敏探测器，称为微条气体室（micro strip gas chamber，MSGC）。[21]它相对MWPC具有更高的空间分辨率和更高的计数率能力，输出脉冲上升沿变窄，时间晃动谱长度消失，工作电压明显降低，成为位置灵敏探测领域非常活跃的研究课题，并正在发展用于X射线成像探测器。

在改进MSGC的同时，研究者们又发明了多种新型气体探测器。在众多微结构探测器中，由于气体电子倍增器（gas electron multiplier，GEM）[22]结构简单、性能卓越、兼容性强等优点，自1997年发明以来，就成为研究者关注的热点，已被用于X射线成像。

气体电子倍增器的探测器主要由漂移电极、复合物薄膜网格和PCB(printed circuit board)印刷电路板读出电极三层组成，由窗口和衬底密闭成一个气体室，由进气口和出气口充入流动的工作气体(通常是惰性气体和猝灭气体的混合，如Ar和CO_2)。GEM工作时，在漂移电极、GEM上下铜层和PCB读出电极上分别加上不同的电压(电压依次升高)，通常漂移电极加负高压，PCB接零电位。X射线通过窗口射入气体室，与气体分子碰撞离化出一次电子。一次电子在漂移区的电场作用下向下漂移，部分电子进入GEM微孔通道中。由于GEM微孔通道直径很小，漂移电极和读出电极之间的电力线在通道中密集产生高强度双极电场，电子在这个电场中获得足够大的能量去离化更多中性气体原子，从而发生雪崩放大。放大后的电子在收集区的电场作用下继续向下漂移，最后被PCB收集读出信号。该探测器具有一个重要的特性，即电子增效和读出作用互相独立。因此，读出电路板可被设计成任意几何尺寸并满足读出灵活、计数率高、获取范围大和良好的空间分辨率等特殊需求。

双锥形微孔可实现更高的有效增益。在适当选择微孔分布、孔径和间距情况下，一次电子透过率可达100%。并且GEM探测器的性能除了与自身结构有关外，主要依赖于工作气体和工作电压。惰性气体比例的增加，GEM的有效增益能在较低的ΔV_{GEM}(GEM上下电极所加的电压差)电压下达到最大值，即更易得到稳定的最大增益。[23]但最大增益随工作气体气压的升高而减小，可能由于高压下，电子扩散受到抑制，雪崩放大程度不够，从而影响增益。[24]

基于气体电子倍增器GEM探测器并配置二维读出系统的软X射线诊断设备，在磁约束聚变等离子体领域中是一种更新的探索。在FTU装置上首先尝试了利用GEM探测器测量软X射线辐射，并测量到了辐射强度随时间的变化。[25]在NSTX装置上GEM软X射线阵列首次成功实现切向的剖面测量。[26]之后在KSTAR装置上也安装了该套成像系统用于切向成像测量，并在实验中成功测量到锯齿不稳定性在边缘局域模ELM爆发期间的切向磁岛的演化，如图7.3.2所示。

如前所述，软X射线测量通常包含探测器和金属薄膜，金属薄膜的材料和厚度根据装置的测量范围来选择和优化。此外，为了测量磁流体不稳定性的空间结构，软X射线探测器通常设计为阵列的方式，共用一个小孔和金属薄膜，或者根据不同的测量用途设计不同的准直孔和金属薄膜。这些探测视线与辐射量热计类似，覆盖整个等离子体小截面。与辐射量热计不同的是，软X射线辐射主要来自等离子体芯部，因此，探测视线主要覆盖等离子体芯部区域。在核聚变装置上，X点区域的物理比较复杂，因此，为了开展相关物理研究软X射线测量还通常在这个区域进行加密设计。以英国JET装置软X射线测量为例，它采用光电二极管探测阵列为探测器，在极向截面上布置多个探测器阵列，每个探测器阵列共用一个小孔，如图7.3.3所示。这些探测视线覆盖主等离子体区域，并对X点区域的探测视线加密处理。借助二维层析反演技术可以得到芯部磁流体不稳定性的磁岛结构。

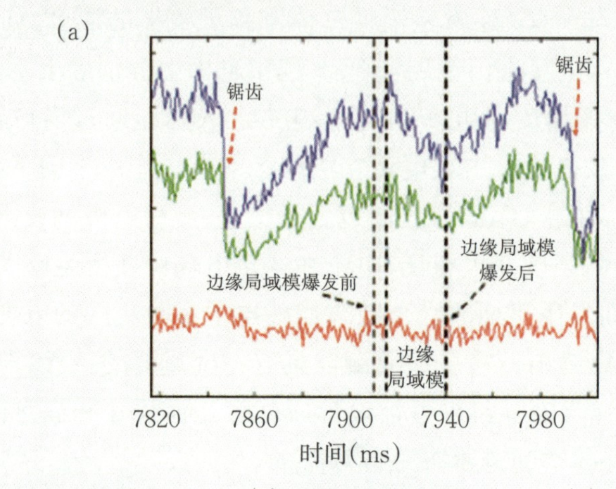

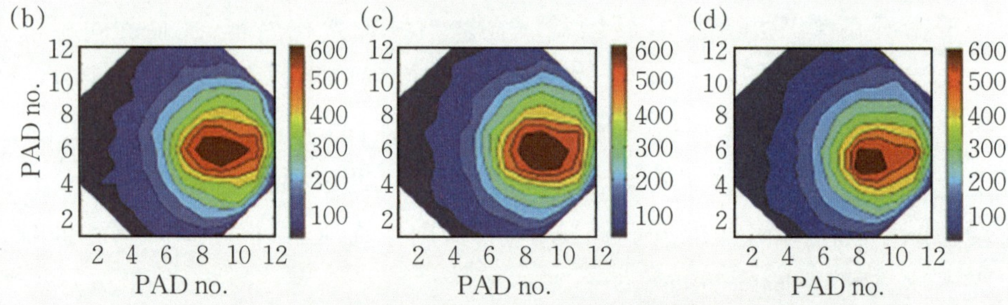

图7.3.2 KSTAR装置上软X射线GEM诊断系统测到的锯齿磁岛演化

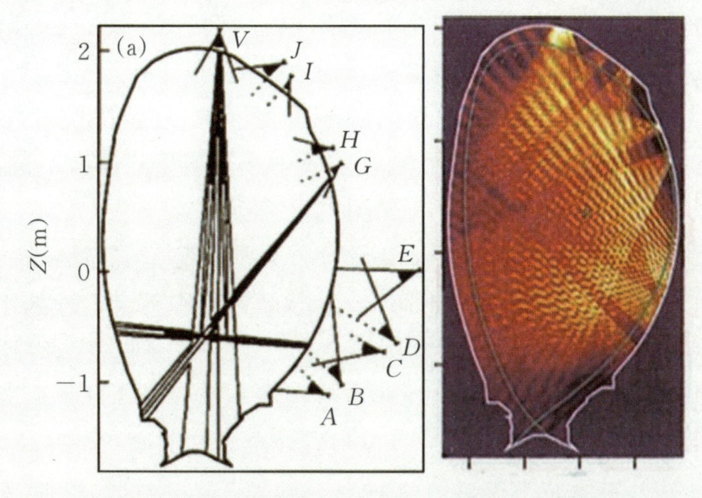

图7.3.3 JET装置上软X成像诊断系统及成像分布

7.3.1.2 软X射线能谱测量

此前，磁约束聚变装置通常采用硅锂漂移Si(Li)探测器测量等离子体软X射线能谱。[28-31]Si(Li)探测器工作时需要利用液氮进行冷却制冷，使得其体积庞大，且其能量分辨率较低，目前逐渐被体积更小、计数率和能量分辨率更高、加上电制冷即可在室温下使用的硅漂移探测器(SDD)所替代。例如，HL-2A装置基于SDD探测器研制了一套两通道硅漂移探测器的电子温度测量系统和一套软X射线脉冲高度分析(PHA)阵列系统，并成功测量了等离子体电子温度演化、电子速度分布演化。[32-34]EAST全超导托卡马克装置也基于SDD探测器发展了软X射线能谱诊断系统，并取得了重要的研究结果。[35-36]HL-3装置也基于SDD探测器发展了一套软X射线能谱测量系统，其能量分辨率为265 eV(@13.9 keV)，时间分辨率可达10 ms。

下面以HL-3装置为例详细介绍软X射线能谱测量系统。HL-3装置的软X射线能谱测量系统所选用的探测器是SDD半导体探测器，探测器的有效测量面积和厚度分别是10 mm^{2}和450 μm，探头自身铍窗厚度为12.5 μm，探测器的能量探测范围为1～25 keV(本征探测效率>20%)，能量分辨率139 eV(@5.899 keV)。这些SDD探测器具有以下特点：自带电荷灵敏前置放大器，主放大器和偏压电源；采用电制冷，无需使用外部液氮进行制冷，从而使得探测系统体积足够小，可方便与实验装置进行对接；最高计数率可达200 kcps。

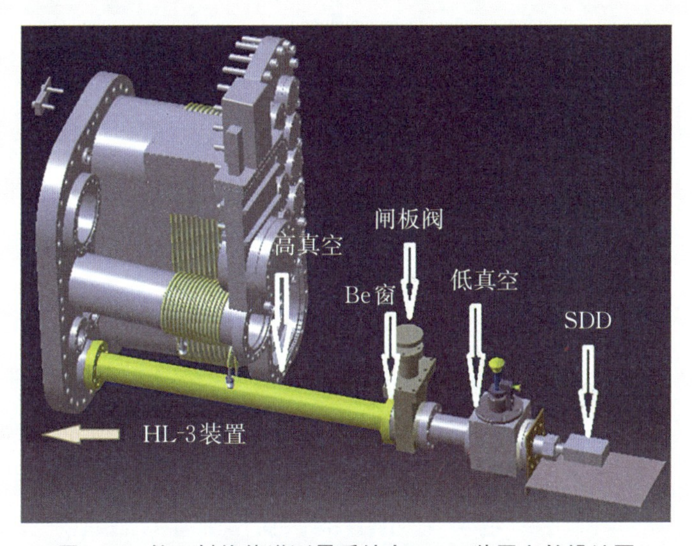

图7.3.4 软X射线能谱测量系统在HL-3装置上的设计图

HL-3装置的软X射线能谱测量系统安装于等离子体中平面下方20 cm处的法兰上(图7.3.4)，其高真空闸板阀(ø50 mm)不仅用于装置真空室的高真空保护，同时还可保证在不破坏装置真空的条件下进行SDD探测器的安装和调试。软X射线能谱测量系统的低真空(约 10^{-1} Pa)由附加真空泵维持，主要为消除空气对软X射线的吸收和散射，同时平衡孔径为 ø9 mm、厚度为 50 μm 铍(Be)窗的压强差，从而保护装置的高真空。可调准直孔(ø2 mm，ø4 mm，ø6 mm)可用于调节X射线通量，保证软X射线能谱有足够计数的同时，不会超过探测器的最高计数率。

等离子体中软X射线辐射功率可以近似为

$$\frac{\mathrm{d}W}{\mathrm{d}E}=3\times10^{-15}\gamma_i n_e n_i Z_i T_e^{-1/2}\bar{g}\exp(-E/T_e) \tag{7.3.7}$$

式中，$\mathrm{d}W/\mathrm{d}E$ 表示每单位体积密度在 $\mathrm{d}E$ 能量段的辐射功率，E 是光子能量，γ_i 是 i 类离子引起的复合辐射加强因子，Z_i 为离子电荷，n_e 是电子密度，T_e 是电子温度，$\bar{g}$ 是对温度平均岗特因子。因为 $\mathrm{d}W/\mathrm{d}E=E\mathrm{d}n/\mathrm{d}E$，而 $\mathrm{d}n/\mathrm{d}E$ 是实测软X射线能谱，可视为电子的速率分布，n 是计数。对式(7.3.7)等式两边取对数，得到以X光子能量 E 为变量的直线方程的斜率 $K=-1/T_e$。故从能谱测量中求出半对数直线段的斜率，即可得到电子温度绝对值。[37-38]通常可以使用拟合的方式来获取半对数坐标X射线能谱的直线斜率，从而给出等离子体电子温度参数。

7.3.2 硬X射线辐射诊断

硬X射线诊断是托卡马克物理实验的重要常规诊断，广泛应用于逃逸电子、磁流体不稳定性、等离子体破裂等实验研究。[39]通过硬X射线诊断测量，可以获得高能量电子的时空分布演化。[40]

7.3.2.1 硬X射线剖面诊断

硬X射线剖面诊断是实验研究辅助加热相关的等离子体物理的最有效手段，不仅可以探测辅助加热产生的高能量电子群，也可以获得高能量电子的能量分布及速度的俯仰角等信息。[41]硬X射线剖面诊断的一个更重要的应用是依靠获取的高能量电子轫致辐射剖面的信息可以实时控制辅助加热功率的沉积位置。[42]等离子体辅助加热和电流驱动是先进托卡马克运行中电子温度和电流密度剖面控制的必备手段。在等离子体辅助加热和电流驱动初期，实验人员已经认识到可以从快电子轫致辐射出的硬X射线中获取大量的有用信息，例如:辅助功率沉积剖面，快电子速率分布等。辅助加热条件下高能量电子的实验研究是托卡马克等离子体研究中的重要课题，涉及波粒相互作用、高能量电子动力学、高能量电子与MHD的相互作用等方面的内容。[43]

在测量 20～200 keV 能量范围内的硬X射线方面，已经发展了大量的标准探测器及探测技术，探测器主要是半导体和闪烁体类型。闪烁体探测器的优势是具有较高的平均原子序数、较高的X射线吸收率、可工作在室温无须冷却，劣势是能量分辨较差、计数率较低、需要磁屏蔽；半导体探测器的优势是能量分辨高、计数率高、工作时不需磁屏蔽,劣势是通常具有较低的平均原子序数、较低的X射线吸收率、工作时需要液氮冷却。表7.3.1是20～200 keV硬X射线标准探测器参数对比。碲化镉是新型半导体探测器,其兼具半导体和闪烁体的优点,是托卡马克快电子韧致辐射硬X射线测量的理想探测器。

表7.3.1　常用硬X射线标准探测器参数对比

探测器	NaI	CsI	BGO	Ge	CdTe
类型	闪烁体	闪烁体	闪烁体	半导体	半导体
平均原子序数	46.56	54.02	62.52	32	52.12
密度(g/cm^3)	3.67	4.51	7.13	5.32	6.06
工作温度(K)	293	293	293	77	293
线性衰减(cm^{-1})@122 keV	3.70	5.44	17.38	1.88	4.51
截止效率@122 keV	52%	66%	97%	31%	60%
处能量分辨@122 keV	15%～25%	25%～30%	35%～45%	<1%	4%～10%
脉冲前沿时间(μs)	0.5	4.0	0.8	<0.05	0.05～0.5
是否磁屏蔽	是	是	是	否	否

托卡马克附近的环境非常复杂,充满各种辐射干扰,因此需要对硬X射线相机进行严格的屏蔽。在托卡马克放电期间,将会通过束-靶或光致核反应产生大量的中子,所以必须对相机进行中子屏蔽。使用10 cm厚的聚乙烯覆盖整个相机即可完成对中子的屏蔽。另外,使用1 cm厚的铅板屏蔽本底杂散硬X射线和γ射线,利用0.7 mm厚的铜箔进行电磁干扰屏蔽。

作为托卡马克等离子体诊断应用,CdTe探测器具有以下优势:

① 无须液氮冷却,CdTe探测器使用电子制冷,可以在室温下工作。

② 体积小,可以做成多通道阵列,可使测量系统具有较高的空间分辨能力。

③ 高计数率,CdTe探测器的计数率可达几百kHz,这使得测量系统具有较高的时间分辨率。

④ 较高的能量分辨率,CdTe探测器的能量分辨率可达850 eV(@122 keV)。

⑤ 高X射线吸收率,这是因为CdTe晶体具有高密度($6\ g/cm^{-3}$)和高原子序数($Z=48/52$)。

⑥ 无须磁屏蔽,CdTe探测器对磁场不敏感,这一优势在托卡马克诊断中非常重要。

在国际上很多装置上已经建立了快电子韧致辐射(FEB)测量系统,如:PBX-M[44]、Tore Supra[45]、T-10[46]、C-Mod[47]、TCV[48]。C-Mod装置上最近新发展了一套FEB测量系统，如图7.3.5所示，由32道光路组成一个针孔相机，其测量能量范围是20～200 keV。绝大多数装置上的中能X射线诊断都是极向测量位形，但是由于相对论效应，超热电子的轫致辐射具有角向辐射不均匀性，即前向(headlight)效应。从理论上讲，如果需要精确测量超热电子分布函数以及角向动量分布，则需要角向多角度的测量中能X射线。正是如此，即使PLT装置上的切向窗口非常宝贵，也发展了单道切向中能X射线测量系统。PBX-M装置上发展了切向全空间测量的硬X射线相机(128×128的锗二极管阵列)，实现了全空间测量，使超热电子的轫致辐射的测量发展到了一个新的高度，时间分辨率和空间分辨率都有显著的提高。但是，由于锗二极管构成的超热电子轫致辐射相机需要复杂的屏蔽系统，需占用庞大的空间，加上很多装置上都没有切向窗口，所以这种相机式的诊断没有在更多装置上采用。

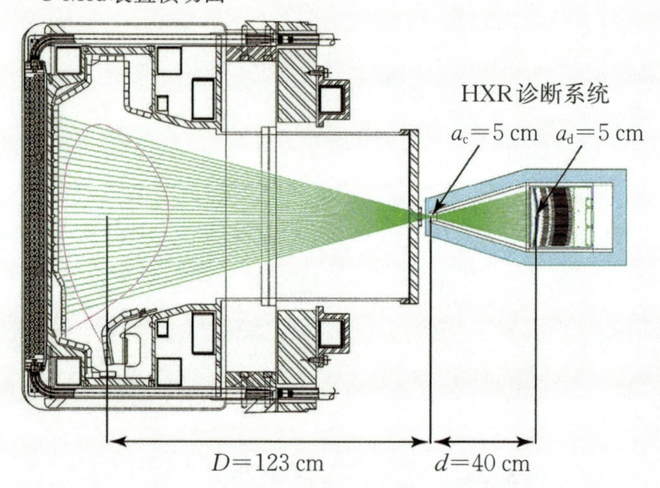

图7.3.5 C-Mod装置硬X射线相机布局图

7.3.2.2 硬X射线辐射强度

闪烁探测器是由闪烁体和光电倍增管所组成，它十分广泛地被用来探测高能X射线和γ射线。带电粒子经过荧光物质时，会引起原子的激发或电离，当它们返回基态时便产生荧光，其强度与粒子的能量成正比。可以利用这一原理来探测带电粒子。X射线和γ射线能在物质中产生次级电子，所以可用闪烁计数器进行探测。早期的闪烁计数器是在玻璃面上涂一层硫化锌的观测屏。1911年，卢瑟福将这种屏用于α粒子散射实验，通过屏上的荧光闪烁，证实原子的核结构。20世纪40年代后，随着新闪烁材料和光电倍增管的出现，闪烁计数器才广泛应用于核物理和高能物理研究、同位素测量和放射性监测等领域。射线进入闪烁体后产生的荧光，通过光导在光电倍增管光阴极上产生光电子。当管子加上高压时，电子便被加速，并在若干个倍增极上不断增殖，最后在阳极上产生一个幅度正比于粒子在闪烁体中损失的能量的电信号。闪烁体是闪烁探测器很重要的部件，闪烁探测器的性能在很大程度上取决于闪烁体的性能。

闪烁探测器具有探测效率高和灵敏体积大等优点。其能量分辨率虽然不如半导体探测器好，但对环境的适应性较强。特别是有机闪烁体的定时性能，中子、γ分辨能力和液体闪烁的内计数本领均有其独具的优点。因此，它仍是广泛使用的辐射探测器。表7.3.2列举了常用的闪烁体及其主要性能指标。加铊碘化钠NaI(Tl)是使用非常广泛的闪烁材料，碘是重元素有利于光子的光电吸收，而且具有很高的光输出，晶体体积可以做得较大，可加工成各种形状，但是NaI(Tl)易潮解，要做好防潮解封装。硅酸钇镥(LYSO)以其高光输出、快发光衰减、密度大等特性引起闪烁体界极大关注，并且物化性质稳定、不潮解、对γ射线探测效率高，被认为是综合性能优异的无机闪烁晶体材料，在高能物理、核物理、油井钻探、安全检查、环境检查等领域也具有广泛的应用。

表7.3.2　常用的闪烁体的主要性能

闪烁晶体	相对光输出	1/e衰减时间(ns)	发光主峰(nm)	折射率@λ_{max}	密度(g/cm^3)	潮解性	莫式硬度	余辉
NaI(Tl)	100%	250	415	1.85	3.67	有	2	0.3~0.5%@6 ms
CsI(Tl)	45%	1000	550	1.79	4.51	轻微	2	0.5~5%@6 ms
CsI(Na)	85%	630	420	1.84	4.51	有	2	0.3~0.5%@6 ms
CsI	4%~6%	16	315	1.95	4.51	轻微	2	0.3~0.5%@6 ms
BGO	20%	300	480	2.15	7.13	无	5	0.3~0.5%@6 ms
$CdWO_4$	30%~50%	14000	475	2.3	7.9	无	4~4.5	0.3~0.5%@6 ms
LYSO	75%	41	420	1.81	7.1	无	5.8	0.3~0.5%@6 ms

HL-2A装置上NaI(Tl)硬X射线测量系统由独立的两通道组成，每一道都水平地瞄准一组固定限制器，距离装置4 m，与电子前进方向成30°夹角。每一个NaI探头都使用壁厚为30 mm的铅套屏蔽及使用瞄准仪校准。由于装置外壳对低能硬X射线的屏蔽，估算只有能量大于0.5 MeV的硬X射线才能穿透装置外壳。这两道NaI测量系统分别探测一组固定限制器处的高能硬X射线。

硬X射线进入NaI闪烁体后，闪烁体吸收X射线光子的能量，使闪烁体的原子电离和激发。被激发的原子退激时产生光子。光子被收集到光电倍增管的光阴极上，由于光电效应，光子在光阴极上打出光电子。光电子在光电倍增管中倍增，经过倍增的电子流在阳极负载上产生电压脉冲。电压脉冲经过前置放大器放大后，再经过线性放大器放大。然后，信号进入积分器，经积分后便可得到硬X射线的辐射强度随时间的演化。NaI(Tl)系统的时间分辨率为1 ms。

7.3.2.3 硬X射线能谱诊断

硬X射线能谱测量是托卡马克装置上的常规诊断系统,是托卡马克逃逸电子实验研究的重要工具,采用硬X射线探测器可以测量这些高能硬X射线,并得到逃逸电子的一些信息。由于逃逸电子产生的厚靶轫致辐射的能量必然小于或等于自身的能量,并且呈现连续分布。因此,只要对测量到的硬X射线进行脉冲高度分析(pulse height analysis,PHA),就可以估计逃逸电子的最大能量。故托卡马克硬X射线的能谱测量是对逃逸电子的能量范围和相对通量的一种间接监测,是保护装置第一壁材料的基础。

HL-2A装置上硬X射线能谱测量系统所采用的探测器是高纯锗(high-purity germanium,HPGe)探测器,该探测器能量探测范围是10 keV~5.0 MeV,能量分辨为700 eV @122 keV。HPGe探测器可以在常温下保存,但是必须液氮冷却条件下工作。图7.3.6是HPGe探测器和冷却系统。杜瓦用于存储液氮,浸泡在液氮内的铜冷指把低温传导给HPGe晶体,HPGe探测器产生的信号经前置放大器放大后输出。

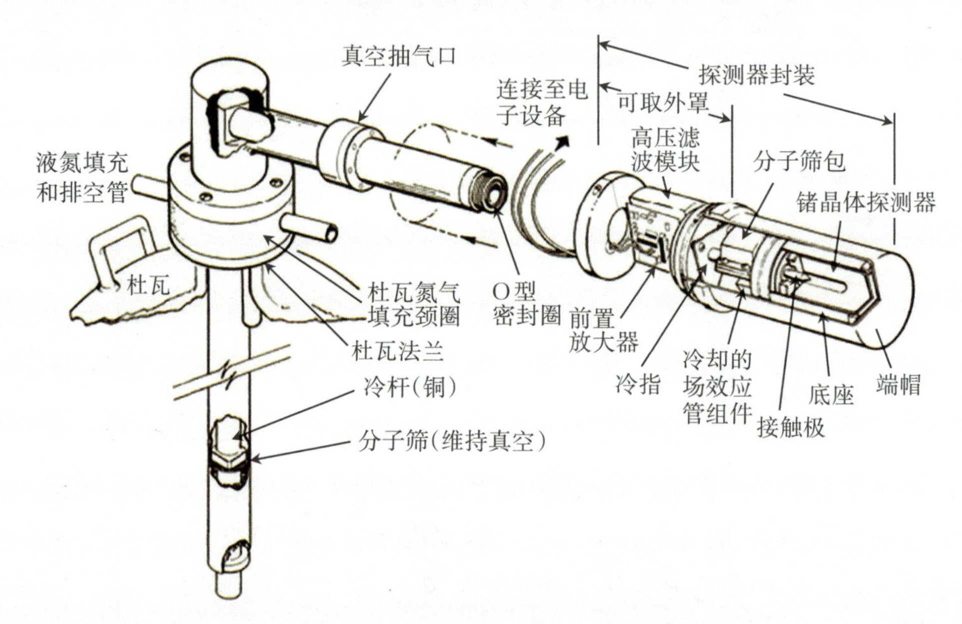

图7.3.6 HPGe探测器系统剖析图

HPGe探测器输出信号经放大后进入分时多道分析器,获得硬X射线能谱。分时多道分析器不仅具有普通多道的基本处理功能,还可以实现连续测谱,也即获得能谱随时间的演化。通过比较分时谱,可以测量出某物理过程所产生的能谱随时间的变化过程,突破了传统多道分析器无时间分辨的局限。

7.4 辐射层析重建算法

相比医学、地质等研究领域的层析重构，聚变诊断数据分析中的重构主要具有如下难点：① 由于诊断系统的昂贵和复杂，通常具有非常有限的探测视线数，这直接决定了诊断系统的空间分辨率；② 由于较强的电磁干扰和复杂的设计，聚变诊断系统的测量数据通常具有较大的系统和随机误差，造成数据分析结果具有不可忽略的不确定性；③ 聚变等离子体本身经常存在由磁流体力学不稳定性引起的高频扰动，为了实现对其动态观测，聚变诊断系统通常具有极高的采集频率，这直接影响了测量数据的信噪比。重构算法在聚变诊断中应用需要我们从这些数量有限的且具有误差的测量数据中推算出相关物理参数的空间分布，其本质是病态反演问题，即存在多个可能解或所得到的解具有不稳定性。在实际应用中，重构结果往往具有明显的不确定性，甚至存在伪像(artifact)现象，从而给我们带来虚假的物理信息。对于采用线积分测量方式的聚变诊断系统，通过实现基于贝叶斯概率理论先进重构算法的应用，提高重构结果的精确性和不确定性分析，可以有效提高相关诊断系统的物理分析能力。

聚变诊断的重构算法发展初期开发了用于圆形轴对称等离子体截面的阿贝尔(Abel)反演算法，之后开发了采用最小二乘法和傅里叶分析的算法，以及基于均衡磁位形的迭代算法(EBITA)，最小菲希信息(minimum fisher regularization)和最大熵算法(MaxEnt)。[50-54]这些算法都实现了在特定聚变装置上的实际应用，性能各有优劣。早期的算法在重构精度上普遍存在不足；之后有所改进的最大熵(MaxEnt)算法采用了耗时的非线性数值计算方法导致无法满足实时运算需求，EBITA算法则依赖于均衡磁面信息(需要通过EFIT或者VMEC计算程序获得)。2008年，Ingesson综述了主要重构算法在不同聚变诊断上应用于磁流体力学(MHD)不稳定性，偏滤器内辐射等重要物理现象的研究。[49]

7.4.1 层析反演问题

在高温等离子体诊断研究中，由于包括软X射线诊断在内的许多测量手段提供的是沿观测线的弦积分信号，因此发展可层析重建等离子体内部物理量分布的断层扫描技术对电子温度的时空分布测量、等离子体芯部磁场结构的软X射线分析、等离子体热辐射分布测量等实验研究起重要作用。借助于具有高分辨率和高适定性的层析反演变换工具，不但可以计算等离子体密度和温度的空间分布、等离子体辐射分布，还可以分析等离子体从芯部到边缘的不稳定性现象和高约束模式的内部结构。

Tomography方法是通过多组线积分的测量值，经过计算和处理重建出物体的结构层析图。探测器沿观测线所测到的辐射信号积分值为

$$f(p,\varphi)=\int_L g(r,\theta)\mathrm{d}s \tag{7.4.1}$$

式中$g(r,\theta)$是辐射强度的分布函数。重构是通过已知的观测信号$f(p,\varphi)$反演物体内部辐射强度分布$g(r,\theta)$的过程。

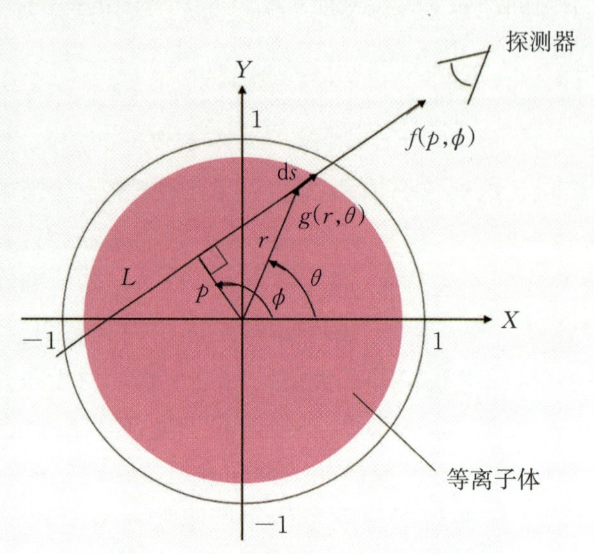

图7.4.1 $g(r,\theta)$和$f(p,\varphi)$的坐标系定义

从图7.4.1中看到，探测系统实际上是一个X光针孔相机，每个探测器接收的是发射率的弦积分信号。为了研究内部模结构，必须将弦积分信号变换成局部发射率，层析变换可以将线积分数据反演成二维发射率图像。图7.4.1是用于重建二维图像的极坐标系统，极坐标中心就是单位圆的圆心。令$g(r,\theta)$为单位圆内的软X射线发射率并规定单位圆外的发射率为零；$f(p,\varphi)$是$g(r,\theta)$沿着直线L的线积分。极坐标系统的中心定位于真空室的中心。

设源函数为$g(r,\theta)$，Randon变换为

$$f(p,\varphi)=\int_L g(r,\theta)\mathrm{d}L \tag{7.4.2}$$

式中，p、φ分别为弦到坐标原点的垂直距离和弦的垂线与X轴的夹角，有几何关系：

$$\mathrm{d}L=\frac{r\mathrm{d}r}{(r^2-p^2)^{1/2}} \tag{7.4.3}$$

将式(7.4.3)代入式(7.4.2)，得到

$$f(p,\varphi)=2\int_{p}^{\infty}g[r,\theta(p,\varphi,r)]r\mathrm{d}r/(r^2-p^2)^{1/2} \tag{7.4.4}$$

从式(7.4.4)中解出g即为Radon逆变换：

$$g(r,\theta)=\frac{1}{2\pi}2\int_{0}^{\pi}\int_{-\infty}^{\infty}[\mathrm{d}f(p,\varphi)/\mathrm{d}p]\frac{\mathrm{d}p\mathrm{d}\varphi}{r\cos(\theta-\varphi)-p} \tag{7.4.5}$$

由Radon变换及其逆变换公式可见，只要能精确地测量出弦信号$f(p,\varphi)$，就可以由式(7.4.5)反演出源函数$g(r,\theta)$，此即为我们所关心的某种物理量的分布函数。

将源函数$g(r,\theta)$及投影函数$f(p,\varphi)$在圆截面上作傅里叶展开：

$$g(r,\theta)=\sum_{m}[g_m^{\mathrm{c}}(r)\times\cos(m\theta)+g_m^{\mathrm{s}}(r)\times\sin(m\theta)] \tag{7.4.6}$$

$$f(p,\varphi)=\sum_{m}[f_m^{\mathrm{c}}(p)\times\cos(m\theta)+f_m^{\mathrm{s}}(p)\times\sin(m\theta)] \tag{7.4.7}$$

其中，$g(r,\theta)$，$f(p,\varphi)$的几何意义如图7.4.1所示。由图7.4.1可知：$\cos\alpha=\dfrac{p}{r}$，并且有

$$\theta=\begin{cases}\varphi-\alpha, & (\varphi>\alpha)\\ \varphi+\alpha, & (\varphi<\alpha)\end{cases} \tag{7.4.8}$$

将上式代入Radon变换式中，得

$$f(p,\varphi)=\int_{p}^{+\infty}\frac{g(r,\varphi-\alpha)+g(r,\varphi+\alpha)}{\sqrt{r^2-p^2}}r\mathrm{d}r \tag{7.4.9}$$

将式(7.4.6)代入式(7.4.9)得

$$\begin{aligned}f(p,\varphi)&=\sum_{m}[f_m^{\mathrm{c}}(p)\times\cos m\theta+f_m^{\mathrm{s}}(p)\times\sin m\theta]\\&=2\left\{\int_{p}^{+\infty}\frac{[g_m^{\mathrm{c}}(r)\times\cos m\theta+g_m^{\mathrm{s}}(r)\times\sin m\theta]}{\sqrt{r^2-p^2}}\times\cos(m\alpha)\times r\mathrm{d}r\right\}\end{aligned} \tag{7.4.10}$$

由上式可得

$$f_m(p)=2\times\int_{p}^{1}\frac{g_m(r)\times T(p/r)}{(r^2-p^2)^{1/2}}\times r\mathrm{d}r \tag{7.4.11}$$

式中$T_m(x)=\cos(m\times\operatorname{arcos}x)$是$m$级切比雪夫(Chebyshev)多项式。在上式中两端同乘以$T_m(p/z)\times\dfrac{z}{p}/(p^2-z^2)^{1/2}$，并对$p$从$z$到1积分，再根据积分原理交换右端的积分顺序，可以得到

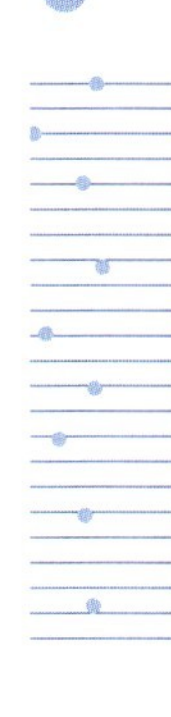

$$\int_z^1 \frac{f_m(p)\times T\left(\frac{p}{z}\right)}{p\times(r^2-p^2)^{\frac{1}{2}}}\times p\mathrm{d}p=2\int_z^1 g_m(r)\mathrm{d}r\int_z^r \frac{rzT_m\left(\frac{p}{z}\right)T_m\left(\frac{p}{r}\right)}{p\times(r^2-p^2)^{\frac{1}{2}}\times(p^2-z^2)^{\frac{1}{2}}}\mathrm{d}p \quad (7.4.12)$$

其中

$$\int_z^1 g_m(r)\mathrm{d}r\int_z^r \frac{rzT_m\left(\frac{p}{z}\right)T_m\left(\frac{p}{r}\right)}{p\times(r^2-p^2)^{\frac{1}{2}}\times(p^2-z^2)^{\frac{1}{2}}}\mathrm{d}p=\frac{\pi}{2}$$

因此式(7.4.12)变为

$$\pi\times\int_z^1 g_m(r)\mathrm{d}r=z\times\int_z^1 \frac{f_m(p)\times T_m\left(\frac{p}{z}\right)}{p\times(p^2-z^2)^{\frac{1}{2}}}\times\mathrm{d}p \quad (7.4.13)$$

上式再对两边r微分,即可得到逆变换

$$g_m(r)=-\frac{1}{\pi}\int_r^1 \frac{\mathrm{d}f_m(p)}{\mathrm{d}p}\times\frac{T_m\left(\frac{p}{r}\right)}{(p^2-r^2)^{\frac{1}{2}}}\times r\mathrm{d}p \quad (7.4.14)$$

即对应式(7.4.7)有

$$g_m^{(\mathrm{c,s})}(r)=-\frac{1}{\pi}\int_r^1 \frac{\mathrm{d}f_m^{(\mathrm{c,s})}(p)}{\mathrm{d}p}\times\frac{T_m\left(\frac{p}{r}\right)}{(p^2-r^2)^{\frac{1}{2}}}\times r\mathrm{d}p \quad (7.4.15)$$

如果上式中$m=0$,式(7.4.15)即为对称的Abel变换公式。

但对于式(7.4.15)的求解需要数值积分和数值微分,其中数值微分对实际的数据存在的噪音非常敏感。为了克服这个问题,Comack在此基础上提出了实用的反演方法。

Comack方法是在基本原理的基础上进一步将函数的径向分量$f(p)$、$g(r)$用级数展开,这一方法已得到广泛的应用。

将源函数$g(r,\theta)$的径向分量$g_m(r)$用Zernicke多项式展开:

$$g_m(r)=\sum_{i=0}^{\infty}a_m^l\times R_m^l(r) \quad (7.4.16)$$

式中,$R_m^l(r)$是Zernicke多项式:

$$R_m^l(r)=\sum_{s=0}^{l}\frac{(-1)^s\times(m+2l-s)!}{s!\times(m+l-s)!\times(l-s)!}\times r^{m+2l-2s}$$

最终可以求得

$$f_m(p)=\sum_{l=0}^{\infty}a_m^l\times\frac{2}{m+2l+1}\times\sin[(m+2l+1)\times\cos^{-1}p] \tag{7.4.17}$$

相应可得

$$g_m(r)=\sum_{l=0}^{\infty}a_m^l\times(m+2l+1)\times R_m^l(r) \tag{7.4.18}$$

这样求解辐射率$g(r,\theta)$就转化为求解系数a_m^l了。此重建方法要求具有很多不同方向的信号，只要当探测器数N超过$(2M+1)(L+1)$个未知数(M和L分别为m和l的最大值)，原则上就可以得到系数a_m^l。这种反演方法对于芯部的数据处理准确度和稳定性较好，仅在外边界上会产生不规则的毛齿现象，如图7.4.2所示。

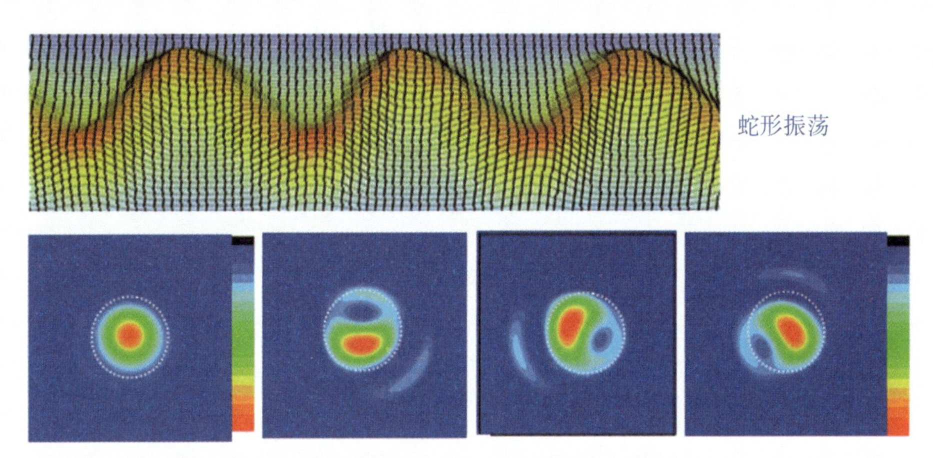

图7.4.2　Comack方法计算到的蛇形振荡周期内典型的时刻的软X射线层析变换图

由于这种反演方法在外边界上会产生不规则的毛齿现象，现在多采用Bessel函数代替Zernicke函数为径向反演函数，但实践表明改进的结果并不明显；并且这一重构方法以前只能应用于圆截面等简单截面。经过改进采用两个软X阵列信号进行计算现已可应用于椭圆截面，但所选择计算的截面须大于等离子体极向截面。

7.4.2　切比雪夫-斐利普线性变换方法

为了适应更为复杂的等离子体位型或仅对等离子体的一个特定区域进行辐射图像处理时，需要发展更为通用的二维像素法层析成像分析技术。即把等离子体辐射区域分解成一组矩形或任意形状的小区域，这些小区域即为像素元。我们设定在小像素元内的辐射率相等，辐射图像的层析变换是通过对测量信号的线性或非线性拟合，矩阵分析，最后计算出各像素点上的值，进而重构出等离子体的辐射结构。目前，在等离子体热辐射图像中，尤其是偏滤器热辐射分析中更多地采用这种更为灵活且不依赖于磁面假定的通用二维像素法层析成像分析技术。变换分析或采用切比雪夫-斐利普

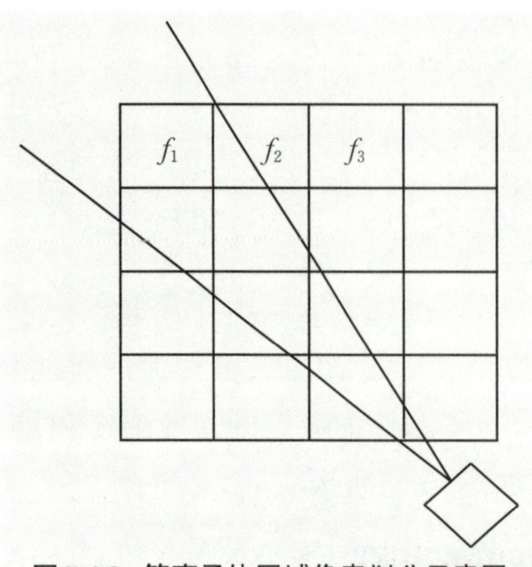

图7.4.3 等离子体区域像素划分示意图

(Tikhonov-Phillips)线性变换,或为基于最大熵的非线性变换。

如图7.4.3所示,最常用的像素元为方形的且满足在像素元内辐射率相等条件,像素元群覆盖整个探测区。任一根探测弦的亮度可表示成各像素元上的发射功率之和。切比雪夫-斐利普线性变换是通过在最小辐射分布曲率条件下的对多道测量信号进行最小二乘拟合,即求 $\gamma R+\|\boldsymbol{HF}-\boldsymbol{G}\|^2/M$ 的最小化解。其中辐射信号积分表达式为

$$\boldsymbol{HF}=\boldsymbol{G} \tag{7.4.19}$$

其中$\boldsymbol{F}$为K维未知向量,$\boldsymbol{G}$为M维数据向量,H为$M\times K$已知算子。

求得未知向量$\boldsymbol{f}$的基本方法是使得误差项:

$$\frac{1}{M}\|Hf-g\|^2 \tag{7.4.20}$$

最小,同时满足曲率R最小。

问题则简化为最小化:

$$\Lambda(\gamma)=\gamma|CG|^2+\frac{1}{M}\|Hf-g\|^2 \tag{7.4.21}$$

其中γ是拉格朗日乘子。设对$\partial\Lambda(\gamma)/\partial\boldsymbol{F}_i$为零,得到

$$(\boldsymbol{H}^{\mathrm{T}}*\boldsymbol{H}+\gamma C^{\mathrm{T}}C)*\boldsymbol{F}=\boldsymbol{H}^{\mathrm{T}}*\boldsymbol{F} \tag{7.4.22}$$

再对此方程采用高斯方法求解得到未知向量,即各像素元的辐射率F,从而得到辐射的二维分布图像。在求解中γ是拉格朗日乘子的取值标准为其值满足$\chi^2\approx M$的要求,且一般变化不大。

切比雪夫-斐利普线性变换方法具有能灵活地适应复杂的等离子体位型和无须预先假设分布的优势,尤其是适合于大中型托卡马克装置偏滤器及X点附近的热辐射分布测量。但用该方法获得的热辐射分布离散度较大,对此我们应用最小菲希信息(minimum fisher information)原理对切比雪夫-斐利普线性变换进行了改进。其要点是对切比雪夫-斐利普线性变换得到的辐射分布进行有选择的再平化处理,即对辐射率较低或辐射率变化不大的区域加大平化,而对辐射率变化强烈的区域减弱平化。

在这种图像处理变换中,需加上一个带权重的对角矩阵因子E,取为$E_{jj}=1/F'_j$,其中F为切比雪夫-斐利普线性变换得到的辐射分布。这样,量$\gamma|CG|^2$变为$\gamma|CG|^2*E$,

再经过与前述相同的线性变换得到改进的切比雪夫-斐利普变换图像。热辐射分布图像的离散度减小,更清楚地反映等离子体中热辐射分布及其演化。图7.4.4展示了利用改进的切比雪夫-斐利普方法反演后的二维等离子体辐射强度分布,以及反演后的辐射强度的分布函数计算出的赝信号与原始信号的比较(双阵列)。图中清晰展示了等离子体的特征,尤其是磁岛结构中的辐射特征(该磁岛由LHD装置外加线圈产生,用来研究等离子体在磁岛中的输运及杂质约束)。重建后的计算信号与原始测量信号基本上相符,表明重建图像具有比较高的精度,基本能够再现等离子体的辐射特征。

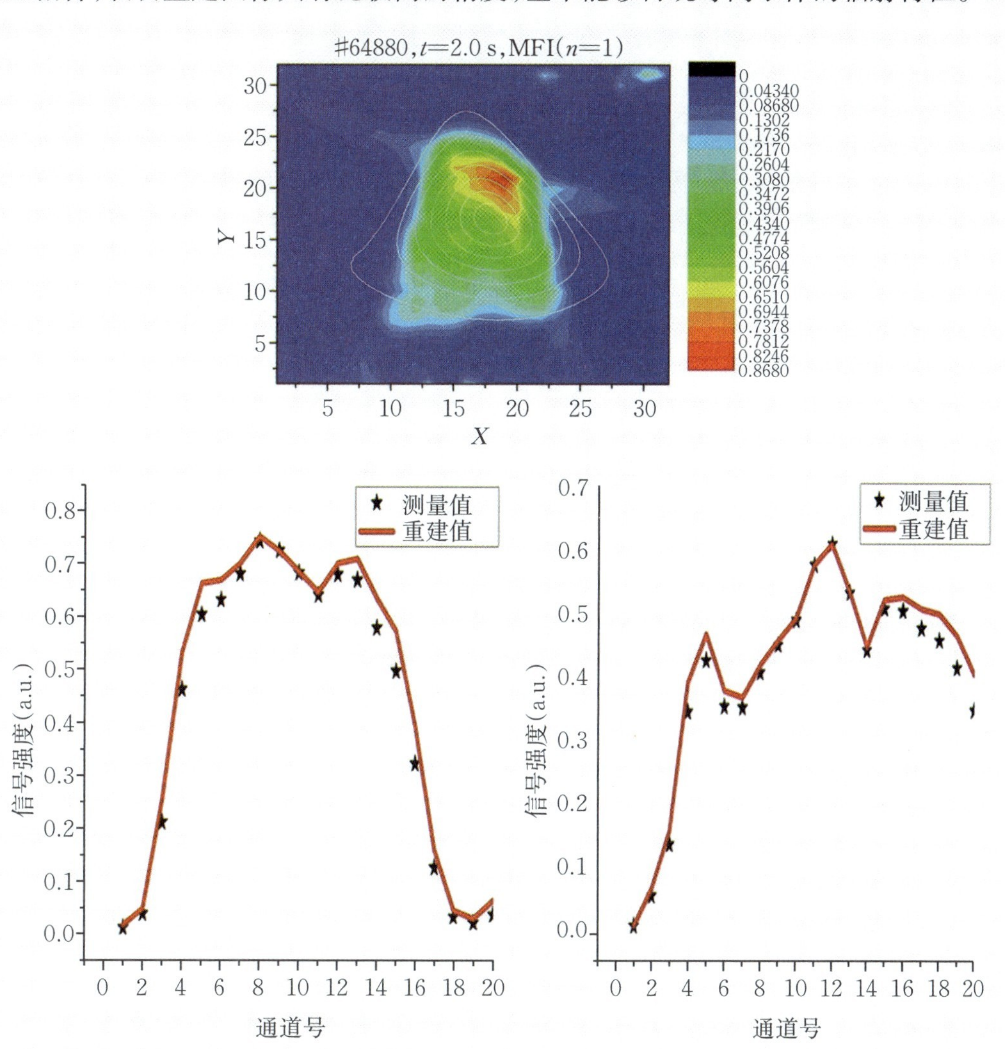

图7.4.4 切比雪夫-菲利普反演变换给出的二维等离子体辐射分布,以及反演后辐射强度的分布函数计算出的信号与原始测量信号对比(双阵列)

7.4.3 最大熵层析重建算法

NSGPT应用于W7-AS的软X射线(SXR)诊断系统,在模拟和实际数据两种情况下与最大熵(MaxEnt)重构算法进行了比较,验证了其在重构精度和不确定性分析方面的优越性。在实际应用中,NSGPT实现了对磁流体力学不稳定性和高磁压比β下的Shafranov位移的物理分析。W7-AS装置上SXR诊断系统的256道视线覆盖和NSGPT程序重构出的等离子体芯部$m=3$ MHD不稳定性模结构和在高β下的重构结果与由VMEC程序得到的均衡磁场位形的一致性比较,准确地反映出由于高β造成的明显的沙弗拉诺夫(Shafranov)位移。根据NSGPT和MaxEnt两种重构算法的比较,两种算法得到的重构结果在等离子体芯部具有很好的一致性,同时NSGPT实现了对边缘平滑度的优化调整从而避免了在MaxEnt重构结果中出现的扭曲边缘。由于诊断系统测量的有限空间分辨率(由视线道数和所观测面积共同决定)和测量误差的存在,重构结果必然存在不确定性,了解所得结果的可靠性在物理分析过程中至关重要。通过对后验概率的期望值和置信区间及其抽样分析,NSGPT可以实现对重构结果在数值和空间位置上存在的不确定的系统分析。

MaxEnt与NSGPT重建算法都基于贝叶斯概率理论,但是前者采用如下的熵先验概率形式:

$$p(\bar{f}|\alpha)=\left(\frac{\alpha}{2\pi}\right)^{N/2}\mathrm{e}^{\alpha\cdot\hat{S}},\quad \hat{S}=\sum_i\left[f_i-m_i-f_i\ln\left(\frac{f_i}{m_i}\right)\right] \tag{7.4.23}$$

其中,$\hat{S}$代表了关于物理量f的熵信息;α控制先验信息与数据拟合之间的平衡。

后验概率的最佳(即概率最大)解主要通过如下方程的最大化获得:

$$\phi(\alpha,\bar{f})=\alpha\hat{S}-\frac{1}{2}\chi^2 \tag{7.4.24}$$

χ^2表示最小二乘法拟合。

一般求解随机问题的方法都只能获得随机量的一阶和二阶统计量,而采用最大熵法可以根据随机量的低阶矩来拟合概率密度曲线。这样,我们有可能得到其统计特性的全貌,这对精确地研究随机问题提供了一个可行的方法,使随机问题的研究得到很大的发展。

最大熵法的基础是Jaynes原理:最优的概率分布是使熵在根据已知信息附加的约束条件下最大。由Jaynes原理可以看出,对于一个随机事物它最可能的概率分布是当它在已知的统计信息不全面的条件下熵最大时所确定的概率分布。对于一个随机事件来说,不可能通过有限次的观察获取它全部的统计信息。在工程实际中也无法对所研究的随机对象进行无限的观测。如何全面准确地掌握所研究的随机事物的统计信息一直是困扰学术界的难题。Jaynes原理为解决这一难题提供了一个很好的途径。要想通过有限次的观测得到随机事物较全面的统计特性,根据Jaynes原理必须求出该随机事物的熵,并在已知的统计信息不十分全面的情况下使熵最大,这样便可以给出该随机事物最可能的概率密度。对于一个连续随机变量,熵定义为

$$S = -\sum_{i=1} f(x_i) \ln [f(x_i)] \tag{7.4.25}$$

式中$f(x)$是随机变量x的概率密度函数,$f(x_i)$是离散点的概率函数。根据以上的定义可以看到熵的概念是模糊的,并且具有一定的任意性,它来源于另一个同样具有任意性并称之为信息的概念,熵被定义为信息的均值。信息是对个别X值的不确定性的度量。不确定性越大,熵也越大。利用最大熵法可以得到近似的密度函数$f(x)$。如何利用熵的概念来获得随机事物的最可能的概率密度函数呢?可以通过下面的方程来求解,即最大熵法的基本方程:

$$S_{\max} = -\int_R f(x) \ln [f(x)] \mathrm{d}x \tag{7.4.26}$$

$$\text{s.t.} \quad \int_R f(x) \mathrm{d}x = 1 \tag{7.4.27}$$

$$\int_R R x_i f(x) \mathrm{d}x = m_i \tag{7.4.28}$$

即在满足上述约束条件之下,通过调整概率密度函数$f(x)$使熵S取最大值,其中m_i为x的第i阶原点矩,其数值可由有限的样本确定。从最大熵法的基本方程来看,它是一个典型的数学规划问题。因此,我们可以采用解决求解最优问题的方法来求解最大熵法的基本方程,从而求出作为设计变量的$f(x)$的最可能的表达式。最大熵法利用所能得到的信息对概率分布做出最佳的估计。

当所有概率都相等时(我们假定可能状态的数量是有限的)熵取得最大值,因此熵的值是状态数量的对数,有一个可能的尺度因子。如果我们没有系统的额外信息,这个结果似乎是合理的。但是如果我们有额外信息,就应该求出更好的概率分布,就是说有更少的不确定性。

最大熵原理基于这种前提:在计算概率分布时,应该选择符合约束条件的导致最大剩余不确定性(即最大熵)的那个概率分布。那样就不会在计算中引入任何附加假设或偏差。

软X信号积分表达式为

$$\boldsymbol{Hf} = \boldsymbol{g} \tag{7.4.29}$$

其中$\boldsymbol{f}$为K维未知向量,$\boldsymbol{g}$为M维数据向量,$\boldsymbol{H}$为$M \times K$已知算子。

求得未知向量$\boldsymbol{f}$的基本方法是使得误差项:

$$\frac{1}{M}\left\|\boldsymbol{Hf}-\boldsymbol{g}\right\|^2 \tag{7.4.30}$$

最小，同时满足熵$S=-\sum f\ln f$最大，或其负熵最小。

问题则简化为最小化：

$$\Lambda(\gamma)=\gamma\sum_{k=1}^{K}f_k\ln f_k+\frac{1}{M}\left\|\boldsymbol{Hf}-\boldsymbol{g}\right\|^2 \tag{7.4.31}$$

其中，γ是拉格朗日乘子。

为了得到f，对$f(f_1,f_2,\cdots,f_K)$微分$\Lambda(\gamma)$，可得非线性公式：

$$\begin{aligned}F(f)&\equiv\partial\Lambda(\gamma)/\partial f\\&=\left[1+\ln f_1,1+\ln f_2,\cdots,1+\ln f_K\right]^{\mathrm{T}}+\boldsymbol{H}^{\mathrm{T}}\boldsymbol{Hf}-\boldsymbol{H}^{\mathrm{T}}\boldsymbol{g}=0\end{aligned} \tag{7.4.32}$$

由牛顿辛普森迭代式可得$f^{(n+1)}=f^{(n)}+\Delta f$，$\Delta f$为线性方程修正值。

$$\boldsymbol{J}(f^{(n)})\Delta f=-F(f^{(n)}) \tag{7.4.33}$$

其中雅克比矩阵为

$$\boldsymbol{J}(f^{(n)})=\boldsymbol{D}+\boldsymbol{H}^{\mathrm{T}}\boldsymbol{H} \tag{7.4.34}$$

对角矩阵为

$$\boldsymbol{D}=\frac{M\gamma}{2}\begin{bmatrix}1/f_1 & & 0 & \\ & 1/f_2 & & \\ & & \cdots & \\ & 0 & & 1/f_K\end{bmatrix} \tag{7.4.35}$$

$$\begin{aligned}\boldsymbol{J}(f^{(n)})^{-1}&=(\boldsymbol{D}+\boldsymbol{H}^{\mathrm{T}}\boldsymbol{H})^{-1}\\&=\boldsymbol{D}^{-1}[\boldsymbol{I}_K-\boldsymbol{H}^{\mathrm{T}}(\boldsymbol{I}_M+\boldsymbol{HD}^{-1}\boldsymbol{H}^{T})^{-1}\boldsymbol{HD}^{-1}]\end{aligned} \tag{7.4.36}$$

其中$\boldsymbol{I}_K$，$\boldsymbol{I}_M$分别为K维，M维密度矩阵

$$\boldsymbol{D}^{-1}=\frac{2}{M\gamma}\begin{bmatrix}f_1 & & 0 & \\ & f_2 & & \\ & & \cdots & \\ & 0 & & f_K\end{bmatrix} \tag{7.4.37}$$

$$(\boldsymbol{I}_M+\boldsymbol{HD}^{-1}\boldsymbol{H}^{\mathrm{T}})z=\boldsymbol{HD}^{-1}F(f^{(n)}) \tag{7.4.38}$$

$$\mathrm{GCV}(\gamma)=\frac{\varepsilon^2(\gamma)}{\left[1-\frac{1}{M}\mathrm{tr}\,A(\gamma)\right]^2} \tag{7.4.39}$$

其中$A(\gamma)\simeq\boldsymbol{H}(\boldsymbol{D}+\boldsymbol{H}^{\mathrm{T}}\boldsymbol{H})^{-1}\boldsymbol{H}^{\mathrm{T}}$，$\varepsilon^2(\gamma)=\frac{1}{M}\left\|\boldsymbol{Hf}(\gamma)-\boldsymbol{g}\right\|^2$

$$\operatorname{tr} A(\gamma)=\sum_{m=1}^{M}\frac{\lambda_m}{1+\lambda_m} \tag{7.4.40}$$

其中,λ_m是$M\times M$矩阵$\boldsymbol{HD}^{-1}\boldsymbol{H}^{\mathrm{T}}$的本征值。

最大熵法目前已应用在多个装置上的软X成像、热辐射成像研究中。图7.4.5为LHD装置上最大熵法与切比雪夫-斐利普反演变换得到的二维辐射强度分布比较。结果表明,最大熵方法在重建芯部区域的辐射结构时具有一定的优势,但是在重建边缘辐射结构时切比雪夫-斐利普方法会更好一些。

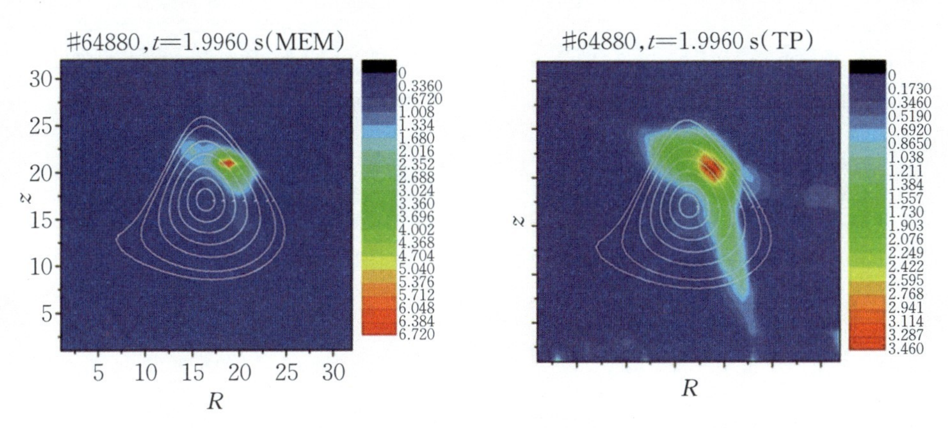

图7.4.5　最大熵法与切比雪夫-斐利普反演变换得到的二维辐射强度分布比较

7.4.4　贝叶斯层析重建算法

还有一种基于贝叶斯推断的高斯过程(Gaussian process,GP)层析反演技术,可以从有噪声的线积分测量信号中重建软X射线发射率分布。与其他数值反演技术不同的是,该技术使用高斯过程来表示发射率分布的先验概率,从而实现了一个非参数的反演模型,并且发射率分布的正则化直接受控于高斯过程先验的性质。一旦获得测量值,通过将先验概率与测量数据的似然概率相乘,可以将其更新为后验概率。假设测量值存在高斯误差,从而给出一个多元正态分布的似然模型。后验概率分布的最大值提供了一个最有可能的重建结果,而后验协方差则给出了该解的不确定性。使用高斯过程层析成像方法不需要进行非线性和数值迭代,因此可以实时应用。

为了解决层析反演问题,需要根据可用的探测线视(lines of sight,LOS)的覆盖范围和发射区的实际范围确定重建区域,将反演区域离散为多个像素。原则上,希望重建区域尽可能大,以获得更广泛区域的信息,但这受到LOS的覆盖范围的限制。因为包括覆盖范围以外的区域往往会增加最终解的全局不确定性。另一方面,选择太小的重建区域会导致排除区域的信息丢失,而这些区域可能存在较大的发射水平。离散化可以将反演问题转换为矩阵形式:

$$\boldsymbol{d}_M = \boldsymbol{R}R_{M\times N}\cdot\boldsymbol{f}_N + \varepsilon \tag{7.4.41}$$

其中的M和N分别是探测通道和离散像素的数量，向量$\boldsymbol{f}_N$由等离子体区域离散化后所有像素的发射率组成。由于未知变量的数量远大于约束条件的数量，反演求解$\boldsymbol{f}_N$通常被归为不适定问题，可能存在许多可能的解。此外，反演过程中的矩阵算子可能会放大噪声项$\boldsymbol{\varepsilon}$，导致解的不稳定性。要解决这样的一个不适定问题，除了测量数据的约束外，还需要对解进行先验正则化。到目前为止，各种各样的正则化概念已经被开发出来，并应用于不同的层析反演算法中，以加强重演结果的对称性和光滑性等物理特征。实际应用中，必须要评估数据约束和先验正则化之间的平衡来选择最可能的解决方案。贝叶斯概率论为这种层析成像方法提供了一个框架，它允许用以下的贝叶斯定理来求解式(7.4.42)的反演问题：

$$p\left(\boldsymbol{f}_N \mid \boldsymbol{d}_M, \boldsymbol{\theta}, \varepsilon, I\right) = \frac{p\left(\boldsymbol{d}_M \mid \boldsymbol{f}_N, \varepsilon, I\right)\times p\left(\boldsymbol{f}_N \mid \boldsymbol{\theta}, I\right)}{p\left(\boldsymbol{d}_M \mid \boldsymbol{\theta}, \varepsilon, I\right)} \tag{7.4.42}$$

在上式中，所有变量都以概率的形式表示。具体来说，$\boldsymbol{f}_N$的先验概率$p(\boldsymbol{f}_N \mid \boldsymbol{\theta}, I)$具有模型参数$\boldsymbol{\theta}$；似然概率$p\left(\boldsymbol{d}_M \mid \boldsymbol{f}_N, \varepsilon, I\right)$是指从特定解中以方差$\varepsilon^2$再现测量数据的概率。$I$为模型和实验相关的背景信息，例如校准过程和仪器状态。从本质上讲，先验概率和似然概率分别发挥正则化和数据约束的作用，通过使用奥卡姆剃刀(Occam's Razor)原理最大化证据项$p(\boldsymbol{d}_M \mid \boldsymbol{\theta})$来实现两者的平衡。最大后验解(maximum posterior, MAP)对应于高斯分布的最高概率密度，它提供了一个最可能的解，其不确定性由标准差给出。

在高斯过程反演(Gaussian process tomography, GPT)模型中，使用高斯过程来表示式(7.4.42)中的先验概率，使得$\boldsymbol{f}_N$服从多维高斯分布，其均值向量和协方差矩阵分别为$\boldsymbol{m}_f$和$\boldsymbol{\Sigma}_f$，

$$p\left(\boldsymbol{f}_N \mid \boldsymbol{\theta}\right) = \frac{1}{(2\pi)^{\frac{N}{2}}\left|\boldsymbol{\Sigma}_f\right|^{\frac{1}{2}}} \times \exp\left[-\frac{1}{2}\left(\boldsymbol{f}_N - \boldsymbol{m}_f\right)^{\mathrm{T}}\boldsymbol{\Sigma}_f^{-1}\left(\boldsymbol{f}_N - \boldsymbol{m}_f\right)\right] \tag{7.4.43}$$

在上式中，协方差矩阵$\boldsymbol{\Sigma}_f$可以由平方指数核函数得到

$$k\left(\boldsymbol{r}_i, \boldsymbol{r}_j\right) = \sigma_f^2 \exp\left(-\frac{\left|\boldsymbol{r}_i - \boldsymbol{r}_j\right|^2}{2\sigma_l^2}\right) \tag{7.4.44}$$

测量信号$\boldsymbol{d}_M$的最小二乘拟合对应于多元高斯分布的似然函数：

$$p\left(\boldsymbol{d}_M \mid \boldsymbol{f}_N, \boldsymbol{\theta}\right) = \frac{1}{(2\pi)^{\frac{M}{2}}\left|\boldsymbol{\Sigma}_d\right|^{\frac{1}{2}}} \times \exp\left[-\frac{1}{2}\left(\boldsymbol{R}\boldsymbol{f}_N - \boldsymbol{d}_M\right)^{\mathrm{T}}\boldsymbol{\Sigma}_d^{-1}\left(\boldsymbol{R}\boldsymbol{f}_N - \boldsymbol{d}_M\right)\right] \tag{7.4.45}$$

在式(7.4.45)中,对角矩阵$\boldsymbol{\Sigma}_d$的元素将数据方差定义为测量中所受到的误差。根据两个多元高斯分布的乘积法则,将先验和似然概率相乘得到后验概率,其后验均值和方差为

$$\boldsymbol{m}_f^{\text{post}}=\boldsymbol{m}_f+\left(\boldsymbol{R}^{\mathrm{T}}\boldsymbol{\Sigma}_d^{-1}\boldsymbol{R}+\boldsymbol{\Sigma}_f^{-1}\right)^{-1}\boldsymbol{R}^{\mathrm{T}}\boldsymbol{\Sigma}_d^{-1}\left(\boldsymbol{d}_M-\boldsymbol{R}\boldsymbol{m}_f\right) \tag{7.4.46}$$

$$\boldsymbol{\Sigma}_f^{\text{post}}=\left(\boldsymbol{R}^{\mathrm{T}}\boldsymbol{\Sigma}_d^{-1}\boldsymbol{R}+\boldsymbol{\Sigma}_f^{-1}\right)^{-1} \tag{7.4.47}$$

因为$\boldsymbol{m}_f^{\text{post}}$对应于MAP估计,它提供了最可能的解决方案,以及对应的后验协方差$\boldsymbol{\Sigma}_f^{\text{post}}$给出的不确定度。在实际应用中,等离子体中心可设置较小的平滑度,有利于精细结构的恢复,这对应平方指数核函数的非平稳扩展。同时,将相对较大的平滑度设置为等离子体中心。一般情况下,平滑度从等离子体中心附近的最大值增加到等离子体边界附近的最小值。

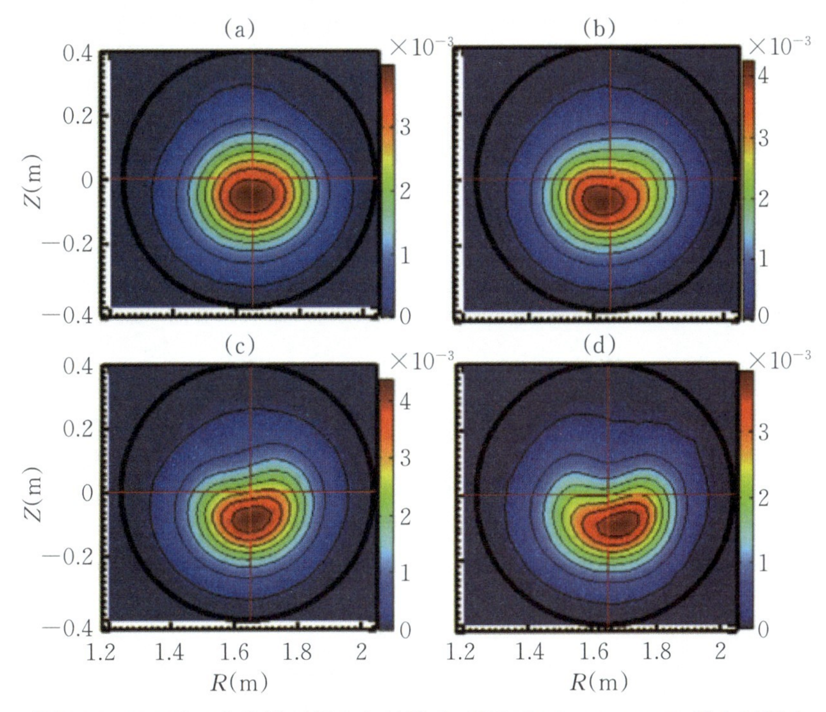

图7.4.6 SXR在4个连续时间点上的重建,显示了HL-2A #21589放电过程中长寿模(long-lived mode)的动态变化

(a) $t=555.93$ ms (b) $t=555.94$ ms (c) $t=555.95$ ms (d) $t=555.96$ ms

目前,以贝叶斯概率理论为基础的高斯过程层析反演技术已经被成功应用于HL-2A软X射线诊断系统中。在稳定放电时段内,通过该方法得到的软X射线重构结果与平衡磁场位型在空间位置和几何形状上基本一致,图7.4.6用高斯过程反演分析了HL-2A放电过程中长寿模(long-lived mode,LLM)的动态变化。

参考文献

[1] 项志遴,俞昌旋,高温等离子体诊断技术[M]. 上海:上海科学技术出版社,1988.

[2] Wesson John. Tokamaks[M]. 4th ed. Oxford: Oxford Science Publication, 2011.

[3] Pitts R A, et al. Physics basis for the first ITER tungsten divertor[J]. Nuclear Materials and Energy, 2019 (20): 100696.

[4] 李雪泓,李伟,刘仪. HL-2A等离子体的热辐射测量[J]. 核聚变与等离子体物理, 2009, 29(1):6.

[5] Duan Y M, Hu L Q, Mao S T, et al. The resistive bolometer for radiated power measurement on EAST[J]. Review of Scientific Instruments, 2012, 83(9):744.

[6] Mast K F, et al. Bolometric diagnostics in JET[J]. Review of Scientific Instruments, 1985, 56(5):969-969.

[7] Penzel F, Meister H, Bernert M, et al. Automated in situ line of sight calibration of ASDEX Upgrade bolometers[J]. Fusion Engineering and Design, 2014, 89 (9-10): 2262-2267.

[8] Reinke M L, Hutchinson I H. Two dimensional radiated power diagnostics on Alcator C-Mod[J]. Review of Scientific Instruments, 2008, 79(10):261.

[9] Peterson B J, et al. Bolometer diagnostics for one- and two-dimensional measurements of radiated power on the Large Helical Devie[J]. Physics & Controlled Fusion, 2003, 45: 1167.

[10] Joye B, Marmillod P, Nowak S. Multichannel bolometer for radiation measurements on the TCA tokamak[J]. Review of Scientific Instruments, 1986, 57(10):2449-2454.

[11] Leonard A W, Meyer W H, Geer B, et al. 2D tomography with bolometry in DⅢ-D (abstract)[J]. Review of Scientific Instruments, 1995, 66(1):664.

[12] Peterson B J, Kostrioukov A Y, Ashikawa N, et al. Bolometer diagnostics for one- and two-dimensional measurements of radiated power on the Large Helical Device[J]. Plasma Physics & Controlled Fusion, 2003, 45(7):1167.

[13] Muller E R, Mast F. A new metal resistor bolometer for measuring vacuum ultraviolet and soft X radiation[J]. Japanese Journal of Applied Physics, 1984, 55(7): 2635.

[14] Pandya S N, Peterson B J. Design considerations for an infrared imaging video bolometer for observation of 3d radiation structures of detached lhd plasmas[J]. Plasma & Fusion Research, 2017(10):1585.

[15] Gao J M, et al. Preliminary design of the AXUV diode measurements for the HL-2M tokamak[J]. Fusion Engineering and Design, 2020(161): 111904.

[16] Bernert M, Eich T, Burckhart A, et al. Application of AXUV diode detectors at ASDEX

Upgrade[J]. Review of Scientific Instruments, 2014, 53(3):104003-104161.

[17] Hutchinson I H. Principles of plasma diagnostics[M]. Cambridge: Cambridge University Press, 1987.

[18] Ding R, Rudakov D L, Stangeby P C, et al. Advances in understanding of high-Z material erosion and re-deposition in low-Z wall environment in DⅢ-D[J]. Nuclear Fusion, 2017 (5):57.

[19] Loarte A, Saibene G, Sartori R, et al. Characteristics of type I ELM energy and particle losses in existing devices and their extrapolation to ITER[J]. Plasma Physics & Controlled Fusion, 2003, 45(9):1549.

[20] Charpak G, Bouclier R, Bressani, et al. The use of multiwire proportional counters to select and localize charged particles[J]. Nuclear Instruments & Methods, 1999, 62(3): 262-268.

[21] Oed A. Position-sensitive detector with microstrip anode for electron multiplication with gases [J]. Nuclear Instruments and Methods in Physics Research Section a Accelerators Spectrometers Detectors and Associated Equipment, 1988, 263(2-3):351-359.

[22] Sauli F. GEM: a new concept for electron amplification in gas detectors: science direct[J]. Nuclear Instruments and Methods in Physics Research Section A: Accelerators, Spectrometers, Detectors and Associated Equipment, 1997, 386(2-3):531-534.

[23] Benlloch J, Bressan A, M, Capeáns, et al. Further developments and beam tests of the gas electron multiplier (GEM)[J]. Nuclear Instruments & Methods in Physics Research, 1998, 419(2-3):410-417.

[24] Bondar A, Buzulutskov A, Sauli F, et al. High- and low-pressure operation of the gas electron multiplier[J]. Nuclear Instruments & Methods in Physics Research, 1999, 419(2-3): 418-422.

[25] Pacella D, Pizzicaroli G, Leigheb M, et al. Fast X-ray imaging of the national spherical tokamak experiment plasma with a micropattern gas detector based on gas electron multiplier amplifier[J]. Review of Scientific Instruments, 2003, 74(3):2148-2151.

[26] Pacella D, Leigheb M, Bellazzini R, et al. Soft X-ray tangential imaging of the NSTX core plasma by means of an MPGD pinhole camera[J]. Plasma Physics & Controlled Fusion, 2004, 46(7):1075.

[27] Cordella F, Choe W, Claps G, et al. Results and performances of X-ray imaging GEM cameras on FTU (1-D), KSTAR (2-D) and progresses of future experimental set up on W7-X and EAST facilities[J]. Journal of Instrumentation, 2017, 12(10):C10006-C10006.

[28] Pasini D, Gill R D, Holm J, et al. JET X-ray pulse-height analysis system[J]. Review of Scientific Instruments, 1988, 59(5):693-699.

[29] Hill K W, Bitter et al. Tokamak fusion test reactor prototype X-ray pulse-height analyzer diagnostic[J]. Review of Scientific Instruments, 1985, 56(5): 840.

[30] Hill K W, Adler H, Bitter M, et al. Analysis of nuclear-radiation-induced noise in spectroscopic and X-ray diagnostics during high power deuterium-tritium experiments on the tokamak fusion test reactor[J].Review of Scientific Instruments, 1995, 66(1):913-915.

[31] Cruz D F D, Meijer J H, Donne A J H. Electron velocity distributions measured with soft X-ray PHA at RTP[J].Review of Scientific Instruments, 1992, 63(10):5026-5028.

[32] 宋先瑛，杨进蔚，廖敏. 硅漂移探测器电子温度测量系统研制[J]. 中国核科技报告，2007, (2): 65-72.

[33] 张铁泼，杨进蔚，宋先瑛，等. HL-2A装置SDD软X射线能谱测量结果[J]. 核聚变与等离子体物理，2008, 28(1): 11-16.

[34] 张铁泼，刘仪，杨进蔚，等. HL-2A装置SDD软X射线PHA阵列实验结果[J]. 核聚变与等离子体物理，2010, 30(2): 97-102.

[35] 许平，林士耀，胡立群，等. EAST全超导托卡马克上硅漂移探测器软X射线能谱诊断[J]. 原子能科学技术，2010, 44(6): 757-763.

[36] 张继宗，潘国强，胡立群，等. EAST上软X射线能谱诊断系统的研制[J]. 核技术，2014, 37(7): 070401.

[37] Hill K W, Adler H, Bitter M, et al. Analysis of nuclear-radiation-induced noise in spectroscopic and X-ray diagnostics during high power deuterium: tritium experiments on the tokamak fusion test reactor[J]. Review of Scientific Instruments, 1995, 66(1):913-915.

[38] Jin W, Ding Y H, Rao B, et al. Dependence of plasma responses to an externally applied perturbation field on MHD oscillation frequency on the J-TEXT tokamak[J]. Plasma Physics & Controlled Fusion, 2013, 55(3):197-214.

[39] Chen Z, Wan B, Lin S, et al. Measurement of the non-thermal bremsstrahlung emission between 20 and 7000 keV in the HT-7 tokamak[J]. Nuclear Instrument & Methods in Physics Research A, 2006, 560(2):558-563.

[40] Zhang Y P, Liu Y, Song X Y, et al. Measurements of the fast electron bremsstrahlung emission during electron cyclotron resonance heating in the HL-2A tokamak[J]. Review of Scientific Instruments, 2010, 81(10):B253.

[41] Imbeaux F, Lister J B, Huysmans G T A, et al. A generic data structure for integrated modelling of tokamak physics and subsystems[J]. Computer Physics Communications, 2010, 181(6):987-998.

[42] Peysson Y, Imbeaux F. Tomography of the fast electron bremsstrahlung emission during lower hybrid current drive on TORE SUPRA[J]. Review of Scientific Instruments, 1999, 70(10):3987-4007.

[43] Zhang Y P, Liu Y, Song X Y, et al. Measurements of the fast electron bremsstrahlung emission during electron cyclotron resonance heating in the HL-2A tokamak[J]. Review of Scientific Instruments, 2010, 81(10): B253.

[44] Von Goeler S, Jones S, Kaita R, et al. Camera for imaging hard x rays from suprathermal electrons during lower hybrid current drive on PBX-M[J]. Review of Scientific Instruments, 1994, 65(5):1621-1630.

[45] Peysson Y, Imbeaux F. Tomography of the fast electron bremsstrahlung emission during lower hybrid current drive on TORE SUPRA[J]. Review of Scientific Instruments, 1999, 70(10):3987-4007.

[46] Savrukhin P V. Generation of suprathermal electrons during magnetic reconnection at the sawtooth crash and disruption instability in the T-10 tokamak[J]. Physical Review Letters, 2001, 86(14):3036-3039.

[47] Liptac J, Parker R, Tang V, et al. Hard X-ray diagnostic for lower hybrid experiments on Alcator C-Mod[J]. Review of Scientific Instruments, 2006, 77(10):3987.

[48] Gnesin S, Decker J, Coda S, et al. 3rd harmonic electron cyclotron resonant heating absorption enhancement by 2nd harmonic heating at the same frequency in a tokamak[J]. Plasma Physics & Controlled Fusion, 2012, 54(3):035002.

[49] Ingesson L C, Alper B, Peterson B J, et al. Tomography diagnostics: bolometry and soft-X-ray detection[J]. Fusion Science & Technology, 2008, 53(2):528-576.

第8章 聚变产物测量

聚变研究装置上等离子体诊断的目的是给装置保护、运行和维护提供必要的参数，同时为聚变物理研究提供参数。聚变产物包括中子、α粒子和γ射线，对其通量、能量和空间分布测量可以诊断聚变反应的信息。

中子诊断从聚变研究开始就起着非常重要的作用。在早期实验中，中子诊断用来确认等离子体内离子之间核反应的发生，可以探测中子的不同来源（是逃逸、束靶反应还是热核聚变反应等）。中子是氘-氘反应和氘-氚反应的标记产物，是核聚变反应发生的直接标志，中子产额是衡量聚变功率高低的重要标准。而且中子不带电，穿透力极强，输运过程不受等离子体区域电磁场的影响，因此，中子探测器可以在反应容器外部完成测量。相比之下，快电子、质子、粒子等均会因为电磁场的作用而改变动力学信息，X射线也会由于等离子体和某些高Z杂质的吸收和反射而发生改变。中子诊断已经发展成为聚变诊断项目中非常重要的一项，具有不可替代的优势，主要体现在以下几个方面：

① 中子是聚变反应的直接产物，中子诊断能直接给出芯部等离子体区域参与核聚变反应过程的燃料离子的信息，且不受到等离子体芯部温度、密度的影响。

② 聚变装置是一个非常强的中子和γ射线混合场，中子、γ注量和能谱分布可以给装置运行提供热辐射、剂量数据，这对于装置稳定运行和生物防护非常重要，也为未来聚变装置的退役工作提供有效的剂量数据。

③ 未来，商业聚变反应堆提供的热能完全由聚变反应产生的中子提供，中子诊断将为聚变反应堆的能量转换包层设计提供必要的参数。

④ 聚变反应堆所需要的氚燃料需要利用聚变中子与第一壁中的Li、Be材料核反应来产生，即氚增殖，中子诊断的数据能用于指导氚增殖包层的设计和研究。

聚变等离子体中有多种反应可以产生γ射线，对γ射线的测量可以诊断等离子体芯部的核反应。另外，聚变还产生阿尔法粒子（即^{4}He），其不仅是聚变产物，而且还是氘-氚聚变得以自持所必需的高能量粒子，对阿尔法粒子的探测和研究也是关系到自持聚变反应的一大物理课题。

8.1 中子通量及聚变功率测量

中子通量诊断，是最先发展、最基础也是最重要的中子诊断手段。它是指测量瞬时的或者时间积分的中子通量。测量手段主要有两种，一种是基于中子探测技术的中子探测器，另一种是基于中子活化片技术的中子活化系统，前者又可以分为气体探测器（例如，^{3}He中子计数管、^{235}U裂变室和^{238}U裂变室）和闪烁体探测器（例如反冲质子有机闪烁体）。通过测量聚变中子通量可以研究聚变装置的输出功率，而快时间分辨的中子通量诊断可以研究MHD不稳定性对离子温度、密度和等离子体约束状态的影响，研究快离子慢化的时间尺度等。

8.1.1 探测器测量法

中子与装置真空室、线圈和其他设备的材料反应会产生大量γ射线，气体探测器抗γ射线性能较强，结果可靠，是聚变装置上主要的中子通量测量探测器。常用的探测器有^{3}He正比计数管、BF_3正比计数管、^{235}U裂变室和^{238}U裂变室等，其灵敏度大体上依次降低。

^{3}He正比计数管、BF_3正比计数管、^{235}U裂变室三种探测器灵敏材料的快中子截面远远大于热中子，为了提高对快中子的探测灵敏度，典型的探测器模块结构如图8.1.1左图所示。

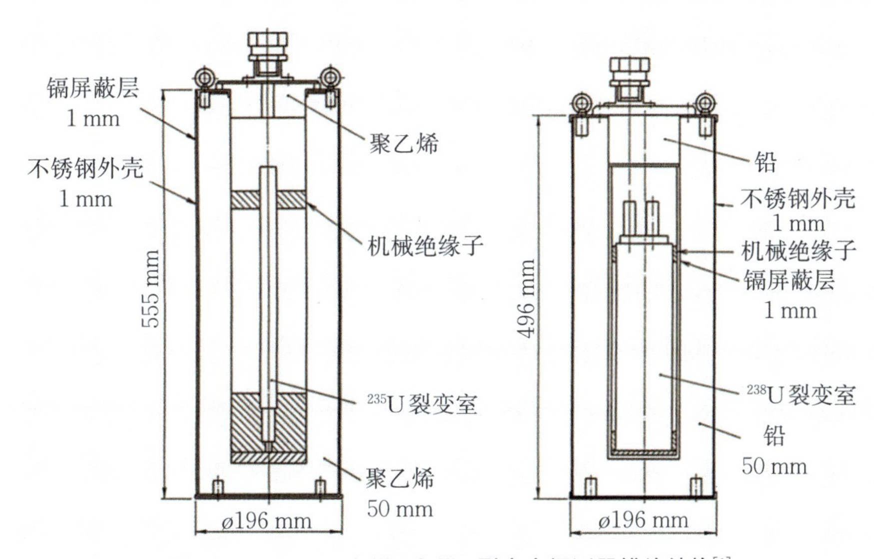

图8.1.1 JT-60U上^{235}U和^{238}U裂变室探测器模块结构[1]

聚乙烯或者其他慢化剂材料慢化层：慢化快中子成为热中子，热中子与气体探测器反应；

铅层：屏蔽伴随γ射线，降低γ射线的影响；

热中子吸收层：中子被装置和屏蔽墙各种材料多次散射变成热中子，使用硼、镉或类似材料吸收热中子，降低热中子对探测器的影响。

而^{238}U和^{232}Th裂变室主要依靠快中子诱发的裂变反应，典型的^{238}U裂变室探测器模块如图8.1.1右图所示。

铅层：屏蔽γ射线，降低γ射线的影响；

热中子吸收层：热中子可与^{238}U发生(n,γ)反应，继而产生^{239}Pu，利用镉或类似材料吸收热中子，降低热中子对探测器的影响。

在大中型托卡马克中子通量测量中，通常通过组合这些不同类型、不同灵敏度的探测器来实现中子通量测量的宽量程，也可以通过在不同距离上布置的方式来拓展量程。TFTR[2]上总共使用了7个裂变室来监测中子通量，包括4支^{235}U裂变室，2支^{238}U裂变室和1支^{232}Th裂变室。灵敏度最高的是2个含铀1.3 g的^{235}U裂变室，它们被安装在TFTR托卡马克的2个相对的窗口，一支位于C窗口，另一支位于M窗口，这2个窗口在环向上相隔180°。另外2个^{235}U裂变室含铀0.01 g，灵敏度降低了约2个数量级，它们被安装在另外的2个相对的窗口H和R。这4个^{235}U探测器均匀地分布在TFTR装置的环向方向上。2支^{238}U裂变室分别含铀1.3 g和0.3 g，它们的灵敏度相差4倍，还有一支^{232}Th裂变室，都布置在C窗口附近。最灵敏的2个^{235}U裂变室通过氘氚中子发生器进行了效率标定，标定过程中，氘氚中子发生器在真空室内沿着环向移动。由于氘氚发生器本身结构对中子的散射和吸收，中子能量和空间分布各向异性，但这对标定影响不大，因为托卡马克等离子体远大于标定源，标定时中子分布主要受托卡马克结构散射。

JET[3-4]也主要利用裂变室测量中子通量和聚变功率。总共有3组探测器（每组包括一个^{235}U裂变室和一个^{238}U裂变室），测量JET周围的中子通量分布，如图8.1.2所示。它们的测量范围总结在表8.1.1中，^{235}U裂变室的工作范围为氘氘实验和低功率氘氚实验，^{238}U裂变室的测量范围为高功率氘氚实验。

表8.1.1　JET上中子通量诊断的工作范围

诊断系统	DD	DT＜2 MW	DT＞2 MW
裂变室^{235}U	是	是	否
裂变室^{238}U	否	是	是

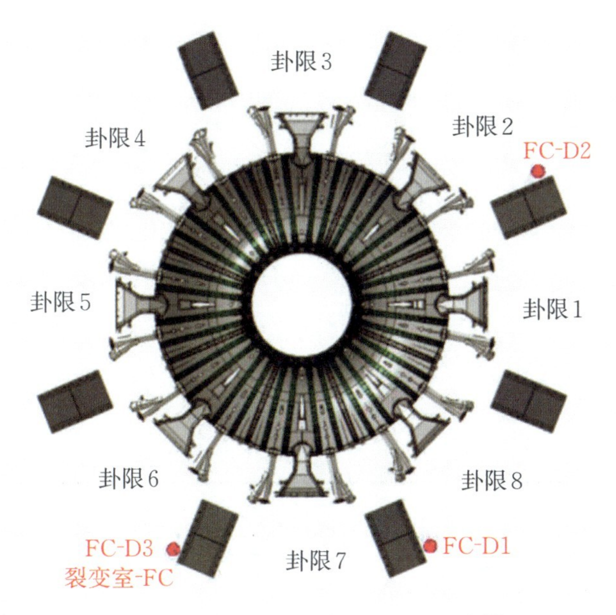

图8.1.2 裂变室JET中平面上的分布[4]

在JT-60U[5]装置上，中子产额的实时监测是通过^{235}U和^{238}U裂变室以及^{3}He正比计数管来实现。^{3}He正比计数管的灵敏度很高，使用^{252}Cf中子源进行了效率标定，可以在氘氘放电实验与其他探测器进行交叉标定。

EAST[6]装置的中子通量测量系统包括4支^{3}He正比计数管和1支^{235}U裂变室，中子产额测量范围约为每秒10^{10}个到每秒10^{14}个。HL-2A[7]装置中子通量系统包括2支^{3}He正比计数管、1支BF_3正比计数管和1支^{235}U裂变室，中子产额测量范围约为每秒10^{7}~10^{13}个。这两个装置的气体探测器均能充分测量各种氘氘聚变实验中的中子通量和聚变功率，包括欧姆加热实验和采用各种辅助加热手段的实验。

8.1.2 样品活化测量法

中子产额诊断分为时间分辨的中子产额诊断和时间积分的中子产额诊断两类。前者能够获得中子产额随等离子体放电波形的实时演化，可用于聚变等离子体物理研究以及未来反应堆运行安全控制。后者是中子产额绝对测量的标准方法之一，可用于其他中子产额诊断的相对标定。这两类诊断方法是未来磁约束聚变反应堆运行的基本诊断。中子产额时间积分测量通常使用中子活化法实现。

中子活化法具有体积小、对γ射线不灵敏和费用低的优点，并能容许暴露在其他探测器所不能工作的极端环境中，又不需要电缆与外界相连，特别适合狭窄地点的测量。使用中子活化方法来确定测量点处的中子积分通量在中子计量学中已有很长的历史，该方法能够覆盖从热中子到20 MeV能量范围内的中子。在聚变研究装置上应用中子

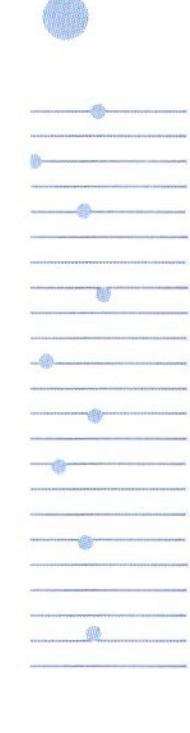

活化法时，并不需要覆盖很宽范围能量的中子，主要的测量目标是能量为2.45 MeV和14 MeV的中子。

8.1.2.1 测量原理

部分稳定核素被中子辐照后会生成放射性核素，进而发生衰变放出β或γ射线。中子活化法测量聚变中子总产额就是利用中子与特定的材料样品发生活化反应后，测量样品退激时特征γ射线的强度来获得总的照射中子数，再乘以装置中子原位刻度系数，便可得到测量时间段内中子总产额。图8.1.3为活化材料受到辐射照射后，产生的放射性核素数量随时间的变化。式(8.1.1)为根据测得的特征γ总计数推算中子产额的公式。

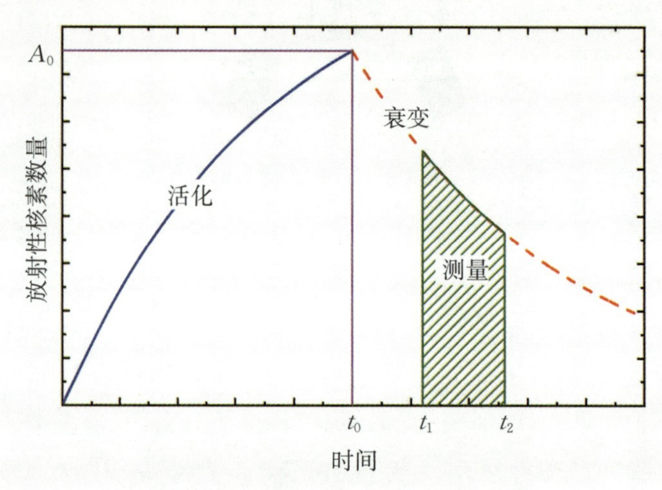

图8.1.3 放射性核素的数量变化曲线

$$\text{中子产额}=\frac{C\cdot\lambda\cdot e^{\lambda(t_1-t_0)}}{\varepsilon\cdot N\cdot\sigma\cdot(1-e^{-\lambda t_0})\cdot(1-e^{-\lambda t_c})\cdot\eta} \tag{8.1.1}$$

式中，C为探测器特征γ射线总计数；λ为放射性核素衰变常数；t_0为辐照时间；t_1-t_0为冷却时间；$t_c=t_2-(t_1-t_0)$为测量时长；ε为探测器对特征γ射线的探测效率；N为样品原子总数；σ为中子与活化片原子核微观反应截面；η为中子原位刻度系数。

中子活化法不受电磁场干扰、不存在饱和堆积与探测效率衰减等问题，是聚变中子产额绝对测量的标准方法。然而，该方法也存在一些缺点：

响应时间较长：中子活化系统通常需要一定的时间来进行测量和分析，这导致了响应时间较长；

不适用于在线监测：由于测量和分析过程需要较长时间，中子活化系统通常不适用于实时或在线监测；

较复杂的标定：中子活化系统的数据分析需要完成较复杂的伽马能谱仪标定实验

和中子原位标定实验,以从活化产物的测量结果推算出中子产额。

通过改变活化样品片质量,能容易地实现中子产额的宽范围测量需求。通过选择不同反应阈能的活化样品片,可分别测得氘氘和氘氚聚变中子的产额。氘氘和氘氚聚变中子活化测量常用的核反应见表8.1.2。

表8.1.2 氘氘和氘氚聚变中子活化测量常用的核反应

氘 氘 聚 变 中 子			氘 氚 聚 变 中 子		
核反应	阈能/MeV	产物半衰期	核反应	阈能/MeV	产物半衰期
$^{47}Ti(n,p)^{47}Sc$	1.8	80.4 h	$^{27}Al(n,\alpha)^{24}Na$	5.4	15 h
$^{58}Ni(n,p)^{58}Co$	1.0	70.9 d	$^{28}Si(n,p)^{28}Al$	5.0	2.25 min
$^{64}Zn(n,p)^{64}Cu$	0.6	12.7 h	$^{56}Fe(n,p)^{56}Mn$	4.5	2.6 h
$^{115}In(n,n')^{115m}In$	0.5	4.5 h	$^{63}Cu(n,2n)^{62}Cu$	11.0	9.75 min
			$^{93}Nb(n,2n)^{92m}Nb$	9.0	10.2 d

8.1.2.2 测量系统

中子活化测量系统通常由活化片、传送系统、运行控制单元和伽马能谱仪组成,图8.1.4展示了EAST装置上的中子活化系统。为避免装置运行时产生的γ射线或中子影响探测系统,通常将探测系统布置在远离装置的区域。因此,中子活化系统需要一套气动传送系统用于将辐照后的活化片送至测量系统处。活化片由活化材料及其容器组成。将活化材料加工为特定形状后,用容器包裹,以便于传送系统来回传送样品。活化材料的选择需综合考虑中子通量、反应截面、产物半衰期和特征γ射线能量。依据中子通量和反应截面粗略计算活化产物的产生率。再根据产物半衰期和探测器对特

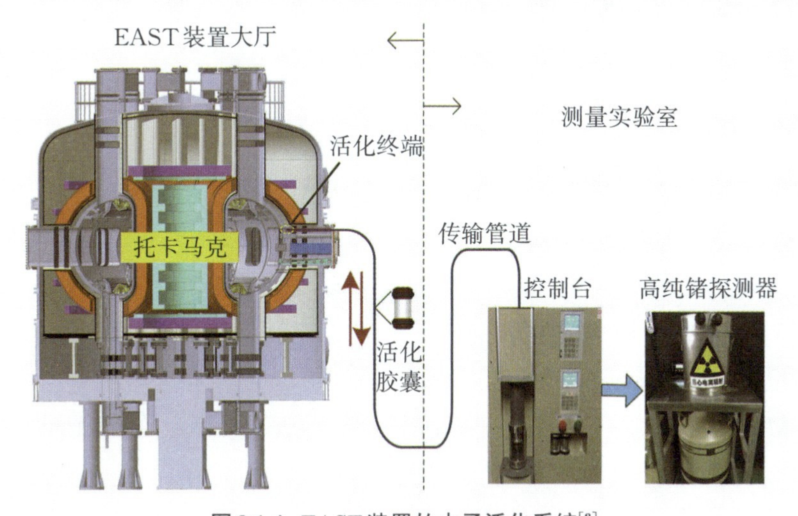

图8.1.4 EAST装置的中子活化系统[8]

征γ射线的探测效率,可计算出探测器的计数率。为保证测量精度,应使探测器的计数率足够高,但同时不能高于探测系统电子学的限制。

活化产物放出的特征γ射线通常使用高纯锗探测器测量。高纯锗探测器是一种半导体探测器,能量分辨率很高。对 ^{60}Co 源的 1.332 MeV 的γ射线,能量分辨能达 1.6～1.8 keV。因此,高纯锗探测器能在复杂的能谱中精确识别特征γ射线的峰位,并统计特征γ射线的计数。

由式(8.1.1)可知,为测量出中子产额,需要确定伽马能谱仪对特征γ射线的探测效率ε。因此,需要对伽马能谱仪进行以下标定工作:

能量标定:为将γ射线的能量和多道分析器的道数对应起来,需要对伽马能谱仪进行能量标定。使得通过分析测量的脉冲幅度谱,识别出特征γ射线。当调整了伽马能谱仪的增益或多道分析器的设置后,都应该重新进行能量标定。该标定使用已知能量的标准伽马源完成。

效率标定:效率标定是为了将样品的放射性活度与伽马能谱仪的计数率对应起来,从而获得式(8.1.1)中探测器对特征γ射线的探测效率ε。一旦伽马能谱仪与周围设备的几何布置发生改变,都应该重新进行效率标定。该标定使用活度已知的标准伽马源完成。

目前,在许多托卡马克装置上已建立了中子活化测量系统,用于测量时间积分的中子产额和标定中子通量诊断系统,如 PLT[9]、JET[10]、JT-60U[11]、TFTR[12]、KSTAR[13]和 EAST[8]等。通常采用的活化片为铟(In)、铝(Al)、锌(Zn)、硅(Si),铜(Cu)和镁(Mg)。对于氘氘聚变中子的测量,铟(In)活化片的测量结果相对更好,这是由于 ^{115}In(n,n′)^{115m}In 反应在中子能量低于 2.5 MeV 时反应截面下降,因而实验中能够减小散射中子的影响。另一方面需要注意的是,铟 In 在氘氘中子的测量中具有高灵敏度,必须考虑足够的冷却时间以减少探测器的死时间。^{28}Si(n,p)^{28}Al 反应是测量氘氚聚变中子的理想方法,在许多装置上的测量结果较好。该反应的子核素 ^{28}Al 有 2.25 min 的半衰期,因此适合于放电持续时间达分钟的装置。

8.1.3 绝对效率标定

中子通量探测器需要进行标定,才能使探测器输出结果与中子产额即聚变功率建立联系。世界上的大型托卡马克如 JET[14-15]、JT-60U[16]、TFTR[2,17-20]均进行过中子探测器现场标定实验,获得了较好的实验结果。

JET 上标定使用的 ^{252}Cf 中子源,源强约 10^8 n/s,把源固定在玻璃纤维杆的中部,通过推拉,中子源可以达到 1 cm 的定位精度。然后在中平面上 4 个不同大半径的位置上进行了环向角度的扫描,另外在某个角度进行水平和竖直方向的扫描。最终确

定了 ^{235}U 裂变室对源中子的探测效率为每中子 4.5×10^{-8} 计数，估计的标定误差为10%。

在TFTR上，先后使用了氘氘、氘氚中子发生器(neutron generator，小型加速器中子源)和 ^{252}Cf，后者的源强为 8.17×10^{7} n/s，总共标定了930个点，这些点处于16个不同大半径或者高度上。标定前在真空室内安装了轨道，源由电机带动在轨道上进行环向移动，电机可以远程控制，直接标定了两个最灵敏的1.3 g ^{235}U 裂变室：NE-1和NE-2。NE-2探测器标定结果误差较低，探测效率为每个中子 $(2.71\sim3.11)\times10^{-9}$ 计数。模拟和实验结果都证明 ^{252}Cf 源和氘氚中子的转移误差为7%，而 ^{252}Cf 中子源强度误差为1.5%，由于器壁等材料散射造成的误差为2.7%，由等离子体位形差异造成的误差为5%，综合考虑各种误差之后给出标定的总误差约为9.0%。

JT-60U上标定实验使用了源强每秒 4.78×10^{7} 中子的 ^{252}Cf 中子源。具体方法为，在真空室内安装轨道，中子源布置在轨道上方便移动(图8.1.5)，测量两个大半径处总共92点的探测效率，每个点测量实验1000 s，然后进行平均得到探测效率。使用的探测器有 ^{238}U 裂变室、^{235}U 裂变室和 ^{3}He 计数管。1.5 g ^{235}U 探测器最大的探测效率为每中子 $5.23\times10^{-8}\sim5.34\times10^{-8}$ 计数，标定误差为10.6%。另外，还做了标定小车在真空室内连续旋转直接测量的实验，0.3 g的 ^{235}U 裂变室获得了9000多个计数，^{3}He 计数管获得了大约一百万计数。

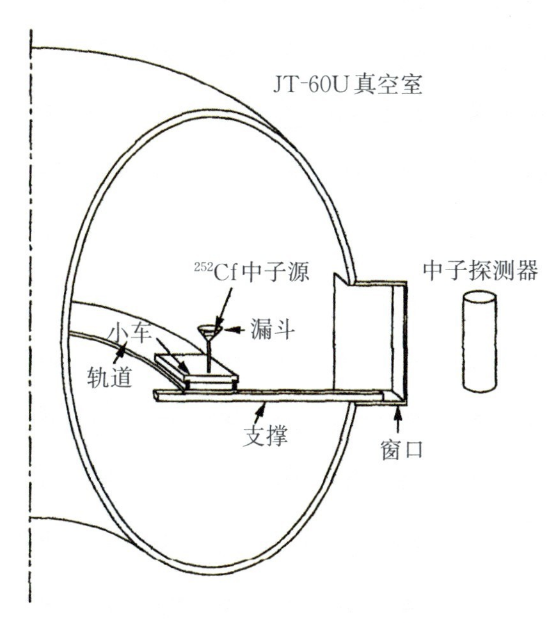

图8.1.5 JT-60U标定示意图[21]

HL-2A装置也进行了较完整的标定实验[7]，中子源为每秒 2.2×10^{7} 中子的 ^{252}Cf，中子源通过支架被放置在对应等离子体磁轴位置，共在环向16个不同位置进行了测量，每个位置测量时间约半小时。测量探测器包括^{235}U裂变室、BF_3计数管和^{3}He计数管。^{235}U裂变室的探测效率最低为每中子2.86×10^{-8}计数，^{3}He计数管的探测效率最高为每中子1.64×10^{-5}计数。

这些装置标定实验结果总结如表8.1.3所示。可以看出，在标定实验中使用的中子源将使最高效率探测器的计数率达到0.23~2.4 cps。其中TFTR的探测器探测效率最低，标定实验的时间最长，以月为单位，JT-60U的探测器探测效率最高，标定实验时间少于一周。

表8.1.3 JET等装置上裂变室探测器中子标定实验结果总结

参　数	JET	TFTR	JT-60U	HL-2A
大半径(m)	3	2.4	3.4	1.65
小半径(m)	1.25	0.8	1.1	0.45
标定用中子源强(10^7 n/s)	10	8.17	4.78	2.2
探测效率(10^{-8} counts/n)	4.5	0.27~0.31	5.23~5.34	2.85
标定误差	10%	9.0%	10.6%	—
探测器平均计数率(cps)	0.45	0.23	2.5	0.63
探测器位置(大半径，m)			6.45	11.1

8.2 中子剖面测量

中子是聚变反应的产物，测量中子剖面可以获得聚变反应的剖面，中子剖面测量也称中子相机。中子剖面测量是基于中子通量诊断的技术，通过使用一维或二维的快中子探测器阵列来测量等离子体区域不同弦上的中子通量。这种方法可以利用层析计算技术，从测量数据中得到等离子体在聚变研究装置环向截面上的中子发射剖面。常用的中子探测器包括液体闪烁体探测器、芪晶体探测器、ZnS闪烁屏和^{238}U裂变电离室等。

中子剖面测量一方面可以与中子通量诊断相比较，得到中子发射率或者产额，更重要的方面是用于测量离子温度、离子密度、快粒子和等离子体加热等参数的传输和空间分布。目前，世界上建成中子相机的聚变研究装置有JET[3,22-23]、FTU[24]，TFTR[25-27]、JT-60U[28-30]、MAST[31-34]、HL-2A[35-37]、ST[38]和LHD[39]。

中子会在材料上散射，改变动量方向，中子剖面测量的关键是中子准直，将视线外的中子散射、屏蔽或吸收,降低其影响。中子的准直需要大量的材料和空间,各个装置结合自身结构特点发展了各种各样的中子准直器。纵观各个装置的中子准直器,按照视线形状,可分为扇形准直和平行准直。JET、JT-60U、HL-2A、EAST为扇形准直,FTU、TFTR、LHD为平行准直。按照系统布置,MAST、JT-60U、HL-2A、EAST为水平方向,FTU、TFTR、LHD为竖直方向,JET既有水平又有竖直。这些测量系统多使用闪烁体探测器,这些探测器都是具有能量选择功能的快中子探测器,好处是边缘道能量较低的散射中子所占计数比例很高,能量选择可将它们与直射中子区分开。JET和FTU使用的是NE213液体闪烁体探测器,TFTR使用的是NE451 ZnS闪烁体探测器和NE102A塑料闪烁体探测器,JT-60U使用的是芪晶体闪烁体探测器,MAST使用的是EJ301液体闪烁体探测器。JET和TFTR装置的中子剖面测量比较有特色,获得的结果丰富,下面分别介绍。

8.2.1 JET中子剖面测量

JET的中子准直器为10路水平和9路竖直的扇形分布(图8.2.1),水平准直器编号1~10,竖直准直器编号11~19,探测器到等离子体中心距离为5.6~5.8 m。屏蔽材料

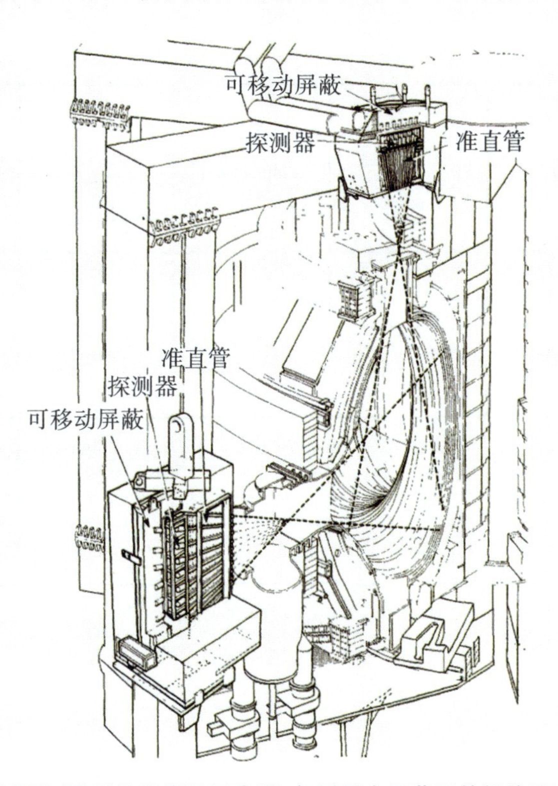

图8.2.1 JET中子剖面测量系统的详细示意图,包括两个屏蔽组件的位置和JET的主要结构[22]

为重混凝土(密度为3.4 t/m³)、碳酸锂和石蜡。水平准直器尺寸为3.1 m×1.5 m×2.1 m,中心线距离大厅地面6 m,重量为32 t,由钢塔支撑。竖直准直器尺寸为1.55 m×1.0 m×1.75 m,重量为12 t,由支架支撑在JET磁性结构的上水平臂上,并有额外的铅屏,以减少与附近的水(后期氟利昂)冷却管道相关的γ射线通量。在每台相机中,可以通过使用两对可旋转的钢筒来远程设置准直,钢筒有两种孔径大小可供选择。这样可以使探测器的计数率调整范围达到20倍。

中子探测器为液体闪烁体,型号为NE213,探测器将中子转换成光信号,然后直接耦合到光电倍增管进行放大。光电倍增管的增益容易受到磁场和温度的影响,为此,进行了磁屏蔽、冷却和温度检测的专门设计来稳定增益。每个NE213探测器通道都配备了模拟信号处理电路,具有脉冲形状判别能力,可将中子从γ射线中分离出来,并提供必要的能量判别,以便分别记录设定能量窗口内的氘氘中子和氘氚中子。

图8.2.2显示了以1 s为间隔的相应水平准直器测量的中子剖面图。实验条件为5 MA欧姆氘氘等离子体放电。等离子体芯部的密度和温度最高,因此,中央通道的中子信号最强。而相比之下,γ射线辐射(未展示在图中)基本上与通道无关,因为它主要来自中子通过准直通道与探测器视野内的容器内壁的相互作用,以及散射中子与探测器箱附近的大体积混凝土的相互作用。

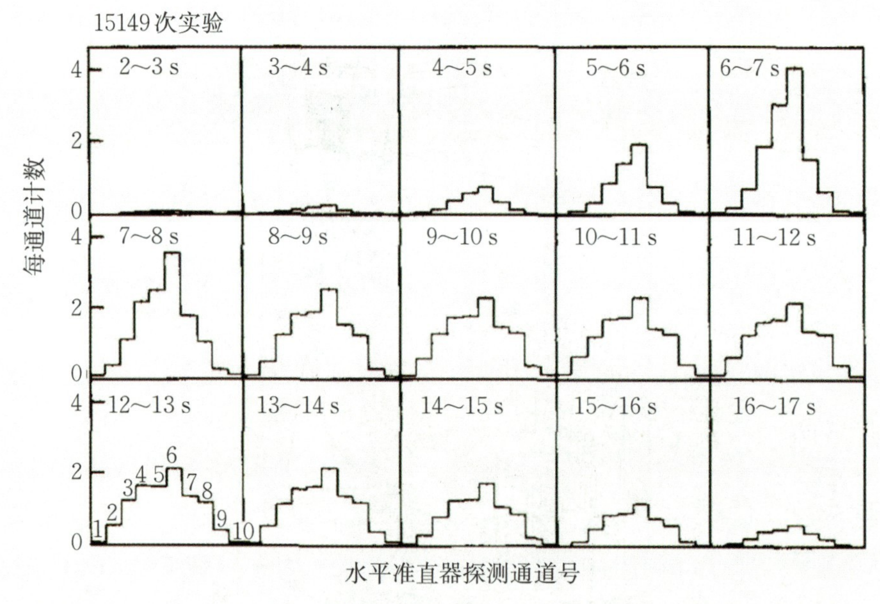

图8.2.2 JET 10路水平准直器的测量结果:1 s的间隔内观察到的中子剖面图[22]

(图中左下角标明了通道号)

8.2.2 TFTR中子剖面测量

TFTR装置最初的中子剖面测量系统为氘氘实验设计[26]，其中子准直器共有10条竖直观测弦，观测弦之间的距离为14～30 cm，从装置中平面到中子探测器的距离为6.3 m，屏蔽层由铅、聚乙烯和混凝土组成，总重量达到80 t。探测器型号为NE451（硫化锌闪烁体和塑料层叠），它具有对低能中子和γ射线不敏感的优点。而后为了开展氘氚实验的高中子通量测量，增加了低灵敏度的硫化锌闪烁体，即硫化锌硅片探测器，而原探测器也改造成电流模式运行。[27]升级后的测量系统如图8.2.3所示。

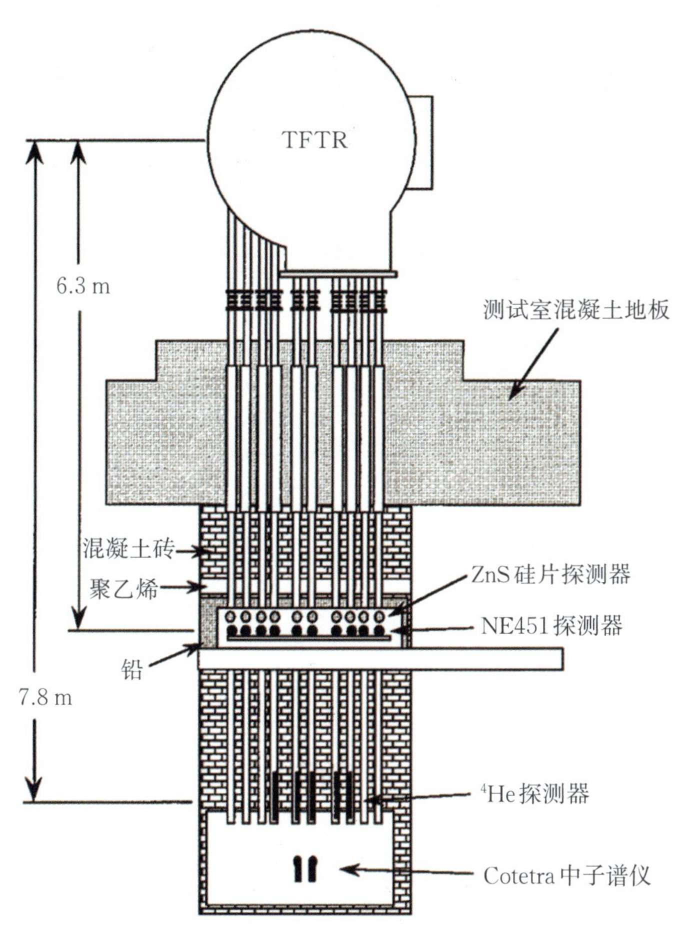

图8.2.3 TFTR中子剖面测量系统的正视图[40]

如果屏蔽材料不足，进入飞行管的中子可能会从壁散射到邻近的探测器。TFTR装置对中子准直器的性能进行了仔细的评估，具体做法为进行一系列高功率中性束注入的等离子体加热放电，用硼酸聚乙烯堵塞特定的观测通道，比对堵塞和不堵塞的实验结果，评估通道间的串扰。结果如图8.2.4所示，显示了三种放电的实验结果，其中中子通量已利用超热中子产额归一化。上曲线无堵塞,下曲线所有通道均已堵塞,实线连接的数据点除通道6外均已堵塞。下曲线与上曲线相比,说明未准直的中子引起的信号份额很低,中心道约1%,边缘道约10%。最后一种情况实验结果表明通道6串扰到通道5和通道7的信号不到1.0%。评估结果表明,每个准直器中的探测器主要是测量由沿其准直管飞行的中子产生的信号。

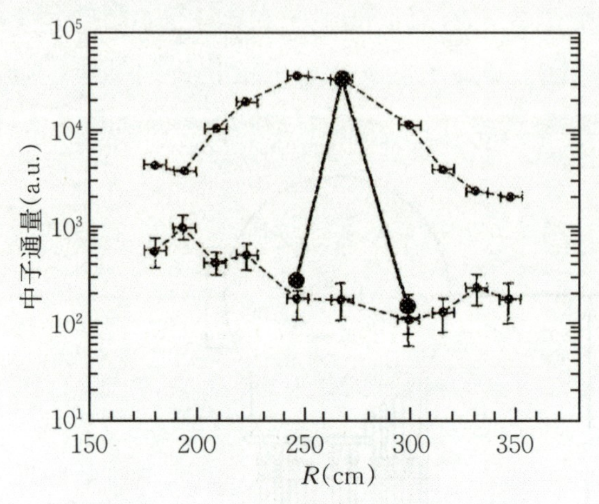

图8.2.4 TFTR验证准直效果的实验结果

下曲线所有的准直管都被封堵,上曲线所有的准直管都未封堵,实线连接的数据点只有通道6未封堵[26]

氘氚放电不同时间测量的中子剖面结果如图8.2.5所示。可以看到轮廓的中心随着等离子体的演化而变化。并且可以注意到,在等离子体中心区域,测量通道不足,后期测量系统进行了升级,增加了4个通道覆盖中心区域,并把探测器改成了塑料闪烁体,改造了电子学使频率达到50 kHz以上,以便研究磁流体不稳定性。[27]

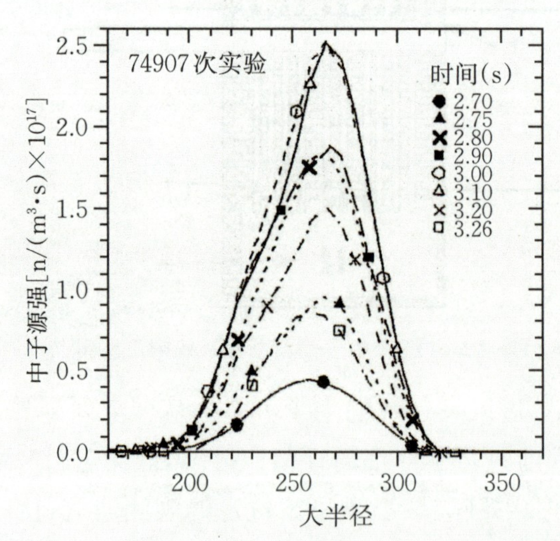

图8.2.5 TFTR 74907次放电阿贝尔反演获得的中子剖面分布及其时间演化[25]

8.2.3 测量结果的处理

得到中子剖面测量系统的探测器计数后，需要图像重建技术才能将探测器计数与中子剖面联系起来，为此人们发展了很多种技术来实现这个功能。主要的技术路线有两种，一种是像素逼近法，另一种是参数逼近法。像素逼近法是将重建图像建立在栅元分割基础上，在理论上总是可以给出图像，但是这种离线的图像需要更多的物理解释，主要的方法有最大熵法、最大似然法和最低非舍尔正则法等[41-42]；参数逼近法是指建立一个中子发射模型，通过多个等离子体参数定义一个中子剖面，这种方法的好处是可以实时地给出一个剖面并且和物理参数直接挂钩，但是有的时候这种方法不能给出任何反馈，为了弥补这一不足，可以采用一些先进的技术手段，比如神经网络法[43-44]，以增强模型的反馈机制和预测能力。

8.3 中子能谱测量

中子作为核聚变反应的重要产物，不受磁场约束且穿透能力强，对于等离子体物理研究也具有十分重要的意义。离子在聚变研究装置内被各种加热方式加热到足够高温度发生氘氚聚变反应，如果这些离子处于热平衡状态，离子的速率分布为麦克斯韦分布。氘氚聚变反应产生的中子为平均能量约14 MeV的高斯分布，其半高全宽W(keV)与离子温度T_i(keV)关系为

$$W = 177\sqrt{T_i} \tag{8.3.1}$$

聚变研究装置内除了氘氚反应外，还发生氘氘反应，产生的中子平均能量约为2.5 MeV，其半高全宽W(keV)与离子温度T_i(keV)的关系为

$$W = 82.5\sqrt{T_i} \tag{8.3.2}$$

因此，中子能谱诊断能提供热平衡状态下等离子体离子温度，通过能谱仪分辨出氘氘中子和氘氚中子的份额，还能提供氘和氚离子密度比，如果离子没有处于热平衡态，能谱测量可以提供氘或氚离子速度分布信息等。

聚变等离子体测中子能谱的方法有飞行时间法、核反冲法、核反应法。

8.3.1 核反应法

中子与原子核发生反应产生带电离子，记录带电离子的信号，然后根据核反应动力学反推入射中子信息。常用的核反应有^{3}He(n,p)^{3}H、^{6}Li(n,α)^{3}H、^{10}B(n,α)^{9}Be、

$^{12}C(n,\alpha)^{9}Be$和$^{28}Si(n,\alpha)^{25}Mg$。氦3中子反应法是50 keV到大约5 MeV能区中子能谱的主要诊断方法。[45]

8.3.1.1 ^{3}He(n,p)^{3}H反应

^{3}He中子能谱仪利用^{3}He(n,p)T反应测量中子能谱，反应截面如图8.3.1(左)所示，此反应截面随着中子能量增加不断下降。在应用中需考虑两个竞争反应，首先是^{3}He核对中子的弹性散射小；其次是能量超过4.3 MeV时，^{3}He核上有可能发生竞争^{3}He(n,D)D反应，但截面较小。因此，(n,p)反应和弹性散射解释了^{3}He探测器响应的重要特征，如图8.3.1(右)模拟结果所示[46]，^{3}He探测器测量单能中子的脉冲高度谱表现出三个明显的特征：第一，全能峰，这是反应产物全部能量加上反应能，即入射中子能量加上0.764 MeV；第二，^{3}He反冲谱，中子弹性散射转移部分能量到^{3}He核，这是连续分布，最大能量是入射中子能量的75%；第三，在几乎每一个^{3}He能谱中都出现的热峰，这是由于探测器周围总是存在各种材料慢化中子，热中子和慢中子的(n,p)反应截面很大，这些中子核反应沉积的能量约等于反应能，因此快中子能谱测量时需仔细考虑热中子屏蔽。全能峰到^{3}He反冲谱边缘的距离较大，约0.764 MeV与入射中子能量25%之和，对于氘氘中子大约是1.37 MeV，可以很好地区分全能峰和其他反应。多位研究者使用这种探测器获得了50 keV左右的能量分辨率(2.5 MeV中子)。

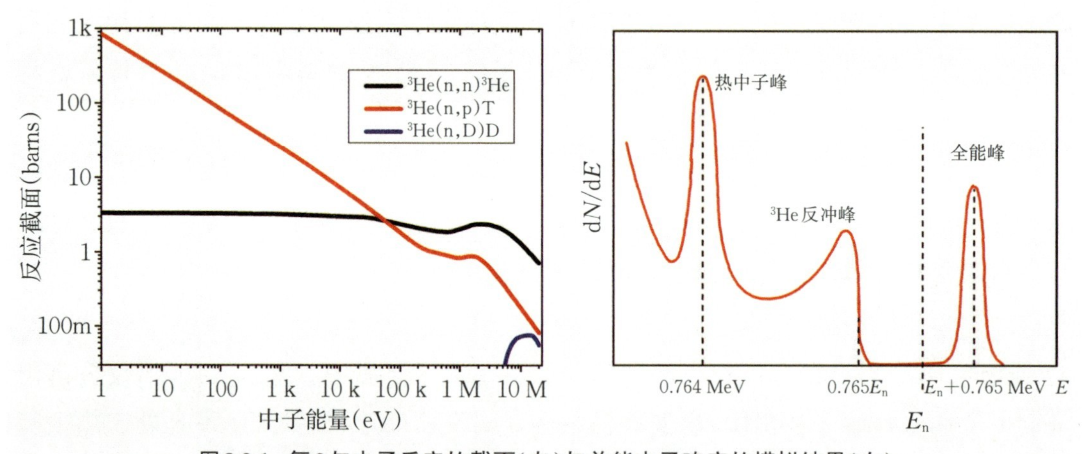

图8.3.1 氦3与中子反应的截面(左)与单能中子响应的模拟结果(右)

PLT装置上利用能量分辨率55 keV的^{3}He电离室，详细测量比对了氕和氘中性束及其不同方向注入下的中子能谱，如图8.3.2所示。在氘中性束分别正向和反向注入条件下，中子能谱相应地向高能端和低能端移动，而在氕中性束注入条件下，中子能谱与预期的氘氘热核聚变分布结果符合，实验观察到了氘氘热核聚变反应的产生。[47]

Alcator C 装置利用能量分辨率 46 keV 的 ^{3}He 电离室，设计了中子屏蔽准直系统，测量了欧姆加热条件的中子能谱，诊断出 0.74 keV 和 1.19 keV 的离子温度结果，证明了这种测量离子温度方法的可行性。[48-49]

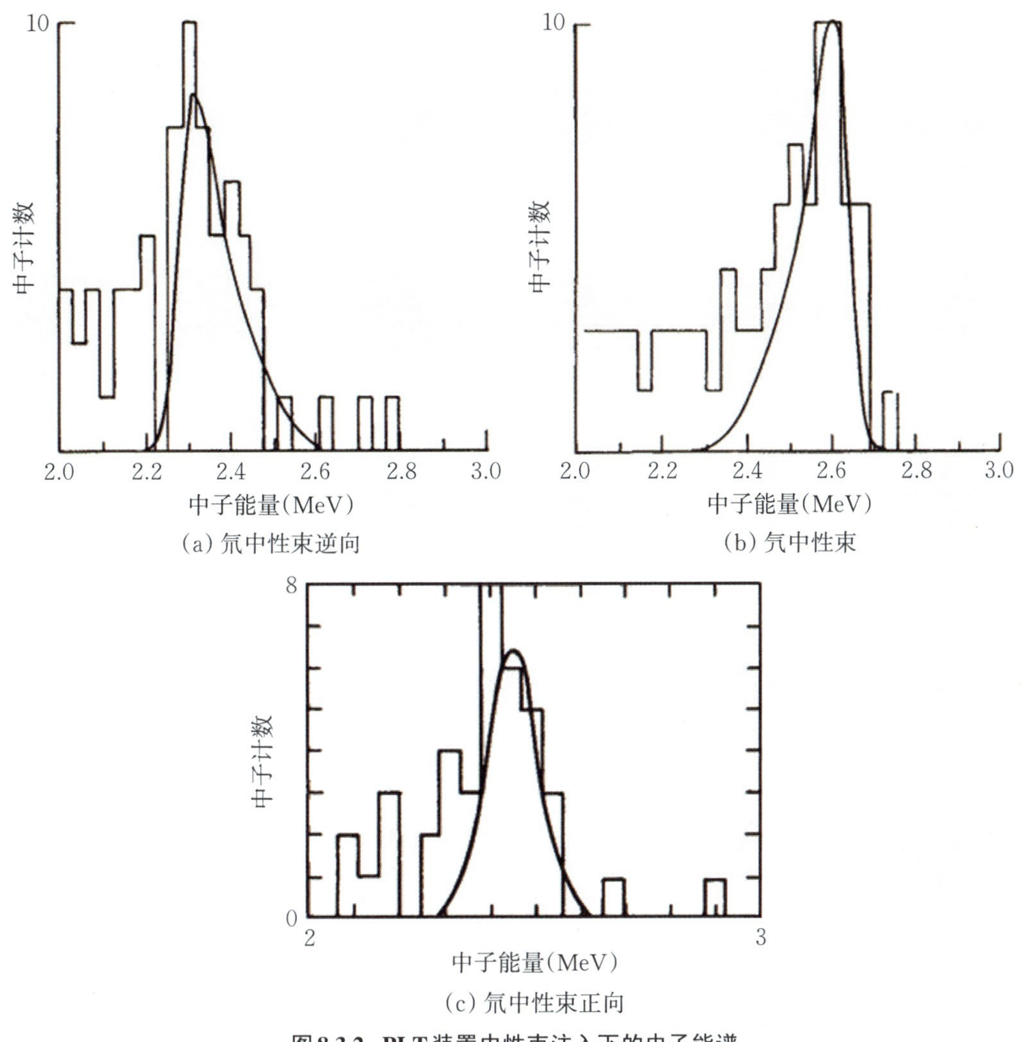

图 8.3.2 PLT 装置中性束注入下的中子能谱

JET 装置使用能量分辨率为 44 keV 的 ^{3}He 电离室测量欧姆加热和离子回旋共振加热下的中子能谱，获得了等离子体中心的离子温度。[50-52]

^{3}He 电离室能量分辨率出色，可达 1.8%，但是计数率不能高于几万个，单个核脉冲的成型时间是 10 μs 量级，如果缩短成型时间则能量分辨率变差。JET 装置后来发展了计数率更高的飞行时间谱仪，但能量分辨率一直没有达到 ^{3}He 探测器的水平。PLT 装置的 ^{3}He 中子能谱仪也在 TFTR 装置进行了测量，峰区计数虽然只有 100～200 个，但获得了欧姆加热实验下 20% 不确定度的离子温度，进一步使用氘氚中子发生器进行

了绝对效率标定,使中子能谱仪也能反映绝对中子产额的信息,并与测量热中子的中子通量测量系统进行了比对。[53-54]

8.3.1.2 $^{12}C(n,\alpha)^{9}Be$反应

金刚石探测器利用能量大于6 MeV的中子与^{12}C核的反应,探测氘氚反应发射的14 MeV中子,可用于氘氚中子能谱诊断,能量分辨率高,但探测效率低,仅适用高中子产额的装置。

金刚石中子探测是基于中子诱导碳原子核反应产生的带电粒子,带电粒子在探测器内损失能量产生电子和空穴。表8.3.1总结了中子与碳原子核主要反应的阈值和Q值。$^{12}C(n,\alpha)$,$^{12}C(n,d)^{11}B$,$^{12}C(n,p)^{12}B$和$^{12}C(n,t)^{10}B$反应类似,沉积能量等于入射中子减去反应Q值。$^{12}C(n,\alpha)$反应沉积的能量最大,对于能量8~30 MeV的中子,在脉冲幅度分布的右边产生一个峰,平移峰就能得到高精度的中子能量分布。其他反应如弹性中子散射$^{12}C(n,n')^{12}C$和碳原子核分解反应$^{12}C(n,n')3\alpha$中,入射中子能量仅一部分沉积到探测器。

表8.3.1 金刚石中碳原子核与中子发生的反应[55]

反应类型	$^{12}C(n,\alpha)$ ^{9}Be	$^{12}C(n,n')^{3}\alpha$	$^{12}C(n,n')$ ^{12}C	$^{12}C(n,d)$ ^{11}B	$^{12}C(n,p)$ ^{12}B	$^{12}C(n,t)$ ^{10}B
阈值(MeV)	6.17	7.886	0	14.88	13.644	20.52
Q值(MeV)	−5.701	−7.275	0	−13.732	−12.587	−18.929

1995年,俄罗斯Toitsk创新和聚变研究所和意大利弗拉斯卡蒂聚变研究中心合作[56-57],利用Ⅱa型天然金刚石制成了探测器。用^{241}Am的5.486 MeV α射线测试了金刚石探测器,能量分辨率为1.6%。使用氘氚中子发生器研究了金刚石探测器的响应,如图8.3.3所示,验证了此类探测器测量中子能谱的可行性,但测量14 MeV中子的能量分辨率为4%,比预计值低了两三倍。研究者认为可能由于探测器电荷收集距离太短导致的。另外也计算了14 MeV中子与金刚石的其他反应,并与测量结果做了比对。还使用^{60}Co和^{137}Cs伽马源照射探测器,评估了γ射线对探测器的影响,虽然不影响能谱测量,但贡献了20%的计数率。这些探测器被安装在TFTR装置[58]和JET装置[59],测量中性束加热、离子回旋加热等实验的中子能谱以及中子通量随时间的演化。

1994年起,欧洲核子研究中心资助由多国专家组成的研究组进行化学沉积(CVD)金刚石核辐射探测器和抗辐射半导体器件的研究,经过多年努力,CVD金刚石在X射线、γ射线、中子、α离子、β粒子等探测中得到应用。[60]特别是进入21世纪,

大单晶CVD金刚石生长技术取得了重大进展，进一步推动了CVD金刚石探测器的研制。

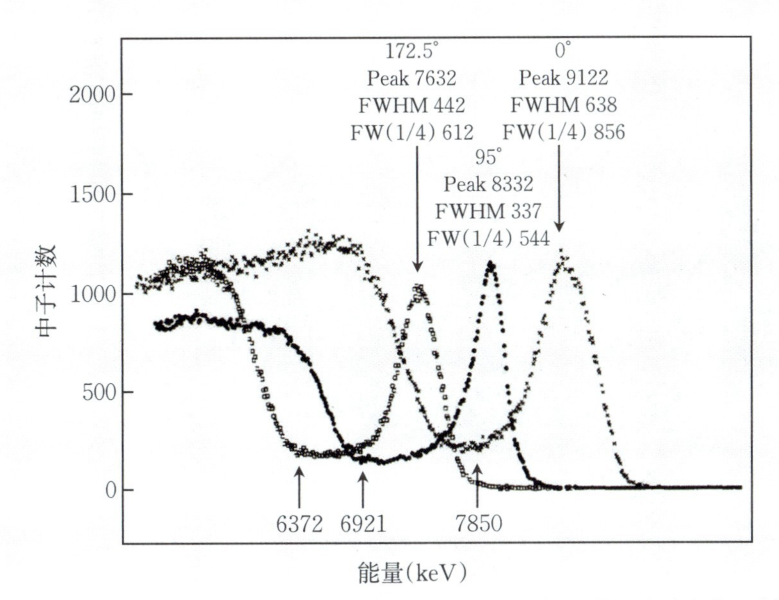

图8.3.3　在中子发生器不同角度天然金刚石中子能谱仪测量的脉冲高度分布[56]

2006年意大利弗拉斯卡蒂聚变研究中心用化学气相沉积的单晶金刚石制造了探测器[61]，^{241}Am的5.486 MeV α射线的能量分辨率为1.1%，14 MeV中子的能量分辨率约4%。2008年该团队制造和测试了62个单晶金刚石[62]，对^{241}Am衰变的α粒子能量分辨率为0.7%～3.0%，大部分在0.7%～1.5%。2011年该团队测量5～20.5 MeV中子在金刚石探测器产生的脉冲高度谱[63]，如图8.3.4和图8.3.5所示，可以看出大于8 MeV的中子都可以产生明显的^{12}C(n,α)反应峰。2009年德国PTB报告了英国金刚石探测器公司产品的测量结果[64]，金刚石氮杂质含量为5 ppb，测量^{207}Bi放射源491.7 keV能量的β射线，脉冲高度FWHM为13 keV，^{241}Am的5.486 MeV α射线的能量分辨率为0.7%，并测量了2～3 MeV中子在探测器上产生的脉冲高度谱。

2013意大利米兰比可卡大学测量了8～40 MeV中子在金刚石探测器产生脉冲高度谱，并与模拟结果进行了比较。[55]该团队在JET装置上利用碳原子核反冲测量了氘氘中子能谱[65]，由于获得的计数低，累积了45次参数接近的放电，获得了如图8.3.6所示的反冲核脉冲高度谱结果。这一结果的处理方法与第8.3.2节中的描述类似，需要通过解谱分析来确定中子的能谱。此外，该团队设计了由12个单晶金刚石组成的阵列，作为JET装置氘氚实验的中子能谱仪。[66-68]

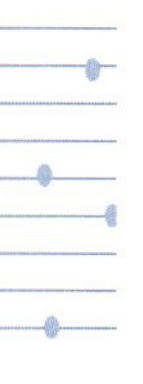

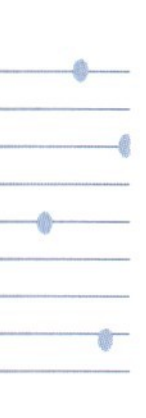

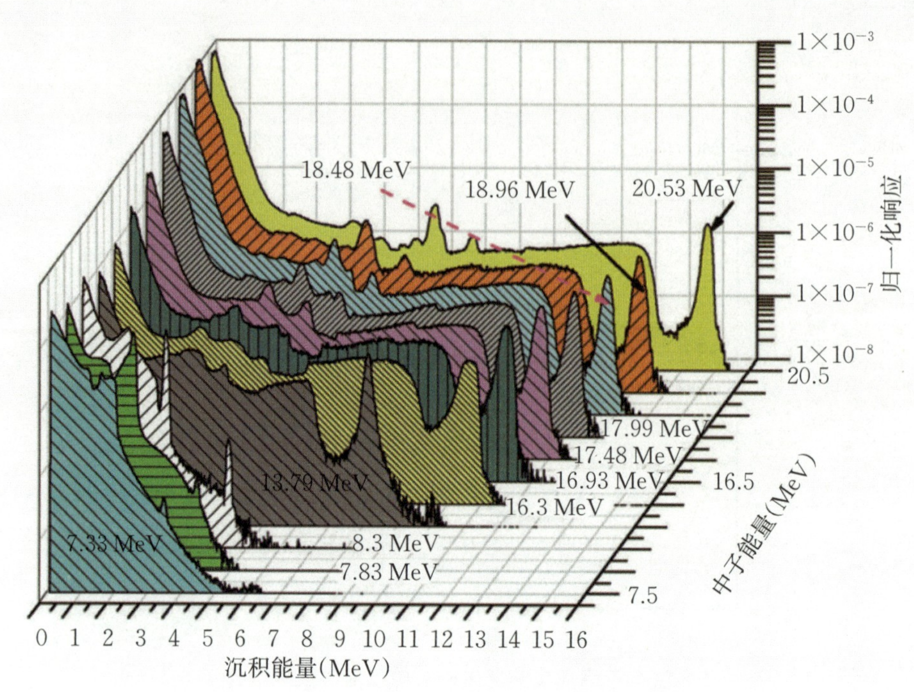

图 8.3.4 不同能量中子在金刚石探测器产生的脉冲高度谱[63]

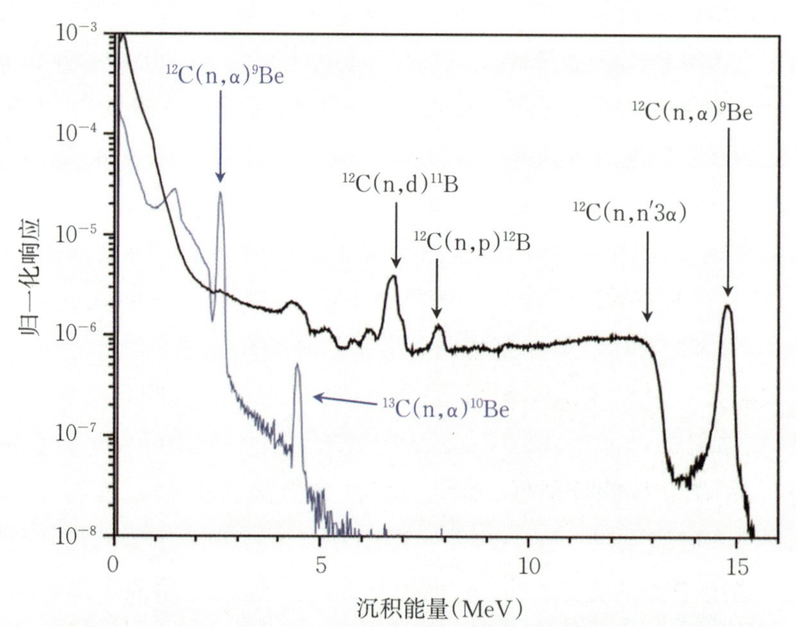

图 8.3.5 5 MeV 和 20.5 MeV 中子在金刚石探测器产生的脉冲高度谱[63]

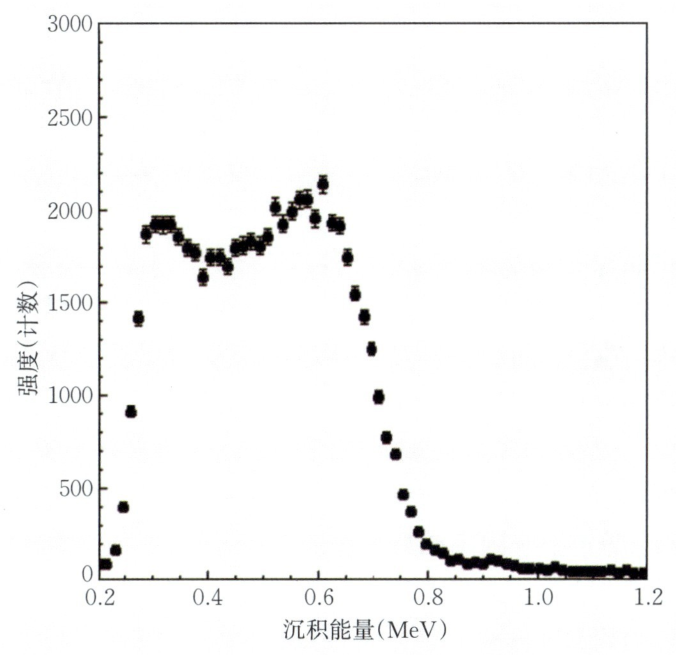

图 8.3.6 JET 装置人造单晶金刚石探测器测得氘氘中子的脉冲高度谱[65]

8.3.1.3 其他反应

除了以上两个反应，还有一些基于其他反应的中子能谱仪，例如 EAST 装置报道使用 C7LYC 闪烁体，测量氘氘中子的能谱。[69] 此种探测器是基于 $^{35}Cl(n,p)^{35}S$ 反应测量中子，反应能为 0.615 MeV，反应能量线性地依赖中子能量和反应能之和，单能中子将产生单一的峰，并且具有中子伽马分辨能力，但晶体闪烁衰减慢(数个微秒)，最大计数率受到限制。

8.3.2 核反冲法

有机闪烁体作为一种紧凑型中子能谱探测器，具有很高的探测效率，在大中型聚变实验装置上得到广泛应用。其测量原理为中子被原子核散射时，引起该核反冲并将部分动能传递给反冲核。如果反冲核的能量足够高(>100 keV)，它就使周围的物质电离或激发。核反冲法是通过测量中子被原子核散射时引起的反冲核实现中子探测。反冲核的能量 E_A 与中子能量 E_n 和反冲角 θ 的关系由下式给出：

$$E_A = \frac{4A}{(A+1)^2} E_n \cos^2\theta \tag{8.3.3}$$

其中，A 为反冲核的质量，θ 为反冲角。

反冲核能量随着反冲核质量数增大而减小。显然，为了获得更高的反冲核能量，一般选用更轻的元素如(H、He、C 等)。核反冲法分为微分测量和积分测量两种。积分

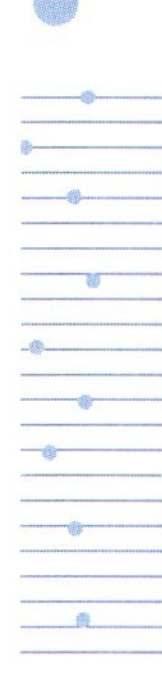

测量则是测量所有角度的反冲质子引起的脉冲幅度分布，根据不同能量中子的响应矩阵，经过反卷积计算得到入射中子能量，例如反冲质子有机闪烁体谱仪等，优点是探测效率高。微分测量是测量某一角度的反冲核能量，根据式(8.3.3)计算入射中子能量，例如反冲质子望远镜和反冲质子磁谱仪等，优点是能量分辨率高。

8.3.2.1 反冲质子有机闪烁体谱仪

反冲质子有机闪烁体谱仪具有高的快中子探测效率、时间响应快、较好的n/γ甄别能力、体积小等优点。在聚变中子产额较低或者谱仪空间局促的条件下，该谱仪是较好的中子能谱诊断工具。目前已经广泛应用于国际大中型托卡马克装置的中子能谱测量、中子通量测量和中子发射率剖面测量中，包括JET[70-71]、JT-60U[28,30]、FTU[72]、AUG[73-74]、MAST[75]、EAST[76]、KSTAR[77]和HL-2A[78-79]等。

中子在闪烁体内弹性散射产生的反冲质子和γ射线产生的康普顿电子都能通过电离引起闪烁体发光，这就要求闪烁体具有非常优秀的n/γ射线甄别性能。常用的具有n/γ射线甄别性能的探测器包括液体闪烁体(NE213、BC501A和EJ301等型号)和二苯乙烯晶体。n/γ射线甄别法是基于中子和γ射线在有机闪烁体中产生的次级带电粒子不同，从而导致探测器输出脉冲形状不同的原理。具体来说，中子引起的光脉冲衰减时间较长，而γ射线引起的光脉冲衰减时间较短。通过测量这些脉冲的形状，可以区分中子和γ射线。一种应用较多的脉冲鉴别方法为电荷积分比较法，对脉冲上升沿和下降沿分别积分，比较两者的比例进行n/γ射线甄别。具体的比例值，需要通过γ射线和中子分别测试进行确定。图8.3.7是一个n/γ射线甄别的测试结果，横坐标为下降沿的

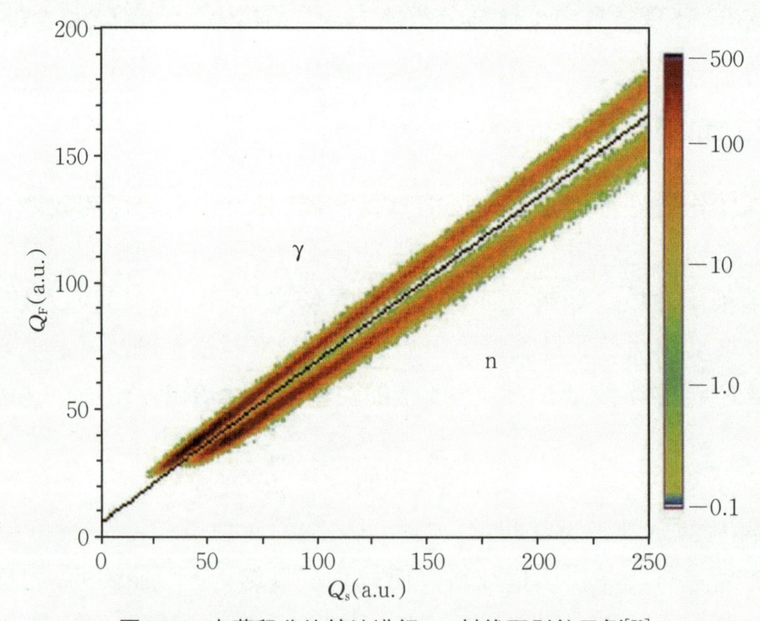

图8.3.7 电荷积分比较法进行n/γ射线甄别的示例[72]

电荷积分值，纵坐标为上升沿的电荷积分值，γ射线信号下降沿快，位于左侧，中子信号下降沿较慢，位于右侧。测试结果确定了n/γ射线的分界线，可以用于实验时的n/γ射线甄别。

反冲质子有机闪烁体谱仪测量的脉冲幅度谱是一种反冲质子能量的积分测量。单一能量入射的中子会产生一系列能量的反冲质子，即不同能量的中子产生的脉冲高度谱会部分重叠在一起。不同能量反冲质子在闪烁体内的光响应函数是非线性的，通用的方法是基于蒙特卡洛模拟结合多种单能中子响应实验测量，得到反冲质子的能量响应曲线和脉冲幅度分辨率曲线，通过反卷积方法得到中子能谱。但反卷积过程计算得到的中子能谱可能不唯一，给中子能谱诊断增加了难度。

2000年，JET使用经过刻度的NE213液体有机闪烁体谱仪，测量了多种等离子体放电条件下的中子脉冲高度谱，并反卷积计算得到了中子能谱，如图8.3.8所示。由中子能谱形状的特征，可以判断不同的加热模式，并分析辅助加热效果。JET还测量到DT等离子体放电时欧姆加热和离子回旋共振加热发射的2.45 MeV和14 MeV中子，并由中子能谱展宽诊断欧姆放电时的等离子体温度。

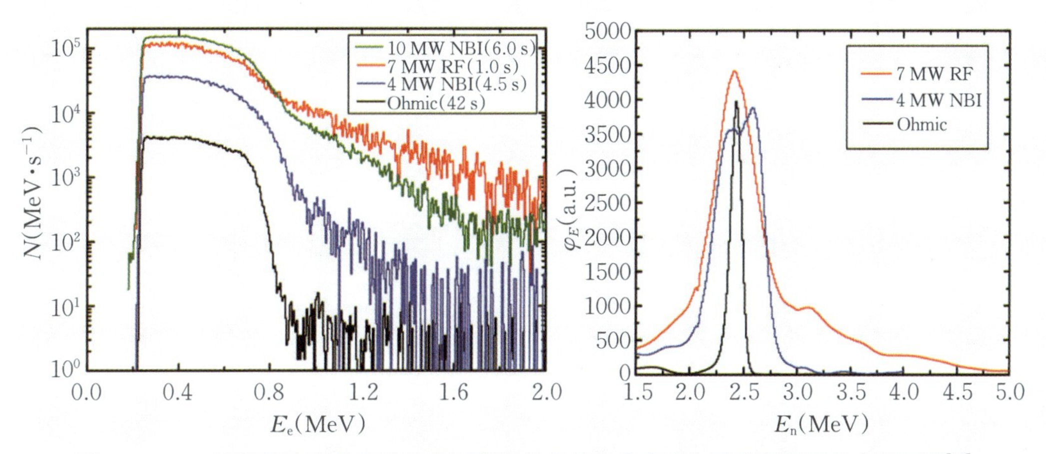

图8.3.8 JET不同等离子体实验条件下获得的光信号高度谱和反卷积得到的中子能谱[71]

AUG(2011年)发展了基于BC501A液态闪烁体的中子能谱系统[73]。由于探测器光产额随温度变化，光电倍增管的放大倍数受到高计数率的影响，发展了基于LED的控制和监测系统，最大计数率达到了540 kHz。并发展了基于电荷比较法的数字脉冲甄别技术，获得的2.45 MeV、14 MeV中子和γ射线的甄别情况。

8.3.2.2 反冲质子磁谱仪

反冲质子磁谱仪的原理，如图8.3.9所示，经过准直的中子在含氢薄膜上发生弹性散射，反冲质子经过准直器挑选后，特定角度的质子经磁场偏转后被分布在不同位置的阵列探测器探测，通过不同的位置与中子能量的一一对应关系，来确定中子能量。

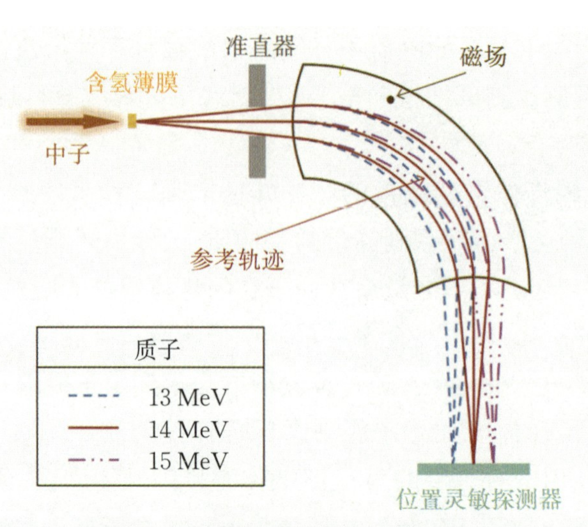

图 8.3.9　反冲质子磁谱仪的示意图[80]

反冲质子磁谱仪只测量特定反冲角的反冲核，即单一能量入射的中子只会产生单一的响应，因此能量分辨率高，但探测效率低，体积较大。上个世纪90年代JET建立了一套反冲质子磁谱仪[81]，用于DT等离子体放电时14 MeV中子能谱诊断，而后经过升级可以用于1.4～18 MeV中子能谱测量[82-83]，根据测量结果诊断了等离子体离子温度、旋转和离子能量分布信息[84]。

8.3.3　飞行时间法

飞行时间法通过测量中子穿越预设固定距离L所需的时间t来确定中子的速度v，进而计算出中子的能量E。

表8.3.2列出了飞行距离分别为1 m、10 m、100 m时几种能量中子所需的飞行时间。

表 8.3.2　不同飞行距离时几种能量中子所需的飞行时间（时间单位：μs）

中子能量	1 m	10 m	100 m
1 eV	72.3	723	7230
1 keV	2.29	22.9	229
1 MeV	0.0723	0.723	7.23

可见对于慢中子，飞行时间都在微秒数量级，而对于快中子，当距离为1 m时，中子飞行时间约为几十纳秒。

要测量飞行时间，必须记录中子从起点出发的时间和达到飞行距离终点的时刻，后者是由设在路程终点处记录中子的探测器中出现脉冲来决定，起飞的时刻可由下面几种方法来确定：

① 记录放在飞行距离起点处的有机闪烁计数器内中子的散射作用。

② 伴随粒子法，把与中子同时产生的带电粒子给出的脉冲作起始信号。

③ 脉冲中子源，中子从源飞出的时刻用于中子出现时间相同步的电脉冲来标定。

在慢中子能谱测量中只采用第三种方法，宽度大约为1 μs的中子脉冲在核反应堆上用机械选择器产生，或是在回旋加速器上和电子直线加速加速器上，用脉冲调制束流的方法来获取1 μs左右的脉冲中子束。

对快中子来说，上述三种方法都是可行的，利用有机闪烁计数器中产生反冲质子作为起始信号的方法很简单，但是散射效率太低，使用这种方法有所不便。伴随粒子法在用加速器作中子源时是经常使用的[85]，例如由$T(d,n)^4He$反应获得中子时，在产生中子时必然伴随有α粒子，入射粒子束打在靶上产生的中子，经过一飞行距离l(一般为几米)到达探测器Ⅱ被记录。探测器Ⅰ记录在靶上作用打出中子时伴随产生的α粒子信号，经过延迟电路送到符合电路，当中子飞行时间和延迟时间相等时，符合电路才有输出计数。因此逐步改变延迟时间，就可以得到中子按飞行时间的分布。

脉冲束是目前使用最广泛的方法，这种方法只需要用一个探测器记录中子的达到时间，它既可用于反应堆中子源，也可用于加速器中子源。

由于等离子体中子源是一个连续时间发射的中子源，不能通过前级装置或者伴随核反应法提供中子出射时间，只能使用双闪烁飞行时间法，通过前级探测器提供中子飞行的起始时间，次级探测器提供中子的飞行时间的终止时间，利用测量时间差测量中子能谱。

为了提高探测效率，次级探测器被做成分布在球面上的大面积探测器，这种设计可以保证散射中子飞行时间保持与中子能量的一一对应关系。其原理如图8.3.10所示，入射中子束与S1探测器中的氢原子核发生弹性散射，散射角为α，与探测器S2发生作用。入射中子束的速度为v，经S1散射后的中子速度为v'，根据动量守恒和能量守恒，考虑到中子与氢原子核的质量近似相等，可以得到，

$$v' = v\cos\alpha \tag{8.3.4}$$

散射中子到达S2探测器的时间为t，

$$t = \frac{L}{v'} = \frac{2r\cos\alpha}{v\cos\alpha} = 2r/v \tag{8.3.5}$$

散射中子在两个探测器之间的飞行时间，只与球的半径和入射中子能量有关，与散射角无关，因此可以把S2探测器做成分布在球面上的大面积探测器。

20世纪80年代，JET装置分别针对2.5 MeV和14 MeV中子修建了两套飞行时间谱仪。[87]21世纪初，JET又重新建造了一套球形结构的飞行时间谱仪[86,88-89]，如图

8.3.11 所示。飞行时间球半径约 72 cm，散射中子平均散射角 30°，平均飞行距离 122.1 cm，2.5 MeV 中子的飞行时间为 65 ns，能量分辨率约 8%。

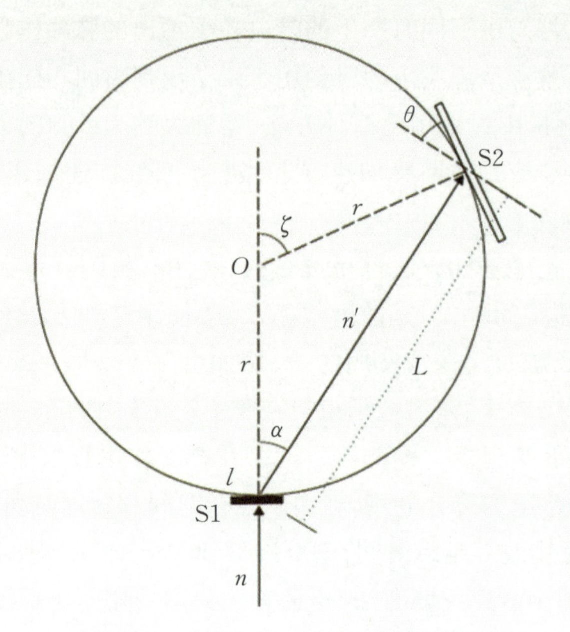

图 8.3.10 球形飞行时间谱仪的原理图[86]

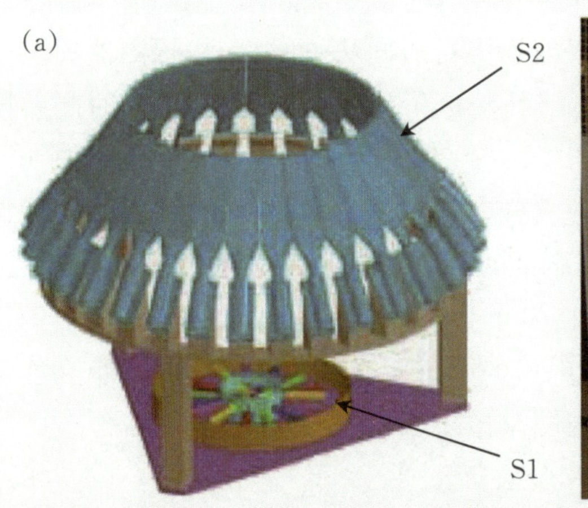

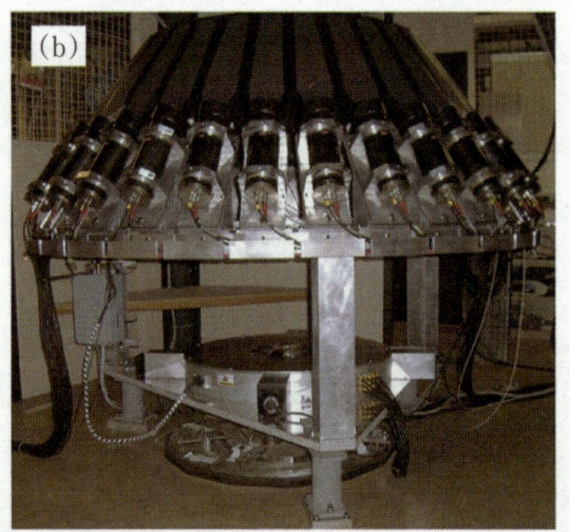

图 8.3.11 JET 装置球形中子飞行时间谱仪的设计图(a)和实物图(b)[86,90]

在 2000 年前后，JT-60U 装置也建立了一套单路的球形双闪烁飞行时间谱仪，其位于 JT-60U 装置下方的地下室内。[91-92]在不同中性束加热条件下测量了中子能谱，测量条件分别是正离子中性束切向、垂直入射、束能量 80 keV 负离子中性束切向入射、束能量 360 keV，得到的中子能谱的展宽分别是 0.7 MeV 和 1 MeV。

2014 年由北京大学设计研制的双环中子飞行时间谱仪(TOFED)被成功安装于

EAST实验大厅，并完成了不同放电模式下飞行时间谱的测量。[93-94]在中性束注入时，成功测量到2.45 MeV聚变中子的飞行时间。该中子飞行时间谱仪为双环式球形阵列设计，初级闪烁体由5层圆形闪烁体组成，采用双端光电倍增管读出，次级闪烁体由40组梯形闪烁体组成，每组包含两块尺寸不同的闪烁体，采用单端光电倍增管读出。双闪烁中子飞行时间谱仪对于测量2.45 MeV中子的能量分辨率值为6.6%。

8.4 伽马射线能谱测量

γ射线测量广泛地应用在核物理实验研究、中子活化分析以及生物医学成像中，虽然在聚变等离子体领域作为诊断手段也已经具有很长应用时间，但是在聚变等离子体的测量环境与其他应用领域大不相同。聚变产物诊断主要关注聚变等离子体所释放的γ射线测量问题。聚变等离子体中有多种反应可以产生γ射线，并且大部分的情况是伴随着大量中子辐射，以及由中子诱发的次级γ射线。由于受到要测量的γ射线的通量和等离子体分析的时间分辨的影响，γ射线测量系统要有合适的探测效率、合适的信噪比、足够的计数率、足够的抗中子辐照能力；同时，由于γ射线来源很多，γ射线测量系统还需要较好的能量分辨率，以达到通过γ射线能谱能分辨核反应的目的。聚变等离子体γ射线能谱测量是一项非常具有挑战性的研究。

8.4.1 伽马射线来源

在高温聚变等离子体中，各种辅助加热尤其是中性束注入(NBI)和离子回旋共振加热(ICRH)会产生上百千电子伏特甚至几兆电子伏特的快离子，由于等离子体中不可避免地存在杂质，可能发生的核反应是多种多样的。[95-96]表8.4.1为JET装置上γ射线能谱仪测量到的核反应的类型。[95]对这些核反应进行测量的最直接的方法是测量γ射线。[97]通过对γ射线的特征谱线进行分析，既可以获得这些反应的反应率，又可在一定条件下获得等离子体内快离子的速度分布。由于γ射线超强的穿透能力，这种方法能直接测量等离子体芯部的快离子所产生的核反应，利用阵列布置的γ射线探测系统进行γ射线空间分布测量，还可以获得快离子的空间分布。[98]

在将来的聚变燃烧等离子体中，聚变中子产额很高，将是极强的快中子源。高通量的中子辐照对壁材料的辐照损伤是一个重要的研究课题。中子与壁材料相互作用发生活化反应，多数材料活化之后将释放出γ射线，对这些γ射线能谱的分析是中子与壁相互作用研究的重要手段。

表8.4.1 氘-氚聚变等离子体中常见产生γ射线的核反应

入射粒子	靶核	核反应	反应能Q(MeV)
质子	氘	$D(p,\gamma)^{3}He$	5.5
	氚	$T(p,\gamma)^{4}He$	19.81
	^{9}Be	$^{9}Be(p,p'\gamma)^{9}Be$	−2.43
		$^{9}Be(p,\gamma)^{10}B$	6.59
		$^{9}Be(p,\alpha\gamma)^{6}Li$	2.125
	^{12}C	$^{12}C(p,p'\gamma)^{12}C$	−4.44,−7.65
氘	^{9}Be	$^{9}Be(d,p\gamma)^{10}Be$	4.59
		$^{9}Be(d,n\gamma)^{10}B$	4.36
	^{12}C	$^{12}C(d,p\gamma)^{13}C$	2.72
氚	氘	$D(t,\gamma)^{5}He$	16.63
	^{9}Be	$^{9}Be(t,n\gamma)^{11}B$	9.56
^{3}He	氘	$D(^{3}He,\gamma)^{5}Li$	16.38
	^{9}Be	$^{9}Be(^{3}He,n\gamma)^{11}C$	7.56
		$^{9}Be(^{3}He,p\gamma)^{11}B$	10.32
		$^{9}Be(^{3}He,d\gamma)^{10}B$	1.09
	^{12}C	$^{12}C(^{3}He,p\gamma)^{14}N$	4.78
α粒子	^{9}Be	$^{9}Be(^{4}He,n\gamma)^{12}C$	5.7

8.4.2 γ射线能谱测量原理

对γ射线能谱的测量使用的是γ射线探测器，其探测原理是γ射线在探测器中与物质发生相互作用而沉积能量，同时输出幅度与沉积能量成正比的脉冲信号，供探测器后端电子学系统读取与处理，从而实现对γ射线的探测。γ射线在探测器内与物质发生的相互作用主要包括三种：光电效应，康普顿效应和电子对效应。光电效应在γ射线能量低、材料原子序数高（高Z）的情况下占优势；康普顿效应在材料原子序数低（低Z）的情况下占优势；电子对效应在γ射线能量高、高Z的情况下占优势。以上三种效应的优势区域如图8.4.1所示。

γ光子与物质发生相互作用时，将能量全都交给某束缚电子，使之发射出去，而γ光子自身消失，该过程称为光电效应。发生光电效应时能量为$h\nu$的整个γ光子被原子所吸收，其所有能量传递给原子核外的一个电子，该电子获得能量后被原子发射出来，成为光电子，光电子动能$T=h\nu-E_b$，其中，E_b表示光电子被原子发射前所具有的结合能。光电效应主要发生在核外内层轨道，从而会造成内层轨道上电子的缺失，形成空位，并使得原子处于激发状态，此时将产生两种情况：外层轨道上的电子向内层轨道跃迁，同时释放出特征X射线；核外电子获得激发能而从原子中发射出去，该电子即为俄歇电子。

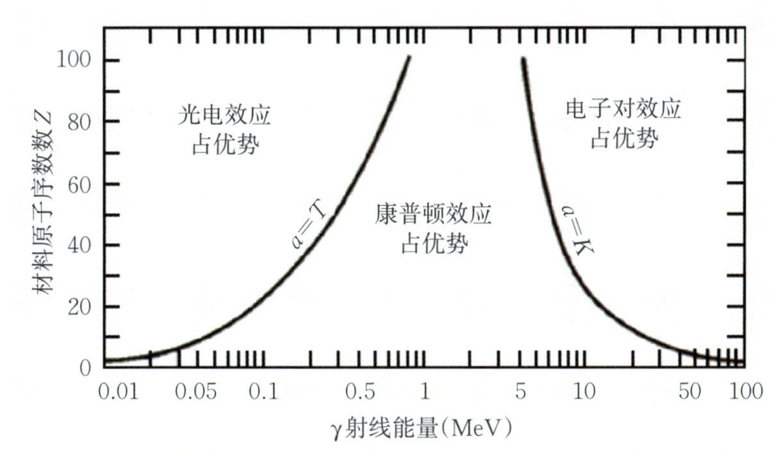

图8.4.1 γ射线与物质相互作用的三种主要方式相对重要性示意图

因为光电子几乎具有与发生光电效应的γ光子相同的能量(忽略结合能)，且电子很容易将能量完全沉积在γ射线探测器中，所以在γ射线能谱中，光电效应对应于γ射线光电峰。同时，如果特征X射线或俄歇电子都沉积全部能量在探测器中，则会形成全能峰。事实上，全能峰和光电峰的能量差异仅为E_b，二者在γ射线能谱中通常因能量分辨率问题而不能区分开。

γ光子与物质发生相互作用时，将部分能量交给核外电子，同时γ光子被散射，该过程称为康普顿效应。发生康普顿效应时，γ光子只将部分能量传递给原子外层电子，使该电子脱离原子核的束缚从原子中发射出去，被发射的电子称为康普顿电子。而γ光子本身能量减小的同时，也会改变运动方向，形成散射光子。散射光子与入射光子的方向夹角称为散射角，康普顿电子的反冲方向与入射光子的方向夹角称为反冲角。散射光子的能量使用式(8.4.1)进行计算，康普顿电子的动能使用式(8.4.2)进行计算。

$$E'_{\gamma}=\frac{E_{\gamma}}{1+\dfrac{E_{\gamma}}{m_{e}c^{2}}(1-\cos\theta)} \tag{8.4.1}$$

$$E_{e}=\frac{E_{\gamma}^{2}(1-\cos\theta)}{m_{e}c^{2}+E_{\gamma}(1-\cos\theta)} \tag{8.4.2}$$

其中E_{γ}为γ光子初始能量，E'_{γ}为散射光子能量，E_{e}为康普顿电子的动能，m_{e}为电子质量，θ为散射角，h为普朗克常数，c为光速。

当$\theta=0^{\circ}$时，散射光子能量最大，而康普顿电子的动能为0；当$\theta=180^{\circ}$时，散射光子能量最小，而康普顿电子的动能E_{emax}达最大值：

$$E_{\mathrm{emax}}=\frac{E_{\gamma}}{1+\dfrac{m_{\mathrm{e}}c^{2}}{2E_{\gamma}}} \tag{8.4.3}$$

因此，康普顿电子能量在0～E_{emax}之间连续分布，从而在γ能谱中形成一个平台，称为康普顿坪，而康普顿电子的最大能量处，称为康普顿边缘。

能量大于1.02 MeV的γ光子靠近原子核时，在原子核的库仑场的电磁作用下，γ光子变成一个电子和一个正电子，该过程称为电子对效应。发生电子对效应时，γ光子的能量一部分变成正负电子对的静止能量(1.02 MeV)，其余部分就作为正负电子对的动能。电子对效应产生的电子在物质中，继续与原子产生激发、电离等相互作用而被物质所吸收；而正电子在物质中通过损失能量而慢化，最终将与负电子相结合而湮没，随即变成两个能量相同(0.511 MeV)、方向相反的γ光子，称为湮没光子。

电子对效应产生的两个湮没光子有可能会从探测器中逃逸。高能γ射线进入探测器中发生电子对效应，主要分为三种情况：如果仅有其中一个湮没光子逃出探测器外，而其余能量沉积在探测器中，则该γ射线在探测器中沉积的能量为初始能量减去0.511 MeV，该情况的统计结果对应于γ射线能谱中的单逃逸峰；如果两个湮没光子都从探测器中逃逸，其余能量均沉积在探测器内，则该γ射线在探测器中沉积的能量为初始能量减去1.02 MeV，该情况的统计结果对应于γ射线能谱中的双逃逸峰；如果没有湮没光子逃逸，所有能量均沉积在探测器内，则该γ射线在探测器中沉积的能量为γ射线的初始能量，该情况的统计结果对应于γ射线能谱中的全能峰。

图8.4.2显示了能量为5.5 MeV的单能γ射线能谱，该能谱是通过基于蒙特卡洛方法的计算程序Geant4根据高纯锗探测器的几何结构和能量分辨率计算得到的模拟能谱。由图可知，γ射线进入探测器后，发生了光电效应、康普顿效应和电子对效应，因此

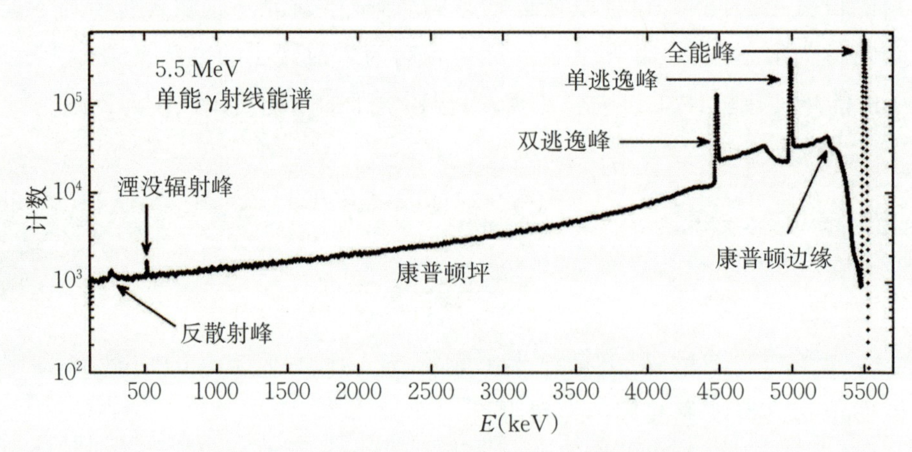

图8.4.2 能量为5.5 MeV的单能γ射线能谱示例

出现了全能峰(E_γ)、单逃逸峰($E_\gamma \sim 0.511\,\text{MeV}$)、双逃逸峰($E_\gamma \sim 1.02\,\text{MeV}$)、康普顿边缘($E_{\text{emax}}$)和康普顿坪($0 \sim E_{\text{emax}}$)。由于γ射线在探测器周围材料中发生电子对效应而产生了湮没光子,其中有的湮没光子进入探测器而被记录,则形成了图8.4.2中的湮没辐射峰(0.511 MeV)。图中的反散射峰(~200 keV)是由γ射线在探测器周围材料中发生康普顿效应的散射光子进入探测器被记录而形成。

8.4.3 γ射线能谱仪的构成

用以对γ射线进行测量的装置称为γ射线探测器;对γ射线探测器配备屏蔽与准直系统、高低压电源、核电子学系统、应用程序等部件之后,便可实现对γ射线辐射场进行能谱测量与分析,将整个γ射线能谱测量系统称为γ射线能谱仪。

γ射线探测器的性能指标常使用以下物理量进行表征:能量分辨率,反映的是对能量相近γ射线的能量分辨能力;探测效率,指的是能测量到某一能量γ射线的概率;峰总比和峰康比,峰总比指全能峰总计数与全谱总计数之比,峰康比指全能峰最大计数与康普顿坪的平均计数之比;能量线性,反映的是γ射线在探测器中沉积的能量与探测器输出脉冲信号幅度之间的线性关系。

聚变产生的γ射线能量较高,能够达到兆电子伏特以上,因此聚变γ射线探测中的主要相互作用为康普顿效应和电子对效应(图8.4.1)。当然,包括康普顿散射γ光子和淹没光子等在内的次级γ射线在探测器当中主要相互作用是光电效应和康普顿效应。对于聚变装置的γ射线能谱诊断系统,主要考虑到γ测量的能量分辨与时间分辨能力,常使用的γ射线探测器主要包括闪烁体探测器和半导体探测器。闪烁体探测器主要包括闪烁体和光电转换器件(如光电倍增管PMT)。闪烁体的作用是将γ射线在探测器中沉积的能量转化为荧光,光电转换器件的作用是将闪烁体发出的微弱荧光信号转换为电信号,并进行成比例放大后,输出电脉冲信号。半导体探测器主要部分为半导体材料,在灵敏区域内,γ射线把能量传递给价电子,形成电子空穴对,在偏压的作用下,电子和空穴分别向两极漂移,形成电子空穴对的定向移动,最终在输出回路中形成电信号。

与闪烁体探测器相比,半导体探测器具有更高的能量分辨率和峰康比,也具有更佳的能量线性。尽管如此,闪烁体探测器仍然在聚变γ射线探测中具有很广泛的应用。主要原因包括:闪烁体探测器的体积可以制作得很大,使得其探测效率很高,可以测量一些反应率比较低的高能γ射线;闪烁体探测器的价格相对半导体探测器更便宜;聚变装置附近的辐射场往往存在高通量的中子场,而半导体探测器易受到中子信号干扰,易损坏。

目前用于聚变γ射线测量的闪烁体材料有很多种,主要包括碘化钠NaI(Tl)晶体、碘化铯CsI(Tl)晶体、锗酸铋BGO晶体、氟化钡BaF_2晶体和溴化镧$LaBr_3$(Ce)晶体等，部分闪烁体的物理性能见表8.4.2。NaI(Tl)晶体应用很广泛，它具有很高的γ射线探测效率、相对发光效率大，测量γ射线时能量分辨率在闪烁体中较高，但NaI(Tl)晶体易潮解。CsI(Tl)晶体具有比NaI(Tl)晶体更高的平均原子序数和密度，探测效率更高，不潮解，但CsI(Tl)晶体的光输出小于NaI(Tl)晶体，因此能量分辨率不及NaI(Tl)晶体。BGO晶体的原子序数高、密度大，探测效率很高，且具有极好的晶体透明性，不潮解，但其发光效率较低，对低能γ射线的能量分辨率差。氟化钡晶体密度高，探测效率高，发光衰减时间短，可以用于高通量的γ射线测量；主要缺点是产生的荧光位于紫外线波段，这需要为光电倍增管配备石英窗和合适的光阴极，或者使用波长转换剂。$LaBr_3$(Ce)晶体为一种新型闪烁晶体[99]，其发光衰减时间短，发光效率高，具有良好的探测效率和较高的能量分辨率，适用于高通量γ辐射场的测量。

表8.4.2　部分闪烁体的物理性能指标

材料	最强发射波长(nm)	发光衰减时间(ns)	折射率	密度(g/cm^3)	相对NaI(Tl)闪烁效率
NaI(Tl)	410	230	1.85	3.67	100%
CsI(Tl)	565	1000	1.79	4.51	85%
BGO	480	300	2.15	7.13	7%～14%
BaF_2	310	0.6	1.56	4.89	5%～16%
$LaBr_3$(Ce)	370	25～35	～1.9	5.29	150%

用于γ射线探测的光电转换器件主要是光电倍增管(PMT)。γ射线入射到闪烁体内与物质发生相互作用而产生次级电子，次级电子激发原子从而产生荧光；闪烁体荧光进入PMT，发生光电效应，产生光电子，经电子倍增过程即可放大电信号，最后输出电脉冲信号，供后端核电子学系统进行读取与处理。磁约束聚变装置具有高强度磁场，而常规PMT在强磁场中无法正常工作，因此用于磁约束聚变装置γ射线能谱测量的常规PMT需要进行磁屏蔽。硅光电倍增管(SiPM)是一种新型的光电转换器件，具有高增益、高灵敏、低偏压、结构紧凑以及对磁场不敏感等显著特点，尤其适用于磁约束聚变装置的高磁场环境，不需要加磁屏蔽。SiPM的缺点主要是对环境温度较敏感，需要对其进行温度补偿。尽管如此，SiPM很可能是未来磁约束聚变装置环境下PMT的替代品。

目前用于聚变γ射线测量的半导体探测器主要是高纯锗HPGe探测器。表8.4.1列出了聚变装置所具有的多种释放γ射线的核反应类型，说明聚变装置的γ射线辐射场具有非常复杂的特性，而HPGe探测器主要用于这类复杂γ射线能谱研究。主要原因在于HPGe探测器的能量分辨率及峰康比等参数远高于NaI探测器(~2个数量级)，能够分辨γ射线能量极为相近(几个keV)的能峰，且能对每个特征峰作更为精确的定量分析。由于HPGe探测器需要工作在低温环境，通常使用液氮对探测器进行冷却，但目前有的HPGe探测器使用了低温电制冷技术。

为了减小杂散γ射线对探测器信号的干扰，需要针对特定的γ辐射场设计γ射线探测器的辐射屏蔽与准直系统；为了获得等离子体内某处的γ射线剖面，需要设计γ射线探测器阵列及其准直器。蒙特卡洛计算方法在此类设计问题中，发挥着重要作用。核电子学系统负责从探测器后端读出电信号，然后进行信号放大、滤波成形、脉冲幅度分析等过程对探测器的输出信号进行处理，再将处理后的信号传送至上位机程序；上位机程序再对数据进行分析处理，最终给出γ射线能谱。实际上，不同谱仪的核电子学系统可能具有不同构成，需要根据实际需要进行研制。

8.4.4 γ能谱仪在聚变装置中的应用

DⅢ-D装置早期使用的是ø5 cm×5 cm的NaI闪烁体探测器进行聚变γ射线能谱测量。探测器使用了4 m长的铅准直器切向观测等离子体，并在前端使用了8 mm厚的铅对硬X射线和低能γ射线进行屏蔽。使用多道脉冲幅度分析器对光电倍增管的输出进行了脉冲高度分析，从而获得脉冲幅度分布谱，经能量刻度后，得到γ射线能谱数据。在气中性束注入时，观测到了$D(p,\gamma)^3He$反应产生的5.5 MeV的γ射线。

TFTR装置使用了NaI(Tl)闪烁体探测器和液体闪烁体探测器测量γ射线的能谱。探测器的屏蔽结构外部尺寸为2 m×2 m×1 m，材料包括混凝土、聚乙烯、碳酸锂和铅。准直器呈圆柱状，通孔尺寸为ø20 cm×1.5 m。NaI晶体ø10 cm×10 cm用于背景γ射线的测量；液体闪烁体探测器ø12.7 cm×12.7 cm用于氘中性束加热时^3He等离子体内释放的γ射线测量。

JT-60U装置使用BGO闪烁体探测器测量γ射线能谱。探测器布置于JT-60U装置底部，距离装置中心17 m，通过装置预留在装置地板上的不锈钢管道进行准直(图8.4.3)，并且在装置窗口上使用3 mm厚的不锈钢材料减少低能γ射线和硬X射线对γ射线能谱测量的干扰。使用该γ能谱仪测量了NBI条件下$D(^3He,\gamma)^5Li$反应所产生的γ射线能谱，并通过分析估算了聚变功率。

在JET装置上使用了BGO和NaI(Tl)闪烁体两种探测器。将尺寸为ø7.5 cm×7.5 cm的BGO探测器布置于屏蔽体内，并从水平切向观测γ射线。为了降低中子和背景γ射线的影响，准直器前端布置了50 cm厚的聚乙烯，探测器后端布置了1 m的聚乙烯和铅。BGO探测器能够测量的γ射线能量范围为1～28 MeV，经过标定后能量分辨率在10 MeV时为4%。NaI(Tl)探测器尺寸为ø12.5 cm×12.5 cm，从竖直方向观测等离子体。

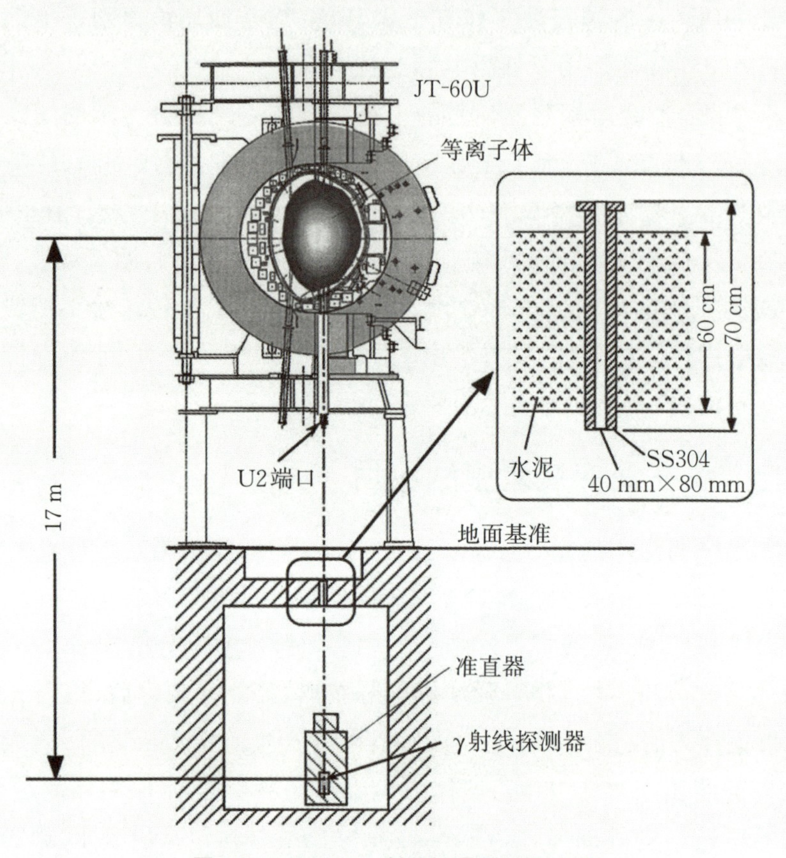

图8.4.3 JT-60U γ射线测量系统示意图

JET装置上基于中子相机改进的伽马相机(图8.4.4)进行了γ辐射的空间分布测量。[100] JET装置中水平和垂直伽马相机，测量通道分别为10道和9道，探测器采用碘化铯(CsI)探测器(后来升级为溴化镧探测器)，与中子相机共用一套屏蔽和准直系统。2009年JET装置为伽马相机设计了三套中子衰减器，用来减弱中子对伽马相机的影响。中子衰减器采用纯水作为慢化材料，水平中子衰减器为月牙形，垂直中子衰减器为两个梯形分别用于氘等离子体和氘氚等离子体放电。JET装置的伽马相机测量到γ射线弦积分剖面，通过层析反演重建了γ发射剖面(图8.4.5)。可以看到，γ射线主要产生于等离子体芯部区域，说明相关核反应主要发生于等离子体芯部；在一些特定条件下(如芯部MHD)，可能会对γ发射剖面产生明显的影响，造成等离子体芯部的核反应减少。

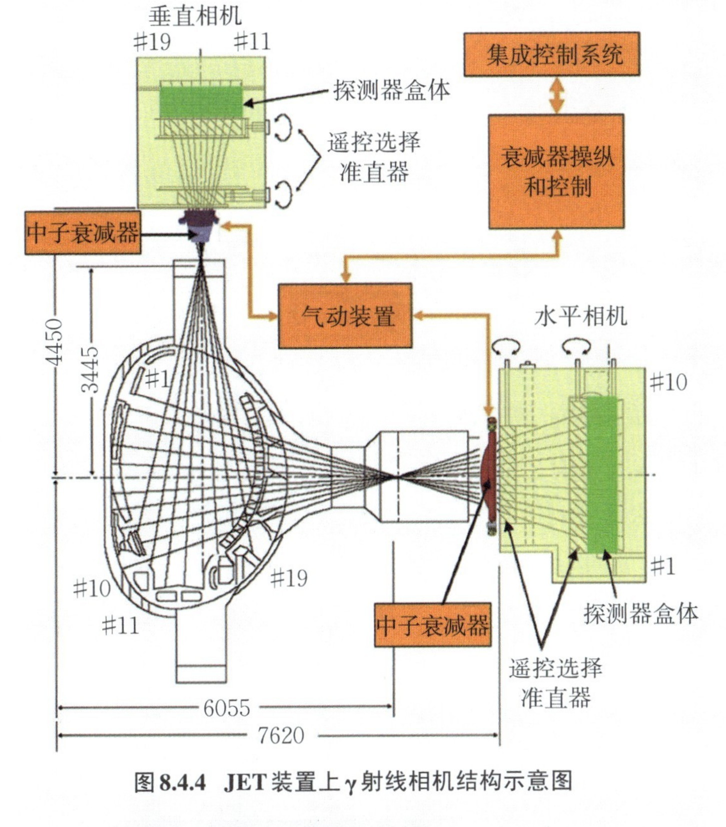

图8.4.4　JET装置上γ射线相机结构示意图

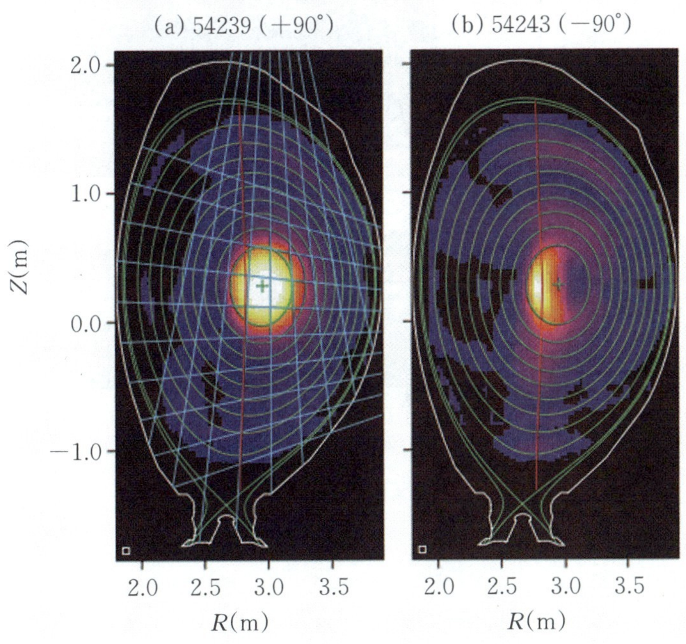

图8.4.5　JET上测量到的γ射线发射剖面的重建结果

因为BGO和NaI(Tl)闪烁体探测器具有探测效率高、能量分辨率较好的特点，所以JET装置早期选择使用BGO和NaI(Tl)闪烁体探测器作为γ能谱仪探测器。因为$LaBr_3(Ce)$探测器具有高能量分辨、对中子不敏感的特性，所以JET装置发展了一套基于$LaBr_3(Ce)$探测器(晶体尺寸ø3 in.×6 in.)的γ能谱仪，观测到了$^{12}C(d,p\gamma)^{13}C$和$^{9}Be(^{3}He,p\gamma)^{11}B$反应释放出的γ射线。[101]

因为高纯锗(HPGe)探测器具有极高的能量分辨率，可以分辨能量差异小的γ射线能峰，所以JET装置发展了一套基于HPGe探测器的γ能谱仪，该谱仪能够给出0～5 MeV能量范围内的高质量γ射线能谱。[101]对于HL-2A装置，其γ射线强度较低，因此需要一个具有更低放射性活度探测下限的γ能谱仪。为了对γ射线能谱进行更精确的测量和分析，HL-2A装置发展了一套反康普顿γ能谱仪。[102-103]反康普顿γ能谱仪以1个HPGe探测器为主探测器，以8个分布于HPGe探测器周围的BGO探测器为次级探测器，探测器外围设计了尺寸匹配的屏蔽准直器，用于屏蔽杂散γ射线并对装置的γ射线进行准直测量，其结构示意图如图8.4.6所示。位于准直器入口处的铅块是为了防止低能γ射线和硬X射线进入探测器，使得信号饱和，从而大幅增加探测系统的死时间。该谱仪能够给出0.2～10 MeV能量范围内的高质量γ射线能谱。

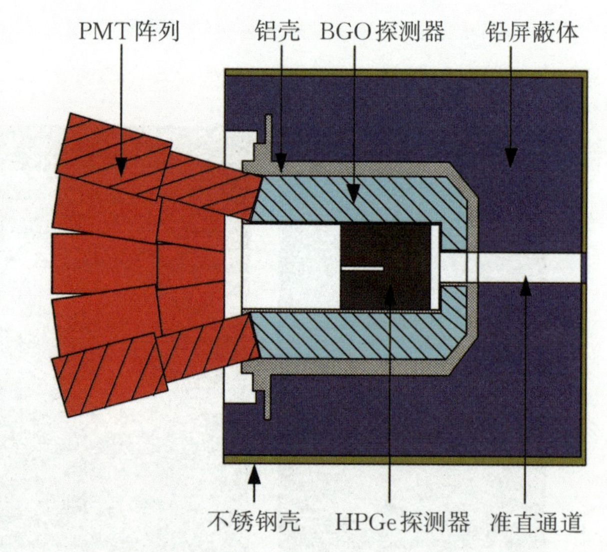

图8.4.6　HL-2A装置上的反康普顿γ能谱仪探测系统结构示意图

8.5 阿尔法粒子测量

对于未来的聚变堆,等离子体内的阿尔法(α)粒子主要来源于D-T核聚变反应。

$$D+T\rightarrow {}^{4}He(3.52\ MeV)+n(14.06\ MeV) \tag{8.5.1}$$

聚变产物α粒子在等离子体中产生后,沿着磁力线作回旋运动,其间会与等离子体中的各种粒子发生碰撞而传递能量给等离子体,从而实现等离子体自加热的目的。约束在等离子体最外闭合磁面以内的α粒子称为约束α粒子;逃逸出等离子体最外闭合磁面以外的α粒子称为损失α粒子。

聚变堆燃烧等离子体主要依靠约束α粒子实现自加热,维持聚变堆的自持运行。约束α粒子在等离子体中传递能量给等离子体,自身则被慢化。理想状态下,约束α粒子被慢化到足够低的能量而成为氦灰,再排出等离子体。在等离子体中,α粒子的产生率及其剖面可使用14 MeV中子诊断系统进行测量,快约束α粒子可使用弹丸电荷交换诊断进行测量[104],慢约束α粒子可使用α粒子电荷交换复合光谱进行测量[105],氦灰可使用电荷交换复合光谱进行测量。[106]

如果大量的α粒子损失出等离子体,将导致聚变堆运行终止,无法维持自持运行。当等离子体内产生大量的快离子时,将会驱动产生MHD不稳定性,这些不稳定性反过来又会导致快离子的反常损失和再分布。高通量损失的α粒子轰击装置第一壁时,将引起第一壁局域热负荷过载,导致壁材料起皱、熔化,甚至损毁,对装置的安全运行构成了严重的威胁。此外,损失α粒子轰击第一壁时,将会有大量的杂质进入等离子体从而导致等离子体的污染,将极大地降低等离子体品质。因此,诊断测量损失α粒子是理解快离子物理和相关行为的基础,对保障装置安全运行和提升等离子体品质具有重要意义。损失α粒子可使用快离子损失探针和法拉第筒进行测量,下面主要介绍这两类诊断系统。

8.5.1 快离子损失探针

快离子的约束、扩散、对流和损失研究是等离子体理论和实验的一个重要课题。快离子损失测量可以被多种探测器实现,例如:法拉第筒[107-108]、表面垒二极管探测器[109-110]、径迹探测器[111]、采样曝光[112]、红外成像[113]、量热仪探针[114]和闪烁体探针[115-119]。其中,闪烁体探针具有独特的优势,它可以同时测量快离子的能量和螺距角(pitch angle)随时间的演化。利用已测得的快离子的能量和螺距角信息可以进行快离子的轨道重建,这将利于加深对快离子物理的理解。聚变产物α粒子具有很高的能量,仍然属于快离子范畴,因此对于损失α粒子的测量仍然可以使用快离子损失探针。

快离子损失探针的设计来源于首次在TFTR装置上使用的α粒子探测器[113],其本质上是基于磁谱仪的概念进行设计的。快离子在磁场中作回旋运动,分散入射到闪烁体板上,其撞击点则取决于它们的回旋半径(能量)和螺距角。回旋半径取为$\rho_i=\dfrac{mv}{Bq}$,这本质上是离子能量的度量。螺距角定义为$\theta=\arccos(v_{\parallel}/v)$,其中$v$是离子的速度,$v_{\parallel}$是速度沿磁场的分量。探测器的准直器有前后两个入射孔,能够穿过准直器的快离子将轰击到闪烁屏上。准直器的作用就是使得具有一定回旋半径和螺距角的快离子能够轰击到闪烁屏上。图8.5.1中绘制了两支具有不同能量和螺距角的高能量离子轨迹,用以显示准直器在平行和垂直于磁场方向上的工作方式。与回旋半径较小的离子相比,回旋半径较大的快离子在闪烁屏上的轰击点离准直孔更远。轰击闪烁屏的快离子引起闪烁屏在轰击点发光,从而形成损失离子分布图。闪烁屏发出的光通过光路传输后,使用高速摄像机和光电倍增管阵列对其进行测量,从而获得关于损失快离子的相关信息。

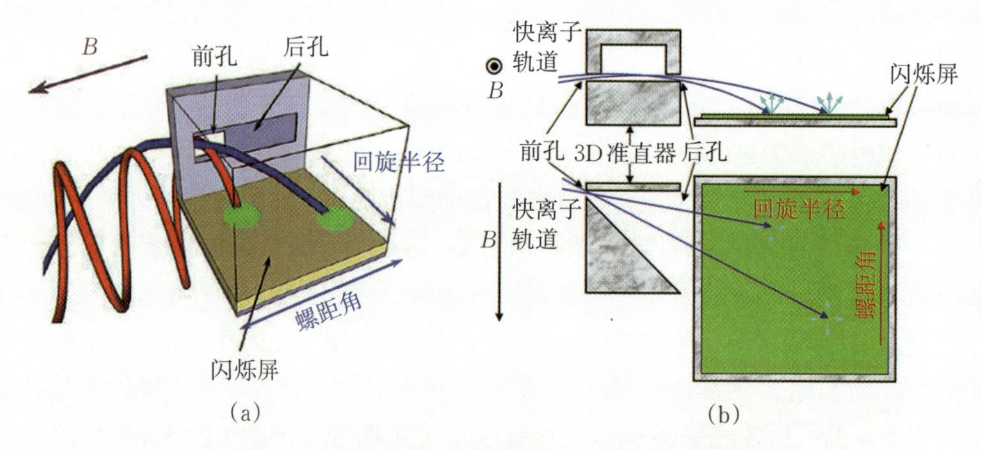

图8.5.1 闪烁体快离子损失探针工作原理示意图

(a) 立体示意图 (b) 平面示意图

图8.5.2是典型的闪烁体快离子损失探针系统结构,主要由三部分组成:快离子损失探测器、位置与方向调节机械结构和闪烁光探测系统。快离子损失探测器主要用于测量损失出等离子体的快离子,其位置应该处于等离子体的最外闭合磁面以外、第一壁以内的空间范围。位置与方向调节机械结构能够根据等离子体位形调节快离子损失探测器的位置和方向,以便获得更高质量的信号。因为快离子损失探测器将损失快离子的能量和螺距角信息转换为闪烁屏上的荧光分布问题,所以需要使用闪烁光探测系统对闪烁屏上的荧光分布进行测量,从而实现对损失快离子能量和螺距角的分析。

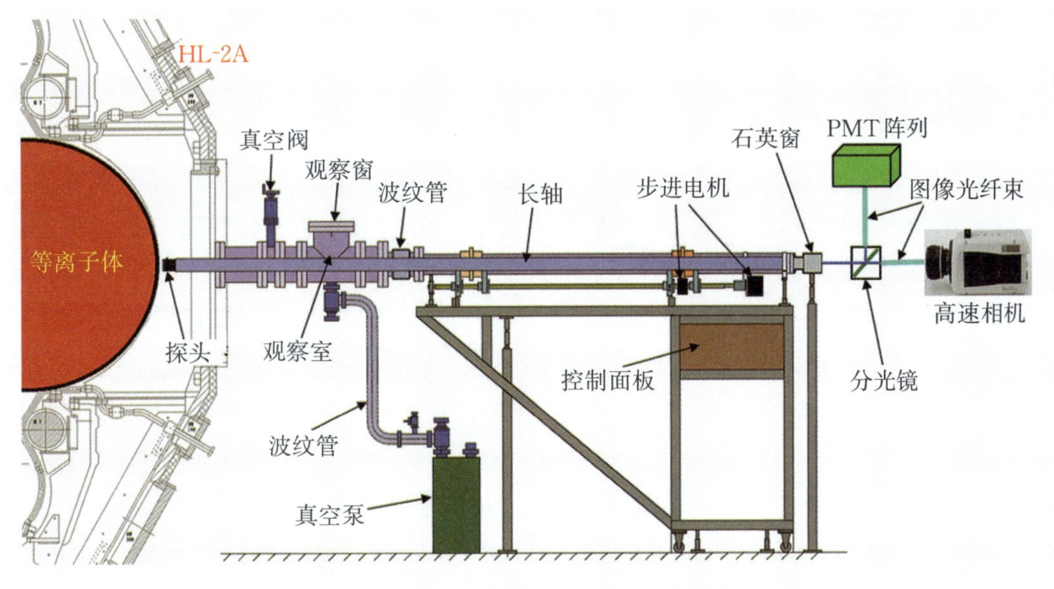

图8.5.2 典型的闪烁体快离子损失探针系统结构

快离子损失探测器的结构如图8.5.3所示,其主要由闪烁屏、三维离子入射准直器、不锈钢盒和石墨保护套组成。探测器设计主要包括确定闪烁屏的材料和几何尺寸。快离子损失探针的最终时间分辨率由闪烁体材料的闪烁过程所决定,闪烁体材料的性能极大地影响着探针系统的整体性能。用于快离子损失探针的闪烁体材料需要满足以下条件:对快离子具有较高的灵敏度;对非测量的粒子具有较低的灵敏度;反应快,特别是荧光的衰减时间要短;具有较高的饱和度。至于闪烁屏的几何尺寸问题,需要根据快离子能量测量范围,采用快离子运动方程进行计算,并且还需要考虑到三维离

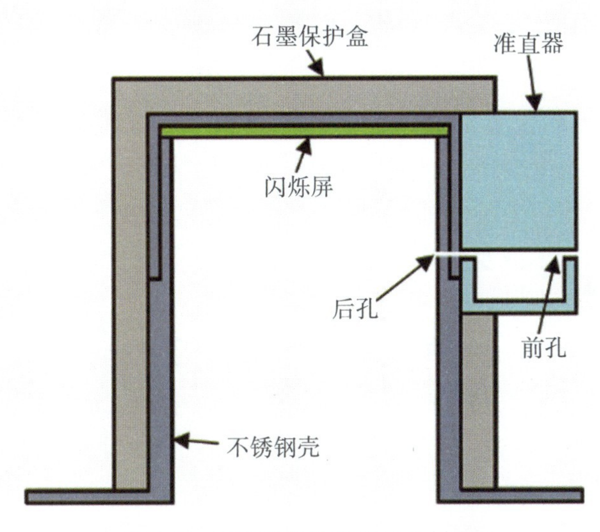

图8.5.3 快离子损失探测器的剖视图

子入射准直器的设计。三维离子入射准直器设计关系到快离子损失探针的很多关键性能参数，主要包括：准直器入射缝的宽度决定了快离子损失探针的螺距角分辨率，准直器入射缝摆放的角度和闪烁屏的尺寸决定了探针测量螺距角的范围；探针的能量分辨率由准直器入射缝的高度决定，能量探测范围由入射缝的高度和闪烁屏的尺寸所决定；探针的测量灵敏度由入射缝的面积所决定。不锈钢盒和石墨保护套主要是对整个探测器部分起到支撑和保护的作用。

位置与方向调节机械结构视具体情况进行设计。HL-2A装置上的快离子损失探测器安装在一个可调的长轴顶端，通过长轴调节探测器的径向位置和入射窗角度。实验期间，等离子体放电条件不是恒定不变，需要根据放电条件对探测器进行调节，优化探测器的径向位置和入射窗角度。为了精确控制探测器的定位，通过两台同步电机驱动长轴做平向运动和旋转运动，实现探测器径向和角向的调节。

损失快离子通过准直器进入探头轰击至闪烁屏上将产生二维的荧光图像，图像被光路传输至观察窗处的闪烁光探测系统。HL-2A装置的快离子损失探测器发出的荧光在观察窗处被分光器分为两路：一路荧光进入光电倍增管阵列；另一路进入CMOS高速相机。与光电倍增管阵列相比，虽然高速相机的时间分辨率较差(ms量级)，但是可以提供损失快离子的能量和螺距角随时间的演化。

快离子损失探针于1990年首次应用于TFTR装置中的α粒子测量。[113]通过闪烁屏进行2D成像，快离子损失探针能够观察到聚变过程中α粒子的损失现象，通过简单的洛伦兹轨道程序可计算出与预期的第一轨道损失的相符的损失离子轨道。ASDEX Upgrade装置在2009年安装了快离子损失探针用于探测损失快离子的能量和螺距角，以及测量由MHD不稳定性引起的快离子损失。[120]该装置使用TG-Green材料(主要成分是$SrGa_2S_4$:Eu^{2+})作为闪烁体，并将法拉第筒置于闪烁体后，用于探测器的绝对校准。JET装置发展的快离子损失探针仍然使用的是TG-Green材料，其闪烁光探测系统使用了CMOS相机和光电倍增管同时采集损失离子数据。[121]通过JET装置上的快离子损失探针测量获得的数据，识别了MHD诱发的快离子损失。国内HL-2A/3装置和EAST装置基于ZnS:Ag闪烁屏，发展了类似结构的快离子损失探针。

8.5.2 法拉第筒

法拉第筒的测量原理：α粒子通过入射缝入射具有多层法拉第金属膜结构的探测器，其击穿金属膜的层数与其能量有关，即能量越高击穿的金属膜层数就越多，通过对每层法拉第金属膜进行电荷搜集即可获得损失α粒子的能量和损失率等信息。

法拉第筒主要由探测器和信号获取两部分构成。法拉第筒探测器由多层金属膜和绝缘层构成，如图8.5.4所示。金属膜通常采用镍(Ni)箔，厚度为几个μm。绝缘层通常采用云母，厚度也是几个μm。如果使用如图所示的6组镍箔和云母组合，且镍箔和云母片的厚度均为2.5 μm情况下，通过离子在材料中所具有的射程计算，该法拉第筒可以测量到最高能量约为6.7 MeV的α粒子。孔隙板的作用是对α粒子进行准直，从而提高能量测量的准确度；石墨护板面向等离子体，不仅可以阻挡能量较低的离子和逃逸电子进入法拉第筒，还能保护法拉第筒免受等离子体的轰击。

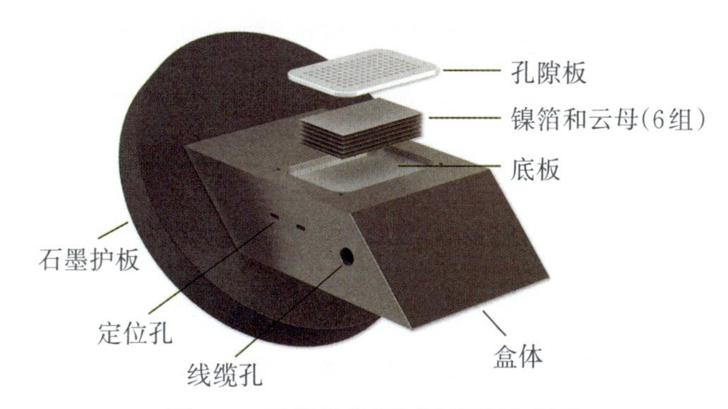

图8.5.4 法拉第筒探测器结构示意图

结合图8.5.4，法拉第筒的测量过程可以简单描述为：作回旋运动的α粒子如果具有足够大的回旋半径，那么它可以绕过石墨护板而轰击到孔隙板上，孔隙板上的小孔起到了准直器的功能，即筛选运动方向接近垂直入射的α粒子；一旦有α粒子通过准直小孔，则视其能量而沉积到某一层镍箔或云母中；如果有大量α粒子沉积到某一层镍箔上，则在该镍箔上会累积足够多的电荷；只要将镍箔接地，则可将镍箔上累积的电荷导出，同时形成电流信号；后端电子学通过读取电流信号或转化后的电压信号即可对该层镍箔上的损失α粒子进行统计。

表8.5.1是JET装置法拉第筒探测器每层镍箔厚度及其可以测量α粒子和高能量D离子的能量范围。可以看到，编号靠后的镍箔能测量更高能量的α粒子，这是因为α粒子的能量越高，其射程越大，能够沉积到更为靠后的镍箔内；α粒子的可测能量范围并不连续，这是因为相邻镍箔之间是云母绝缘层，该层仍然具有一定厚度，部分能量合适的α粒子会沉积到云母层而不能被测量。

表8.5.1 JET装置法拉第筒探测器镍箔厚度

镍箔编号	厚度(μm)	α能量范围(MeV)	D能量范围(MeV)
1	2.5	0～1.58	0～0.54
2	2.5	2.35～3.68	0.78～1.18
3	4.0	4.24～5.87	1.35～1.83
4	2.5	6.32～7.17	2.00～2.16

值得注意的是，法拉第筒探测器通常以阵列形式安装在装置真空室第一壁。目前法拉第筒阵列成功应用于JET装置，因为JET装置的燃烧等离子体实验中，会产生大量α粒子，同时由于法拉第筒优异的抗辐照性能，使得法拉第筒尤其适用于燃烧等离子体实验中的α粒子测量。所以，HL-3装置也正在研制法拉第筒阵列，用于测量HL-3装置未来燃烧等离子体实验中的α粒子。

参考文献

[1] Sasao M, Nishitani T, Krasilnilov A, et al. Fusion product diagnostics[J]. Fusion Science and Technology, 2008, 53(2): 604-639.

[2] Jassby D, Barnes C W, Johnson L, et al. Absolute calibration of tokamak fusion test reactor neutron detectors for D-T plasma operation[J]. Review of Scientific Instruments, 1995, 66(1): 891-893.

[3] Jarvis O. Neutron measurements from the preliminary tritium experiment at JET[J]. Review of Scientific Instruments, 1992, 63(10): 4511-4516.

[4] Batistoni P, Popovichev S, Cufar A, et al. 14 MeV calibration of JET neutron detectors—phase 1: calibration and characterization of the neutron source[J]. Nuclear Fusion, 2018, 58(2): 026012.

[5] Sasao M, Nishitani T, Krasilnilov A, et al. Fusion product diagnostics[J]. Fusion Science and Technology, 2008, 53(2): 604-639.

[6] Zhong G, Hu L, Li X, et al. Measurement of neutron flux at the initial phase of discharge in EAST[J]. Plasma Science and Technology, 2011, 13(2): 162-166.

[7] Yuan G, Wen Z, Wei L, et al. Neutron yield measurement system of HL-2A tokamak[J]. Plasma Science and Technology, 2022, 24(6): 064006.

[8] Li K, Hu L, Zhong G, et al. Development of neutron activation system on EAST[J]. Review of Scientific Instruments, 2020, 91(1): 013503.

[9] Zankl G, Strachan J D, Lewis R, et al. Neutron flux measurements around the Princeton large tokamak[J]. Nuclear Instruments and Methods in Physics Research, 1981, 185(1-3): 321-329.

[10] Pillon M, Jarvis O N, Conroy S. Neutron energy spectrum determination near the surface of the JET vacuum vessel using the multifoil activation technique[J]. Fusion, 1989:102196.

[11] Hoek M, Nishitani T, Ikeda Y, et al. Neutron yield measurements by use of foil activation at JT-60U[J]. Review of Scientific Instruments, 1995, 66(1): 885-887.

[12] Nieschmidt E B, Saito T, Barnes C W, et al. Calibration of the TFTR neutron activation system[J]. Review of Scientific Instruments, 1988, 59(8): 1715-1717.

[13] Cheon M S, Lee Y S, England A C, et al. Diagnostic neutron activation system for

KSTAR[J]. Journal of Instrumentation, 2012, 7(05): C05009-C05009.

[14] Bertalot L, Roquemore A L, Loughlin M, et al. Calibration of the JET neutron activation system for DT operation[J]. Review of Scientific Instruments, 1999, 70(1): 1137-1140.

[15] Jarvis O N, Sadler G, van Belle P, et al. In-vessel calibration of the JET neutron monitors using a ^{252}Cf neutron source: difficulties experienced[J]. Review of Scientific Instruments, 1990, 61(10): 3172-3174.

[16] Nishitani T, Takeuchi H, Kondoh T, et al. Absolute calibration of the JT-60U neutron monitors using a ^{252}Cf neutron sourcea)[J]. Review of Scientific Instruments, 1992, 63(11): 5270-5278.

[17] Nieschmidt E, Saito T, Barnes C, et al. Calibration of the TFTR neutron activation system [J]. Review of Scientific Instruments, 1988, 59(8): 1715-1717.

[18] Barnes C W, Bell M G, Hendel H W, et al. Absolute calibration of neutron detection systems on TFTR and accurate comparison of source strength measurements to transport simulations (invited)[J]. Review of Scientific Instruments, 1990, 61(10): 3151-3156.

[19] Hendel H W, Palladino R W, Barnes C W, et al. In situ calibration of TFTR neutron detectors[J]. Review of Scientific Instruments, 1990, 61(7): 1900-1914.

[20] Nieschmidt E B, England A C, Hendel H W, et al. Effects of neutron energy spectrum on the efficiency calibration of epithermal neutron detectors[J]. Review of Scientific Instruments, 1985, 56(5): 1084-1086.

[21] Nishitani T, Takeuchi H, Kondoh T, et al. Absolute calibration of the JT-60U neutron monitors using a ^{252}Cf neutron source[J]. Review of Scientific Instruments, 1992, 63(11): 5270-5278.

[22] Adams J, Jarvis O, Sadler G, et al. The JET neutron emission profile monitor[J]. Nuclear Instruments and Methods in Physics Research Section A: Accelerators, Spectrometers, Detectors and Associated Equipment, 1993, 329(1): 277-290.

[23] Marcus F B, Adams J M, Balet B, et al. Neutron emission profile measurements during the first tritium experiments at JET[J]. Nuclear Fusion, 1993, 33(9): 1325-1344.

[24] Batistoni P, Esposito B, Martone M, et al. Design of the neutron multicollimator for Frascati tokamak upgrade[J]. Review of Scientific Instruments, 1995, 66(10): 4949-4957.

[25] Roquemore A, Johnson L, Von Goeler S. Performance of the upgraded multichannel neutron collimator[J]. Review of Scientific Instruments, 1995, 66(1): 916-918.

[26] Roquemore A, Chouinard R, Diesso M, et al. TFTR multichannel neutron collimator[J]. Review of Scientific Instruments, 1990, 61(10): 3163-3165.

[27] Roquemore A L, Bitter M, Johnson L C, et al. Recent expansion of the TFTR multichannel neutron collimator[J]. Review of Scientific Instruments, 1997, 68(1): 544-547.

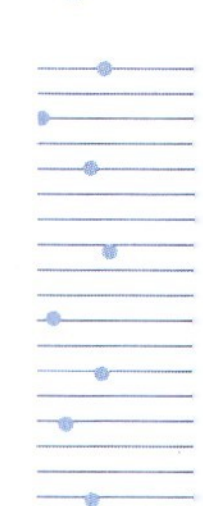

[28] Ishikawa M, Itoga T, Okuji T, et al. Fast collimated neutron flux measurement using stilbene scintillator and flashy analog-to-digital converter in JT-60U[J]. Review of Scientific Instruments, 2006, 77(10): 10E706.

[29] Neyatani Y, Fukuda T, Nishitani T, et al. Feedback control of neutron emission rate in JT-60U[J]. Fusion Engineering and Design, 1997, 36(2): 429-433.

[30] Ishikawa M, Nishitani T, Morioka A, et al. First measurement of neutron emission profile on JT-60U using stilbene neutron detector with neutron-gamma discrimination[J]. Review of Scientific Instruments, 2002, 73(12): 4237-4242.

[31] Cecconello M, Turnyanskiy M, Conroy S, et al. A neutron camera system for MAST[J]. Review of Scientific Instruments, 2010, 81(10): 10D315.

[32] Cecconello M, Sangaroon S, Turnyanskiy M, et al. Observation of fast ion behaviour with a neutron emission profile monitor in MAST[J]. Nuclear Fusion, 2012, 52(9): 094015.

[33] Morris A. MAST: results and upgrade activities[J]. Plasma Science, 2012, 40(3): 682-691.

[34] Cecconello M, Sangaroon S, Conroy S, et al. The 2.5 MeV neutron flux monitor for MAST[J]. Nuclear Instruments and Methods in Physics Research Section A: Accelerators, Spectrometers, Detectors and Associated Equipment, 2014, 753: 72-83.

[35] Zhang Y P, Yang J W, Liu Y, et al. Development of the radial neutron camera system for the HL-2A tokamak[J]. Review of Scientific Instruments, 2016, 87(6): 063503.

[36] Xie X, Chen Z, Peng X, et al. Neutron emission measurement at the HL-2A tokamak device with a liquid scintillation detector[J]. Review of Scientific Instruments, 2014, 85(10): 103506.

[37] Xie X, Yuan X, Zhang X, et al. Conceptual design of a camera system for neutron imaging in low fusion power tokamaks[J]. Journal of Instrumentation, 2016, 11(02): C02023.

[38] Zhong G Q, Hu L Q, Pu N, et al. Status of neutron diagnostics on the experimental advanced superconducting tokamak[J]. Review of Scientific Instruments, 2016, 87(11): 11D820.

[39] Ogawa K, Isobe M, Nishitani T, et al. The large helical device vertical neutron camera operating in the MHz counting rate range[J]. Review of Scientific Instruments, 2018, 89(11): 113509.

[40] Goeler S, Roquemore A L, Johnson L, et al. Fast detection of 14 MeV neutrons on the TFTR neutron collimator[J]. Review of Scientific Instruments, 1996, (67): 473-484.

[41] Craciunescu T, Bonheure G, Kiptily V, et al. A comparison of four reconstruction methods for JET neutron and gamma tomography[J]. Nuclear Instruments and Methods in Physics Research Section A: Accelerators, Spectrometers, Detectors and Associated Equipment,

2009, 605(3): 374-383.

[42] Craciunescu T, Bonheure G, Kiptily V, et al. The maximum likelihood reconstruction method for JET neutron tomography [J]. Nuclear Instruments and Methods in Physics Research Section A: Accelerators, Spectrometers, Detectors and Associated Equipment, 2008, 595(3): 623-630.

[43] Ronchi E, Conroy S, Sundén E A, et al. Neural networks based neutron emissivity tomography at JET with real-time capabilities [J]. Nuclear Instruments and Methods in Physics Research Section A: Accelerators, Spectrometers, Detectors and Associated Equipment, 2010, 613(2): 295-303.

[44] Ronchi E, Conroy S, Sundén E A, et al. A parametric model for fusion neutron emissivity tomography for the KN3 neutron camera at JET [J]. Nuclear Fusion, 2010, 50(3): 035008.

[45] Brooks F, Klein H. Neutron spectrometry: historical review and present status [J]. Nuclear Instruments and Methods in Physics Research Section A: Accelerators, Spectrometers, Detectors and Associated Equipment, 2002, 476(1-2): 1-11.

[46] Knoll G F. Radiation detection and Measurement [M]. 4th ed. New York: John Wiley & Sons, 2010.

[47] Strachan J, Colestock P, Eubank H, et al. Measurement of the neutron spectra from beam-heated PLT plasmas [J]. Nature, 1979, 279(5714): 626-628.

[48] Fisher W, Chen S, Gwinn D, et al. Measurement of the DD fusion neutron energy spectrum and variation of the peak width with plasma ion temperature [J]. Physical Review A, 1983, 28(5): 3121.

[49] Fisher W, Chen S, Gwinn D, et al. A fast neutron spectrometer for DD fusion neutron measurements at the Alcator C tokamak [J]. Nuclear Instruments and Methods in Physics Research, 1984, 219(1): 179-191.

[50] Jarvis O, Gorini G, Hone M, et al. Neutron spectrometry at JET [J]. Review of Scientific Instruments, 1986, 57(8): 1717-1722.

[51] Jarvis O. Neutron measurement techniques for tokamak plasmas [J]. Plasma Physics and Controlled Fusion, 1994, 36(2): 209-244.

[52] Jarvis O. Neutron spectrometry at JET (1983-1999) [J]. Nuclear Instruments and Methods in Physics Research Section A: Accelerators, Spectrometers, Detectors and Associated Equipment, 2002, 476(1-2): 474-484.

[53] Strachan J, Nishitani T, Barnes C W. Neutron spectroscopy on TFTR [J]. Review of Scientific Instruments, 1988, 59(8): 1732-1734.

[54] Nishitani T, Strachan J. Neutron spectroscopy with a ^{3}He ionization chamber on TFTR [J].

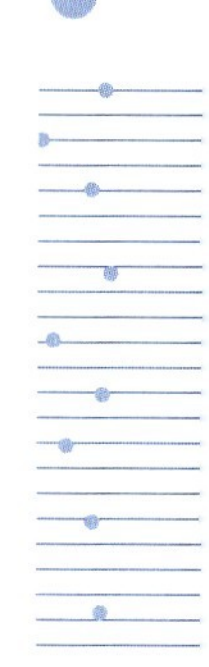

Japanese Journal of Applied Physics, 1990, 29(3R): 591-596.

[55] Rebai M, Milocco A, Giacomelli L, et al. Response of a single-crystal diamond detector to fast neutrons[J]. Journal of Instrumentation, 2013, 8(10): P10007.

[56] Pillon M, Angelone M, Krasilnikov A V. 14 MeV neutron spectra measurements with 4% energy resolution using a type Ⅱ a diamond detector[J]. Nuclear Instruments and Methods in Physics Research Section B: Beam Interactions with Materials and Atoms, 1995, 101 (4): 473-483.

[57] Krasilnikov A V, Amosov V N, Kaschuck Y A. Natural diamond detector as a high energy particle spectrometer[J]. IEEE Transactions on Nuclear Science, 1998, 45(3):385-389.

[58] Krasilnikov A V, Azizov E A, Roquemore A L, et al. TFTR natural diamond detectors-based D-T neutron spectrometry system[J]. Review of Scientific Instruments, 1997, 68(1): 553-556.

[59] Krasilnikov A V, Amosov V N, Van Belle P, et al. Study of D-T neutron energy spectra at JET using natural diamond detectors[J]. Nuclear Instruments and Methods in Physics Research Section A: Accelerators, Spectrometers, Detectors and Associated Equipment, 2002, 476(1-2): 500-505.

[60] Adam W, Berdermann E, Bergonzo P, et al. Micro-strip sensors based on CVD diamond [J]. Nuclear Instruments and Methods in Physics Research Section A: Accelerators, Spectrometers, Detectors and Associated Equipment, 2000, 453(1-2): 141-148.

[61] Tuve C, Angelone M, Bellini V, et al. Single crystal diamond detectors grown by chemical vapor deposition[J]. Nuclear Instruments and Methods in Physics Research Section A: Accelerators, Spectrometers, Detectors and Associated Equipment, 2007, 570 (2): 299-302.

[62] Angelone M, Lattanzi D, Pillon M, et al. Development of single crystal diamond neutron detectors and test at JET tokamak[J]. Nuclear Instruments and Methods in Physics Research Section A: Accelerators, Spectrometers, Detectors and Associated Equipment, 2008, 595(3): 616-622.

[63] Pillon M, Angelone M, Krása A, et al. Experimental response functions of a single-crystal diamond detector for 5~20.5 MeV neutrons[J]. Nuclear Instruments and Methods in Physics Research Section A: Accelerators, Spectrometers, Detectors and Associated Equipment, 2011, 640(1): 185-191.

[64] Zimbal A, Giacomelli L, Nolte R, et al. Characterization of monoenergetic neutron reference fields with a high-resolution diamond detector[J]. Radiation Measurements, 2010, 45 (10): 1313-1317.

[65] Cazzaniga C, Sundén E A, Binda F, et al. Single crystal diamond detector measurements

of deuterium-deuterium and deuterium-tritium neutrons in Joint European Torus fusion plasmas[J]. Review of Scientific Instruments, 2014, 85(4): 043506.

[66] Cazzaniga C, Nocente M, Rebai M, et al. A diamond-based neutron spectrometer for diagnostics of deuterium-tritium fusion plasmas[J]. Review of Scientific Instruments, 2014, 85(11): 11E101.

[67] Giacomelli L, Nocente M, Rebai M, et al. Neutron emission spectroscopy of DT plasmas at enhanced energy resolution with diamond detectors[J]. Review of Scientific Instruments, 2016, 87(11): 11D822.

[68] Rigamonti D, Dal Molin A, Muraro A, et al. The single crystal diamond-based diagnostic suite of the JET tokamak for 14 MeV neutron counting and spectroscopy measurements in DT plasmas[J]. Nuclear Fusion, 2024, 64(1): 016016.

[69] Rigamonti D, Zhong G Q, Croci G, et al. First neutron spectroscopy measurements with a compact C7LYC based detector at EAST[J]. Journal of Instrumentation, 2019, 14(09): C09025-C09025.

[70] Esposito B, Bertalot L, Marocco D, et al. Neutron measurements on Joint European Torus using an NE213 scintillator with digital pulse shape discrimination[J]. Review of Scientific Instruments, 2004, 75(10): 3550-3552.

[71] Zimbal A, Reginatto M, Schuhmacher H, et al. Compact NE213 neutron spectrometer with high energy resolution for fusion applications[J]. Review of Scientific Instruments, 2004, 75(10): 3553-3555.

[72] Esposito B, Kaschuck Y, Rizzo A, et al. Digital pulse shape discrimination in organic scintillators for fusion applications[J]. Nuclear Instruments and Methods in Physics Research Section A: Accelerators, Spectrometers, Detectors and Associated Equipment, 2004, 518(1-2): 626-628.

[73] Giacomelli L, Zimbal A, Tittelmeier K, et al. The compact neutron spectrometer at ASDEX Upgrade[J]. Review of Scientific Instruments, 2011, 82(12): 123504.

[74] Tardini G, Zimbal A, Esposito B, et al. First neutron spectrometry measurements in the ASDEX Upgrade tokamak[J]. Journal of Instrumentation, 2012, 7(03): C03004.

[75] Cecconello M, Turnyanskiy M, Conroy S, et al. A neutron camera system for MAST[J]. Review of Scientific Instruments, 2010, 81(10): 10D315.

[76] Zhang X, Yuan X, Xie X, et al. A compact stilbene crystal neutron spectrometer for EAST D-D plasma neutron diagnostics[J]. Review of Scientific Instruments, 2013, 84(3): 033506.

[77] Kim Y-K, Lee S-K, Kang B-H, et al. Performance improvement of neutron flux monitor at KSTAR[J]. Journal of Instrumentation, 2012, 7(06): C06013.

[78] Zhang X, Yuan X, Xie X, et al. A digital delay-line-shaping method for pulse shape discrimination in stilbene neutron detector and application to fusion neutron measurement at HL-2A tokamak[J]. Nuclear Instruments and Methods in Physics Research Section A: Accelerators, Spectrometers, Detectors and Associated Equipment, 2012, 687 (687): 7-13.

[79] Xi Y, Xing Z, Xu-Fei X, et al. First neutron spectrometry measurement at the HL-2A tokamak[J]. Chinese Physics C, 2013, 37(12): 126001.

[80] Du X, Zhang J, Sheng L, et al. Neutron spectrum unfolding of the magnetic proton recoil spectrometer using the GRAVEL and MLEM algorithms[J]. Fusion Engineering and Design, 2022, 184: 113284.

[81] Källne J, Ballabio L, Conroy S, et al. New neutron diagnostics with the magnetic proton recoil spectrometer[J]. Review of Scientific Instruments, 1999, 70(1): 1181-1184.

[82] Sjöstrand H, Giacomelli L, Andersson Sundén E, et al. New MPRu instrument for neutron emission spectroscopy at JET[J]. Review of Scientific Instruments, 2006, 77(10): 10E717.

[83] Andersson Sundén E, Sjöstrand H, Conroy S, et al. The thin-foil magnetic proton recoil neutron spectrometer MPRu at JET[J]. Nuclear Instruments and Methods in Physics Research Section A: Accelerators, Spectrometers, Detectors and Associated Equipment, 2009, 610(3): 682-699.

[84] Ericsson G, Ballabio L, Conroy S, et al. Neutron emission spectroscopy at JET: Results from the magnetic proton recoil spectrometer[J]. Review of Scientific Instruments, 2001, 72(1): 759-766.

[85] Neilson G C, James D B. Time of flight spectrometer for fast neutrons[J]. Review of Scientific Instruments, 1955, 26(11): 1018-1024.

[86] Gatu Johnson M, Giacomelli L, Hjalmarsson A, et al. The 2.5-MeV neutron time-of-flight spectrometer TOFOR for experiments at JET[J]. Nuclear Instruments and Methods in Physics Research Section A: Accelerators, Spectrometers, Detectors and Associated Equipment, 2008, 591(2): 417-430.

[87] Elevant T, Aronsson D, van Belle P, et al. The JET neutron time-of-flight spectrometer [J]. Nuclear Instruments and Methods in Physics Research Section A: Accelerators, Spectrometers, Detectors and Associated Equipment, 1991, 306(1): 331-342.

[88] Hjalmarsson A, Conroy S, Ericsson G, et al. The TOFOR spectrometer for 2.5 MeV neutron measurements at JET[J]. Review of Scientific Instruments, 2003, 74(3): 1750-1752.

[89] Gatu J M, Giacomelli L, Hjalmarsson A, et al. The TOFOR neutron spectrometer and its first use at JET[J]. Review of Scientific Instruments, 2006, 77(10): 10E702.

[90] Gatu J M, et al. New MPRu instrument for neutron emission spectroscopy at JET[J]. Review of Scientific Instruments, 2006, 77(10): 5-176.

[91] Shibata Y, Iguchi T, Hoek M, et al. Time-of-flight neutron spectrometer for JT-60U[J]. Review of Scientific Instruments, 2001, 72(1): 828-831.

[92] Hoek M, Nishitani T, Takahashi H, et al. Results from Monte Carlo simulations of the neutron transport for the new 2.45 MeV neutron time-of-flight spectrometer for the JT-60U tokamak[J]. Fusion Engineering and Design, 1999, 45(4): 437-453.

[93] Chen Z, Peng X, Zhang X, et al. Data acquisition system with pulse height capability for the TOFED time-of-flight neutron spectrometer[J]. Review of Scientific Instruments, 2014, 85(11): 11D830.

[94] Xing Z, Xi Y, Xufei X, et al. The design and optimization of a neutron time-of-flight spectrometer with double scintillators for neutron diagnostics on EAST[J]. Plasma Science and Technology, 2012, 14(7): 675.

[95] Kiptily V G, Cecil F E, Medley S S. Gamma ray diagnostics of high temperature magnetically confined fusion plasmas[J]. Plasma Physics and Controlled Fusion, 2006, 48(8): R59.

[96] Medley S S, Cecil F E, Cole D, et al. Fusion gamma diagnostics[J]. Review of Scientific Instruments, 1985, 56(5): 975-977.

[97] Kiptily V G, Baranov Y F, Barnsley R, et al. First gamma-ray measurements of fusion alpha particles in JET trace tritium experiments[J]. Physical Review Letters, 2004, 93(11): 115001.

[98] Jarvis O N, Adams J M, Howarth P J A, et al. Gamma ray emission profile measurements from JET ICRF-heated discharges[J]. Nuclear Fusion, 1996, 36(11): 1513.

[99] Van Loef E V D, Dorenbos P, Van Eijk C W E, et al. Scintillation properties of $LaBr_3$: Ce^{3+} crystals: fast, efficient and high-energy-resolution scintillators[J]. Nuclear Instruments and Methods in Physics Research Section A: Accelerators, Spectrometers, Detectors and Associated Equipment, 2002, 486(1-2): 254-258.

[100] Zoita V, Anghel M, Craciunescu T, et al. Design of the JET upgraded gamma-ray cameras [J]. Fusion Engineering and Design, 2009, 84(7): 2052-2057.

[101] Nocente M, Tardocchi M, Chugunov I, et al. Energy resolution of gamma-ray spectroscopy of JET plasmas with a $LaBr_3$ scintillator detector and digital data acquisition[J]. Review of Scientific Instruments, 2010, 81(10): 10D321.

[102] Zhang J, Zhang P, Zhang Y, et al. Geant4 simulation study on detection efficiencies of the Compton suppression system at the HL-2A tokamak[J]. Applied Radiation and Isotopes, 2019, (150): 63-69.

[103] Zhang J, Zhang Y, Yang J, et al. Influences of fusion neutrons on Compton suppressed γ-spectrum analyses at the HL-2A tokamak[J]. Applied Radiation and Isotopes, 2020, (166): 109387.

[104] Medley S S, Budny R V, Duong H H, et al. Confined trapped alpha behaviour in TFTR deuterium-tritium plasmas[J]. Nuclear Fusion, 1998, 38(9): 1283.

[105] McKee G R, Fonck R J, Stratton B C, et al. Transport measurements for confined non-thermal alpha particles in TFTR DT plasmas[J]. Nuclear Fusion, 1997, 37(4): 501.

[106] Synakowski E J, Bell R E, Budny R V, et al. Measurements of the production and transport of helium ash in the TFTR tokamak[J]. Physical Review Letters, 1995, 75(20): 3689-3692.

[107] Jarvis O N, Van Belle P, Hone M A, et al. Measurements of escaping fast particles using a thin-foil charge collector[J]. Fusion Technology, 2001, 39(1): 84-95.

[108] Heidbrink W W, Miah M, Darrow D, et al. The confinement of dilute populations of beam ions in the national spherical torus experiment[J]. Nuclear Fusion, 2003, 43(9): 883.

[109] Chrien R E, Kaita R, Strachan J D. Observation of d (d, p) T reactions in the Princeton large torus[J]. Nuclear Fusion, 1983, 23(10): 1399.

[110] Strachan J D. Measurements of the ^{3}He fusion product in TFTR[J]. Nuclear Fusion, 1989, 29(2): 163.

[111] Murphy T J, Strachan J D. Spatially resolved measurement of alpha particle emission from PLT plasmas heated by ICRH[J]. Nuclear Fusion, 1985, 25(3): 383.

[112] Zhu J, McCracken G M, Coad J P. Experimental investigations of helium ion implantation in the first wall of JET[J]. Nuclear Instruments and Methods in Physics Research Section B: Beam Interactions with Materials and Atoms, 1991, (59-60): 168-172.

[113] Tobita K, Neyatani Y, Kusama Y, et al. Infrared TV measurement of fast ion loss on JT-60U[J]. Review of Scientific Instruments, 1995, 66(1): 594-596.

[114] Manos D M, Budny R V, Kilpatrick S, et al. Probes for edge plasma studies of TFTR[J]. Review of Scientific Instruments, 1986, 57(8): 2107-2112.

[115] Tuszewski M, Zweben S J. Scintillator studies with MeV charged particle beams[J]. Review of Scientific Instruments, 1993, 64(9): 2459-2465.

[116] Zweben S J, Boivin R L, Diesso M, et al. Loss of alpha-like MeV fusion products from TFTR[J]. Nuclear Fusion, 1990, 30(8): 1551.

[117] Darrow D S, Herrmann H W, Johnson D W, et al. Measurement of loss of DT fusion products using scintillator detectors in TFTR[J]. Review of Scientific Instruments, 1995, 66(1): 476-482.

[118] Isobe M, Darrow D S, Kondo T, et al. Escaping fast ion diagnostics in compact helical

system heliotron/torsatron[J]. Review of Scientific Instruments, 1999, 70(1): 827-830.

[119] Werner A, Weller A, Darrow D S. Fast ion losses in the W7-AS stellarator[J]. Review of Scientific Instruments, 2001, 72(1): 780-783.

[120] García-Muñoz M, Fahrbach H U, Zohm H, et al. Scintillator based detector for fast-ion losses induced by magnetohydrodynamic instabilities in the ASDEX Upgrade tokamak[J]. Review of Scientific Instruments, 2009, 80(5): 053503.

[121] Rivero-Rodriguez J F, Perez Von Thun C, Garcia-Muñoz M, et al. Upgrade and absolute calibration of the JET scintillator-based fast-ion loss detector[J]. Review of Scientific Instruments, 2021, 92(4): 043553.

第9章 ITER诊断概述

ITER的诊断系统用于等离子体参数的测量，包括装置保护和基本装置控制所需的测量、先进等离子体控制所需测量、评估和物理研究所需测量以及除等离子体运行以外的维护和检查所需的系统。诊断系统将提供如下参数：

① 聚变功率，监测聚变功率未超过700 MW的设计值。

② 中子注量，监测中子注量的平均值未超过设计值0.3 MW/m^2。

③ 实验数据，特别是关于氢元素滞留、灰尘量的特征，以便在非活化阶段辅助验证和评价ITER的设计和参数许可范围。

除此以外，诊断系统将提供等离子体电流测量以便中央安全系统（CCS）在达到等离子体电流极限时中断等离子体聚变；测量应当涵盖所有的运行状态，包括测试、调节（conditioning）、短期维护以及长期维护等；对等离子体和面向等离子体表面的外围参数（如线圈电流和部件应力）的测量不属于诊断系统的范畴。

此外，ITER装置还根据各诊断对数据的贡献划分为首要类、支持类以及补充类3种。首要类诊断，即诊断非常适合该参数测量——每个诊断系统至少有一个主要测量功能；支持类诊断，该诊断提供的数据与首要类诊断所测数据相似，但存在一些限制；补充类诊断，该诊断测量的数据用于验证或校准该参数的测量值，但其本身并不完整。

ITER的诊断系统在整个系统的解构（plant breakdown structure，PBS）编号为55。55.A~55.G分别代表磁诊断、中子诊断、光学诊断、热辐射诊断、光谱诊断、微波诊断以及运行诊断。除此以外，又把与装置、核设施建筑等固定在一起的部件划归为55.99；下、中平面以及上诊断窗口专门单独定义为55.L/Q/U；把诊断工程服务定义为55.N。根据2016年确定的基准线，将等离子体放电划分为4个阶段，即第一等离子体放电（first plasma）、聚变功率运行前1期（pre-fusion power operation 1）、聚变功率运行前2期（pre-fusion power operation 2）以及聚变运行（fusion power operation）。根据各阶段等离子体的实验目标，ITER编制了一个等离子体诊断系统的安装就位表。ITER诊断系统的功能以及在各个运行阶段的状态如表9.1所示。

表9.1 各运行阶段的诊断系统和功能列表

技术分类	PBS	诊断子系统	FP	PFPO-1	PFPO-2	FPO	FP中待安装的固定部件
磁诊断	55.A0	磁诊断	X	X	X	X	
	55.A1	外部电流罗氏圈	X	X	X	X	
	55.A3	真空外切向磁探针	X	X	X	X	
	55.A4	真空外径向磁探针	X	X	X	X	
	55.A5	切向稳态传感器	X	X	X	X	
	55.A6	径向稳态传感器	X	X	X	X	
	55.A7	真空外连续磁通环	X	X	X	X	
	55.A8	光纤电流传感器		X	X	X	X
	55.A9	真空外逆磁补偿探圈	X	X	X	X	
	55.AA	真空内切向磁探针	X	X	X	X	
	55.AB	真空内径向磁探针	X	X	X	X	
	55.AC	真空内环向磁探针	X	X	X	X	
	55.AD	真空内分段磁通环	X	X	X	X	
	55.AE	真空内连续磁通环	X	X	X	X	
	55.AF	逆磁探圈(主体)	X	X	X	X	
	55.AG	真空内逆磁补偿	X	X	X	X	
	55.AH	真空内逆磁鞍形探圈	X	X	X	X	
	55.AI	MHD鞍形探圈	X	X	X	X	
	55.AJ	高频磁探针		X	X	X	X
	55.AL	偏滤器平衡线圈		X	X	X	
	55.AM	偏滤器分流器		X	X	X	
	55.AN	偏滤器罗氏圈		X	X	X	
	55.AO	偏滤器环向探圈		X	X	X	
	55.AP	罗氏线圈(包层)		X	X	X	
	55.AQ	等离子体电流监测器		X	X	X	

续表

技术分类	PBS	诊断子系统	FP	PFPO-1	PFPO-2	FPO	FP中待安装的固定部件
中子诊断	55.B1	径向中子相机				X	
	55.B2	垂直中子相机				X	
	55.B3	微裂变腔室		X	X	X	X
	55.B4	中子通量监测系统		X	X	X	
	55.B8	中子活化系统		X	X	X	X
	55.BC	偏滤器中子通量监测器		X	X	X	
	55.BT	中子诊断存储区		X	X	X	
	55.BV	真空室内中子标定		X	X	X	
光学诊断	55.C1	芯部等离子体汤姆孙散射		X	X	X	X
	55.C2	边缘汤姆孙散射			X	X	X
	55.C4	偏滤器汤姆孙散射			X	X	X
	55.C5	环向干涉仪/偏振仪		X	X	X	X
	55.C6	极向偏振仪			X	X	X
	55.C7	相干汤姆孙散射系统				X	X
辐射热诊断	55.D1	辐射热诊断		X	X	X	X
光谱诊断	55.E1	核心电荷交换复合光谱			X	X	
	55.E2	H-Alpha与可见光谱	X	X	X	X	
	55.E3	真空紫外系统	X	X	X	X	
	55.E4	偏滤器杂质监测系统		X	X	X	
	55.E5	X射线芯部弯晶系统		X	X	X	
	55.E6	可见光谱系统		X	X	X	
	55.E7	径向X射线相机		X	X	X	
	55.E8	中性粒子分析仪			X	X	
	55.EB	动态斯塔克效应			X	X	
	55.EC	边缘电荷交换复合光谱			X	X	
	55.ED	宽光谱X射线弯晶系统	X	X	X	X	

续表

技术分类	PBS	诊断子系统	FP	PFPO-1	PFPO-2	FPO	FP中待安装的固定部件
光谱诊断	55.EE	硬X射线监测仪	X	X	X	X	
	55.EF	台基区电荷交换复合光谱系统			X	X	
	55.EG	偏滤器真空紫外线光谱仪		X	X	X	
	55.EH	真空紫外线边缘成像		X	X	X	
	55.EI	X射线弯晶谱仪系统		X	X	X	
微波诊断	55.F1	电子回旋辐射		X	X	X	X
	55.F2	弱场侧反射计			X	X	X
	55.F9	强场侧反射计			X	X	X
	55.FA	密度干涉/偏振仪	X	X	X	X	X
运行相关诊断	55.G1	Eq中平面可见/红外监测	X	X	X	X	
	55.G2	热电偶温度计		X	X	X	
	55.G3	气压		X	X	X	X
	55.G4	残余气体分析仪		X	X	X	X
	55.G6	偏滤器红外热像仪		X	X	X	
	55.G7	朗缪尔探针		X	X	X	
	55.G8	腐蚀监测器			X	X	X
	55.G9	粉尘监测器			X	X	X
	55.GA	Up上可见/红外监测系统		X	X	X	
	55.GB	真空室内电子回旋加热探测器	X	X	X	X	
	55.GC	氚监测器			X	X	X
	55.GD	第一壁取样		X	X	X	
	55.GE	通量监测,边界成像系统		X	X	X	
	55.GF	纵场绘图系统	X				
	55.GG	热量测定		X	X	X	
	55.GL	真空室内照明	X	X	X	X	
	55.GT	托卡马克结构监测系统	X	X	X	X	

注:表中“X”表示在运行。

9.1 磁测量

ITER装置磁诊断主要提供等离子体的磁参数信息，不仅提供基础参数如局部磁场、磁通，还能提供等离子体平衡重建信息以及等离子体特性，如等离子体形状、位置、运动速度、等离子体能量以及低频和高频磁流体不稳定性。ITER磁测量传感器及安装位置见表9.1.1。

表9.1.1 ITER传感器分类

传　感　器	安装位置
极向连续罗氏线圈	环向场线圈壳内
磁探针、磁通环和稳态磁场传感器	真空室外壁
磁探针、鞍形线圈和电压环	真空室内壁
磁探针、罗氏线圈和分流器	偏滤器诊断腔室
罗氏线圈(包层接地线周围)	包层屏蔽模块

ITER装置上的磁传感器，除了光纤电流传感器和稳态磁场传感器外，其余与其他磁约束装置所用的常规磁传感器一样，均是基于电磁感应原理。这些传感器一般尽可能布置在接近ITER主机，通过传输线将磁信号传输至诊断厅，与后端的模拟信号调理仪控设备对接。并使用专门定制的仪控系统(I&C)对信号进行准实时和离线处理，以用于ITER装置等离子体参数的获取和运行控制。ITER磁测量子系统可细分为20余组。下面对ITER磁测量系统部分磁传感器做概要介绍。

9.1.1 杜瓦区传感器

在ITER真空室外的杜瓦区域等位置，布置有罗氏线圈、磁探针、稳态磁场传感器(金属霍尔)、磁通环和光纤电流传感器等。

9.1.1.1 外部连续罗氏圈

外部连续罗氏线圈(continuous external Rogowski，CER)布置在ITER真空室外的环向长线圈(TFC)盒体内，用于等离子体电流和涡流的测量。如图9.1.1所示，红色实线展示的是CER在TFC盒体内的布置及连接头。

连续封闭的罗氏线圈是简单、可靠的电感式电流传感器，在科学和工业领域得以广泛应用。在ITER装置上，CER用于测量等离子体电流Ip、真空室环向电流Ivv、真空室热屏蔽的电流,以及这些导体结构外壳的感应涡流。CERs所处的工况温度是严苛的,要求在室温和4 K温度范围内反复升降温。这种温度工况可能会损坏传感器,或因反复热胀冷缩而导致其灵敏度发生变化、影响测量精度。在环向场(TF)线圈封装和液氦降温后,CERs的一些参数会发生以下变化:

电气参数发生变化,如CERs的内阻要比室温下小很多,将导致该系统的频率响应出现一定程度的降低;

CERs的灵敏度(也就是互感系数M)因热胀冷缩而发生变化。因此,这类传感器除了在实验室的室温下校准以外,还需要将其在TF内部安装后,在TF线圈工作工况环境下进行原位校准(in-situ),以评估其实际工况环境下的参数。

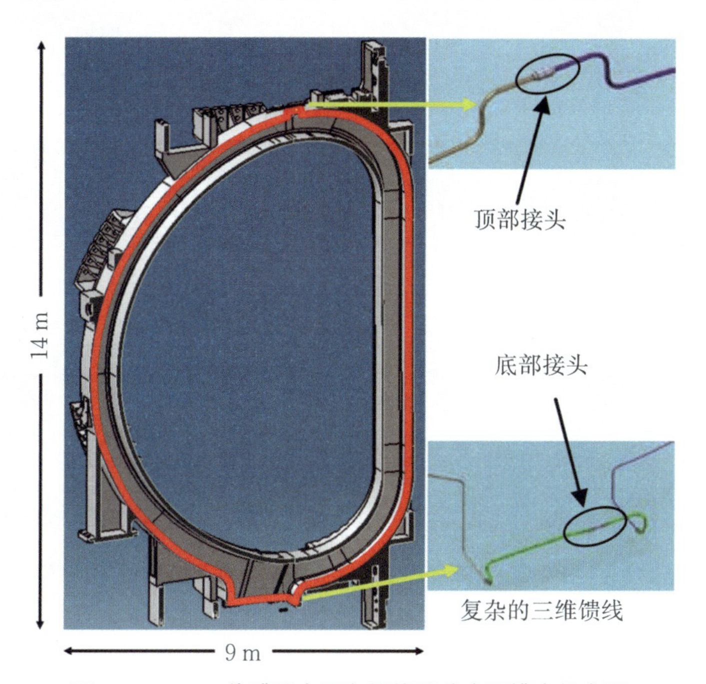

图9.1.1 CERs传感器在环向场线圈外壳凹槽中的布置

9.1.1.2 外部磁探针

在托卡马克装置上,磁探针(pickup coil)是一种用于测量特定方向局域磁场的电磁传感器。这类磁探针在ITER装置真空室外壁布置有三种,第一种的测量方向平行于极向截面且与真空室壁相切,称为真空外切向磁探针(outer vessel tangential coils,55.A3),第二种测量方向平行于极向截面且与真空室壁垂直,称之为真空外径向磁探针(outer vessel normal coils,55.A4)。第三种测量方向是垂直于极向截面,即沿着环向磁体(toroidal coil)的磁场方向,为环向磁探针,在ITER上称之为真空外逆磁补偿探圈(outer diamagnetic compensation coils,55.A9)。其中切向和径向磁探针可用于等离子体位形的测量，同时也是MHD不稳定性监测的主要传感器。而环向磁探针不仅可用于环向磁场监测，还可用做逆磁信号的补偿处理。在ITER真空室外壁上，分别在3个真空室模块(#3、#6、#9)上布置有切向和径向阵列，呈环向120°均匀分布。每组阵列包含60个切向磁探针和60个径向磁探针。在真空室中平面以下的3个位置(#1、#4、#7)，分别布置了12个环向磁场测量的磁探针做为逆磁补偿传感器。

这些传感器在设计时最大的约束因素来源于真空室外壁和真空室冷屏(VVTS)之间仅有11 mm的空间。由于真空室外壁各区域的弧度不一样，因此磁探针安装的高度不足11 mm。ITER切向磁探针设计了两种尺寸(199 mm×158 mm×8 mm和125 mm×158 mm×8 mm)，径向磁探针尺寸为218×118×8 mm^3，厚度均仅为8 mm。探针在使用前，进行了有效面积的标定，以及温度(−100～200 ℃)测试。

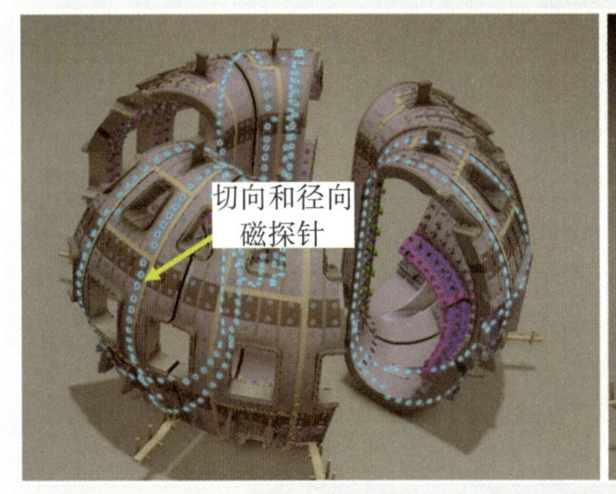

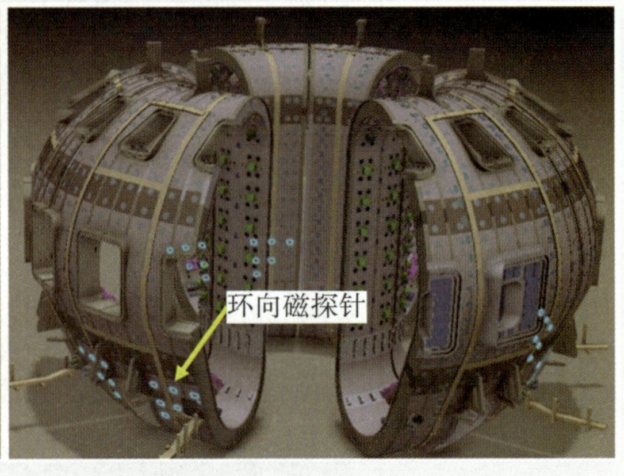

图9.1.2 ITER真空室外壁磁探针阵列布置图

(a) 切向和径向磁探针阵列 (b) 环向磁探针阵列

9.1.1.3 稳态磁场传感器

在ITER装置的磁测量系统中，设计有真空室外部稳态磁场传感器(outer vessel steady-state sensors，OVSS)。OVSS的基本功能与55.A3、55.A4一致，不同的是，OVSS的传感器是基于霍尔效应，其可用于长脉冲运行下稳态磁场测量。在ITER长脉冲运行下，电磁感应式磁探针后端积分器存在随时间累积的信号漂移现象，而使得信号随着测量时间增加而逐渐失准。OVSS系统是磁探针的备份和补充，在ITER装置长脉冲运行时具有与磁探针进行互补和替代的作用。

在真空室外设计有两个方向的OVSS传感器。一种用于测量稳态切向磁场，称之为切向稳态传感器(55.A5)，该类传感器可实现三种功能，分别是用于测量等离子体电流Ip、等离子体平衡重建磁场信息，以及磁流体不稳定信息。另一种用于测量径向(normal)磁场，称之为径向稳态传感器(55.A6)，具有测量平衡重建和锁模的功能。

下面就测量功能作进一步阐述。

测量等离子体电流(I_p)：切向稳态磁场传感器信号求和，可得到等离子体电流的信息。这个测量还包含真空室壁环向电流(I_{vv})，但具有真空室环向时间常数(约为0.6 s)的低频响应限制。

测量形状和位置：切向和径向的稳态磁场传感器，所测量的信号可用于如EFIT程序进行等离子体的平衡重建，实现对等离子体位置和形状的识别。ITER长脉冲运行时，OVSS系统起到磁探针的补偿和校正作用。

测量磁扰动：也可用于测量低频慢速的不稳定性，如锁模和误差场。

ITER装置上，OVSS系统的研制面临如下挑战：真空室外壁和冷屏之间的间隙安装，限制了其传感器及保护结构的总厚度不能超过11 mm。耐温要求(70～493 K)及耐500个烘烤周期的升降温。同时需要达到真空要求及低放气、耐辐射环境要求，且在ITER生命周期内不可维护性，需要承受电磁和机械负载等等。

如图9.1.3所示，OVSS系统包含3组阵列，每阵列包含20个传感器。在大环方向间隔120°。三组阵列的传感器所在位置略有偏移(图中红、绿、蓝)，这样在同一投影截面内实现了均匀分布。

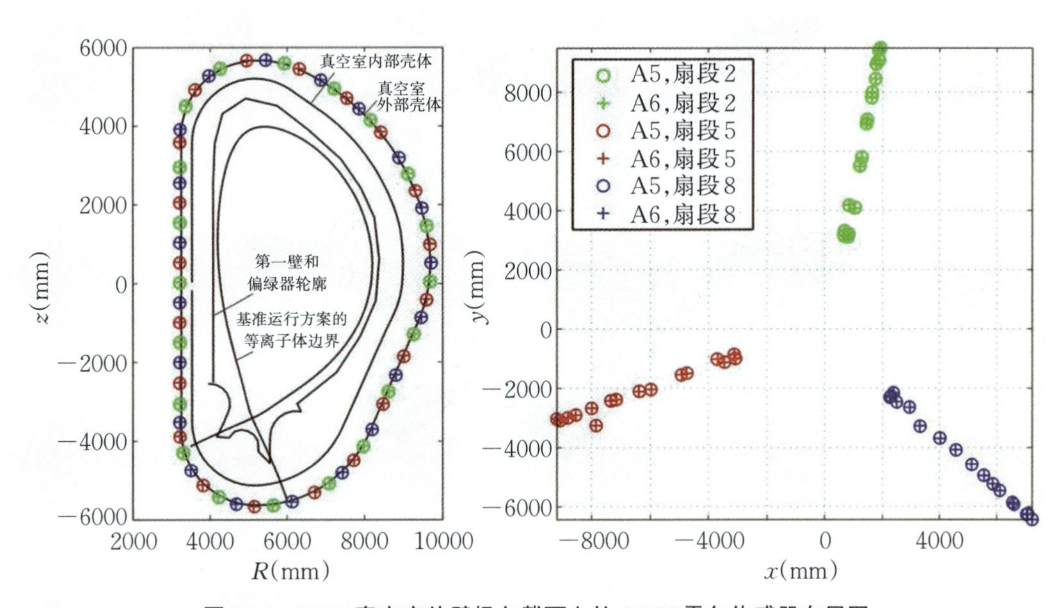

图9.1.3 ITER真空室外壁极向截面上的OVSS霍尔传感器布局图

OVSS系统的测量误差主要来源于传感器的安装误差(对准误差)、传感器的霍尔系数校准误差、霍尔传感器灵敏度随温度变化而引起的误差、霍尔片制作缺陷、中子辐照对灵敏度的影响、霍尔传感器材料的铁磁性、即发辐射效应(RIC)以及缓发辐射效应(RIED)等,以及后端电子学(放大器)、周围涡流杂散信号等带来的误差。

OVSS系统的传感器使用金属铋材料,通过磁控溅射沉积到氧化铝基板上形成霍尔材料。传感器尺寸约10 mm×10 mm,铋霍尔传感层的厚度为几个微米,对应的灵敏度约为0.1~1 V/A/T。该传感器通过了达到设计预期6倍的中子辐照量,总通量为8×10^{22} m^{-2},并且通过了220℃的耐高温测试。

霍尔传感器的外壳尺寸约50 mm×40 mm×9 mm,10个信号插头(2个霍尔传感器,每个需4芯、2个热电偶信号)。霍尔传感器外壳的设计有以下要求:需容纳传感器及霍尔供电、霍尔信号引线;需容纳用于温度监控和补偿的测温热电偶;需作为热导体,为传感器与真空室提供良好热接触,以便在等离子体运行过程中将传感器温度控制在几度范围内;尽可能小的外壳尺寸,方便将其定位安装并紧贴在具有弧度的真空室外壁上;在调试、安装及正常运行期间,免受机械损伤;尽可能少的零件数量;提供线缆连接的夹紧功能,防止电缆松动和拉扯;符合热生存环境(70~493 K,500个烘烤升降温周期);低放气率(10×10^{-8} Pa·m^3/s),且无滞留体积即封闭空间;符合全ITER周期中子通量要求(1.3×10^{22} m^{-2});无磁性,以减小对霍尔传感器测量的影响。图9.1.4展示了金属霍尔磁场传感器及保护结构,三个角可用于激光跟踪仪等设备进

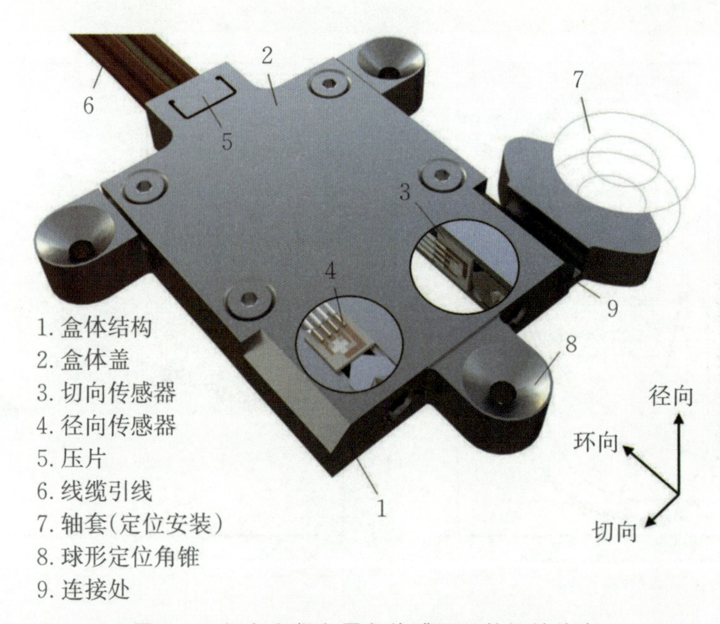

图9.1.4 切向和径向霍尔传感器及其保护外壳

行定位安装;外壳底部与真空室外壁单点接触,以防止瞬间流经的涡流所带来的信号干扰。该保护壳接头做了优化,在与定位轴焊接过程中温度保持在100 ℃以内,以防止焊接带来的形变。

9.1.1.4 外部连续磁通

在ITER真空室外壁布置有连续磁通环(outer continuous flux loops),使用铠装绝缘线缆(MI cable)作为传感器。磁通环测量范围0~150 Wb,不确定度0.5 Wb。测量环电压时0~30 V,测量不确定度1.5 mV;在等离子体破裂时测量30~500 V,测量不确定度3%。

9.1.1.5 光纤传感器

CER是电磁感应式磁传感器,在ITER长脉冲稳态运行要求下,可能无法忍受CER积分器的漂移带来的测量误差。因此,需要使用一种原理上能够稳态测量电流的方式,做为等离子体电流测量的备份和补充。

光纤电流传感器(fibre optic current sensor,FOCS)是一种用于稳态测量电流的传感器。其套于被测电流上,待测电流产生的角向磁场被光纤通过法拉第旋光效应所测量到。FOCS具有宽频测量范围(直流到兆赫兹),且重量轻、体积小、前端传感器仅为一根光纤、与ITER装置绝缘,且其辐射诱导的吸收水平与ITER整个生命周期相当等诸多优势。

在ITER真空室外壁设计了3套FOCS,分别布置在真空室#2、#5、#8外壁上。在每个扇段上由一根布置在真空室外壁和杜瓦之间的不锈钢管作为保护,并将FOCS传感器从真空室外壁引导至杜瓦壁上的FOCS专用接口处,穿透到杜瓦外通过光纤引至诊断大厅。不锈钢管供FOCS安装穿过,在管内充以氮气做为保护。FOCS是ITER上少数易于更换的磁传感器,可采用吹气技术将新的光纤传感器通过不锈钢管送入并绕真空室极向一周来实现更换维护。如图9.1.5所示为FOCS在真空室和杜瓦等结构之间的布置,其中黄色曲线为光纤。保护并引导光纤的不锈钢管(FOCS tubes)的内径4 mm,外径6 mm。管子通过螺栓及夹具固定在真空室外壁上。

ITER装置的FOCS所选择的费尔德常数V约为0.7 rad/MA,即20 MA被测电流对应光纤内光信号旋转14 rad。在相位识别时,光的偏振旋转计算程序需要校正相位跳变,为了区分相位跳变和真实的磁旋光极化偏转角,需要假设相邻两次测量角度的结果不可超过π rad(V常数对应为4.49 MA/Δt)。则限定了最大不超过4.49 MA/Δt的最大可检测电流变化率,其中Δt设置为10 ms,即449 MA/s。实际最大电流变化率由真空室0.5 s的时间常数决定,为20 MA/0.5 s=40 MA/s,这比设计的FOCS的电流变化率检测限低一个量级。因此该FOCS系统测量频率可以达到100 Hz到100 kHz范围。

ITER装置的FOCS主要技术参数：最大电流20 MA，极限测量误差±10 kA（<1 MA）和±1.0%（>1 MA），时间分辨率10 ms，生命周期20年，抗冲击性达1000次15 G重力加速度测试，放气率$<10^{-11}$ Pa·m³/s，运行温度70～500 K。

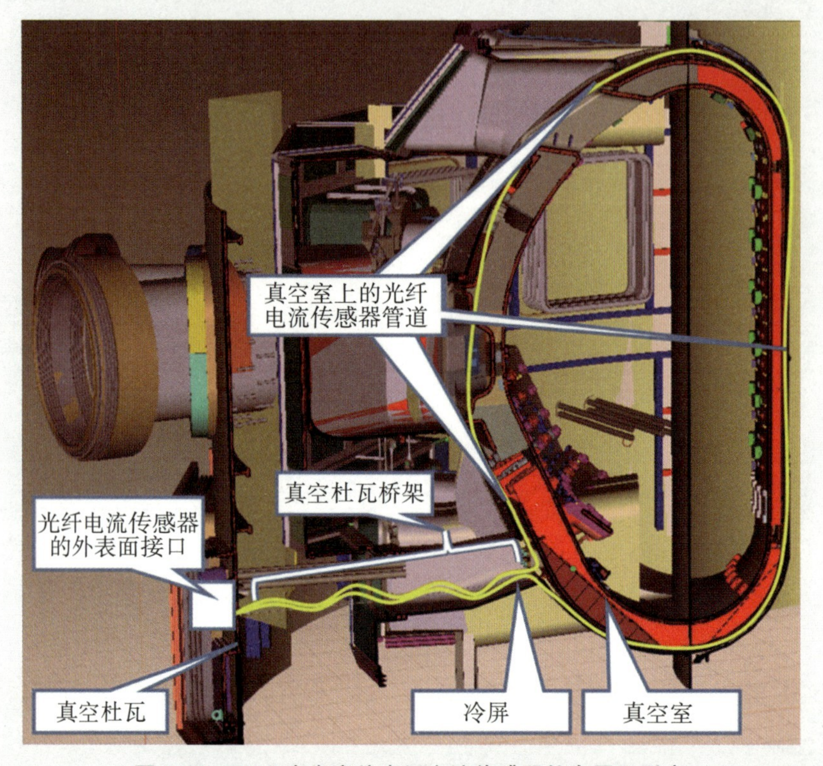

图9.1.5 ITER真空室外光纤电流传感器的布置及引出

9.1.2 真空内传感器

在ITER装置的真空室内，布置有磁场、磁通测量的磁探针和磁通环，以及用于等离子体锁模和破裂实时监测的鞍形探圈，用于磁扰动分析的高频磁探针。这些传感器面临高温、高真空、复杂电磁环境等多种极端因素的考验。

9.1.2.1 真空内平衡磁探针

ITER装置的真空室内安装3个维度的平衡磁探针，分别是测量切向磁场的55.AA，测量径向磁场的55.AB，以及测量环向磁场的55.AC，它们主要是用于等离子体位形的监测，是等离子体运行控制的重要测量手段。

该类磁探针系统面临的挑战见表9.1.2。

表9.1.2 真空内磁探针面临的挑战

工程技术挑战	辐射问题
有限空间内布置高灵敏度的磁探针	避免辐射诱导电导率(RIC)
高温烘烤和热负荷下生存问题	辐射诱导电动力(RIEMF)
承受等离子体破裂带来的电磁载荷	辐射诱导热电灵敏度(RITES)
低放气率、机械损伤、难维护性	辐射诱导电降解(RIED)

目前采用基于耐温陶瓷低温共烧(TLCC)技术制作磁探针传感器件。这种技术是将电线印刷在陶瓷板上,导线的厚度在10~20 μm,通过TLCC技术,可以将绕线的匝数"堆叠"得更多,以满足高灵敏度的需求,有效面积达到了0.25 m^2。

探针安装在真空室内壁和包层模块之间,被布置在120 mm×100 mm×50 mm盒体空间内,盒体借助真空室内壁做为支撑进行安装(图9.1.6)。切向(55.AA)磁探针布置有150个,径向(55.AB)72个,环向(55.AC)9个。

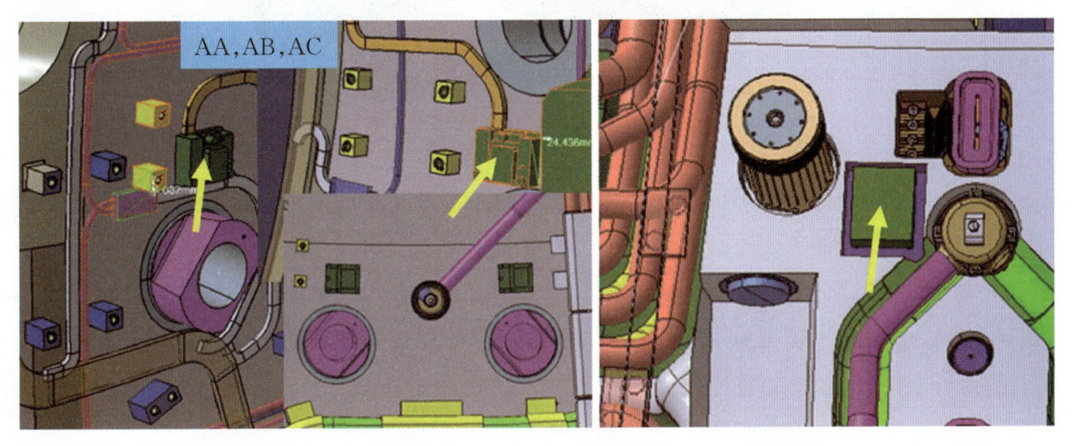

图9.1.6 ITER真空室内测量切向、径向和环向磁场的磁探针

9.1.2.2 真空内通量环

局部磁通环(partial flux loops)是一种相较于连续磁通环(continuous flux loop)尺寸更大的探圈,其信号经过积分处理后可测量B_r方向磁场,进而得到等离子体位移的信息。在ITER装置上采用MI Cable电缆进行制作和布置,ITER真空室内布置有6组阵列,每组20余个传感器。

真空内连续磁通环(55.AE)作为测量环电压和等离子体极向磁通的传感器,是非常重要的一类磁传感器。ITER装置真空室内磁通环,采用外径2~3 mm的MI Cable电缆制作,电缆两端采用陶瓷金属密封。为了适应使用需求,ITER上磁通环传感器有两种结构,一种是整根MI Cable布置的硬连接连续磁通环(hardwired loops)；一种是传感器由9根MI Cable线缆对接而成的分段磁通环(segmented loops)。通过可定位的金属夹具结构，夹持MI Cable线缆并焊接在真空室内壁上(图9.1.7)。在测量参数方面，与真空外连续磁通环(55.A7)相似。唯一不同的是，在等离子体破裂时要求测量范围为0.03～1 kV，测量精度也降低至10%。这是因为其没有真空室壁作为屏蔽，直接面向等离子体电流破裂带来的环电压，冲击较大且测量准确性更难以保障。

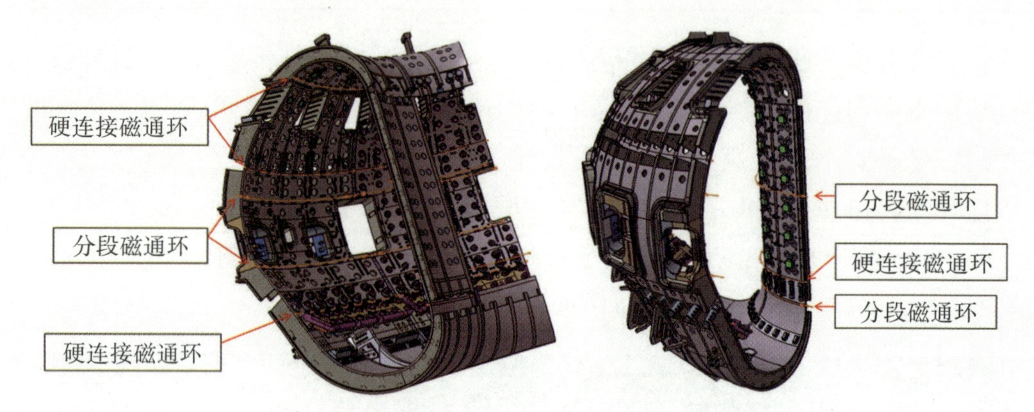

图9.1.7　ITER真空内连续磁通环和分段磁通环

9.1.2.3　真空内逆磁测量

ITER装置真空室内用于测量和补偿逆磁磁通的传感器主要包含逆磁主探圈(55.AF)、真空内逆磁补偿探针(55.AG)和逆磁鞍形探圈(55.AH)。

逆磁主探圈(55.AF)采用2 mm的MI Cable安装在真空室内壁上，如图9.1.8所示的黑色实线轮廓。为了冗余考虑，在真空室上均匀呈120°布置有3套，每个逆磁探圈所包围的面积约为30 m²。同时，将使用两两串联使用的方式，来消除环向低频不稳定的影响。

逆磁相较于环向磁场和极向磁场，信号要弱几个量级。为了测量到逆磁磁通，需要对逆磁探圈测量的信号进行细致地补偿处理掉这些杂散磁场。在真空室内壁下偏滤器附近，安装有这类环向场测量的磁探针，其采用MI Cable绕制成圆柱形，平行与环向磁场进行布置(图9.1.8所示垂直于纸面方向)，补偿探针如图绿色圆圈显示。其具有以下优点：相较于其他逆磁补偿传感器，因其尺寸较小，具有更小的RITES效应。使用MI Cable线缆使得具有更小的TIEMF效应；此外，在上下偏滤器及弱场侧附近，在逆磁主探圈布置的位置，设计了真空内逆磁鞍形线圈(55.AH)用于测量该附近的径向(B_r)磁通，以用于逆磁补偿。

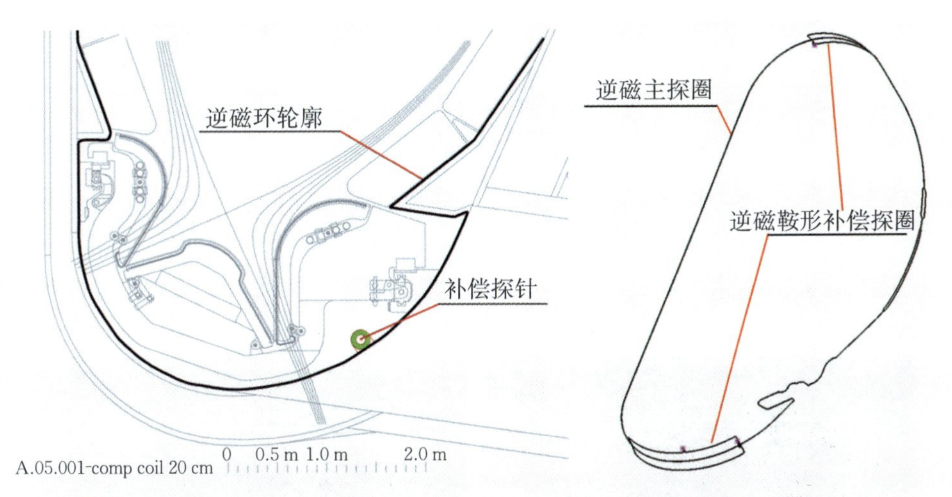

图9.1.8 ITER真空室内逆磁主探圈、逆磁补偿探针、逆磁鞍形补偿探圈的布局

9.1.2.4 真空室内磁扰动的测量

(1) 磁扰动(MDH)鞍形探圈(55.AI)

测量磁扰动的鞍形探圈,其传感器的形状与分段磁通环(55.AD)很类似,但信号所使用的方式不同。55.AI需要通过多路探圈的信号进行差分积分处理,得到B_r方向的MHD磁扰动信号,这些信号是等离子体破裂及低频磁扰动如锁模的分析和控制的必要信息。ITER装置上在环向布置有9组阵列,每组8个传感器,如图9.1.9所示,右图为一组阵列的示意。

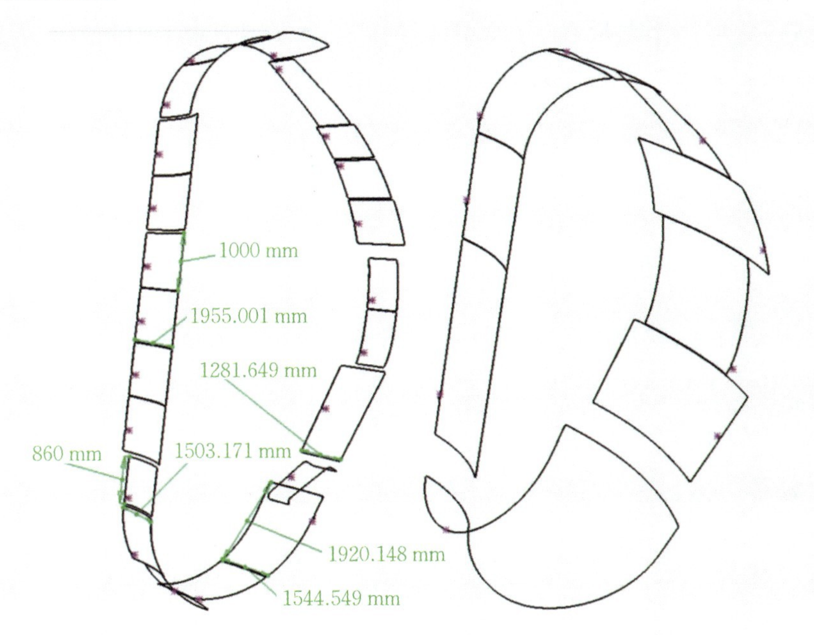

图9.1.9 ITER真空室内局部磁通环和MHD鞍形线圈的布局

(2) 高频磁探针(55.AJ)

在ITER装置上设计有高频磁扰动测量的探针(high frequency Coil)(图9.1.10)。有两种型号,一种采用与其他磁传感器相同的底座,其编号为55.AJ-R,传感器及保护壳体尺寸为120 mm×100 mm×50 mm,共171个传感器;另一种采用永久安装的更为简单的支撑保护结构(PBS编号为55.AJ-P),尺寸90 mm×50 mm×50 mm,传感器数量36个。有效面积约为0.07 m²,频率响应约为6 MHz。

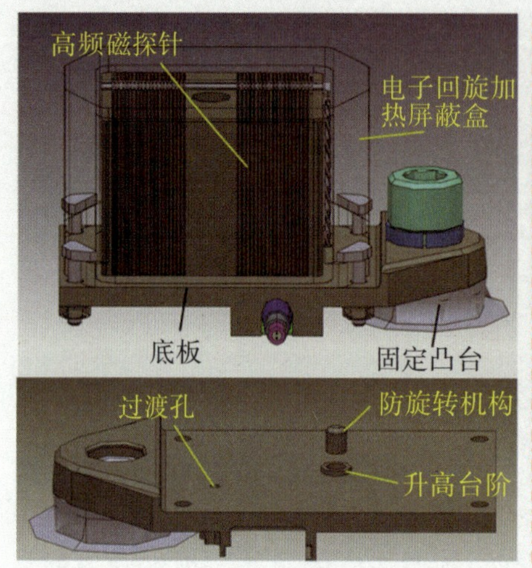

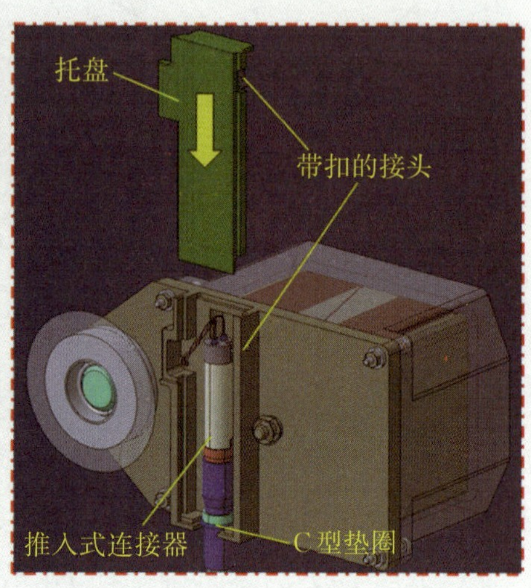

图9.1.10 ITER真空室内高频磁探针部件的结构设计

高频磁探针可用于测量B_p、等离子体位移速度、等离子体电流I_p及鱼骨模、阿尔芬本征模等高频磁扰动。高频磁探针和屏蔽盖用螺栓接头固定在衬底的表面。靠近底板中间所升高的小台阶以保持线圈和底板之间留有间隙,来绝缘传感器。线圈的引线从底板下的孔引出。

9.1.3 偏滤器及包层区传感器

在ITER装置上,涡流电流的测量是磁测量系统中较为重要的一种安全监测手段。如在刮削层附近,存在等离子体与接地线的导通。在等离子体发生大破裂时,由涡流、晕电流带来的瞬间电磁力冲击,是装置受力的一大风险。

ITER装置上通过测量第一壁包层和偏滤器模块的电流通量,来间接测量真空室内等离子体的晕(Halo)电流。其中测量偏滤器附近等离子体稳态挂削层(SOL区)电流,ITER上采用分流器进行电流测量。监控偏滤器和包层背板感应涡流,则采用了罗氏线圈。

(1) 偏滤器分流器测量系统

偏滤器分流器测量系统,图9.1.11展示了在偏滤器模块内布置的用于测量流经该处电流的分流器传感器,其布置在偏滤器模块的盒体内,通过测量电势差来测量导体中的电流信息。目前设计有两种参数,测量范围分别为0～100 mV和0～500 mV,测量准确度为1 mV(10%)。

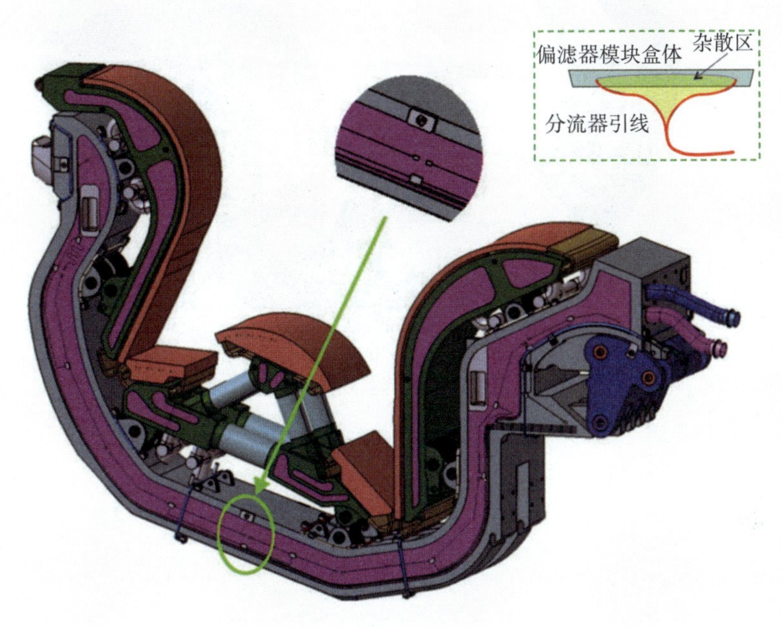

图9.1.11 布置于偏滤器模块内测量刮削层电流的分流器及其测量方式

(2) 偏滤器涡流电流测量系统

偏滤器涡流及晕(halo)电流测量系统,在ITER装置上于6个环形偏滤器模块内各嵌入了1组罗氏线圈阵列,用于监测偏滤器模块内涡流和相关的晕电流的分流情况(图9.1.12)。该系统目前的设计参数为,罗氏线圈互感系数200～300 nH,电流测量范围25～500 kA,测量精度±20%。

(3) 包层涡流电流测量系统

包层涡流电流测量系统用于测量包层内的感应涡流(图9.1.13)。在等离子体发生大破裂时,电磁感应产生的涡流将从包层模块流至装置接地线。ITER装置上,在真空室中的等离子体顶部和底部X点区域两侧,布置有成环的阵列式罗氏线圈。以及在9个包层模块内组成了连续的阵列式测量,以监测装置真空室内部件的涡流信息。传感器设计参数为50～150 nH,电流测量范围14～280 kA,测量精度±20%,传感器分类如表9.1.3所示。

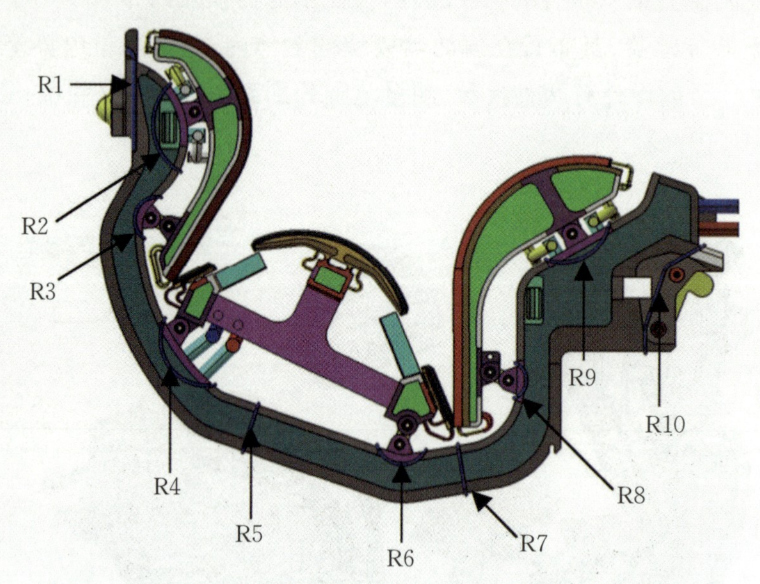

图9.1.12 布置于偏滤器模块内测量晕电流及导体涡流的罗氏线圈

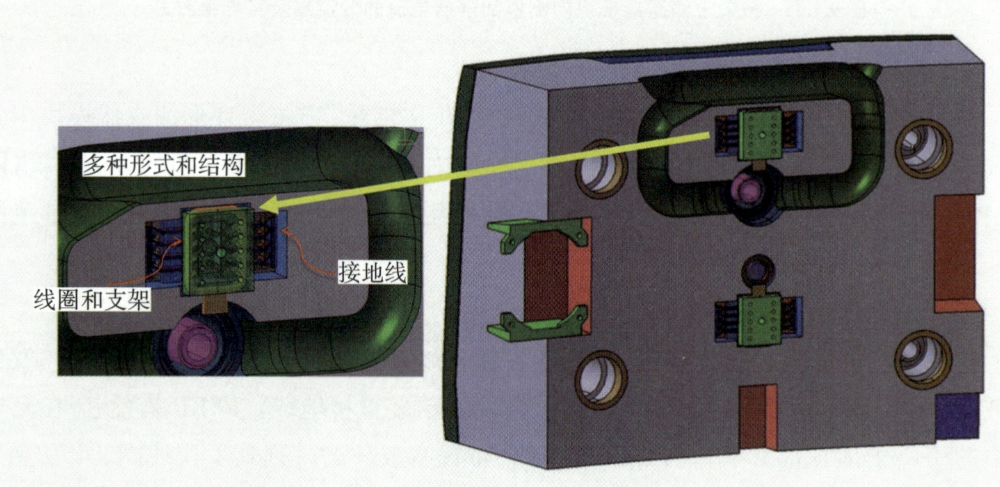

图9.1.13 布置于包层模块上用于测量涡流的罗氏线圈

表 9.1.3 ITER 磁测量系统传感器分类

编号	名称	重要性	测量参数	参数范围	测量精度	测量及应用
55.A1	外部电流罗氏圈	1.P	I_{tor}	1～17.5 MA	1.0%	环向总电流 $I_p+I_{vv}+I_{vvts}$
		4.S	I_p			等离子体电流 I_p
55.A3	真空外切向磁探针	1.P	I_{tor}	0～2.5 T	0.3%	环向总电流 $I_p+I_{vv}+I_{vvts}$
			I_p			等离子体电流 I_p
			Main plasma gaps			主等离子体间隙，位形
		4.S	$\delta B_r/B_p$ $\delta B_\theta/B_p$			误差场、锁模的极向分量测量、电阻壁模测量
55.A4	真空外径向磁探针	3.B+S	Main plasma gaps	0～2.0 T	0.3%	主等离子体间隙，位形
		4.S	$\delta B_r/B_p$ $\delta B_\theta/B_p$			误差场、锁模的径向分量测量、电阻壁模测量
			I_p			等离子体电流 I_p
			I_{tor}			环向总电流 I_p+I_{vv}
55.A5	切向稳态传感器（磁场）	4.S	Main plasma gaps	0～2.5 T	0.3%	主等离子体间隙，位形
			$\delta B_r/B_p$ $\delta B_\theta/B_p$			误差场、锁模的极向分量稳态测量、电阻壁模测量
55.A6	径向稳态传感器（磁场）	2.B	Main plasma gaps	0～2.0 T	0.3%	主等离子体间隙，位形
		3.B+S	$\delta B_r/B_p$			误差场、锁模的径向分量稳态测量
55.A7	真空外连续磁通环	4.S	Main plasma gaps	0～150 Wb	0.26%	极向磁通
			V_{loop}			环电压
55.A8	光纤电流传感器	4.S	I_p	0～17.5 MA	1.0%	等离子体电流
			I_{tor}			真空壁涡流
55.A9	真空外逆磁补偿探圈	2.B	B_T	0～0.3 T	0.3%	环向磁场 B_T
			β_P			逆磁补偿

续表

编号	名称	重要性	测量参数	参数范围	测量精度	测量及应用
55.AA	真空内切向磁探针	4.S	I_p			等离子体电流
			dI_p/dt			电流变化率
			dZ/dt			等离子体电流位移速度
		1.P	Main plasma gaps	0~2.5 T	0.3%	主等离子体间隙,位形
			li			等离子体内感
			$\delta B_r/B_p$ $\delta B_\theta/B_p$			误差场、锁模
		2.B	$\delta B_r/B_p$			误差场、锁模和电阻壁模 低频MHD,锯齿、破裂先兆 鱼骨模
		4.S	其他			等离子体能量、逃逸电子、q95、TAEs
55.AB	真空内径向磁探针	1.P	Main plasma gaps	0~2.5 T	0.3%	主等离子体间隙,位形
		2.B	$\delta B_r/B_p$			电阻壁模
			li			等离子体内感
			r_dir			等离子体与偏滤器间隙
		4.S	其他			等离子体垂直位移速度 等离子体储能 误差场、锁模的径向补偿 低频MHD、锯齿、破裂先兆 q95
55.AC	真空内环向磁探针	4.S		0~0.1 T	0.3%	晕电流
55.AD	真空内分段磁通环	1.P	dZ/dt	0~2 T	0.2%	等离子体垂直位移速度
			Main plasma gaps			主等离子体间隙,位形
			β_p			等离子体储能
			li			等离子体内感
			$\delta B_r/B_p$			电阻壁模
		2.B	r_dir			等离子体与偏滤器间隙
		4.S	V_{loop}			环电压

编号	名称	重要性	测量参数	参数范围	测量精度	测量及应用
			$\delta B_r/B_p$ $\delta B_\theta/B_p$			误差场、锁模
			$\delta B_\theta/B_p$			低频MHD,锯齿、破裂先兆
			$q(r)$			q95
55.AE	真空内连续磁通环	4.S	r_dir	0~150 Wb	0.26%	等离子体与偏滤器间隙
		1.P	Main plasma gaps			主等离子体间隙,位形
			Vloop			环电压
			I_{VV}			真空壁环向涡流
		4.S	其他			等离子体储能、q95
55.AF	逆磁探圈(主体)	1.P	β_p	0~3 Wb	0.2%	等离子体储能
			B_T			环向磁场
55.AG	真空内逆磁补偿	2.B	β_p	0~0.25 T	0.3%	等离子体储能
		1.P	B_T			环向磁场、逆磁补偿
		2.B	Halo			晕电流
55.AH	真空内逆磁鞍形探圈	4.S	β_p	0~2 T	0.2%	逆磁补偿
55.AI	MHD鞍形探圈	4.S	$\delta B_r/B_p$ $\delta B_\theta/B_p$	0~2 T	0.2%	误差场、锁模
		1.P	$\delta B_r/B_p$			电阻壁模
			Main plasma gaps			等离子体位移
		3.B+S	V_{loop}			环电压
55.AJ	高频磁探针	3.B+S	$\delta B_\theta/B_p$	0~2.5 T	0.3%	低频MHD,锯齿,破裂先兆
		1.P	$\delta B_\theta/B_p$			鱼骨模
			$\delta B_\theta/B_p$			阿尔芬本征模
			$\mathrm{d}Z/\mathrm{d}t$			等离子体位移速度
55.AL	偏滤器平衡磁探针	1.P	r_dir	0~2.5 T	0.3%	等离子体与偏滤器间隙
			li			等离子体内感
			Main plasma gaps			主等离子体间隙,位形

续表

编号	名称	重要性	测量参数	参数范围	测量精度	测量及应用
		4.S	Halo			晕电流
			$q(r)$			q95
55.AM	偏滤器电流分流器	4.S	r_dir	0~0.5 V		偏滤器导体结构电流
			Main plasma gaps			主等离子体间隙
			$q(r)$			q95
55.AN	偏滤器罗氏圈	1.P	Halo	0~50 kA	0.3%	晕电流
55.AO	偏滤器环向探圈	4.S	β_p	0~0.1 T	0.3%	补偿逆磁,测量等离子体储能
			极向电流			VDE、晕电流
55.AP	包层罗氏圈	1.P	极向电流	0~50 kA	0.3%	晕电流

注:1. P: primary(主要); 2. B: backup(备用); 3. B+S:backup and supplementary(备用和补充);
4. S: supplementary(补充)。

9.2 聚变产物诊断

ITER的聚变产物诊断系统,包括中子相机、中子通量监测器、中子能谱诊断系统、真空室内中子标定、高分辨率中子能谱和伽马能谱等系统。中子相机包括两个子系统:径向中子相机和垂直中子相机,它们从不同方向观测等离子体,测量聚变功率密度、中子源分布、α粒子和快离子的密度分布等参数。中子通量监测包括4个子系统:微裂变室、中子通量监测器、偏滤器中子通量监测器和中子活化系统,它们共同用于测量总中子通量和聚变功率,确保实验堆的运行安全。真空室内中子标定系统的目标是利用不同能量的中子源对诊断系统进行校准。此外,ITER还设计了高分辨率中子能谱和径向伽马射线谱仪,这些系统旨在提供对等离子体特性的深入理解,目前处于"待启用"状态。

9.2.1 中子相机

ITER中子相机包括径向中子相机和垂直中子相机2个子系统,编号分别为55.B1和55.B2。

径向中子相机(55.B1)诊断系统由2个子系统组成:内部RNC(In-Port RNC)和外部RNC(Ex-Port RNC)。2个子系统都安装#1在赤道窗口,其前端电子设备将安装在窗口单元(port cell)内。信号处理系统包括模拟电子学、数据采集系统,以及用于中子探测器信号处理的专用信号处理单元。

径向中子相机系统和高分辨率中子能谱仪(HRNC)和径向伽马射线能谱仪(RGRS)集成在一个赤道窗口,整体布置如9.2.1所示。内部RNC,设计用于观察等离子体边缘,其空间测量范围为约0.6~0.85小半径,由两个探测器盒组成,总共有8个通道:上探测器盒(4个通道);下探测器盒(4个通道)。每个通道都有3个探测器:1个金刚石探测器加上1个闪烁探测器(或2个钻石探测器)和一个裂变室。外部RNC,设计用于观察等离子体中心区域,其空间测量范围为约0~0.55小半径,由两个扇形多通道准直器组成,每个准直器有10个通道。每个通道都有4个探测器:两个不同灵敏度的金刚石探测器、闪烁探测器和裂变室,总共有40个金刚石探测器和20个闪烁探测器和20个裂变室。

径向中子相机主要测量的参数有:

① 聚变功率密度,测量范围为1 kW/m^3~15 MW/m^3,时间分辨率为1 ms,空间分辨率0.1小半径,测量精度±10%。

② 中子和α源分布,中子源分布的测量范围为10^{14}~6×10^{18} n/(m^3·s),时间分辨率为1 ms,测量精度±10%。

③ 约束的α粒子和快离子的密度分布,测量范围为0.1×10^{18}~2×10^{18} α/m^3,时间分辨率为100 ms,空间分辨率0.1小半径,测量精度±20%。

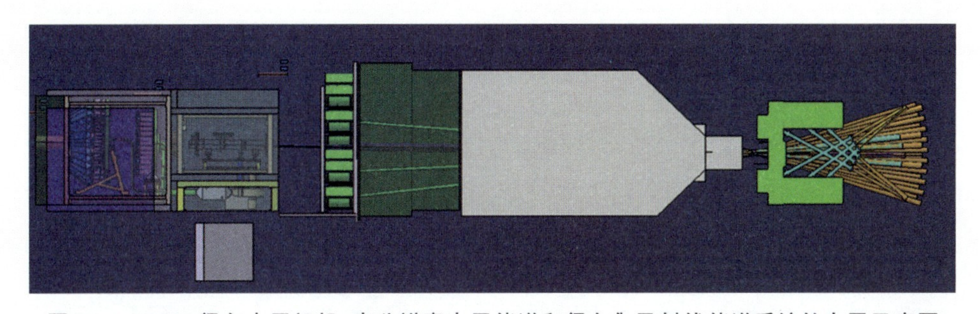

图9.2.1 ITER径向中子相机、高分辨率中子能谱和径向伽马射线能谱系统的布置示意图

垂直中子相机(55.B2)诊断系统包括下部VNC和上部VNC两个子系统,布置和视线如图9.2.2所示。下部VNC安装在ITER真空容器#14下窗口,包含6个准直通道,5个通道呈放射状向外延伸覆盖等离子体,1个通道是"盲"的,通道由中子屏蔽材料(碳化硼、不锈钢、钨)构成。每个通道内有4个探测器,包括2个金刚石探测器和2个裂变室。上部VNC位于#18上窗口,包含2个扇形,每扇形3条,共6个准直通道。探测器与下部VNC系统相同。

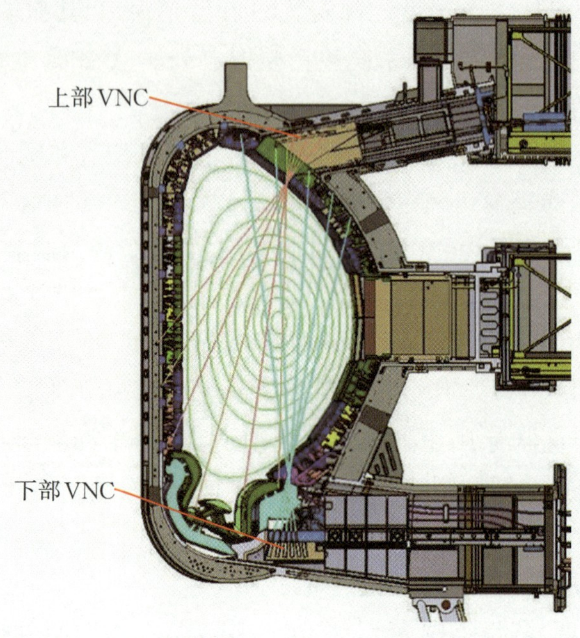

图9.2.2 ITER垂直相机上、下子系统的布置和视线示意图

VNC系统的测量参数、作用、精度要求与RNC系统基本一致,这里不再赘述。两套中子相机诊断系统都位于真空室内,探测器需要在复杂的环境中,高温(高达250 ℃)、高达4 T的磁场,进行测量,这是诊断系统面对的严重挑战。为此,ITER诊断设计组进行了详细设计,开展了电磁应力、结构、散热等多种分析,确保诊断系统的可靠性。

9.2.2 中子通量监测器

有4套中子系统用于总中子通量和聚变功率的系统,下面分别介绍。

微裂变腔室(55.B3)诊断系统是用于测量总中子通量和聚变功率的系统。总中子通量范围是10^{17}~10^{21} n/s,对应于100 kW~1.5 GW的聚变功率,时间分辨率为1 ms,精度为±10%。

MFC系统分布在ITER的真空室编号为1和6的扇段(每个扇段为环向40,ITER共9个扇段),每个扇段有两个系统,位于上下部不同的位置。MFC的探测器将通过基板焊接到真空室外侧的内表面上,并将热量传递到真空容器进行冷却。矿物绝缘电缆和保护真空管将通过上部窗口#3和#11穿出。单个扇段的MFC布置示意图如图9.2.3所示。MFC系统总共包括8个微裂变室(包含^{235}U),4个空白室(无裂变材料)。

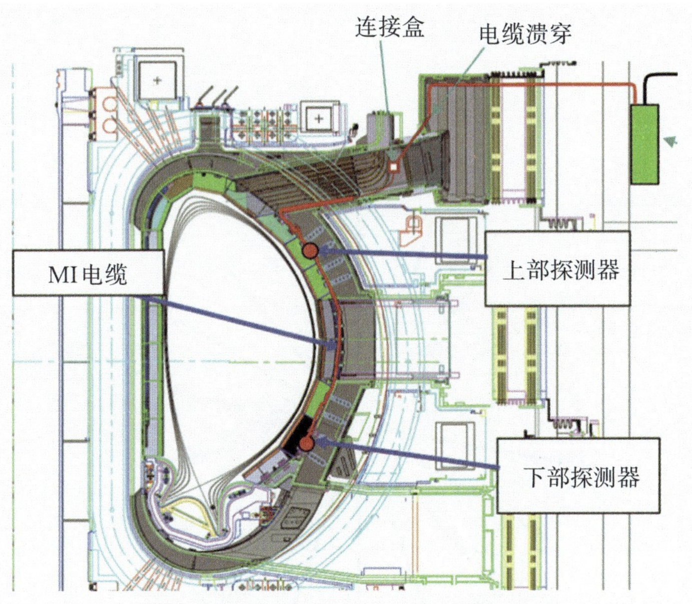

图9.2.3　ITER微裂变系统的布置示意图

除了ITER真空室内复杂的条件外，这套诊断系统面对的挑战是等离子体位置和轮廓的变化会影响测量精度，针对此问题，一方面，MFC布置在#12和#17屏蔽模块(blanket modules)后面；另一方面，对上下两个子系统数据进行加权处理，来减少等离子体这些变化的影响。

55.B4中子通量监测器系统(neutron flux monitors，NFM)由4个模块组成，分别位于#1、#7、#8和#17赤道窗口，如图9.2.4所示。每个模块包括2～3个不同灵敏度的^{235}U裂变室，和一个"空"电离室用于测量伽马射线和电磁干扰信号的水平，模块中还包括中子慢化剂(铍、石墨或聚乙烯)和热中子屏蔽材料(镉或钆)。#1赤道窗口的NFM模块位于真空室内，其设计时考虑了与ITER其他系统的接口，包括真空系统、冷却水系统、遥控操作系统等。#7、#8、#17三个窗口的NFM模块位于真空室外。通过MI电缆将信号传输到前置放大器。前端电子设备(前置放大器)布置在窗口单元区域，对应的信号处理单元、电源以及与控制和数据采集系统相关的计算机位于诊断大楼内。

对于D-D(氘-氘)等离子体，总中子通量的测量范围是1×10^{14}～1×10^{18} n/s，聚变功率测量范围100 W～1 MW。时间分辨率为1 ms，精度为±20%。对于D-T(氘-氚)等离子体，总中子通量的测量范围是1×10^{17}～5×10^{20} n/s，聚变功率测量范围为300 kW～1.5 GW。时间分辨率为1 ms，精度为±10%。

除了ITER复杂的条件外，这套诊断系统面对的挑战包括如何覆盖高达7个数量级的测量范围以及探测器的长期稳定性。后者是因为这套诊断系统将为ITER提供安全相关的聚变功率测量，计划使用低强度中子源对诊断系统进行周期性检查和校准。针对前一个问题，该系统使用不同灵敏度的探测器组合，从而覆盖所需的测量范围。

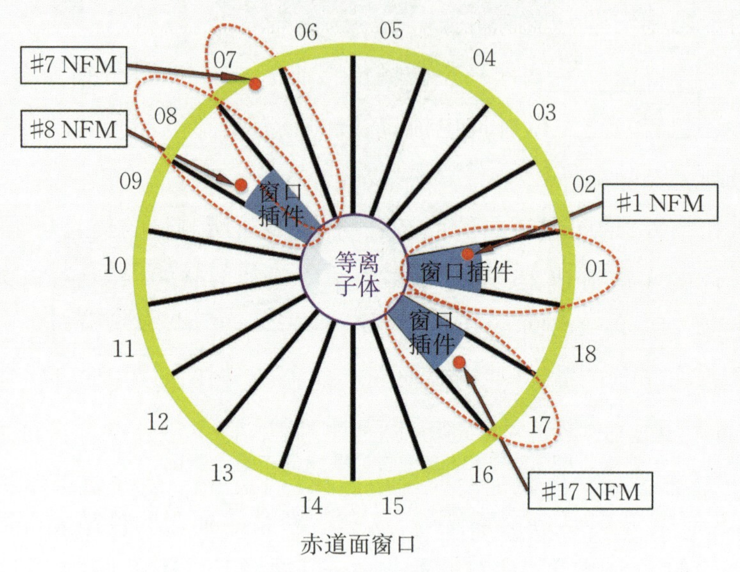

图9.2.4　ITER中子通量监测器系统的布置示意图

偏滤器中子通量监测器(55.BC)由3个模块组成，安装在不同偏滤器模块(3、21、39)，对应的窗口为ITER下#2、#8和#14。每个模块由3个^{238}U的裂变室，3个^{235}U裂变室组成。

DNFM系统探测器安装在偏滤器穹顶(dome)的组件(cassette)下，其冷却系统通过管道与偏滤器组件冷却系统相连，降低等离子体热辐射和核热的影响。信号传输线使用2个三轴铠装电缆，以实现高噪声免疫力，并允许在计数率、均方根模式和电流模式下同时进行测量。数据处理单元位于诊断大楼内，通过光纤通信线路接收来自端口单元的信号。

DNFM系统的测量参数、作用、精度要求与NFM系统基本一致，这里不再赘述。这套系统的主要挑战在于探测器模块如何应对偏滤器的高温和热循环问题。因此，该诊断系统的冷却、真空设计需要认真对待。

中子活化系统(55.B8)的布置如图9.2.5所示。照射端(irradiation ends, IE)，位于托卡马克装置的第一壁附近，用于对样品进行中子照射。传输线(transfer lines)，用于将封装的样品通过气动装置在照射端和计数站之间转移。计数站(counting station)，位于生物屏蔽外，使用高纯锗(HPGe)或碘化钠(NaI)探测器计数活化样品的伽马射线。传输站(transfer station)，负责将样品分发到指定位置，如照射端、计数站或废弃箱。信号处理和采集以及控制系统(DAQ&local controller)位于诊断大楼内,通过电缆或者光纤连接传输站和计数站。此外还包括气动系统(pneumatic system),用于驱动样品胶囊在传输线中移动。

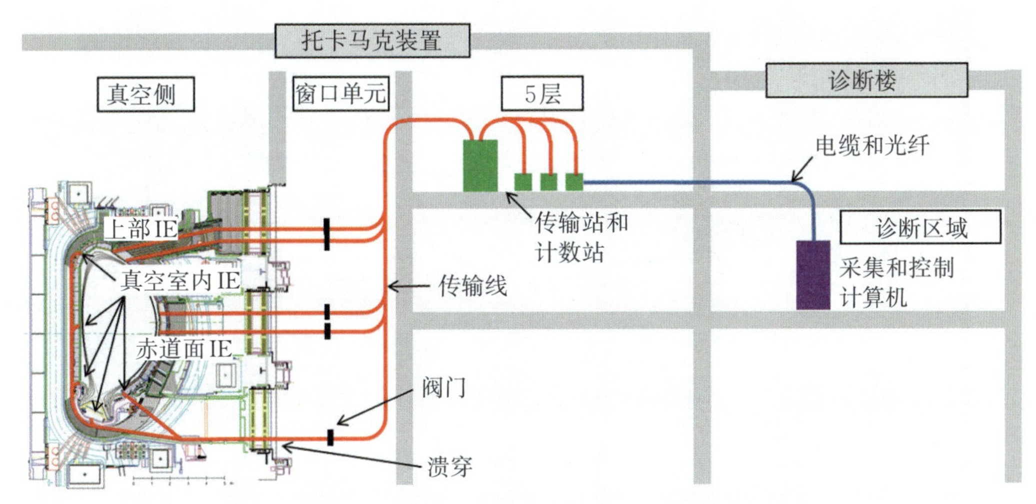

图9.2.5　ITER中子活化系统的布置示意图

NAS主要用于测量ITER总中子通量和聚变功率,以及装置运行期间第一壁的中子注量。总中子通量的测量范围从10^{14}~10^{21} n/s,聚变功率的测量范围为100 kW~1.5 GW,第一壁中子注量的范围为0.1~1 MW·y/m^2。NAS的时间分辨率为10 s。

9.2.3　中子能谱诊断系统

高分辨率中子能谱(high resolution neutron spectrometer,HRNS)系统由四种不同的中子谱仪组成,薄箔质子反冲谱仪(thin foil proton recoil spectrometer,TPR)、金刚石阵列探测器(diamond pixelated detector,NDD)、飞行时间谱仪(time-of-flight,ToF)系统包括传统的前向飞行时间谱仪(Forward ToF)和背散射飞行时间谱仪(back scattering ToF),按照不同的设计原则和探测效率进行设计,以测量氘-氚(D-T)和氘-氘(D-D)中子能谱。HRNS系统将安装在ITER #1赤道窗口,通过一个径向准直孔观察等离子体,准直孔直径为100 mm,如图9.2.1所示。HRNS系统的能量分辨率要求为4%,效率高于10^{-5}。HRNS系统的测量对象为n_T/n_D(氚离子与氘离子的比率),时间分辨率为100 ms,精度±20%,以及等离子体离子温度,测量范围是5~40 keV,精度±10%。

如图9.2.6所示,HRNS系统由两个立方体组成,它们被中子屏蔽材料包围,并配备了准直器和准直孔。立方体1包含薄箔质子反冲谱仪和金刚石阵列探测器,位于一个局部真空容器内。立方体2包含两套飞行时间谱仪。HRNS系统还包括用于中子探测器的前端电子学、数据采集系统、控制和监测系统。系统设计考虑了辐射硬化、磁屏蔽、温度控制和远程处理操作。

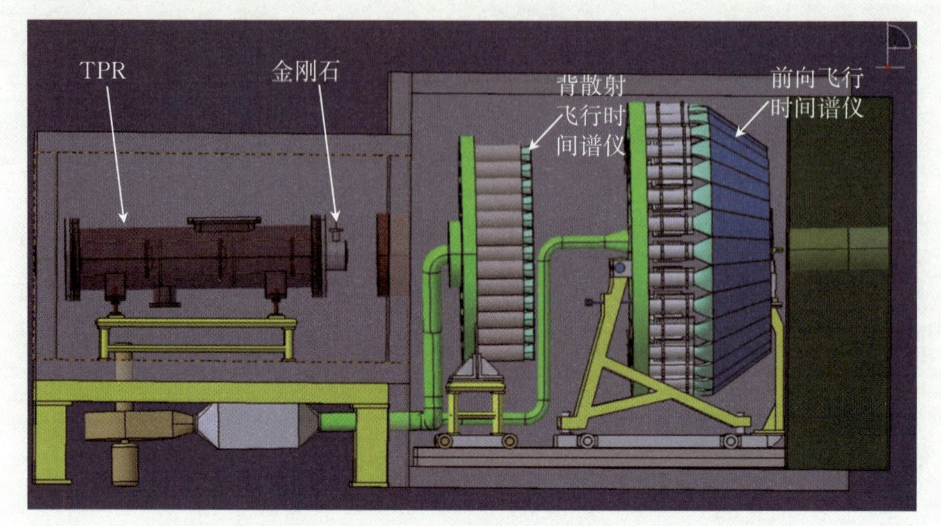

图 9.2.6 ITER 高分辨率中子能谱系统的 4 种谱仪布置示意图

HRNS 是"待启用的诊断",这意味着预先保留基本的接口,以便在 ITER 运行阶段有可能安装 HRNS,关于系统设计的详细决策尚未做出。

HRNS 系统的主要挑战之一是辐射对电子设备的影响,特别是前置放大器和快速数字化电子设备需要考虑辐射硬化。定制设计的前置放大器应使用较不敏感于辐射的技术,如 CMOS 或辐射硬化技术。另一个挑战是中子探测器的辐射硬度,需要提高中子探测器的辐射硬度,以承受高能中子辐射,有利于整个诊断系统的长期运行。

9.2.4 真空室内中子标定

55.BV 真空室内中子标定(in-vessel neutron calibration, IVNC),通过使用不同能量的中子源对如下 ITER 中子诊断系统进行校准:中子通量监测器、偏滤器中子通量监测器和中子活化系统。

真空室内中子标定的主要部件包括中子源、中子源监测探测器、电源、前置放大器和中子源部署工具。中子源,包括氘-氘中子发生器、氘氚中子发生器和 ^{252}Cf 中子源。中子源监测探测器用于监测中子发生器的发射率。电源为中子发生器提供所需高压。前置放大器作用为放大中子源监测探测器的信号。中子源部署工具用于将中子源定位到特定的校准点。

真空室内中子标定对各种中子诊断系统标定的主要步骤如下:

① 选择具有高灵敏度和稳定性的探测器用于直接校准。

② 使用蒙特卡洛方法进行中子传输计算,模拟中子源的特性、不同材料的中子传输影响和探测器的响应,以预测探测器在特定中子源下的反应。

③ 根据ITER的不同阶段和校准活动的需求,选择适当的中子源,如氘-氘中子发生器、氘-氚中子发生器,或者 ^{252}Cf。

④ 使用中子源部署工具将中子源精确放置在预定的校准位置。

⑤ 在中子源放置后,启动中子发生器并收集探测器的响应数据。同时监测中子源的发射特性,以确保数据的准确性。

⑥ 将实验数据与理论模拟结果进行比较,根据差异调整模型参数,直至达到良好的一致性。

⑦ 比较实验和模拟数据,确定将探测器计数与测量参数(总中子通量、聚变功率等)关联的校准因子。

⑧ 对于不能直接校准的低灵敏度探测器,使用高灵敏度校准过的探测器作为参考,通过比较两者的响应来获得校准因子。

⑨ 为了确保校准过程的可靠性,进行多次实验并验证结果的重复性。

通过这一综合的实验和理论方法,中子标定系统能够以10%的精度和1 ms时间分辨率测量总中子产额和聚变功率。

真空室内中子标定的主要挑战有:第一,中子源产额限制:商业上可用的中子发生器产额有限,而ITER托卡马克的尺寸较大,导致在标定实验期间中子诊断设备接收到的信号可能处于测量范围的较低部分。ITER正在开展研发活动,提高中子发生器的产额。第二,复杂和昂贵的定位系统:由于ITER内部环境难以接触,在ITER安装完成后,复杂的定位系统的组装变得困难和昂贵。目前中子源部署工具尽可能依赖现成的商业技术,并为特定需求定制组件。

9.2.5 伽马能谱

径向伽马射线谱仪(radial gamma ray spectrometer,RGRS)的主要作用如下:测量逃逸电子的最大能量,放电失败和热淬灭情况下逃逸电子电流,α粒子和快离子的密度分布。系统包括:多个γ射线探测器、准直器以及中子衰减器径向视线、相关的电子设备、探测器的磁场屏蔽,以及针对辐射的屏蔽。

RGRS系统使用了三种类型的探测器,包括:① 溴化镧($LaBr_3$)闪烁体匹配硅光电倍增管:利用其对磁场不敏感,用于需要高计数率的情况。② 高纯锗:用于需要最高能量分辨率的情况。③ 溴化镧闪烁体匹配光电倍增管:用于γ射线的探测。

RGRS系统的能量分辨率:$LaBr_3$探测器为5.5%(662 keV),3.7%(1333 keV)。高纯锗探测器具有优秀的能量分辨能力,系统设计中没有提出明确需求。RGRS系统的时间分辨率能够达到10~20 ms的级别。空间分辨率：对于约束α粒子和快离子的密度分布测量，空间分辨率0.1小半径，精度为±10%。

RGRS将被设计在ITER #1赤道窗口，如图9.2.1所示，位于径向中子相机的后方，高分辨率中子能谱仪的前方。RGRS的视线共有9个，6个与径向中子相机、高分辨率中子能谱仪共享，其余3个将专门用于RGRS本身，内部直径为40 mm。

RGRS与高分辨率中子能谱仪一样也是“待启用的诊断”，预先保留基本的接口，以便在ITER运行阶段安装。关于系统设计的详细决策尚未做出。

主要挑战是高中子和伽马射线背景：这可能影响探测器的计数率能力，导致噪声和堆积效应。诊断设计中选择适当的材料（如钨）用于准直器和屏蔽，以优化伽马射线的准直并减少背景噪声。使用锂氢化物（LiH）衰减器来减少中子通量，同时对伽马射线通量的影响较小。

9.3 光学诊断

本节对ITER上基于激光的光学诊断（optical diagnostics）的系统设计进行简要的介绍，包括芯部汤姆孙散射诊断、偏滤器汤姆孙散射诊断、环向偏振/干涉仪、极向偏振仪、相干汤姆孙散射、色散干涉诊断等6套系统。在测量原理上，这些系统直接测量的物理量是注入电磁波受等离子体影响发生的改变（频率，相位或偏振角）。在系统设计上，它们都具有多条测量视线来实现等离子体中多个位置的测量。

9.3.1 芯部汤姆孙散射

ITER的电子温度可达40 keV，密度可达10^{20} m^{-3}，大大高于现有的托卡马克。ITER的芯部等离子体汤姆孙散射诊断（CPTS）是为了先进的运行控制和物理研究作出贡献，仅对基本的装置运行控制或保护起辅助作用。在具体参数要求上，对于ITER的CPTS而言，要求在3×10^{19}~3×10^{20} m^{-3}的参数条件下测量电子温度范围为0.5~40 keV，测量电子密度的误差小于5%，电子温度的误差小于10%，时间分辨率小于10 ms，测量延迟小于2.5 ms，覆盖的范围为$r/a<0.85$，空间分辨率<67 mm。散射数据采集端采集能力应高于2.0 Gs/s，数据位宽应>10 bit，总带宽大于200 MHz。这些参数导致了在ITER实施芯部汤姆孙散射系统会与现有设备非常不同的操作条件，对设备前端后端、真空维持，特别是收集光学器件和嵌入式光束收集器带来了一些挑战。

其中，系统前端、真空和组件面临的挑战最大。特别是在收集光学和嵌入式光束阻挡方面。前端器件需要承受300~525 K的热负荷（面向等离子体的组件为625 K），高通量中子辐射和γ射线，强温度梯度，强电磁负载，潜在的镜面涂层和腐蚀，以及如何在非常有限的组件安装空间上保持绝对的视场对准。对于系统的中间部分，例如生物屏蔽间隙、进出端口和通道内，特别是激光传输路径上的光学器件以及光纤束，需要面临的挑战主要是高剂量中子辐射和γ射线以及如何保证高能量密度激光束的实时高精度对准和高质量传输。因此，还需要开发满足测量需求的高能量和高重复频率激光系统。此外，也有必要开发高速模/数转换器以测量散射光脉冲，并清晰识别和丢弃背景等离子体光和杂散激光。还需要考虑激光安全、真空窗口等问题。基于上述考虑，为了确保可靠性和所有组件在实验的整个生命周期或其他适当的时间尺度内保持足够的性能，ITER的CPTS系统被设计成一个分布式系统，其组件遍布ITER托卡马克复合体。

为了满足测量要求，至少需要一台100 Hz/1064 nm的主激光器用于测量，一台2～3 J/10 Hz/1318 nm的激光器用于双波长自标定，一台可调谐激光器用于收集光学器件光谱校准，以及一台可视激光器辅助光束对准。其中主光源的脉冲采用二极管泵浦提高泵浦效率，降低平均热应力，提高激光器的重复频率。此情形下，如何有效地对多个激光合束，降低光束传输衰减，提高定向精度，避免热效应和组件损坏，甚至是在不干扰ITER系统日常运行的情况下对其进行维护，相关方案都还需要进一步完善。

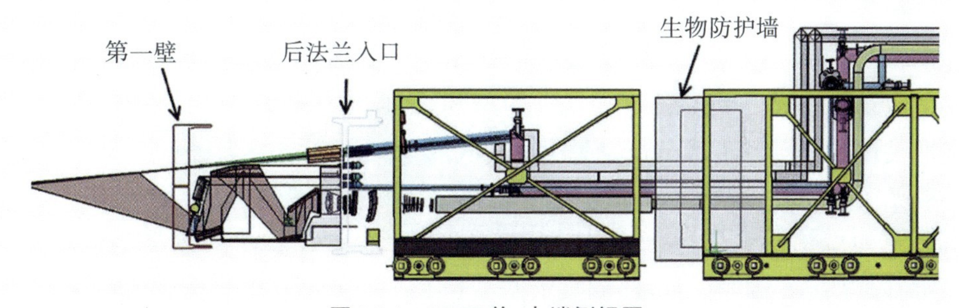

图9.3.1　CPTS前、中端侧视图

左侧：激光束及观测覆盖区；中下部：用于光学中继至光纤安装支架的反射镜和透镜；中上部：真空管延伸部分，包括阀门和真空入射窗口；右侧：传输光路、光纤、生物屏蔽、激光光路结构。

散射光收集系统目前处于设计阶段。由于ITER的窗口足够大，因此可以充分利用窗口内的空间进行光线收集光学设计。其中一种比较新颖的设计布局如上图9.3.1所示。其主要部件包括：一面大的第一收集镜；窗口延伸段中用于补偿收集镜大入射角产生的像差的复杂透镜组；两个能将光束压缩到直径＜160 mm的双真空窗口的内置熔融石英透镜；一个用于装配光纤头的三维组件；以及大约为40～50 m光纤束。最前端是一组4个反射镜组成的反射系统，可以收集光线并将像进行压缩，由于第一收集镜足够大，因此可以保证足够的收集立体角，并且反射系统不会产生色差。散射光经压缩后传递至一个小尺寸的镜头组上，从而可以穿过小尺寸的双层密封窗口，实现收集成像。但需要注意的是，这种结构虽然提供了更大的收集立体角、更小的散射角(减少散射光的蓝移)和更大的覆盖空间，但是第一收集镜离聚变等离子体太近，粒子轰击通量高，且镜片过多给装配和维护提出了很大的挑战，因此根据ITER的工程要求，CPTS的收集光学还会进一步优化。此外，在高达30～40 keV的电子温度条件下散射谱的蓝移很大，还要求传导光纤的抗辐照性能进一步提高。

除上述之外，ITER的CPTS其余部分与现有的技术相差不大，没有什么很难的技术挑战，但仍需要针对其参数进行相应的调整。例如，多色仪每台7～8个光谱通道，需要考虑排除H_α和H_β线谱的专用滤光片。

9.3.2 偏滤器汤姆孙散射

ITER偏滤器汤姆孙散射(divertor Thomson scattering system, DTSS)主要用于测量外偏滤器靶板附近的电子温度和电子密度分布，对ITER电子参数的详细测量将用于研究偏滤器对等离子体位形控制的能力。

DTSS面临的挑战主要包括三点：① 如果位于DTSS诊断的中子屏蔽组件水冷系统发生破裂或泄漏，一旦发生意外事件，ITER运行将受到严重影响。因此DTSS诊断结构组件需要坚固的设计，同时需要制造原型样机，以进行全面测试。② 对500 MW聚变功率的模拟表明，开放偏滤器的外靶板总中子通量约2×10^9 n/(cm^{2}s)，相当于12天的残留放射性剂量率约为1.5 mSv/h的总和，因此中子屏蔽组件必须确保中子剂量在反应堆关闭后达到可接受的水平。③ 极低的电子温度将导致汤姆孙散射谱受到严重的杂散光干扰，对于光谱仪的结构设计提出了更高的要求。

图9.3.2所示的DTSS光路布局采用正交式结构，其中入射光路中的激光器位于偏滤器下方，散射光路的第一个聚光镜位于偏滤器端口侧壁附近。激光沿着偏滤器垂直

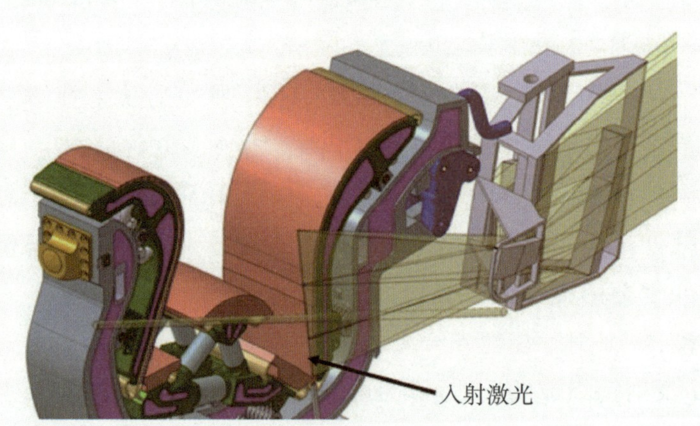

图9.3.2 ITER上偏滤器汤姆孙散射光路布局

其中入射激光沿竖直方向，如图中黑色箭头所示，散射光沿水平方向。

进入等离子体，通过反射镜到达偏滤器外靶板；散射光通过复合光学系统收集，对偏滤器区域的三个独立部分（总长度约0.8 m）成像。收集的散射光通过偏滤器端口封闭板，聚焦在光纤束上，并传输到诊断大厅的光谱仪内。

DTSS的电子温度测量范围0.3～200 eV，电子密度测量范围10^{19}～10^{22} m^{-3}，时间分辨1 ms，测量误差±20%。由于等离子体参数在视场方向的变化范围很大，为了便于光谱仪设计，目前共划分了两个测量区间。其中视场上半部分为常规边界等离子体参数，电子密度10^{19}～10^{20} m^{-3}，电子温度20～50 eV；视场底部的等离子体参数表现为强梯度分布，电子密度10^{19}～10^{21} m^{-3}，电子温度1～50 eV。针对不同的测量区间，光谱仪的设计有所不同，包括常规的干涉滤光片多色仪和具有极高分辨的光栅光谱仪，重点需要解决来自真空壁或等离子体的杂散光干扰问题。

9.3.3 环向偏振/干涉仪

鉴于传统干涉仪测量技术面临的“条纹跳变”这一固有难题，其在ITER装置上应用变得非常困难，特别是在实时电子密度反馈控制中，可能导致密度无法准确识别，进而导致放电终止，对装置造成严重损坏。为此，ITER装置上采用了基于法拉第偏振测量原理的测量系统，通过环向通道布局来测量弦积分电子密度。

ITER装置的环向法拉第偏振仪包含了5个环向通道，如图9.3.3所示。前端光学元件主要安装在#9中平面窗口区，激光束在穿过等离子体后，会被安装于第一壁内的角反射镜反射回来，这一过程中探测束两次穿过等离子体，并最终被探测器接收。随后，数据系统会对采集到的数据进行计算，从而得到电子密度相位。

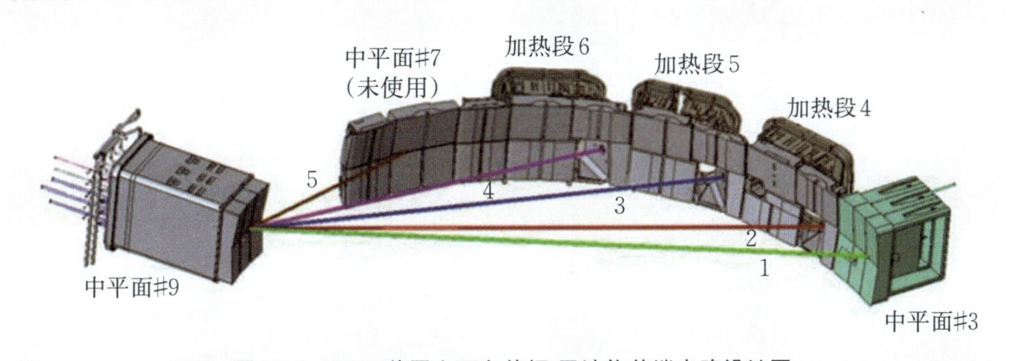

图9.3.3 ITER装置上环向偏振/干涉仪前端光路设计图

在光路布局中，环向偏振仪与双色振动补偿干涉仪实现了集成，二者能够相互校准，探测束从#9窗口入射，5个通道分别被安装在#3至#7窗口段中平面的角锥镜反射回干涉仪光路。在此系统中，CO_2和CO激光分别担任诊断系统的主光源和振动补偿光源，而HeNe可见激光（波长632 nm）则被用作CO_2和CO激光的基准调节光源。

首先，CO_2激光(ω_0)经过声光调制器(AO_1、AO_2)后，得到两组频移信号，其频率分别为$\omega_0+\omega_1$、$\omega_0+\omega_1$；接着，第一组频移信号($\omega_0+\omega_1$)通过半波片后，其偏振面旋转90°，随后与第二组频移信号($\omega_0+\omega_2$)在薄膜偏振片(TFP)上复合，形成正交光共线传播。正交线偏振光经过四分之一波片后，变换成左旋和右旋圆偏振光，形成探测支路光波。未经频移的CO_2光束(ω_0)则作为本振光束。

探测支光束和本振光束各自分出小部分，经过三波混频后，产生偏振/干涉仪的参考信号(DET1)。穿过等离子体的探测支路光波与本振光混频，进而产生偏振/干涉仪的探测道信号(DET3)。CO激光(ω_0')同样采用声光调制器产生频移信号($\omega_0'+\omega_1$)，并用于外差干涉测量。CO激光通过DBS3和DBS4引入到CO_2偏振/干涉仪光路系统，二者沿着相同的元件和路径传播，从而得到CO干涉仪的参考信号和测量道信号(DET2、DET4)。

最后，基于CO_2激光偏振/干涉仪测量到的电子密度相位和CO_2干涉仪测量到的电子密度相位，扣除振动干扰后，得到弦积分电子密度。同时，直接利用CO_2激光偏振/干涉仪测量到的法拉第旋转角，在纵场已知的条件下，同样可以计算出弦积分电子密度。

环向偏振干涉仪靠近ITER装置光路，考虑到核辐射屏蔽，传输部分如同其他诊断系统一样，需要采用迷宫设计，如图9.3.4所示。

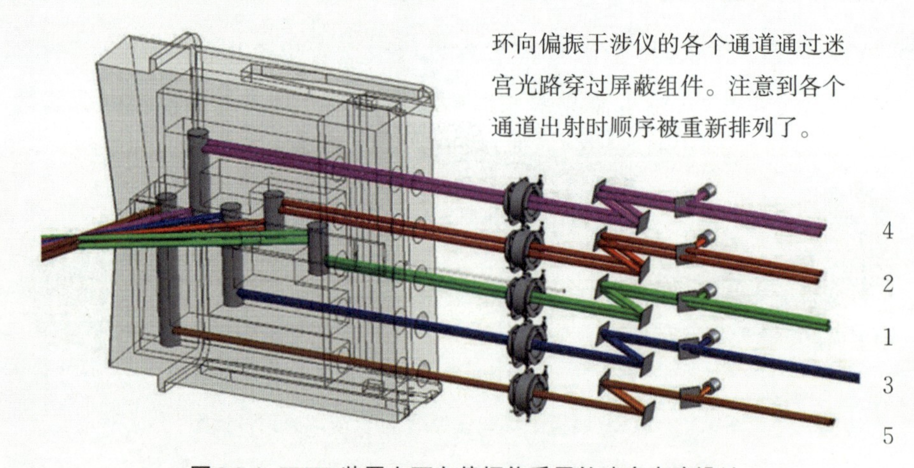

环向偏振干涉仪的各个通道通过迷
宫光路穿过屏蔽组件。注意到各个
通道出射时顺序被重新排列了。
4
2
1
3
5

图9.3.4 ITER装置上环向偏振仪采用的迷宫光路设计

鉴于干涉仪光路较长，为确保光束准直并防止装置热膨胀变形导致的光路失效，干涉仪中集成了一套光路反馈准直系统。此系统通过两个象限探测器监测探测束的实时位置。一旦测量得到的光束位置与预设位置存在偏差，该差值将被导入反馈环，进而驱动电动反射镜以适当角度旋转，直至使光束恢复到预设位置。由于入射光经由角反射镜反射后返回光路，入射光和出射光能自动维持平行状态，因此在靠近装置侧，可采用同一个电动反射镜进行调节。

9.3.4 极向偏振仪

ITER装置上发展极向法拉第偏振仪用于与等离子体内部极向磁场相关的法拉第旋转角，通过多通道布局和等离子体平衡重建技术获得极向磁场分布、电流密度分布，以及安全因子信息。测量和平衡重建的结果可用于判别$q=(1、1.5、2)$和q_{min}的径向位置，同时为ITER装置上先进等离子体放电提供重要数据支撑。

(1) 诊断方法

ITER装置上极向偏振仪采用旋转波片偏振测量方法，探测束穿过一块安装在电动旋转台上持续旋转的四分之一波片，随后穿过一块偏振片并由探测器接收。得到的最终探测信号包含波片旋转角速度的一系列谐波，通过锁相放大器提取出其中旋转角速度的二倍频和四倍频成分，即可利用斯托克斯方法求解与偏振态相关的方位角和椭圆率角。

该方法虽然目前是在托卡马克上应用，但其稳定性和可靠性在其他领域已经完全证实。该方法的工作原理简单，不受激光稳定性和传输路程中偏振态受器件改变影响，并且采用同一个探测器就可以完成测量，不需要常规偏振仪所需的参考通道进行相位比较。

(2) 光源选择

在ITER装置上极向偏振仪设计过程中，曾经有两个波段光源作为候选光源，48 μm/57 μm和119 μm激光，通过综合论证，最终选择119 μm甲醇激光作为探测光源。相比较，48 μm和57 μm激光器技术不是很成熟，同时光学元器件的市场选择性非常窄，比如诊断窗口材料，而且它们在空气中传播受空气吸收比119 μm强数倍，因此选择119 μm作为探测光源，而且该光源技术非常成熟，在多个核聚变实验装置上得到应用。

(3) 通道布局

图9.3.5是ITER装置上极向偏振仪通道布局图，它包含13个探测通道，其中9个通道采用#10中平面法兰窗口，4个通道采用#10法兰上窗口，可以覆盖不同的等离子体区域。图中同时给出了偏振仪真空室内部及邻近位置上主要光学元件结构设计图，比如安装在第一壁内核偏滤器内的角锥结构、接收镜模块等。

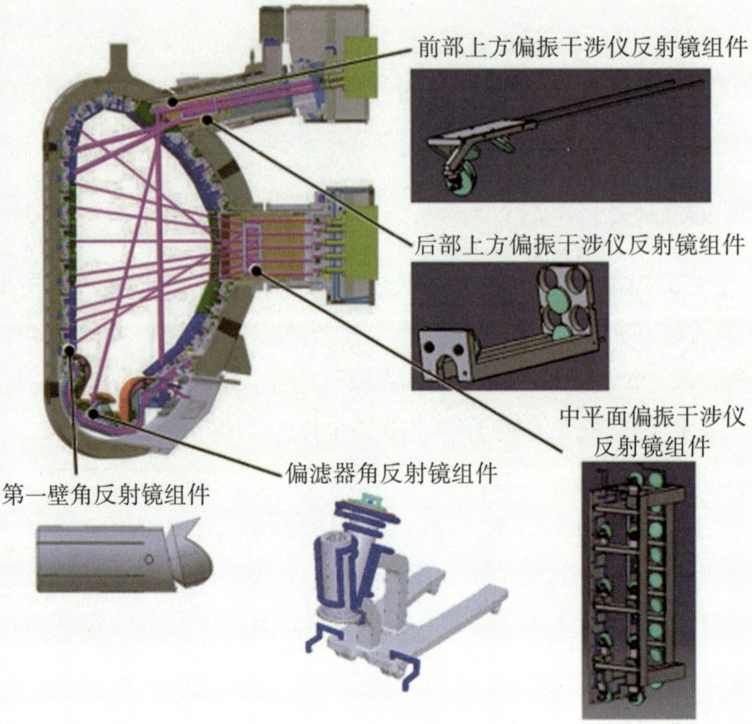

图9.3.5 ITER装置上极向偏振仪通道布局图及内部主要光学元件结构设计

(4) 总体布局

FIR激光束从ITER诊断厅激光房沿着多路管线长距离传输进入ITER装置#10窗口,沿着13个不同的视角射入真空室,覆盖不同的等离子体区域。入射光被安装在第一壁内的角反射器原路反射回来,被引出ITER主机大厅,进入诊断厅探测、采集,再通过专门的信号分析得到斯托克斯参数。

9.3.5 相干汤姆孙散射系统

ITER上的相干汤姆孙散射(CTS)系统基础任务是测量ITER等离子体中的约束α粒子和快离子,此外还可能对离子温度和离子组分测量做一定补充。探测辐射束注入等离子体时,会被快离子驱动的等离子体微观波动所散射,CTS对快离子相空间密度的诊断就基于对散射辐射谱的探测。其探测波源是60 GHz的回旋管。60 GHz位于ITER典型参数下的X模低频传播区域中(即左旋截止频率与上杂化频率之间),因此使用60 GHz回旋管发射探测波,可以满足高功率和不被等离子体截止的要求,同时也避开了电子回旋辐射频率范围,减少了本底噪声。在ITER上,只有测量垂直速度分量的低场侧CTS通过了评审,而测量平行速度分量的高场侧CTS被放弃。低场侧CTS

前端光学结构如图9.3.6所示，7个测量通道(Ch.1~Ch.7)的接收波束(为简化用线来表示高斯束)彼此间的间隔为20 cm，分布在真空室中心到低场侧的范围内。CTS发射器/接收器组件包括一个发射波导、两个发射镜(M1、M2)、两个接收镜(M3、M4)，然后是7个喇叭天线。这7根天线中的每一个后面都有一小段基模波导、一个圆锥-过模波导，然后是一到两个用于形成折线结构穿过窗口闭合面的斜接弯管。L1~L4指的是波导端口到反射镜，以及反射镜之间的光路长度。7个测量点让CTS可以提供具有空间分辨的α粒子能谱，以及α粒子的密度剖面，此外，CTS还将测量p、D、T和^{3}He粒子的能谱。

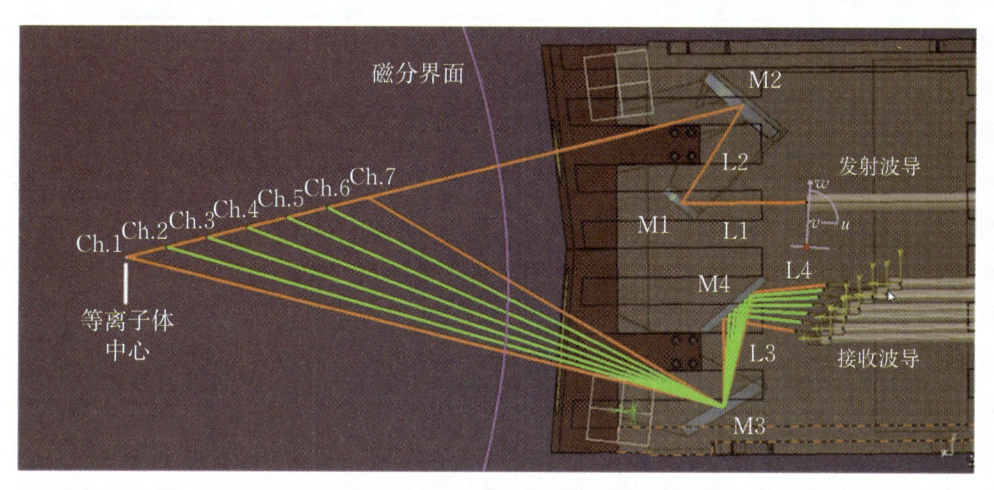

图9.3.6 ITER上CTS系统前端的结构示意图

9.3.6 色散干涉/偏振系统

基本控制相关的测量应当100%覆盖ITER高性能运行所达到的参数区间。线平均电子密度作为ITER运行基本的参数之一，每一个运行年的在线故障率应当小于千分之五，测量线平均电子密度的诊断应当不少于两套且相关的部件应当100%具有备品。为了避免环向干涉/偏振系统(toroidal interferometer and polarimeter，TIP)相位跳变或机械振荡导致的测量风险并弥补偏振仪测量电子密度时间分辨受限的不足，色散干涉/偏振系统(dipersion interferometer polarimeter，DIP)也被ITER列为线平均电子密度测量的两大主要诊断之一。对于电子密度测量，ITER具体的要求如表9.3.1所示。色散干涉/偏振系统核心功能是线平均电子密度测量，同时还用于部分物理研究。对于不同的使用条件，该诊断具有不同的精度要求，如表9.3.2所示。

表9.3.1 ITER对电子密度诊断需求

参数	角色	条件	测量范围(m^{-3})	时间分辨(ms)	空间分辨	精度
$\int ne\mathrm{d}l / \int \mathrm{d}l$	基础控制	系统默认	$1\times10^{18}\sim4\times10^{20}$	1	线积分	1%
$\int ne\mathrm{d}l / \int \mathrm{d}l$	基础控制	弹丸注入	$8\times10^{20}\sim2\times10^{22}$	1	线积分	100%
ELM瞬态密度	物理	$r/a>0.85$	$5\times10^{18}\sim3\times10^{20}$	0.1	5 mm	5%

表9.3.2 ITER DIP诊断需求

参　数	参数范围(m^{-3})	空间分辨	时间分辨(ms)	延迟时间(μs)	精度
初始放电	$<1\times10^{19}$	线积分	1	<250	100%
电流上升/下降	$1\times10^{19}\sim3.5\times10^{19}$	线积分	1	<250	10%
电流平顶	$3.5\times10^{19}\sim4\times10^{20}$	线积分	1	<250	2%
破裂缓解	$8\times10^{20}\sim2\times10^{22}$	线积分	1	<250	100%
总体目标	$1\times10^{19}\sim4\times10^{20}$	线积分	0.1	—	1%

DIP诊断测量原理如下,其在同一个路径上同时发射基波和二次谐波,当两个不同频率的电磁波通过等离子体后,对基波进行二倍频然后比较两个二次谐波的相位信息,最后通过两者相位差获取电子密度信息。该诊断最大的优势在于,对机械振动非常不敏感。这是因为基波和二次谐波具有相同的传输路径且在干涉区域空气的色散非常小。DIP在ITER装置上总体布局如图9.3.7所示,为了减小空气吸收并且保证相位测量可靠性,DIP诊断选择波长为9.6 μm和功率为30 W的COTS CO_2激光器作为探测源。9.6 μm的激光经过非线性晶振后产生波长为4.8 μm的二次谐波,两者沿着过膜波导穿透两层屏蔽层进入等离子体。DIP诊断具有两条测量弦,一条为径向弦,在#8窗口垂直入射,由内置角镜反射并原路返回;另外一条为切向弦,从#8窗口入射,在#3窗口被反射并原路返回。特别值得指出的是,在ITER第一等离子体放电过程中,仅仅使用径向弦,切向弦将在第一等离子体后启用;切向弦使得法拉第旋转角测量成为可能,因此切向弦可由干涉仪和偏振仪共用。由于法拉第旋转角通常小于π,使得偏振仪对电子密度测量特别适用。因此,偏振仪除了测量法拉第旋转角之外,还可以用来补偿色散干涉仪出现的相位跳变。目前,DIP诊断研制工作正在进行中,但其在ITER装置上仍然面临着一系列重要挑战,其中放置在真空室内部的第一镜和嵌入式角反射镜面临的主要挑战包括ITER装置的热膨胀、强中子流及其对电子学和光学涂层的影响、热梯度导致的镜片损坏和光路改变等、大破裂事件带来的严重电磁负荷、真空室内置镜片腐蚀和远程处理维护的兼容性等。DIP后端光学面临的挑战包括在长距离的狭窄空

间保持光路准直、高时间分辨率要求、可能的大机械振动、光学路径上的环境变化等。

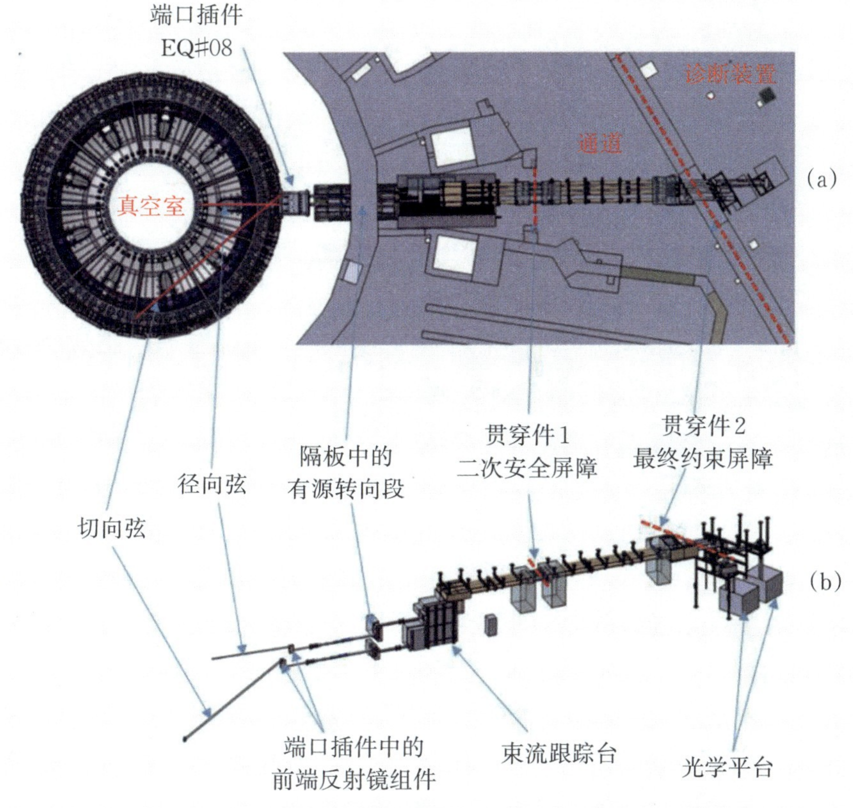

图9.3.7 ITER装置电子回旋辐射(55. FA)主要部件示意图

(a) 托卡马克装置建设情况俯视图 (b) DIP诊断主要部件

9.4 辐射量热计系统

ITER装置辐射量热计系统用于测量等离子体总辐射功率及其空间分布,其功能主要分为4个部分:装置保护、基础运行控制、先进运行控制和等离子体物理研究。装置保护主要针对于等离子体破裂。在破裂期间有很大一部分能量通过热辐射的形式释放出来,辐射功率范围在30 MW~300 GW之间。基础运行控制要求辐射量热计系统给出主等离子体区域和偏滤器区域的等离子体辐射功率,而先进运行控制则要求X点区域和偏滤器区域的辐射功率及其空间分布,用于控制X点辐射或偏滤器脱靶运行。除此之外,辐射量热计系统还需要重建等离子体辐射功率密度的空间分布,开展等离子体物理研究,如杂质输运、MARFE、等离子体破裂等。辐射量热计系统的空间分辨在主等离子体区域要求为 $a/30$，其中 a 为等离子体小半径，在偏滤器区域要求为 50 mm；时间分辨通常要求 1 ms，但是在等离子体破裂期间需要 0.1 ms。

辐射量热计系统测量的波段范围从可见至软X射线，任何遮挡或者反射部件都会导致能量损失，因此，探测器必须安装在真空室内直接面对等离子体。此外，为了获得等离子体辐射功率的空间分布，并满足ITER的空间分辨要求，辐射量热计系统需要设计大量的探测通道，并对探测器的安装位置和探测视线的分布进行优化。由于ITER装置的恶劣环境（高通量中子辐照、高温烘烤、强电磁力等），辐射量热计系统主要工作是探测器的研制和探测视线的优化。

ITER装置上辐射量热计系统的探测器沿用目前常用的金属电阻探测器（具体的工作原理详见第7章），但是，探测器的研制工艺需要优化。目前核聚变装置上采用的金属电阻探测器是以聚酰亚胺薄膜或云母为基底，金属金材料作为吸收薄膜和金属热敏电阻。但是，金属金材料在中子轰击下会转化为金属汞，而聚酰亚胺和云母不耐中子辐照和高温烘烤。根据目前的测试结果显示，以云母为基片的探测器在中子辐照下容易鼓包，因此，目前通用的金属电阻探测器在未来ITER装置上仍然存在巨大的挑战。为了解决这些难题，ITER装置上的探测器准备采用金属铂代替金属金材料，采用氮化硅替代聚酰亚胺和云母材料，以期望解决中子轰击和高温烘烤的问题。但是，金属铂的表面张力比较大，并且在高温条件下铂-氮化硅探测器内部的高热应力也是一个问题。在近期的高通量辐照和高温测试中金属铂出现破裂的情况，因此，相关探测器的测试和工艺研制仍在优化中，如采用蓝宝石基板等。

根据ITER装置的要求，辐射量热计系统在主等离子体区域的空间分辨为1/30个小半径，在偏滤器区域要求50 mm的空间分辨。为了满足上述辐射量热计系统的测量需求，ITER装置共设计了1个中平面集成窗口相机结构、2个上集成窗口相机结构、5个偏滤器模块相机结构和22个真空室内的相机结构。中平面相机位于#1窗口，共有2个小孔相机和10通道准直相机，如图9.4.1所示。2个小孔相机用于覆盖主等离子体区域，而10通道准直相机用于覆盖偏滤器区域。偏滤器区域采用准直孔的作用是防止相邻通道之间的叠加，提高空间分辨的能力。中平面相机探测器视线覆盖整个等离子体小截面，尤其是偏滤器区域，通过空间数值积分可以给出等离子体总辐射功率。2个上窗口相机分别位于#1和#17，包含3个小孔相机分别覆盖装置上半部分的第2个X点区域、主等离子体强场侧和弱场侧区域，以及一个准直孔相机用于高空间分辨覆盖偏滤器区域。其结构与中平面的结构图类似，集成在窗口插拔模块结构（port plug）内。在托卡马克装置上，等离子体辐射大部分来自偏滤器区域，因此，为了提高偏滤器区域的空间分辨能力，用于开展控制和物理研究，在5个偏滤器模块上分别布置了8个相机，共包含200个探测通道，如图9.4.1（d）所示。它们主要应用于偏滤器区域的强辐射结构特征控制，如MARFE，以及偏滤器脱靶运行控制中电离面位置控制。此外，在主真空内安装了22个辐射量热计相机，它们分布在真空内模块之间的空隙内，共包含110个探测通道，如图9.4.1(c)所示。

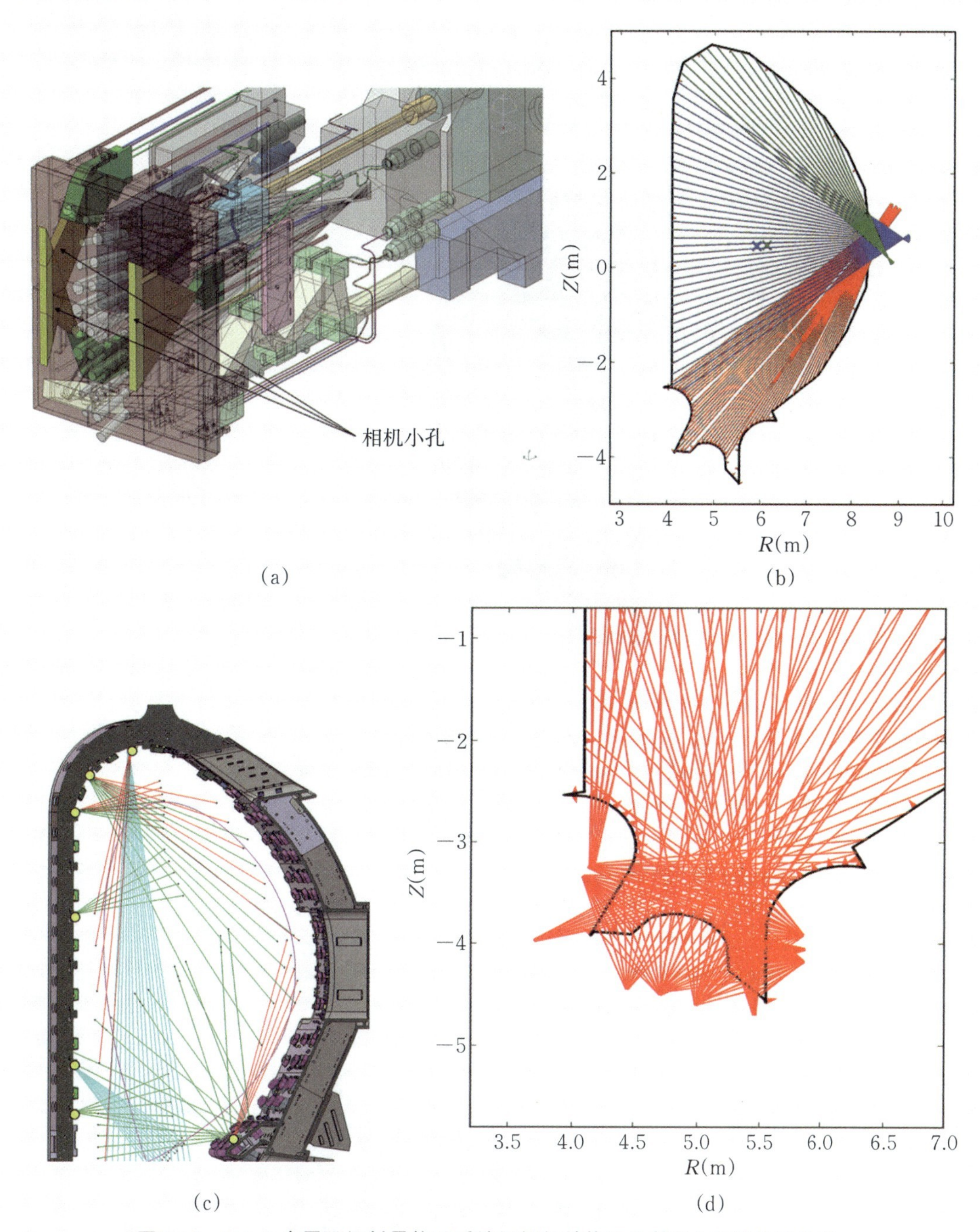

图9.4.1 #1(a)中平面辐射量热计系统相机的结构图及其(b)探测视线分布；(c)主真空室内探测视线分布和(d)偏滤器探测器视线分布

图9.4.2展示了ITER装置辐射量热计系统所有的探测视线，共包含500道探测视线。这些探测视线主要覆盖下偏滤器、X点、装置上半部分的第二X点区域、等离子体边缘、以及主等离子体区域。这些探测视线的空间位置也是经过在相空间优化的结果（具体方法详见第7章），尤其是主真空内的探测视线，主要用于填补相空间内的空白区域，便于后期提高重建等离子体辐射功率空间分布的精度。

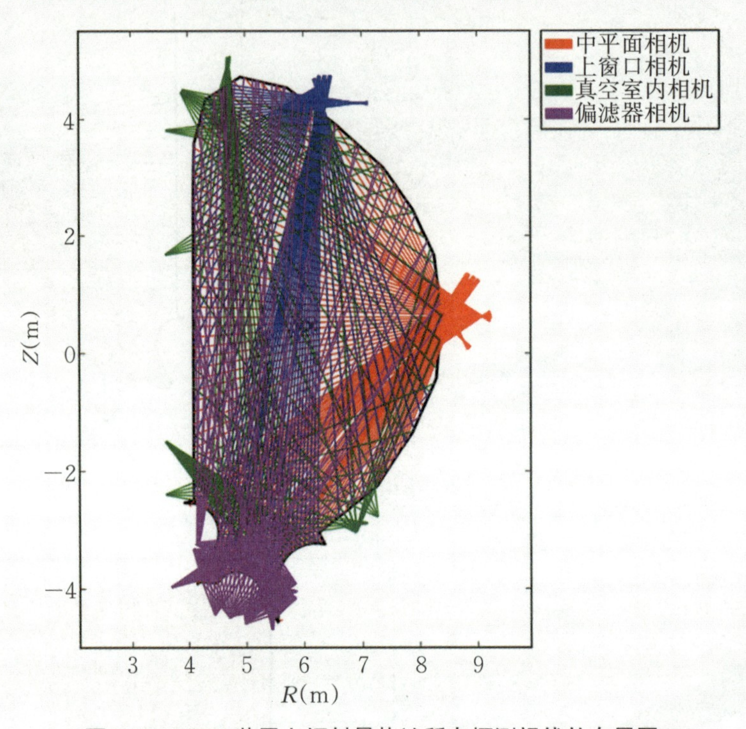

图9.4.2 ITER装置上辐射量热计所有探测视线的布局图

为了抵抗中子和γ射线的辐照，辐射量热计系统的信号引线采用双绞矿物绝缘电缆。信号在生物墙外进行放大、滤波处理，并被采集。整套系统的时间分辨率约为1 ms，但是，对于研究等离子体破裂的相机模块部分，其时间分辨要求为0.1 ms。此外，大功率的电子回旋波加热和离子回旋波加热、电磁干扰、等离子体破裂和等离子体破裂缓解等因素对辐射量热计系统的研制也增加了难度。

9.5 光谱诊断

ITER光谱诊断的波长覆盖范围从可见光至X射线，主要包括可见光谱、真空紫外（VUV）、软X射线和X射线谱段。根据观察视线是否与中性束相交，光谱诊断分为主动光谱和被动光谱诊断。光谱诊断可以提供离子温度、旋转速度、杂质浓度、电子温度、电子密度、燃料比、电流密度等参数。

9.5.1 电荷交换复合光谱诊断

ITER上的电荷交换复合光谱诊断(CXRS)主要用于测量离子温度T_i、极向旋转速度V_{pol}、环向V_{tor}旋转速度和杂质浓度剖面,它是ITER等离子体控制和物理研究的重要诊断。CXRS测量主离子或杂质离子与中性束原子发生电荷交换反应而发射的可见光波段的谱线。表9.5.1显示了ITER装置上可用的几个关键的CXRS谱线信息,包含He Ⅱ 468.5 nm、Ar ⅩⅧ 522.5 nm和Ne Ⅹ 524.9 nm谱线。目前ITER上计划安装三套CXRS系统,分别测量芯部、台基和边界区域的电荷交换复合光谱。芯部CXRS诊断安装于#3上窗口,视线俯视观测$\rho=0\sim0.6$的区域范围;台基和边界CXRS诊断安装于#3中平面窗口,视场分别覆盖$\rho=0.5\sim1$和$\rho=0.85\sim1$的范围。

表9.5.1 ITER装置上几个关键CXRS谱线信息

杂质种类	发射谱线	波长(nm)	备　　注
He(氦)	He Ⅱ (4-3)	468.5	用于测量聚变产物——氦灰浓度
Ar(氩)	Ar ⅩⅧ (16-15)	522.5	用于辐射冷却的杂质
Ne(氖)	Ne Ⅹ (11-10)	524.9	用于辐射冷却的杂质
C(碳)	C Ⅵ (8-7)	529.1	碳杂质不太可能存在于ITER装置上,但目前大多数的CXRS测量经验都来自于碳,所以如果存在微量的碳,那么这种测量也是有价值的
H(氢)	H-alpha (3-2)	656.3	诊断束中的H

芯部CXRS的空间分辨率约为66 mm,主要提供离子温度T_i、极向旋转速度V_{pol}、氦灰与低Z杂质浓度以及Z_{eff};台基CXRS诊断的目的是细致地研究台基结构,其空间分辨率为10~20 mm,主要提供台基区的离子温度T_i、环向旋转速度V_{tor}、氦灰和低Z杂质的浓度。边界CXRS的空间分辨率约20 mm,提供边缘等离子体的离子温度T_i、环向旋转速度V_{tor}以及氦灰浓度和Z_{eff}。

图9.5.1显示了ITER装置上芯部CXRS的前端光学设计,它主要包括"迷宫式"光路、挡板和第一镜清洗机构等。为了屏蔽中子,前端光路使用了6个反射镜,将光信号从M1镜面依次反射至M6镜面,最后穿过真空密封窗口。图9.5.2显示了台基CXRS和边缘CXRS的前端光学设计,其前端光路包含了"迷宫式"光学设计、第一镜清洗系统和挡板系统。三套系统的光信号通过光纤束传输到氚工厂区域。由于ITER具有很高的等离子体参数如电子密度和电子温度,中性束沿注入路径上的衰减是很明显的。

因此,为了获得高的信噪比,每个空间通道由光纤阵列采集发光信号。

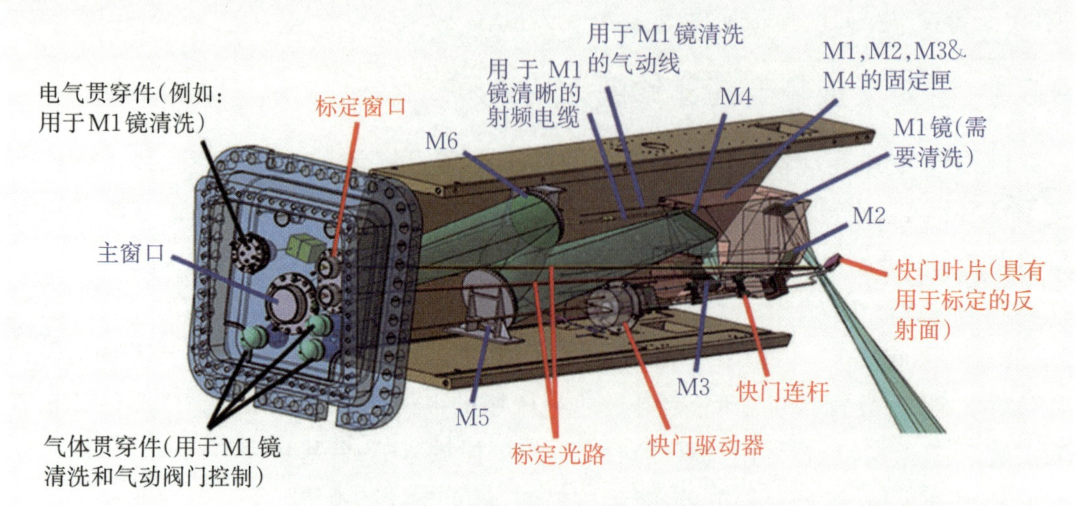

图9.5.1　芯部CXRS诊断的前端光学设计

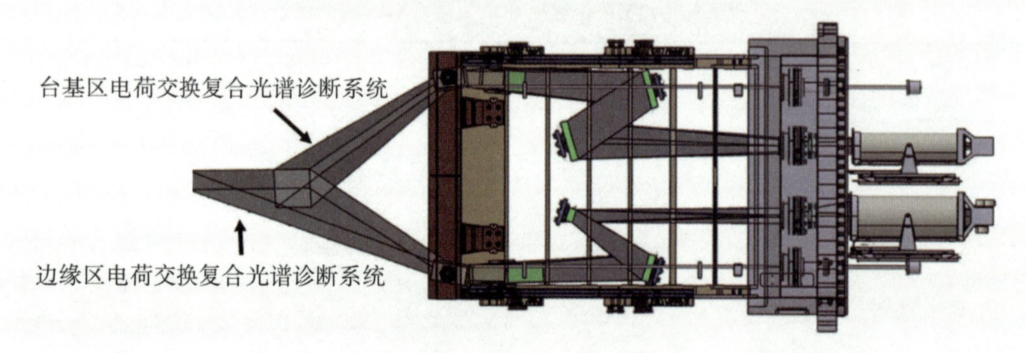

图9.5.2　台基CXRS和边缘CXRS的前端光学设计

9.5.2　Hα诊断

ITER的Hα诊断主要测量边缘局域模(ELMs)、L/H约束模式转化、等离子体边界与偏滤器区域的气氘氚通量如n_T/n_D与n_H/n_D。在ITER装置上安装4套Hα诊断:其中3套诊断位于装置的上窗口,分别用于观察等离子体上边缘、强场侧边缘和弱场侧边缘的Hα辐射;第4套Hα诊断位于中平面窗口,也用于测量等离子体上边缘的Hα辐射。ITER装置Hα诊断的布局与观察范围如图9.5.3所示。诊断光路利用前置小孔(入瞳)与金属反射镜的结构,将大视场范围内的发光成像至光纤束端面,并由光纤束传至光谱仪和光电探测器。由反射镜组成的光路位于插塞结构中,呈"迷宫"形式排布,如图9.5.4所示。ITER Hα诊断系统设计的核心难点在于"迷宫"式光路的设计、安装与调试:光路的入瞳为一前置小孔,第一镜为凹面镜;光线经过第一镜后,几乎成平行光出射。光线之后经过两个平面镜的反射并到达一个物镜,其中一级真空密封窗口位于第二个平面反射镜和物镜之间,且两个平面镜的位置在诊断通道的角落。入瞳通过凹面镜的成像位于物镜面上。物镜再将等离子体区域的像成像至场镜的面上。场镜位于二级真空窗之后。通过场镜成的像再经过一对平面镜,最终耦合至光纤束的端面,然后由光纤束传至光谱仪的入射狭缝。在0.1 ms的时间分辨率下,该诊断可以提供ELMy测量;在空间分辨率1~2 cm的条件下,该诊断可以提供氢原子通量与第一壁附近的氢原子密度测量。

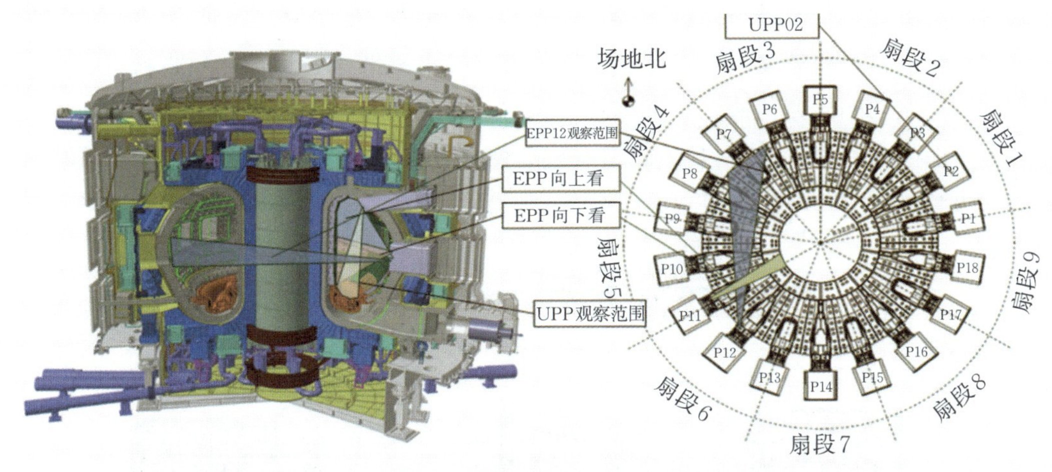

图9.5.3 Hα诊断布局与观察范围

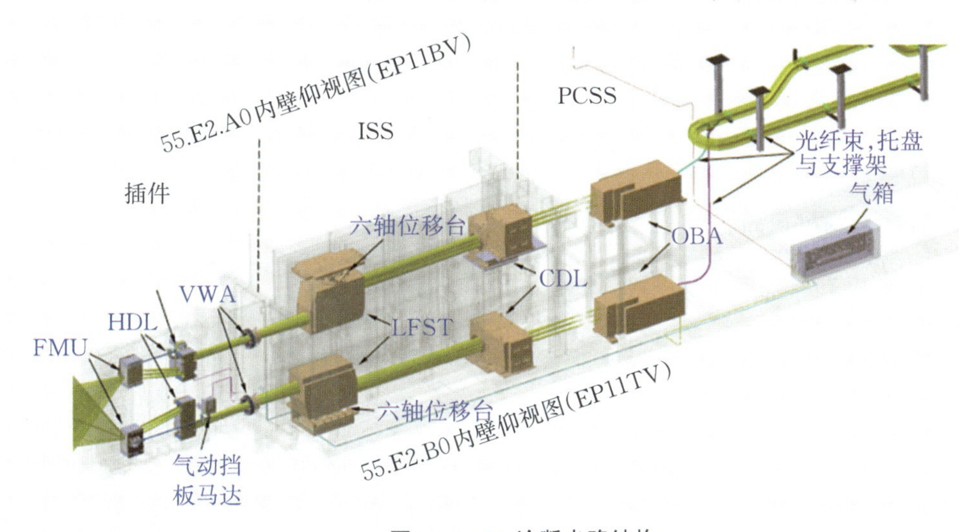

图9.5.4 Hα诊断光路结构

9.5.3 真空紫外光谱诊断

真空紫外光谱(vacuum ultraviolet,VUV)诊断是被动光谱诊断的一部分,覆盖2~160 nm的真空紫外与极紫外波长范围,主要测量目标是VUV波长范围内杂质离子的特征线辐射。ITER装置的VUV诊断包括三套子系统,分别是芯部VUV、边缘VUV和偏滤器VUV光谱诊断。图9.5.5显示了真空紫外光谱诊断的基本布局。芯部VUV光谱诊断的主要功能是杂质成分的鉴别;边缘VUV成像诊断的主要功能是测量边缘杂质的空间分布;偏滤器VUV光谱诊断的主要功能是测量偏滤器区域的杂质通量,尤其是偏滤器靶板材料钨的通量。由于真空紫外波段的电磁波极容易被介质吸收,从等离子体到探测器之间的光路传播路径必须维持真空状态。因此,真空紫外光谱诊断设计中需要着重考虑的问题之一就是,从主真空室诊断窗口真空引出的可靠性和氚兼容问题。

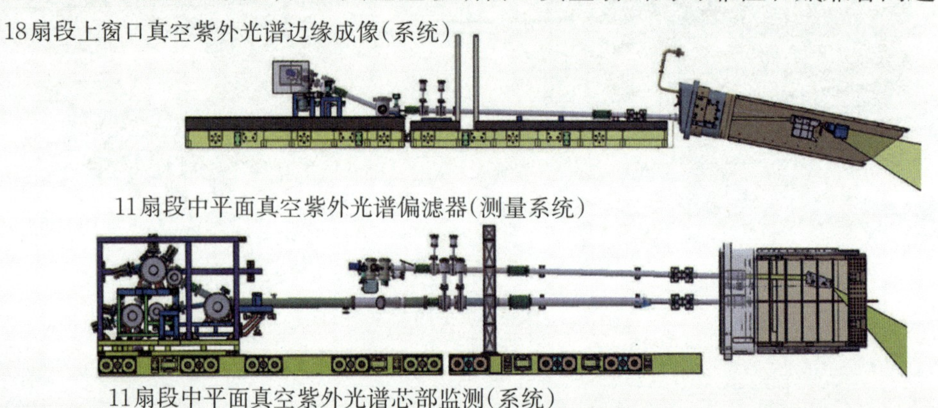

图9.5.5 真空紫外光谱诊断基本布局

三套系统各自从主真空室诊断窗口引出真空延长管道,真空管道贯穿屏蔽墙并通过闸板阀与测量设备相连。基于安全冗余角度的考虑,闸板阀为双重设计,确保必要时的真空断开。测量设备整体安装在位于滑轨上的窗口模块上,相互移动的真空管道之间通过波纹管连接以抵消定位误差。真空延长部分的真空抽气纳入ITER氚循环回路。

芯部VUV光谱诊断的主要任务是与芯部X射线光谱配合,提供芯部主等离子体区域杂质的一般监测。芯部VUV光谱诊断位于#11中平面诊断窗口,与芯部X射线光谱和中性粒子分析(NPA)诊断集成在同一个窗口单元,视线弦水平地穿过等离子体中心。诊断系统分成5个光谱段通道,覆盖2.4~160 nm的宽光谱范围,可以提供包括He、Be、C、O、Ar、Ne、Kr、Cr、Fe、Ni、Cu、W等杂质离子的重要发射谱线。系统具有$\lambda/\Delta\lambda=300$的光谱分辨能力,探测器采用CCD,时间分辨率为10 ms,空间上为水平中心弦积分信号,无空间分辨能力。光信号先经过位于反射镜腔内的六轴椭球反射镜分光，进入5个光谱通道，每个光谱通道具有独立的入射、光栅和探测器。表9.5.2是5个通道各自反射镜、狭缝和光栅参数。

表9.5.2 芯部宽光谱VUV光谱仪5个光谱通道参数

Ch. no.	L_A /mm	L_B /mm	α /°	β_{mean} /°	ϕ /°	G /mm^{-1}	w_s /μm	h_s /mm	w_g /mm	h_g /mm
1	650	550	86.5	83.38	83.38	1004.58	200	4.0	60	6.5
2	470	470	83	78.11	78.11	1236.09	120	4.0	40	6.0
3	550	550	70	66.20	66.20	1070.56	50	4.0	50	9.0
4	400	400	62	56.10	56.10	1199.90	40	4.4	28	7.0
5	300	300	45	39.81	39.81	624.84	50	4.0	15	4.4

边缘成像VUV光谱位于#18上诊断窗口，主要目标是测量等离子体边缘区域杂质的空间分布，波长覆盖范围为17～32 nm，空间区域$0.85<\rho<1.03$，约10个空间观测通道，这个波长范围包含ITER相关的He，Be，C，O，Ar，Ne，Kr，Cr，Fe，Ni，Cu，W等杂质的多条谱线。边缘成像VUV光谱诊断的基本结构、真空和屏蔽设计与芯部VUV光谱诊断基本类似。光线传播路径经过两次反射镜，其中第一镜为抛物面柱面镜，材质为金，入射角度为74°～85°，起到聚焦作用；第二反射镜为椭球面镜，具有准直作用，最终将来自等离子体不同位置的光线成像到入射狭缝的不同高度，因此在与色散垂直的方向形成空间分辨的作用。

偏滤器VUV光谱诊断系统的主要作用是测量偏滤器区域的杂质辐射，尤其是偏滤器靶板材料钨的辐射，测量波长是15～32 nm。系统位于#11中平面窗口。第一镜为柱面镜且深入真空室面向偏滤器区域，用于收集来自下偏滤器区域的辐射信号，光谱范围可以达到6 nm。偏折反射的光线经过位于生物屏蔽墙后的椭球面反射镜，对光线进行准直成像，入射到光谱仪的入射狭缝。该系统可以观测到偏滤器区域1600 mm的范围，包括内靶板打击点、X点和部分外靶板打击点。

9.5.4 偏滤器杂质监测系统

偏滤器杂质监测诊断(DIM)的主要功能是测量偏滤器区域的等离子体电离前沿的位置、杂质通量、氘和氚同位素通量以及离子温度；其辅助功能是测量偏滤器区域的燃料比如n_T/n_D和n_H/n_D、电子密度n_e和电子温度T_e，以及偏滤器靶板的离子温度；其额外功能是测量偏滤器与X点/MARFE的辐射功率、偏滤器的中性气体压强与偏滤器辐射功率剖面。作为光谱诊断的一员，它还可以提供更多的等离子体物理参数：杂质种类、杂质密度、杂质输运系数与通量、Z_{eff}、等离子体旋转、电流密度与q剖面分布、He密度以及MHD行为。

它利用被动光谱手段，测量的波长范围是200～1000 nm，空间分辨率为50 mm。它获得的信号是视线积分的，包含离子和原子的线辐射以及轫致辐射。利用日冕平衡模型、局部热平衡模型和碰撞辐射模型从光谱数据中计算电子能级的分布，进而计算物理参量。

ITER上安装4套DIM诊断系统：其中2套在同一扇段的不同窗口位置（中平面与上窗口#1），另外2套分布下窗口#2和偏滤器室#4。DIM系统安装在托卡马克装置大厅和诊断大厅的Level L2、Level L1和Level B1。图9.5.6显示了偏滤器杂质监测系统的布局图。

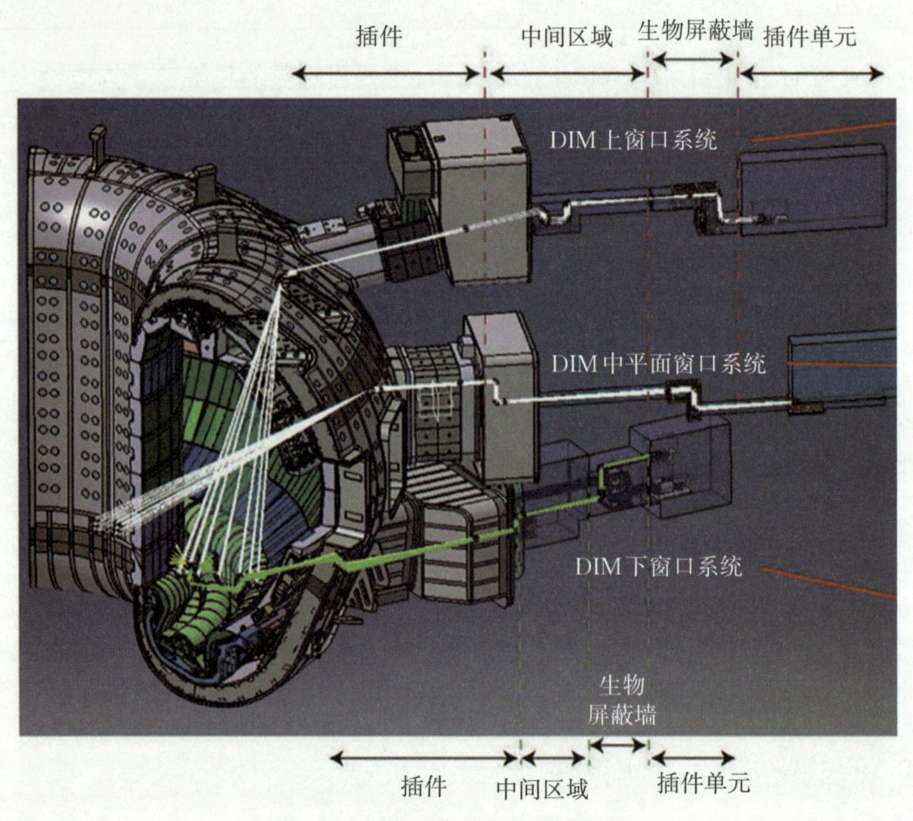

图9.5.6 偏滤器杂质监测系统布局

在上窗口#1系统中，前端成像光学收集来自偏滤器等离子体的发光，再由中间区域的中继光学进行传输，继而由卡塞格林光学传输至插件单元的光纤端头。在插件单元中收集的光能按照波段分成紫外、可见和近红外三路。紫外光由位于插件单元的紫外光谱仪进行测量，光谱仪上EMCCD采集的数据利用光纤传输至诊断大厅。可见光和近红外光通过光纤传送至位于诊断大厅的可见和近红外光谱仪。中平面窗口#1的

DIM系统结构，与上窗口的相同。

图9.5.7左图和右图显示了4套系统的观察区域。上窗口和中平面窗口#1的杂质监测诊断视场覆盖内偏滤器靶板至外偏滤器靶板；位于下窗口#2中央且安装在偏滤器圆顶之下的诊断视场覆盖打击点至偏滤器内/外靶板；位于下窗口#4一侧的光学诊断视场通过偏滤器靶板之间的间隙覆盖打击点至偏滤器内/外靶板。

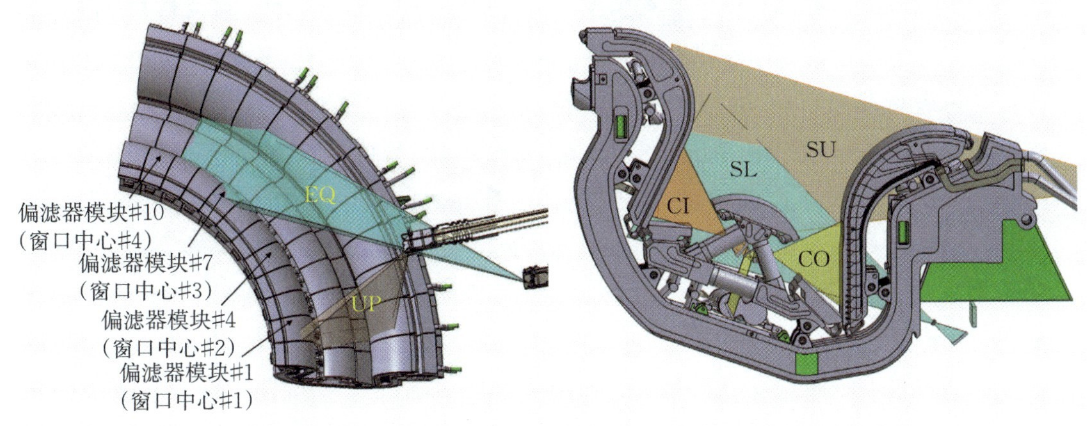

图9.5.7 左图：位于上窗口和中平面窗口的DIM系统的视场分布（俯视角度）；右图：位于#4偏滤器室的下窗口光学诊断的视场分布（侧视图）

光学设计中的注意项：

真空室内部的光学元件使用金属反射镜，在真空室内部不允许使用透镜，主要是为了避免辐射和热循环对镜片透光率的影响。

为了减少来自等离子体的高能粒子对第一镜面的损伤，前端镜头的入瞳前置，其直径仅有20 mm。

收集光学采用卡塞格林结构，该结构包含两个非球面反射镜，结构紧凑且能够实现较大的像方数值孔径，可在200～1000 nm大的波段范围之内消像差。

挡板由压缩气体驱动，风箱作为马达。工作气体为氦气。氦气充满马达与连接的管道。挡板叶片与马达位于插件内部。

9.5.5 弯晶谱仪诊断

ITER装置上弯晶谱仪（X-ray crystal spectroscopy，XRCS）诊断有三套，分别是测量芯部区域（$r/a<0.85$）等离子体参数的芯部弯晶谱仪系统，即为XRCS-Core；测量边界区域（$r/a>0.85$）等离子体参数的边界弯晶谱仪系统，即为XRCS-Edge；以及测量杂质谱线的宽波段的弯晶谱仪诊断，即为XRCS-Survey。

ITER装置上的芯部弯晶谱仪诊断系统主要位于#2窗口的中平面，它与破裂缓解系统(disruption mitigation system:DMS)共用一个窗口。芯部弯晶谱仪诊断主要提供离子和电子温度、环向和极向转动速度以及杂质辐射信息,其中电子温度测量是它的辅助功能。ITER由于其等离子体参数较高,因此芯部弯晶谱仪采用氙或者钨谱线作为目标测量谱线,且需要实现高谱分辨率,即$\lambda/\Delta\lambda>8000$。针对测量参数具体目标如下:① 离子温度测量:测量范围$r/a<0.85$,氙密度与电子密度比(n_{Xe}/n_e)低于1e−5;温度测量范围5~40 keV;时间分辨率为100 ms,空间分辨率为$a/15$;测量精度:10%+3 keV。② 电子温度测量:测量范围$r/a<0.4$,测量范围:5~40 keV,时间分辨100 ms,在2个空间进行测量(~0.4a和~0.25a),精度:30%。③ 环向转动速度:在n_{Xe}/n_e低于1e−5时所测量的速度范围:相对速度1~200 km/s时间分辨率10 ms,空间分辨率$a/12$,精度30%+10 km/s。④ 极向转动速度测量:在n_{Xe}/n_e低于1e−5时所测量的速度范围:相对速度1~50 km/s,时间分辨率10 ms,空间分辨率2个位置(~0.4a和~0.25a),精度±5 km/s。⑤ 杂质辐射信息主要是监测氙和钨谱线,时间分辨率100 ms,空间分辨率:对于氙为$a/10$,对于钨只需要单道线积分信号,精度50%。ITER装置上的芯部弯晶谱仪光路布局如下图9.5.8所示。利用前端的X射线反射器件实现环向或极向角度观测,从而实现环向和极向速度测量能力。

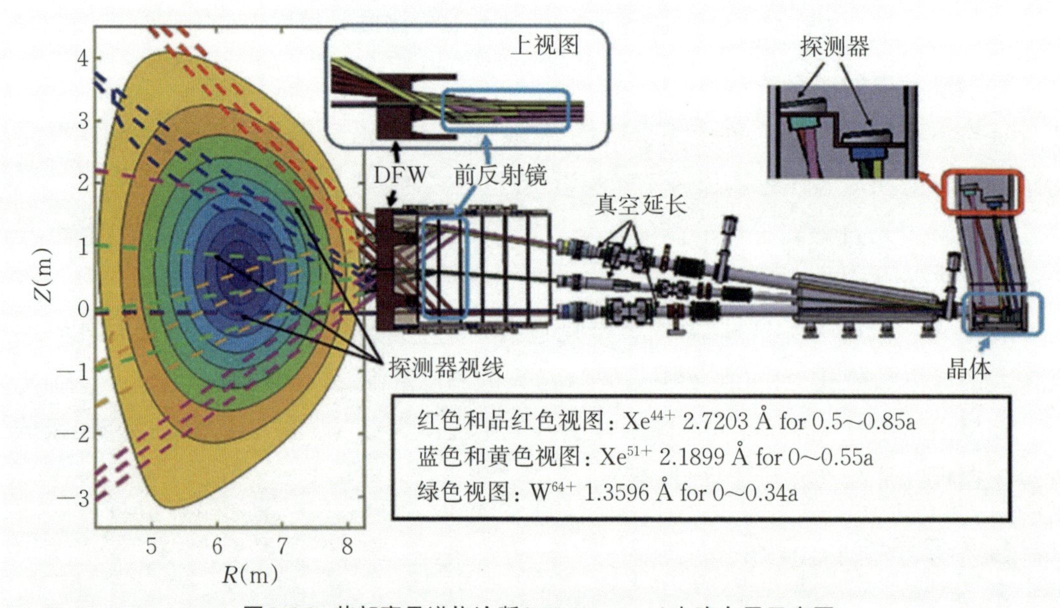

图9.5.8 芯部弯晶谱仪诊断(XRCS-Core)光路布局示意图

ITER装置上边界弯晶谱仪诊断安装在#9和#17上窗口,其光路布局如图9.5.9所示。边界弯晶谱仪主要提供$r/a>0.85$区域的离子和电子温度、极向转动速度以及H模台基相关信息。同样需要满足高光谱分辨率,$\lambda/\Delta\lambda>8000$的要求。目前边界弯晶谱仪的目标如下:① 离子温度测量需实现:测量范围$r/a>0.85$,温度测量范围:0.05~

10 keV;时间分辨率为 100 ms,空间分辨率为 5 mm;测量精度±10%。② 电子温度测量需实现:测量范围 $r/a>0.85$,测量范围:0.05~10 keV,时间分辨:100 ms,空间分辨 5 mm,精度±10%。③ 极向转动速度测量需实现:测量范围 $r/a>0.85$,速度测量范围:相对速度 1~50 km/s,时间分辨率:10 ms,空间分辨率:$a/30$,精度±30%。④ 杂质辐射信息主要是监测 $Z>10$ 的杂质离子,提供密度剖面信息,时间分辨率 100 ms,空间分辨率:50 mm,精度±20%。

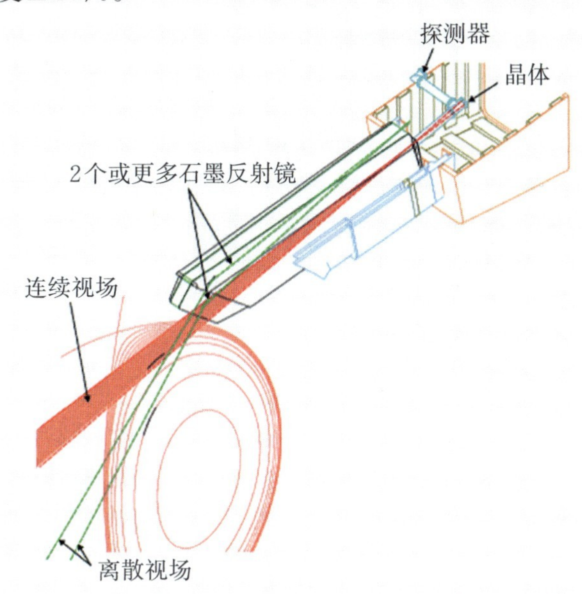

图 9.5.9 边界弯晶谱仪诊断(XRCS-Edge)光路布局情况

ITER 装置上宽波段测量的弯晶谱仪诊断位于#11 赤道窗口上,用于测量 0.05~10 nm 波长范围内的杂质线。该方案采用多晶体(6 块)的形式,通过扩展测量波长范围以实现 0.05~10 nm 的宽波段测量指标,其光谱分辨率 $\lambda/\Delta\lambda$ 约为 1000。

目前 ITER 倾向于采用高定向热解石墨晶体(highly oriented pyrolytic graphite: HOPG)实现 X 射线的反射。等离子体辐射的 X 射线谱线经过 HOPG 晶体反射后进入弯晶晶体,根据布拉格原理,探测器位于特定角度(布拉格角)上即可观测到相应波长的谱线。

面临挑战和应对措施如下。

诊断的中子屏蔽措施:ITER 一开始就考虑了中子防护的问题,各诊断都有中子屏蔽,除此之外,弯晶谱仪诊断中易受中子影响的探测器等部件都在生物屏蔽墙后,保证了系统的可靠性。

诊断系统氚兼容措施:ITER 在生物屏蔽墙后诊断还有子真空氚处理系统,以应对 DT 运行下拥有子真空的诊断(弯晶谱仪、VUV 等)还能继续运行。

9.5.6 可见光谱诊断

可见光谱诊断由位于#8中平面插件和窗口单元的前端镜头、位于诊断厅的后端探测器和光谱仪构成。视线起于#8中平面窗口插件的第一镜，止于#3中平面插件的光吞噬器（消除壁反射造成的杂散光）。沿视线的可见光辐射均被VSRS镜头收集，包括轫致辐射、SOL区的线辐射、DNB发射的主动光谱如MSE和CXRS，以及等离子体边缘区域的原子与主离子或杂质离子裸核发生电荷交换反应产生的被动光谱。可见光谱诊断（VSRS）作为基础诊断，主要利用可见光轫致辐射提供弦平均Z_{eff}作为后备诊断，也利用轫致辐射提供弦平均电子密度n_e的测量。VSRS诊断可以利用光谱仪进行可见光谱范围内（400～700 nm）的扫谱，也可以利用基于滤光片的多色仪以高的时间分辨率进行一些特定杂质线辐射和轫致辐射的测量。它可以与多个诊断的测量进行相互校核，例如Hα诊断，可见光谱诊断（杂质与工作气体通量和含量）、CXRS和MSE。图9.5.10显示了VSRS诊断测量原理图。

光路结构：每两个反射镜为一组，共4组。M1～M2：插件中的两个平面反射镜；M3～M4：中继光学，其中一个平面反射镜，一个非球面（椭圆型）反射镜；位于屏蔽墙前方的ISS结构上；M5～M6：两个平面反射镜形成的迷宫 结构，位于屏蔽墙内部ISS结构中；M7～M8：成像单元，位于屏蔽器后面的ISS结构中，其中一个平面反射镜，一个非球面（椭圆型）反射镜。

光学特性：像方远心，物面直径108 mm，像面直径0.625 mm，像方数值孔径0.2047 mm，光斑（RMS）小于10 μm。

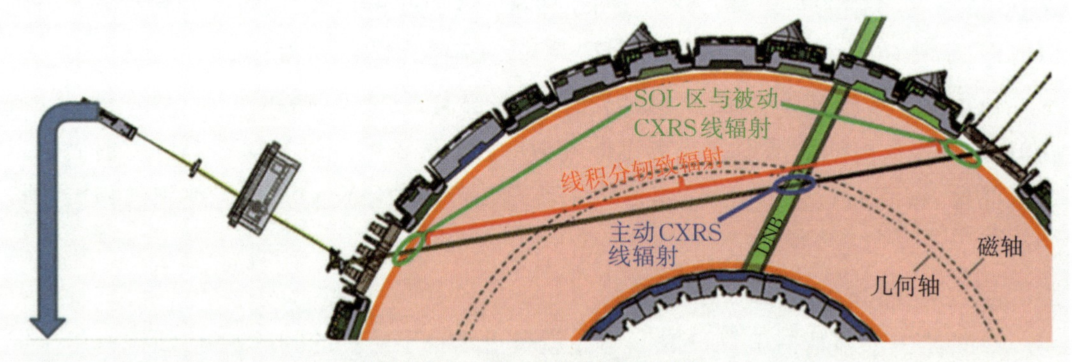

图9.5.10 VSRS诊断测量示意图

光纤参数：NA=0.22。61根直径125 μm的光纤呈六边形排布：其中19根光纤面向观察光阱成像；另外42根光纤围绕在这个19根光纤周围，用于标定、准直、监测观察光阱之外的杂散光等。芯径113 μm，外径125 μm。

9.5.7 径向X射线相机

软X射线成像探测器直接面对等离子体，在接收软X射线信号的同时也受到中子、γ辐射等的直接轰击，因此在D-T运行时，需要采用抗辐照探测器。低压电离室(low-voltage ionization chamber，LVIC)探测器是一种抗辐照的探测器，这是由于LVIC的关键零部件为抗辐照的金属和陶瓷。探测器运行时充有氖、氩或氙等气体作为工作气体，气压为一到几个大气压。

光子通量通过铍膜(Be)并入射到阳极和光电阴极上。阳极由100 μm厚的Be板制成。慢电子从几十埃厚的表层逸出，而快电子则从更厚的深度逸出。光电阴极两侧涂有150 Å厚的钽(Ta)层。从阳极到阴极和从阴极到阳极的快电子通量相互补偿。探测器中的电流是由Be和Ta的慢电子通量的差异产生。光子能量<100 keV的X射线辐射的LVIC灵敏度明显高于光子能量>500 keV的X射线辐射。LVIC包含20～30个探测器单元。由于这种探测器的组成部件为金属和陶瓷，因为其相比于一般的半导体探测器具有较好的抗辐照性能。在窗口法兰面上使用ITER标准的气体传导(feedthrough)和电气传导(传输电信号和热电偶信号)，窗口法兰内使用矿物绝缘电缆和N型热电偶。

目前ITER装置上的初步设计是6个探测器阵列，它们安装在诊断屏蔽模块内(图9.5.11)，环向错开分布在两个极向截面内。每个探测器阵列8道，共计48道。每个探测器极向宽度约10 cm(分为8道，探测器盒宽度约15 cm)。诊断屏蔽模块和包层内的探测器光路槽很窄，探测器组件尽量采用一体化设计，而诊断屏蔽模块与包层之间应保证足够小的相对位移。探测器盒外接母头与窗口法兰之间的电缆和气管永久性地埋在诊断屏蔽模块内。维护过程中的气管切割/焊接、电气接头插拔采用遥操作。维

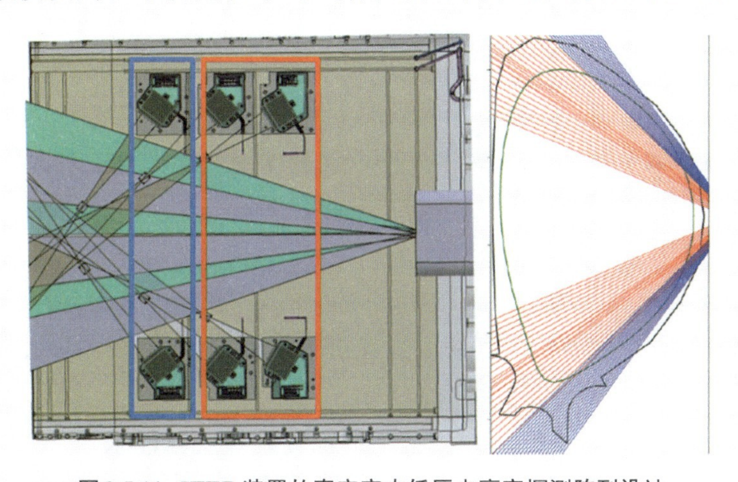

图9.5.11 ITER装置的真空室内低压电离室探测阵列设计

护过程将考虑遥操作，与ITER提供的遥操作工具和窗口的维护方案相关。相机的具体工程设计与ITER将采用的诊断屏蔽模块方案以及包层方案相关。生物屏蔽外的放大器放置在核屏蔽机柜内。

该诊断涉及中子屏蔽、高真空、核安全、高精度定位准直、高温冷却、多种接口、电磁兼容、nA量级微弱信号放大等一系列技术难题。相机在强中子及γ辐射、强电磁干扰、高温烘烤环境中，面临损坏失效的风险；同时相机为了躲避中子和γ辐射而采用的细长的狭缝结构和极小的接收角将给相机带来信号强度弱和信噪比的问题；窗口插件模块与相机模块之间因制造、安装和自身变形带来的准直问题可能造成相机信号大幅降低甚至无信号；相机多个关键组件需符合较高等级的真空、安全、质保等方面要求。

9.5.8 中性粒子分析器

中性粒子分析器(neutral particle analyzer，NPA)是通过监测经电荷交换中性化后逃逸出等离子体的高能粒子来获取等离子体内部的相关信息。ITER上的NPA有两个功能：测量燃料粒子密度之比，即n_T/n_D，以及获得MeV能量级阿尔法粒子的分布函数信息。因此，该NPA系统按此功能分为两个部分：低能段NPA(LENPA)和高能段NPA(HENPA)，LENPA监测n_T/n_D，能量范围为10～200 keV；HENPA监测0.1～4 MeV阿尔法粒子。其中要求T/D测量范围为0.1～10，时间分辨为100 ms，精确度为±20%。预期的阿尔法粒子通量为$10^3\ s^{-1}$，信噪比大于10。NPA系统计划安装于ITER的中平面#11窗口处，相对位置关系如图9.5.12所示，由于这种布置，其只能提供深度捕获的高能离子信息。系统的整体结构如图9.5.13所示，两组分析器共享同一入射窗口，分析器入口直径约为5 cm。两组分析器在水平方向有一定的偏移角，并且有独立的观测视线，这使得它们可以同时进行测量。涡轮分子泵为整套系统提供真空环境，中性粒子入射到剥离单元后即被剥离掉电子成为离子，在偏转磁场和电场的作用下经历约90°的偏转达到探测器阵列，探测器采用CsI(Tl)闪烁体和PMT的组合。磁场与电场方向平行($\boldsymbol{E}/\!/\boldsymbol{B}$)，这样即可实现对粒子能量和质量的分辨。LENPA的剥离膜片置于加速电压为100 kV的加速单元中以提高探测效率。为了对探测器开展测试，在系统中安装了一个可移除的阿尔法粒源。系统最前方安装了较厚的中子屏蔽墙以保护后方的剥离膜片和探测器。

NPA系统的主要挑战在于探测器和碳微晶体剥离膜片的寿命问题，必须保证这些部件在ITER的整个运行周期内存活。为此进行了详细的模拟计算：在箔片位置中子通量为109 $cm^{-2}\cdot s^{-1}$，在探测器位置则为108 $cm^{-2}\cdot s^{-1}$。根据现有数据，PMT和闪烁体足以支持ITER的整个放电周期；而剥离箔的辐射耐受度目前未知。为了检测膜片的稳定性，在系统内部安装了光源和用于检测膜片反射光的光电二极管以对膜片的完整性进行实时监测。

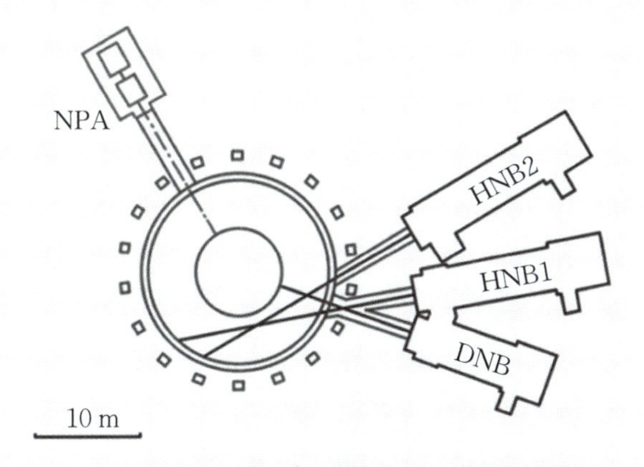

图 9.5.12 ITER 上的 NPA 系统位置示意图(俯视图)

其中 HNB 为加热中性束,DNB 为诊断中性束

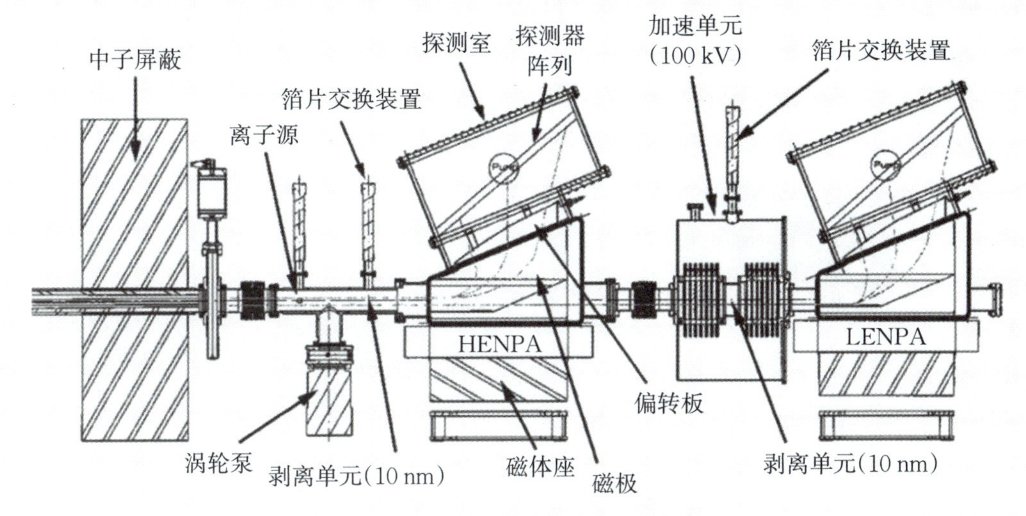

图 9.5.13 NPA 系统整体布局侧视图

HENPA 和 LENPA 可同时开展测量,两组分析器虽然共享同一入射窗口,但在水平方向有一定的偏移角并且拥有独立观测视线

9.5.9 ITER 硬 X 射线监测系统

ITER 装置上的硬 X 射线监测(HXRM)系统将两个溴化镧闪烁晶体放置在诊断第一壁(DFW)之后,闪烁晶体中产生的光子通过光纤束传输,光纤通过双层密封窗口和透镜组件与另一根光纤耦合,利用光电倍增管(PMT)检测光子,获得硬 X 射线能谱。

图 9.5.14 是 ITER 装置上 HXRM 系统光路的设计图。由于闪烁体和光电倍增管之间通过光纤连接,闪烁体和光电倍增管之间的光耦合将会减少,沉积的光谱将发生

显著改变，需要通过相关模拟，人为地修改探测器的响应函数来获得良好的硬X射线能谱。ITER装置上HXRM诊断系统面临最大的问题是其仅能工作在热核实验堆等离子体运行的D-D等离子体阶段，其光纤仅可在D-D等离子体阶段低中子辐照时使用，在D-T等离子体阶段光纤承受不住高通量的中子辐照。ITER装置上HXRM诊断系统面临的挑战问题之一是闪烁体的光耦合效率和光的传输效率。ITER HXR监测器由于诊断设计要求承受高热和电磁负荷、高磁场、超高真空兼容性和核辐射负荷等恶劣环境条件，导致光传输效率降低。闪烁体的耦合效率和光传输效率会直接影响HXRM系统的两项关键参数：① HXR光子的最低能量探测阈值；② 系统的能量分辨率。然而，目前还没有有效的计算方法来评估闪烁体的效率。面临的另一个挑战是ITER希望能通过测量得到的硬X射线能谱获得逃逸电子的真实能量分布，目前有关逃逸电子能量分布的重建技术还在开发中。为了逃逸电子能量分布，需要知道探测器的探测能量阈值、能量分辨率、探测器的响应函数和单能束的轫致辐射输运能谱的信息，就可以从硬X射线能谱获得逃逸电子的能量分布。

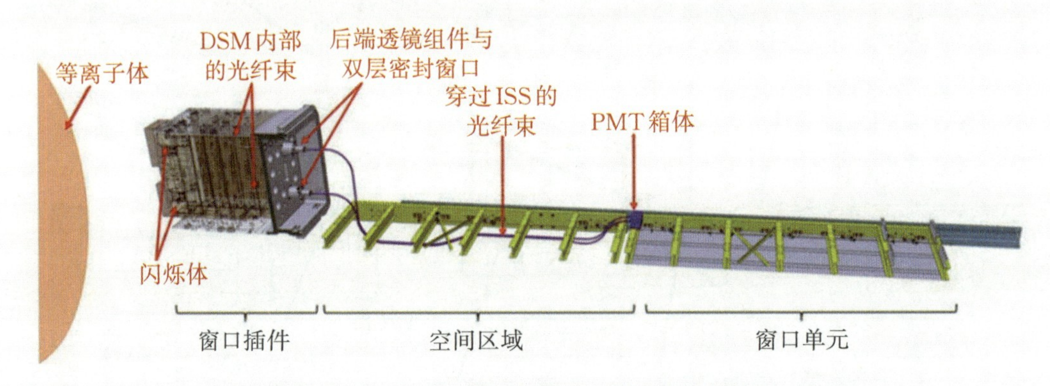

图9.5.14 ITER装置上HXRM系统光路布局图

9.5.10 MSE诊断

动态斯塔克偏振仪(motional Stark effect，MSE)通过测量加热中性束或者诊断中性束上发射谱线的偏振信息，直接获得与磁场方向相关的信息，实现芯部的局域安全因子和等离子体电流的测量，并结合平衡重建代码计算得到精确的磁面结构、等离子体电流密度和安全因子剖面。在ITER装置上，前后设计了两种方案的MSE，分别为线偏振法MSE(MSE-LP)和线分裂法MSE(MSE-LS)。综合考虑到ITER装置环境的复杂性以及中性束系统的具体参数，最终选用了MSE-LS方案。具体说，在托卡马克装置中，当中性束上的粒子以速度$\boldsymbol{v}$横越磁场$\boldsymbol{B}$时，在粒子为参考系中观测，将产生洛伦兹电场$\boldsymbol{E}=\boldsymbol{v}\times\boldsymbol{B}$。同时，中性束上的中性粒子与本底等离子体相互作用，被激发到高能态，在退激发过程中，在该洛伦兹电场的作用下，谱线发生分裂的现象。核电荷数为Z的原子，主量子数为n的斯塔克能级分裂的能极差为$\Delta\varepsilon \propto nk\boldsymbol{E}$，其中$n$为主量子数，$k$是与磁矩相关的量子数，$k=0, \pm1, \pm2, \cdots, \pm(n-1)$。可知，谱线斯塔克分裂$\Delta\varepsilon$的大小与电场$\boldsymbol{E}$成正比，通过测量谱线斯塔克分裂$\Delta\varepsilon$大小就可以获得洛伦兹电场$\boldsymbol{E}=\boldsymbol{v}\times\boldsymbol{B}$，再结合空间位置，获得磁场$\boldsymbol{B}$的信息。该方法叫作线分裂法MSE。

ITER计划发展两套MSE系统，一套MSE系统安装在EP1窗口上，用于观测HNB1加热中性束；另外一套MSE系统安装在#3中平面窗口上，观测HNB2加热中性束和DNB诊断中性束，如图9.5.15所示。安装在#3中平面上的MSE系统，观测HNB2主要用于边界测量，观测DNB主要用于芯部测量。安装在EP1的MSE系统，观测HNB1主要用于芯部测量。两套系统都包含：反射镜、透镜、遮光板、标定系统、第一镜清洗系统。在ITER装置上发展MSE系统主要有3个挑战。

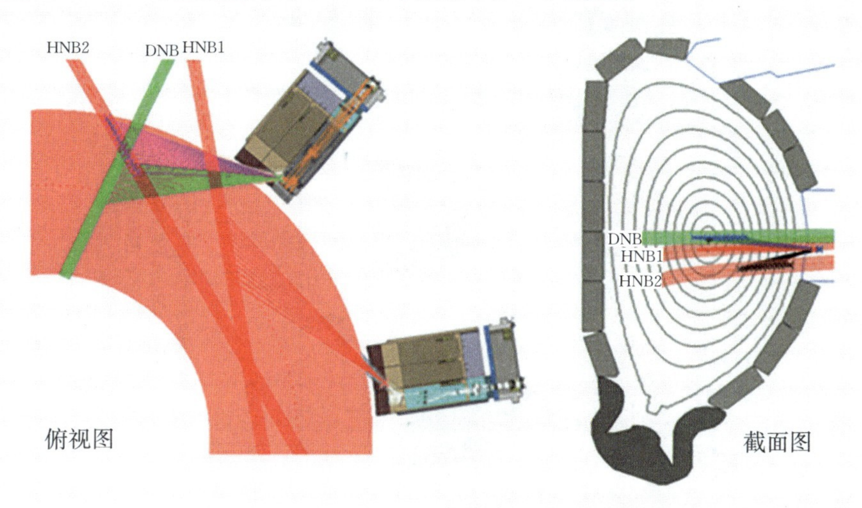

图9.5.15 ITER上MSE安装位置和观测的视场

① 基于离轴的中性束测量芯部磁场结构。该系统复杂的几何尺寸给MSE的标定带来困难。

② 高亮度和部分偏振的本底辐射。在ITER上，强本底等离子体的轫致辐射对MSE系统测量造成影响。在ITER上由于高密度引起强的轫致辐射，同时金属壁的反射增强了该效应，导致MSE的信噪比降低。另外，这些辐射具有部分偏振效应，这也会引起MSE测量的不确定性。

③ 第一反射镜的腐蚀。在ITER上，所有的光学诊断都是通过光学元件将光信号传输到实验室进行测量，以此提供更好的辐射防护，这些光学元件包括了第一反射镜(first mirror)。由于第一反射镜距离等离子体最近，因此需要承受大量的热沉积、中子沉积和粒子通量。MSE系统的第一反射镜如果不做好防护，会导致等离子体杂质的沉

积，从而改变第一反射镜的光学特性，尤其是偏振特性。为了消除该影响可采用如下3种方法。第一，设计更小的入瞳或者安装遮光板，来保护第一反射镜。第二，采用清洗技术。第一反射镜受到污染时，进行清洗。第三，在线的标定，以保证在第一反射镜受到污染时，进行标定，获得其光学特性。由于MSE信号强度与束密度强度成正比。边界上，DNB的MSE信号强度大约是HNB的50%。在芯部，DNB的MSE信号强度大约是HNB的10%。束宽度影响了MSE测量的空间精度，束宽度取决于束发散、束源几何位置和束的聚焦点等。

HNB有1280个束单元，分成4×4组，每组以5×16分布(80个)。MSE测量范围$0.15<\rho<1.0$，获得的空间分辨能力大约为$\Delta\rho=0.05$。另外，束发散、束源几何位置和束聚焦点也会影响到束的粒子速度分布。该粒子速度分布也会影响到MSE偏振角度测量，如图9.5.16所示。

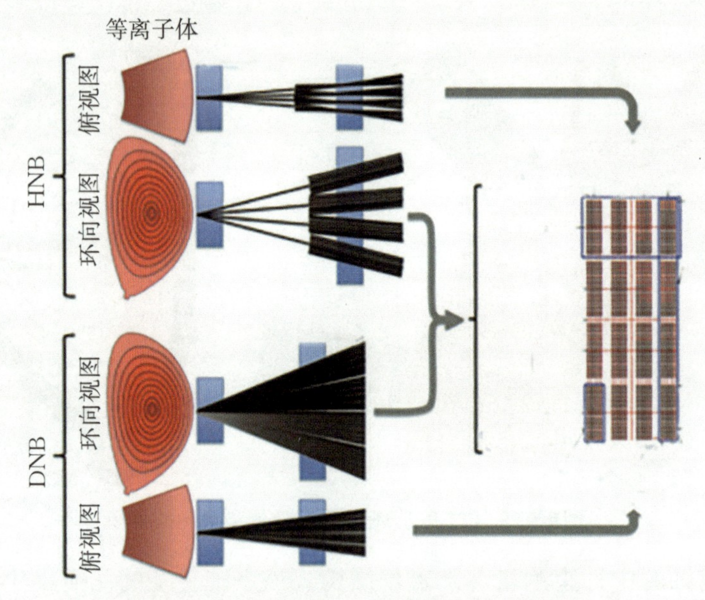

图9.5.16 ITER上HNB和DNB的束线和聚焦

9.6 微波诊断

微波诊断具有定域测量好、时空分辨率高的优点，在ITER装置上具有良好的应用前景。电子回旋辐射计是ITER装置测量芯部电子温度的主要诊断，并辅助汤姆孙散射系统开展边界电子密度测量。同时，ITER装置还在强、弱场侧布置了微波调频反射计以用于测量边界电子密度分布，提供相对密度扰动以及粒子输运等关键物理信息。

为了电子线平均密度在线测量率不低于98%的基本控制要求，色散干涉/极化系统也被ITER列为线平均电子密度测量的两大诊断之一。下面将对三个诊断进行简单介绍。

9.6.1 电子回旋辐射系统

在ITER上ECE的功能是提供芯部和边界的电子温度数据，具体要求如表9.6.1所示。

表9.6.1 ITER ECE诊断需求

工作区域	测量范围	温度测量范围	时间分辨(ms)	空间分辨	准确度
芯部	$r/a<0.85$	0.5～40	10	a/30	10%
边界	$r/a>0.9$	0.05～10	10	5 mm	10%

对于ITER来说，ECE的主要挑战有长传输路径、开发耐辐射的标定源、有限的可近性、恶劣的堆环境以及导致谐波重叠的相对论效应问题。尽管存在这些挑战，现已完成了中平面窗口、传输系统和ECE系统的完整设计。首先，ECE窗口采用了抗辐照的屏蔽和水冷系统，在传输线部分设计了抗震动和抗中子辐照的结构(图9.6.1)。

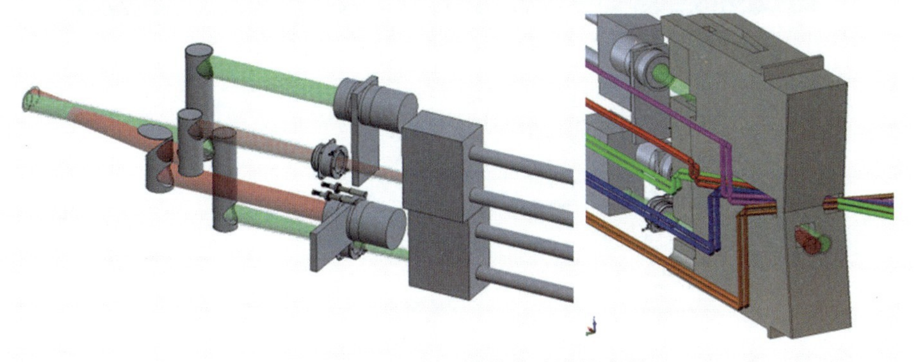

图9.6.1 ITER ECE系统前端波导布局

ITER要求ECE系统有足够的自标定能力。因此主要建设工作包括外差接收机、高温黑体辐射源(图9.6.2)和迈克尔逊干涉仪(图9.6.3)。其中黑体辐射源要求能够在ITER运行期间实行标定，需要具有抗中子辐照的能力。外差辐射接收机目前设计有O模和X模两种运行模式。O模接收机配置参数为：122～230 GHz共4套系统，X模接收机覆盖范围是234～306 GHz共4套系统。另外，尽管接收机在波导的远端进行辐射信号搜集，在燃烧等离子体的严苛环境下，仍需要抗辐照的解决方案。大禁带宽度的半导体材料，如GaN和钻石材料等的兴起，为ITER上技术实现提供了有力的支撑。应用固态技术制造超小型真空器件也非常适合恶劣的反应堆环境，为有源微波探测诊断提供了很好的选择。

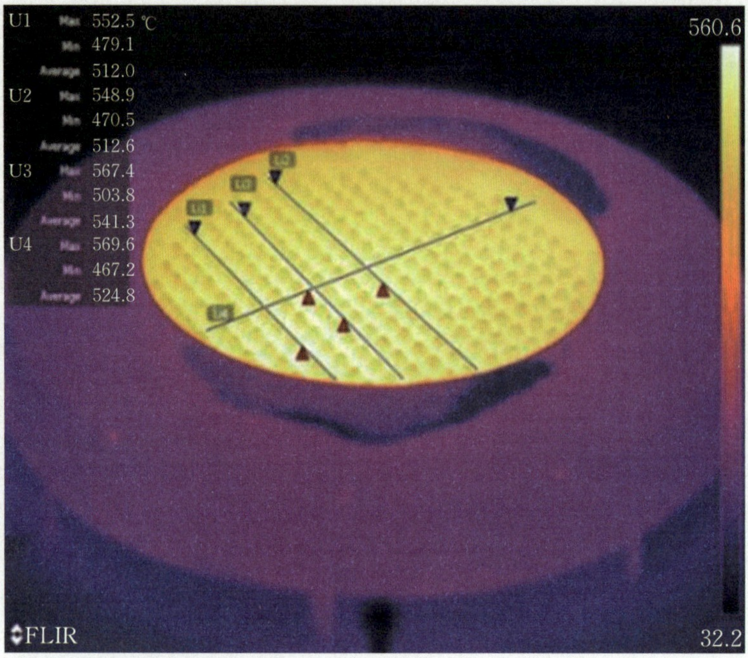

图9.6.2 ITER高温黑体源的设计辐射图像

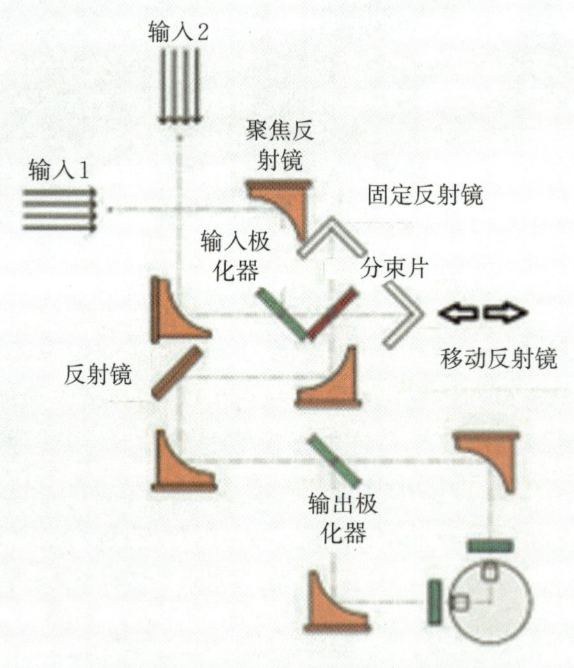

图9.6.3 ITER迈克尔逊干涉仪设计图

9.6.2 微波反射系统

微波反射诊断可提供电子密度分布、等离子体位移等装置运行需要的基本信息，ITER装置上目前进行规划设计的微波反射诊断主要包括强场侧和弱场侧调频反射计。

(1) ITER中反射计诊断的功能定位

ITER装置涉及诊断数量庞大，各诊断功能也互有辅助或重叠，为提高整体的可靠性，各诊断具有明确的功能分配。

弱场侧调频反射计的主要功能是测量边界电子密度分布，并用于高级运行控制模式的研究。同时，该反射计也作为物理研究的主要诊断，提供相对密度扰动以及边缘局域模的粒子输运信息。作为辅助角色，其也可以提供芯部电子密度分布、弦积分电子密度和极向旋转，分别用于物理研究、基本运行控制和高级运行控制。

强场侧调频反射计的主要功能为芯部电子密度测量、H模相关的输运、高频磁流体不稳定性测量，分别用于高级运行控制和物理研究。

位移反射计是比较新型的反射诊断应用，其主要任务是作为辅助测量提供等离子体位移，以满足基础运行控制需要。此外，其也作为边界密度剖面测量和粒子输运的备用诊断，以满足高级运行控制和物理研究需要。

(2) 光学系统

与现有的托卡马克、仿星器等实验装置不同的是，ITER定位于涉核装置，在运行的后期将进行氘氚反应。出于安全考虑和工程技术上的条件限制，微波诊断的电子学系统均需要远离装置。因此应用到槽纹波导和准高斯束的方式降低传输损耗。

另外，安全限制也要求诊断具有现场无人的可维护的设计。ITER上窗口前端均采用可插拔的模块化设计。图9.6.4为弱场侧反射计的插拔模块结构，下方为导轨，故障情况下可通过机械装置将模块整体移除进行维修或替换。与此同时，更多的活动部件和复杂的装置运行工况对光路抗干扰能力提出更高要求。图9.6.5为窗口(port plug)模块中的高斯束反射结构，前端光路在三维震动状态下连杆可以自动调整反射镜角度，微波仍然可以等光程聚焦到传输线中。

同样由于现场无人维护的要求，反射计必须设计为远程且原位标定。因此在传输波导中设计了用于标定的反射点。由于反射点的位置已知，在诊断数据处理中即可完成标定，从而得到等离子体的绝对位置。另外，在微波测量光路均设计为多频带复用，并且同窗口的多个波导光路互为备用。在故障条件下，可通过机械波导开关短时间内将一组诊断切换到其他光路。

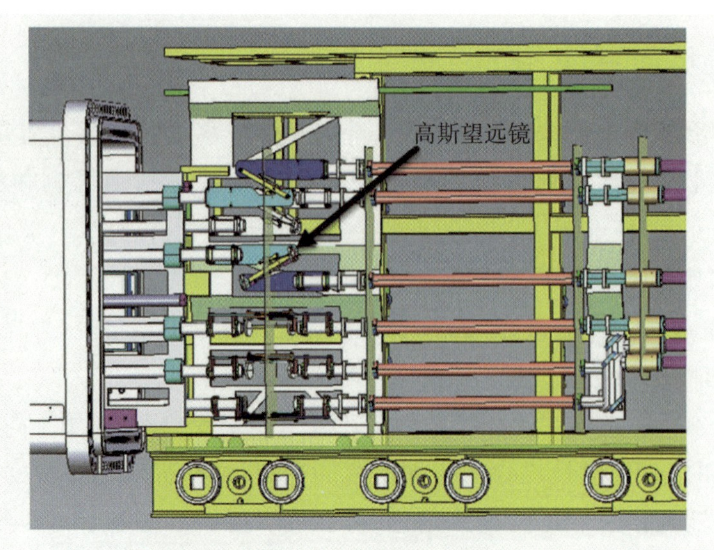

图 9.6.4 弱场侧微波反射计的窗口波导布置

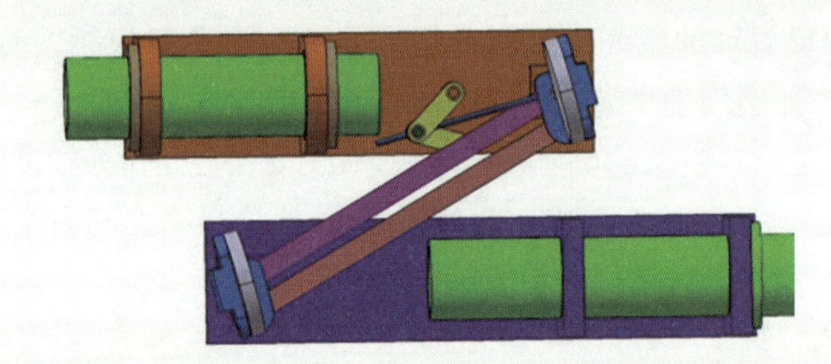

图 9.6.5 可活动高斯束聚焦镜组结构

(3) 电子学系统

ITER装置的运行参数区间跨度很大,诊断电子学采用饱和式设计,包括4个标准波段,X模和O模各有布置,以保证覆盖装置运行区间。目前反射计的系统方案与现有技术相同,采取调频连续波的方式。调频反射计产生的数据量巨大,尤其在长脉冲条件下更为显著,因此在电子学末端采取实时处理。一方面,根据装置运行实际需要,对诊断数据进行有效数据的截取,降低数据量;另一方面,密度剖面的实时处理和反馈将用于先进运行控制。此外,ITER上诊断系统与装置运行的耦合度更高,除了诊断数据的处理,电子学系统还需要保持诊断系统状态的上报并接收中控的控制。

(4) 诊断和人员保护系统

反射计的测量条件主要与纵场和密度相关,基本不受辐照(前端光学)、送气以及粒子加热影响,但受到波加热影响较大,特别是电子回旋加热。ITER上反射计诊断从光学、电子学方面设计了被动和主动保护系统。

被动保护方面,最前端的高斯光学具有很好方向性,首先限制了大角度的加热波散射进入波导。在波导传输部分，90°连接头位置采用栅网结构进行反射，高频率的加热波由于色散产生非90°的偏转，而在槽纹波导内大幅衰减。在后端光学部分，多频带复用器具有频率选择功能，对测量频段外具有20 dB以上的抑制。在复用器之后，各个标准波段的基模波导对低于本频段（如CTS诊断的60 GHz探测波）的信号具有极强的抑制作用。

在主动保护方面，机械开关可以彻底关断波导，其功率承受上限很高，但切换时间长达几十毫秒，而固态开关具有纳秒级的响应，但承受功率仅有10 W量级。如图9.6.6

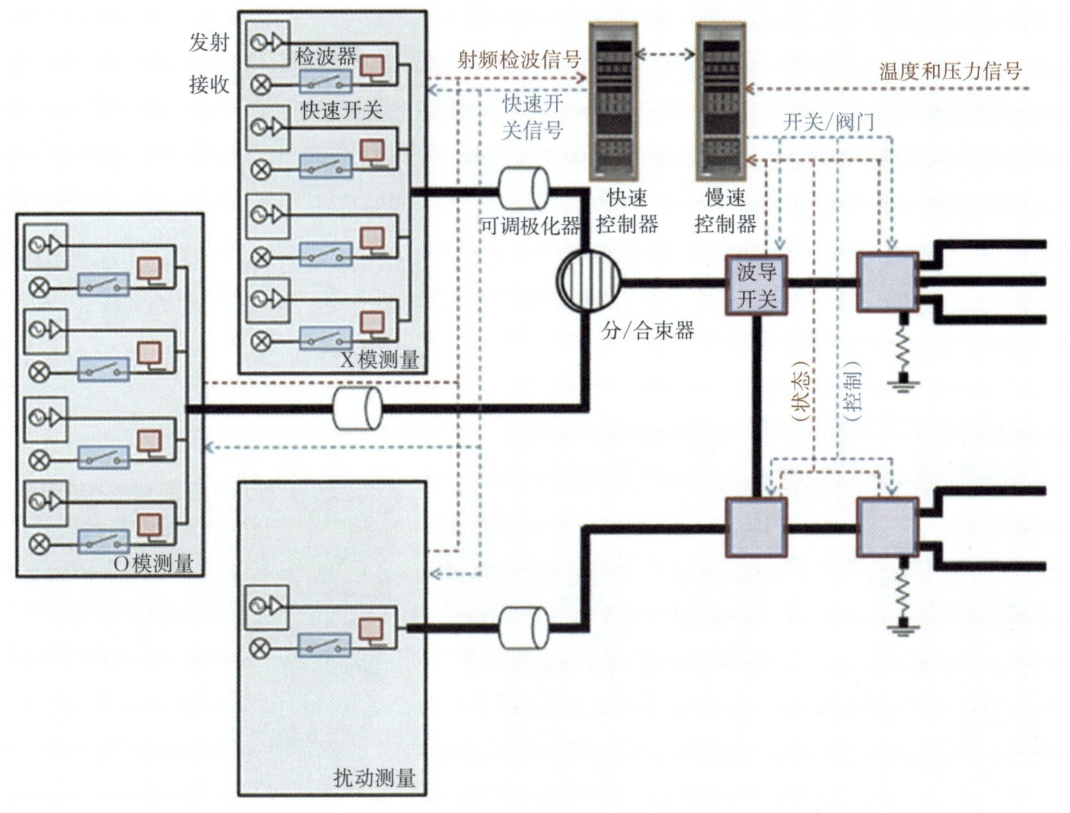

图9.6.6　反射计主动保护系统

所示，ITER上采用射频检波器对波导内功率实时检测，达到阈值则触发主动保护动作，固态开关将快速关断，并在几十毫秒内承受约0.5 J的能量，之后机械开关完成波导链路切换，反射计停止测量。

除了上述快控制外，保护系统还对诊断窗口温度、压力等状态进行监控，即所谓慢控制系统。该部分主要用于装置运行的风险预测，不会触发诊断保护动作。该系统同样对人员起到保护作用。操作人员仅能在安全模式下进入诊断厅内操作设备，该模式下由气动波导阀门关断前端光学，诊断厅与装置的微波链路完全断开。

9.7 装置运行控制相关诊断

ITER装置运行相关的诊断系统包括多套不同的诊断系统，这些系统将参与ITER装置运行的基本控制、高级控制和物理研究以及装置的保护。

9.7.1 靶板热电偶

热电偶是一种比较成熟的测温手段，广泛应用于工业领域。ITER装置在下偏滤器模块上安装了162根热电偶，用于测量偏滤器模块的温度。但是，热电偶的测量温度只是作为备用温度信息，其主要功能是用于标定红外测温系统。

在ITER装置上分别在3个不同环向位置的偏滤器模块上(#3，#26，#44)安装了热电偶，每个模块安装54根，其中27根安装在内偏滤器靶板上，另外27根安装在外偏滤器靶板上，如图9.7.1所示。热电偶采用N型矿物绝缘热电偶，绝缘材料为Al_2O_3，外壳为ITER采用的低活化316不锈钢。由于偏滤器模块不能开孔，所以热电偶测温端通

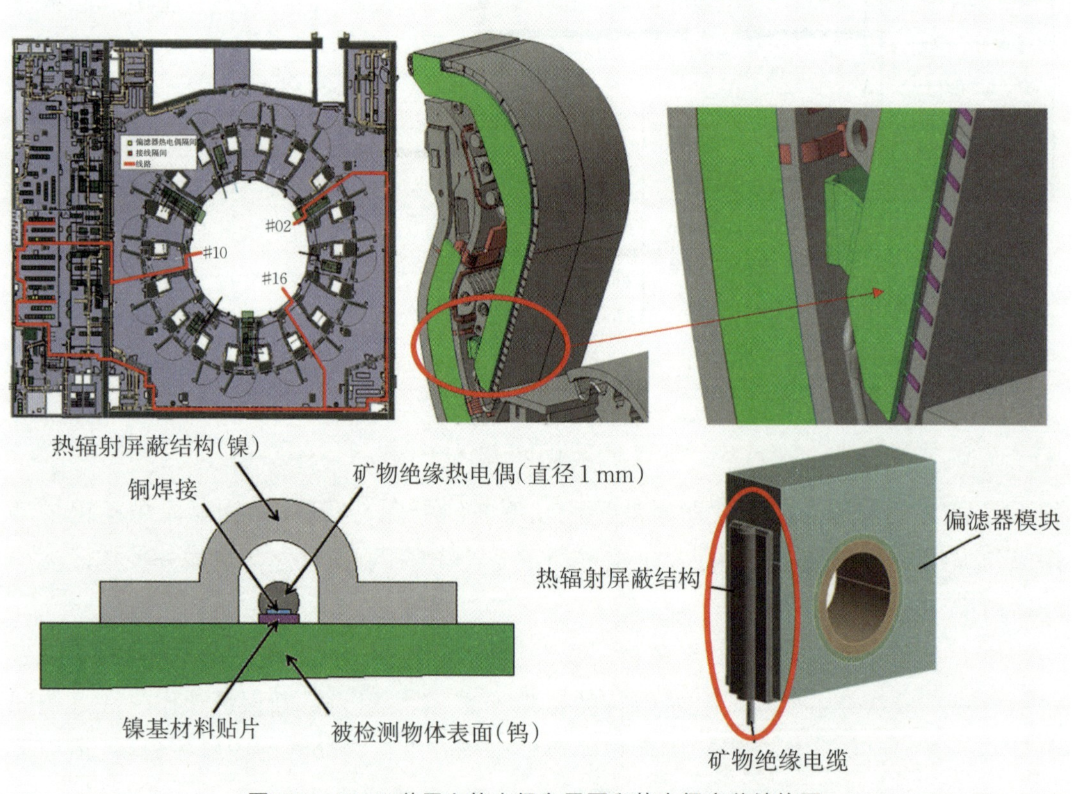

图9.7.1 ITER装置上热电偶布局图和热电偶安装结构图

过特殊的方式焊接在模块侧边。首先将热电偶测温端焊接在镍基材料的金属片上，然后将金属片焊接在偏滤器模块上。为了防止热辐射对测量的影响，热电偶测温端覆盖热辐射保护壳。相邻偏滤器模块之间有个很小的高度差，防止模块边缘受到等离子体的垂直轰击，因此，热电偶需要安装在模块热侧边区域。热电偶的测温范围从20～1100 ℃，时间分辨20 ms，在20～333 ℃之间的测温精度要求为15%，而在333～1100 ℃之间的测温精度要求为5%。

9.7.2 诊断气压计

磁约束核聚变装置内恶劣复杂的工作环境（强磁场、高能粒子、强电磁干扰等）和中性粒子的快速原位测量需求导致常用的电容薄膜规、皮拉尼真空计、微型潘宁规等均无法胜任。ITER诊断气压计（快规，DFGs）是一种热阴极电离规，它采用平板栅极结构，具有耐强磁场、抗干扰能力强、响应快、原位测量和耐高温等突出特点。DFGs由规管、电源、金属铠装矿物绝缘电缆及真空穿透组件、采集控制等部件组成，其中规管包括阴极灯丝、调制栅、加速栅、收集栅以及屏蔽罩等部件，电源包括灯丝电源、调制电源、加速电源等，各电源通过MI电缆给对应的栅极供电。该真空计最早在ASDEX装置上得到不断优化和成功研制，并已经大量运用于多个大型聚变装置。诊断气压计的主要作用是实现装置内多个测量位置中性气体压强的原位快速测量。中性粒子压强的快速原位测量对开展ITER边缘粒子输运、偏滤器以及相关数字模拟的运行和控制等研究均具有十分重要的作用。在ITER中，DPGs将用于装置的运行控制以及相关物理研究。

根据最新的物理设计需求，DFGs的测量参数、真空测量范围、时空分辨率、测量精度等要求如表9.7.1所示。总的来说，DFGs的气压测量范围是10^{-4}～20 Pa，测量精度要求达到20%，时间分辨率是50 ms。然而，考虑到当前的经验和减少未知的精度误差风险，系统的时间分辨率需要达到1～5 ms。

表9.7.1 DFGs的测量需求

测量位置	参数名	范围(Pa)	时间分辨	空间分辨	精度
偏滤器	气压(P_{div})	10^{-2}～20	50 ms	几处点位	20%放电中
		10^{-4}～0.1	50 ms	几处点位	20%击穿过程中
真空室气压及组分	气压(P_{main})	1.10^{-3}～1	1 s	几处点位	20%放电中
		10^{-4}～0.1	50 ms	几处点位	20%击穿过程中
管路气压及组分	气压(P_{div})	1.10^{-2}～20	100 ms	几处点位	20%放电中
		10^{-4}～0.1	50 ms	几处点位	20%击穿过程中

根据ITER的测量需求，DFGs系统共计52个DFG将被分别安装在ITER装置的偏滤器、中平面和下抽气口3个位置。在偏滤器区域，将分别在#8，#23，#26，#44扇段上安装DFG规管，每个位置安装6个；在下抽气口的法兰位置，将分别在#4，#6，#12，#18窗口布局4个DFG；此外，在中平面位置，将在#1和#10窗口分别安装6个DFGS。根据不同的运行工况，不同位置的DFGs实现远程控制和精确测量。

经过了大量的测试和数字模拟计算，最终确定了DFGs的总体技术方案。总的来说，DFGs的主要部件可以分为规管、电源、特种MI电缆、收集栅电流前置放大器，控制器及软件5个部分组成，其中，除了部分电源可以选用商业电源之外，其余部件均需要进行非标定制。规管将分别安装在如图9.7.2所示的52个测量点，电源、测量和控制机柜将安装在ITER诊断大厅。真空室内的电气连接采用特殊设计的MI电缆及其真空穿透件，真空外的电气连接将采用定制的屏蔽电缆束。DFGs的控制和测量是该系统的重点之一，需采用定制化设计，需要重点考虑系统的抗干扰、耐辐照、稳定性等能力。

DFGs面临的主要挑战是恶劣的工作环境：高磁场、强中子辐射、电磁噪声、破裂时产生的高电磁力、ECRH和ICRH高功率、灰尘和水泄漏等。这些环境问题以及严格的精度和可靠性要求均将导致规管、电子学设备、电缆和连接器等设计都面临极大的挑战。

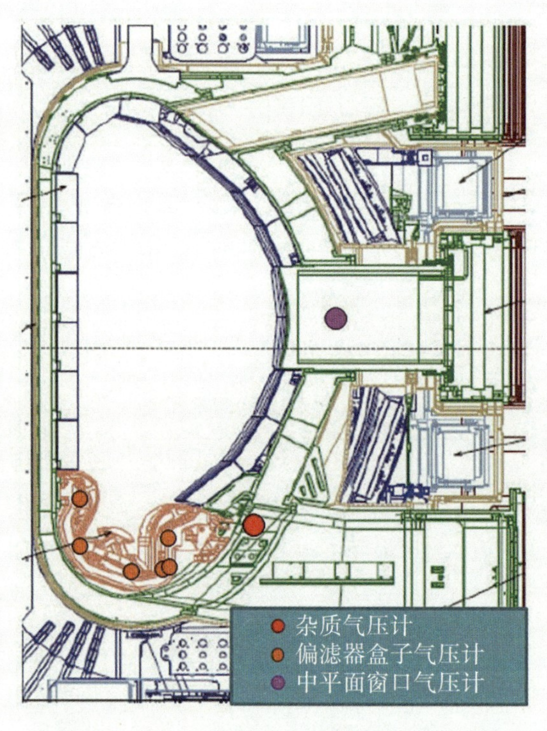

图9.7.2 DFGs在ITER极向剖面的安装位置

9.7.3 红外热成像

偏滤器红外热像仪系统主要功能是测量偏滤器靶板的表面温度，用于装置的安全运行保护，进而给出偏滤器沉积热通量的分布，用于先进运行控制和偏滤器物理研究。对于靶板表面温度和靶板热负荷测量，系统的空间分辨要求为 3 mm，时间分辨在 200～1000 ℃为 2 ms，而在 1000～3600 ℃之间需要提高到 0.02 ms，用于监测等离子体破裂。

偏滤器红外热像仪系统设计在#17 中平面窗口，俯视观测下偏滤器内、外靶板。由于高空间分辨的测量需求以及内外靶板到中平面窗口的距离不同等原因，偏滤器红外热像仪系统包含两套独立的光学系统，分别用于内、外偏滤器靶板测量，如图 9.7.3 所示。两套测温系统结构相似，都包含前端成像镜组、中继镜组、探测系统，以及准直、标定、shutter、反射镜清洗和控制数据处理等辅助系统。但是，两套光学系统的探测系统采用不同的测量技术，一套采用双色(3 μm 和 5 μm)探测，通过两个波段的比值来确定温度；另外一套采用光谱系统，测量 1.5～5 μm 波段的光谱，并借助双色比值来确定温度。光路结构前端的成像镜组采用全反射结构，基片为低活化316不锈钢，表面蒸镀金属反射层，如钼、铝等。后面是双层密封窗口，采用蓝宝石玻璃。中继镜组将光路延伸至生物屏蔽墙之外，并且中继镜组采用迷宫设计用于辐射屏蔽。在后端的探测结构中，为了匹配探测器像面首先是卡塞格林结构将光路收缩，随后再通过校正镜组将像面聚焦于探测器的焦平面上。

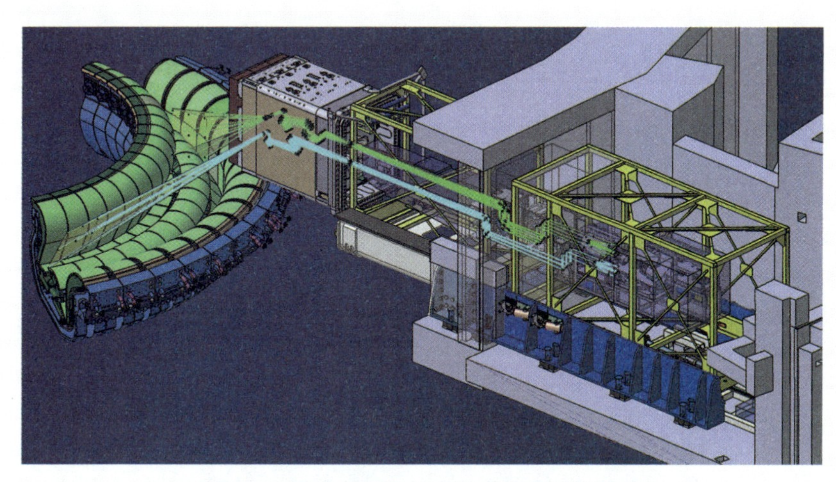

图 9.7.3 偏滤器两套红外热像仪系统结构图

一套用于测量内偏滤器靶板温度演化，另一套用于测量外偏滤器靶板温度演化

9.7.4 偏滤器侵蚀沉积监测

聚变装置中的等离子体-壁相互作用是不可避免的，会导致材料侵蚀、灰尘形成和氚滞留。由于ITER的长脉冲和高功率运行，预计偏滤器区域在其寿命期间的侵蚀可达1 mm。装置面向等离子体的材料的侵蚀和热核实验堆内灰尘的产生会严重影响运行。出于安全考虑，运行期间的舱内灰尘和氚库存总量必须分别低于1000 kg和1 kg。

为确保遵守这些限制，应在ITER运行期间对粉尘和氚存量进行监测。偏滤器侵蚀沉积监测诊断(erosion deposition monitor，EMD)是其中一项，该诊断位于#8下窗口。利用双波长数字全息技术(dual wavelength digital holography，DWDH)和激光干涉技术，测量偏滤器区域内、外垂直靶板位置表面拓扑结构的变化。系统的主要性能指标有：① 覆盖100 mm环向视场和300 mm极向视场；② 测量深度范围为3 mm；③ 1 mm横向分辨率；④ 测量精度10 μm。

双波长数字全息技术利用两个不同波长的激光器依次或同时记录全息图，并根据两个波长下的相位分布对相位信息进行数字重建，用于研究偏滤器内外靶板在等离子体壁相互作用过程中发生的表面拓扑变化。系统使用两台4 W的激光器，波长范围为770～790 nm。参考基准面和它们的观察通道3 mm宽，为了有30个水平测量像素，横向分辨率必须是100 μm，这对针孔尺寸和光学设计有重大影响。

由于单次放电过程中的常规侵蚀和沉积可能很低，因此在等离子体运行期间不使用该诊断，光路活动护窗将处于关闭状态，从而保护光学器件免受污染和损坏。根据需要，时间分辨可以做到在每炮间隔时进行分析。

每块靶板都将由外部激光束照射，散射图像将被传回，之后，进入的光束和射出的光束与诊断大厅的参考光束相结合，形成干涉图，并记录下来供进一步分析。系统在偏滤器的结构如图9.7.4左图所示。

光学箱是关键的部件之一。由于其所处的位置，它承受着偏滤器中部穹顶(dome)下的高负荷。箱体包含了大部分必要的光学元件，尽管有负载(热和振动)，但光路仍应保持准度。如图9.7.4右图所示，它包含7个反射镜和3个活动护窗。出于稳定性考虑，在等离子体运行期间将对箱体进行水冷却(目标是保持在150 ℃或更低的温度)。为了减少等离子体脉冲时对反射镜的污染，镜架前端的孔由一个也是电动的活动护窗关闭。目前的设计将照明光路和成像光路分开，因此需要两个真空窗口。激光输入窗口的透明孔径为110 mm，而收集窗口的透明孔径为160 mm。

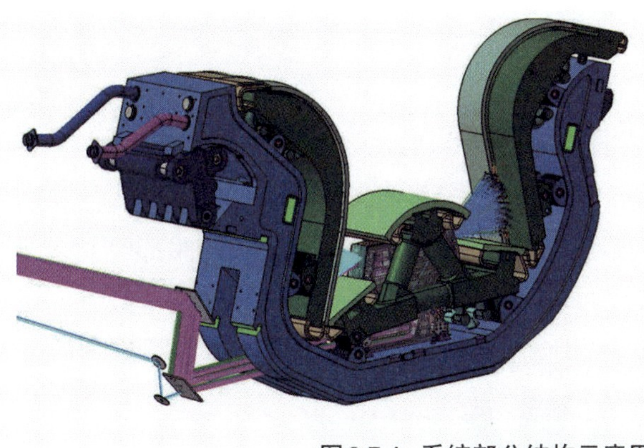

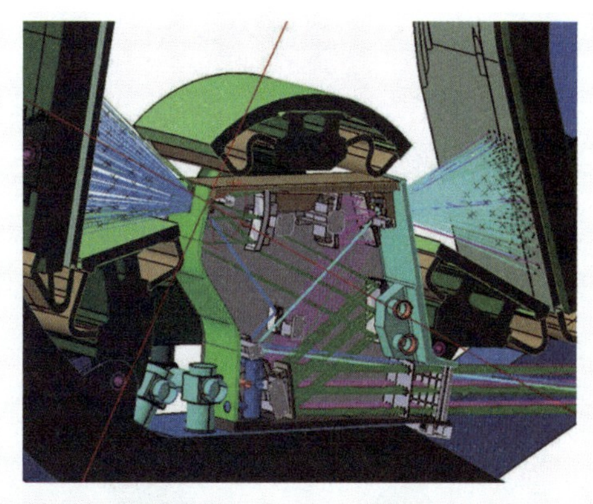

图9.7.4 系统部分结构示意图与拱顶位置光学箱

系统存在的风险和挑战主要有：① 需要在100 mm×300 mm范围的内外偏滤器靶板上实现10 μm的深度分辨率和1 mm的空间分辨率；② 当存在1 μm量级、频率为150 Hz的机械振动和大气湍流等外部干扰时，系统的稳定性问题；③ 干涉路径长达45 m，是否能达到测量要求；④ 实现目标需要的激光器和摄像机的选择；⑤ 偏滤器中部拱顶下方光学系统中的活动护窗结构(shutter)受到电磁和中子载荷的影响、污染或卡住；⑥ 测量对照的基准面受热或污染导致绝对测量不准。目前市面上已有足够像素的相机，长距离测量(最远约25 m)的可行性也已得到证实。

9.7.5 灰尘监测

为了ITER装置的安全运行，开展灰尘、刻蚀和氚滞留的测量显得十分重要。根据ITER诊断设计要求，灰尘监测系统包括两个子系统：高分辨率内窥镜系统和灰尘收集器，其主要功能是分别实现灰尘沉积物的监测和灰尘样品的收集，它们通过#6和#12低温泵下窗口法兰伸入偏滤器区域进行灰尘样品的监测。高分辨率光纤内窥镜系统的主要功能是对较小灰尘颗粒的可视化监测。灰尘收集器的主要功能是实现灰尘沉积物的采集，但收集器也将配备光学内窥镜头。系统的主要功能要求如下：

系统1：高分辨率内窥镜检查。在一个有限的视场范围内，将监测30～50 μm的灰尘颗粒。

系统2：灰尘收集器。这种装置类似于内窥镜，但除了一个“宏观”观察内窥镜外，它会有一个灰尘收集头。该系统需要从导管中提取粉尘样本。

从当前聚变装置的灰尘沉积情况来看，灰尘主要沉积在装置的底部及下偏滤器位置，因此，该区域的灰尘沉积物监测和取样分析显得十分必要。ITER内窥镜系统的主要功能是为了在炮间或停机时从事下偏滤器区域的灰尘沉积物的监测和取样,并在事后开展灰尘特性的分析研究。该系统的主要部件包括光纤束、照明系统、导向管、导管选择结构、传动机构、相机等,其结构示意图如图9.7.5所示。在聚变堆运行期间,内窥镜系统的光纤束和样品收集机构等均置于装置生物屏蔽墙外,只有在需要开展下偏滤器区域的灰尘样品收集和检测时,光纤束等相关部件才通过导管、导管选择结构和传动机构伸入到检测区域。

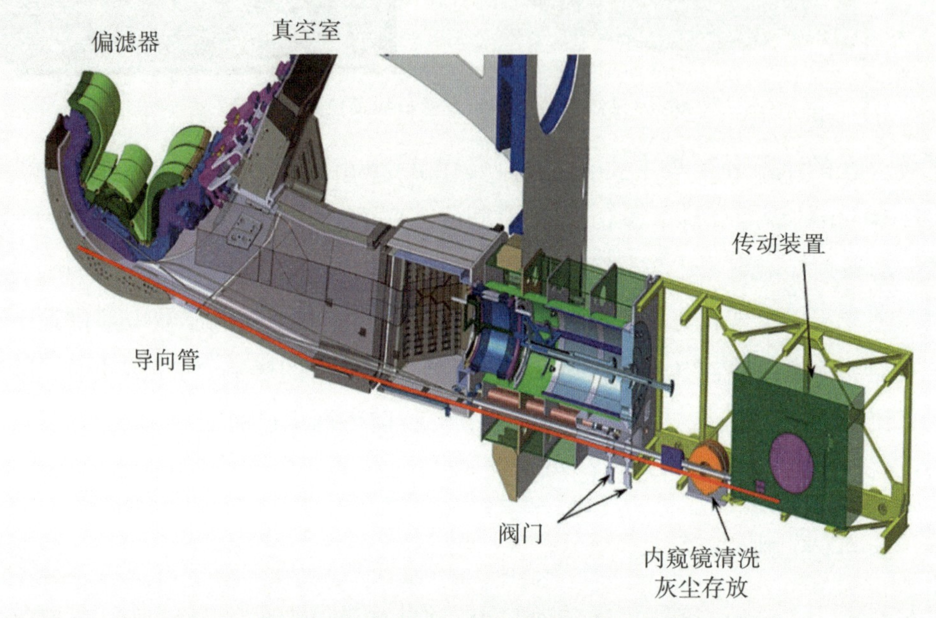

图9.7.5 灰尘监测内窥镜系统的结构示意图

根据ITER的设计原则,为了满足技术可实现、占用窗口资源小,满足强磁场和核辐射环境等具体设计要求的前提条件下,ITER灰尘监测系统的设计必须满足系统的测量精度和分辨率要求,在进行可靠性分析后展现系统的详细设计。因系统涉及光纤、相机等可见光学器件和相应的传动机构,必须考虑光学部件的中子屏蔽和传动结构的摩擦阻塞等问题。此外,内壁监测(IVVS)系统的计量精度和分辨率要求需要进一步展开讨论,其还涉及与装置遥操(remote handling,RH)系统的连接和共用问题。对于内窥镜系统,系统设计时必须进行可靠的RAMI分析,如在感生电磁场和地震对多段导向管道的可靠性分析,以及放射性灰尘样品的收集、储存、运输和事后分析设计等。此外,对内窥镜系统的光纤传动系统,需要重点考虑传动结构的摩擦阻塞等造成的失灵问题。诊断的关键风险是内窥镜在导管内的运行过程中出现阻塞或者卡死等事故。如果由于内窥镜堵塞而发生故障,则两个PIC阀可能无法关闭。因此,需采取一切措施把这种风险降到最低。另一个重大风险是与主通道管上可能会出现不可预见的负载有关，这将极大限度地减轻设计中的冗余。SIC阀门有可能受到灰尘颗粒的污染，从而影响其性能，为了最大限度地降低这种风险，内窥镜设计将使用两个SIC阀。

9.7.6 真空室内ECH监测器

电子回旋共振加热被ITER列为三大辅助加热之一，是实现高约束性能等离子体的重要手段。电子回旋波在磁化等离子体中产生极化方向变化并导致部分功率无法被吸收从而形成杂散辐射。这些杂散辐射可能对等离子体诊断和真空部件造成严重的损坏。为了消除电子回旋波杂散辐射潜在的危险，需要发展具有实时监控能力的ECH监测器。ITER对ECH探测器的具体参数要求如表9.7.2。ECH监测器作为一种基于热测量的等离子体诊断，是ITER第一等离子体的必要诊断之一，具体结构如图9.7.6所示，其中图9.7.6(a)为ECH监测器外观结构和大小尺寸，图9.7.6(b)展示ECH内部结构。ECH监测器的核心部件是两个bolometer探测器和两节不同材料的线缆。一个bolometer探测器覆盖吸收电子回旋波的涂层，主要用于吸收杂散辐射；另外一个bolometer探测器没有相应的涂层不会吸收电子回旋波。当存在电子回旋波杂散辐射时，两个探测器的温度将会产生明显的差别。两个ECH监测器之间采用镍硅丝连接并通过铜电缆与外部连接，因此两种线缆对ECH探测器的测量也具有十分重要的影响。一般地，杂散辐射功率沉积正比于两个探测器的温度差，即$\nabla V \propto (S_N - S_C)(T_2 - T_1)$，其中$S_N$和$S_C$分别为镍硅线缆和铜线缆的塞贝克系数，$T_2 - T_1$为两个bolometer探测器的温度差。ECH监测器在ITER装置上的角色定位为基本控制，需要在ITER整个运行期间都能正常监控电子回旋波的杂散辐射。由于安装在ITER真空室内，ECH探测器的稳定运行面临着高温、强磁场和中子辐照的挑战。此外，ECH监测器提供一种相对的测量方式并且要求准确度达到100 kW/m²，这意味着诊断系统要对bolometer探测器进行标定并对镍硅和铜线缆的塞贝克系数进行实时跟踪。

表9.7.2 ITER ECH监测器诊断需求

参数	测量范围(MW/m²)	时间分辨(ms)	空间分辨	准确度(kW/m²)
ECH杂散辐射强度	常规运行：≤1.25	10	5～9扇段，每一个扇段20个	100
	击穿：≤3	10	5～9扇段，每一个扇段20个	100

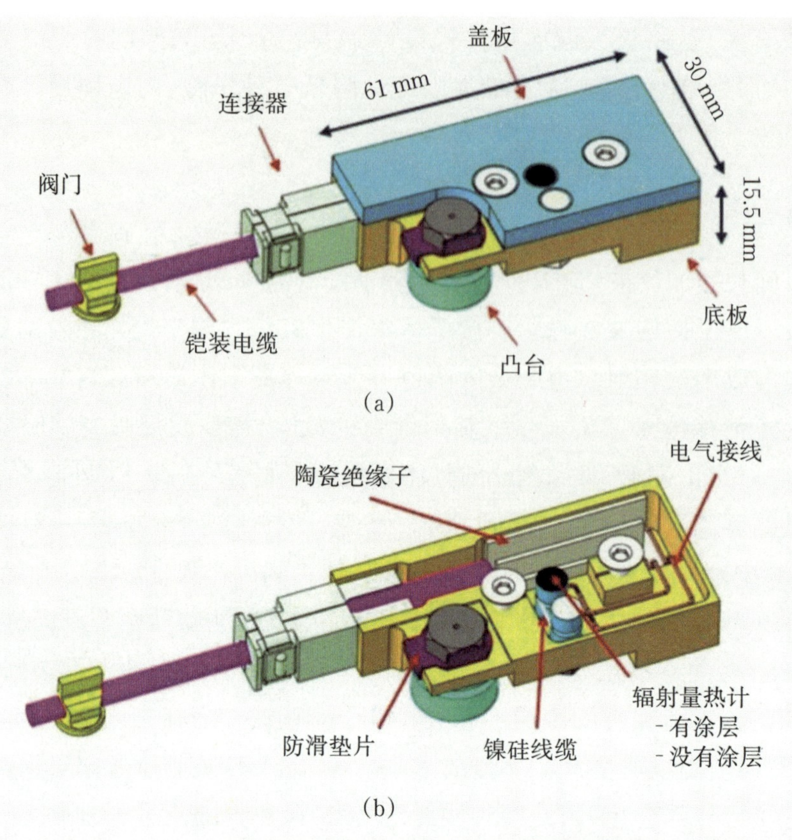

图9.7.6 ITER装置ECH监测器结构示意图

9.7.7 氚监测

ITER装置等离子体-壁相互作用是不可避免的,会导致材料侵蚀、灰尘形成和氚滞留。其中,ITER装置必须检测并限制真空室中的氚滞留量,以降低事故工况下的氚泄漏的安全风险。

氚监测系统是一种基于激光诱导光谱技术,可提供偏滤器靶板上氚滞留信息的诊断。氚监测系统组成主要包括:激光系统、光学观察系统、快门系统、后端的光电转换系统等。激光系统安装在#17窗口处,可以扫描偏滤器内靶板100 mm×500 mm范围,如图9.7.7所示。激光功率密度和脉冲输出需要慎重选择,因为激光在偏滤器上的热沉积足够大,才能具有足够的测量精度;另外该热沉积必须小于材料所能承受的热负荷,以避免材料的损坏。目前设计的激光功率密度为400～500 MW/m^2,脉冲持续时间为1～3 ms。

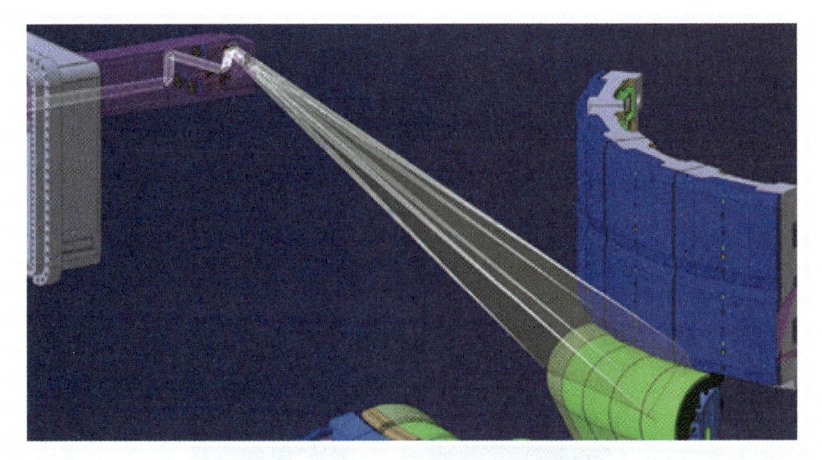

图 9.7.7　激光扫描偏滤器内靶板

后端的光电转换系统主要是用于检测激光扫面区域上的温度分布，共计两套成像系统，包括IR相机和多色温度成像仪。IR相机可测量温度分布，该技术相对简单，但是弛豫时间长，敏感度低，氚滞留测量的误差相对比较大。多色温度成像仪可同时测量多个远红外波段辐射，从而进行温度分布的测量，该方法可以提高系统灵敏度，从而提高氚滞留量的精度。目前，ITER计划安装的多色温度成像系统测量的波长范围是800～900 nm和1.2～2.3 μm。氚监测系统在物理研究期间将每月进行测量一次，安全监测则是每年测量一次。

9.7.8　第一壁采样

第一壁采样(FWS)诊断主要通过将采样器件安装在真空室各设定位置，实验到一定周期后将样品更换出来，再在热室(hot-cell building)或其他实验室中对样本进行分析。该诊断有两项主要目标：① 测量电荷交换中性流造成的壁侵蚀；② 测量燃料的壁滞留。相关的参数指标如下：测量净侵蚀和再沉积的精度单位为1 μm，范围0～100 μm。第一壁表面上的H、D和T的浓度的测量精度约为20%、范围在1×10^{18}～2×10^{23} m^{-2}。由于材料被活化，需要放入屏蔽容器中以保证安全。布置的样本可根据需求设计例如收集、腐蚀监测、材料测试、沉积监测等。第一壁采样样品将分布在第一壁的各个部分，沿垂直(极向)和水平(环向)两个方向分布，这种安排设计能够对来自不同相关区域的样本进行比较，并提供来自多处垂直和水平方向的数据，以实现冗余，部分如图9.7.8所示。

系统其他功能包括：① 测量真空室的氚浓度；② 由电荷交换中性流引起的侵蚀或溅射数据，提供装置真空室尘埃来源方面的信息；③ 壁侵蚀和氚循环相关等离子体-壁相互作用(plasma-wall interaction，PWI)问题的研究。

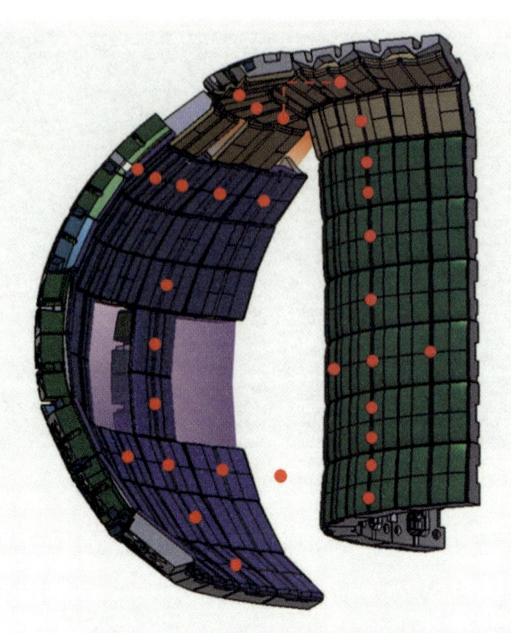

图9.7.8 部分采样的点位布置图

由于样品没有水冷，因此需要降低其受到的热负荷，避免等离子体的直接轰击。基于此，选择高热导的材料CuCrZr合金，它由多个部件组成，包括螺纹部分、锥形部分、螺栓头和等离子体敏感元件。锥形部分的设计能放大螺栓与第一壁面(first wall plane，FWP)插槽之间的力，是放大螺栓与FWP插座之间的力，同时扩大接触面积，如图9.7.9左图所示。

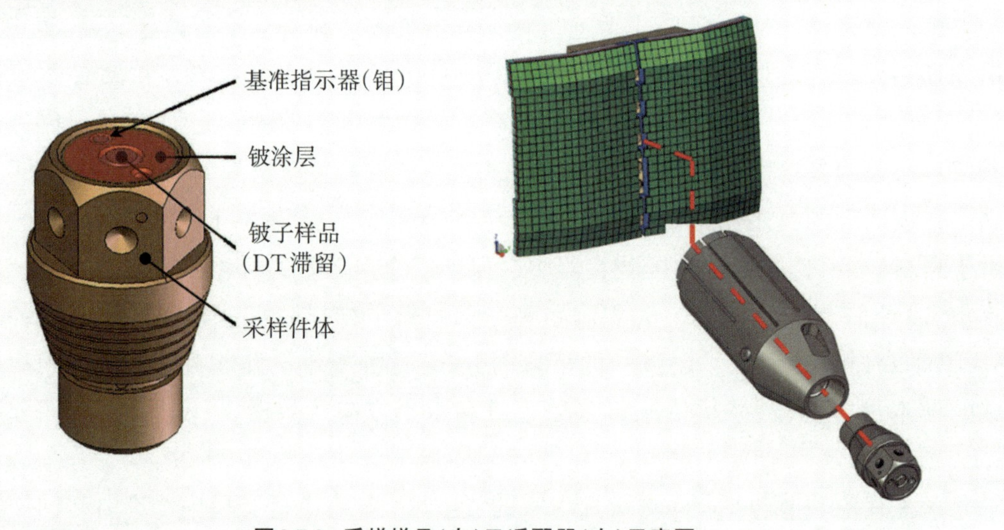

图9.7.9 采样样品(左)及适配器(右)示意图

在样品的表面上，布置了一个钼制成的参考部件，以确保准确测量。此外，一个子样本位于样本体的中心,用于测量第一壁的D、T的壁滞留。在整个热核实验堆实验运行过程中,样品会受到等离子体辐射和电荷交换流的冲击,敏感表面经历与第一壁类似的溅射。在取出后,样品表面的损耗程度将通过与参考指示件比较进行分析。螺纹保证了样品紧固,并且可由此设计拆装方案。

安装样品时,需要设计专门的适配器,适配器安装在第一壁上,包括第一组样品,在ITER实验的整个运行周期内,适配器不会被拆除,只会更换样品。图9.7.9右图是适配器示意图。

系统的顺利运行完全依赖遥操作系统,需要周期性地取下和更换第一壁样本,没有遥操作系统,诊断的功能受到限制。

系统面临的主要挑战有:① 系统作为面对等离子体部件(PFC),将承受相当大的热负荷和中子辐照;② 需要完善的、经过全面测试的遥操作工具,配备定制抓取和操作组件;③ 目前最大的风险因素是因温度变化和压力变化导致样本材料卡住;④ 辉光清洗引起的溅射和沉积将对采样样品有影响;⑤ 由于反复拆装或极端的热环境和辐射环境造成的螺纹变形;⑥ 可能由于设计中假定的电荷交换中性流大小不合适,样品的敏感表面未按预期运行,导致测量能力降低。除此之外,处理和分析过程中需要面对辐照后样品的活化、由外部实验室进行样本分析造成的时间延迟以及现场样品分析需要使用专门设计的分析仪器等问题。

9.7.9 边缘成像系统

多普勒效应的辐射光谱包含粒子速度分布的信息。由于主离子运动产生的谱线多普勒频移会产生相干的光学相移,这可以通过干涉测量得到。边缘成像诊断分析偏滤器区域的原子和离子在可见光范围(450~700 nm)的辐射光谱和偏振,通过选用滤光片进行原子和离子线辐射的成像测量(图9.7.10)。利用带有滤光片的高速相机,边缘相干成像系统可以提供等离子体在观察矢量方向的流速场二维分布,并提供偏滤器区域ELMy爆发的辐射成像,以及偏滤器区域L-H转换期间的Dα成像。

该诊断位于EPP8,其视场为23°(H)×30°(V),视场覆盖偏滤器区域、中心螺线管与SOL区域的内侧。可见光成像由第一镜单元收集,该单元安装了挡板以减小等离子体粒子流的冲击。第一与第二反射镜安装镜片清洗机构。光学系统经过ISS、PCSS、Gallery和诊断厅,整套诊断系统包括标定激光、偏振仪、干涉仪/相机设备,以及控制和标定电路。由于多普勒效应产生的光学相移将通过干涉元件进行测量和分析,测量ELMy爆发和L-H转换的光谱将通过分光的方式进入高速相机。

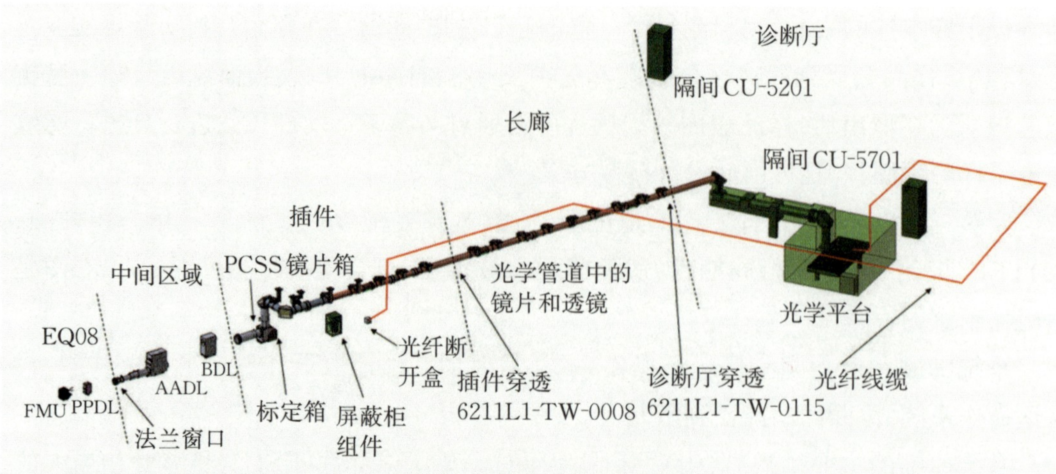

图9.7.10 边缘成像系统光机图

边缘成像诊断遇到的挑战如下：

壁反射：第一壁与偏滤器室的全钨壁造成的壁反射。壁反射光为非极化量，边缘成像系统提取极化量。

第一镜与镜面极化：迷宫式光路的第一镜是最关键的，它距离等离子体最近，且承受高热负荷、中子辐照与粒子通量。对于边缘成像系统，在视场、第一镜位置、第一镜尺寸与系统整体屏之间寻找一个平衡。第一镜对于所有光学诊断都是非常重要的，在边缘成像系统中，它还要面临镜面损伤导致的极化与反射率降低。第一镜遭受的沉积会导致测量误差。诊断第一壁可以有效防护第一镜，进而减少粒子通量和中子辐照对第一镜的冲击，因此，减小诊断第一壁上开口的尺寸对保护第一镜是非常重要的。另外，减小诊断第一壁开口尺寸对装置安全也很重要，这里涉及壁冷却。然而，为了达到边缘成像诊断的视场需要，应寻求一个合理的开口尺寸。因此，光学诊断需要找到一个平衡点。

镜片原位清洗：利用射频放电清洗系统进行第一镜和第二镜的清洗。射频放电清洗系统能够除掉沉积在镜面上的沉积层。

9.7.10 环向场绘图

环向磁场测量(toroidal field mapping, TF Mapping)是一个为实现第一等离子体(first plasma)和工程运行的临时诊断系统，这个系统是一个核磁共振探测器的阵列，分布在真空室的内部来测量环向场。包层位置的磁场会利用外推法得到，并用于确定磁场中心和谐波，该系统在第二阶段安装时将被移除。该诊断系统将测量调试环向场线圈期间的绝对磁场强度，此时线圈通电电流是常规运行时的一半。

如果包层模块与磁场位型发生错位，将导致第一壁的热负荷达到峰值，有损坏第一壁的风险。而第一壁价格昂贵，维护或更换需要很多时间，所以需要通过该系统测量磁场和确定包层的正确位置来防止热负荷对第一壁的破坏。

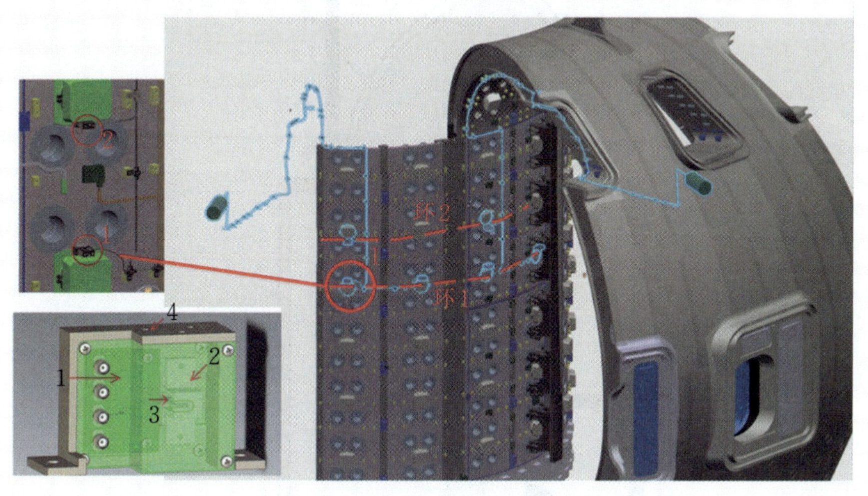

图9.7.11　核磁共振传感器在ITER真空室中的分布

该系统是唯一一个可用于评估托卡马克装配基准(tokamak assembly datum，TAD)轴线与磁中心线之间误差的系统。核磁共振传感器能在27个点上提供10^{-5} T精度的磁场强度绝对值的测量。

9.7.11　卡路里计

卡路里计系统本身不包含任何硬件设备，它只是一套软件，一套用于评估总聚变功率输出的方法。基于能量平衡，它主要通过装置的水冷回路、装置注入能量以及装置其他形式的能量耗散情况来估算聚变功率，如图9.7.12所示。卡路里计系统的主要功能是，作为一种独立于中子测量的方法来估算聚变功率，并与快中子通量诊断系统进行交叉确认，评估聚变功率的测量精度。

在聚变堆装置上，从全域来看能量平衡如下：

$$P_{\text{fusion}} + P_{\text{heating}} + P_{\text{pump}} + P_{\text{auxiliary}} = P_{\text{TCWS}} + P_{\text{CCWS}} + P_{\text{losses}} \tag{9.7.1}$$

其中，P_{fusion}为聚变功率；P_{heating}为外部注入功率，如NBI、ICRH等，可以根据具体的加热系统来估算；P_{pump}为水循环系统引入的设备运行能量；$P_{\text{auxiliary}}$为外部辅助系统代入的能量，如激光、控制线圈等，这部分相对比较少，基本可以忽略；P_{TCWS}为装置冷却水系统带走的能量；P_{CCWS}为部件冷却水系统带走的能量；P_{losses}为装置由于对流、热传导以及黑体辐射损失的能量，这部分也相对比较少，可以忽略不计。因此，通过简化测量水冷系统中水的承载能量,便可推算出聚变功率。

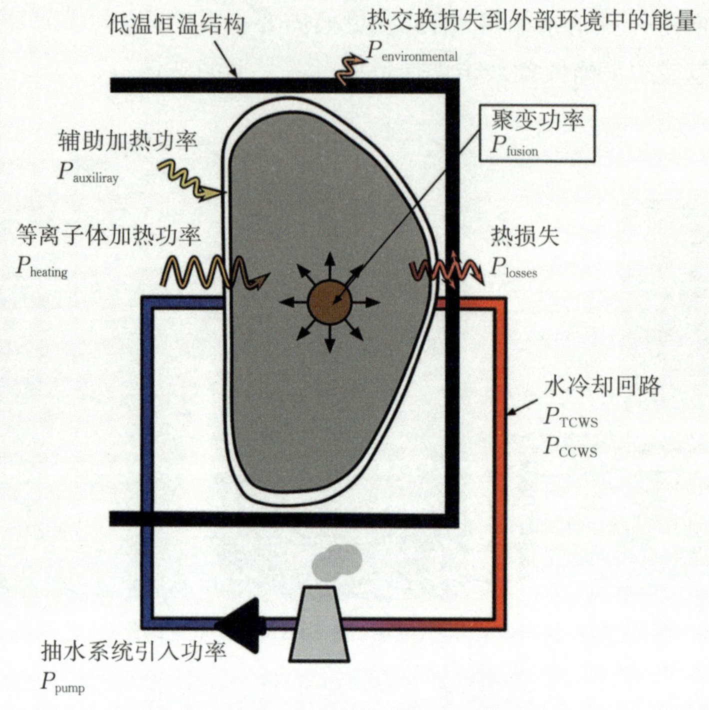

图 9.7.12 ITER装置功率平衡示意图

9.7.12 真空室内照明系统

真空室内照明(in-vessel lightning system,IVLS)是为了辅助真空室内观测系统(in-vessel viewing system,IVVS),IVVS系统是为了在真空室内检查直接面对等离子体材料表面在等离子体运行过程中的损伤。

该系统通过G1和GA光路将激光打入真空室内来覆盖真空室内尽可能多的可观测表面。该系统的设计中需要考虑激光功率和波长、相机技术和ITER辐射环境的兼容,系统透光率,真空室表面反射率等各个因素的兼容。

9.7.13 托卡马克系统监测

托卡马克系统监测(TSM)用于监测ITER装置包括磁体、真空室、包层、偏滤器、杜瓦、冷屏、诊断(端口插件和等离子体诊断)等各系统及其监测系统,包括电磁、水力、热、热力学、结构静态、结构动态、累积的结构损伤、热和电接触等工程参数。在快瞬变事件(如等离子体垂直位移事件(VDE)和中断、快速磁能释放、地震事件及其预见的所有这些组合)的情况下,TSM提供足够准确的输出以确保装置安全运行。

TSM可提供全面的托卡马克装置状态信息，用于与参考设计值进行比较及优化下一次放电运行。评估和了解ITER装置及其子系统的关键参数，并通过测量验证和校准数值工程模型。识别和记录故障，并评估余量和寿命。此外，TSM还收集工程运行数据库和统计数据，为未来装置的开发奠定基础。

TSM是与其他I&C不同的虚拟I&C组件，它不包括任何仪表和控制硬件组件，旨在评估和协助ITER的物理研究。从其他I&C中的现有I&C硬件重建信息，监测各个系统的状态和故障。

TSM由3个主要组件组成：重建应用程序、重建软件和重建算法。整个系统将基于软件，图9.7.13表示了这些组件之间的关系：

其中重建软件是Simulink模型，在实时环境中运行算法；重建算法是验证和积累的MATLAB代码，包装在重建软件中，可执行的二进制文件；重建应用程序使用MARTe2运行重建软件，与ITER网络进行交互，并实时或准实时地配置和执行重建算法。重建算法生成的信息可以被当作是由真实仪器读取的，提供准确的重建工程参数，用于预测托卡马克装置放电运行期间状态。

TSM以在线和离线两种方式运行，其中在线算法运行在事件发生期间，准实时执行，获取输入数据并发布输出数据，最大延迟为10 s；离线算法没有时间约束，在事件发生期间启动，并在事件后用于决策，除了控制运行所需的算法，其最长处理时间为10 min。TSM系统架构分为POZ和XPOZ两个区域，重建算法将在POZ和XPOZ中运行。POZ区域运行在线和离线算法，包括在CODAC核心系统中实现的高级监控，需要传感器数据和样本采集时间戳；XPOZ区域仅执行用于数据分析的离线算法，用于辅助校准和验证。TSM控制器负责运行详细数据分析的算法，从UDA读取数据并处理，将结果发送到IMAS供科学家进一步研究。

TSM的人机界面(HMI)有2种不同的实现模式，分别是POZ HMI和XPOZ HMI。在POZ HMI中，操作员可以在该界面中配置、执行和查看TSM的高级监控，并使用LED显示不同系统算法的状态。每个LED将通知相关元素是否正常工作。在XPOZ HMI中，HMI功能分为3个等级。Level 1提供装置当前状态的整体视图，包括所有托卡马克子系统的总状态和任务的总状态。Level 2显示特定托卡马克子系统和任务的当前数据，并允许用户通过旋转、拖动或缩放3D图像来详细查看托卡马克子系统的区域。Level 3提供了TSM HMI的最高级别的详细信息，允许用户查看托卡马克子系统及其模块的数据。这些不同级别的HMI设计使操作员能够方便地监控和控制TSM系统，以确保其正常运行。

其中重建软件是Simulink模型，在实时环境中运行算法；重建算法是验证和积累的MATLAB代码，包装在重建软件中，可执行的二进制文件；重建应用程序使用

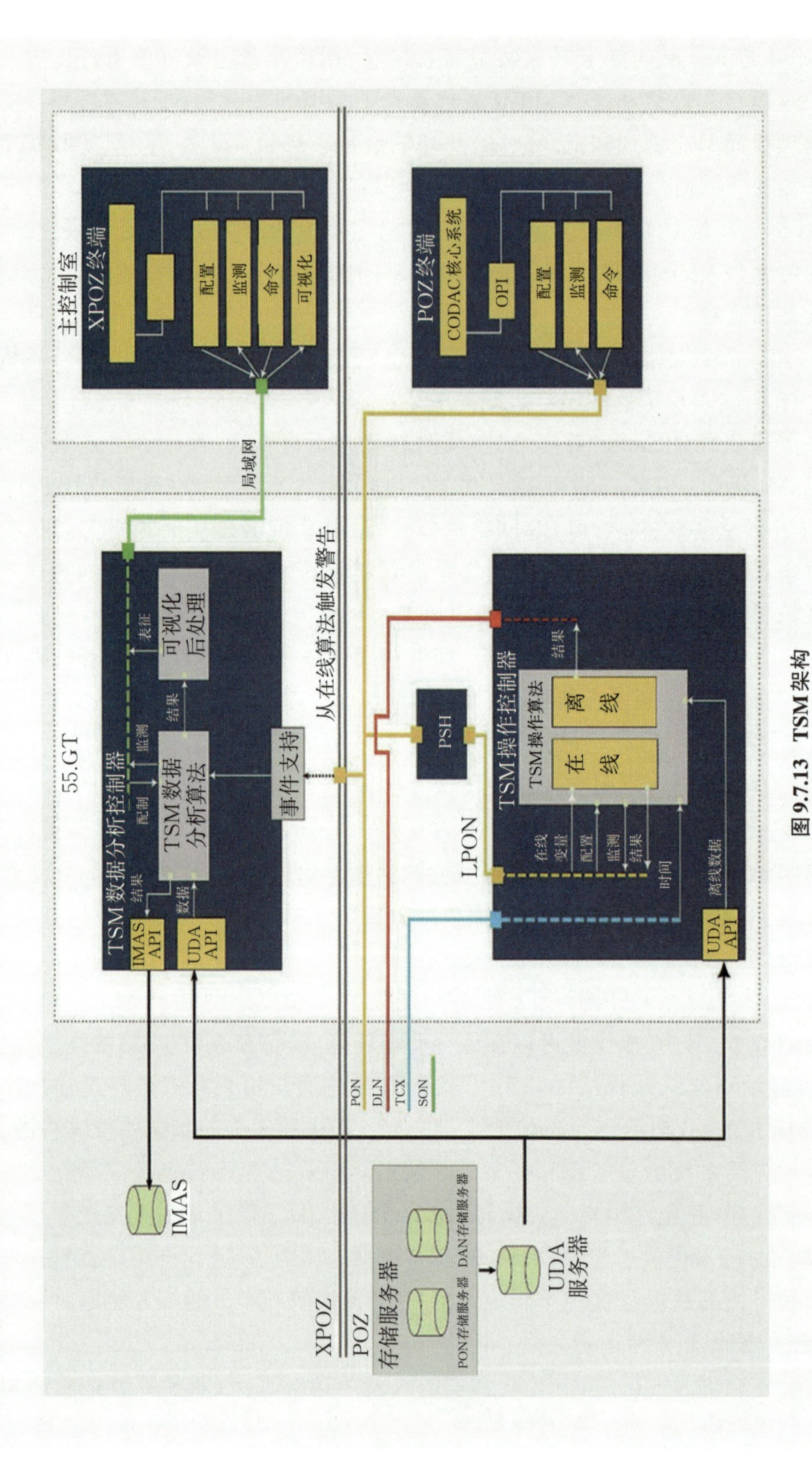

主控制室
XPOZ终端
配置
监测
命令
可视化
POZ终端
CODAC核心系统
OPI
配置
监测
命令
局域网
55.GT
TSM数据分析控制器
可视化后处理
表征
监测
结果
配制
TSM数据分析算法
结果
数据
IMAS API
UDA API
事件支持
从在线算法触发警告
TSM操作控制器
TSM操作算法
在线
离线
结果
PSH
LPON
在线变量
配置
监测
结果
时间
离线数据
UDA API
PON
DLN
TCX
SON
XPOZ
POZ
存储服务器
PON存储服务器
DAN存储服务器
UDA服务器
IMAS

图 9.7.13　TSM架构

MARTe2运行重建软件，与ITER网络进行交互，并实时或准实时地配置和执行重建算法。重建算法生成的信息可以被当作是由真实仪器读取的，提供准确的重建工程参数，用于预测托卡马克装置放电运行期间状态。

TSM系统架构分为POZ和XPOZ两个区域，重建算法将在POZ和XPOZ中运行。POZ区域运行在线和离线算法，包括在CODAC核心系统中实现的高级监控，需要传感器数据和样本采集时间戳；XPOZ区域仅执行用于数据分析的离线算法，用于辅助校准和验证。TSM控制器负责运行详细数据分析的算法，从UDA读取数据并处理，将结果发送到IMAS以供科学家进一步研究。

9.7.14 靶板探针

偏滤器靶板探针系统包括探针、电子学和测量控制系统组成。系统共有400个探针安装在5个偏滤器模块上，分别是#2窗口#5偏滤器，#8窗口#23偏滤器和#14窗口的#39、#40和#41偏滤器模块，图9.7.14是探针在偏滤器外靶板和内靶板的分布，蓝色部分是偏滤器模块，灰色柱状部分是探针。根据偏滤器靶板探针系统设计，每个探针电源将驱动2个探针，而每个探针都需要分别采集电流和电压信号。因此，探针系统还包括200个电源和800个信号调理以及采集通道。偏滤器靶板探针系统是偏滤器靶板等离子体电子温度、密度以及离子流通量测量的主要诊断，其测量结果将用于装置的高级运行控制和物理研究。对于高级控制，探针系统需要提供离子流通量信息用于

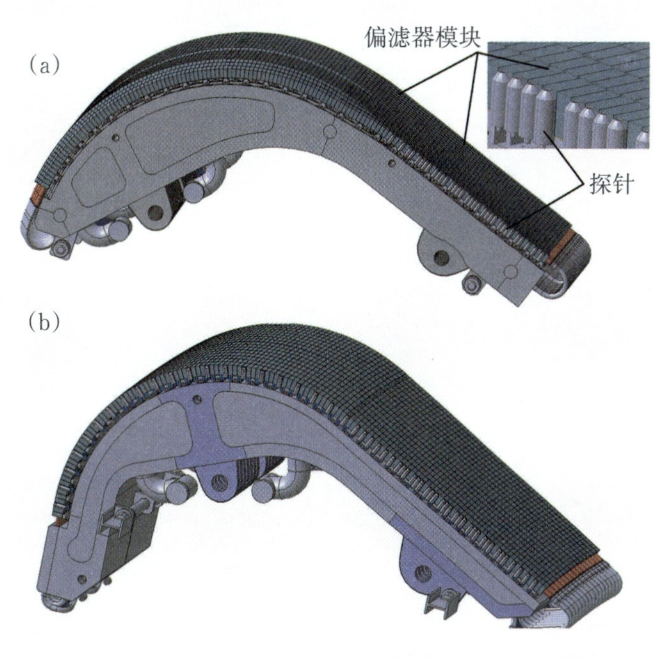

图9.7.14 偏滤器靶板探针系统分布

的高级运行控制和物理研究。对于高级控制，探针系统需要提供离子流通量信息用于判断偏滤器是处于脱靶或附靶状态；对于物理研究，则需要提供电子温度、密度和离子流通量的测量结果，表9.7.3是ITER靶板探针测量需求的详细要求，包括测量参数范围、时间、空间分辨率和测量精度等。

表9.7.3　探针系统测量需求

测量参数	运行角色	参数范围	时间分辨率	空间分辨率	精度
离子流通量	高级控制	10^5～10^7 A/m^2	10 ms	24 mm	10%
电子密度	物理研究	10^{18}～10^{22} m^{-3}	1 ms	24 mm	30%
电子温度	物理研究	1～150 eV	1 ms	24 mm	30%
离子流通量	物理研究	10^5～10^7 A/m^2	10 μs	24 mm	30%

在等离子体参数诊断方法方面，探针系统考虑了3种探针运行模式用于诊断测量，即单探针扫描模式、双探针扫描模式和直流偏置模式。单探针扫描模式和双探针扫描模式用于测量电子温度，直流偏置模式用于测量离子流通量。使用1 kHz扫描模式或者直流偏置模式驱动探针，在100 kHz的采样率下可以得到1 ms分辨率的电子温度、密度和10 μs的离子流通量信息，通过对内外靶板的离子流通量进行分析对比，积分得到内外偏滤器靶板的离子流之比，可以给出偏滤器是处于脱靶或者附靶状态。